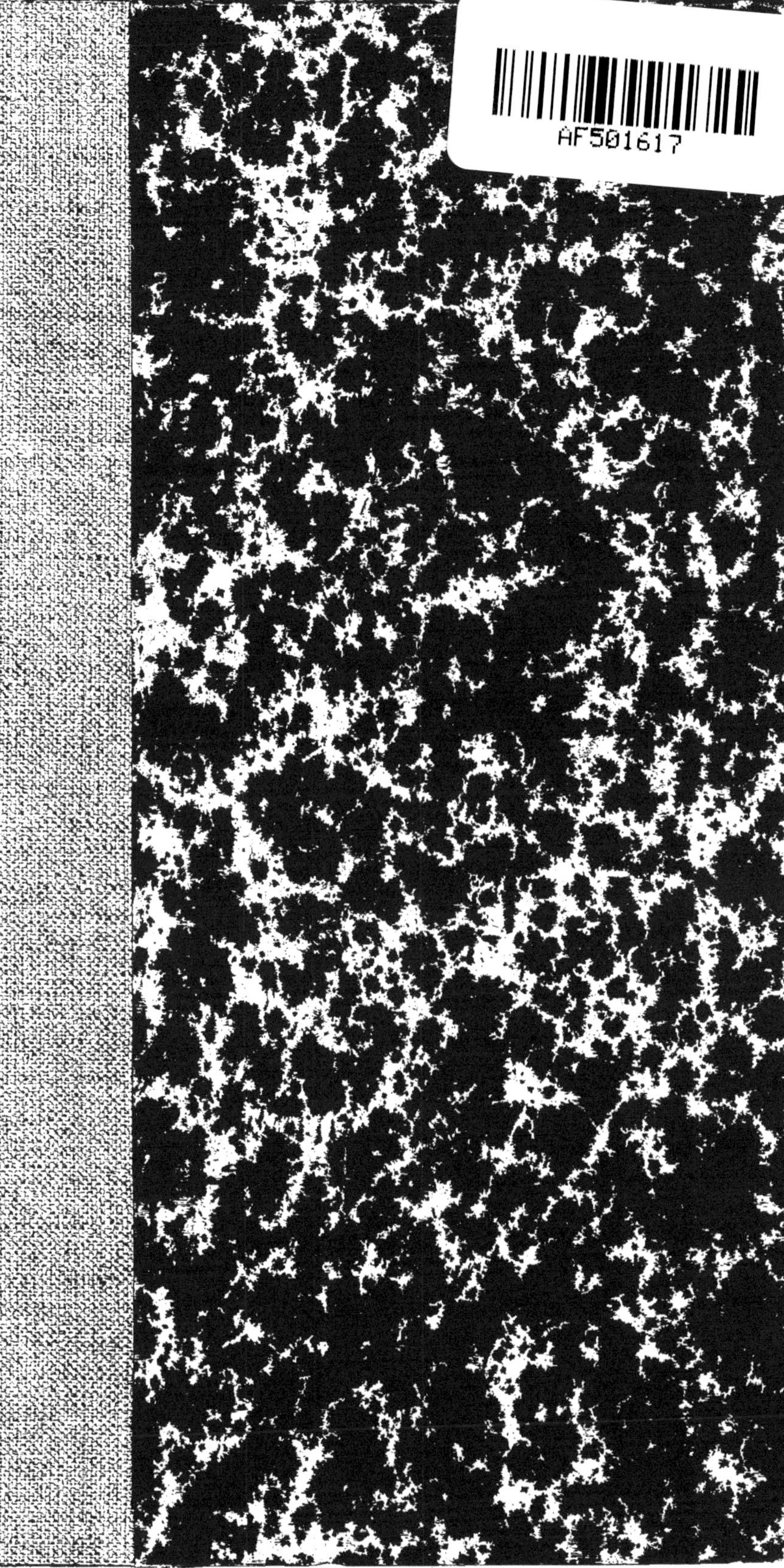

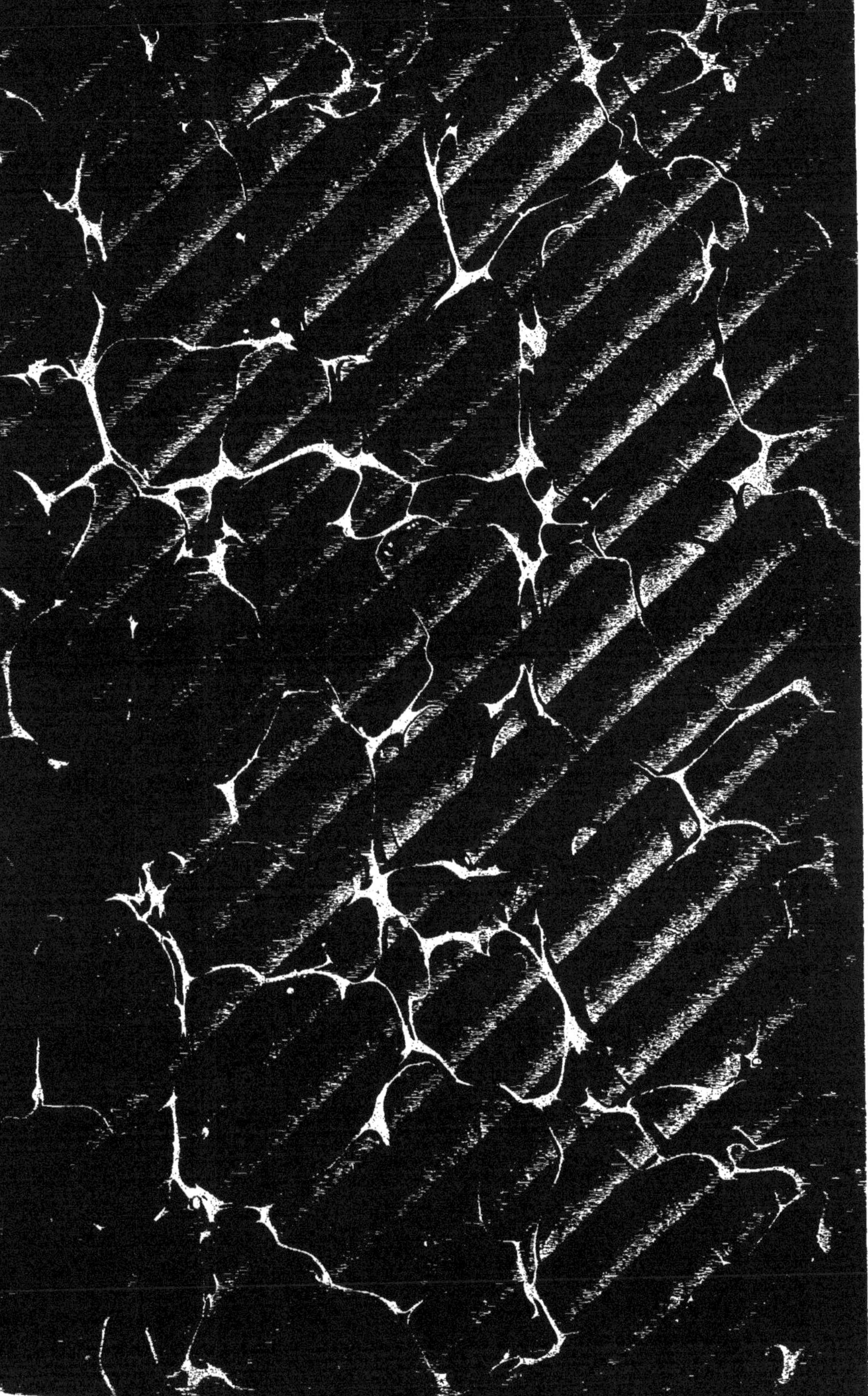

R. TEULIÈRES

GRÈS INTERNATIONAL
OTANIQUE
EXPOSITION UNIVERSELLE
PARIS
1900
Ateliers de la Maison
A. BARBIER & F. PAULIN
Nancy
Celtis
Crataegus
cordata
Ait.

ACTES

DU

CONGRÈS INTERNATIONAL DE BOTANIQUE

EXPOSITION UNIVERSELLE DE PARIS. — 1900

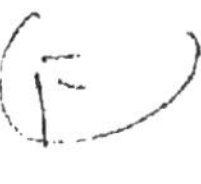

ACTES

DU

1er Congrès International
DE BOTANIQUE

Tenu à **PARIS**

à l'occasion de l'EXPOSITION UNIVERSELLE de 1900

Avec 13 planches hors texte, 12 similigravures et 62 zincogravures dans le texte

PUBLIÉ PAR

M. Émile PERROT,

AGRÉGÉ, CHARGÉ DE COURS A L'ÉCOLE SUPÉRIEURE DE PHARMACIE DE PARIS
SECRÉTAIRE GÉNÉRAL DU CONGRÈS

LONS-LE-SAUNIER
IMPRIMERIE ET LITHOGRAPHIE LUCIEN DECLUME

1900

CONGRÈS INTERNATIONAL DE BOTANIQUE

Exposition Universelle de Paris — 1900.

COMMISSION D'ORGANISATION.

BUREAU :

MM.

Président......... PRILLIEUX, membre de l'Institut, *sénateur*.

Vice-Présidents... DUTAILLY, docteur ès-sciences, *député*.

MUSSAT, professeur aux Écoles nationales de Grignon et de Versailles.

ROUY (Georges), président d'honneur de l'Association française de botanique.

Secrétaire général.. PERROT (E.), docteur ès-sciences, secrétaire général de la Société mycologique de France.

Secrétaires........ GUÉRIN, docteur ès-sciences naturelles.

LUTZ, chef des travaux de microbiologie à l'École supérieure de pharmacie.

Trésorier......... HUA (H.), sous-directeur à l'École des Hautes Études (Muséum).

MEMBRES.

MM.

BESCHERELLE, ancien président de la Société bot. de France.

BONNIER (G.), *membre de l'Institut*, professeur à la Sorbonne.

BORNET, *membre de l'Institut*.

BOUDIER, président honoraire de la Société myc. de France.

BOURQUELOT (Em.), professeur à l'École sup. de pharm., membre de l'Académie de médecine.

BUREAU, professeur au Muséum d'histoire naturelle.

CAMUS, ancien vice-président de la Société bot. de France.

CHATIN, *membre de l'Institut*.

CORNU (Max), professeur au Muséum d'histoire naturelle.

MM.

DRAKE DEL CASTILLO, président de la Société bot. de France.

GUIGNARD, *membre de l'Institut*, directeur de l'École supérieure de pharmacie.

MALINVAUD, secrétaire général de la Société bot. de France.

PATOUILLARD, ancien président de la Société myc. de France.

DE SEYNES (J.), agrégé à la Faculté de médecine, président de la Société myc. de France.

VAN TIEGHEM, *membre de l'Institut*, professeur au Muséum d'histoire naturelle.

ZEILLER, professeur à l'École sup. des mines, ancien président de la Société bot. de France.

Membres de la Commission d'organisation décédés avant l'ouverture du Congrès :

MM. HENRI DE VILMORIN, Dr QUÉLET, FRANCHET, ROZE.

Discours d'ouverture des Travaux du Congrès,

par **M. MUSSAT**,

Vice-Président de la Commission d'organisation.

Messieurs et chers Confrères,

La Commission chargée de préparer le Congrès international de Botanique, en l'absence regrettée de son président, M. le Sénateur PRILLIEUX, membre de l'Institut, a voulu que je vous adresse quelques paroles. J'ai accepté avec empressement.

Il n'est pas rare d'entendre des orateurs, dans des circonstances analogues, dire qu'on leur a fait un honneur plein de périls qui ne laisse pas de leur inspirer quelque crainte. Permettez-moi de vous dire sans détour que la mission dont je suis chargé est pour moi un honneur auquel ne se mêle aucune appréhension, parce que je n'y vois que des sujets d'allégresse.

Il ne m'appartient pas de vous entretenir par avance des travaux multiples auxquels vous devez vous livrer ; mon rôle est à la fois plus simple et plus agréable. Ce que je tiens à vous dire, Messieurs, c'est combien la Commission que je représente a été heureuse de voir son appel entendu dans tous les pays à peu près où se cultive la science. Je vous remercie d'avoir répondu à l'invitation que nous vous avons adressée, et je vous souhaite la bienvenue que vous accueillerez, je l'espère, mes chers Confrères, avec les mêmes sentiments que ceux qui nous animent et qui sont, croyez-le bien, les plus cordiaux.

Notre satisfaction aurait donc pu être complète. Malheureusement, pendant le cours de ses travaux préparatoires, la Commission a eu la douleur de perdre quatre de ses membres : MM. H. DE VILMORIN, le Dr QUÉLET, FRANCHET et ROZE.

Ces collègues avaient conquis dans des ordres d'idées différents une notoriété reconnue de tous. En effet, HENRI DE VILMORIN a publié les résultats de patientes recherches sur la biologie de certaines plantes cultivées, considérées surtout au point de vue de l'obtention de la fixation des variétés. — Pour le Dr QUÉLET, je n'ai qu'à rappeler sa *Flore mycologique de la France* et des pays limitrophes, dont la connaissance suffit pour faire comprendre sa compétence sur ce sujet difficile. — Tous les botanistes connaissent les travaux de premier ordre de FRANCHET sur la flore et la phyto-géographie de l'extrême Orient.— ROZE s'est fait apprécier par des recherches variées, portant principalement sur diverses Cryptogames, et, dans ces derniers temps, par d'importantes publications sur l'histoire de la Botanique.

Vous comprenez, Messieurs, combien nous avons perdu par la privation de leurs conseils ; mais je ne crains pas de dire que leur absence a une portée plus haute et est préjudiciable à la science toute entière. Aussi, je suis certain que vous vous joignez à nous pour payer un juste tribut de regrets à la mémoire de ces savants.

Messieurs, vous allez entendre le rapport dans lequel M. le Secrétaire général vous dira la façon dont la Commission a compris sa tâche et a cru devoir procéder pour vous préparer un champ de travail digne de vous. J'ose espérer avec mes collègues que vous approuverez nos efforts.

Comme vous le verrez, nous avons cherché à sérier les sujets divers qui ont à appeler votre attention, de manière à donner autant que possible un caractère particulier à chacune de vos séances.

Vous aurez ensuite à constituer votre Bureau définitif, après quoi vous pourrez vous mettre à l'œuvre sans retard.

Messieurs, votre temps est précieux ; je m'arrête donc et cède la parole à M. le Secrétaire général en vous renouvelant tous nos remercîments.

Rapport de M. E. PERROT, secrétaire général, sur les travaux de la Commission d'organisation.

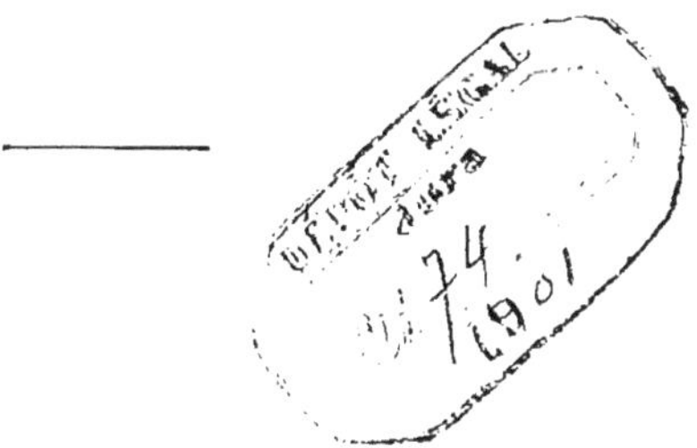

Messieurs et chers Confrères,

L'Exposition universelle de 1900, à Paris, n'était-elle pas, certes, la meilleure occasion capable de provoquer toutes les réunions internationales qui, comme celle d'aujourd'hui, rassemble tant de botanistes du monde entier.

C'est, en effet, ce qu'ont pensé le Gouvernement français et l'Administration supérieure de l'Exposition en conviant tous les industriels, artistes, sociologistes ou savants de la terre, à se grouper pour discuter ensemble les intérêts de leur profession ou pour chercher d'un commun accord la solution des problèmes scientifiques les plus divers.

L'idée d'un Congrès international de Botanique ne fut malheureusement émise qu'un peu tard et déjà, lors des premières démarches dans ce sens, toutes les salles de ce superbe Palais étaient retenues par différents Congrès jusqu'à la fin de septembre. Cette date avancée amena quelques hésitations, mais on fit remarquer qu'il n'était pas nécessaire pour attirer les botanistes, de leur promettre de belles excursions ni de riches récoltes : l'Exposition en elle-même ainsi que l'appât de discussions scientifiques joint au désir d'apprendre à se connaître mieux que par échanges de lettres ou de plantes, ne devaient-ils pas suffire pour grouper les adhésions nécessaires à la réussite de la réunion d'aujourd'hui.

Les mycologues ont, à leur tour, fait remarquer que si les conditions d'humidité le permettaient, il serait facile d'organiser une exposition de champignons qui ne manquerait pas d'intéresser la majorité des membres présents. Tout le monde tomba d'accord, le Congrès fut décidé, et les événements ont pleinement donné raison aux promoteurs du projet.

L'Administration supérieure confia l'organisation du Congrès à une Commission composée des membres de l'Académie des sciences (section de Botanique), accompagnés des anciens Présidents et des Secrétaires en exercice des Sociétés botanique et mycologique de France. Je n'ai pas besoin de vous rappeler leurs noms : les circulaires qui vous sont parvenues contiennent la liste des membres de cette Commission qui entra en fonction au mois de juillet 1899.

Le premier devoir de ces organisateurs, après la constitution du Bureau, était de déterminer quelles seraient les meilleures mesures à prendre pour faire connaître l'existence du Congrès et y attirer le plus grand nombre de botanistes. A la suite d'un échange de vues réciproques, chaque Commissaire fut invité à rechercher les questions d'ordre général pouvant convenir au caractère international du Congrès. Dès le début, il fut décidé que les questions difficiles concernant la nomenclature seraient écartées, le temps matériel manquant pour pouvoir mettre à l'étude des projets de résolution suffisamment mûris.

Dans les réunions suivantes, la Commission élabora les diverses circulaires qui furent expédiées à tous les botanistes français et étrangers dont l'adresse était connue. Les adhésions ne tardèrent pas à nous parvenir de plus en plus nombreuses, et le Congrès compte actuellement plus de deux cents adhérents dont *l'élément étranger représente environ le tiers.*

Il n'est pas besoin de vous dire, Messieurs, quelle sera l'importance scientifique de nos réunions. Il vous suffit, pour cela, de jeter un coup d'œil sur le programme surchargé des six ou sept séances que nous devrons tenir ici.

Toutes les branches de la Botanique ont fourni leur apport : cryptogamistes et phanérogamistes, floristes et histologistes, biologistes et physiologistes trouveront quelque question qui présente pour eux un intérêt plus spécial.

La Commission d'organisation soucieuse, avant tout, d'assurer à ses hôtes une hospitalité cordiale, a bien résolu dès l'origine de laisser en dehors de son programme certaines questions irritantes, dans lesquelles la polémique personnelle s'est malheureusement introduite. Mais est-ce à dire qu'elle se désintéressait pour cela des discussions les plus importantes touchant la nomenclature ? Il n'en est rien. Sans avoir besoin d'invitations venues du dehors, il fut arrêté qu'un certain nombre de propositions permettant une controverse purement scientifique seraient exposées au Congrès, dans le but de chercher à faire aboutir la discussion sur les lois de la nomenclature.

C'est ainsi que l'on mit à l'étude la question de la *Périodicité des Congrès internationaux de botanique* sur laquelle vous aurez à vous prononcer ; de même seront discutés les moyens permettant d'élaborer pour chaque Congrès des propositions mûrement réfléchies sur lesquelles l'accord puisse se faire.

Peut-être est-il regrettable qu'une ou plusieurs personnalités scientifiques aient cru devoir, par la simple lecture de cette phrase de notre circulaire, tirer les déductions que vous avez tous sous les yeux dans l'un des imprimés qui vous ont été distribués ?

La Commission d'organisation n'avait à subir ni la direction absolue d'un de ses membres ni les injonctions venues de l'extérieur ; chargée d'organiser un Congrès international, elle aurait cru manquer à sa mission la plus essentielle et au plus élémentaire des devoirs de l'hospitalité en voulant être autre chose que le trait d'union entre toutes les bonnes volontés.

Il nous reste maintenant, Messieurs, à travailler, et la Commission d'organisation dont le rôle est à présent terminé nous y convie.

Pensant que les visites à l'Exposition seraient pour la plupart d'entre nous très absorbantes, nous n'avons organisé qu'une seule excursion en dehors de Paris. L'exposition de Champignons, que la sécheresse nous empêchera peut-être de rendre aussi intéressante qu'il était permis de l'espérer, sera réservée aux Congressistes dans l'après-midi de samedi 6 octobre ; elle sera libre pendant la journée du dimanche 7, toute entière. Pendant les autres jours, il se tiendra 6 ou peut-être même 7 séances générales dont le programme est très chargé et pour lesquelles nous avons cru devoir grouper les questions présentant quelques analogies.

Un certain nombre de rapports ou de communications d'ordre général ont été imprimés à l'avance et distribués aux Congressites ; les autres seront lus par les secrétaires ou de préférence exposés par leurs auteurs.

Quelques confrères parisiens ont organisé des visites à leurs herbiers particuliers et MM. les professeurs Bureau et Cornu se feront un plaisir véritable de nous guider à travers les richesses du Muséum. Il est inutile de vous dire que, de plus, nous sommes tous à la disposition de nos confrères de la province et de l'étranger pour les accompagner dans les établissements d'enseignement et dans les collections qu'ils seraient désireux de visiter.

Et après dix jours de labeur, après toutes ces discussions scientifiques si pleines d'attrait, le programme de la Commission d'organisation ne sera pas encore terminé !

Son plus grand désir est, en outre, de voir se créer entre les botanistes de tous les points du monde des relations réciproques durables en les amenant à se connaître et à s'apprécier. C'est vers ce double but qu'ont toujours tendu ses efforts, et ce ne sera certes pas le moindre résultat du dernier Congrès international de Botanique de notre siècle.

BUREAU DU CONGRÈS

élu dans la première séance du lundi 1er octobre.

Comité d'honneur....	MM. les *Membres de l'Académie des Sciences* (Institut de France), et MM. les *Délégués officiels* des Gouvernement étrangers.
Président du Congrès.	M. le Dr DE SEYNES, ancien Président de la Société botanique de France, président de la Société mycologique de France, Professeur agrégé à la Faculté de Médecine.
Présidents des séances.	MM. DRAKE DEL CASTILLO, Président de la Société botanique de France.
	DUTAILLY, député, Docteur ès-sciences naturelles, Vice-Président de la Société botanique de France.
	FLAHAULT, Directeur de l'Institut botanique de Montpellier.
	MUSSAT, Professeur aux Ecoles d'agricul- de Grignon et de Versailles.
	ROUY, Président d'honneur de l'Association française de Botanique.
Assesseurs..........	*Quatre savants étrangers* ont été désignés à chacune des séances pour prendre place au Bureau.
Sesrétaire-général....	E. PERROT, Secrétaire général de la Société mycologique de France, Agrégé à l'Ecole supérieure de Pharmacie de Paris.
Secrétaires des séances.	MM. FRÉMONT, GAILLARD, GUÉGUEN, GUÉRIN, HOCHREUTINER, HUBER, JULIEN, LUTZ.
Trésorier...........	M. H. HUA, sous-Directeur du Laboratoire des Hautes Etudes au Muséum.

Allocution de M. le Dr DE SEYNES, Président du Congrès,

PRONONCÉE A L'OUVERTURE DE LA PREMIÈRE SÉANCE.

Messieurs,

Je vous remercie du très grand honneur que vous m'avez fait en me donnant la présidence de ce Congrès à laquelle tant de titres désignaient beaucoup d'autres de nos éminents confrères. A une modeste carrière scientifique, vous avez apporté un couronnement dont je suis profondément touché.

Pendant le siècle qui approche de son terme, la Botanique, sans abandonner ses champs naturels d'exploration, est entrée à pleine voile dans la voie des recherches expérimentales et des travaux de laboratoire : elle a mis à profit les progrès accomplis par les sciences physiques et chimiques et par la micrographie. En même temps, des régions du globe jusque-là inexplorées se sont ouvertes aux voyageurs, ils en ont rapporté d'amples moissons, et le nombre des espèces de plantes s'est accru dans des proportions énormes. Cette vaste herborisation de la terre poursuivie à travers l'espace, s'est continuée à travers le temps, grâce à la paléophytologie que ce siècle a vu naître. Un trésor d'études, des moyens infinis de comparaison de types se sont ainsi constitués et ont fourni des ressources sans cesse renouvelées à chacune des branches de la Botanique ; elles ont toutes pris un remarquable essort qui a permis à cette science de ne pas rester en arrière de ses sœurs, elle que l'on peut considérer comme leur aînée.

Le travail persévérant et réfléchi des observateurs a marqué, par d'importantes publications, les étapes de la marche en avant ; ce travail personnel et solitaire du cabinet a été quelquefois opposé au caractère plutôt vulgarisateur et généralisateur qui est dans les allures des Congrès ; on a contesté l'efficacité de ces assemblées en les accusant de trop sacrifier à la parole, aux discours académiques. Nous ne pouvons cependant oublier que dans cette même ville de Paris, où nous sommes réunis, s'est tenu un Congrès international de Botanique, d'où est sortie une œuvre considérable, perfectible sans doute comme toute œuvre humaine : la rédaction des lois de la nomenclature botanique. Si je ne craignais en discourant plus longuement, de tomber sous le coup du reproche auquel je viens de faire allusion, il me serait facile de montrer, par d'autres exemples, le rôle important joué par la réunion de nos Congrès de Botanique.

Ce rôle diffère évidemment de celui de l'effort individuel, mais il répond à une des nécessités actuelles. L'association est une force qui s'impose aujourd'hui à toutes les formes de l'activité humaine. Les Congrès, les Sociétés scientifiques sont des associations, les unes temporaires, les autres permanentes, mais les associations ne valent que par la valeur même de ceux qui les composent. Les Congrès sont donc comme les hommes, les uns excellents, les autres moindres, mais en jetant les yeux sur la liste des savants qui ont répondu à l'appel du Comité d'organisation et sur celles des travaux portés à notre ordre du jour, vous avez l'assurance que le Congrès de 1900 ne sera pas inférieur à ses devanciers. Nous avons le droit de beaucoup attendre de lui. A l'œuvre donc, Messieurs, et prenons pour devise l'ancien adage « *Acta non verba*, » que vous me permettrez de traduire librement : Beaucoup de faits, peu de paroles.

Au moment de lever la dernière séance, M. le Président prononce une courte allocution que nous résumons dans les quelques lignes qui suivent :

M. DE SEYNES pense qu'après la séance supplémentaire, rendue nécessaire par l'abondance des travaux présentés, il n'y a plus de place pour les discours. Aucun discours ne vaudrait, du reste, le langage de l'Exposition universelle qui nous parle avec tant d'éloquence des progrès réalisés par toutes les sciences.

Le Président tient seulement à exprimer l'heureuse impression qui se dégage de ces journées, où les Botanistes, venus de tous les points de la France et de tant de pays étrangers, ont pu nouer ou raffermir des relations dont profiteront également la science et l'amitié. Il a enfin un très agréable devoir à remplir, celui de remercier au nom du Congrès, les membres du Bureau, les Présidents effectifs des séances, les Secrétaires qui ont eu une tâche si laborieuse et, en particulier, le Secrétaire général, M. PERROT, dont le zèle, le dévouement et la bonne humeur ne se sont pas démentis un seul moment.

Le Président déclare close la session du 1er Congrès international de Botanique de 1900.

LISTE DES MEMBRES DU CONGRÈS

Les noms précédés d'un astérisque désignent les adhérents étrangers.

MM. ALIAS,
33, rue Mirabeau, Béziers (Hérault).

*ALTAMIRANO, F. (Dr), director del Instituto medico national, Jardin « Carlos Pachees »
Mexico.

*ALWOOD, B., Special agent U. S. Department of agriculture.
Délégué officiel du Gouvernement des États-Unis.

ARBOST, J., pharmacien,
1, rue de Lyon, Thiers (Puy-de-Dôme).

*ARCANGELI, professeur, directeur du Jardin botanique,
Pise (Italie).

*ARECHEVALETA, professeur d'Histoire naturelle médicale,
rue Uruguay, 369, Montevideo (Uruguay).

*ASHER & Co,
13, unter den Linden, Berlin (Allemagne).

*AZNAVOUR,
15, Perchembe Bazar, Constantinople (Turquie).

*BAAGŒE, Johannes, pharmacien,
Nœstved (Danemark).

BAINIER, Georges, pharmacien,
27, rue Boyer, Paris.

BALLÉ, Emile,
14, place Saint-Thomas, Vire (Calvados).

MM. BARNSBY, professeur-directeur du Jardin des Plantes,
48, place Desmoulins, Tours (Indre-et-Loire).

BARTHELAT, préparateur à l'Ecole supér. de Pharmacie,
Paris.

BEILLE (Dr), professeur agrégé à la Faculté de Médecine et de Pharmacie de Bordeaux,
13, rue de la Verrerie, Bordeaux (Gironde).

Mlle BELÈZE, Marguerite,
62, rue de Paris, Montfort-l'Amaury (Seine-et-Oise).

MM. *BERG, Carlos (Dr), professeur à l'Université,
Casilla, 470, Buenos-Ayres.

*BERLESE, A.-N., professeur à l'Université,
Sassari (Italie).

BERTAUT, René, pharmacien de 1re classe,
213 *bis*, boulevard Saint-Germain, Paris.

BESCHERELLE, Emile, ancien président de la Société botanique de France,
57, rue de Sèvres, Clamart (Seine).

BLANC, Edouard, explorateur,
52, rue de Varenne, Paris.

BOCQUILLON-LIMOUSIN,
2 bis, rue Blanche, Paris.

BOIS, D., assistant au Muséum d'Histoire naturelle,
15, rue Faidherbe, Saint-Mandé.

BONAPARTE (le Prince Roland),
10, avenue d'Iéna, Paris.

BONNET, Ed., docteur en médecine, attaché au Muséum d'histoire naturelle,
Paris.

BONNIER, Gaston, *membre de l'Institut*, professeur à la Sorbonne,
Paris.

BOREL,
305, cours Lafayette, Lyon.

BORNET, Edouard, *membre de l'Institut*,
27, quai de la Tournelle, Paris.

*BORZI, A., professeur, directeur du Jardin botanique,
Palerme (Sicile).

MM. BOUDIER, Emile, correspondant de l'Académie de médecine, président honoraire de la Société mycologique de France,
22, rue de Grétry, Montmorency (Seine-et-Oise).

BOURQUELOT, Em., professeur à l'Ecole sup. de Pharmacie, membre de l'Académie de médecine,
Paris.

*BRITTON, N.L., professor of Botany Columbia University, director in chief, New York Botanical Gardens.
Délégué officiel du Gouvernement des Etats-Unis.

*BRÜHL, Paul. professor of Physical sciences,
Engineering College, Sibpur near Calcutta. (Indes anglaises).

*BUCHENAU (le Dr Franz), Director der Realschule,
174, Contrescarpe, Bremen (Allemagne).

BUREAU, Ed., Professeur au Muséum d'Histoire naturelle,
Paris.
Délégué officiel du Ministère de l'Instruction publique et des Beaux-Arts.

*BURNAT, Emile,
Nant-sur-Vevey (Suisse).

CAMUS, Fernand (Dr),
25, avenue des Gobelins, Paris.

CAMUS, G., ancien vice-président de la Société botanique de France, pharmacien de 1re classe,
199, rue Lecourbe, Paris.

*CHALON, J., docteur ès-sciences naturelles,
Saint-Servais, près Namur (Belgique).

CHAMBRE DE COMMERCE de Paris.

CHARPENTIER (Dr),
62, rue de Clichy, Paris.

CHATENIER, directeur de l'Ecole supérieure,
Bourg-de-Péage (Drôme).

CHAUVEAUD, Gustave, directeur adjoint à l'Ecole pratique des Hautes-Etudes (Muséum),
Paris.

CHEVALIER, Auguste, chargé de mission scientifique dans l'Afrique centrale,
63, rue de Buffon, Paris.

MM. *Chodat, R., professeur à l'Université, doyen de la Faculté des Sciences,
Genève.

Mme *Chodat,
à Genève, (Suisse).

MM. Clos, Dominique, directeur du Jardin des Plantes,
2, allée des Zéphirs, Toulouse (Haute-Garonne).

Coincy (de), Auguste,
35, rue Caumartin, Paris.

Col, préparateur à l'Ecole supérieure de Pharmacie,
Paris.

Colombier (du), Maurice,
55, rue des Murlins, Orléans (Loiret).

Comar, Ferdinand,
20, rue de l'Estrapade, Paris.

Cornu, Maxime, professeur au Muséum d'Histoire naturelle,
rue Cuvier, 27, Paris.

*Crawford, W. C.,
1, Lockharton Gardens, Edinburgh, (Ecosse).

Cuisin, Ch., membre de la Société mycologique de France, (*décédé*).

*Czapek, Fred. (Dr), professeur de botanique à l'Ecole polytechnique allemande,
Prague, 1, Hussgasse, 5 (Autriche).

Daguillon, Auguste, professeur adjoint à la Sorbonne,
15, rue Singer, Paris.

Dangeard, professeur à la Faculté des sciences,
Poitiers (Vienne).

*de Candolle, Casimir,
3, cours Saint-Pierre, Genève (Suisse).

Degagny, Ch.-Louis,
à Beauvois, par Villers-Saint-Christophle (Aisne).

Delacour, Th.,
74, rue de la Faisanderie, Paris.

Delacroix, maître de conférences à l'Institut agronomique,
Paris.
Délégué du Ministère de l'Agriculture.

MM. DETHAN (G.), pharmacien de 1re classe,
14, rue de la Paix, Paris.

DE TONI, J.-B.,
San Giacomo 4539, Padova (Italie).

DOLLFUS, Ad., directeur de la *Feuille des Jeunes naturalistes*,
35, rue Pierre-Charron.

DEVEAUX, prof. adjoint à l'Université de Bordeaux.
(Gironde).

*DE WILDEMAN, E., aide naturaliste au Jardin botanique de l'Etat
à Bruxelles (Belgique).
Délégué de la Société Belge de microscopie et de l'Etat indépendant du Congo.

*DE WILDEMAN (Madame É.).
Bruxelles (Belgique).

DE VRIES, Hugo, professeur à l'Université,
Amsterdam (Hollande).

DRAKE DEL CASTILLO, Emmanuel, président de la Société botanique de France,
2, rue de Balzac, Paris.

DUFFORT, pharmacien,
Masseube (Gers).

DUPAIN, Victor, pharmacien de 1re classe,
à la Mothe-Saint-Héray (Deux-Sèvres).

DURAND, Eugène, professeur he à l'Ecole d'Agriculture,
6, rue du Cheval-Blanc, Montpellier (Hérault).

DUTAILLY, ancien professeur à la Faculté des sciences de Lyon, député,
84, rue du Rocher, Paris.

DUVERGIER DE HAURANNE, vice-président de la Soc. d'Agriculture du Cher.
à Herry, (Cher).

*ENGLER, Dr, professeur, directeur du Jardin botanique et du Musée botanique,
Berlin.

*ERRERA, Léo, directeur de l'Institut botanique,
38, rue de la Loi, Bruxelles.
Délégué officiel de l'Académie royale de Belgique.

*FARLOW, W. G., prof. Harward Univ.,
24, Quincy Str., Cambridge (Mass.), U. S. A.

*Miss Farquharson of Haughton (Marian),
Netherton, Meigte (Ecosse).

MM. Féret,
La Croix du Pin, par Manneville-sur-Risle (Eure).

*Filarszky, Ferd.,
Széchenyi U., 1 Sz, II. Budapest V. Hongrie.
Délégué officiel du Musée National Hongrois.

Finet, A.,
21, rue Treillard, Paris.

Flahault, Charles, professeur-direct. de l'Institut botan.
Montpellier (Hérault).

Mme Flahault, Charles, à Montpellier (Hérault).

M. Fliche, professeur à l'Ecole nationale des eaux et forêts,
9, rue St-Nizier, Nancy (Meurthe-et-Moselle).
Délégué officiel du Ministère de l'Agriculture.

Mlle Fortier,
7, rue du Mail, à Paris.

MM. Fournier, H. (Dr),
11, rue de Lisbonne, Paris.

Frémont, Marcel, ingénieur agricole,
Thouars (Deux-Sèvres).

Freyssinge, Louis, pharmacien de 1re classe, licencié ès-sciences.
105, rue de Rennes, Paris.

Gaillard, A., conservateur de l'Herbier Lloyd,
18, avenue Besnardière, Angers (Maine-et-Loire).

*Gallardo (Don Angel), professeur suppléant à la Faculté des sciences de Buenos-Ayres.
15, rue Dumont-d'Urville, Paris.
Délégué officiel de la Faculté des Sciences de l'Université de Buenos-Ayres.

Gallé, Emile, maître verrier, vice-président de la Société d'Horticulture de Nancy,
2. Avenue de la Garenne, Nancy.

*Gamble, J.-S., C. I. E. F. R. S., ancien membre du service forestier de l'Inde.
Highfield à East Liss (Hants) England.
Délégué officiel du Gouvern. des Indes Britanniques.

Garroutè (l'abbé),
20, rue Diderot, Agen (Lot-et-Garonne).

MM. GAVE, R. P., rédemptoriste,
Contamine-sur-Arve (Haute-Savoie).

*GEDDES, professor of botany in the University College,
Dundee (Ecosse).

GERBER, C., prof. suppléant à l'Ecole de Médecine,
25, Boulevard Gazzino, Marseille (Bouches-du-Rhône).

GÈZE, J.-B., professeur spécial d'agriculture.
7, Jardin Royal, Toulouse (Haute-Garonne).

*GHIKA, Ferd., 5, villa Mozart,
Paris.
Délégué officiel du Commissariat général de Roumanie.

*GHERSI Y VILA, Francisco,
Plaza le teragela, Cadix (Espagne).

GIDON, Ferdinand (Dr), chef des travaux pratiques d'Histoire naturelle à l'Ecole de médecine et de Pharmacie,
118, rue St-Pierre, Caen (Calvados).

GILLOT, F.-X., docteur en médecine,
5, rue du Faubourg St-Andoche, Autun (Saône-et-Loire).

GOMONT,
27, rue Notre-Dame-des-Champs, Paris.

GRAND'EURY, correspondant de l'Institut,
St-Etienne (Loire).

GRAVEREAUX,
à l'Haÿ, près Bourg-la-Reine, (Seine).

*GRAVIS, A., directeur de l'Institut botanique de l'Université,
à Liège, 22, rue Fusch (Belgique).

GRAZIANI, pharmacien de 1re classe,
63, rue de Rambuteau, Paris.

*GRECESCU, professeur à la Faculté de médecine,
Strada Verde, 5, Bucarest (Roumanie).

GRÉLET,
curé des Fosses, par Chizé (Deux-Sèvres).

*GRESHOFF, Dr, Prof., musée colonial,
à Harlem (Hollande).

*GRINTZESCO,
assistant à l'Université de Genève (Suisse).

GROSJEAN, O., instituteur,
Thurey, par Moncey (Doubs).

MM. GUÉGUEN, F., préparateur à l'Ecole sup^{re} de pharmacie, Paris.

GUÉRIN, chef des Travaux micrographiques de l'Ecole supérieure de pharmacie de Paris.
27, rue des Binelles, Sèvres (Seine).

GUIGNARD, Léon, *membre de l'Institut*, Directeur de l'Ecole supérieure de pharmacie,
1, rue des Feuillantines, Paris.

*HAMILTON, Rob.,
Délégué officiel du Canada.

HARIOT, P., préparateur au Muséum d'Histoire naturelle,
63, rue de Buffon, Paris.

*HEINRICHER, professeur à l'Université,
Innsbruck (Autriche-Hongrie).

HÉRAIL,
professeur à l'Ecole de médecine et pharmacie d'Alger.
Boulevard Bon-Accueil, Alger, Mustapha.

HERVIER, Joseph (l'abbé),
31, rue de la Barre, St-Etienne (Loire).

HENRY, professeur à l'Ecole nationale des eaux et forêts,
Nancy (Meurthe-et-Moselle).
Délégué officiel du Ministère de l'Agriculture.

HICKEL, inspecteur des forêts,
24, rue Sébastopol, St-Aignan, Rouen.

*HOCHREUTINER, Assistant à l'Herbier Delessert,
Délégué officiel de la Ville de Genève.

*HOLBROOCK, J.-S.,
New-York.
Délégué officiel du Gouvernement des Etats-Unis.

HOSCHEDÉ,
rue Amélie, 17 bis, Paris.

HUA, H., sous-direct^{r} à l'Ecole des H^{tes}-Etudes (Muséum),
254, Boulevard St-Germain, Paris.
Délégué de la Société nationale d'Acclimatation.

*HUBER, J. (D^{r}), chef de la Section botanique du Musée du Pará (Brésil).
7, rue Calvin, Genève (Suisse).

HUSNOT, T.,
Cahan, par Athis (Orne).

MM. Hy, F. (l'abbé), professeur à la faculté libre d'Angers,
rue Racine, 18,, Angers (Maine-et-Loire).

*Ikeno, professeur à l'Université impériale,
Tokyo (Japon).

*Istvánffi (Gy. de) Prof., directr du Musée ampélologique de Budapest,
Attila utca, 10, Budapest (Hongrie).
Délégué officiel du Ministère de l'Agricult. de Hongrie.

Izoard,
49, place des Petites Boucheries, Caen (Calvados).

*Jaccard, professeur,
Lausanne (Suisse).

*Jaczewski, Arthur (de), inspecteur de pathologie végétale du ministère de l'agriculture de Russie,
Millionnaïa, 11, St-Pétersbourg.
Délégué officiel du Ministère de l'Agriculture de Russie.

*Madame A. de Jaczewski,
St-Pétersbourg.

MM. Jadin, Fernand, professeur à l'Ecole supre de pharmacie,
Montpellier (Hérault).

Jaffé, Mme John,
Promenade des Anglais, Nice.

*Johnson, professeur au Royal College of science,
à Dublin.
Délégué officiel du departement of Agriculture and Technical Instruction for Ireland.

Julien, maître de conférences à l'Ecole nationale d'agriculture de Grignon,
par Plaisir (Seine-et-Oise).

Kaphahn, S.,
Anlage, 26, Heidelberg.

*King, sir Georges, K. C. I, E., F. R. S., lieutenant-colonel en retraite.
54 Parliament Str., London (Angleterre).

Klincksieck, Paul, éditeur,
3, rue Corneille, Paris.

*Koltz, J. P. J., ancien inspecteur des eaux et forêts, secrétaire de la commission d'agriculture du Grand-Duché de Luxembourg.
à Luxembourg.

MM. *Kny (Dr L.), professeur à l'Université,
Wilmersdorf bei Berlin.

*Kövessi, F., inspecteur de viticulture,
à Budapest (Hongrie).

*Krasan, Franz, professeur,
21, Lichtenfeldgasse, Graz (Autriche).

*Kuntze (Dr O.),
Villa Girola, San Remo (Italie).

Labelle, préparateur à l'Ecole supérieure de pharmacie,
Paris.

Lapeyrère, botaniste.
à Castets (Landes).

Larcher, Oscar, docteur en médecine,
97, rue de Passy, Paris.

Le Breton, André, membre fondateur de la Société mycologique de France,
Château de Miromesnil, par Offranville (Seine-Inf^re).

Ledieu,
à Amiens (Somme).

Legré, Ludovic, avocat, ancien bâtonnier,
11, rue Venture, Marseille (Bouches-du-Rhône).

Le Monnier, Georges, professeur à la Faculté des sciences,
7, rue de la Pépinière, Nancy (Meurthe-et-Moselle).

Lesparre (duc de),
62, rue de Ponthieu, Paris.

Leveillé, Hector, secrétaire général de l'Association française de botanique,
56, rue de Flore, Le Mans (Sarthe).

Lignier, O., professeur de botanique à l'Université,
70, rue Basse, Caen (Calvados).

*Lillo, Miguel, dir. de la Oficina Quimica provincial,
Tucuman (République Argentine).

Luton, Eugène, pharmacien,
Beaumont-sur-Oise (Seine-et-Oise).

*Macoun, Jam.-M.,
Ottawa (Canada).

Magnin, prof. à l'Université,
Besançon.

Lutz, L., chef des Travaux de microbiologie à l'Ecole supérieure de pharmacie de Paris.

MM. *MAGNUS, Paul (docteur), professeur extraordinaire à l'Université,
15, Blumeshof, Berlin W.

*MAGUIRE (Don), M.-E.,
549, 25 th. Street à Ogden, Utah (Etats-Unis d'Amérique).

*MAIDEN, J.-H., directeur du Jardin botanique,
Sydney (Australie).

MAIRE, René,
25, rue Sigisbert-Adam, Nancy (Meurthe-et-Moselle.

MALINVAUD, secrétaire général de la Société botanique de France,
8, rue Linné, Paris.

MANTIN, Georges, membre du Comité départemental du Loiret à l'Exposition de 1900,
Château du Bel-Air, Olivet (Loiret).

MARCAILHOU D'AYMERIC, Hippolyte, pharmacien,
Ax-les-Thermes (Ariège).

MARIE, Augustin, pharmacien, juge au Tribunal de commerce,
18, rue du Chapeau-Rouge, Avignon (Vaucluse).

*MARTEL (D[r]), agrégé de la Faculté des sciences de Turin
(Italie).

MARTY, notaire,
Lanta (Haute-Garonne).

MATRUCHOT, maître de conférences à la Sorbonne,
Paris.

MAUGERET,
102, rue du Cherche-Midi, Paris.

MAUGIN,
22, rue du Pont-des-Pierres, Douai (Nord).

MELLERIO,
18, rue des Capucines, Paris.

*MICHELI,
Château du Crest, Jussy, par Genève (Suisse).

MOROT, assistant au Muséum, directeur du *Journal de Botanique*,
9, rue du Regard, Paris.

MOUILLEFARINE, ancien vice-président de la Société botanique de France,
46, rue Sainte-Anne, Paris.

MUSÉO NACIONAL DE BUENOS-AIRES,
(République Argentine).

MM. MUSSAT, professeur aux Ecoles nationales de Grignon et de Versailles,
11, Boulevard St-Germain, Paris.

NIEL, Eugène,
28, rue Herbière, Rouen (Seine-Inférieure).

*NIEDERLEIN, Gustave (Dr), chief scientific Department,
Commercial Museum, Philadelphia.
Délégué officiel du Gouvernement des Etats-Unis.

*NOLLET, directeur du Jardin botanique,
St-Pierre (Martinique).

OFFNER, J., préparateur de Botanique à l'Université de Grenoble (Isère).

OLIVIER, Ernest, directeur de la Revue scientifique du Bourbonnais et du Centre de la France,
10, Cours de la Préfecture, Moulins (Allier).

*PAQUE, professeur de botanique à la Faculté des sciences,
Namur (Belgique).

PATOUILLARD, pharmacien de 1re classe, ancien président de la Société mycologique de France,
105, avenue du Roule, Neuilly (Seine).

PÉCHOUTRE, professeur au Lycée Buffon,
5, rue Bausset, Paris.

PELTEREAU, notaire honoraire, trésorier de la Société Mycologique de France,
Vendôme (Loire-et-Cher).

PERCHERY, pharmacien,
35, place du Grand-Marché, Tours (Indre-et-Loire).

PERROT, E., professeur agrégé à l'Ecole supérieure de pharmacie de Paris, secrétaire général de la Société mycologique de France,
272, Boulevard Raspail, Paris.

PETIT, François-Abel (le docteur),
9, rue des Halles, Carcassonne (Aude).

*PFEFFER, W., professeur à l'Université,
1, Linnéstrasse, Leipzig (Allemagne).

*PFITZER, E., professeur, à l'Université de Heidelberg,
(Allemagne).

*PLOWRIGHT, C.-B., (Dr),
7, King St., Kings Lynn (Angleterre).

MM. Poisson, assistant au Muséum d'Histoire naturelle,
Paris.

*Popta, Mlle Canna L., docteur ès sciences,
Dœrastraat 15, Leiden (Hollande).

Prillieux, Ed., *membre de l'Institut*, sénateur,
14, rue Cambacérès, Paris.

Radais, Max, professeur de cryptogamie à l'Ecole supérieure de pharmacie de Paris.

Ramirez (le Dr José), chef de la Section botanique à l'Institut de médecine de Mexico.
Délégué officiel du Gouvernement du Mexique.

Rolland, L., vice-président de la Société mycologique de France,
80, rue Charles Laffite, à Neuilly (Seine).

Rouy, G., présid. d'honneur de l'Association française de botanique,
41, rue Parmentier, Asnières (Seine).

Saunders, W., Prof. Director of the Canadian experimental farms
Ottawa (Ont.) Canada.
Délégué officiel du Canada.

Saintot, G.,
curé d'Auberive (Haute-Marne).

Seynes (J. de), président de la Société mycologique de France,
15, rue de Chanaleilles, Paris.

Simon, Eugène,
16, Villa Saïd, Paris.

Société botanique des Deux-Sèvres.
Délégué : M. Cornuault,
villa des Cascades, à Chantilly (Oise).

Société d'histoire naturelle des Ardennes,
Charleville.

Société horticole, vigneronne et forestière de l'Aube,
Troyes.

Société nationale d'horticulture, *délégués :*
MM. Bois, 15, rue Faidherbe, Saint-Mandé.
Hariot, 63, rue de Buffon, Paris.

Société des Sciences naturelles de Saône-et-Loire,
Chalon-sur-Saône.

*Société botanique italienne,
Firenze, 19, via Romana (Italie).
Délégué : M. le prof. Sommier.

*Spegazzini, professeur,
rue 56, n. 740, La Plata (République Argentine).

MM. *Strasser, Pius P., Superior in Sonnstagberg,
Post Rosenau am Sonnstagberg, N. O. (Autriche).

*Sir W. Thiselton Dyer, K. C. M. G.,
directeur général du Jardin botanique de Kew.
Délégué officiel du Gouvern. des Indes Britanniques.

*Tominz, Raimond, inspecteur général des plantations publiques, directeur du Jardin botanique,
Trieste (Autriche).

Toussaint, Anatole, curé,
Bois-Jérôme, par Vernon (Eure).

*Vam Nerom, Léon-Charles, administrateur de la Société royale linnéenne de Bruxelles,
Boulevard d'Anvers, 7, Bruxelles (Belgique).

*Van Bambeke (Dr),
7, rue Haute, Gand (Belgique).

Van Tieghem, membre de l'Institut, professeur au Muséum d'Histoire naturelle et à l'Institut agronom.
Paris.
Délégué du Ministère de l'Agriculture.

Vermorel, directeur de la Station viticole de Villefranche, membre correspondant de la Sociét. nation. d'agricult.,
Villefranche (Rhône).

*Vicente Guillem Marco,
Jardin botanique de l'Université, Valencia (Espagne).

Vidal, G., inspecteur des Contributions directes en retraite, membre de la Société botanique de France,
à Placassiers, par Grasse (Alpes Maritimes).

Villard, membre du Conseil supérieur de l'agriculture,
138, boulevard Malesherbes, Paris,

Vilmorin, Maurice (L. de),
13, quai d'Orsay, Paris.

Vilmorin, Philippe (L. de),
17, rue de Bellechasse, Paris.

MM. *Vladescu Mikael, député, professeur-directeur de l'Institut botanique de Bucarest, Roumanie.
Délégué officiel du Gouvernement de Roumanie.

*Vöchting, H., professeur, directeur du Jardin botanique de l'Université de Tübingen,
Wurtemberg (Allemagne).

*Zacharias, Eduard, directeur du Jardin botanique de Hambourg (Allemagne).

Zeiller, ingénieur en chef des Mines, professeur à l'Ecole supérieure des mines,
8, rue du Vieux-Colombier, Paris.

*Wallace-Wood, (J.).
41, rue du Plateau St-Maurice (Seine).

*Wilson, William, Dir. of the Philadelphia Commercial Museum.
Philadelphia, U. S. A.

INTRODUCTION

au Volume des Actes du 1er Congrès international de Botanique.

Paris — 1900.

Le Congrès de Paris tenu en 1900, à l'occasion de l'Exposition universelle, est le premier d'une série quinquennale de semblables assises qui auront lieu dorénavant dans les principales villes du monde entier. Grâce à l'initiative heureuse des membres de ce Congrès, pendant la période de cinq années qui séparera chaque réunion, le Bureau, après avoir dirigé les travaux de la session, reste chargé de concentrer dans ses mains tous les documents nécessaires à l'élaboration des questions susceptibles de venir en discussion devant le Congrès suivant.

Il est donc institué *une sorte de Commission permanente*, lien constant entre les botanistes de tous les pays, qui abandonnera ses pouvoirs lors de la constitution du Bureau assumant à son tour la direction de la future réunion scientifique.

Le Secrétaire général devra publier, sous les auspices de son Bureau, le compte-rendu des travaux du Congrès, puis grouper les documents qui lui parviendront dans le but d'assurer la réussite des discussions futures.

Il apportera ainsi à son successeur les éléments nécessaires au bon fonctionnement de la nouvelle Commission, et sans transition brusque, influencée seulement par l'évolution scientifique des idées, celle-ci pourra se mettre à l'œuvre et faire aboutir les vœux émis dans les réunions antérieures ou bien leur apporter les modifications qui auront été jugées nécessaires.

Nous avons donc l'honneur de présenter ici la première partie de la tâche que la Commission d'organisation et les membres du Congrès ont bien voulu nous confier. Ce volume renferme toutes les questions exposées dans les diverses réunions qui se sont tenues du 1er au 10 octobre au Palais des Congrès à l'Exposition universelle de 1900.

L'Administration de l'Exposition a publié déjà, il y a peu de temps, un compte-rendu très sommaire de nos travaux et excursions scientifiques. On y trouvera, énumérées suivant l'ordre chronologique, toutes les questions présentées à la tribune, les visites et excursions scientifiques, etc. Vient ensuite le rapport résumé des travaux que nous avons personnellement pu présenter à l'issue de la dernière séance du mardi 9 octobre.

Il n'était donc plus nécessaire, dans cet ouvrage, de tenir compte des divers ordres du jour des séances du Congrès, aussi avons-nous cru devoir adopter un plan tout à fait différent. Les lecteurs trouveront ce plan exposé à la suite de cette courte préface, en voici les lignes principales :

Les communications d'ordre purement scientifique composent toute la première partie et sont groupées autant que possible en chapitres spéciaux suivant les affinités des sujets traités.

Dans la seconde partie, nous avons réuni toutes les questions d'ordre général ayant été l'objet de discussions suivies de vœux.

Enfin dans la troisième partie, le lecteur rencontrera successivement les documents sur les présentations d'ouvrages, d'herbiers, sur les excursions scientifiques organisées pendant la session, sur les dessins exposés et enfin sur la magnifique exposition de Champignons devant laquelle près de 10.000 personnes ont défilé.

De nombreux dessins ou planches accompagnent le texte et en facilitent la lecture ; nous avons particulièrement apporté tous nos soins à cette partie du volume, regrettant d'avoir été limité par un budget malheureusement trop restreint.

L'ouvrage se termine par des tables très détaillées : 1° Table des auteurs ; 2° Table des matières ; 3° Table des vœux émis par le Congrès ; 4° Table des figures.

Nous ne saurions terminer cet exposé sans remercier MM. Guérin et Lutz, secrétaires du Congrès, qui nous ont considérablement facilité la tâche ardue d'éditer une semblable publication en un temps relativement court.

Les membres du Congrès jouiront de l'agréable surprise en recevant leur volume, d'admirer la délicate composition que le botaniste passionné et l'éminent artiste qu'est M. Gallé, a bien voulu exécuter gracieusement pour illustrer ce compte-rendu.

Nous avons ainsi terminé la première partie de notre tâche, nous continuerons avec l'aide du Bureau à apporter toute notre énergie pour préparer l'exécution des vœux émis en 1900 et assurer dans la mesure du possible la réussite complète du IIe Congrès international de Botanique de Vienne, en 1905.

Émile PERROT.

PLAN DU VOLUME.

PARTIE PRÉLIMINAIRE.

PREMIÈRE PARTIE.

Communications scientifiques.

DEUXIÈME PARTIE.

TROISIÈME PARTIE.

COMPTES-RENDUS

DU

CONGRÈS INTERNATIONAL DE BOTANIQUE

(1900)

PREMIÈRE PARTIE

COMMUNICATIONS SCIENTIFIQUES

CHAPITRE Ier

Biologie, Morphologie et Physiologie générales.

Variabilité et Mutabilité,

par **M. HUGO DE VRIES.**

La loi de QUETELET, si générale qu'elle soit, ne s'applique pourtant pas à tout le domaine de la variabilité. C'est une loi évidemment fondamentale ; pourtant il y a des phénomènes de variabilité qui ne la suivent pas. Cette contradiction apparente doit nécessairement conduire à une division de principe. Les phénomènes qui suivent la loi citée doivent être traités à part de ceux qui en suivent d'autres.

En essayant d'exécuter cette séparation, on s'étonne de ne presque pas rencontrer d'obstacles. Les [illegible]ions qui ne se conforment pas au principe de QUETELET sont d'u[illegible] autre nature et forment un groupe bien à part. Ce n'est pas un re[illegible]e de faits isolés et d'essence multiforme ; c'est un seul groupe bien caractérisé et bien arrondi. Leurs lois semblent être aussi simples et aussi générales que les autres.

Ce groupe est formé des variations par secousses. Avant la découverte de l'illustre anthropologiste belge, on les connaissait bien, et on les distinguait clairement des variations proprement dites. On les appelait *mutations*, on parlait d'*espèces mutables* et de *mutabilité*. JORDAN et son école niaient l'existence de cette mutabilité ; pour eux, toutes les formes créées étaient immutables et avaient par là même droit au rang d'espèces. Mais les variations par secousses étaient trop bien connues, notamment en horticulture, et les expériences de JORDAN montraient bien qu'on ne réussissait pas à les rencontrer dans la nature ; toutefois elles ne sont pas parvenues à convaincre ses adversaires de leur impossibilité.

Parmi ces adversaires, GODRON occupe le premier rang par son livre célèbre « *Sur l'espèce et les races* ».

La science de la variabilité emprunte son intérêt principal aux questions d'hérédité et de descendance. Mais c'est ici justement que l'opposition entre la variabilité proprement dite et la mutabilité se manifeste. DARWIN, dans son livre sur l'origine des espèces, a très bien senti cette différence, laquelle pour lui présentait une difficulté notable pour sa théorie. Il hésite toujours plus ou moins dans son choix et se demande si les variations dites individuelles ou celles par secousses ont pris la plus grande part à la formation de nouveaux types. Il répète souvent que quand on dit que les espèces doivent leur origine à la variabilité, ce dernier terme comprend aussi bien les variations individuelles que ces rares cas de changements soudains et imprévus qu'on appelle en anglais *sports*. Ces derniers cas sont bien connus en horticulture, où l'on rencontre souvent de nouvelles formes ou variétés dans des semis de provenance uniforme, sans qu'il soit ordinairement possible de préciser leur première apparition à une ou deux années près,et surtout sans qu'il soit possible d'en étudier les détails et la cause.

Pour une espèce donnée, il n'est plus possible de tracer ou d'étudier sa première apparition. L'étude comparée des caractères nous fait connaître ses affinités. Si les formes apparentées existent encore, on peut en déduire la ligne de descendance et les degrés de consanguinéité. On peut même, dans les cas les plus simples, tâcher de connaître le nombre des points de différence entre les formes les plus étroitement affines ; souvent ce nombre se trouve réduit à un seul (espèces affines de JORDAN, petites espèces et variétés de la plupart des auteurs). Mais quant au mode de formation de cette unité ou de ces groupes de caractères, l'expérience nous laisse dans la plus profonde obscurité. Il se peut qu'ils doivent leur origine à des transitions lentes et sensibles, il se peut aussi bien qu'ils aient été formés par secousses.

Les mutations qui se produisent de temps en temps en horticulture sont trop rares pour une étude expérimentale. Elles se répètent bien de temps en temps, mais ordinairement à de longs intervalles. Elles se montrent souvent presque simultanément dans différents établissements, ou dans des contrées éloignées, comme le *Dahlia* double et beaucoup d'autres variétés très connues. Mais leur première apparition est toujours embrouillée de la possibilité d'hybridations, vu le transport toujours libre du pollen par les insectes. C'est un fait bien connu que beaucoup d'hybrides, notamment les monohybrides ou hybrides d'un seul caractère, ne sauraient être distingués de l'un de leurs parents et pourtant se disjoindront par le semis. Toutes les fois qu'un nouveau caractère est apparu dans une culture et que l'hybridation a été possible, les hybrides vendus et dispersés dans différents pays pourront reproduire, par leur disjonction, l'apparence fallacieuse d'une apparition répétée de la nouveauté.

Les difficultés sont grandes, mais ce n'est pas là une raison pour ne pas les aborder. Seulement on doit commencer par bien distinguer. Et dans ce but il me semble qu'il est indispensable de séparer la mutabilité de la variabilité proprement dite. Le grand domaine de la variabilité se trouve ainsi séparé en deux provinces de valeur et d'étendue égales. A première vue, il pourrait sembler que les mutations seraient en minorité, mais bientôt on s'aperçoit du contraire. Quoique rares, les mutations sont beaucoup plus multiformes et différentes entre elles que les variations ; les lois si bien connues des dernières les rassemblent presque dans un seul chapitre.

La science de la variabilité proprement dite comprend, outre la loi de Quetelet, toute la grande question de la sélection. La loi nommée est une question de statistique ; l'étude devient expérimentale aussitôt qu'il s'agit de faire un choix parmi les individus variables ou plutôt différents. Ces individus, choisis pour porte-greffes, transmettent leurs qualités à leurs descendants. Et leurs qualités peuvent être mesurées par le degré d'écart qu'elles présentent de la moyenne de la culture où on les a choisies. Cet écart est-il transmis intégralement ou seulement en partie ? Louis de Vilmorin a répondu à cette question par l'énoncé bien connu que les descendants rayonnent autour d'un point situé sur la ligne qui sépare les parents du type ordinaire. Il y a donc régression, pour employer le terme de M. Gallon, du savant anglais qui a le plus étudié et approfondi ces questions d'hérédité. Cette régression semble être une valeur bien constante, indépendante de la nature du caractère variable, et la même pour l'homme et dans le règne animal que pour les plantes. M. Gallon l'a trouvée égale à 2/3, c'est-à-dire que les porte-graines ou les étalons choisis ne transmettraient en moyenne à leurs enfants que la troisième partie de leurs améliorations. Les deux autres tiers seraient perdus. Seulement la variabilité continue, et rayonnant autour d'un centre déjà amélioré, les variants extrêmes seront meilleurs que les meilleurs individus de la génération précédente.

Voilà le principe de la sélection. Dans les générations suivantes on peut répéter le choix en prenant toujours des exemplaires qui surpassent leurs devanciers. La sélection, c'est donc le choix répété, caractère essentiel qui la distingue du choix nécessairement simple dans le domaine de la mutabilité.

C'est par la sélection que Louis de Vilmorin est parvenu à produire les races améliorées des plantes agricoles et de grande culture. C'est à sa méthode qu'on doit les betteraves si riches en sucre, c'est par elle que Hallet en Angleterre a fait ses blés célèbres, que M. Rimpou a fait son Seigle de Schlanstedt et que nous devons la plus grande partie du progrès des races cultivées.

Ces races n'ont toutes qu'une durée restreinte. Produites par la sélection, elles en exigent la continuation pour leur existence. Elles ne deviennent jamais indépendantes du procédé qui leur a donné le jour. Par ce caractère essentiel, elles se distinguent tout-à-fait des espèces et des races systématiques, qu'on sait être absolument indépendantes des types, desquels jadis elles ont pris leur origine.

L'acclimatation est une question de variabilité individuelle et de sélection. Ici c'est le climat qui fait le choix, ou bien la culture sous un climat différent. C'est par cette méthode que les limites de la culture des blés ont été étendues vers le Nord, et que tant d'autres avantages ont été atteints.

La variabilité a ses causes; l'hérédité et le monde ambiant en représentent les principaux groupes. L'accroissement de tous les organes dépend de leur nutrition, et il en résulte que la variabilité dans la grandeur ou dans l'intensité des caractères doit dépendre aussi de cette cause. La sélection, au moins dans certains cas, est le choix des mieux nourris. L'étude de l'alimentation forme donc une des parties les plus intéressantes et les plus difficiles du domaine de la variabilité proprement dite. Ce sont les résultats de ces études expérimentales futures qui doivent un jour nous éclairer sur les relations entre la nutrition et le développement des qualités tant corporelles que spirituelles chez l'homme, question du plus haut intérêt, mais que je n'ai pas à aborder dans cet article.

Passons à la seconde branche de notre science, la mutabilité. Elle est en partie descriptive, en partie historique et expérimentale.

La partie descriptive traite des différences entre les espèces affines, ou, comme on dit ordinairement en des termes un peu vagues et hypothétiques, entre les variétés et les espèces par lesquelles elles ont été ou sont supposées être produites. Il faut distinguer en premier lieu la mutabilité progressive et rétrogressive. La première correspond à la production de nouveaux caractères, la seconde à la perte ou la disparition (le retour à l'état latent de qualités déjà antérieurement acquises). La mutabilité rétrogressive est évidemment le cas le plus simple et le plus commun; les fleurs blanches, les fruits sans épines, le manque des poils, etc., en sont les exemples les plus connus. Il est évidemment possible que les caractères disparaîtront par groupes, soit simultanément, soit successivement. La production de fleurs doubles, et notamment des capitules dits doubles des Composées, semble en être un cas intéressant.

La mutabilité progressive est ordinairement simple, n'avançant que d'un pas à la fois. Car elle est si rare que la chance de deux mutations différentes se produisant en même temps, semble être presque nulle. Elle se montre dans deux traits différents, distingués par M. CASIMIR DE CANDOLLE, qui les a nommés taxinomiques et ataxinomiques. Les mutations taxinomiques sont celles qui sont de valeur systématique, soit qu'on les retrouve comme caractères spécifiques ou génériques dans d'autres branches de système, soit qu'on n'en retrouve que les analogues. Les mutations ataxinomiques n'ont point de valeur pour la taxinomie, ce sont les déviations nuisibles ou monstrueuses qui ne sauraient se maintenir dans la lutte pour l'existence.

Comme les variations, les mutations peuvent être individuelles ou partielles, comprenant tout un individu, ou seulement une de ses parties. C'est la mutabilité par boutons qui est le plus souvent rétrogressive, et produit alors les cas d'atavisme partiel. Le marronnier ordinaire, portant une branche à fleurs doubles, décrit par ALPHONSE DE CANDOLLE, en est un exemple.

La partie historique et expérimentale du chapitre de la mutabilité en est encore à ses premiers pas. ROZE a tracé l'histoire et l'origine du *Chelidonium laciniatum* apparu spontanément, il y a deux siècles, dans un jardin d'apothicaire. Les annotations des horticulteurs et des agriculteurs sur l'origine spontanée de différentes variétés ont été recherchées et rassemblées par DARWIN et plusieurs autres savants, mais les données sont toujours très incomplètes dans un point essentiel, à savoir ce qui a précédé la première découverte : c'est le point qu'il nous intéresserait le plus de savoir. Et les cultures expérimentales dans ce but viennent seulement de commencer.

Les nouveaux types, apparus spontanément ou par mutations, semblent être ordinairement constants du premier abord. Sans doute, ils ne se montrent pas directement dans tout leur éclat ou dans toute leur beauté ou productivité. Le nouveau caractère est variable comme toutes les autres qualités des plantes, soumis à la loi de QUETELET et au principe de sélection. Il y a peu de chances évidemment qu'il se montre la première fois dans tout le développement dont il est capable. Aussi c'est une règle bien connue en horticulture, qu'il faut tâcher de remarquer les plus petites déviations; si elles sont exceptionnelles, elles sont dues à des mutations et pourront être améliorées et développées dans toute leur ampleur par une bonne sélection.

C'est un énoncé bien connu des horticulteurs que *la première condition pour produire une nouveauté, c'est de la posséder déjà.* Tout invraisemblable et se contredisant en apparence qu'il soit, ce précepte contient tout le contraste entre les mutations et les variations. Les mutations se produisant spontanément, il faut attendre et guetter leur apparition; quand elles sont là, on n'a qu'à les isoler et les cultiver. Les variations sont toujours là, on peut commencer la sélection quand on veut et comme on veut. Mais il faut beaucoup de persévérance et souvent un grand talent pour en tirer profit.

La théorie de la descendance commune de tous les organismes s'appuie tantôt sur la variabilité, tantôt sur la mutabilité, parfois sur toutes les deux. A mon avis, la variabilité n'y a rien à faire; ce sont les mutations qui ont produit les espèces, comme elles produisent de notre temps ces petites espèces, qu'on se plait à nommer des variétés. L'étude de la mutabilité gagnerait par là une très grande importance, elle pourrait nous éclairer plus tard sur les lois qui ont régi l'origine des espèces.

La viviparité dans le règne végétal,

Par M. le docteur D. CLOS.

1. Gaspard Bauhin, un des premiers, a distingué ainsi le *Poa bulbosa* vivipare : *Gramen arvense panicula crispa* (*Pinax*, 3), que Morison qualifie de *Gramen montanum panicula foliosa crispa* (*Hist.* III, 200, n° 14), et Tournefort de *gramen paniculatum proliferum* (*Instit.* 523). Scopoli gratifie la plante de *flosculis superioribus folio terminatis* (*Carn.* I, 194).

Quant à Linné, il attribue une var. *β. vivipara*, non pas au *Poa bulbosa*, mais bien à l'*alpina* (*Spec.*, ed. 2, pp. 99 et 102), se bornant à noter à propos de sa variété *γ* du *Poa bulbosa*, à laquelle il rapporte le *Gramen vernum, radice ascalonica* Vaill. « Glumæ inæquales ; aliæ latæ planæ, aliæ contractæ longiores ». Cette omission s'explique : dans la 1re édition du *Species* (de 1753), Linné n'assigne d'autre station au *P. bulbosa*, que la France (*Habitat in Gallia*, p. 70), et semble ne l'avoir guère connu, tandis que dans la seconde, de 1762, il ajoute que la plante vient en outre en Espagne, en Orient, mais dans une seule localité de la Suède, *Nycopia* (aujourd'hui Nykaping). On comprend aussi par là l'omission, à propos du *Poa bulbosa*, de son anomalie vivipare, soit dans la 13e édition du *Systema Naturæ*, de Linné, de 1796, p. 181, soit dans le *Systema vegetabilium* de Murray, de 1778, p. 96, soit dans le *Summa plantarum* de Vitman (de 1789, I, 196), et même dans le *Species* de Willdenow, de 1797, où le *P. alpina* est seul accompagné de *β. vivipara* (I, 386).

Après Linné, Villars et la plupart des floristes ou phytographes qui ont traité des Graminées, s'accordent à reconnaître la fréquence de la viviparité chez le *Poa bulbosa*, et parmi ceux qui mentionnent les deux espèces, les uns (Duby, Gussone, Michalet, Lagrèze-Fossat, Willkomm et Lange, Royer, Bras, etc.) n'ont vu vivipare que le *Poa bulbosa* ; les autres (Kœler, Mertens et Koch, Lorey et Duret, Rirchleger, Lecoq, Boreau, Bouvier, Boissier, etc.) ont constaté cet état chez les deux espèces, mais Godet et Kirschleger le signalent plus fréquent chez le *P. bulbosa*.

Tous, à peu près, le dernier excepté, qualifient, à l'exemple de Linné, cette viviparité de *variété*, tandis que l'auteur de la *Flore d'Alsace* la déclare, à juste titre, une monstruosité, une anomalie (II, p. 322) (1) ; et cet écart de l'état normal est si accusé qu'il coïncide avec un avortement partiel des organes sexuels, la plante ne pouvant se reproduire guère que par des bourgeons. Cependant, l'étude du *Poa alpina vivipara* a montré au Dr Stebler que, si l'axe ou rachis de l'épillet devient l'axe d'une jeune plante, il ne se produit de modification ni dans les glumes, ni dans la glumelle de la fleur inférieure, qui porte à son aisselle une fleur normale et fertile, tandis que la deuxième glumelle présente les premières traces de chloranthie (*Les meill. plant. fourrag.*, 2e part., p. 15, pl. 19). Dès 1845, Hugo von Mohl, scrutant la signification de la balle inférieure de la fleur des Graminées, étudiait et figurait l'épillet du *Poa alpina vivipara* (in *Botan. Zeit.*, III, 33-37, tab. I).

Inoffensive en général, cette anomalie du *Poa bulbosa* était signalée par Villars, au début du siècle dernier, comme « trop commune parmi les seigles dans le Champsaur, les environs de La Mure, de Corps, de Gap et ailleurs, où elle infeste les grains (*Dauphin.*, II, 124) ».

Lagrèze-Fossat a dit aussi que les blés de certaines contrées sont parfois vivipares dans l'Agenais et que leur viviparité, déterminée habituellement par une insuffisance de sucs nutritifs, est due dans certains cas au parasitisme de l'Euphraise odontalgique (*Du Paras. de l'Euphr. odont*, 1868, p. 4).

Un assez grand nombre d'autres espèces de Graminées ont accidentellement montré cette anomalie. Je l'ai observée, après plusieurs botanistes, chez *Phleum Bœhmeri*, et sur un fort et vigoureux pied de *Setaria glauca* à deux épis, l'un dressé et claviforme, avec les bourgeons graduellement accrus du bas vers le haut, l'autre courbé en S et tout hérissé des longues pointes des bourgeons. On a cité aussi comme vivipares les *Poa trivialis*, *pratensis*, *angustifolia*, *nemoralis*, *laxa* (ce dernier fréquemment), et surtout *stricta* à propos duquel M. Hackel

(1) On a lieu de s'étonner de voir Smith (*Flora britannica*, I, 114, de 1804) admettre à titre d'espèces, sous le nom de *Festuca vivipara*, le *F. ovina* β de Linné (*Spec.* 108), avec cette remarque : « In hortis, monente Linnæo... perpetuo vivipara manet, Videtur species a priore (ovina) distincta ». Reichenbach a figuré, à titre de *varietas*, cet état vivipare du *Festuca ovina* à côté du type (*Icon.Flor. german.*, t. I, tab. CXXXI, f. 295). Et cependant cet auteur écrivait, en 1830, à propos du *Poa alpina vivipara* « abnormitas nusquam varietas dicenda (*Flor. germ. excurs.*, I, 46) ».

écrit : *nun apogama d. h. vivipara Exemplare man Kennt*. (in *Penzig, Pflanzen-Terat.*, II, 470-471); *Dactylis glomerata*, *Cynosurus cristatus*, *Festuca heterophylla*, les *Glyceria fluitans* et *aquatica*, *Alopecurus pratensis*, *Agrostis alba*, *Holcusmollis*, les *Aira alpina* et *cæspitosa*, etc.

On n'a point déterminé encore d'une manière précise les causes de la viviparité accidentelle. Toutefois, M. le Dr A. CHABERT a constaté ce fait aussi curieux qu'important, qu'en 1895, contrairement aux années précédentes et suivantes, le *viviparisme* atteignit un très grand nombre d'espèces sur les grandes Alpes de Savoie, entre le Petit St-Bernard et le Lautaret : l'été avait été très sec. Voici la liste des espèces observées vivipares par notre confrère et que je dois à son obligeance :

1. PLANTES XÉROPHILES : *Elyna spicata* Schrad., *Agrostis rupestris*, All., les *Poa cenisia* All., *laxa* Hœnch., *minor* Gaud., *nemoralis alpina*, les *Festuca violacea* Gaud., *alpina* Sut., les *Trisetum distichophyllum* P. B., *subspicatum* P. B.

2. PLANTES (*des prairies ou des bois*) NON XÉROPHILES : *Luzula spadicea* DC., les *Poa alpina* L., *supina* Schr., les *Phleum alpinum* L., *commutatum* Gaud., *Alopecurus Geradi* Vill., *Festuca flavescens* Bell. J'estime qu'il a été autorisé à écrire : « les théories qui expliquent la genèse du viviparisme me paraissent insuffisantes (in litt.) ».

Il semble que, partout où croît spontanément le *Poa bulbosa*, il ait montré des cas de cette déviation.

Linné a été probablement le premier à introduire le mot *vivipara* dans la nomenclature végétale.

Le phénomène offert par ces anomalies de Graminées fut qualifié par TOURNEFORT et JEAN RAI de *prolifération*. Ce dernier écrit à propos du *Gramen arvense panicula crispa* C. B. (*Poa bulbosa* L.) : « Hoc genus Graminis ex sententia D. Tournefortii appellari debuisset Gramen paniculatum *proliferum*, siquidem ipsius panicula nihil aliud est quam congeries plurium bulborum minutissimorum, qui folia parva emittunt nunc viridia nunc purpurascentia, quæ pro floribus perperam habentur (*Method. Plant.*, 2e ed. de 1703, p. 178) ».

Et cette épithète *proliferum* est appliquée aux Graminées dans ce même sens par SCHEUCHZER (*Agrostogr. prodr.*, p. 21), par HALLER (*Helvet.* n° 1461). Mais la perspicacité de LINNÉ lui dévoile que ses devanciers ont confondu sous ce nom de *prolifération* deux phénomènes tout différents, et il écrit dans son *Philosophia botanica*, ed. 4, n° 120 : « Gramina alpina quasi plena evadunt dum glumæ in folia excrescunt : Festuca spiculis *viviparis* (1) »; et quelques lignes plus bas, n° 123 : *Prolifer flos ubi ex uno alius nascitur*, en même temps qu'il sépare la déviation du *Poa alpina* et de quelques autres Graminées sous le nom de *viviparité*. Swartz créait à son tour une nouvelle espèce de *Poa* sous le nom de *P. prolifera*.

De son côté, DUHAMEL, en 1758, distingue à bon droit deux sortes de proliférations : le *Prolifer frondens* et le *Prolifer flos* (*Physiq. des arbres*, II, 418).

En 1791, ROTH énonçait que la déviation *vivipara* du *Poa bulbosa* est caractérisée par : 1° culmo erecto basi geniculata curvato ; 2° panicula crispa foliosa ; 3° spiculis *viviparis* fere semiuncialibus ; 4° foliis inferioribus sterilibus, superioribus seminis loco bulbum producentibus, ovatum, durum, albidum, apice in folium viride glabrum prodeuntem ; 5° antheris stylisque nullis. (*Tent. Flor. germ.*, II, 123).

CH. ROYER a cru devoir distinguer la viviparité accidentelle des *Dactylis glomerata*, *Phleum Bœhmeri*, *Deschampsia cæspitosa*, de la normale affectant la plupart des inflorescences du *Poa bulbosa*, et toutes deux de l'*accrescence* notable des glumes et glumelles, coïncidant avec la stérilité des fleurs : *Agrostis alba*, *Phleum pratense*, *Bromus erectus* (*Flor. Côte-d'Or*, 602). A l'exemple de KIRSCHLEGER, il les considère comme des anomalies, les désignant sous le nom de *Tératologies des Graminées*. La qualification de *varietas vivipara* usitée en phytographie paraît donc erronée, et les Flores devraient, soit comprendre dans les descriptions de telle ou telle espèce sujette à cette sorte de déviation les mots *parfois*, *fréquemment*, etc. *vivipare*, ou *devia vivipara* ; soit, à l'exemple de STEUDEL, à propos des *Poa bulbosa* et *alpina*, ceux-ci : *floribus... sæpe in gemmas foliaceas mutatis* (*Synops. Plant. Gramin*, I, 250).

En dehors de la famille des Graminées, le remplacement des fleurs par des bulbilles est ou constant ou très fréquent entre autres chez *Polygonum viviparum*, deux espèces d'*Agave* et deux d'*Allium*. Quant au *Polygonum viviparum* L., qui figure sous ce nom dans la 1re édition du *Species* (p. 360), il était en général désigné par les prédécesseurs de Linné sous celui de *Bistorta* accompagné d'une de ces épithètes, *minor* (Clus) *minima* (J. Bauh.), ou de deux *alpina media* (Tourn.) En 1739, J. Ammann lui applique la diagnose : « Inferna spicæ parte tuberculis proliferis

(1) Ce doit être le *Festuca ovina* cité comme vivipare dans la dissertation *Flora alpina* soutenue en 1756, sous la présidence de LINNÉ, par N. AMMANN (in *Linnæi Fundam. botan.*, II, 614). Ailleurs, LINNÉ ajoute à propos des Graminées vivipares : *Stamineum pistillis plane evanescunt*.

turbinatis sericeis fecundata *(Stirp. rar. ruth.* 169) ». MEISNER écrit du *P. Bistorta :* « spica nunquam bulbillifera (in DC. *Prodr.* XIV, 125) ». Mais à la suite du *P. viviparum*, il inscrit le *P. bulbiferum* Royle, avec cette restriction : « Forsan mere præcedentis varietas » (Ibid. 123).

La viviparité du 1er ne paraît pas être constante d'après cette déclaration du même : « Spica... basi SÆPIUS bulbillifera et vivipara ».

En créant le genre *Agave*, composé de quatre espèces (*Species*, 461), LINNÉ y comprit, sous le nom d'*Agave vivipara*, l'*Aloe americana sobolifera* Herm., dont la panicule, dit LAMARCK, chargée de beaucoup de petites fleurs d'une couleur verdâtre, porte en outre des bulbes prolifères qui, mis en terre ou tombant d'eux-mêmes, prennent racine, poussent et constituent de nouveaux individus de cette espèce (*Dict. Bot. de l'Encycl.*, I, 53).

On sait que certaines espèces d'*Allium*, notamment les *A. magicum vineale* et *oleraceum*, ont les fleurs de l'ombelle entremêlées de bulbilles, et je ne m'explique pas dès lors la création de l'*A. viviparum* Kar. et Kir., que KUNTH tient pour une variété bulbifère de l'*A. azureum* Ledeb. (*Enum. plant.*, IV, 396).

Dans l'anomalie stérile de l'*Allium fistulosum*, dite *Catawissa*, les tiges portent au sommet de gros bulbes germant, et les tubercules de certaines variétés de pommes de terre ne fleurissant pas sont aussi parfois vivipares bulbillifères.

Un cas de viviparité accidentelle m'a été offert par l'*Albuca cornuta*, chez lequel, après l'anthèse, s'étaient formés à l'aisselle des sépales rabattus, entre eux et les pétales, une douzaine de bulbilles coniques blanchâtres et à pointe verte composés chacun d'écailles allongées que portait un très court plateau.

L'Agave Pitte (*Fourcroya gigantea* Vent.), cultivé à l'Ile de France, au lieu de fleurir, s'y charge, d'après Aublet, d'une grande quantité de bulbilles ; et Jacquin rapporte qu'un pied de cette espèce au Jardin de Schœnbrun donna, à la place de fruits, des bulbes ovales, pointus, sessiles, à folioles nombreuses les unes dans les autres, qui tombèrent d'elles-mêmes et produisirent une nombreuse famille (in REDOUTÉ, *Les Liliacées*, V, 476).

II. ROBIN et LITTRÉ disent *vivipares*, par comparaison avec les animaux, les plantes dont les graines germent dans leur péricarpe *(Dict. de Médecine) ;* et c'est, en effet, uniquement à elles que cette qualification devrait être réservée. Mais, d'autre part, le grand législateur suédois a employé et fait prévaloir le mot *vivipares* dans un autre sens, dénommant ainsi définitivement et sans recours les espèces citées. Il paraît donc rationnel et presque forcé d'admettre deux sortes de phénomènes sous le nom de *viviparité* :

1° La viviparité *embryonnaire* ou *endocarpique* ; l'embryon ou les embryons germant dans l'intérieur du péricarpe, c'est l'*intraviviparité ;*

2° La viviparité *gemmaire* extérieure et libre ou *extraviviparité*, que l'on peut subdiviser en *frondipare* et *bulbillipare*.

Les développements qui précèdent sont afférents à ces deux derniers groupes. Un mot sur le premier :

A une époque encore bien éloignée, DE CANDOLLE *(Physiol. végét.*, 2e part., p. 633, de 1832) et L.-C. TREVIRANUS *(Physiol. der Gewächse*, II, p. 572, de 1838) ont signalé les cas d'*intraviviparité* à leur connaissance. D'autres ont été observés et décrits depuis lors. La plupart se sont produits dans des fruits charnus; exceptionnellement E. MEYER a vu un commencement de germination des graines dans un péricarpe sec, presque mûr, et porté encore sur la plante de *Cistus creticus* (in *Flora od. Bot. Zeit.*, de 1828, n° 20), et M. TREICHEL un fait analogue chez des Lupins.

A la date de près d'un siècle, L.-C. RICHARD énumérait les cas de germination de graines sur la plante même, analogues à celui bien connu du Manglier, savoir chez *Sechium*, *Avicennia*, *Sphenocarpus* ou *Conocarpus racemosa* (*Analyse du fruit*, p. 92).

Parmi les faits d'intraviviparité observés chez les fruits charnus, je citerai :

1° Le Papayer : « M. WYDLER a vu aux Antilles, dit DE CANDOLLE, des graines à cotylédons développés dans des fruits encore clos de *Carica Papaya (loc. cit.)*. »

2° Dans quelques Aurantiacées : « On voit... quelquefois des fruits charnus, tels que le *Citron*, qui, sans altération apparente, renferment des graines germantes (L.-C. RICHARD, *loc. cit.*). »

3° La tomate a offert, dans un de ses fruits mûr et très sain, sans la moindre déchirure, toutes les graines complètement germées, avec de longues radicules et les cotylédons linéaires d'un beau vert (Germain de ST-PIERRE, in *Bull. Soc. bot. de France*, IV, 624).

4° La courge dite melonne ou melonnée *(Cucurbita melo-pepo)* a présenté plus d'une fois le phénomène de l'*intraviviparité*.

J.-S. ALBRECHT a observé et consigné un fait de ce genre dans les *Acta Naturæ Curiosorum*, V, 94 ; et, en 1859, M. C. BAILLET en décrivait avec soin deux cas analogues : dans l'un, toutes les graines avaient germé, les tigelles acquérant de 8 à 10 centim. de longueur ; dans l'autre, quelques-unes seulement et à divers degrés, les cotylédons étant étalés, la gemmule intacte, et les radicules avec leurs divisions rampant dans le tissu du corps placentaire (*Ann. Soc. d'hort. de la Haute-Garonne*, VI, 209-214).

5° ZUCCARINI écrivait, en 1833, dans le Recueil *Flora oder Botanische Zeitung*, n° 6 : Dans des fruits charnus mais devenus secs extérieurement de *Cactus flagelliformis*, on voit parfois des plantules déjà vertes pouvant atteindre quelques lignes de longueur.

6° Dans une note adressée en 1890 à l'Académie des Sciences et publiée dans ses *Comptes-rendus*, t. CXI, p. 954 à 956, je signalais un singulier cas de germination des graines dans le péricarpe d'une Cactée que j'avais reçue de la Martinique, le *Pereskia portulacæfolia* DC. Une douzaine de graines s'y trouvaient portées sur la paroi intérieure de l'endocarpe, par groupes de 2-3 ou solitaires, en six points, enfoncées par leur base dans des funicules dressés, de même grosseur qu'elles et pulpeux. L'embryon s'y montrait à divers états de germination, tantôt n'offrant, en dehors des segments qu'une pointe conique à côté de l'embryotège soulevé; tantôt sous forme d'un axe cylindrique blanc luisant (l'hypocotyle), de 3 à 6 centim. de longueur et forcément incurvé, fixé au péricarpe par un lacis de filaments radicellaires blancs, avec les cotylédons linéaires convolutés et mesurant jusqu'à 2 centim. de longueur sur 4 millim. de large. Par ces caractères de l'embryon, le genre *Pereskia* se rapproche de l'*Opuntia*, ayant, comme lui, des ovules campylotropes et de longs cotylédons, contrairement aux autres genres des Cactées.

Sur quelques substances aromatiques contenues dans les membranes cellulaires des plantes,

Par M. F. CZAPEK.

Ainsi que le prouvent les recherches de ces dernières années, la composition chimique des membranes cellulaires des plantes n'est pas aussi simple qu'on se l'était imaginé tout d'abord. On sait que les membranes cellulaires se colorent directement en bleu par l'iode après l'action de l'acide sulfurique, ou après traitement par certains agents particuliers.

Ce caractère avait donné à penser que les membranes cellulaires se composent exclusivement de cellulose, substance du groupe des hydrates de carbone. On croyait, en outre, que les réactions de cette cellulose étaient, dans certains cas, simplement masquées par des substances incrustantes, telles que la *vasculose* de Frémy, et les matières imprégnant le bois, le liège, etc...

Mais on n'a jamais réussi à obtenir à l'état de pureté ces substances incrustantes. On ne peut même affirmer aujourd'hui que la cellulose débarrassée de ces matières étrangères soit un corps pur. La méthode microchimique n'a fait que découvrir des réactions générales pour plusieurs hydrates de carbone. D'abord, en appliquant aux produits retirés des membranes cellulaires, les méthodes élaborées par les chimistes qui se sont occupés des sucres, M. E. Fischer en particulier, on avait pu voir qu'il y a un grand nombre de soi-disant celluloses dérivées non seulement de sucres différents, glucose, mannose, galactose, mais aussi de condensations différentes du même sucre, de telle sorte qu'elles s'hydratent plus ou moins facilement. Toute une série de ces substances est décrite dans les travaux de MM. Reiss, Gruess, E. Schulze en particulier et ses élèves qui ont fait faire à l'étude des hydrates de carbone un progrès considérable.

Je rappelle aussi, pour ce qui a trait aux matières incrustantes, les études de M. Mangin sur les substances pectiques, la brillante découverte de la chitine dans les membranes cellulaires des Champignons par M. Gilson, et les travaux de MM. Kugler et Wisselingh sur les matières ressemblant aux acides gras, dans les membranes subérifiées.

Mais, dans les membranes cellulaires, on ne trouve pas seulement des hydrates de carbone, des glycérides, des acides gras et des corps amidiés. On y trouve également des substances dérivées du benzol et qui y sont communément répandues, ainsi que je le montrerai.

M. Wiesner, un des premiers, a signalé en 1880, dans les membranes cellulaires du bois une matière aromatique, la vanilline, considérée comme un aldéhyde, auquel seraient dues les réactions colorées obtenues sur le bois. Mais MM. Tiemann et Haarmann avaient déjà supposé, en 1874, que la coloration bleu vert obtenue sur le bois au moyen du phénol additionné d'acide chlorhydrique est provoquée par la coniférine, glucoside contenant un principe aromatique, l'alcool coniférylique, et qu'on trouve dans les membranes lignifiées.

Il y a deux ans que j'étudie moi-même en détail la cause de ces réaction du bois, et les résultats que j'ai obtenus sont tels qu'il n'y a plus lieu de croire aujourd'hui à la présence de la vanilline dans les membranes lignifiées. *J'ai pu, toutefois, constater véritablement dans les tissus lignifiés la présence d'un aldéhyde aromatique.*

Si M. Wiesner a conclu à la présence de la vanilline dans le bois, c'est en se basant sur la ressemblance de la réaction obtenue, avec la vanilline comme avec le bois, au moyen de la phloroglucine additionnée d'acide chlorhydrique. On sait qu'il se produit, dans les deux cas, une coloration d'un beau pourpre. J'ai essayé cette réaction sur un grand nombre de matières aromatiques, celles en particulier dérivées de la pyrocatéchine, et je suis arrivé à ce résultat qu'il y a un assez grand nombre de substances présentant, à l'égard de la phloroglucine, une bien plus grande analogie avec le bois, que la vanilline. Ainsi, avec le safrol, l'alcool coniférylique, la syringénine, etc., la réaction colorée obtenue avec la phloroglucine est tout à fait conforme à celle que donne le bois. *Il en résulte qu'il n'est pas encore permis de conclure que la substance en question soit un aldéhyde aromatique en se basant sur cette réaction seule.*

Les réactions colorées, macrochimiques ou microchimiques, ne semblent donc pas nous permettre de déterminer la nature de cette substance.

Il est nécessaire, pour arriver à ce résultat, de séparer ce corps du bois lui-même. Les expériences, peu nombreuses d'ailleurs, tentées dans ce but, n'ont pas été jusqu'à présent couronnées de succès. Nous citerons, à ce point de vue, les travaux de M. Singer, sortis du laboratoire de M. Wiesner, les communications de MM. W. Hoffmeister, Seliwanoff, Ihl, Tollens.

En ce qui me concerne, j'ai pu, dans le cours de mes recherches, arriver à séparer avec facilité la substance de nature inconnue de la membrane lignifiée. Pour cela, le bois pur autant que possible menuisé, est traité par une solution concentrée chaude de bichlorure d'étain. Le bois décomposé est ensuite agité avec du benzol. Comme ce benzol donne ensuite avec la phloroglucine une réaction rouge intense, c'est qu'il a dissous une quantité considérable du principe cherché. Des traitements répétés avec le bichlorure d'étain permettent ainsi d'extraire du bois toute la substance à étudier.

Dans la suite, j'ai observé que les Champignons parasites des arbres provoquent chez ces derniers une décomposition analogue à celle que donne le bichlorure d'étain. Grâce à la sécrétion d'une diastase, ces champignons arrivent à fabriquer en quantité considérable une substance donnant la réaction mentionnée précédemment.

En combinant avec le bisulfite de soude le corps dissous dans le benzol, j'ai pu arriver à l'obtenir cristallisé et constater ainsi ses propriétés les plus importantes. Je ne puis entrer ici dans le détail de cette étude et je renvoie les lecteurs au *Journal de Chimie physiologique* de Hoppe-Seyler dans lequel se trouve publié mon travail. Toutefois les résultats les plus importants sont les suivants :

La substance contenue dans le bois n'est pas la vanilline, *mais certainement un autre aldhéhyde aromatique jusqu'à présent inconnu.*

Cet aldéhyde est probablement une combinaison avec des substitutions en 1, 3, 4, dans la molécule de la benzine, d'après Kékulé.

La substance donne des combinaisons colorées en jaune avec les alcalis. On obtient de plus les réactions phénoliques par les réactifs de Millon et de Liebermann.

Le corps pur est peu soluble dans l'eau, mais sa combinaison avec le bisulfite de soude s'y dissout facilement. C'est pourquoi on ne peut le considérer que comme un paraldéhyde contenant un hydroxyle. Ce n'est pas impossible qu'il présente des relations avec l'alcool coniférylique.

Mais en attendant que sa structure moléculaire soit définitivement établie, je propose de le désigner d'un simple nom « *hadromal* ».

La façon même dont il a été obtenu montre que l'hadromal ne se trouve pas dans le bois à l'état libre, mais combiné presque complètement à la cellulose probablement.

Cette substance aromatique si répandue n'est pas la seule matière dérivée de la benzine que j'ai trouvée dans les membranes cellulaires des plantes.

Les Mousses ne contiennent jamais d'hadromal, mais en général une substance ressemblant aux phénols, et de plus un corps présentant quelque analogie avec les acides tanniques, que j'ai trouvé et isolé le premier.

Si l'on traite des Sphaignes par le réactif de Millon, toutes les membranes cellulaires se colorent en rouge magnifique. De nombreuses autres Mousses, surtout celles qui habitent dans l'eau et les lieux humides, donnent la même réaction. Il est possible, chez ces plantes, de séparer en quantité considérable, par un traitement avec les alcalis étendus, le corps auquel est due cette réaction, et qui d'après mes expériences est, à n'en pas douter, un phénol. Je l'ai nommé « *sphaignol* ».

Les membranes cellulaires de quelques Mousses, surtout des Dicranacées et beaucoup de Mousses xérophiles, prennent sous l'action des solutions ferriques une coloration noirâtre. Le principe auquel est due cette coloration peut être séparé en faisant bouillir les Mousses dans l'eau à une pression de deux ou trois atmosphères. Sa solution aqueuse est acide et prend avec le chlorure de fer une coloration vert foncé. Etant donné ses autres réactions, ce corps doit être regardé comme un acide tannique et je l'ai nommé « *acide tannique de Dicranum* ».

Le sphaignol est un poison assez violent pour les petits animaux et pour les plantes, surtout pour les Bactériacées et les Moisissures. Il y a lieu, à mon avis, de rapprocher ce fait des propriétés antiseptiques bien connues des Sphaignes. On sait en outre que les Mousses des lieux humides sont évitées par les animaux qui ne les mangent jamais.

Je pourrais encore citer d'autres cas où il est également question de substances aromatiques dans les membranes cellulaires. Récemment M. Linsbauer s'est occupé de la lignification chez les Fougères. Il résulte de son travail que les membranes lignifiées de ces plantes ne présentent généralement pas la même composition que celle des Phanérogames. L'hadromal est remplacé ici par d'autres matières aromatiques jusqu'à présent inconnues.

En outre, dans le parenchyme des Phanérogames, chez les Maïs et les feuilles de Broméliacées par exemple, les membranes cellulaires présentent assez fréquement la belle réaction de Millon. Si l'on compare ces résultats avec ceux obtenus chez les Mousses, il semble bien probable qu'il s'agit encore ici d'une substance ressemblant aux phénols.

Nous sommes, d'après cela, en droit d'admettre que non-seulement les corps dérivés des corps gras jouent un grand rôle dans la composition chimique des membranes cellulaires, mais aussi les matières aromatiques. Ces dernières se trouvent ordinairement combinées avec des hydrates de carbone, et ce sont apparemment des éthers de la cellulose que nous pouvons nommer des « *cellulosides* ».

Il est impossible de donner aujourd'hui une explication précise de l'importance biologique de ces corps aromatiques de la membrane cellulaire.

Dans le cas du sphaignol, il y a lieu de croire que cette substance, comme dans d'autres cas, joue le rôle d'une matière protectrice antiseptique. On sait, d'autre part, que plusieurs bois résistent longtemps à la pourriture. Ne serait-ce pas grâce à la présence de l'hadromal ?

L'importance biologique de la lignification surtout a préoccupé beaucoup de botanistes. On a pensé récemment qu'on peut rapporter la composition chimique des membranes lignifiées au fait que les cellules lignifiées ne croissent plus. Mes études embryologiques m'ont montré qu'on peut constater déjà l'hadromal dans les parois des vaisseaux avant la résorption des cloisons transverses, surtout dans les rubans spiralés. Mais ces cellules ne croissent plus en réalité d'une manière appréciable aussitôt qu'elles sont lignifiées. Cependant les vaisseaux fermés, totalement lignifiés dans l'extrémité de la racine du Vicia Faba, possèdent encore leur protoplasme et leur noyau ; il y a donc lieu de les considérer encore comme des cellules vivantes. D'après cela, la lignification apparaît encore sous l'influence du protoplasme vivant. Elle n'est pas une transformation supplémentaire de la membrane cellulaire à l'état adulte.

En résumé, on peut dire que dans les cellules dont les membranes sont lignifiées, la vie s'écoule plus vite que dans les cellules parenchymateuses. La lignification est un signe de sénilité, et chez les cellules qui en sont atteintes, le développement cesse bientôt comme dans un organe mort.

Je voudrais, en terminant, émettre l'opinion qu'on peut rapporter la coniférine qui se présente en quantité considérable dans le suc du méristème, à l'hadromal qui est formé dans le jeune bois. Il est possible que l'alcool coniférylique participe d'une manière quelconque à la formation de l'hadromal, après le dédoublement de la coniférine.

Résumé de recherches comparées sur la division du grand noyau des Liliacées, ou noyau primaire du sac embryonnaire,

Par M. DEGAGNY,

Membre de la Société Botanique de France.

Dans le court résumé qui m'a été demandé, je ne ferai qu'indiquer et expliquer rapidement quelques-uns des faits nouveaux que j'ai pu recueillir. Pour le Lis blanc, une partie a été publiée au *Bulletin de la Société Botanique de France*, de 1894 à 1896.

Ce noyau a été étudié seulement chez le Lis blanc et chez le Lis Martagon, en France et en Allemagne, sans que les auteurs aient remarqué plusieurs phases rapides, difficiles à trouver, et qui ont une grande importance.

Avant la disparition de la membrane, le noyau forme les matériaux du fuseau, les remanie ; de granuleux en fait un plasma amorphe, au milieu duquel apparaissent bientôt des fils en quantité innombrable. On peut considérer ce premier fait comme la suite des réactions qui ont commencé dans le filament, que les matières colorables imprégnent et ramollissent, pour pouvoir se constituer *en gros grains*, puis se diviser. Les forces qui agissent au début de la division ne sont donc pas situées en dehors du noyau, mais au sein même des matières colorables du filament, *de la nucléine*. L'activité de celle-ci, qu'indique la diffusion plus intense de ses éléments colorables, la colorabilité plus grande de la linine, a été méconnue : sous un petit volume, les grains de nucléine produisent des effets considérables.

Après s'être entourée dans le noyau fermé, avant toute modification de la membrane nucléaire, de l'embryon de fuseau, la nucléine diffuse davantage des éléments colorables, imprègne la membrane, la remanie à son tour, souvent la fait disparaître. Les bâtonnets sont alors doués de mouvements intenses, ils s'entrelacent, puis se repoussent, forment des pelotons, où on les voit environnés d'asters magnifiques, que les auteurs n'ont point aperçus. Les batonnets, la nucléine en réactions, en voie de diffluence, d'agglomération *en gros grains*, montre donc l'influence qu'elle exerce sur les matériaux du fuseau qu'elle prépare, auxquels elle communique progressivement la cohésion, la résistance, l'organisation qui va en faire une matière contractile, *un kinoplasma,* capable de produire des forces vives, de réaliser un travail constatable à l'observation, même sans le secours de verres puissants, ou de réactifs souvent infidèles dans les mains les mieux exercées. Mais déjà ce travail d'organisation lente, puis de contraction intense, produit ses effets; il ne peut s'accomplir que par la mise en liberté d'une quantité notable d'énergie, que par des oxydations plus complètes *faites aux dépens* du filament ou des batonnets par le plasma achromatique dont ils se sont entourés (pour remplacer la membrane).

Les batonnets influencent donc les matériaux du fuseau, ils les organisent en kinoplasma, en plasma contractile, capable de produire des forces, du travail sous forme de contraction, comme le fait le disque sombre du muscle strié, en consommant de l'oxygène.

Les matériaux du fuseau ne sont pas d'emblée comme on l'a figuré et décrit, des fils envoyés par les centrosomes à travers des ouvertures spéciales pratiquées à la membrane nucléaire. Liquides, les batonnets les font diffuser autour d'eux; en font des matières radiantes, des *asters.* Une partie des matériaux modifiés sous l'influence de la nucléine, devenue collante, forme ensuite des pointes de demi-fuseaux, entre lesquelles les matières encore liquides forment des radiations. On a des asters entremêlés de pointes de demi-fuseaux. (Chez le *Limodorum*, M. Guignard a récemment constaté, dans les cellules polliniques, des pointes de demi-fuseaux, des fuseaux pluripolaires *avec radiations.*) Puis, à la phase suivante, les batonnets ne produisent plus de radiations, les matières diffusibles sont rentrées dans la masse, elles sont devenues coalescentes, avant de devenir contractiles; on se trouve en présence des fuseaux pluripolaires, des demi-fuseaux, aux pointes desquelles on a cru qu'il existait autant de centrosomes que de pointes. Les pointes des demi-fuseaux rentrent, sont attirées dans l'ébauche de fuseau comme sont rentrées, comme ont été attirés à leur tour les radiations: on se trouve en présence d'un fuseau à deux pointes, en rapport avec les deux groupes de chromosomes fils, qui viennent s'établir dans la plaque.

Le grand fuseau des Liliacées, Lis blanc, Lis Martagou, Fritillaire impériale, a des dimensions considérables : il a plus d'un dixième de millimètre de long (100μ), et il se raccourcit de plus de moitié. Jusqu'ici, aucun auteur ne l'a constaté. Seul, M. Guignard a figuré tout dernièrement un raccourcissement *léger* dans le fuseau des cellules polliniques du *Nymphæa*, du *Limodorum*, etc.

Fait plus curieux, difficile à expliquer par l'action supposée des corps directeurs que l'on a appelés centrosomes, qui attirent, dit-on, les demi-plaques, quand elles sont formées : chez le Lis Martagon, qui a été cependant étudié par les meilleurs auteurs, le fuseau s'allonge et se raccourcit à diverses reprises. Ainsi en est-il encore chez la Fritillaire, peu étudiée en France et en Allemagne, et qui montre des faits plus extraordinaires, tels que : la disparition totale du fuseau pendant la reconstitution de la nucléine en grains fins; puis sa réapparition.

Chez les trois plantes citées, il se fait une contraction finale qui réduit le fuseau de moitié, exigeant ainsi l'emploi d'une quantité d'énergie plus grande. Cette contraction maximum du fuseau coïncide avec le maximum d'activité de la nucléine; les chromosomes acquièrent alors *cette surcolorabilité finale* si intense et si facile à constater.

Dans la seconde partie de la division, les phénomènes les plus intéressants sont donc : le raccourcissement du fuseau; la grande diffluence des chromosomes; leur surcolorabilité; puis la rupture des fils extérieurs, que l'on a pris pour des fils nouveaux; le redressement et l'irradiation de ces fils autour du fuseau, causée, comme celle des fils des asters par l'activité des chromosomes, par l'activité des matières colorables en train de reconstituer leurs grains fins après avoir formé des grains agglomérés.

Le raccourcissement continu ou intermittent du fuseau montre que chaque moitié de fuseau s'avance vers la région équatoriale, pendant que les demi-plaques s'en éloignent. Deux mouvements en sens inverse sont donc produits dans le même temps : les moitiés de fuseau tendant à refouler les demi-plaques qui s'avancent, non aux bouts des fils cassés, mais entre ceux-ci et les fils intérieurs.

Le moment est arrivé où le fuseau a rempli son rôle. La nucléine, à son maximum d'activité, diffuse des éléments plus abondants qui le font disparaître à peu près complètement. Lui disparu, le filament, la nucléine trouvent l'énergie nécessaire à leur reconstitution en grains fins ; l'énergie qui met un terme à leur activité et à leur diffluence, comme sa diminution, avec la diminution des oxydations, avait déterminé leur *suractivité* et leur *diffluence*.

C'est donc dans le filament, dans le noyau, et non dans le cytoplasma, ou dans les corps directeurs que l'on a cru trouver, qu'il faut rechercher l'origine des forces qui donnent naissance au fuseau ; qui commencent à l'organiser derrière la membrane nucléaire ; qui polarisent ses fils en les faisant rayonner autour des chromosomes, puis plus tard aux extrémités de l'ébauche, ou du fuseau ; qui polarisent et fait diviser les grains de nucléine après les avoir fait agglomérer dans le filament ; qui font diffluer les batonnets en division, seulement dans leur partie médiane ; qui font diviser en grains fins la nucléine, quand elle rétablit son long filament, après qu'elle a acquis sa plus grande diffluence, à côté des fils qui éprouvent leur plus grande contraction : effets opposés produits par les éléments colorables diffusés dans le fuseau et brûlés plus complètement à la superficie du fuseau, y produisant avec la contraction des fils tandis qu'à l'intérieur du fuseau, brûlés moins complètement, conservant une partie de l'énergie potentielle dont ils sont chargés, ils produisent, avec des réactions différentes, la diffluence des fils, celle de la nucléine, des grains qu'elle forme pendant que ces grains s'agglomèrent ou se divisent.

Le noyau cellulaire dans quelques cas de parasitisme ou de symbiose intracellulaire,

Par **M. R. CHODAT**,
Professeur à la Faculté des Sciences de l'Université de Genève.

La présence constante de plusieurs parasites sur ou dans des végétaux supérieurs a été parfois interprétée comme l'indication d'une association symbiotique et non pas comme un parasitisme habituel. La plupart des auteurs se sont contentés, pour tirer cette conclusion, de constater l'innocuité du commensal fongique ou bactérien.

A ce titre, les galles qui constituent des productions morphologiques définies et constantes mériteraient au même titre d'être considérées comme le produit d'une symbiose.

En réalité, il n'est guère que les nodosités des racines des Légumineuses auxquelles les botanistes ont, presque d'un accord unanime, reconnu cette valeur physiologique. Les organismes parasitaires, cause de ces galles, ont rarement été étudiés pour eux-mêmes. On n'a guère établi de cultures pures que des bactéries des Légumineuses et même pour ces dernières il n'y a que M. Mazé qui ait réussi à prouver directement leur pouvoir de fixer l'azote atmosphérique. Ces résultats sont d'ailleurs contestés par M. Greig Smith. D'après Mazé, cette fixation de l'azote gazeux ne pourrait se faire qu'en utilisant l'énergie développée dans une combustion active du sucre qu'on doit ajouter au milieu de culture. Si cela est, l'on conçoit la nécessité pour le parasite de brûler, de consommer les réserves hydrocarbonées des cellules dans lesquelles il a établi domicile. En effet l'amidon, comme l'on sait depuis longtemps, disparaît rapidement des cellules envahies.

Pour les autres parasites intra-cellulaires produisant les nodosités des *Hippophaës* et des *Alnus*, ainsi que les mycorhizes des Orchidées et d'autres végétaux, peu d'expériences ont été tentées. M. WAHRLICH a isolé, il y a déjà longtemps, les champignons des Orchidées qu'il a reconnus comme appartenant à des Pyrénomycètes. Nous avons nous-même cultivé en dehors du végétal le champignon, dans des solutions nutritives diverses. Il en sera question plus loin.

Quant à l'organisme qui vit et fructifie dans le parenchyme des nodosités de l'*Hippophaës*, des *Eleagnus* et des *Alnus*, il n'a jusqu'à présent pas été isolé avec certitude.

Il nous a paru intéressant d'aborder le sujet de ce commensalisme par une étude histologique. En effet le noyau étant si important dans la vie de la cellule, il semblait que son mode de réagir serait une précieuse indication pour la résolution du problème des symbioses mycéliennes et bactériennes.

Le premier objet de notre étude a été l'*Hippophaës rhamnoides* dont les racines portent de petites nodosités digitées. Nous avons finalement reconnu après beaucoup d'errements que l'organisme qui les habite est systématiquement très voisin du *Plasmodiophora Brassicæ* Wor. On n'a peut-être sur aucun objet de botanique émis plus d'opinions contradictoires. WORONINE, qui l'a décrit pour la première fois, en fait un champignon *Schinzia alni* (*Ann. Sc. nat.*, Sér. 5, VII, 67); FRANK admet bientôt cette manière de voir ; GRAVIS croit y reconnaître une nature double : un *Plasmodiophora* et un *Schinzia*; MŒLLER n'y reconnaît tout d'abord qu'un *Plasmodiophora*, mais abandonne bientôt sa première opinion à la suite du travail détaillé de BRUNCHORST qui croit reconnaître un champignon d'un genre particulier et dont il donne une description aussi complète que fantaisiste. FRANK revient sur son opinion et défend l'opinion que les corps botryoïdes trouvés dans les cellules du parenchyme de l'*Alnus* ne sont que des produits de l'activité cellulaire, idée qu'il abandonne de nouveau en 1892 pour accepter définitivement l'opinion de BRUNCHORST.

En appliquant à l'étude de ces nodosités les méthodes de la microtechnique moderne, nous avons pu nous convaincre de l'analogie extrême que présente ce parasite avec celui qui produit la hernie du chou, le *Plasmodiophora Brassicæ*.

NAWASCHIN a montré tout dernièrement que ce parasite dont les amibes pénètrent dans l'intérieur des cellules y produit une hypertrophie du noyau cellulaire, accompagnée de déformations curieuses. Finalement le noyau contracté meurt avant la maturité des spores du Myxomycète.

Nous avons suivi dans les nodosités de l'*Hippophaës* et de l'*Alnus* le sort et du noyau de la cellule attaquée et du parasite. L'amibe, en pénétrant dans la cellule s'attaque tout d'abord à l'amidon puis se porte vers le noyau avec lequel il se maintient en contact sans toutefois arriver à l'englober complètement. En même temps que la cellule grossit, perd son amidon si elle en avait déjà formé, le noyau prend un accroissement excessif. Il se comporte comme un véritable amibe, se déformant, poussant des prolongements en doigt de gant, devenant parfois vermiforme ou ramifié. Le nucléole devient très gros, mais n'augmente pas sa chromatophilie. D'autres nucléoles apparaissent dans le noyau qui conserve pendant assez longtemps son élection pour les colorants des matières protéiques. Mais à mesure que, par division, les noyaux augmentent dans le myxomycète qui remplit maintenant toute la cellule, le noyau, devenu irrégulièrement lobé, perd son contenu colorable, sa paroi seule persiste ; il ne représente finalement plus qu'un squelette contracté et plus ou moins étoilé appliqué contre le parasite dont les spores ont pris la majeure partie du contenu.

Plus tard le plasmodiocarpe lui-même subit progressivement une altération durant laquelle il est digéré et perd sa colorabilité par les réactifs du noyau cellulaire. Le contenu des petites spores disparaît d'abord, puis le plasmode lui-même, espèce de capillitium, diminue et après n'avoir plus que l'apparence d'un réseau sans noyau est comprimé par la pression des cellules voisines qui restent turgescentes. Alors le parasite ne forme plus que des traînées étroites dans lesquelles il n'est plus possible de reconnaître la nature du végétal. Rien dans les cellules voisines ne dénote une activité exagérée. Elles persistent avec leurs caractères propres, sont souvent gorgées d'amidon et dans tous les cas ne présentent au point de vue de leur plasma ou de leur noyau aucune modification que l'on serait tenté d'expliquer par le fait qu'elles seraient le siège d'une activité spéciale, en particulier celle de la production d'un ferment digestif. On sait que ces cellules ferments sont en général riches en plasma et que leur gros noyau se fait remarquer par sa chromatophilie intense (assise épithéliale du sac embryonnaire des Composées, antipodes de ces mêmes plantes, assise digestive des sacs polliniques, etc.).

L'impression que fait cette solubilisation du contenu cellulaire et du parasite est qu'il s'agit ici d'une espèce d'autophagie. Les ferments du parasite accumulés agissent maintenant sur l'organisme mère pour le digérer d'une manière plus ou moins complète.

Ainsi, au point de vue de la cellule considérée, cette association se présente donc comme un parasitisme. Le contenu cellulaire et son noyau sont absorbés par le *Plasmodiophora*. Au point de vue de l'organisme tout entier, elle se présente comme une galle mycélienne dont le parasite est finalement résorbé soit par autophagie soit par mycophagie de la part de l'hôte. Ce dernier point reste douteux. Rien ne prouve qu'en fin de compte l'*Hippophaës* ou l'*Alnus* tirent un profit de la présence d'un parasite dans les nodosités qui se forment sur leurs racines (1).

Nous avons en particulier examiné les *Hippophaës* et les *Alnus*. Dans ce dernier genre, l'association paraît être encore plus compliquée.

Chez les Orchidées, le parasite est, comme on le sait depuis assez longtemps, un champignon filamenteux qui, pénétrant dans les cellules de l'écorce, y forme des pelottes plus ou moins denses. Nous avons également étudié les relations du parasite avec la cellule qui lui donne asile. On a examiné les racines (2) des espèces suivantes : *Ophrys myodes, Orchis palustris, Morio, laxiflora, sambucina, ustulata, Spiranthes æstivalis, Platanthera bifolia, Serapias lingua, S. cordigera, Nigritella augustifolia, Gymnadenia conopea, Neottia nidus-avis, Limodorum abortivum, Vanda Sp., Angræcum sp.*, etc.

En suivant du point végétatif vers la base de la racine le sort des cellules corticales attaquées et de leur parasite, on voit qu'en règle générale la cyanophilie du noyau augmente constamment jusqu'au moment où la pelotte mycélienne est presque digérée.

Dans le *Limodorum abortivum*, la pelotte mycélienne tout d'abord lâche devient de plus en plus dense ; le noyau cellulaire n'est emprisonné que d'un côté par le filament ; du côté opposé, il accumule la chromatine en une calotte qui parait homogène. Vers le lacis fongique il produit souvent une expansion presque hyaline en forme de suçoir. Parfois il s'étale en disque ou produit des prolongements en doigt de gant, tandis que les nucléoles augmentent en nombre et grossissent démesurément. Le noyau lui-même devient extrêmement gros et difforme. La richesse en chromatine devient excessive, mais la colorabilité des nucléoles diminue. Sur des sections faites sur du matériel paraffiné, on peut voir comment les hyphes se remplissent d'abord d'une matière colorable par les réactifs de la protéïne, puis comment les membranes en se gélifiant finis-

(1) Les cultures de HILTNER et NOBBE ne sauraient être démonstratives. Les auteurs n'ont pas fourni la preuve définitive que les végétaux sans nodosités fussent moins capables de végéter que les autres.

(2) Ces recherches encore inédites ont été faites en collaboration avec deux de mes élèves M. BARTH et Mlle VON SCHIRNHOFER.

sent par se confondre avec le contenu en une masse homogène. Cette transformation dont nous avons pu suivre tous les stades ne se fait pas dans toute la masse simultanément, mais procède de l'intérieur vers l'extérieur. Finalement la pelotte toute entière est devenue homogène et ne présente plus que faiblement de l'affinité pour les colorants des substances protéïques. Dans certains cas, il ne reste dans la cellule hospitalière que des vestiges de la pelotte mycélienne tandis qu'un plasma incolore héberge le noyau qui a repris un contour défini et arrondi. Cependant le noyau conserve encore les indices d'une hypertrophie manifeste. La chromatine a également diminué.

L'impression qui ressort de ces études est que l'on est encore ici en présence d'un parasitisme vrai de la part du champignon qui détruit l'amidon et une partie du protoplasma dont il ne semble, au moment de de l'apogée du développement mycélien, rester que des traces.

Comme dans le cas précédent,le noyau présente une métabolie curieuse, indice d'une excitation particulière ; mais il résiste à l'action du parasite qui ne finit jamais par l'englober. Les prolongements rhiziformes qu'il pousse vers la pelotte mycélienne semblent également indiquer une activité spéciale du noyau. Cependant comme la dissolution de la pelotte se fait d'une manière centrifuge et que le noyau occupe constament une situation périphérique, la digestion semble donc procéder du champignon lui-même. Il y a également ici autophagie. Le noyau présente une certaine activité, mais qui dénote bien plutôt un état maladif qu'une fonction ferment normale.

Le parasitisme semble donc ici également évident. Si la cellule finit chez certaines espèces par être restaurée, cela provient de la cessation d'activité du champignon. Les cellules voisines ne paraissent pas non plus jouer un rôle dans ce phénomène de digestion.

Le noyau des cellules corticales de l'Orchidée semble donc s'être adapté à ce commensalisme. On ne voit pas ce que pourrait apporter à la plante le champignon endocellulaire, car ses rapports avec l'extérieur sont très douteux et ce n'est que très rarement que les filaments se prolongent dans l'humus ambiant.

Dans d'autres cas, comme *Listera cordata* etc., cellule et pelotte mycéliennes ont été parfois nécrosées en même temps. Il y a d'ailleurs toute espèce de gradations dans ce commensalisme de mycorhizes.

Nous avons établi des cultures pures du champignon isolé de diverses espèces ; nous ne lui avons trouvé aucune propriété qui permettrait de faire supposer que la plante pourrait par son intermédiaire fixer l'azote atmosphérique.

Le champignon que nous avons mis en culture, Mlle VON SCHIRNHOFER et moi, avait été extrait de la racine d'*Orchis Morio*. Nous aurions pu partir de toute autre espèce puisque nous avions isolé un champignon analogue des autres espèces citées. Du champignon trié sur de l'agar au Salep, on a pu enlever une parcelle qui a été transportée dans des milieux nutritifs liquides (solution Detmer : Chlorure de potassium, 0,25 ; sulfate de magnésie, 0,25 ; phosphate de potasse, 0,25 ; eau, 1000 gr.). Le flacon I contenait, en outre, 5 0/0 de glucose ; II, 5 0/0 de saccharose ; III, 1 gramme de nitrate de calcium par litre et 5 0/0 de glucose ; IV, nitrate de calcium et 5 0/0 saccharose ; V, 1 gr. 12 de tartrate d'ammoniaque, 5 % glucose ; VI, 1 gr. 12 de tartrate d'ammoniaque et 5 % de saccharose. — La récolte a été pesée selon les règles en usage dans ces sortes d'analyses. Exprimée en poids sec constant, elle a été la suivante dans les divers milieux de culture :

I. sans Az, saccharose 5 %	0,0202.
II. sans Az, glucose 5 %......................	0,0405.
III. Nitrate de calcium glucose 5 %............	2,6683.
IV. — — saccharose 5 %.........	0,0607.
V. Tartrate d'ammoniaque glucose...........	0,5718.
VI. — — saccharose........	0,7821.

Dans une seconde série d'expériences, nous avons recommencé les cultures I et II. La seconde culture était absolument privée d'azote combiné pouvant provenir de l'atmosphère au moyen de l'appareil utilisé par M. Mozé. Durée de l'expérience, 27 janvier au 17 mars. La culture A était donc fortement aérée.

A. Sans azote glucose 5 %....................	0.0019.
B. Sans azote saccharose 5 %.................	0,0243.

Il résulte de ces recherches que nous avons répétées que le champignon qui produit les mycorhises des Orchidées n'est pas capable d'utiliser l'azote atmosphérique non combiné, même s'il a à sa disposition des hydrates de carbone et de l'O. en abondance.

Dans les nodosités des Légumineuses, en particulier celles d'un *Ornithopus* que nous avons rapporté de Corse, le noyau ne présente nullement la métabolie décrite pour les types précédents. Il peut grossir en même temps que la cellule augmente. Son nucléole reste vivement colorable et sa chromatine normalement disposée en réseau. Lors même qu'il acquière une dimension considérable, il paraît toujours bien conformé. Alors que toute la cellule est remplie de bactéries, le noyau se comporte comme s'il se trouvait au milieu d'un protoplasma normale et richement nourri.

En comparant ces résultats, nous arrivons aux conclusions suivantes :

1°. Le parasite de l'*Hippophaës rhamnoides* se comporte comme le *Plasmodiophora Brassicæ* vis à vis du noyau de la cellule attaquée. Il constitue donc un parasite au vrai sens du mot, mais il finit à son tour par être absorbé soit par autophagie soit par mycophagie de l'hôte.

2°. Le parasite champignon des mycorhizes des Orchidées se comporte au début comme un vrai parasite, mais n'arrive pas à détruire le noyau cellulaire. Le plus souvent le noyau qui a passé par un stade maladif se rétablit et restaure la cellule, tandis que le parasite est digéré soit par autophagie soit par mycophagie de la part de l'hôte en particulier du noyau.

3°. Dans le cas des Légumineuses, le parasite microbien semble constituer un associé, au moins un hôte peu gênant et toléré sans danger pour le noyau cellulaire qui reste normal quoique grossi (*Ornithopus* spec).

On a essayé de comparer la dissolution des mycorhizes des Orchidées aux phénomènes de digestion qui se passent dans les glandes de plantes carnivores, en particulier celles de *Drosera*. Les changements qui accompagnent la sécrétion et la digestion ont été étudiés par Miss Huie et plus tard par M. Rosenberg. Il ressort de ces deux études que, durant ce procès physiologique, le noyau ne présente pas de métabolisme ; les changements qu'il subit sont d'ordre interne. Le nucléole devient plus petit, mais la chromatine augmente. Dans les associations étudiées par nous, le nucléole ne diminue pas et le volume augmente considérablement. La comparaison n'est donc que superficielle.

Les noyaux des cellules attaqués par les parasites décrits ressemblent beaucoup plus dans leur manière de se comporter à ceux des glandes nectarifères et de certaines glandes sécrétrices des animaux.

BIBLIOGRAPHIE IMPORTANTE

Brunchorst, Berichte der deutsch. bot. Gesellsch., 1885, 241, et Botan. Institut, Tubingen, 1886, 151.

Dangeard, P.-A et **Armand, L.,** *Observations de biologie cellulaire*, Le Botaniste, 1896-97, série 5.

Frank, A.-B, Lehrbuch der Botanik.

— — Berichte der deutsch. bot. Gesellschft., 1887, pag. 50-58, 1889, p. 332-346.

Groom, Percy. *On Thismia Aseroë an dits mycorhiza.* Annals. of Botany, 9, 327, 1895.

Greig Smith, *The nodules organism of the Leguminosæ,* Centralblatt f. Bacteriologie 1900, II.

Hiltner et **Nobbe,** Landwirthschaftliche Versuchstation, 51, 1899.

Huie, L., *Changes in the Cell-organ. of Drosera rotundifolia,* produced by Feeding with Eggalbumen, Quarterly Journ. of microscopical science, Vol. 39, N.-S., Pl. 23. — Ibid., Vol. 42, Pl. 22.

Mazé, *Les microbes des nodosités des Légumineuses,* Annales de l'Institut Pasteur, 1898, 123-155.

Mœller, *Plasmodiophora Alni,* Bericht. d. d. bot. Gesell., 1885, 102; Ibid., 1890.

Mangin, L., *Sur la structure des mycorhizes,* Comptes-rendus, Tome CXXVI, n° 13, p. 978-981.

Nawaschin, *Beobachtungen uber den Bau, etc., von Plasmodiophora Brassicæ,* Flora, 1899, 404-427.

Magnus, W., *Studien über endotropen Mycorhiza,* Jahrb. f. w. Bot., 1900. (Travail paru après l'impression de mon rapport).

Stahl, *Der Sinn der Mycorhizenbildung,* Jahrb. f. wiss. Bot., XXXIV, 1900.

Wahrlisch, W., *Beitrag zur Kenntniss der Orchideenwurzelpilze.* Bot. Zeit., 1886.

Woronine, *Wurzelknöllchen der Leguminosen, etc.,* Mémoire de l'Académie des Sc. de St-Pétersburg, 1866, n° 6.

Schniewind-Thies, *Beiträge zur Kenntniss der Septalnectarien,* Iena, Verlag von G. Fischer, 1897.

Rosenberg, Physiologisch-cytologische Untersuchungen über *Drosera rotundifolia* L., Upsala, 1899.

Méthode statistique pour déterminer la distribution de la flore Alpine,

Par **PAUL JACCARD**,
Professeur agrégé à l'Université de Lausanne (Suisse).

Les nombreuses herborisations effectuées jusqu'ici dans les Alpes suisses, ne nous renseignent que très imparfaitement sur la distribution de la flore alpine.

L'attention s'est surtout portée sur les plantes rares dont les moindres localités sont mentionnées, tandis que les espèces vulgaires sont souvent négligées. Au point de vue des facteurs qui règlent la distribution florale, ces dernières sont pourtant les plus importantes. Comme je l'ai montré à diverses reprises, pour la région qui nous occupe, les espèces rares de la flore alpine, celles qui paraissent isolées dans certaines vallées sont le plus souvent des espèces à distribution très sporadique, dont la présence est déterminée par certaines conditions locales très particulières.

Leur répartition peut se modifier d'une manière sensible dans le cours d'un siècle par suite de changements locaux dont l'un des plus fréquents résulte des effets de l'érosion sur le substratum.

Les espèces en question sont très souvent des « reliquats » de l'époque glaciaire et à cet égard présentent un grand intérêt.

Néanmoins elles nous donnent peu de renseignements sur le *rôle actuel* des facteurs biologiques dans la distribution du tapis végétal, formé essentiellement d'espèces vulgaires, c'est-à-dire, très répandues.

L'étude directe de ces facteurs est encore bien imparfaite : on connaît, il est vrai, plus ou moins le rôle de la déclivité, de l'exposition, des conditions physiques du sol sur le groupement des espèces, c'est-à-dire, sur les *associations végétales*. J'ai pu montrer, par exemple, dans une étude sur la Flore du bassin du Trient, que le simple examen de la carte topographique au 1/50.000 pouvait permettre d'en déduire la distribution de la prairie alpine, des bruyères, de l'*Alnus viridis* de l'*Alchemilla pentaphylla*, etc.

Par contre, les causes précises qui déterminent la composition florale de la prairie alpine, par exemple, celles qui font varier cette composition florale pour un même type d'association envisagé dans des districts ou des sous-districts relativement peu éloignés, voilà ce qu'il serait intéressant de mieux connaître.

L'étude directe des facteurs biologiques considérés isolément dans leur action sur telle ou telle plante a présenté jusqu'ici des difficultés techniques presque insurmontables, et même en ce qui concerne l'hygroscopicité du sol, sa chaleur spécifique, son pouvoir rayonnant, etc, on ne possède que des données trop générales pour être applicables à l'étude de la distribution spécifique.

Comme les variations dans la composition florale sont nécessairement parallèles à celles des facteurs qui les déterminent, il m'a paru qu'il devait être possible de déterminer dans une certaine mesure les variations des causes par les variations des effets.

Voici de quelle façon j'ai essayé d'y parvenir :

Mes recherches ont porté sur trois *districts* également distants l'un de l'autre de 50 km. environ, à vol d'oiseau, disposés par conséquent en triangle. Ce sont :

1° Le haut bassin de la Sallanche et du Trient, entre la Dent du Midi et le Buet (*abrév*. Trient).

2° Le massif de Wildhorn, entre le Sanetsch et le Rawyl (*abrév*. Wildhorn).

3° Le haut bassin des Dranses de Bagnes, Entremont et Ferret, entre le col de Fenêtre et le col Ferret (*abrév*. Dranses).

Ces trois districts sont tous tributaires du Rhône, sauf le versant nord du Wildhorn. Grâce à leur proximité, leurs conditions météorologiques générales paraissent très semblables. Par contre, leur substratum est des plus variés. Wildhorn est entièrement calcaire ; Trient comprend du Gneiss et des Calcaires triasique jurassique et crétacique. Enfin les Dranses présentent la plus haute diversité géologique et possèdent : schistes de Casana, Schistes calcifères triasiques, Gneiss d'Antigorio, Syénite, Dolomie, Schistes houilliers, Protogyne, etc.

Chacun des trois districts que nous envisageons se subdivise en vallons parallèles constituant autant de *sous-districts*.

Wildhorn en comprend 2 : Iffigen et Küh-Dungel (1).

Trient en comprend 3 : Salanfe, Emaney, Barberine.

Dranses en comprend 3 : Ferret, Entremont, Bagnes.

Enfin dans chacun de ces sous-districts, j'ai envisagé un certain nombre de *localités* situées dans des conditions d'altitude et de déclivité comparables, recouvertes par le même type d'association (la prairie alpine), mais différant par l'exposition et la nature du substratum.

J'obtins ainsi trois degrés de comparaison ; entre les districts, les sous-districts et les localités d'un même territoire.

*
* *

1. En faisant le relevé complet de *toutes les espèces* rencontrées dans les zones alpine et nivale de chacun des trois districts, T. W. D., nous obtenons les chiffres approximatifs suivants (Abstraction faite des variétés et hybrides) :

Wildhorn : 350 espèces.

Trient : 470 espèces.

Dranses : 600 espèces.

La première conclusion qui ressort de ces chiffres lorsqu'on examine la carte géologique et topographique du territoire étudié, c'est *que la richesse florale de chacun des districts est directement proportionelle à la diversité de leurs conditions biologiques*.

2. Lorsqu'on détermine les espèces absolument spéciales à l'un des districts, à l'exclusion des deux autres, on constate que leur nombre est *très faible*. Toutes sont des espèces rares, le plus souvent hautes-alpines, presque toujours exclusives au point de vue du substratum et qui possèdent une distribution très sporadique. Leur répartition dans les districts qui nous occupent résulte beaucoup plus de l'action de conditions locales que d'une immigration passive, immigration que l'on pourrait attribuer à la proximité des territoires floraux auxquels chaque district confine plus directement.

Les plantes qui forment le tapis végétal des trois districts W. T. D.

(1) Du moins deux principaux, ce sont les seuls dont nous nous occuperons.

appartiennent donc en très grande proportion à des espèces répandues dans toute la zone alpine (y compris subalpine et nivale.

Néanmoins, malgré cette faible proportion d'espèces nettement spéciales à l'un ou l'autre des districts, *on constate qu'il n'y a que le tiers à peu près du total des espèces rencontrées sur l'ensemble du territoire envisagé qui soient communes aux trois districts : Trient, Wildhorn, Dranses.*

Pour obtenir ces résultats, j'ai dressé la liste aussi complète que possible de toutes les espèces rencontrées par moi ou signalées par d'autres sur l'ensemble des trois districts sus-mentionnés. Puis dans une série de colonnes correspondant aux localités explorées, groupées par districts et sous-districts, j'ai désigné par un pointage approprié la distribution de chaque espèce.

Il ne m'a été possible de donner à ce travail toute la précision nécessaire que grâce aux nombreuses publications floristiques qui concernent la flore des Alpes, grâce surtout au « *Catalogue de la Flore des Alpes valaisanes* » de Henri Jaccard, ouvrage aussi précis qu'abondamment documenté.

3. En établissant pour les districts ou les sous-districts PRIS DEUX A DEUX une comparaison analogue, j'obtins une proportion d'espèces communes très voisine *de la moitié* du chiffre total. Ainsi, entre Trient et Wildhorn, nous trouvons 280 espèces sur un total de 560, soit exactement la moitié.

Entre Wildhorn et Bagnes, il s'en trouve les 5/12 environ.

Entre Trient et Bagnes, 310 sur 600 environ, soit un peu plus de la moitié.

4. Enfin, en faisant porter la comparaison, non plus sur la totalité des espèces des différents districts ou sous-districts, mais sur les espèces constituant un même type d'association envisagé dans diverses localités, j'ai pu constater que *la proportion d'espèces communes à deux localités se rapprochait sensiblement du tiers des espèces rencontrées sur les deux localités comparées.*

J'obtins ces résultats en prenant comme type d'association *la prairie alpine* comprise entre 1900 et 2400 mètres et en choisissant autant que possible des localités comparables au point de vue de la déclivité, de l'humidité et de l'état d'avancement de la flore.

Dans chaque cas, accompagné d'amis botanistes, j'ai noté avec soin toutes les espèces reconnaissables (en boutons, en fleurs ou en fruits) réparties sur une bande de 100 mètres de largeur environ et comprise entre les deux altitudes 1900-2400.

Cette opération ayant été faite de la même façon et dans les mêmes conditions pour toutes les localités, les résultats obtenus sont comparables. Ces relevés floristiques ayant été notés dans le tableau général des espèces dont il a été fait mention plus haut, il ne restait plus qu'à les comparer pour en tirer les conclusions.

Le nombre des localités ainsi explorées s'élève à une dizaine. En voici l'indication avec leur numéro d'ordre :

1. *Plan la Chaud* (val Ferret), sur schistes triasiques calcifères. 1900-2400 m. Exposit. : ouest.
2. *La Peulaz* (val Ferret), sur schistes triasiques calcifères. 1900-2300 m. Exposit. : est.
3. *Col Ferret* (versant sud), sur jurassique inférieur avec affleurements de quartzites. 1900-2400 m. Exposit. : sud-ouest.
4. *Alpe de Tsessettaz* (Combe de La. Entremont), sur dolomie. 2000-2300 m. Exposit. : est.
5. *Alpage des Vingt-Huit* (Bagnes), sur schistes calcifères triasiques et schistes de Casana. 2000-2500 m. Exposit. : ouest.
6. *Barberine* (Trient), sur Jurassique inférieur. 1900-2300 m. Exposit. : sud-ouest.
7. *Luisin* (Emaney), sur Gneiss. 1900-2400 m. Exposit. : ouest.
8. *Gagnerie* (Salanfe), sur calcaire jurassique supérieur. 1900-2450 m. Exposit. : ouest.
9. *Iffigen* (Wildhorn), sur calcaire crétacique et mummulitique. 2000-2500 m. Exposit. : sud-est.
10. *Küh-Düngel* (Wildhorn), calcaire crétacique et mummulitique. 1850-2300 m. Exposit. : nord-est.

Dans le tableau suivant, la 1re fraction indique, par leur numéro d'ordre, les deux localités comparées ; la seconde, la proportion d'espèces communes qui s'y rencontrent.

Ainsi la localité numéro 1, Plan la Chaud, et la Peulaz n° 2 possèdent ensemble 155 espèces dont 53 leur sont communes. La flore de ces deux localités possède donc un coefficient de parenté sensiblement égal à 1/3, ce qui indique l'expression $\frac{1}{2} = 1/3$.

PROPORTION DES ESPÈCES COMMUNES ENTRE LES LOCALITÉS 1-10.

$\frac{1}{2} = 1/3$	$\frac{8}{5} = 4/11$	$\frac{6}{9} = 3/10$
$\frac{1}{3} = 2/5$	$\frac{8}{9} = 1/3$	$\frac{6}{10} = 1/3$
$\frac{1}{4} = 2/5$	$\frac{8}{7} = 1/4$	$\frac{6}{2} = 3/10$
$\frac{2}{3} = 4/11$	$\frac{6}{7} = 3/10$	$\frac{6}{3} = 3/10$
$\frac{2}{5} = 4/11$	$\frac{6}{8} = 3/10$	$\frac{9}{10} = 4/9$

A l'exception de deux, ces coefficients de communauté sont compris entre 3/10 et 4/10, soit *un tiers* approximativement.

Le rapport $\frac{8}{7} = 1/4$ concerne deux localités très voisines mais situées sur des substratum fort différents : gneiss compact et calcaire jurassique. La déclivité de l'altitude et l'exposition étant semblables dans les deux cas, la plus faible valeur du coefficient de communauté est attribuable entièrement à la différence des sols.

Le rapport $\frac{9}{10} = 1/9$ nous donne l'exemple contraire d'une communauté supérieure au tiers provenant de ce que les deux alpages comparés Iffigen et Küh Dungel sont très rapprochés et possèdent le même substratum.

Cette influence du sol est particulièrement accentuée dans le val Ferret où l'on constate que les 8/10 des espèces notées sur la protogyne et le Houiller sont communes à ces deux terrains, bien qu'ils occupent pourtant les deux flancs opposés de la vallée. Par contre, le coefficient de communauté entre les espèces du Houiller et des schistes calcifères de ce même val Ferret se monte à 3/10 seulement.

5. Après avoir ainsi déterminé le coefficient de communauté florale de nos diverses localités *prises deux à deux*, il était intéressant de voir quels sont les éléments qui constituent cette communauté.

On pouvait s'attendre à ce que cette proportion relativement constante d'espèces communes soit constituée par un certain nombre d'ubiquistes également répandues sur tout le territoire T. W. D.

Chose curieuse, il n'en est rien. Les espèces communes aux stations 1 et 2 par exemple, ne sont pas, en grande partie du moins, communes aux autres localités. En constatant la chose, j'ai été amené à déterminer le *degré de fréquence* de chaque espèce et voici les résultats auxquels je suis arrivé.

1° *La moitié environ des espèces relevées sur les 10 localités comparées se rencontrent sur plus d'une localité.*

2° *Aucune d'elle n'a été trouvée à la fois sur les 10 localités.*

3° *Plus du quart de ces espèces ne se rencontrent que sur deux localités à la fois seulement et près des trois-quarts sur moins de 4 localités à la fois.*

On constate ainsi que le nombre des véritables ubiquistes pour le type d'association que nous avons choisi (prairie alpine) *est beaucoup plus faible* que pourrait le faire supposer un examen superficiel du tapis végétal. Je n'ai guère rencontré *qu'une vingtaine d'espèces* possédant un degré de fréquence supérieur aux 2/3 du maximum possible (1). Parmi ces espèces véritablement ubiquistes pour la prairie alpine, nous pouvons citer : *Nigritella angustifolia*, *Homogyne alpina*, *Anthoxanthum odoratum*, *Gentiana excisa*. *Saxifraga Aizoon*, *Myosotis alpestris*. *Viola calcarata*, *Plantago alpina*, *Vaccinium Myrtillus*, *Rhododendron ferrugineum*, *etc.*

6. La méthode statistique que j'ai appliquée aux territoires Trient-Dranses-Wildhorn, m'a donc permis de préciser dans quelle mesure varie la composition florale de la prairie alpine d'une localité à l'autre.

Les *coefficients de communauté* obtenus entre les divers termes de comparaison correspondent à certaines analogies de conditions biologiques locales et peuvent servir à les évaluer.

L'uniformité remarquable de ces coefficients de communauté pour toute l'étendue du territoire envisagé, doit être la conséquence de conditions biologiques générales.

On ne saurait attendre d'une étude aussi restreinte qu'elle précise quels sont ces facteurs biologiques locaux et généraux. Il ne sera possible de rattacher la distribution florale à ses causes actuelles qu'en multipliant de semblables recherches de manière à déterminer l'allure des variations, et la valeur des coefficients de communauté florales dans des régions beaucoup plus étendues.

7. Les recherches dont nous avons l'honneur d'entretenir le Congrès de botanique sont de celles qu'il est difficile de résumer beaucoup, tout en restant précis. Les faits que notre méthode statistique met en lumière

(1) C'est-à-dire communes à plus des 2/3 des 15 rapports $\frac{1}{2}, \frac{1}{3}, \frac{1}{4}, \frac{2}{3}$ établis plus haut.

s'apprécient par des chiffres et des listes de plantes. Nous ne pouvions donner ni l'un ni l'autre suffisamment dans un semblable extrait, c'est pourquoi nous renvoyons pour les détails aux publications suivantes qui toutes se rapportent au sujet que nous venons d'exposer brièvement :

Ce sont :

1° Etude sur la florale du vallon de Barbérine (*Bull. soc. vaud. sciences nat.*, Vol XXXII). En collaboration avec J. Amann.

2° Etude géobotanique de la flore du haut bassin de la Sallanche et du Trient (*Revue générale de botanique*. Tome X, p. 33-72).

3° Contribution au problème de l'immigration post-glaciaire de la flore alpine (*Bulletin de la soc. vaudoise des sciences naturelles*. Vol. XXXVI. p. 81-130. Une carte).

4° En préparation pour paraître dans la même publication. Vol. XXXVII. Distribution de la flore alpine dans le bassin des Dranses (Bas-Valais).

5° L'immigration post-glaciaire et la distribution actuelle de la flore alpine dans quelques régions des Alpes. (*Archives des sciences physiques et naturelles*, t. X, septembre et octobre 1900, Genève).

Sur une manifestation particulière des sensibilités géo- et héliotropiques chez les plantes,

Par B.-P.-G. HOCHREUTINER,

Dr ès-sciences, Privat-docent à l'Université de Genève,
Assistant à l'Herbier Delessert.

GÉNÉRALITÉS

En 1896 (1), nous avons signalé le redressement de la partie morphologiquement inférieure d'une tige sous l'influence du géotropisme négatif.

A ce moment déjà, nous avons attiré l'attention sur ce qu'il y avait de curieux et d'anormal en apparence dans ce phénomène. On se rendra clairement compte de cette anomalie, si l'on veut bien admettre la définition suivante :

« *Les courbures géo- ou héliotropiques, effectuées par les plantes, ont toujours pour but de placer leurs organes dans la position la plus propre à un bon fonctionnement* ».

La tendance finale est en effet indéniable dans tous ces mouvements opérés en vue de donner à la plante l'apparence que nous lui connaissons : la tige redressant en général son sommet vers le ciel, et la racine s'enfonçant dans le sol.

Néanmoins, cette tendance semble parfois bouleversée. Si l'on coupe un rameau négativement géotropique et qu'on le fixe horizontalement par son sommet, au lieu de le maintenir par sa base, on voit cette dernière se redresser peu à peu et prendre bientôt la position verticale. Les feuilles ont alors leur face inférieure tournée en haut et leur face organiquement supérieure tournée vers le bas. Les premières racines, apparaissant à la base organique de la tige ont un long chemin à parcourir avant de pénétrer

(1) *Revue générale de botanique*, T. VIII, p. 90, 1896.

dans le sol. Le résultat de cette courbure est donc une position absolument anormale pour la plante.

Frank (1) avait déjà remarqué ce qu'il y avait de surprenant en apparence dans ce phénomène.

Plus récemment, F. Darwin (2) et Copeland (3) ont fait de nouvelles expériences et émis des théories. Nous en parlerons à propos des différents arguments que nous présentons.

La première explication qui vient à l'esprit est celle adoptée par Copeland : Le redressement de la base des tiges n'aurait pas de but final, parce qu'il serait un corollaire de la courbure affectant normalement le sommet. Les mouvements géotropiques étant produits par une croissance exagérée sur l'un des côtés de la tige, on pourrait admettre que cette différence de croissance redresse forcément la base lorsque le sommet est fixé.

Cependant les considérations suivantes montrent que ce phénomène n'est pas simplement un corollaire des tropismes normaux.

1. — Fixons horizontalement par la base et par le milieu un rameau négativement géotropique. Au milieu, une différence de croissance va se produire, et elle s'accentuera jusqu'à ce que le sommet soit dressé verticalement. A ce moment, la courbure cessera ; le géotropisme est satisfait. Nous en concluons que la force qui agissait pour redresser la tige a cessé son action ; il y a équilibre.

Si nous libérons alors la base du rameau, nous voyons une deuxième courbure se manifester : la base du rameau se redresse et vient prendre une position approximativement parallèle à celle du sommet. Le nœud, ou la portion de tige, qui aurait produit une courbure de 90° dans les circonstances habituelles, produit ici une courbure de 180° (4). Parfois même chacun de ces infléchissements est localisé dans un nœud différent, et nous observons deux courbures distinctes d'environ 90°.

Il nous faut donc admettre qu'au moment où nous avons libéré la base, une nouvelle prolifération de cellules a eu lieu à la face inférieure de la tige. Cette différence de croissance s'est maintenue jusqu'à l'érection verticale de la base. Conclusion : la base, comme le sommet organique

(1) Frank : *Beiträge zur Pflanzenphysiologie*, p. 80-85. Leipzig, 1868.

(2) Darwin : On geotropism, etc., in *Annals of Botany*, XIII, 567-574, déc. 1899.

(3) Copeland : Studies on the geotrop. of stems in *Botanical Gazette*, XXIX p. 185-188, 1900.

(4) Cette expérience réussit aussi bien avec des rameaux adultes qu'avec de jeunes plantules. Voir à ce sujet, par exemple, notre dessin dans la *Revue générale de Botanique*, loc. cit., Fig. 11 et 12.

de la tige, possède une sensibilité qui la pousse à se dresser verticalement et qui arrête la courbure une fois cette position atteinte.

Si la base était indifférente, et que dans une tige horizontale le géotropisme induise seulement une force x destinée à produire une courbure de 90°, une fois le sommet dressé, la base devrait rester immobile.

2. — Si le géotropisme négatif est une sensibilité localisée dans l'apex et provoquant une différence de croissance jusqu'à ce que ce dernier soit dirigé vers le ciel, — comme le veut F. Darwin, — l'expérience précédente reste inexplicable. En outre, lorsque le sommet est fixé horizontalement, la différence de croissance des deux côtés de la tige devrait se perpétuer et provoquer une courbure continue de la base, si cette dernière était indifférente au géotropisme.

Or il n'en est rien. La courbure cesse, dès que la base s'est dressée. A plusieurs reprises même, nous avons observé certaines tiges ayant un peu dépassé la verticale, mais y revenant ensuite. (Voir plus bas quelques restrictions dans nos remarques.)

Il semble donc bien que la base de ces rameaux ou de ces plantules possède une sensibilité géotropique particulière, tendant à la dresser vers le zénith.

D'après notre première expérience, recourbement en U, on pourrait dire, il est vrai : La pesanteur induit une force 2 x, amenant une courbure de 180°. Si le sommet ne dépasse pas 90°, quand la base est fixée horizontalement, c'est qu'il possède une sensibilité négativement géotropique le ramenant dans la verticale.

Mais alors, si la force induite est 2 x, — le sommet étant fixé horizontalement, — pour que la base ne dépasse pas 90°, il faut qu'elle possède aussi une sensibilité négativement géotropique. J'ajouterai que cette sensibilité est d'ordre assez particulier puisqu'elle produit la position renversée.

1. Remarque. — On pourrait croire que les expériences de Fr. Darwin détruisent notre raisonnement. Nous ne le pensons pas ; il faudrait pour cela que ses expériences pussent être généralisées. Fr. Darwin a vu des plantules de *Sorghum*, *Setaria*, *Phalaris*, fixées par leur sommet, recourber leur base en une spire continue. Nous avons observé le même phénomène, un peu moins marqué, chez des tiges adultes de *Tradescantia*, mais dans un cas seulement, à savoir : lorsque le rameau était placé verticalement, l'apex en haut, et fixé en ce dernier point. Dans tous les autres cas, la base s'est dressée verticalement et même, après avoir dépassé la verticale, elle y est revenue.

Devons-nous donc admettre la théorie de F. Darwin. Nous ne le pensons pas ; le cas observé par nous, ainsi que la dernière expérience de Darwin lui-même, sont précisément en contradiction avec sa théorie. En effet, si l'apex est dressé verticalement, comment admettre qu'il y ait en lui une sensibilité qui transmette à l'hypocotyle (respectivement à la base de la tige) l'ordre de se recourber ?

D'autre part, l'idée émise par nous, d'une sensibilité de la base des tiges, est insuffisante pour expliquer cet enroulement en spirale. On ne saurait étendre l'explication de Copeland — donnée plus bas — à l'enroulement en spirale ; ce serait peu vraisemblable, surtout si l'on considère que le même nœud peut se recourber au-delà de 180°.

Faut-il donc voir dans cet enroulement un cas particulier et plus ou moins pathologique de géotropisme ? Nous posons la question sans vouloir la résoudre. Ce qu'il y a de certain, c'est que la sensibilité localisée au sommet de la plante ne pourrait pas expliquer les cas où, après avoir dépassé la verticale, la base de la tige y revient.

2. Remarque. — Dans beaucoup de nos expériences, on pourra voir qu'en se redressant, la base de la tige a légèrement dépassé la verticale sans y revenir ultérieurement. Cela n'infirme pas notre manière de voir, parce que ce phénomène est peu accusé. Copeland l'a déjà mentionné et en a donné l'explication. Nous la rappellerons ici : La base de la tige est toujours la partie la plus âgée et ce sont les parties jeunes, encore en voie de croissance, qui peuvent effectuer des courbures, et qui sont affectées par le géotropisme. Si donc un entre-nœud s'est dressé verticalement et qu'ensuite il soit entraîné passivement au-delà de la verticale par le redressement de l'entre-nœud suivant, il peut se faire qu'il n'ait plus la vitalité nécessaire pour revenir en arrière.

3. — Enfin, voici un troisième argument montrant bien qu'il y a là plus qu'un corollaire, qu'il y a même dans ces phénomènes quelque chose de contraire aux explications mécaniques des tropismes.

Supposons en effet que les mouvements géotropiques soient dûs à une différence de croissance, et que cette différence de croissance provienne uniquement de la position du végétal par rapport au centre de la terre. Dès lors une tige négativement géotropique, placée horizontalement, ou verticalement avec son sommet en bas, présenterait toujours une différence de croissance sur ses deux côtés et le sommet se redresserait. D'autre part, si une tige était dressée, aucune différence de croissance ne devrait se manifester.

Beaucoup de personnes se représentent les choses de cette façon, cependant cette théorie ne peut expliquer les phénomènes suivants.

On dit : Toute tige dressée ayant son sommet dirigé en haut ne présente pas de différence de croissance et par conséquent pas de courbure. Cela n'est pas exact.

(*a*) Libérez d'une façon ou d'une autre la base de cette tige, en la coupant par exemple ; si le sommet est fixé, vous verrez la tige se recourber et se dresser en sens inverse. La tige était toujours verticale et son sommet dirigé en haut, comme dans l'état normal, cependant il s'est produit une différence de croissance et une courbure s'en est suivie. Cette courbure peut même se continuer au-delà de 180°.

On dit aussi : Toute tige que l'on fixe par la base avec le sommet dirigé verticalement en bas, présente bientôt, grâce à cette position anormale, une différence de croissance dont le résultat est une courbure du sommet; la tige prend la forme d'un U.

(*b*) Laissez ce fragment de tige dans cette même position, mais au lieu de le fixer en haut, fixez-le en bas, c'est-à-dire par son sommet organique. Aucune différence de croissance ne se produit et nous n'observons aucune courbure. Si parfois il s'en produit une, elle est minime et pas à comparer avec le redressement d'une tige fixée par le haut. Elle est due probablement à des effets rémanents. Il est vrai que si une différence de croissance se produisait, elle aurait pour conséquence une courbure positivement géotropique de la base de la tige.

Frank s'est efforcé d'expliquer, au moins le premier de ces phénomènes (*a*), par les différences de croissance induite. On peut admettre en effet qu'une tige fixée par son sommet n'est pas exactement verticale. Dès lors, le géotropisme peut agir, et la base est entraînée vers le haut.

Mais alors notre seconde expérience (*b*) devient incompréhensible. Il est vrai que Frank a fait cette même expérience, mais son explication n'est pas claire. La théorie exigerait une courbure équivalente à celle que l'on observe dans le cas (*a*), c'est-à-dire 180° ou plus. Or que dit l'auteur : « Der nach oben weisende Theil des Schaftes wurde etwas aus der verticalen Richtung abgelenkt ». Il paraît que la courbure était bien faible, et pas à comparer avec celle de l'expérience (*a*). Cette explication est donc insuffisante, et il faut admettre une sensibilité de la base.

De tout cela, il nous semble donc légitime de conclure que la position d'un organe par rapport à la verticale est sans grande influence sur les courbures géotropiques et que le point de fixation est très important. Faites varier ce dernier dans un même organe, placé dans la même position, et vous verrez ou vous ne verrez pas de courbure se produire.

Toute explication mécanique des tropismes, basée sur l'influence unilatérale de la pesanteur ou de la lumière excitant le protoplasme, semble donc exclue.

On pourrait croire aussi qu'il y a là un phénomène d'équilibre et que, pour une tige, le simple fait d'avoir son centre de gravité au-dessous du point de fixation provoque une courbure. Cette explication aussi est insuffisante puisque, placées dans l'eau, où la pression renverse les conditions d'équilibre, les tiges se recourbent dans le même sens que dans l'air.

D'autre part, ce relèvement de la base des tiges dénote vraisemblablement chez elle une sensibilité particulière qui la pousse à se recourber verticalement en haut pour le géotropisme, et parallèlement à la lumière, pour l'héliotropisme. On pourrait peut-être exprimer ces faits en disant que la polarité de la tige n'affecte pas sa sensibilité géotropique.

En tous cas, il y a là un phénomène inexpliqué et assez bizarre, puisqu'il est, en apparence du moins, en contradiction avec la téléologie. Nous ne nous rendons pas compte exactement du mécanisme de ces mouvements, mais l'avenir pourra nous apporter quelques éclaircissements.

Au point de vue biologique, il est également très difficile de trouver une utilité quelconque à ces courbures.

Les seules considérations propres à nous donner quelques indications, sont celles qui se dégagent des expériences 9, 10 et 11 de notre deuxième série. Dans la nature, la base organique est toujours fixée, donc chez une tige noueuse, couchée par son propre poids, le relèvement des entre-nœuds inférieurs par les nœuds respectifs a, pour conséquence, de contribuer à presser ces derniers contre le sol. Comme interprétation biologique, nous avouons que c'est bien insuffisant, car le redressement des entre-nœuds supérieurs produit la même conséquence.

Nous ne voulons pas faire ici la bibliographie complète de ce sujet. Nous avons cité seulement les théories émises à son égard. Nous pourrions ajouter que Noll (1) a parlé aussi de ce phénomène à propos de l'épitropie. Plusieurs auteurs ont également relaté des observations de cet ordre, mais sans s'apercevoir de leur importance théorique et du défi qu'elles semblaient jeter à la loi de finalité (2).

Avant de passer à la partie expérimentale, rappelons seulement nos expériences sur le redressement de la base organique de jeunes plantules

(1) Noll : *Flora* 1893, p. 360.

(2) Voir nos indications relatives à ce sujet dans la *Revue générale de botanique*, l. c.

et sur le développement subséquent de la racine principale, obligée à un long parcours avant d'atteindre le sol. Rappelons aussi que des racines sectionnées et fixées horizontalement par leur extrémité ont incurvé leur partie proximale vers la terre. Ce sont des phénomènes analogues à ceux que nous observons chez les tiges; au point de vue théorique, ils offrent les mêmes difficultés.

PARTIE EXPÉRIMENTALE

I. — Première série d'Expériences.

Exp. 1. — Un rameau des plantes suivantes : *Tropæolum majus* L.; *Tradescantia albiflora* Kunth. (*Trad. fluminensis* Vill.), *Oplismenus imbecillis* Reg., et *Stenotaphrum glabrum* Trin., a été fixé horizontalement en son milieu et placé sous une cloche maintenant autour de lui une atmosphère saturée d'humidité. Le tout a été laissé à la lumière diffuse.

Exp. 2.— Un rameau de chacune des plantes suivantes : *Tradescantia albiflora* Kunth. fixé au quatrième nœud au-dessous du sommet; *Tradescantia albiflora* Kunth., fixé au-dessous du troisième nœud; *Tropæolum majus* L.; *Oplismenus imbecillis* Reg.; a été fixé horizontalement sous l'eau et placé à l'obscurité.

Exp. 3. — Un rameau de chacune des plantes suivantes : *Tradescantia albiflora* Kunth., *Oplismenus imbecillis* Reg., *Stenotaphrum glabrum* Trin., a été fixé horizontalement à l'air en chambre humide et placé à l'obscurité.

Exp. 4. — Un rameau de chacune des plantes suivantes : *Tradescantia albiflora* Kunth., *Pelargonium spec.*, *Stenotaphrum glabrum* Trin., a été fixé horizontalement dans l'eau et placé à la lumière diffuse.

II. — Après 2 jours.

Exp. 1. — Le *Tropæolum* ne s'est pas redressé parce qu'il a perdu sa turgescence à cause du manque d'humidité (la cloche couvrait mal).

La *Tradescantia* a un peu redressé sa partie inférieure; l'angle du dernier entre-nœud avec l'horizontale égale 23°.

L'*Oplismenus* a un peu relevé sa partie inférieure, l'angle du dernier entre-nœud avec l'horizontale égale 10° ; la partie supérieure est restée immobile.

Le *Stenotaphrum* n'a pas bougé.

Exp. 2. — La *première Tradescantia* a redressé sa partie inférieure au cinquième nœud, l'angle du dernier entre-nœud avec l'horizontale égale 30°.

La partie supérieure a aussi une tendance à se relever.

Le *Tropæolum* a dressé son sommet presque verticalement, tandis que la base est restée horizontale.

La *deuxième Tradescantia* a fortement redressé sa base et un peu son sommet.

L'*Oplismenus* a un peu redressé sa base, l'angle du dernier entre-nœud avec l'horizontale égale 32°.

Exp. 3. — La *Tradescantia* fixée au quatrième nœud a redressé la base de sa tige presque verticalement (80°) et son sommet aussi (57°).

L'*Oplismenus* et le *Stenotaphrum* n'ont pas bougé.

Exp. 4. — La *Tradescantia*, fixée au-dessus du quatrième nœud, a courbé son sommet et sa base en ce point. La base est fortement courbée ; le dernier entre-nœud, dans son évolution, a même dépassé la verticale (97°). La base est courbée fortement aux nœuds 5 et 6, de sorte que les entre-nœuds 6-7 et 7-8 sont verticaux.

Le *Pelargonium* a subi une légère flexion de la base et du sommet ; il était fixé entre la première et la deuxième feuille développées, et comme cette espèce ne possède pas de nœuds où se trouvent en général localisés les phénomènes de croissance et par conséquent la courbure, cette dernière est répartie sur toute la tige ; c'est une courbe à grand rayon.

Le *Stenotaphrum* n'a pas bougé.

III. — Après 4 jours.

Exp. 1. — Le *Tropæolum* s'est desséché ; nous n'en tiendrons plus compte.

La *Tradescantia* a fortement redressé sa base au quatrième et surtout au cinquième nœud. La courbure se montre aussi au sixième nœud, de sorte que l'entre-nœud qui lui est organiquement inférieur est presque vertical. Il porte un bourgeon qui est par conséquent tourné vers le bas (1) (V. Fig. 1).

L'*Oplismenus* s'est encore un peu redressé.

Le *Stenotaphrum* n'a pas bougé.

(1) Pour la valeur des angles de relèvement, nous renvoyons le lecteur à la série de schémas adjointe au travail, et représentant les différentes courbures aux différentes phases du phénomène.

Exp. 2. — La première *Tradescantia* a redressé sa partie inférieure au cinquième nœud en la rapprochant de la verticale. Elle a aussi redressé son sommet au quatrième nœud. Cette dernière flexion n'a donc pas du tout agi sur le relèvement de la base, la fixation étant immédiatement inférieure à ce nœud (V. Fig. 2).

FIGURE 1. FIGURE 2.

Le *Tropæolum* a fortement redressé son sommet qui est vertical, il a fait une évolution de 90°, mais la courbure s'est faite exclusivement entre les troisième et quatrième feuilles, alors que la fixation était entre la cinquième et la sixième, c'est-à-dire dans une partie au-dessous de laquelle les tissus n'étaient plus assez jeunes pour produire un relèvement de la base (1).

La deuxième *Tradescantia* : la base, s'est relevée, de sorte que la partie la plus inférieure est tout à fait verticale; le sommet s'est un peu redressé au troisième nœud.

L'*Oplismenus* a redressé encore sa base à 3 de ses nœuds, mais les courbures sont faibles.

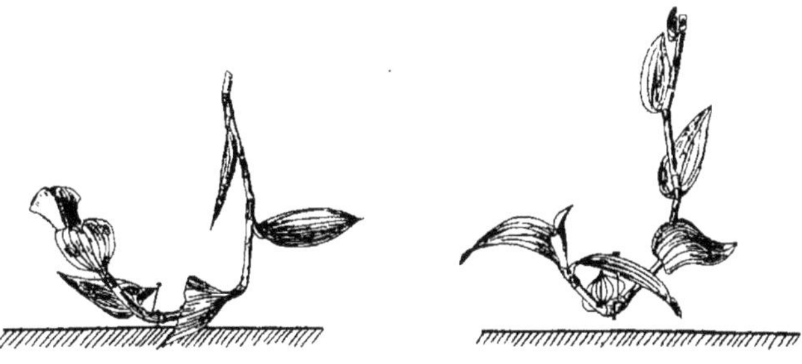

FIGURE 3. FIGURE 4.

(1) Il n'y a pas de schéma qui corresponde à cette expérience, l'angle étant de 90° et la plante, qui n'a pas de nœud, se prêtant peu à la forme de schéma adoptée pour représenter ces courbures.

Exp. 3. — La *Tradescantia* a gardé sa position en rapprochant encore les parties dressées de la verticale (V. Fig. 3. Sur le schéma, ce rameau est vu de l'autre côté).

L'*Oplismenus* a relevé son sommet à partir du point de fixation et a relevé un peu sa base.

Le *Stenotaphrum* n'a pas bougé.

Exp. 4. — La *Tradescantia* a augmenté la courbure de la base au quatrième et au cinquième nœud, de sorte que le sixième, avec sa légère courbure, provoque un déplacement de l'entre-nœud 6-7 au-delà de la verticale (V. Fig. 4. Sur le schéma, ce rameau est vu de l'autre côté).

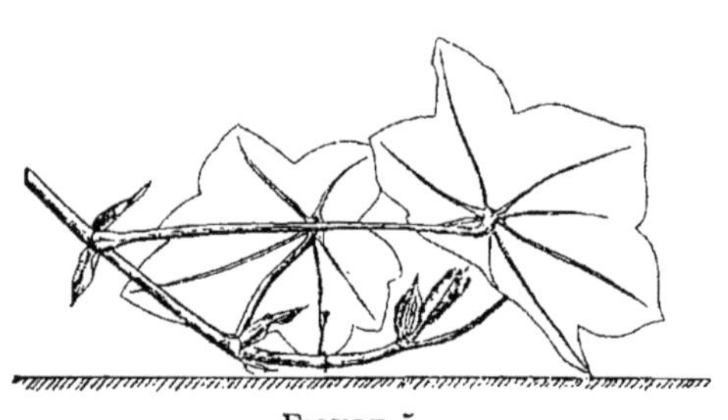

Figure 5.

Figure 6.

Le *Pelargonium* a augmenté la courbure qu'il montrait déjà au point de fixation (V. Fig. 5).

Le *Stenotaphrum* n'a pas bougé.

IV. — Après 8 jours.

La *Tradescantia* a deux de ses entre-nœuds qui ont dépassé la verticale, entraînés passivement par l'entre-nœud précédent qui se redressait aussi. Au sixième et cinquième nœud, on voit de jeunes racines qui commencent à sortir.

L'*Oplismenus* n'a pas changé sensiblement de position depuis les quatre derniers jours.

Le *Stenotaphrum* n'a pas bougé.

Exp. 2. — La première *Tradescantia* a dressé maintenant sa base qui a dépassé la verticale, elle a relevé son sommet.

Le *Tropæolum* a gardé sa même forme depuis quatre jours et il se décompose.

La deuxième *Tradescantia* a dressé sa base verticalement et a poussé des racines aux cinquième et sixième nœuds. Au sixième, ces racines sont plus développées qu'au cinquième, et au quatrième on voit seulement deux petits mamelons.

Oplismenus. — Le dernier entre-nœud est maintenant vertical et au dernier nœud on voit pointer une racine.

Exp. 3. — La *Tradescantia* a maintenant ses entre-nœuds 5-6 et 6-7 bien au-delà de la verticale ; les nœuds 5, 6 et 7 ont poussé des racines. Le sommet est presque vertical.

L'*Oplismenus* a redressé encore fortement sa base et son sommet. Au nœud de la 6e feuille il a poussé une racine qui s'est fortement recourbée vers le bas.

Le *Stenotaphrum* n'a pas bougé.

Exp. 4. — La *Tradescantia* a toute sa base et son sommet presque verticaux, la courbure tout entière s'étant concentrée au point de fixation qui est le 3e nœud. Les autres courbures, aux autres nœuds, ont dû par conséquent s'effacer plus ou moins (1).

Le *Pelargonium* a encore augmenté un peu sa courbure, mais il est en voie de décomposition.

Le *Stenotaphrum* n'a pas bougé.

V. — Après 3 semaines (22 jours).

Exp. 1. — La *Tradescantia* a dépassé encore plus la verticale, de sorte que le dernier entre-nœud est presque horizontal. De nombreuses racines ont poussé. Elles sont longues aux troisième et quatrième nœuds qui sont près de terre, et très courtes aux cinquième et sixième, où pourtant elles étaient apparues tout d'abord. On remarque, en outre, qu'au sixième nœud une racine s'est recourbée vers la base organique du rameau, qui est dirigée en haut, au lieu de se courber vers le bas (V. Fig. 6).

L'*Oplismenus* et le *Stenotaphrum* sont desséchés.

Exp. 2. — La première *Tradescantia* a aussi dépassé la verticale avec sa base, et aux cinquième et sixième nœuds, elle a développé de longues racines, celles du sixième sont plus longues que celles du cinquième. De plus, un bourgeon s'est développé au cinquième nœud, et il est

(1) Ce phénomène est déjà connu pour le relèvement du sommet de la tige. Pfeffer, dans sa *Physiologie* (Leipzig, 1881, vol. II), le cite p. 312. Il fait justement remarquer que, lorsqu'on couche une tige horizontalement, elle se relève sous l'influence du géotropisme négatif. Mais il y a un effet rémanent qui fait qu'elle dépasse la verticale, mais y revient ensuite en faisant un mouvement inverse.

en train de se redresser vers le haut, c'est-à-dire vers la base du rameau.

La deuxième *Tradescantia* a sa báse restée verticale; l'avant dernier entre-nœud ayant dépassé la verticale, le dernier y est revenu. Au quatrième nœud se sont développées deux racines encore courtes, et au cinquième trois autres qui ont le double de la longueur de celles du quatrième. Au sixième nœud sont aussi trois racines aussi longues ou plus longues que celles du cinquième.

L'*Oplismenus* a continué de redresser sa base vers la cinquième feuille, où la tige forme un angle presque droit. Les deux entre-nœuds suivants qui avaient dépassé la verticale, tendent de nouveau vers cette position. Près des septième et huitième feuilles, des racines se sont développées.

Exp. 3. — La *Tradescantia* a relevé son sommet verticalement et sa base, après avoir été verticale et dans le même plan, s'est recourbée latéralement au cinquième nœud. Le dernier entre-nœud est presque horizontal. Des racines se sont développées à tous les nœuds, mais c'est aux nœuds les plus rapprochés de la base organique de la tige qu'elles sont apparues en premier lieu. Plusieurs feuilles, surtout celles de la base, sont pourries.

L'*Oplismenus* a encore relevé sa base et atteint la verticale. Plusieurs feuilles se sont décomposées. Une seule racine s'est développée près de la sixième feuille.

Le *Stenotaphrum* n'a pas bougé.

Exp. 4. — La *Tradescantia*, étant tout à fait verticale, a gardé cette position et développé des racines à tous les nœuds de sa base.

Le *Pelargonium* s'est encore rapproché de la verticale, il est presque entièrement décomposé.

Le *Stenotaphrum* n'a pas bougé.

Deuxième série d'Expériences.

Exp. 1. — Un rameau de *Tradescantia* a été fixé horizontalement par son sommet et par son milieu, puis placé à l'obscurité et dans une chambre humide.

Au bout de 9 jours, la base du rameau s'était redressée et avait un peu dépassé la verticale. Nous avons alors libéré le sommet en ne conservant qu'un seul point de fixation.

Quatre jours aprés, nous voyons que le sommet s'est redressé de 43° et la base, en se redressant, a dépassé la verticale de 33°.

Neuf jours après encore, le sommet s'est dressé au delà de la verticale. Il est à remarquer que l'un des entre-nœuds est resté horizontal quoique fixé à l'une de ses extrémités seulement. Cet entre-nœud est situé immédiatement au-dessus du point de fixation.

Cette position, qui ne s'est pas reproduite, provient très probablement du fait que la tige de laiton retenant le rameau était placée un peu au-dessus du nœud et déjà dans la région où la courbure est impossible.

Exp. 2. — Un second rameau de *Tradescantia* a été placé dans des conditions identiques.

Au bout de 21 jours, la base s'est redressée verticalement et a dépassé aussi un peu la verticale; nous avons alors libéré le sommet.

9 jours après, le sommet s'est redressé de 23°.

Exp. 3. — Un rameau de *Tradescantia* a été fixé comme dans l'expérience 1, mais au milieu et à la base.

Au bout de 9 jours, le sommet s'est redressé de 70° et il est resté dans cette position jusqu'au douzième jour. A ce moment j'ai enlevé la tige de de métal retenant la base.

9 jours après, le sommet était dressé verticalement et la base s'était redressée de 45°.

Exp. 4. — Un rameau de *Tradescantia* a été placé dans les mêmes conditions que celles de l'expérience 3.

Au bout de 9 jours, le sommet s'était redressé de 50° et il est resté dans cette position jusqu'au douzième jour. La base fut libérée.

9 jours après, le sommet s'est encore redressé de 2° à 3° et la base d'environ 9°.

Obs. — Ces expériences montrent qu'une fois la courbure de l'une des parties de la tige opérée, l'autre est capable de se recourber après et de se dresser. Chaque partie de la tige successivement opère donc une courbure et ces deux courbures se font indépendamment l'une de l'autre.

Exp. 5. — Nous avons placé un rameau de *Tradescantia*, fixé horizontalement par son sommet, sur le plateau du clinostat décrit dans le *Bulletin du Laboratoire de Botanique générale de l'Université de Genève* (1).

3 jours après, le rameau avait conservé sa position horizontale.

Un rameau témoin placé dans les mêmes conditions, mais immobile a redressé verticalement sa base pendant le même temps.

(1) *Bull. Lab. Bot. gén. Univ. Genève*, Vol. I. n° 3, p. 227.

Obs. — Ce serait donc la gravitation qui serait active et qui provoquerait ces mouvements.

Exp. 6. — Afin de constater si le même phénomène s'observait aussi avec l'héliotropisme, nous avons disposé l'expérience suivante :

Nous avons revêtu une cloche de verre avec du papier noir en ménageant, d'un seul côté, une ouverture pour permettre l'accès de la lumière. Sous la cloche, nous avons disposé, sur une planchette, une branche d'Héliotrope fixée par son sommet, et placée horizontalement, dans une position parallèle à la paroi éclairée. La position primitive de la base était jalonnée par une épingle.

Au bout de deux jours la base du rameau s'était redressée de 90° sous l'influence du géotropisme négatif, mais en même temps elle avait dévié latéralement vers la source lumineuse et avait décrit de ce chef un arc de 43°.

Exp. 7. — Deux rameaux de *Tradescantia*, placés dans des conditions identiques à celles de l'expérience précédente, ont donné des courbures héliotropiques de leur base atteignant, l'une 20° et l'autre 40°, *au bout de 4 jours.*

Exp. 8. — La même expérience fut tentée avec une caisse couverte de papier noir et maintenue humide.

Au bout de 4 jours, une branche d'Héliotrope présentait une courbure de sa base de 20° vers la source lumineuse.

Au bout de 7 jours, 3 rameaux de *Tradescantia* présentaient des courbures héliotropiques de leur base de 35°, 30° et 25°, suivant la distance à laquelle ils se trouvaient de la paroi éclairée, les rameaux les plus éloignés présentant les courbures les plus fortes.

Exp. 9. — En vue de nous rendre compte de l'utilité des mouvements de la base des tiges, nous avons tâché de nous placer dans les conditions normales d'un végétal, fixé par sa base et maintenu horizontalement par le poids de son extrémité. C'est là, à peu près, la façon de végéter des *Tradescantia* qui ne peuvent s'ériger complètement à cause de leur peu de consistance.

Nous nous sommes donc adressés à ce genre et nous avons pris un rameau bien droit, vertical. Puis nous l'avons courbé horizontalement sur une glace, le fixant au huitième nœud à partir du sommet et, maintenant le sommet près de terre, en le faisant passer sous une tige de laiton de façon à ne pas gêner l'allongement. Cette boucle de métal passait sur le premier nœud ; le tout fut placé en lumière diffuse.

Au bout de 12 jours, tous les entre-nœuds, qui étaient parallèles au début et formaient entre eux des angles de 180°, se sont maintenant recourbés et, aux nœuds, nous observons les angles suivants :

Nœud n° 2, à partir du sommet 165°.
Nœud n° 3, — — 164°.
Nœud n° 4, — — 153°.
Nœud n° 5, — — 155°.
Nœud n° 6, — — 158°.

Pendant le même temps, un rameau témoin, dont le sommet était libre, a dressé verticalement ce dernier.

Exp. 10. — La même expérience fut répétée avec un rameau plus court et nous donna les résultats suivants. Le rameau était fixé entre le cinquième et le sixième nœud à partir du sommet et au premier nœud.

Au bout de 12 jours :

Le nœud n° 2, à partir du sommet formait un angle de 155°.
Le nœud n° 3. — — — 160°,
Le nœud n° 4, — — — 163°.
Le nœud n° 5, — — — 175°.

Obs.— Il semble donc que ces courbures, de même que celles qui amènent le relèvement du sommet, aient pour but de faire proéminer les nœuds vers le bas, afin de faciliter la pénétration des racines dans le sol. C'est en effet aux nœuds que l'on voit apparaître ces dernières. En outre ces nœuds sont poussés contre le sol, comme on pourra s'en convaincre par l'expérience suivante.

Exp. 11. — Deux rameaux de *Tradescantia* ont été fixés horizontalement comme les précédents, mais la glace placée au-dessous était supprimée et le rameau, soutenu aux deux bouts par deux morceaux de liège, était en l'air.

Au bout de 3 jours, les deux tiges présentaient une convexité marquée vers le bas.

Obs. — Ces deux expériences ne prouvent pas que le relèvement de la base soit actif dans ces phénomènes ; mais, étant donné qu'une courbure a lieu ayant pour but le relèvement de la base, il semble que cette courbure agisse ici en concomittance avec la courbure ayant pour but le redressement du sommet.

Exp. 12. — Trois rameaux de *Tradescantia* ont été disposés contre un support vertical. Ils étaient placés dans la position naturelle, la base organique de la tige dirigée en bas et le sommet en haut. Ce dernier seul était fixé. Le tout était dans l'obscurité et en chambre humide.

Au bout de 5 jours, la base de ces rameaux s'était complètement recourbée vers le haut et les arcs décrits variaient entre 160 et 180°.

10 jours après la base avait décrit, chez l'un une circonférence complète, c'est-à-dire 360°, chez le second 390°, chez le troisième 380°. Chez tous, la courbure affectait essentiellement deux nœuds dont l'un, — le plus rapproché du sommet — avait décrit une courbe de 180° et l'autre une courbe allant jusqu'à 210°. Dans la suite, ces courbures n'ont pas sensiblement varié.

Obs.— Comme on le voit, il y a là un résultat concordant avec ceux de F. Darwin. Mais, nous le répétons, nous n'avons observé un tel enroulement en spirale que dans les cas où le rameau était placé dans sa position naturelle et fixé par son sommet.

Exp. 13. —Un rameau de *Tradescantia*, placé dans les mêmes conditions, mais fixé par sa base, et ayant son sommet organique dirigé en haut, n'a pas dévié de la verticale. Cela est tout naturel.

Exp. 14. — Quatre rameaux de *Tradescantia* ont été placés dans les mêmes conditions, mais avec leur sommet organique tourné en bas et leur base vers le zénith. La base seule était fixée.

Au bout de 5 jours, les sommets s'étaient recourbés vers le haut et avaient décrit un arc de cercle d'environ 150°. Un de ces rameaux n'a pas opéré de mouvement et paraît être un peu flétri.

10 jours aprés, l'arc de cercle décrit a atteint 180°. Il n'a pas varié dans la suite.

Exp. 15. — Trois rameaux de *Tradescantia* ont été placés dans les mêmes conditions que dans l'expérience n° 14, mais ils étaient fixés par le sommet.

Au bout de 5 jours, l'un de ces rameaux n'a pas dévié de la verticale, les deux autres ont effectué une légère courbure d'environ 6°-7°. Nous pensons que cette petite déviation, qui s'est manifestée dès le deuxième jour, et qui n'a pas continué, provient de l'action rémanente d'une influence hélio ou géotropique antérieure.

10 jours après, pas de changement. Dans la suite, ces rameaux n'ont pas bougé.

Exp. 16. — Deux rameaux de *Tradescantia* ont été placés dans les conditions de l'expérience précédente.

3 jours après, ils n'avaient pas dévié de la verticale.

12 jours après, ils n'avaient pas encore bougé.

Nous ajouterons que, dans toutes ces expériences, nous avons toujours observé un abondant développement de racines adventives au bout du deuxième ou troisième jour. Nous mentionnerons aussi que des expériences sur des organes diagéotropiques ne nous ont pas jusqu'ici donné de résultats bien nets, les sujets d'expérience étant toujours assez défectueux ; tels, par exemple : de jeunes pousses d'If ou de jeunes rameaux, d'un *Asparagus* sp. cultivé à l'Ecole d'horticulture de Genève ou enfin des stolons de diverses plantes. Chez ces derniers, surtout, le simple passage de la lumière à l'ombre peut faire varier la sensibilité géotropique et fausser les résultats.

Pour ces raisons, nous avons renoncé aux observations sur le diagéotropisme. Nous n'avons pas expérimenté avec les pédoncules d'*Aconitum* étudiés par NOLL.

Nous ne voulons pas terminer ce travail sans remercier M. BRIQUET pour son appui et ses conseils ; nous remercions également M. le prof[r] CZAPEK pour ses indications précieuses et pour l'intérêt qu'il a bien voulu nous porter.

Voir pages 56, 57 et 58, les figures schématiques représentant les expériences dont il vient d'être question.

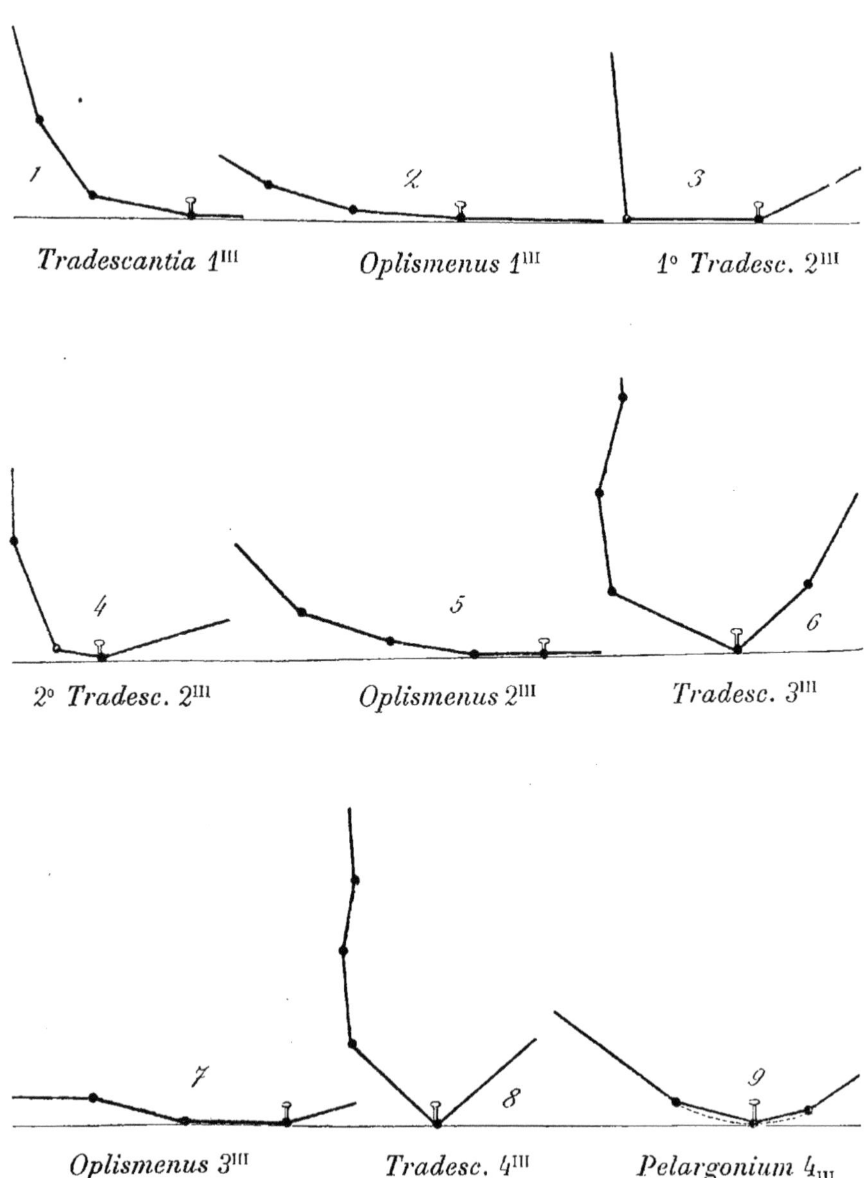

B.-P.-G. HOCHREUTINER. — Manifestations particulières du géotropisme (Schémas).

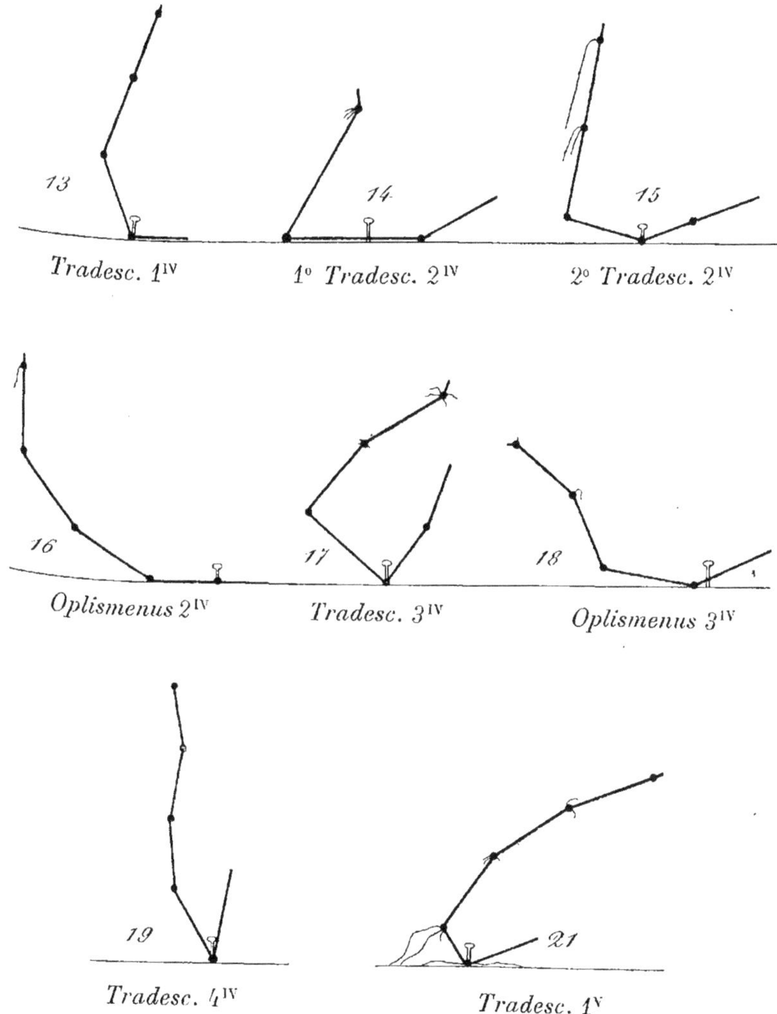

B.-P.-G. HOCHREUTINER. — Manifestations particulières du géotropisme (Schémas).

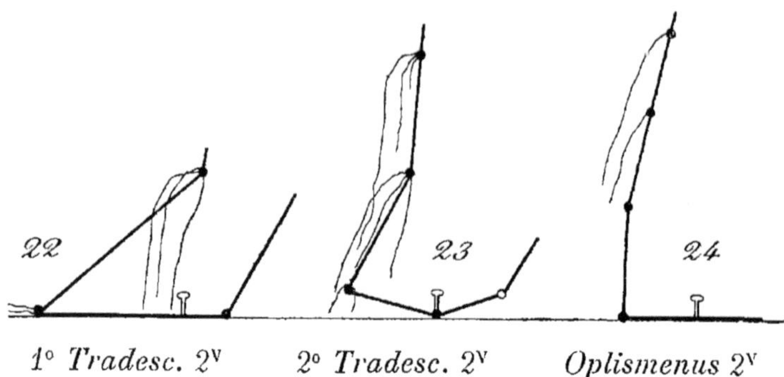

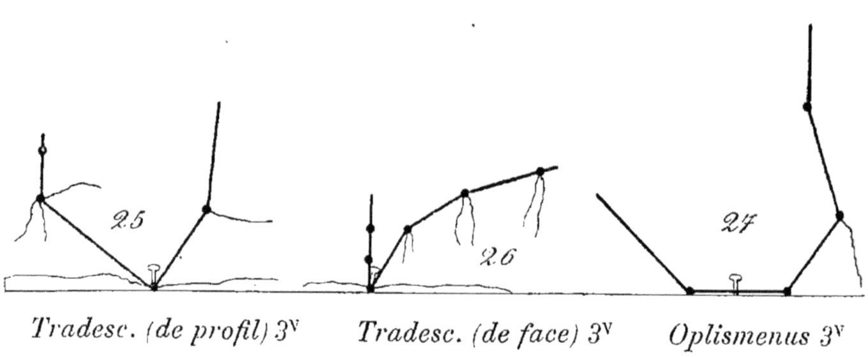

B.-P.-G. HOCHREUTINER. — Manifestations particulières du géotropisme (Schémas).

Etude comparée de la respiration des graines oléagineuses pendant leur développement et pendant leur germination. — Relations entre cette respiration et les réactions chimiques dont la graine est le siège,

Par le Dr C. GERBER,

Chef des travaux pratiques à la Faculté des sciences de Marseille,
Professeur suppléant à l'Ecole de médecine.

Nous ne pouvons comparer la respiration des graines oléagineuses pendant leur développement et pendant leur germination qu'en étudiant les deux termes de la comparaison ; mais l'étude du premier terme sera longue et les nombreux détails que nous serons obligés de donner pourraient faire perdre de vue l'idée principale, celle de la comparaison, et par suite nuiraient à la clarté du sujet ; aussi, allons-nous tout d'abord rapprocher ces deux termes afin que le lecteur ait de suite une idée nette des points que nous aurons à étudier plus tard d'une façon particulière. Nous commencerons donc par observer, sur une même graine séparée de la plante à une époque bien déterminée, la succession des deux séries de phénomènes respiratoires.

Nous avons pris, comme sujets principaux d'études, les graines de Lin et celles du Ricin, car elles ont souvent servi aux recherches sur la respiration des graines et sur les modifications chimiques qui se produisent dans ces dernières pendant la germination, de sorte que nous pourrons rapprocher nos résultats de ceux obtenus par les auteurs de ces recherches.

Respiration des graines de Lin, mises à germer avant leur maturation complète (*Linum usitatissimum* L.).

Dans une première série d'expériences, nous avons séparé, des capsules de Lin encore vertes, les graines au moment où elles étaient encore molles au toucher et d'une couleur blanc-verdâtre, c'est-à-dire, à une phase très peu avancée de leur développement et nous avons mis ces graines à respirer en atmosphère confinée à la température de 19°, à l'obscurité.

Les résultats d'une de ces expériences sont consignés dans le tableau suivant :

Germination de 6 graines de Lin non mûres à l'obscurité.
Température 19°. Poids frais de graines, 0 gr. 063.

DATES	OBSERVATIONS	VOL. CO^2 dégagé.		VOL. O absorbé.		$\frac{CO^2}{O}$
		par gramme de substance en 1 heure				
	PREMIÈRE PHASE					
15 juin,	Graines couleur blanc verdâtre	1175 mmc	—	897 mmc	—	1,31
15 juin		990	—	792	—	1,25
16 juin		694	—	625	—	1,11
	DEUXIÈME PHASE					
17 juin		409	—	470	—	0,87
18 juin		247	—	338	—	0,73
20 juin,	Graines couleur vert brunâtre	163	—	262	—	0,62
23 juin		81,6	—	129	—	0,63
27 juin,	Graines brunes	64,8	—	101	—	0,64
	TROISIÈME PHASE					
4 juillet,	2 graines germent	267,5	—	424.7	—	0,63
5 juillet,	4 graines germent	320,3	—	485,4	—	0,66
7 juillet,	les 6 graines germent	353,3	—	543,5	—	0,65
8 juillet		448,6	—	689,3	—	0,65
10 juillet,	les cotylédons sortent des téguments	543,7	—	849,4	—	0,64
11 juillet		778,7	—	1236	—	0,63
12 juillet,	les cotylédons sont étalés en feuilles et commencent à s'étioler	909,5	—	1516	—	0,60
13 juillet		774,8	—	1211	—	0,64
14 juillet,	Etiolement complet des feuilles	663,7	—	1021	—	0,65

On voit que le quotient respiratoire $\frac{\text{Volume } CO_2 \text{ dégagé}}{\text{Volume O absorbé}}$ est, au début, supérieur à l'unité et qu'il diminue progressivement de valeur. De 1,31 qu'il était au commencement de l'expérience, il s'abaisse à 1,25 puis à 1,11 et enfin, le 17 juin, il tombe à 0,87, c'est-à-dire au-dessous de un; voilà une phase très nette. Une seconde phase survient pendant laquelle le quotient respiratoire continue à diminuer de valeur ; il descend successivement à 0,73, 0,62 et se maintient dorénavant aux environs de 0,60, Mais cette phase elle-même se divise en deux périodes : durant la première, l'intensité respiratoire qui avait baissé peu à peu pendant la phase des quotients supérieurs à l'unité, continue à diminuer et cela très rapidement, si bien que la quantité d'oxygène absorbée n'est plus, le 27 juin, que le 9e de ce qu'elle était au début, et celle du gaz carbonique dégagé, que le 20e ; à ce moment, et nous entrons ainsi dans la seconde période de cette phase, l'intensité respiratoire se relève brusquement ; elle ne tarde pas à atteindre et à dépasser la plus forte intensité observée, celle qui existait au moment où les graines ont été séparées de la capsule.

Pendant que ces variations se produisaient dans la respiration, des changements notables survenaient dans l'aspect des graines. Tandis que l'intensité respiratoire baissait, les graines devenaient de plus en plus brunes et, au moment où l'intensité atteint le minimum, on croirait avoir une graine de Lin mûre et passant à l'état de vie ralentie. A l'instant, au contraire, où l'intensité respiratoire augmente subitement, les radicelles sortent, nous sommes en pleine germination.

Nous pouvons résumer les faits précédents de la façon suivante : Les graines de Lin non mûres, mises à germer, passent par trois phases successives :

1re Phase : *Quotients respiratoires supérieurs à l'unité. Intensité respiratoire considérable.*

2e Phase : *Quotients respiratoires inférieurs à l'unité. Intensité respiratoire très faible. Les graines brunissent et prennent l'aspect de graines mûres.*

3e Phase : *Quotients respiratoires très inférieurs à l'unité. Intensité respiratoire très élevée. La germination se produit.*

On sait que, d'une façon générale, les graines s'enrichissent en huile et s'appauvrissent en matières sucrées pendant leur développement, et qu'au contraire, elles voient l'huile diminuer et les matières sucrées ainsi que les hydrates de carbone augmenter pendant la germination. Or, l'huile contient, pour la même quantité d'oxygène, beaucoup plus de carbone et d'hydrogène que le sucre et la cellulose ; elle ne peut donc subir sa transformation en hydrate de carbone qu'en perdant du carbone et de l'hydrogène à l'état de gaz carbonique et d'eau par un emprunt d'oxygène à l'atmosphère. Tout l'oxygène qui vient se fixer sur le carbone donne un volume de gaz carbonique égal au propre volume de l'oxygène, d'où un quotient $\frac{CO^2}{O}$ égal à 1 ; mais tout l'oxygène qui se fixe sur l'hydrogène pour former de l'eau vient abaisser la valeur du premier quotient et le rendre beaucoup plus petit que l'unité. On montrerait facilement que la réaction inverse, c'est-à-dire la transformation des matières sucrées et des hydrates de carbone en huile, ne peut se faire que par perte d'oxygène et que ce rejet d'oxygène, soit à l'état libre, soit à l'état de gaz carbonique, en se produisant, détermine un quotient respiratoire supérieur à l'unité pour la graine. On est donc amené à penser que, pendant la première phase présentée par nos graines de Lin, le quotient respiratoire supérieur à l'unité est le résultat de la transformation des hydrates de carbone en huile et que, pendant la troisième phase ou phase de germination, le quotient respiratoire très inférieur à l'unité est le résultat de la réaction inverse. Cette idée acquiert davantage de solidité par les deux constatations suivantes : 1° les autres graines oléagineuses se comportent comme les graines de lin ; 2° les graines non oléagineuses se comportent tout différemment.

Nous reviendrons plus tard sur le cas des graines oléagineuses autres que les graines de Lin ; occupons-nous actuellement d'établir que les graines non oléagineuses, mises en germination avant leur développement complet, se comportent, au point de vue respiratoire, d'une façon toute différente que les graines de Lin.

Respiration des graines de petits Pois (*Pisum sativum*).

Les petits Pois possèdent, comme réserves, des matières sucrées et amylacées. Or, les matières sucrées et amylacées appartiennent, comme la cellulose, à la famille des hydrates de carbone ; la transformation de l'un de ces corps en un autre de la même famille n'est qu'une simple hydratation, déshydratation ou isomérisation ; elle ne nécessite donc pas l'absorption d'oxygène, ni le dégagement de gaz carbonique ; par suite, elle ne peut pas modifier la respiration normale que l'on rencontre dans les plantes ordinaires et dans les organes en voie de croissance et qui se fait, comme les recherches de MM. Bonnier et Mangin l'ont établi, avec un *quotient respiratoire voisin de l'unité*. Au contraire, nous avons vu que la transformation des corps gras en hydrates de carbone tels que la cellulose exige un *quotient respiratoire supérieur à l'unité* et que la réaction inverse ne peut se faire qu'avec un *quotient respiratoire très inférieur à l'unité*. Il était, par suite, peu probable que les phénomènes respiratoires présentés par une graine amylacée et par une graine oléagineuses, mises à germer avant leur maturation complète, fussent comparables. Nous ne pouvions pas, cependant, rejeter la vérification de cette conception théorique a priori : d'abord, parce qu'en science expérimentale il n'y a pas d'a priori; en second lieu, parce que les quotients respiratoires signalés par GODLEWSKY, dans la germination de *Pisum sativum*, sont souvent supérieurs à l'unité. C'est ainsi que nous rencontrons dans le tableau XIII, de son travail (1), les quotients respiratoires suivants : $\frac{CO^2}{O} = 1{,}98$, $\frac{CO^2}{O} = 1{,}29$, $\frac{CO^2}{O} = 0{,}98$.

Première expérience. — Une graine de petit Pois pesant, fraîche, 0 gr. 245 et, desséchée à l'étuve à 100°, 0 gr. 069 (2), prise dans une gousse verte et qui n'a guère atteint plus de la moitié de son développement, a fourni les résultats suivants à 19°, à l'obscurité.

DATES	OBSERVATIONS	VOL. CO² DÉGAGÉ. (par gramme de substance en 1 heure)		VOL. O ABSORBÉ. (par gramme de substance en 1 heure)		$\frac{CO^2}{O}$
30 juin		309mmc	—	322mmc	—	0,96
1er juillet		222	—	236	—	0,94
3 juillet		123	—	134	—	0,92
6 juillet		73,4	—	81,6	—	0,90
10 juillet,	radicelle blanchit, s'allonge, sous les téguments qu'elle soulève.	52,1	—	47,8	—	1,09
14 juillet,	radicelle longue de 1/2 c., a déchiré les téguments.	38,9	—	41	—	0,95
18 juillet,	radicelle, 2 centimètres.	59,9	—	71,4	—	0,84
21 juillet,	radicelle, 4 centimètres.	58,2	—	71,9	—	0,81
26 juillet,	radicelle, 6 centimètres.	58,3	—	69,4	—	0,84

Deuxième expérience. — Une graine de petit Pois, verte, pesant fraiche 0 gr. 356 et sèche 0 gr. 154, prise dans une gousse verte, et qui, tout en n'ayant pas atteint son complet développement, est cependant plus mûre que la précédente, placée en atmosphère confinée, à 19°, à l'obscurité, a donné les chiffres suivants :

DATES	OBSERVATIONS	VOL. CO² DÉGAGÉ. (par gramme de substance en 1 heure)		VOL. O ABSORBÉ. (par gramme de substance en 1 heure)		$\frac{CO^2}{O}$
31 mai		167 mmc 7	—	176 mmc 5	—	0,95
4 juin		73 4	—	84 3	—	0,87
6 juin		53 1	—	66 4	—	0,80
11 juin		58 3	—	59 5	—	0,98
18 juin,	radicelle, 1/2 centimètres.	51 7	—	55	—	0,94
23 juin,	radicelle, 2 centimètres...	60 4	—	68 6	—	0,88

(1) Athmung derKeimenden Stärkesamen. *Jahrb. Pringsheim*, T. XIII, p. 527.

(2) Le poids sec a été pris sur une seconde graine détachée de la même gousse et semblant identique à la graine mise en expérimentation.

A la fin de ces deux expériences, les petites plantes ont été mises en terre et ont continué à se développer.

L'examen de ces deux expériences et, plus particulièrement, de la dernière montre que :

1° A l'encontre de ce qui se produit avec les graines oléagineuses, depuis le moment où la graine est détachée de sa gousse jusqu'à celui où la radicelle sort des téguments, le quotient respiratoire est certainement inférieur à l'unité ;

2° Pendant la germination, le quotient respiratoire est généralement inférieur à l'unité, comme pour les graines oléagineuses; néanmoins, ce quotient respiratoire se distingue très nettement de celui des graines oléagineuses par sa valeur beaucoup plus élevée ;

3° On n'observe pas avec le petit Pois le relèvement si considérable de l'intensité respiratoire, au début de la germination, que l'on observait avec les graines à réserves grasses ; cela n'a rien qui doive nous étonner; car, l'énergie nécessaire pour condenser les hydrates de carbone en cellulose ne peut pas être aussi forte que celle nécessaire pour transformer un corps gras en un corps dont la composition chimique est tout à fait différente, tel que la cellulose.

Nous sommes loin de la valeur 1,98 du quotient respiratoire signalé par Godlewsky pendant la germination des petits Pois.

Nous ne pouvons nous expliquer les valeurs élevées du rapport $\frac{CO^2}{O}$ obtenues par ce savant que par des phénomènes de fermentation alcoolique produits, grâce à une asphyxie provoquée par une immersion trop prolongée dans l'eau des graines, avant de les faire germer (la durée de cette immersion était de quarante-huit heures dans les expériences de Godlewsky). Nous n'étions pas exposé à pareils accidents ; nos graines, au moment où nous les séparions de la plante, contenaient une quantité suffisante d'eau pour assurer la germination, aussi évitions-nous de les immerger dans l'eau.

Peut-être aussi pourrait-on invoquer une seconde raison pour expliquer les quotients supérieurs à l'unité dont nous parlons. Notre première expérience sur les petits Pois nous montre qu'à un seul instant, il y a un quotient respiratoire dépassant, quoique de très peu, l'unité. Le 10 juillet, au moment du début de la germination, on trouve en effet $\frac{CO^2}{O} = 1,09$. Il nous est arrivé plusieurs fois d'obtenir, au moment où l'on apercevait la radicelle proéminer un peu sous les téguments non encore déchirés, un quotient respiratoire semblable au précédent, c'est-à-dire supérieur à l'unité; mais, quand le quotient respiratoire devenait trop élevé, la germination s'arrêtait, la radicelle ne sortait pas des téguments. C'est ce qui s'est produit dans l'expérience suivante faite avec une graine pesant fraîche 0 gr. 329.

DATES	OBSERVATIONS	VOL. CO^2 DÉGAGÉ.		VOL. O ABSORBÉ.		$\frac{CO^2}{O}$
		par gramme de substance en 1 heure				
30 juin	....	307 mmc	—	307 mmc	—	1
1er juillet	....	191,6	—	197,6	—	0,97
3 juillet	....	107	—	115	—	0,93
6 juillet	....	62,8	—	68,3	—	0,92
10 juillet,	radicelle proémine un peu sous les téguments.	57,8	—	46,3	—	1,25
14 juillet	....	53,3	—	42,3	—	1,26

18 juillet, la radicelle s'affaisse, les téguments de la graine ne se sont pas déchirés; celle-ci se ramollit un peu et contient un peu d'alcool.

Plusieurs fois, au moment où le quotient respiratoire devenait supérieur à l'unité, nous avons incisé les téguments de façon à faciliter la sortie de la radicelle; la graine continuait alors à germer en reprenant de suite un quotient respiratoire inférieur à l'unité. Cela nous amène à penser que, dans les cas précédents et, peut-être dans ceux de GODLEWSKY, par suite d'une résistance trop grande du tégument, la radicelle ne pouvait pas sortir; il en résulte un état de compression de la petite plante qui la fatigue et les cellules, gênées dans leur développement, transforment leurs matières sucrées en alcool avant de mourir.

Quoi qu'il en soit de ce détail, les haricots nains et les fèves mises à germer avant la maturité complète nous ayant donné les mêmes quotients respiratoires inférieurs à l'unité que les petits pois, nous pouvons dire :

Cueillies avant leur parfait développement et mises à germer, les graines amylacées présentent constamment *un quotient inférieur à l'unité, mais voisin de cette dernière*; elles n'offrent jamais, au moment où la germination commence, *l'augmentation brusque et considérable de l'intensité respiratoire* que l'on remarque dans le cas des graines oléagineuses.

Le tableau suivant résume les différences observées dans la respiration des graines à réserves grasses et amylacées, mises à germer avan[t] leur maturité complète.

Graines oléagineuses.

1re Phase : $\frac{CO^2}{O} > 1$. Intensité respiratoire très forte. Période probable de transformation des hydrates de carbone en huile.

2e Phase : $\frac{CO^2}{O} < 1$. Intensité respiratoire très faible ; la graine semble vouloir, achevant sa maturation, passer à l'état de vie ralentie.

3e Phase : $\frac{CO^2}{O} < 1$, mais très faible. Intensité respiratoire très forte dès le début de la germination. Période probable de transformation des huiles en hydrates de carbone.

Graines amylacées.

Une seule phase :

$\frac{CO^2}{O} < 1$, mais constamment voisin d[e] l'unité. L'intensité respiratoire diminue lentement et progressivement c'est à peine si l'on remarque un léger relèvement de cette intensité vers l[a] fin de la germination. Les matières sucrées se transforment peu à peu e[n] produits plus condensés (cellulose).

Maintenant que nous savons que les graines oléagineuses, mises à germer directement, avant leur maturité, présentent une respiration spéciale, caractéristiqne et qui paraît capable de pouvoir donner des indications sur les réactions chimiques qui se produisent dans ces graines, tant pendant leur développement que pendant leur germination, nous allons étudier :

1° La respiration des graines oléagineuses aux diverses phases de leur développement et les rapports de cette respiration avec la formation de l'huile ;

2° La respiration des graines oléagineuses pendant leur germination et les rapports de cette respiration avec la disparition de l'huile.

1° *Respiration des Graines oléagineuses pendant leur développement. — Rapports de cette respiration avec la formation de l'huile.*

1° *Respiration des fruits de Ricin.* — Un même pied de Ricin fournit pendant plusieurs mois un certain nombre de cymes florales apparaissant à diverses époques et dont les fruits sont loin d'offrir le même degré de maturité au même moment. Afin de suivre la respiration du fruit aux diverses phases de son développement, nous nous sommes adressés à une seule cyme et nous avons prélevé à des moments assez éloignés les uns des autres et tous compris entre la floraison et la déhiscence des capsules mûres, des fruits provenant de fleurs femelles que nous avons noté comme s'étant ouvertes au même moment. Nous donnons ci-dessous les chiffres représentant les échanges gazeux entre ces fruits et l'atmosphère à 31° :

Aspect du fruit.	Poids du fruit.	Vol. CO^2 dégagé.		Vol. O absorbé.		$\frac{CO^2}{O}$
		par gramme de substance en 1 heure.				
Vert	0 gr. 10	348 mmc 3	—	392 mmc 9	—	0,81
Vert	0,33	375,5	—	412,7	—	0,91
Vert	0,75	347,8	—	409,1	—	0,85
Vert	1,90	833,4	—	724,7	—	1,15
Vert	2,15	475,4	—	409,9	—	1,18
Vert	3,15	93,6	—	131,9	—	0,75
Brun, presque desséché	1,20	3,04	—	74,2	—	0,41
Capsule s'ouvrant, péricarpe desséché	1,10	1,76	—	27,2	—	0,65

On voit que les fruits du Ricin présentent, au début, un quotient inférieur à l'unité, alors que leur intensité respiratoire se maintient constante ; puis, subitement, cette dernière augmente considérablement et le quotient respiratoire devient supérieur à l'unité; il se maintient ainsi pendant quelque temps et redevient assez rapidement inférieur à l'unité, tandis que l'intensité respiratoire diminue beaucoup. A la fin de la maturation, quand le fruit a perdu sa couleur verte et est complètement desséché, le rapport entre le gaz carbonique dégagé et l'oxygène absorbé devint très faible (0,41) et l'intensité des échanges gazeux est presque nulle.

De ce que, deux fois, nous avons constaté un quotient supérieur à l'unité, allons-nous conclure de suite que les hydrates de carbone se transforment en huile dans les graines ? Certes, ce serait une assertion au moins prématurée. C'est cependant ce qu'a fait Godlewski. Ce savant, dans un mémoire où il étudie principalement la respiration des graines pendant leur germination et l'influence de la tension de l'oxygène sur cette respiration (1), rapporte quelques expériences qu'il a faites incidemment et où il étudie la respiration de fruits non mûrs de Ricin. Dans une première expérience (2), il opère sur quatre fruits de Ricin pesant ensemble 9 gr. 1, et dans une seconde (3), sur trois fruits pesant

(1) Godlewsky ; Beiträge zur Kenntniss der Pflanzenathmung. *Jahrb. f. wiss. Bot.* von Dr. N. Pringsheim, XIII, 1882.

(2) Loc. cit., p. 537. Versuch., XXI.

(3) Loc. cit., p. 539. Versuch., XXII.

ensemble 7 gr. Les quotients respiratoires qu'il constate sont : pour la première $\frac{\text{Vol CO}^2}{\text{Vol O}} = 1,21$, et pour la seconde $\frac{\text{Vol. CO}^2}{\text{Vol. O}} = 1,28$.

Il conclut aussitôt que les quotients supérieurs à l'unité ainsi observés sont dus aux graines et qu'ils indiquent la transformation des hydrates de carbone en huile dans celles-ci.

Nous ne pensons pas qu'il soit possible de déduire de pareilles conclusions de ces deux expériences, et cela pour les raisons suivantes :

1° GODLEWSKY ne nous dit pas si les quatre fruits qu'il a renfermés dans le même appareil (1re expérience) présentent les mêmes caractères extérieurs de maturation ou s'ils sont quelconques. Or, en se plaçant dans les meilleures conditions, en supposant que les quatre fruits avaient le même poids, la même couleur, rien ne permet de supposer que les graines contenues dans ces fruits étaient à la même période de leur développement. Il est même probable que chacun de ces fruits se comporte, au point de vue respiratoire, d'une façon différente des trois autres. C'est ainsi que, le 11 octobre, ayant mis à respirer, isolément, à la température de 31°, deux fruits de Ricin pesant l'un et l'autre 3 gr. 30, offrant les mêmes caractères extérieurs de maturité, nous avons obtenu pour l'un :

$$CO^2 = 104^{\text{mmc}}5,\ O = 135^{\text{mmc}}8,\ \frac{CO^2}{O} = 0,77$$

et pour l'autre, dans le même temps :

$$CO^2 = 480^{\text{mmc}}6,\ O = 414^{\text{mmc}}3,\ \frac{CO^2}{O} = 1,16$$

2° Les graines de Ricin ne constituent qu'une faible partie du fruit entier. Une capsule de ricin pesant 4 gr. 20, non mûre, nous a donné 3 graines d'un poids total de 0 gr. 71 ; les graines ne représentent donc ici que le 6e du poids total du fruit ; mais, alors, rien ne permet à GODLEWSKI d'attribuer le quotient supérieur à l'unité aux graines plutôt qu'au péricarpe ; cela est si vrai que si ce savant s'était adressé à de très jeunes fruits de *Amygdalus communis*, il aurait observé, comme nous le verrons plus tard un quotient respiratoire supérieur à l'unité et il aurait été obligé, en faisant respirer d'un côté le péricarpe, de l'autre la graine jeune, d'attribuer le quotient respiratoire supérieur à l'unité : non pas à la graine oléagineuse, mais au péricarpe.

3° GODLEWSKI n'a pas étudié la respiration des fruits à graines oléagineuses aux diverses phases du développement de ces graines. Or, il résulte des travaux de M. MESNARD (1) que l'apparition de l'huile dans les cellules de l'albumen des Ricins est tardive ; il résulte également

(1) Recherches sur la formation des huiles grasses et des huiles essentielles dans les végétaux. *Ann. Sc. Nat. Bot.*, 1894, t. XVIII, p. 302.

des recherches de M LECLERC DU SABLON que la quantité de matière sucrée diminue considérablement et que celle de l'huile augmente beaucoup seulement pendant une période assez limitée. GODLEWSKI ne sait pas si les graines des fruits sur lesquels il a expérimenté étaient ou non dans cette période. Les critiques que nous venons de formuler au sujet des quelques expériences que GODLEWSKI a faites incidemment sur les fruits de Ricin et de Pavot, — critiques qui, en aucune façon, ne diminuent la grande valeur de ses recherches sur la respiration des graines pendant leur germination et l'influence de la tension de l'oxygène sur cette respiration, — nous tracent le programme des expériences que nous devons faire pour compléter nos expériences précédentes sur les fruits de Ricin.

Un fruit de Ricin comprend le péricarpe et trois graines. Est-ce au péricarpe ou aux graines qu'il faut attribuer la valeur du quotient respiratoire, supérieure à l'unité que nous avons rencontrée à un certain moment du développement des fruits ? Divisons les deux fruits qui nous ont donné précédemment les quotients 1,15 et 1,18 après avoir séjourné quatre heures à 31°, en atmosphère confinée, en péricarpe et graines, et observons la respiration de ces dernières parties, isolément, à la même température. Les six graines, tout aussi bien que les deux péricarpes, accusent une quantité de gaz carbonique dégagée inférieure à celle du gaz oxygène absorbée ($\frac{CO^2}{O} < 1$) ; il ne nous est donc pas plus permis d'attribuer aux premières qu'aux secondes, l'élévation au-dessus de un du quotient respiratoire du fruit entier ; nous pouvons seulement dire qu'entre le moment où le fruit entier a été mis en atmosphère confinée et celui où nous avons étudié la respiration des graines et des péricarpes isolément, il semble s'être produit une perturbation.

Voici, groupés, les résultats formés par les deux fruits entiers, par les péricarpes isolés et par une des trois graines de chaque capsule, les deux autres offrant, à peu de chose près, les mêmes chiffres :

	POIDS	VOL. CO^2 DÉGAGÉ.		VOL. O ABSORBÉ.		$\frac{CO^2}{O}$
		par gramme de substance en 1 heure.				
1er FRUIT.						
Capsule entière	1 gr.90	863 mmc 4	—	724 mmc 7	—	1,15
Péricarpe	1,15	161,5	—	190	—	0,85
Graine	0,25	546	—	606,7	—	0,90
2e FRUIT.						
Capsule entière	2,15	475,4	—	409,9	—	1,18
Péricarpe	1,44	128,6	—	160,7	—	0,80
Graine	0,27	464,3	—	521,7	—	0,89

Nous ne pouvons guère nous expliquer le fait qu'à un quotient respiratoire supérieur à l'unité donné par le fruit entier, succèdent des quotients plus petits que un pour les diverses parties isolées, qu'en admettant l'existence d'un quotient respiratoire supérieur à l'unité pour l'une de ces parties, aussitôt après la cueillette et la diminution progressive et rapide de ce rapport $\frac{CO^2}{O}$ qui devient au bout de quelques heures plus petit que un. En voici la démonstration.

Nous avons séparé, immédiatement après la cueillette, les graines et le péricarpe d'un fruit semblable aux deux précédents et nous avons fait respirer ces diverses parties, isolément, à la température de 31°.

Nous avons obtenu les nombres suivants :

	Poids.	Vol. CO^2 dégagé. (par gramme de substance en 1 heure)		Vol. O absorbé. (par gramme de substance en 1 heure)		$\frac{CO^2}{O}$
Péricarpe	2 gr. 08	142 mmc 8	—	150 mmc 3	—	0,95
1re graine	0,38	780,9	—	582,8	—	1,34
2e graine	0,39	801,7	—	621,5	—	1,29
3e graine	0,39	823,9	—	610,3	—	1,35

Ces nombres nous montrent que le péricarpe, aussitôt après la cueillette dégagent moins de gaz carbonique qu'il n'absorbe d'oxygène, tandis que les trois graines, dans les mêmes conditions présentent un quotient respiratoire supérieur à l'unité.

Il parait donc bien démontré que le quotient respiratoire quelquefois supérieur à l'unité que l'on peut rencontrer au cours du développement des fruits de Ricin doit être attribué aux graines.

Mais la graine elle-même comprend l'amande et une enveloppe ; cette enveloppe s'hypertrophie vers l'extrémité de la graine pour donner la caroncule, sorte de bouchon spongieux assez considérable et pouvant représenter jusqu'au cinquième du poids de la graine. Bien qu'il soit peu probable que l'on doive accuser cette strophiole et non la graine même d'être la cause de la valeur supérieure à un du rapport $\frac{CO^2}{O}$ nous ne pouvons pas laisser ce point en suspens. Aussi, après avoir isolé les trois graines d'une capsule cueillie en même temps que la précédente, avons-nous placé en atmosphère confinée, à la température de 31°, d'une part l'une des graines entières, de l'autre la caroncule d'une seconde graine ; voici les nombres obtenus dans ces deux expériences :

	Poids.	Vol. CO^2 dégagé.		Vol. O absorbé.		$\frac{CO^2}{O}$
Graine entière	0 gr. 36	811 mmc	—	628 mmc 7	—	1,29
Caroncule	0,05	571,7	—	714,6	—	0,80

Le quotient respiratoire donné par la caroncule est plus petit que l'unité; il vient par suite diminuer la valeur du rapport $\frac{CO^2}{O}$ produit par l'amande, qui certainement doit être supérieure à celle du quotient respiratoire de la graine entière.

C'est ce qui résulte d'ailleurs de l'expérience suivante, faite également pour vérifier si le quotient respiratoire supérieur à l'unité observée avec les graines précédentes ne serait pas l'indice d'une asphyxie occasionnée par le tégument luisant et dur qui renferme l'amande. Deux graines d'un fruit détaché de la même inflorescence que les fruits des expériences précédentes et au même moment du développement, ont été placées en atmosphère confinée à 17° : l'une entière, l'autre privée de sa caroncule et de son enveloppe ; elles ont donné :

	Poids.	Vol. CO^2 dégagé.		Vol. O absorbé.		$\frac{CO^2}{O}$
Graine entière............	0 gr. 35	361 mmc 1	—	321 mmc 2	—	1,14
Graine sans caroncule ni enveloppe..............	0,25	433,4	—	341,3	—	1,27

Ces expériences démontrent d'une façon complète :

1° *Que le quotient respiratoire supérieur à l'unité n'est produit que par la partie de la graine dans laquelle, à un moment donné on constate la présence de l'huile.*

2° *Que ce quotient respiratoire particulier n'est pas le résultat d'une asphyxie dûe à la difficulté qu'éprouverait l'oxygène à traverser les téguments.*

On voit combien, à la suite de ces investigations préliminaires, on a le droit de penser qu'il existe une relation entre la formation de l'huile dans les Ricins et la valeur supérieure à l'unité du quotient respiratoire observée dans ces graines.

Afin de poursuivre la recherche de cette relation, nous sommes amené à entreprendre les travaux suivants :

1° Étudier le quotient respiratoire des graines de Ricin isolées et mises à respirer en atmosphère confinée aussitôt après la cueillette du fruit, aux diverses phases du développement de ces graines.

2° Comparer les valeurs du rapport $\frac{CO^2}{O}$ obtenues à la teneur en matières sucrées et en huiles des graines, à ces différentes phases.

M. Leclerc du Sablon (1) a étudié avec grand soin les variations de la teneur en glucose, saccharose et huile des graines de Ricin pendant leur

(1) Sur la germination des graines oléagineuses. *Revue générale de botanique*, 1895, tome VII.

développement, et M. Mesnard (1) a suivi au microscope l'apparition des gouttelettes d'huile dans les cellules de ces mêmes graines; aussi aurons nous souvent recours, dans ces études, aux travaux de ces deux savants.

Respiration des graines de Ricin aux diverses phases de leur développement.

Nous avons détaché d'une deuxième inflorescence, en prenant toutes les précautions que nous avons indiquées au sujet de l'inflorescence qui nous a servi dans nos premières expériences, des fruits de Ricin aux diverses phases de leurs développement; puis séparant aussitôt les graines du reste du fruit, nous les avons mises à respirer séparément l'une de l'autre, à la température de 31°. Chacune des trois graines d'un même fruit nous a fourni des nombres très voisins ; aussi n'avons nous inscrit, dans le tableau suivant, que les résultats donnés par une seule de ces graines :

Poids du fruit	Poids de la graine	Caractères de la graine	Vol. CO^2 dégagé.	Vol. O absorbé	$\frac{CO^2}{O}$
			par gramme de substance en 1 heure		
		Ire Période.			
0gr75	0gr09	Presque transparente, très molle, téguments blancs.	325 mmc —	359 mmc 4 —	0,92
1 50	0 23	Molle, téguments blancs.	392 —	356 —	0,82
2 70	0 38	Moins molle, section blanche, téguments blancs	355 —	399 —	0,89
		IIe Période.			
2 65	0 37	Consistance presque ferme. L'enveloppe commence à se colorer.	456 —	447 —	1,02
3 »	0 33	Consistance ferme, enveloppe rougeâtre dure.	807 —	694 —	1.16
3 10	0 39	Id.	850 —	708 —	1,20
3 15	0 36	Id.	818 —	649 —	1,26
3 25	0 39	Consistance très ferme, couleur plus foncée de l'enveloppe.	823 —	610 —	1,35
3 35	0 37	Id.	784 —	613 —	1,28
3 50	0 37	Id.	811 —	628 —	1,29
		IIIe Période			
3 80	0 27	Graine dure, enveloppe très foncée.	189 —	249 —	0,76
4 20	0 27	Id.	126 —	194 —	0,65
Péricarpe desséché	0 20	Id.	1,67 —	5,97 —	0,28

(1) Recherches sur la formation des huiles grasses et des huiles essentielles dans les végétaux. *An. Sc. Nat. Bot.*, 1894, tome XVIII.

Un coup d'œil d'ensemble, jeté sur ce tableau nous montre de suite que les graines de Ricin, pendant leur développement, passent par trois périodes successives en ce qui concerne leurs échanges gazeux avec l'atmosphère.

PREMIÈRE PÉRIODE

Elle commence à la fécondation et finit au moment où les graines acquièrent leur maximum de poids. Le quotient respiratoire est inférieur à l'unité et l'intensité respiratoire va en augmentant du début à la fin de cette période. Ceci se comprend facilement. Les graines très jeunes de Ricin sont presque transparentes ; elles sont molles et ne contiennent guère sous leurs téguments que de l'eau ; aussi le poids sec est-il extrêmement faible par rapport au poids frais et ce poids sec augmente beaucoup au fur et à mesure que la graine grossit, qu'elle devient plus blanche à la coupe et que sa consistance est moins molle. Pendant toute cette période, les graines écrasées sur du papier filtre ne laissent pas de tache persistante, ce qui est loin de correspondre même à une petite quantité d'huile. Aussi ne sommes-nous pas surpris de voir M. Mesnard constater que « les réactifs..... de l'huile n'indiquent rien » (1) dans les graines des tous jeunes fruits. Cette absence presque complète d'huile durant la première période résulte encore des analyses de M. Leclerc du Sablon. En rapprochant, en effet, les tableaux 14 et 15 (2) de son étude sur la germination du Ricin, c'est-à-dire en calculant les quantités d'huile contenues dans cent parties de graines fraîches, on voit qu'une graine, au moment où elle a atteint son maximum de poids ne contient que 0,37 0/0 d'huile. Nous pouvons donc dire qu'au cours de la première période du développement, il n'apparaît dans la graine que des traces d'huile, surtout si on compare la quantité formée alors à celle qui se formera plus tard (21,86 0/0). Quant à la proportion du glucose, elle est également très faible durant toute la première période. Cela résulte : d'une part du rapprochement des tableaux 14 et 15 du mémoire de M. Leclerc du Sablon (On trouve 1,07 0/0 de glucose et 0,49 0/0 de saccharose à la fin de cette période), d'autre part des recherches microchimiques de M. Mesnard, puisque ce savant annonce que « les réactifs du sucre, de l'amidon... n'indiquent rien ».

En résumé, *durant toute la première période qui se termine au moment où la graine a acquis le maximum de son poids :*

1° *Le quotient respiratoire est inférieur à l'unité ;*

(1) Loc. cit., p. 300.

(2) Loc. cit., p. 205 et 206.

2° Le glucose et le saccharose, auxquels nous pouvons ajouter avec M. LECLERC DU SABLON *les dextrines, apparaissent lentement et en petite quantité dans la graine.*

3° On ne constate pas, pour ainsi dire, la présence de l'huile.

DEUXIÈME PÉRIODE

La seconde période commence au moment où la graine, tout en ayant acquis le maximum de son poids, est devenue ferme, blanche à la section et où l'enveloppe qui, durant la première période était blanche, commence à se colorer; elle se termine au moment où la graine, très foncée, très dure, et qui, jusqu'ici, a conservé à peu près le même poids, voit celui-ci diminuer beaucoup; à ce moment, elle se dispose à passer à l'état de vie ralentie.

Au début de cette période, l'intensité respiratoire que nous avons vu augmenter lentement, durant toute la première phase, s'élève rapidement et atteint une valeur considérable, autour de laquelle elle se maintient jusqu'à la fin de la seconde période. Ce fait reçoit son explication dans les variations de la teneur en eau des graines, considérées au début et à la fin de la seconde phase. Quant au quotient respiratoire qui, pendant la première période était inférieur à l'unité, il est, pendant toute la seconde période, supérieur à un ; assez faible au début (1,02), il augmente rapidement et atteint une valeur voisine de 1,30, au moment où l'intensité respiratoire est la plus forte. A partir de cet instant, le rapport $\frac{CO^2}{O}$ conserve sa valeur très élevée jusqu'à la fin de la période, c'est-à-dire tant que l'intensité des échanges gazeux demeure à peu près constante.

Voyons maintenant les variations de la teneur en huile et en sucres de la graine pendant cette période, d'après les analyses de M. LECLERC DU SABLON.

En rapprochant les tableaux 14, 15, 16 (1) consacrés au Ricin et en rapportant l'huile et les substances sucrées à cent grammes de graines fraîches, on obtient le tableau ci-dessous :

Poids d'une graine fraîche.	Poids d'une graine sèche.	Huile 0/0 de matière fraîche.	Glucose 0/0 de matière fraîche.	Saccharose 0/0 de matière fraîche.
0gr606	0gr040	0,37	1,07	0,44
0 566	0 048	1,47	0,57	0,39
0 508	0 073	4,94	0,32	0,55
0 447	0 160	12,21	0,25	0,54
0 544	0 201	21,86	0,22	0,41

(1) Loc. cit., p. 205 et 206.

Nous y voyons que l'huile passe de 0,37 0/0 au début de la seconde période à 21,86 0/0 à la fin ; la quantité d'huile augmente donc considérablement. La proportion de glucose subit un mouvement inverse : de 1,07 0/0 elle tombe à 0,22 (il en est de même des dextrines), tandis que la teneur en saccharose varie peu : de 0,44 0/0 au début, elle passe à 0,41 0/0 à la fin. Si, maintenant, au lieu de rapporter ces données au poids de la graine fraîche, on les rapporte au poids de la graine sèche, on voit que le saccharose diminue tout comme le glucose, puisque de 7,4 0/0 il tombe à 1,1 0/0, alors que le glucose tombe de 16,2 0/0 à 0,6 0/0.

Voilà quatre phénomènes que nous connaissons bien et qui se produisent pendant la seconde période du développement des Ricins : quotients supérieurs à l'unité ; intensité respiratoire considérable; diminution de la quantité de matière sucrée ; augmentation considérable de la teneur en huile.

Puisque la transformation du glucose en huile ne peut se faire qu'avec un quotient supérieur à l'unité, nous sommes presque amené à dire que : *Les graines de Ricin constituent le laboratoire où s'effectue la transformation des substances sucrées en huile*. Certes cette hypothèse repose sur des faits plus probants que les deux expériences de Godlewsky ; mais elle n'en est pas moins une hypothèse, prêtant le flanc à la critique. Tout d'abord les graines chez lesquelles nous suivons les variations du quotient respiratoire, de l'intensité des échanges gazeux, de la teneur en huile et en matière sucrée, se sont développées sur la plante et nous ne savons pas si les variations observées en huile et en glucose ne sont pas occasionnées par des apports de la plante en huile et des départs de la graine en matière sucrée. En second lieu, nous avons comparé des expériences faites par M. Leclerc du Sablon et par M. Mesnard sur certaines graines de Ricin à d'autres expériences faites par nous sur d'autres graines de Ricin.

Pour que notre hypothèse devînt plus vraisemblable, il faudrait opérant sur deux lots de graines identiques, détachées des capsules alors qu'elles sont dans la seconde période, analyser le premier lot immédiatement et faire respirer l'autre dans nos appareils jusqu'à ce que le quotient devînt inférieur à l'unité, puis analyser ce second lot. Si on constatait une augmentation de la teneur en huile et une diminution de la teneur en glucose, l'existence du quotient respiratoire supérieur à l'unité accompagnant ces variations dans la composition chimique des graines, pourrait être considérée comme une preuve de la transformation des matières sucrées en huile dans les graines. Malheureusement les quotients respiratoires que nous avons constatés jusqu'ici n'étaient pas assez élevés au-dessus de l'unité (maximum obtenu 1,42), et la durée pendant laquelle ils se manifestent après séparation de la plante n'est pas assez longue pour espérer obtenir des nombres concluants.

Aussi nous sommes nous attaché, durant la campagne 1899, à rechercher s'il ne serait pas possible d'obtenir des quotients respiratoires beaucoup plus élevés.

Si la théorie de la transformation des matières sucrées et des hydrates de carbone en corps gras est vraie, il suffit, pour atteindre le résultat cherché d'offrir à la graine une plus grande quantité de matière sucrée et d'hydrates de carbone.

Partant de cette idée, nous avons fait les expériences suivantes :

Les descendants par semis, d'un Ricin lequel, en 1898, à l'abri du soleil et exposé aux vents du nord-ouest (1), nous avait donné des graines dont le maximum du quotient respiratoire avait été $\frac{CO^2}{O} = 1,35$, ont été placés au printemps 1899 : les uns (groupe A) dans un endroit très ensoleillé et à l'abri des vents froids du nord, les autres (groupe B) dans la même situation défavorable que le Ricin de 1898. Les graines du premier groupe A ont donné $\frac{CO^2}{O} = 4,71$ comme maximum de valeur du quotient respiratoire, et durant presque toute la seconde période, le rapport du volume de gaz carbonique dégagé au volume de gaz oxygène absorbé s'est maintenu au-dessus de *deux*. Au contraire, les graines du second groupe B, ont donné $\frac{CO^2}{O} = 1,42$ comme maximum de valeur du quotient respiratoire et durant presque toute la seconde période, le rapport $\frac{CO^2}{O}$ s'est maintenu au-dessous de 1,30. C'est ce que montre d'ailleurs le tableau suivant :

DATES.	GROUPE A (Graines prises sur des Ricins placés dans les meilleures conditions de développement). $\frac{CO^2}{O}$		GROUPE B (Graines prises sur des Ricins placés dans de mauvaises conditions de développement). $\frac{CO^2}{O}$
25 septembre........	0,90	—	0,89
28 septembre........	1,10	—	1,03
1er octobre..........	2,16	—	1,14
4 octobre............	2,44	—	1,19
6 octobre............	4,71	—	1,42
9 octobre............	3,28	—	1,28
16 octobre...........	1,83	—	1,25
25 octobre...........	0,74	—	0,76

(1) Ce vent appelé *mistral* en Provence est très froid.

A cette différence dans la valeur des quotients a correspondu des différences significatives dans la teneur en huile des graines complètement mûres qui a été de 71 0/0 du poids de la matière sèche pour les graines du groupe A et de 59 0/0 pour celles du groupe B, et dans le poids des graines complètement mûres qui a été de 0 gr. 38 pour une graine du groupe A et de 0 gr. 23 seulement pour une graine du groupe B.

En possession de graines présentant un quotient respiratoire très élevé pendant la seconde période, nous avons entrepris l'expérience décisive dont nous parlions tout à l'heure. Deux lots égaux de graines provenant de fruits du groupe A, arrivés au même degré de développement, ont été: le premier analysé immédiatement, le second mis à respirer à 30°. Ce dernier pesant 21 gr. 1 a fourni les nombres suivants :

Date.	Vol. CO^2 dégagé. (par gramme de substance pendant toute la durée de l'expérience)		Vol. O absorbé. (par gramme de substance pendant toute la durée de l'expérience)		$\frac{CO^2}{O}$
19 octobre........................	2cc359	—	0cc513	—	4,58
20 octobre........................	0,620	—	0,466	—	1,33

Analysé ensuite, ce second lot a été trouvé contenir 4,16 0/00 de substance sucrée évaluée en glucose et 131 0/00 de corps gras,

Or, nous avons trouvé dans le lot analysé aussitôt après la cueillette : matières sucrées évaluées en glucose 12,15 0/00 et corps gras 125 0/00. *On voit que, tandis que la teneur en matières sucrées a diminué de 8 0/00, celle en huile a augmenté de 6 0/00 pendant les deux jours où le second lot, maintenu à la température de 30°, a présenté un quotient respiratoire supérieur à l'unité.*

Il est bien difficile, après cette expérience, de ne pas admettre une relation de cause à effet entre la diminution des matières sucrées et l'augmentation de l'huile dans les graines de Ricin d'un côté et le quotient respiratoire supérieur à l'unité de ces mêmes graines, de l'autre.

Cependant, il est encore possible de formuler l'objection suivante : l'augmentation de la quantité d'huile peut n'être qu'un fait complètement indépendant de la diminution de la proportion des matières sucrées, la valeur supérieure à l'unité du quotient respiratoire étant dûe à la fermentation alcoolique des sucres. Mais le fait signalé précédemment que le quotient supérieur à l'unité d'une graine de Ricin, étudiée pendant la seconde période de son développement, augmente quand on enlève l'enveloppe dure et luisante qui la recouvre, c'est-à-dire, quand on facilite l'arrivée de l'air, n'est guère en faveur de cette supposition. Néanmoins nous devons répondre expérimentalement. Aussi, avons nous recherché la différence de teneur en alcool de deux autres lots de graines identiques provenant de fruits du groupe A, cette recherche de l'alcool étant faite : pour l'un des lots immédiatement après la séparation des graines de la plante, et pour l'autre, après avoir laissé respirer les graines un certain temps à 30° et avoir obtenu les quotients respiratoires $\frac{CO^2}{O} = 3,57$ puis $\frac{CO^2}{O} = 1,28$. Pour l'un comme pour l'autre lot, nous n'avons obtenu que des traces indosables d'alcool ; donc pas de différence dans la teneur en alcool des deux lots, pas de formation d'alcool pendant l'existence des quotients respiratoires supérieurs à l'unité.

Si nous ajoutons d'autre part que l'absence d'acide citrique, tartrique, malique, oxalique, etc., dans les graines de Ricin ne permet pas de supposer l'existence d'un quotient d'acide qui, on le sait, est plus grand que un, nous aurons fait disparaître toute hésitation et nous pourrons dire :

Les graines de Ricin, à partir du moment où, molles encore, mais blanches à la section, elles ont acquis le maximum de poids, jusqu'à celui où elles deviennent très dures et où elles diminuent brusquement de poids, présentent un quotient respiratoire très élevé au-dessus de l'unité, pouvant atteindre 4,71 et qui est dû à la transformation des matières sucrées et des dextrines en huile.

Comme la quantité d'huile que l'on trouve à la fin de cette période, dans l'albumen, est beaucoup plus considérable que la quantité de matières sucrées et de dextrines existant au début, nous devons admettre que les graines de Ricin continuent à recevoir, de l'extérieur, pendant toute la seconde période, des matières sucrées (principalement des glucoses), mais que la quantité consommée pour la formation de l'huile est plus forte que la quantité reçue ; aussi la teneur en glucose de réserve devient-elle très faible, à la fin de cette période. Quant au saccharose emmagasiné pendant la première période, nous avons vu que, rapportée au poids frais, sa proportion n'avait pas sensiblement changé durant toute la période : il est donc possible que le saccharose soit resté immobilisé. Il semble constituer une substance de réserve inutilisable sous cet état et que nous retrouverons dans la graine à l'état de vie ralentie. Cette réserve ne sera utilisée qu'au moment de la germination, après transformation préalable en glucose,

Quoiqu'il en soit, que l'on adopte l'idée que les générateurs de l'huile viendraient dans la graine sous forme de glucose, ou celle de M. Leclerc du Sablon, d'après laquelle ils pénètreraient sous forme de dextrine ou de sucre non réducteur, puis seraient transformés en glucose avant de devenir de l'huile, le fait qui découle de nos recherches venant compléter celles de M. Leclerc du Sablon est la démonstration de la formation de l'huile dans la graine même, aux dépens des matières sucrées et des hydrates de carbone ; ainsi se trouve vérifiée l'idée que ce savant émettait à la fin de ses recherches sur la formation des graines de Ricin en disant que « l'étude de la respiration des graines oléagineuses en voie « de formation pourrait, dans une certaine mesure, fournir une vérifica- « tion » (1) des conclusions qu'il venait d'émettre. M. Mesnard professe une opinion radicalement opposée à celle que nos expériences nous ont permis de formuler. Il ne pense pas, en effet, que le rôle des hydrates de carbone existant dans les graines de Ricin soit de se transformer en huile ; il n'admet même pas que cette dernière prenne naissance dans la graine. Etudiant au microscope, et à l'aide de réactifs microchimiques des graines de Ricin à divers états de développement, il remarque tout d'abord, ainsi que nous l'avons déjà dit que, dans les semences extrêmement jeunes, « les réactifs du sucre, de l'amidon et de l'huile n'indiquent rien ». Puis il constate, dans l'albumen un peu plus âgé, l'existence d'un corps « ayant les propriétés réductrices des glucoses » (2). Quant à l'huile, il ne la voit apparaître que beaucoup plus tard, vers la fin de la saison : « avec la période de dessication complète de la graine « coïncide la formation définitive des grains d'aleurone et l'apparition « des premières gouttelettes d'huile » (3). D'où sa conclusion : « la for- « mation de l'huile dans l'albumen est donc très tardive » (3). Cette constatation cadre exactement avec le fait que les quotients respiratoires supérieurs à l'unité n'apparaissent que lorsque la graine a acquis le maximum de poids et est devenue assez ferme; aussi, nous attendions-nous à voir M. Mesnard déduire de ses observations que, peut-être, l'huile provient des matières sucrées qu'il a vu apparaître avant elle, dans la graine. C'est le contraire qu'il avance. L'huile provient « de l'activité du protoplasma chlorophyllien » (4), dit-il, et il explique son transport jusque dans la graine, d'une façon très ingénieuse : « Les ma- « tières albuminoïdes convenablement hydratées par les sucs de la « plante constituent un milieu dissolvant qui entraîne l'huile grasse « formée dans les tissus, jusque dans les réserves des graines. Au « moment de la formation des grains d'aleurone qui sont, comme on le « sait, des hydroleucites albuminifères desséchés, les matières albumi-

(1) Loc. cit., p. 207.
(2) Loc. cit., p. 301.
(3) Loc. cit., p. 302.
(4) Loc. cit., p. 317.

« noïdes (cristalloïdes) se séparent par perte d'eau de la matière grasse « qui peut alors se résoudre en gouttelettes » (1).

Quant aux matières sucrées dont il a constaté la présence dans les graines, il leur trouve une affectation assez logique :

« Les glucosides qui se forment, au cours du développement de la « graine ne concourent pas à la formation de ces réserves (oléagi- « neuses). Ces substances servent à l'épaississement des cloisons cellu- « laires et à la formation des tissus résistants qui enveloppent « l'amande » (2).

Il nous est impossible de nous ranger à l'avis de M. MESNARD.

Si, réellement, en effet, comme le veut cet auteur, les substances sucrées des graines ne servaient qu'à confectionner la charpente des cellules, au lieu d'observer le quotient respiratoire très élevé au-dessus de l'unité que nous avons rencontré, nous devrions constater un quotient respiratoire semblable à celui de toutes les plantes ordinaires, c'est-à-dire inférieur à l'unité et voisin de cette valeur.

TROISIÈME PÉRIODE

Elle commence au moment où la graine devenue dure diminue fortement de poids et ne finit qu'avec la germination. Pendant cette phase, on observe une décroissance rapide et continue de l'intensité respiratoire, si bien que cette dernière devient promptement très faible. Ce phénomène est diamétralement opposé à celui que nous avons remarqué pendant la seconde période. En effet, depuis le début de la première période jusqu'à la fin de la troisième, la proportion d'eau contenue dans les graines va toujours en diminuant, de sorte que le poids sec augmente constamment. Or, parallèlement à cette augmentation de poids sec, se produisent : une augmentation de l'intensité respiratoire dans la seconde période et une diminution de cette intensité dans la troisième. La cause en est due à ce que, pour un même poids sec de graines, il y a, pendant la seconde période, beaucoup plus de matières sucrées qui subissent des transformations chimiques que pendant la troisième, et, au contraire, pendant cette dernière, beaucoup plus de corps gras, substances de réserve non actives pour le moment, que pendant la seconde période.

(1) Loc. cit., p. 389.
(2) Loc. cit., p. 302.

Quant au quotient respiratoire, il est, dès le début, plus petit que un; il diminue promptement de valeur et devient bientôt très faible (0,28). Ce dernier fait se produit au moment où les échanges gazeux entre la graine et l'atmosphère sont presque nuls; la graine est alors à l'état de vie ralentie, état qui se prolongera jusqu'à la germination.

Aussitôt que commence cette période de vie ralentie, le glucose disparaît complètement; il ne reste plus que du saccharose et des matières grasses. Le gaz carbonique dégagé à partir de ce moment ne provient pas de la combustion du saccharose, car M. Leclerc du Sablon en retrouve la même proportion (1,1 pour cent du poids sec) au début de la germination : et, de plus, le quotient respiratoire, en cas de combustion des matières sucrées serait voisin de l'unité, au lieu d'être très faible. Ce quotient très faible est dû, très probablement : pour une partie, à l'absorption directe de l'oxygène par le corps gras; pour l'autre partie, à la combustion complète d'une très petite quantité d'huile, combustion qui nécessite l'absorption d'une quantité d'oxygène beaucoup plus forte que la quantité de gaz carbonique dégagé.

Si, maintenant, nous voulons résumer les divers phénomènes qui se produisent pendant le développement des graines de Ricin, nous dirons :

Les graines de Ricin passent, pendant leur développement, par trois phases successives :

Pendant la première qui commence à la fécondation et qui se termine au moment où la graine a atteint le maximum, comme poids, les graines reçoivent, de la plante, du glucose ou du saccharose et des dextrines, en un mot des hydrates de carbone solubles qui sont emmagasinés comme substances de réserve et ne subissent aucune transformation en matière grasse; une petite partie de ces hydrates de carbone fournit, par combustion complète, l'énergie nécessaire aux manifestations vitales de la graine; aussi le quotient respiratoire, pendant cette période, est-il inférieur à l'unité et voisin de cette valeur. Quant à l'intensité respiratoire, elle va constamment en augmentant, ce qui s'explique par la quantité de plus en plus grande de glucose qui se rencontre dans la graine.

La seconde période commence au moment où les graines de Ricin ont acquis le maximum comme poids et où leur consistance commence à devenir ferme; elle se termine au moment où ces graines, devenues dures, commencent à diminuer assez rapidement de poids; cette diminution étant dûe à une simple perte d'eau, le poids sec de la graine reste à peu près le même. Pendant cette période, les hydrates de carbone et les matières sucrées mises en réserve jusqu'ici, ainsi que ceux qui continuent à venir de l'extérieur, sont transformés en huile dont la proportion devient de plus en plus grande, tandis que celle des hydrates de carbone solubles devient de plus en plus petite, si bien qu'à la fin, il ne reste pour ainsi dire que du saccharose. Les échanges gazeux sont influencés par la formation des corps gras. D'inférieur à l'unité, le quotient respiratoire devient supérieur à cette valeur et peut atteindre des nombres voisins de 4, dans des conditions particulièrement favorables. L'intensité respiratoire augmente considérablement au début de cette période, c'est-à-dire au moment où s'établit dans la graine la réaction de transformation des hydrates de carbone en huile, puis elle se maintient stationnaire.

La troisième période commence au moment où les graines, dures, perdent beaucoup de leur poids, où leur caroncule se détache très facilement; elle se continue jusqu'à l'époque de la germination et comprend toute la durée de la vie ralentie.

Au cours de cette période, l'intensité respiratoire diminue rapidement; le quotient respiratoire, déjà inférieur à l'unité dès le début devient très faible et on peut dire que les phénomènes respiratoires consistent surtout en une absorption d'oxygène qui, elle-même, est presque insensible à la fin.

Le glucose, lequel avait disparu à la fin de la seconde période, continue à faire défaut; la quantité de saccharose reste constante, ce sucre ne subissant aucune modification.

Les résultats que nous venons de constater dans l'étude de la respiration des graines de Ricin aux diverses phases de leur développement, ont été obtenus par nous, également avec un grand nombre d'autres graines oléagineuses. D'une manière générale, elles se comportent absolument comme les graines de Ricin ; aussi, considérerons-nous les conclusions précédentes comme s'appliquant à toutes les graines à réserves grasses, sans répéter pour chacune d'entre elles tout ce que nous avons dit pour les Ricins. Cependant, certaines de ces graines nous ayant présenté, dans leur respiration, des détails particuliers et intéressants, nous donnerons quelques tableaux concernant la respiration de ces semences oléagineuses, et, au cours de l'étude de ces tableaux, nous signalerons les particularités dont nous venons de parler.

Respiration des graines de Crucifères.

Les graines oléagineuses des Crucifères : Colza, Moutarde, etc., tout en se comportant comme les graines de Ricin, présentent, pendant la période de formation de l'huile, un quotient respiratoire bien moins élevé. Il ne dépasse guère la valeur $\frac{CO^2}{O} = 1,15$, comme le tableau ci-dessous l'indique, et si nous n'avions pas les graines de Ricin avec des quotients respiratoires parfois voisins de la valeur $\frac{CO^2}{O} = 4$, ce ne serait certainement pas les nombres fournis par les graines de Colza qui nous permettraient d'être aussi affirmatifs au sujet de la formation de l'huile, dans les graines mêmes, aux dépens des hydrates de carbone et des matières sucrées.

Cette faiblesse relative du quotient respiratoire des graines de Crucifères durant la période de formation de l'huile, trouve son explication toute naturelle dans le fait que les réserves sucrées aux dépens desquelles s'élaboreront les corps gras, au lieu de se trouver dans les semences mêmes, existent principalement dans la silique.

C'est ce qui résulte des belles recherches de M. Muntz (1) sur la maturation des graines de Colza.

Ce savant a analysé des échantillons de graines prélevées à 7 époques différentes de leur développement. En rapportant les résultats obtenus à la graine considérée comme unité, il constate que : « L'amidon et les « sucres paraissent se maintenir assez constants, pendant tout le temps « que la graisse se forme abondamment, comme s'ils ne concouraient « pas à cette formation, ou plutôt comme ils étaient incessamment « renouvelées » (2). Ces derniers mots montrent que, malgré la constatation défavorable précédente, M. Muntz demeure convaincu que les matières grasses naissent dans la graine même, aux dépens des sucres et des hydrates de carbone. Aussi cherche-t-il à découvrir le lieu où doivent se trouver accumulées les réserves hydrocarbonées, en attendant de passer dans la graine pour y subir leur transformation en huile. Ce lieu est pour lui la silique. L'analyse des siliques vides, faite aux divers moments du développement des graines lui montre en effet que les réserves sucrées des siliques jeunes sont très considérables et qu'elles diminuent rapidement puis disparaissent complètement (3) pen-

(1) *An. Sc. Nat. Bot.*, 7e série, tome III, 1886.
(2) Loc. cit., p. 72.
(3) Le glucose tout au moins, car il reste une faible proportion de saccharose.

Respiration à 16° de graines de Colza mises en atmosphère confinée aussitôt après la cueillette.

Dates.	Caractères des siliques et des graines	Respiration du péricarpe $\frac{CO_2}{O}$	Respiration des graines, Vol. CO_2 dégagé (par gramme de substance en 1 heure)	Respiration des graines, Vol. O. absorbé (par gramme de substance en 1 heure)	$\frac{CO_2}{O}$
	1re Période.				
24 avril	Siliques très petites, molles. Graines molles, presque transparentes. Poids frais de graines ...... 0 gr. 344 Pois sec .... 0 gr. 005	0,92	315 mmc	325 mmc	0,94
	2e Période.				
1er mai	Siliques fermes, vertes. Graines à moitié molles, blanc verdâtre. Poids frais de graines....... 0 gr. 433 Poids sec .... 0 gr. 065	0,93	309	301	1,03
5 mai	Siliques très fermes, vertes. Graines assez fermes, vertes. Poids frais des graines mises en expériences .... 0 gr. 77 Poids sec................ 0 gr. 114	0,89	275	239	1,15
16 mai	Siliques très fermes. Graines fermes, vertes. Poids frais .... 0 gr. 78 Poids sec................ 0 gr. 182	0,91	314	268	1,17
21 mai	Siliques très fermes, vertes. Graines très fermes, vert foncé. Poids frais .... 0 gr. 796 Poids sec................. 0 gr. 201	0,93	288	244	1,18
	3e Période.				
24 mai	Siliques très fermes, vertes. Graines dures, vert foncé. Poids frais............... 0 gr. 849 Poids sec .... 0 gr. 389	0,92	174	204	0,85
28 mai	Siliques commencent à jaunir. Graines dures moitié vert foncé, moitié rose. Poids frais .... 0 gr. 831 Poids sec .... 0 gr. 423	0,97	90,3	116	0,78
31 mai	Siliques jaunes presque desséchées. Graines dures, noirâtres. Poids frais .... 0 gr. 774 Poids sec................. 0 gr. 474	»	42,7	73,7	0,58

dant que l'huile augmente rapidement puis atteint le maximum comme quantité. On pouvait objecter à M. MUNTZ la possibilité pour l'huile de se former dans la silique même puis de passer de là dans la graine ; mais l'auteur répond qu'il ne peut pas en être ainsi parce que « la « proportion de graisse contenue dans la silique est peu considérable « et ne dépasse pas celle que l'on trouve généralement dans la plu- « part des parties similaires de toutes les plantes » (1).

Nous nous sommes étendu sur les expériences de M. MUNTZ parce qu'elles viennent consolider un point faible de notre hypothèse : la présence d'une grande quantité d'huile dans les semences à la fin de la seconde période de leur développement, alors qu'il n'a disparu qu'une faible quantité de matières sucrées.

Il en est ainsi parce que la graine ne constitue pas le seul lieu de réserve des hydrates de carbone qui seront transformés en huile dans la graine même ; le péricarpe des fruits et les tissus de la plante entière en sont souvent le principal magasin. C'est probablement dans ces tissus et ce péricarpe que viennent s'accumuler les hydrates de carbone fournis par l'assimilation chlorophylienne, sous forme de réserve provisoire avant d'aller, dans la graine, se déposer définitivement, après y avoir subi la transformation en corps gras.

Les expériences de M. MUNTZ nous permettent d'expliquer également pourquoi les graines oléagineuses, séparées de la plante pendant la période de formation des huiles, conservent seulement pendant quelques heures le quotient respiratoire supérieur à l'unité caractéristique de cette période. Cela tient à ce que la petite quantité de matières sucrées de la graine transformable en huile est vite épuisée et qu'elle ne peut pas être renouvelée, parce que les communications avec le magasin de réserve sont supprimées.

Quoi qu'il en soit, il est bien certain que les expériences de M. MUNTZ, à elles seules, ne permettent pas autre chose que de formuler « la croyance » (2), que la transformation des matières sucrées en graisses ne se fait que dans la graine. Heureusement notre méthode des quotients respiratoires vient remplacer cette croyance par une certitude. En effet, comme on peut le voir dans le tableau précédent concernant le Colza, pendant toute la période où la matière sucrée diminue dans la silique et où l'huile s'accumule dans la graine qui présente alors un quotient supérieur à l'unité, le quotient respiratoire de la silique privée de graine

(1) Loc. cit., pages 73 et 74.
(2) Loc. cit., p. 73.

demeure constamment inférieur à l'unité et cela paraît incompatible avec une formation de l'huile, aux dépens des matières sucrées dans cette silique vide.

Respiration des graines de Rosacées.

Disons tout de suite que les semences de l'Amandier, du Pêcher, etc., isolées du péricarpe, donnent les mêmes résultats que les graines oléagineuses d'Euphorbiacées (Ricin) et de Crucifères. On peut s'en rendre compte en examinant, dans le tableau suivant, les colonnes consacrées à la respiration des graines isolées. Mais ce tableau est instructif à un autre point de vue. Il a été obtenu en faisant respirer à 30°, pendant six heures, des fruits d'*Amygdalus communis v. dulcis* cueillis sur un même arbre aux diverses phases de leur développement, puis en séparant aussitôt après ces fruits en portion verte du péricarpe, noyau, graine et en faisant respirer ces diverses parties, séparément, de nouveau pendant 6 heures à 30°. Afin de réduire ce tableau à de justes proportions, ce n'est que pour la graine que nous avons inscrit les quantités de gaz carbonique dégagé et d'oxygène absorbé par gramme de substance en une heure.

Deux faits particuliers ressortent de l'examen de ce tableau :

1° Les graines oléagineuses de Rosacées, lorsqu'elles sont dans la période de formation des corps gras, conservent beaucoup plus longtemps après la séparation de la plante la propriété de fournir un quotient respiratoire supérieur à l'unité que les graines de Ricin. Ces dernières, en effet, après avoir déterminé, étant contenues encore dans leurs capsules, un quotient respiratoire supérieur à l'unité, pendant trois heures à 30°, séparées ensuite du péricarpe vert et mises à respirer isolément, donnent, dans les trois heures suivantes, un quotient respiratoire plus petit que un;

2° Le 25 mai, un fruit très jeune d'*Amygdalus communis var. dulcis*, dont la coque est molle, non lignifiée, et dont la graine est encore transparente, présente un quotient respiratoire supérieur à l'unité ($\frac{CO^2}{O} = 1,08$). En opérant comme Godlewsky, c'est-à-dire en nous contentant de la respiration du fruit entier, nous devrions considérer la graine oléagineuse contenue dans ce fruit comme la cause de l'élévation du rapport $\frac{CO^2}{O}$ au-dessus de un; cependant il n'en est rien puisqu'elle donne $\frac{CO^2}{O} = 0,97$. Force est donc de rechercher cette cause ailleurs. Elle n'est pas, non plus, dans la respiration de la partie verte du péricarpe

DATES.	AMANDES ENTIÈRES.		PÉRICARPE VERT		NOYAU			GRAINE				
	Poids	$\frac{CO^2}{O}$	Poids	$\frac{CO^2}{O}$	Poids	Aspect	$\frac{CO^2}{O}$	Poids	Aspect	Vol. CO^2 dégagé	Vol. O. absorbé	$\frac{CO^2}{O}$
						1re Période.						
15 avril....	0 gr 42	0,86	Le Noyau est très mou ; la Graine est une véritable gelée ; aussi la respiration normale est-elle impossible à suivre pour les parties isolées.									
4 mai	2 30	0,91										
10 mai	3 72	0,87	2 gr 10	0,89	0 gr 94	mou, acide	1,03	0 gr 67	molle	117 mmc	136 mmc	0,86
16 mai	7 70	0,89	4 44	0,95	1 96	1/2 mou, acide	1,11	1 30	molle	133	133	1,
25 mai	14 45	1,08	8 91	0,83	3 93	1/2 mou, acide	1,53	1 35	1/2 molle	199	205	0,97
30 mai	15 12	1,04	9 40	0,86	4 10	assez ferme, acide	1,50	1 60	1/2 molle	272	274	0,99
						2e Période.						
10 juin....	14 85	1,01	7 90	0,85	5 10	ferme, acide	1,20	1 82	ferme	376	298	1,26
15 juin....	16 30	1,	7 55	0,88	6 50	dur, pas d'acidité	0,85	1 92	ferme	339	280	1,21
21 juin....	17 10	1,07	8	0,84	7	dur	0,96	2	ferme	321	300	1,07
						3e Période						
30 juin....	16 85	0,99	8 25	0,94	6 90	dur	0.90	1 50	dure	118	125	0,94

qui nous présente $\frac{CO^2}{O} = 0{,}86$; c'est la portion interne déjà nettement différenciée du fruit, celle qui deviendra plus tard la coque qu'il faut incriminer. En effet, son quotient respiratoire est $\frac{CO^2}{O} = 1{,}53$. D'ailleurs, l'analyse de cette coque nous donne le motif de sa respiration particulière ; elle nous révèle l'existence d'une forte proportion d'acide malique (1,52 °/₀), et nous avons établi ailleurs (1) que les fruits à acide malique présentaient un quotient respiratoire supérieur à l'unité. Même observation peut être faite au sujet de l'amande du 30 mai. Cela nous montre la nécessité de ne tirer de la valeur du quotient respiratoire des déductions, qu'après s'être assuré qu'il ne se produit pas, dans le corps étudié, une seconde réaction pouvant donner lieu à un rapport $\frac{CO^2}{O}$ semblable à celui observé.

C'est ce qui nous a amené, comme nous l'avons dit au début, à séparer les graines oléagineuses du fruit et à n'opérer que sur elles.

Respiration des graines de Lin.

Des deux tableaux que nous donnons ici, le premier concerne la respiration des capsules entières et le second la respiration des graines isolées du péricarpe.

Respiration à 17° des capsules de Lin (Linum usitatissimum) *à divers états de développement.*

DATES.	POIDS d'une capsule.	ASPECT ET COULEUR.	$\frac{CO^2}{O}$
16 juin	0 gr. 08	vert pâle	0,95
16 juin	0 125	vert pâle	1,09
19 juin	0 285	verte	1,18
21 juin	0 310	verte	1,19
22 juin	0 250	vert jaunâtre	0,99
24 juin	0 205	jaune ; presque desséchée	0,48

Respiration à 17° des graines de Lin à divers états de leur développement.

DATES.	ASPECT ET COULEUR DES GRAINES.	$\frac{CO^2}{O}$
10 juin	molles, blanches	0,98
12 juin	molles, blanc verdâtre	1,07
14 juin	1/2 molles ; blanc verdâtre	1,21
17 juin	fermes, vertes	1,31
20 juin	fermes, vertes	1,38
22 juin	dures, vert brunâtre	1,10
23 juin	dures, brunes	0,40

(1) Maturation des fruits charnus sucrés, *An. Sc. Nat. Bot.*, 1898.

De la comparaison de ces deux tableaux, il ressort que contrairement à ce que viennent de montrer les fruits de l'amandier, le péricarpe masque très peu le *quotient gras*. Cela est dû principalement à ce que les parois et les cloisons de la capsule sont membraneuses et, par suite, respirent très peu.

Nous pouvons, maintenant, mettre en relief en quelques lignes le fait capital se détachant de l'étude que nous venons de faire sur la respiration des graines oléagineuses aux diverses phases de leur développement :

1° *Les plantes dont les graines contiennent à la maturité des réserves grasses forment leur huile dans la semence même où elle est ensuite mise en réserve;*

2° *L'huile prend naissance aux dépens des hydrates de carbone fournis par les organes verts, ces hydrates de carbone étant déposés, provisoirement, au fur et à mesure de leur production : soit dans la graine même, soit dans le péricarpe, soit dans divers tissus de la plante;*

3° *Le résultat de cette transformation des hydrates de carbone en huile est une respiration particulière de la graine, caractérisée par le dégagement d'une quantité de gaz carbonique supérieure à la quantité d'oxygène absorbée dans le même temps; le quotient respiratoire, en un mot, est supérieur à l'unité.*

Influence de la température sur le quotient respiratoire des graines oléagineuses en période de formation de l'huile.

1° *Ricin.* — Cette étude est des plus faciles. S'il est peu commode, en effet, de dire, à la simple inspection d'un fruit de Ricin, que les graines se trouvent en pleine période d'élaboration des réserves grasses, c'est-à-dire à la période des quotients respiratoires supérieurs à l'unité, nous avons au moins la certitude que les trois graines de ce fruit sont au même degré de maturité et qu'elles présentent, placées dans les mêmes conditions, des intensités respiratoires et des quotients très voisins. Aussi n'aurons-nous, pour connaître l'influence de la température, qu'à comparer la respiration de deux graines d'un même fruit placées à deux températures différentes.

Expérience. — Les trois graines d'un fruit de Ricin pesant 3 gr. 10, de consistance ferme, à téguments durs, sont placées : les deux premières à la température de 31°, la troisième à la température de 17°. Elles ont fourni les résultats suivants :

Température	Poids	Durée de l'expérience	Vol. CO^2 dégagé.		Vol. O. absorbé.	$\frac{CO^2}{O}$
			par gramme de substance en 1 heure			
31°.........	0 gr. 37	3 heures	868 mmc	—	743 mmc	— 1,17
31°.........	0 gr. 39	3 h. 17	850	—	708	— 1,20
17°.........	0 gr. 36	4 h. 75	388	—	323	1,20

Tandis que les deux graines placées à 31° donnaient les quotients respiratoires 1,17 et 1,20, la troisième graine placée à 17° fournissait elle aussi le rapport $\frac{CO^2}{O} = 1,20$.

Nous avons répété maintes fois cette expérience et toujours nous avons obtenu à 17° un quotient respiratoire très voisin de celui obtenu à 31°. Nous avons donc le droit de dire que le quotient respiratoire supérieur à l'unité observé pendant la formation de l'huile dans les Ricins est indépendant de la température.

2° *Lin, Colza.* — Les expériences que nous avons faites sur les semences de Lin et de Colza donnent des résultats identiques, aussi ne les relaterons-nous pas et conclurons-nous de la façon suivante :

Le quotient respiratoire plus grand que un, observé pendant la formation de l'huile dans les graines oléagineuses, est indépendant de la température.

Ce fait nous explique pourquoi les graines oléagineuses telles que le Colza, l'Œillette, le Lin, etc., mûrissent dans les pays froids, le glucose étant capable de donner naissance à des matières grasses aussi bien aux basses températures qu'aux températures élevées.

Si, maintenant, nous comparons l'influence de la température sur le quotient de formation des corps gras contenus dans les graines oléagineuses et sur le quotient de destruction des acides dans les fruits à acide citrique ou tartrique, nous voyons qu'il existe entre ces deux sortes de quotients de grandes différences, puisque le quotient d'acide varie, ainsi que nous l'avons montré ailleurs (1), avec la température.

Cette indépendance du quotient gras, en ce qui concerne la température, le rapproche au contraire beaucoup d'un certain nombre de quotients de fermentation alcoolique que nous avons observés chez les Sorbes et chez les autres fruits à tannin, pendant le blètissement. Il suffit, en effet, de jeter un regard sur les tableaux 71 à 75 de notre travail sur la maturation des fruits charnus sucrés (2) pour voir qu'à 0° comme à

(1) Maturation des fruits charnus sucrés. *An. Sc. Nat. Bot.*, tome IV, p. 1-279.

(2) Loc. cit., p. 258 à 261.

20° et à 30°, le quotient de fermentation des Sorbes est sensiblement le même. En résumé, *le quotient de formation des huiles dans les graines oléagineuses se comporte, sous l'influence de la température, comme le quotient de fermentation.*

L'étude du sectionnement va encore accentuer ce rapprochement.

Influence du sectionnement sur la respiration des graines oléagineuses.

Ici encore nous nous occuperons plus spécialement du Ricin, et cela pour deux raisons : la première, parce que les graines de Colza et de Lin sont trop petites pour que le sectionnement puisse se faire sans endommager considérablement les graines ; la seconde, parce que les trois graines d'un même fruit de Ricin étant au même degré de développement, nous pourrons comparer une graine entière à une graine sectionnée prise dans le même fruit en considérant cette graine coupée comme identique, avant le sectionnement, à la graine entière.

Nous avons fait trois expériences : deux à 31° et une à 17° ; chaque fois nous faisions respirer deux graines entières isolément, tandis que la troisième n'était placée en atmosphère confinée qu'après avoir été sectionnée en quatre suivant deux plans : l'un passant par le grand axe, l'autre perpendiculaire à cet axe.

Le tableau suivant contient les résultats de ces trois expériences.

On voit que, à 31° comme à 17°, les graines entières ont toujours présenté des quotients respiratoires beaucoup plus élevés que les quotients fournis par la graine sectionnée.

POIDS de la graine.	ÉTAT		DURÉE de l'expérience.		Vol. CO^2 dégagé. (par gramme de substance en 1 heure)	Vol. O. absorbé. (par gramme de substance en 1 heure)	$\frac{CO^2}{O}$
			1re Expérience, 31°; P. du fruit : 3 gr. 25.				
0 gr. 35	entière	—	3 h 12	—	718 mmc	589 mmc	1,22
0 35	entière	—	3 17	—	742	603	1,23
0 35	sectionnée	—	2 33	—	872	807	1,08
			2e Expérience 31° ; P. du fruit : 3 gr. 50.				
0 36	entière	—	3 50	—	811	629	1,29
0 35	entière	—	2 92	—	837	634	1,32
0 35	sectionnée	—	2 58	—	875	788	1,11
			3e Expérience 17° ; P. du fruit : 3 gr. 60.				
0 34	entière	—	4 92	—	366	321	1,14
0 36	sectionnée	—	3 41	—	391	383	1,02

Le sectionnement détermine donc, chez les graines de Ricin en période de formation des réserves oléagineuses, un abaissement du quotient respiratoire. Néanmoins cet abaissement n'a jamais été suffisant pour amener le quotient à être inférieur à l'unité.

Quant à l'intensité respiratoire, elle est plus grande chez les graines sectionnées ; mais l'augmentation est assez faible, puisque l'intensité de la graine n'est guère que les 1/3 de celle de la graine entière.

Si nous comparons les résultats obtenus avec les Ricins à ceux fournis par les fruits acides et les fruits à quotient de fermentation alcoolique, nous remarquons des différences bien tranchées avec les quotients d'acides et, au contraire, des points de contacts très nets avec les quotients de fermentation.

1° Les quotients d'acide sont fortement augmentés par le sectionnement ; le quotient de formation des huiles, au contraire, est diminué comme l'est également le quotient de fermentation alcoolique.

2° L'intensité respiratoire des fruits acides sectionnés augmente considérablement et devient plus du double de l'intensité du fruit entier ; l'intensité respiratoire des graines en période de formation grasse augmente légèrement par le sectionnement ; mais cette intensité est loin d'atteindre le double de l'intensité de la graine entière ; il en est absolument de même pour les fruits chez lesquels on constate le quotient de fermentation.

Nous pouvons donc conclure que : *Les graines oléagineuses, pendant la période de formation des corps gras, se comportent au point de vue respiratoire sous l'influence du sectionnement non pas comme les fruits acides, mais comme les fruits qui blétissent et se parfument (fruits à fermentation alcoolique).*

Pour résumer l'étude comparée que nous venons de faire concernant l'influence de la température et du sectionnement sur le quotient de formation des huiles dans les graines oléagineuses d'une part, sur le quotient des fruits acides et sur le quotient respiratoire des fruits qui présentent la fermentation alcoolique d'autre part, nous dirons : *De ces trois sortes de quotients caractérisés par leur valeur supérieure à l'unité, deux se rapprochent beaucoup l'une de l'autre (quotients gras et quotients de fermentation), tandis qu'elles s'éloignent considérablement de la troisième (quotients d'acide).*

II° *Respiration des graines oléagineuses pendant leur germination. Rapports de cette respiration avec la disparition de l'huile.*

Nous n'avons pas l'intention de refaire, après MM. Godlewski, Bonnier et Mangin, Leclerc du Sablon, etc., l'étude de la respiration des graines oléagineuses mises à germer après que, ayant acquis leur complet développement, elles ont passé par la période de vie ralentie, ni celle des transformations chimiques qui se produisent dans ces graines pendant leur germination. Nous sortirions de notre sujet, car l'inspection du premier tableau de nos recherches (graines de Lin) montre que les graines que nous avons mises à germer n'ont pas achevé leur maturation. C'est donc à ce point de vue particulier que nous allons nous placer et, puisque nous voulons éliminer les quotients respiratoires supérieurs à l'unité de la phase de transformation des hydrates de carbone en huile, nous nous adresserons à des graines qui viennent de passer par cette phase ; aussi allons nous étudier la respiration des graines de Lin mises à germer aussitôt que la formation de l'huile est achevée.

Expérience. — 5 graines de Lin pesant 0 gr. 068, d'une couleur vert brunâtre, prises dans une capsule qui commence à blanchir, mais qui est loin d'être desséchée, ont été mises à respirer le 19 juillet en atmosphère confinée à 19° et ont donné les résultats suivants :

DATE DE L'ANALYSE.	CARACTÈRE DES GRAINES.	VOL. CO^2 DÉGAGÉ.		VOL. O. ABSORBÉ.		$\frac{CO^2}{O}$
		par gramme de substance en 1 heure				
7 août..........	les graines brunissent....	61 mmc 4	—	94 mmc 6	—	0,65
15 août........	les cinq graines germent, radicelles 1/2 centimètre.	591	—	936	—	0,63
16 août..........	radicelles, 2 centimètres.	774	—	1210	—	0,64
17 août..........	les cotylédons sont étalés en feuilles vertes......	797	—	1245	—	0,64

Faisons tout de suite remarquer que ces résultats sont identiques à ceux fournis par le premier tableau de notre étude (graines de Lin non mûres, mises à germer), à partir du moment où les graines de Lin de ce tableau entraient en germination. On peut donc dire que, quelque soit le degré de développement de la graine, pourvu que ce degré soit suffisamment élevé pour permettre aux semences de germer, les phénomènes respiratoires observés pendant la germination sont les mêmes; nous allons les étudier.

L'examen des nombres ci-dessus nous indique que l'intensité respiratoire assez faible au début de l'expérience, augmente considérablement au moment où les radicelles apparaissent. La quantité d'oxygène absorbée, qui n'était auparavant que de $94^{mmc}6$ par gramme de substance en une heure devient en effet, au moment où les cinq semences commencent à germer, 833^{mmc} pour atteindre à la fin de l'expérience 1245^{mmc}.

Quant aux quotients respiratoires, ils restent constamment de beaucoup inférieurs à l'unité, puisqu'ils se maintiennent aux environs de 0,60.

Leur signification n'est pas douteuse.

Au début de la germination, la graine ne contient guère comme réserve que de l'huile ; à la fin, l'huile a disparu et la petite plante a dû former une grande quantité de cloisons cellulosiques, de sorte que le corps gras a servi à former des hydrates de carbone.

Or, nous avons vu, page 2, que cette réaction exige un quotient respiratoire très inférieur à l'unité. Les quotients voisins de 0,60 observés dans notre expérience sont donc bien la manifestation extérieure de la formation des hydrates de carbone aux dépens de l'huile.

Cependant, si faibles qu'ils soient, les quotients respiratoires que nous avons trouvés sont beaucoup plus élevés que ceux obtenus par MM. Bonnier et Mangin. Si, en effet, nous nous reportons au tableau XXII (1) de leurs recherches sur la respiration des tissus sans chlorophylle, nous voyons que, pendant une grande partie de la germination, les quotients respiratoires se sont maintenus aux environs de la valeur $\frac{CO^2}{O} = 0,30$. Nous pensons que cette différence est dûe peut-être à ce que les graines sur lesquelles nous opérions et celles de MM. Bonnier et Mangin ne sont pas dans le même état de développement. Ces savants ont pris des graines complètement mûres, en période de vie ralentie ; or, dans ces graines, il n'y a pas trace de glucose ; il n'y a donc rien d'étonnant à ce que la semence n'ayant que de l'huile comme réserve utilisable, transforme uniquement cette huile en hydrates de carbone. Or, cette réaction doit se faire avec un quotient voisin de 0,30 si l'on adopte la formule de M. Chauveaud. Le savant professeur du Muséum d'histoire naturelle de Paris, dans son étude : *La vie et l'énergie chez l'animal* (2), donne en effet l'équation suivante de transformation des corps gras en hydrates de carbone avec oxydation rudimentaire :

$$2\,C^{57}H^{110}O^6 + 134\,O = 16\,C^6H^{12}O^6 + 18\,CO^2 + 14\,H^2O$$

(1) *An. Sc. Nat. Bot.*, 6e série, tome XVIII, p. 371.

(2) Page 54.

ce qui donne comme rapport du gaz carbonique dégagé au gaz oxygène absorbé $\frac{CO^2}{O} = \frac{36}{134} = 0,27$.

Au contraire de MM. Bonnier et Mangin, nous avons pris des graines de Lin non mûres respirant encore assez activement et qui contiennent, en outre de l'huile, une notable porportion de matières sucrées, ainsi que nous l'avons vérifié de la manière suivante. Des graines de Lin blanc-verdâtre, identiques à celles dont nous avons suivi le développement et la germination dans le tableau de la page 1, sont mises à respirer dans les mêmes conditions, à 19°, et donnent les résultats suivants :

Date	Caractère des semences	$\frac{CO^2}{O}$
17 juin	vert pâle	1,38
17 juin	vertes	1,22
18 juin	vertes	0,88
19 juin	vert foncé	0,69
20 juin	brunes	0,64

puis, le 20 juin, quand elles eurent atteint les mêmes caractères extérieurs et respiratoires que les graines de l'exemple de germination de la page 28, elles furent analysées et accusèrent 1,7 % de matières sucrées. Il est possible que ce soit la combustion de ces sucres qui, se faisant avec un quotient égal à l'unité, donne au quotient respiratoire observé pendant la germination une valeur supérieure à celle qui a été obtenue en opérant avec des graines complètement mûres. Mais il est une seconde cause que nous sommes tenté d'invoquer : c'est la facilité d'oxydation de l'huile de lin ; nous reviendrons sur ce sujet un peu plus tard.

Nous connaissons maintenant suffisamment les deux termes de la comparaison, objet de notre étude :

I, respiration des graines oléagineuses aux diverses phases de leur développement ;

II, respiration de ces mêmes graines pendant leur germination ;

Nous pouvons donc reprendre d'une façon plus approfondie l'étude comparée que nous avions esquissée dans les premières pages, sur la respiration d'une graine oléagineuse séparée de la plante au moment de la formation de l'huile, depuis l'instant de la séparation jusqu'à celui de l'utilisation complète des réserves oléagineuses pendant la germination. La graine de Lin avait été prise comme type dans cette esquisse ; nous allons continuer la comparaison en prenant un deuxième type : la graine de Ricin.

Respiration des graines de Ricin mises à germer pendant la période de formation de l'huile.

Deux graines de Ricin séparées de la plante pendant l'époque de la formation des réserves grasses sont placées en atmosphère confinée humide : l'une à la température de 34°, l'autre à 22° ; elles nous ont donné les nombres consignés dans les deux tableaux suivants :

DATES	CARACTÈRES DE LA GRAINE	VOL. CO^2 DÉGAGÉ. par gramme de substance en 1 heure	VOL. O ABSORBÉ. par gramme de substance en 1 heure	$\frac{CO^2}{O}$
1re expérience : Temp. 34°. ; Poids de la graine, 0 gr. 229.				
	PREMIÈRE PHASE			
27 juillet.....	Dure. Enveloppe noire..........	704 mmc	592 mmc	1,21
	DEUXIÈME PHASE			
28 juillet......		398 mmc	498 mmc	0,80
29 juillet......		204	329	0,62
3 août.......		130	191	0,68
15 août.......		26,4	47,1	0,56
	TROISIÈME PHASE			
17 août.......	L'enveloppe éclate; radicule apparaît à l'extérieur..............	256 mmc	465 mmc	0,55
18 août.......	Enveloppe complèt. éclatée ; radicule 1 centimètre.............	581	1139	0,51
18 août.......	Radicule 1 centimètre et demi...	846	1763	0,48
19 août.......	Radicule 2 centimètres, présente 2 racines latérales............	993	2027	0,49
20 août.......		814	1808	0,45
2e expérience : Temp. 22°; Poids de la graine, 0 gr. 227.				
	PREMIÈRE PHASE			
27 juillet......	Dure. Enveloppe noire..........	481 mmc	388 mmc	1,24
	DEUXIÈME PHASE			
28 juillet......		235 mmc	298 mmc	0,79
1er août......		93	195	0,48
7 août.......		50,6	99,2	0,51

DATES	CARACTÈRES DE LA GRAINE	VOL. CO^2 DÉGAGÉ. par gramme de substance en 1 heure		VOL. O ABSORBÉ par gramme de substance en 1 heure		$\frac{CO^2}{O}$
	TROISIÈME PHASE					
11 août......	Enveloppe éclate. La graine a beaucoup grossi.............	152mmc	—	310mmc	—	0,49
13 août.......	Radicule 1/2 centimètre.........	227	—	455	—	0,50
15 août......		356	—	823	—	0,42
17 août.......		274	—	560	—	0,49
19 août.......	Radicule 1 centimètre et demi...	394	—	716	—	0,55
20 août.......	Les cotylédons rougissent et s'allongent.............	463	—	911	—	0,51
22 août.......		411	—	716	—	0,53
24 août.......	3 racines latérales partent de la radicule ou plutôt de la grosse région située immédiatement sous les cotylédons	443	—	750	—	0,59
26 août.......		438	—	608	—	0,72
28 août.......		467	—	570	—	0,82

Ces tableaux montrent bien que les semences de Ricin, comme celles de Lin, présentent trois phases dans leur respiration.

Pendant la première phase, le quotient respiratoire est supérieur à l'unité, l'intensité respiratoire est élevée ; durant cette phase, les hydrates de carbone et les matières sucrées (glucose) se transforment en huile ; en un mot, la graine mise à germer continue son évolution comme si elle était encore attachée à la plante. Mais nous pouvons remarquer que cette phase de la formation des corps gras est courte et se trouve caractérisée par des quotients respiratoires relativement faibles (1,24 ; 1,21) par rapport aux quotients que nous avons obtenus pendant la maturation sur l'arbre (4,71 quelquefois et souvent plus de 2). Il n'en était pas ainsi pour les graines de Lin mises à germer avant la maturation, page 1 ; elles nous présentaient des quotients respiratoires aussi élevés que celles qui mûrissaient sur la plante. Cette différence tient à ce que, à l'encontre des graines de Lin, les graines de Ricin ne peuvent germer que si elles sont très avancées dans la période de formation de l'huile. C'est ainsi que nous n'avons jamais pu faire germer des graines de Ricin qui, séparées de la plante, avaient donné, comme rapport du gaz carbonique dégagé au gaz oxygène absorbé, la valeur $\frac{CO^2}{O} = 2,14$ et même seulement la valeur $\frac{CO^2}{O} = 1,60$, bien qu'elles aient été mises dans les mêmes conditions que les graines des deux tableaux précédents.

Au début de la seconde phase, le quotient respiratoire devient inférieur à l'unité et continue à diminuer pour atteindre bientôt des valeurs voisines de $\frac{CO^2}{O} = 0,50$. Quant à l'intensité respiratoire, elle diminue également, et très rapidement, si bien que la quantité d'oxygène absorbée n'est plus, bientôt, que le quart ou le sixième de ce qu'elle était, dans le même temps, au début de l'expérience. Cette phase correspond au commencement de la troisième période des graines oléagineuses mûrissant sur la plante. On dirait que la semence va entrer dans la période de la vie ralentie : il n'en est rien ; subitement l'intensité respiratoire se relève considérablement, nous entrons dans la troisième phase ou phase de la germination.

Dès le début de cette troisième phase, la quantité d'oxygène absorbée est supérieure à celle que la graine absorbait au commencement de l'expérience et elle s'accroît encore pendant un certain temps.

Les quotients respiratoires continuent à descendre ; ils restent un certain temps aux environs de 0,40, puis, quand les cotylédons commencent à s'étaler, ils remontent pour se rapprocher de l'unité.

Au moment où le rapport $\frac{CO^2}{O}$ augmente de valeur, l'intensité respiratoire diminue ; c'est qu'alors il y a utilisation par la petite plante des matières sucrées fabriquées, lors des faibles quotients, aux dépens des huiles et non plus transformation des huiles en hydrates de carbone et matières sucrées.

Les quotients respiratoires voisins de $\frac{CO^2}{O} = 0,40$ observés durant la germination sont la manifestation gazeuse de la transformation des matières grasses en hydrates de carbone (cellulosiques, glucose, etc). Nous voyons qu'ils se rapprochent beaucoup plus du quotient théorique donné par M. Chauveaud que ceux des graines de Lin. Cela peut s'expliquer peut-être par le fait que la quantité de glucose qui se trouve dans les graines de Ricin séparées de la capsule pendant la période de formation huileuse est très faible au moment où la germination commence. (Nous n'avons trouvé, dans un dosage que 0,3 de glucose pour cent de matières sèches au lieu de 1,17 0/0 dans les graines de Lin); mais nous pensons que la différence dans la valeur des quotients respiratoires observés pendant la germination des graines de Lin et de graines de Ricin tient surtout aux propriétés différentes des deux huiles.

On sait que si toutes les huiles exposées à l'air absorbent de l'oxygène et dégagent du gaz carbonique, l'huile de lin est celle qui s'oxyde avec le plus de rapidité, tandis que l'huile de ricin est celle qui s'oxyde le plus lentement. Il est probable que cette facilité que possède l'huile de lin de s'oxyder en dégageant du gaz carbonique se retrouve dans les cellules des semences qui n'ont pas encore subi la dessication à la suite de laquelle elles passent à l'état de vie ralentie. Cette combustion de l'huile dans les cellules vient relever le quotient respiratoire de germination qui, sans cela, serait aussi bas que celui de la graine de Ricin. En effet, si nous prenons comme type général de corps gras l'oléostéaromargarine, nous obtenons la valeur $\frac{CO^2}{O} = 0,70$, pour l'oxydation complète de l'huile:

$$C^{57}H^{110}O^6 + 163\,O = 57\,CO^2 + 55\,H^2O;\ \frac{CO^2}{O} = \frac{114}{163} = 0,70.$$

D'autre part, ainsi que nous l'avons déjà dit, le quotient de transformation de l'huile en hydrates de carbone est, en adoptant la formule de de M. Chauveaud: $\frac{CO^2}{O} = 0,27$. Les quotients fournis pendant la germination des graines oléagineuses résultent des deux réactions précédentes; par suite, plus l'huile s'oxydera facilement et plus le quotient respiratoire s'éloignera de 0,27 pour se rapprocher de 0,70 : c'est le cas des graines de Lin cueillis avant la maturation complète, lesquelles fournissent pendant la germination un quotient respiratoire supérieur à 0,60 ; au contraire, plus l'huile s'oxydera difficilement et plus le quotient respiratoire s'éloignera de 0,70 pour se rapprocher de 0,27 ; c'est le cas des graines de Ricin et voilà pourquoi leur quotient de germination peut descendre jusqu'aux environs de 0,40.

Mais alors, si, par un moyen quelconque, nous empêchons la germination de la graine de Ricin de se produire tout en maintenant la vie suffisamment active dans la graine, nous ne devrons observer que le quotient d'oxydation complète de l'huile, c'est-à-dire un quotient voisin de 0,70. C'est, en effet, ce que montre bien le tableau suivant obtenu en faisant respirer à 16° (température trop basse pour obtenir la germination) une graine de Ricin séparée de la capsule en pleine période de formation de l'huile.

Un rapide coup d'œil jeté sur la colonne des rapports $\frac{CO^2}{O}$ fait voir que les quotients respiratoires assez élevés au début ($\frac{CO^2}{O} = 1,20$ puis $\frac{CO^2}{O} = 1,14$) alors que l'huile se formait dans la graine, descendent peu à peu jusqu'à ce qu'ils atteignent une valeur légèrement inférieure à $\frac{CO^2}{O} = 0,70$ et se maintiennent dès lors à ce niveau, sauf une seule exception, le 11 décembre; probablement, ce jour là, il a dû y avoir un commencement de développement (germination) vite arrêté.

L'observation de l'intensité respiratoire montre que la graine ainsi séparée de l'arbre s'est acheminée très lentement vers la troisième période, celle de la vie ralentie.

Respiration d'une graine de Ricin non mûre placée dans des conditions défavorables à la Germination.

DATES	Temps écoulé depuis la séparation de la plante jusqu'à l'analyse.	Durée de l'expérience	Vol. CO^2 dégagé. par gramme de substance en 1 heure	Vol. O absorbé par gramme de substance en 1 heure	$\frac{CO^2}{O}$
11 octobre	5h.	4h.75	388 mmc	323 mmc	1,20
11 —	10 75	5 50	298	261	1,14
12 —	28 33	16 88	170	198	0,86
13 —	49 16	20 33	134	187	0,72
14 —	77 49	23 50	112	146	0,77
15 —	106 07	27 58	89	132	0,68
16 —	134 90	27 33	85	128	0,66
18 —	171 31	35 75	84	123	0,68
19 —	205 64	33 83	74	115	0,67
21 —	244 31	37 32	59	86	0,69
23 —	291 48	46 92	48	70,5	0,69
25 —	345 56	51 75	47	68,4	0,69
28 —	412 06	66	40	59	0,69
31 —	493 90	81 42	24	35,9	0,68
5 novembre	602 96	108 88	18	27,3	0,66
13 —	797 04	193 50	13	21,6	0,64
24 —	1067 31	270	9,36	14,6	0,64
11 décembre	1425 87	358	2,76	4,85	0,57
15 février	3010 10	1584	1,68	2,55	0,65
10 mai	5025 12	2015	1,53	2,36	0,65

CONCLUSIONS

La solution à la question que nous nous étions proposé de résoudre au début de ce travail se confond avec le résumé de la troisième et dernière partie de nos recherches. Voici ce résumé :

Si l'on sépare de la plante une graine oléagineuse pendant qu'elle est en pleine période de formation de l'huile, et, si l'on suit sa respiration, on rencontre les phénomènes suivants :

1° Au début de l'expérience, la graine présente un quotient respiratoire supérieur à l'unité, indiquant qu'elle continue sa maturation comme si elle était sur la plante et qu'elle transforme les matières sucrées et les hydrates de carbone en huile.

2° Ensuite elle semble vouloir s'acheminer vers l'état de vie ralentie; son intensité respiratoire diminue considérablement et le quotient respiratoire devient inférieur à l'unité; il atteint une valeur voisine de 0,70, indiquant une oxydation complète d'une faible partie de l'huile contenue dans la graine.

Cette respiration, dans le cas où la graine n'est pas placée dans des conditions favorables à la germination, tout en diminuant de plus en plus d'intensité, présente un quotient respiratoire qui garde toujours sa valeur voisine de 0,70.

3° *Au contraire, dans le cas où la graine est dans des conditions favorables à la germination, la respiration ne tarde pas à devenir de nouveau extrêmement active ; quant au quotient respiratoire, il diminue beaucoup de valeur. C'est qu'à l'oxydation de l'huile vient se superposer une réaction inverse de celle que l'on constatait dans la graine au début de l'expérience, c'est-à-dire la transformation des réserves grasses en matières sucrées et en hydrates de carbone. Cette réaction s'effectue de telle sorte que la quantité de gaz carbonique dégagé est à la quantité d'oxygène absorbé dans un rapport voisin de* $\frac{CO^2}{O} = 0{,}30$. *Suivant la facilité plus ou moins grande que l'huile présente à s'oxyder, le quotient respiratoire, résultat de la superposition de ces deux réactions, sera : soit plus rapproché du quotient d'oxydation complète et par suite assez élevé (graine de Lin), soit plus rapproché du quotient de transformation des huiles en hydrates de carbone avec oxydation rudimentaire, et par suite très faible (graines de Ricin).*

Enfin, disons pour terminer que :

Suivant que les graines oléagineuses, au moment où on les met à germer, sont dans la phase de vie ralentie ou dans celle de formation des réserves grasses, on observe pendant toute la durée de la germination ou bien un quotient respiratoire inférieur à l'unité, ou bien un quotient respiratoire qui, au début supérieur à l'unité, ne tardera pas à devenir inférieur à cette dernière, sans jamais atteindre cependant des valeurs aussi faibles que dans le premier cas (1).

M. Lutz demande s'il y a une relation quelconque entre ce que l'on observe chez les fruits oléagineux et chez les fruits acides ou chez les fruits qui blêtissent.

M. Gerber répond que si dans les fruits acides et dans les fruits blets il y a un quotient respiratoire supérieur à l'unité, il en est de même des fruits à substances grasses abondantes, car ces derniers se comportent comme les graines oléagineuses. Mais l'action de la température, du sectionnement, etc., sur le quotient respiratoire, rapprochent beaucoup plus les graines et fruits oléagineux des fruits blets que des fruits acides. D'ailleurs, dans les fruits blets, il y a transformation des hydrates de carbone en alcools et éthers ; or, il semble bien qu'il en soit de même dans les graines et fruits huileux, la glycérine et les corps gras étant un alcool et des éthers.

(1) Travail fait aux laboratoires de Botanique agricole et de Physiologie de la Faculté des sciences de Marseille.

LA PHYTOSTATISTIQUE

par M. Angel GALLARDO,

Professeur suppléant à la Faculté des Sciences de Buenos-Ayres.

Quoiqu'il semble au premier abord avoir une certaine contradiction dans l'emploi des procédés des sciences exactes pour l'étude des questions biologiques si complexes et si peu précises, on a réussi à appliquer les méthodes statistiques à l'étude de la variation et la corrélation des caractères, l'influence du milieu, l'hérédité, l'évolution des êtres vivants tant animaux que végétaux.

Ces applications constituent déjà une branche importante de la biologie, la *biostatistique*, qui loin d'être un simple « jeu de nombres » a fourni des résultats appréciables.

Les premières applications des méthodes statistiques à l'étude des questions biologiques ont été faites par QUETELET et GALTON dans le terrain anthropologique et aujourd'hui son emploi s'est étendu considérablement par les travaux de plusieurs savants tant zoologistes que botanistes et mathématiciens.

Je désire attirer spécialement l'attention de Messieurs les Congressistes sur les études statistiques de la variation des caractères des plantes ou *phytostatistique*.

En général, les méthodes de la statistique de la variation consistent dans la mesure d'un caractère variable et dans le traitement, par des procédés empruntés au calcul des probabilités, des données numériques obtenues. On dispose les nombres en séries, en réunissant toutes les grandeurs égales dans une *classe*. *Fréquence* de la classe est le nombre des magnitudes égales qu'elle contient.

EXEMPLE. — LUDWIG, qui a compté le nombre des fleurs ligulées dans les capitules de plusieurs Composées, a trouvé pour 1.063 exemplaires d'*Anthemis arvensis*, les nombres suivants :

Classes	2	3	4	5	6	7	8	9	10	11	12
Fréquence...	2	2	27	119	121	194	371	214	143	122	158

Classes......	13	14	15	16	17	18	19	20	21
Fréquence...	157	61	29	26	11	14	17	8	9

Les classes donnent le nombre des fleurs marginales des capitules et la fréquence le nombre d'exemplaires dans chaque classe.

La courbe de la figure 5 est la représentation graphique de cette série.

Pour les représentations graphiques, on prend sur l'axe des abcisses des longueurs qui représentent, à une certaine échelle, les classes, et sur les ordonnées orthogonales, on prend des longueurs proportionnelles aux fréquences. Le *polygone empirique* du caractère sera obtenu en reliant les extrémités des ordonnées successives (Fig. 1). De ce polygone peut être obtenue la *courbe de variation* du caractère considéré (*synoptique* de COUTAGNE), nommée aussi *courbe Galtonienne* du nom de GALTON.

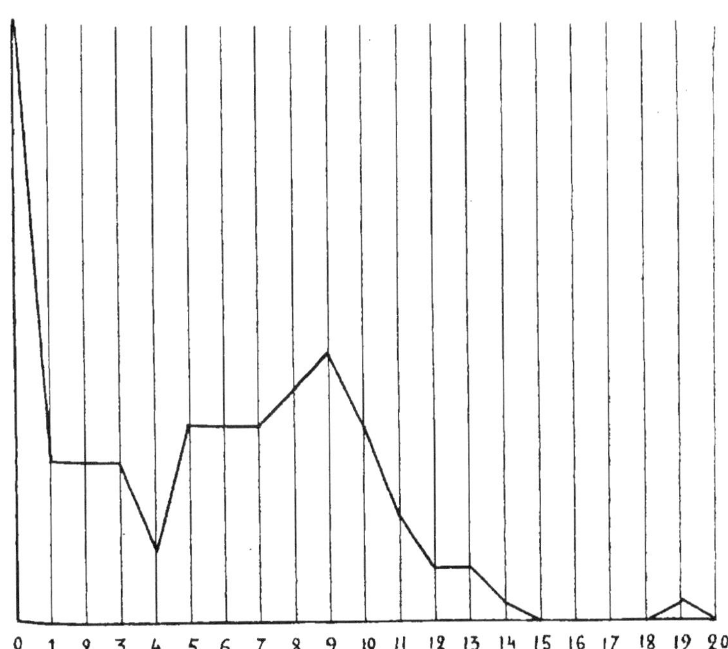

FIG. 1. — Polygone empirique de la variation de la largeur des tiges fasciées de *Crepis biennis*. Les classes 2-20 donnent la largeur des tiges en centimètres, la classe 0 comprend les atavistes à tiges cylindriques et la classe 1 les tiges élargies seulement au sommet. La hauteur des ordonnées correspond au nombre des individus de chaque classe à l'échelle de 0,25 centimètres par individu. Nombre total des individus : 146 (H. DE VRIES).

L'étude mathématique de ces courbes a réalisé de grands progrès par les travaux du mathématicien anglais Pearson.

Elles peuvent être classifiées en diverses catégories.

La *courbe normale* de variation est une courbe simple symétrique, indéfinie dans les deux sens, dont les ordonnées suivent la loi du développement du *binôme* de Newton, dont les deux termes sont égaux. La courbe normale exprime l'égalité des probabilités et a reçu de Coutagne le nom de *tychopsie* (τύχη, hasard, ὄψις, aspect), parce qu'elle suit la loi de la probabilité des erreurs accidentelles (Fig. 2). Quand les termes du binôme sont différents, nous avons d'autres courbes binomiales asymétriques, mais toujours simples et d'un seul sommet, comme la normale (*monomorphes*, de Bateson) (Fig. 3).

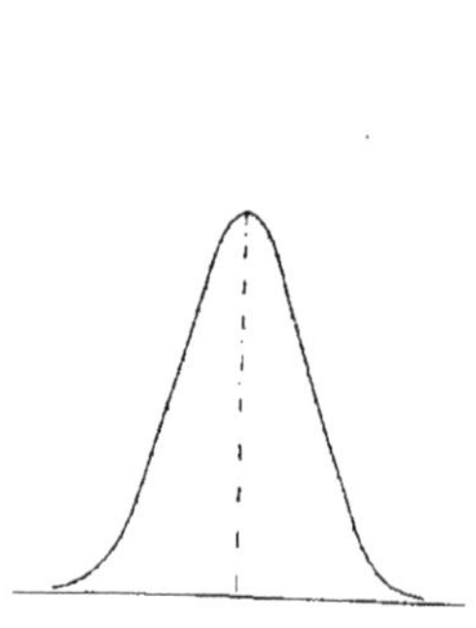

Fig. 2. — Courbe normale de variation ou tychopsie. Tracé graphique du développement de $(1+1)^{10}$.

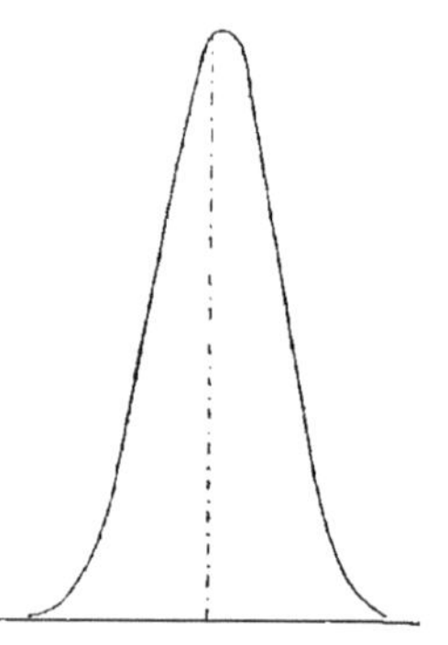

Fig. 3. — Courbe binomiale asymétrique. Tracé graphique du développement de $(1+1,1)^{10}$.

Fig. 4. — Demi-courbe binomiale.

Il y a d'autres courbes limitées dans un ou dans les deux sens, symétriques ou asymétriques. Quelques-unes d'entre elles se présentent comme la moitié d'une courbe binomiale (*demi-courbes*, de de Vries ; *hémimorphes*, de Bateson) (Fig. 4).

D'autres synoptiques, quoique paraissant simples, doivent être considérées comme composées par deux ou plusieurs courbes simples (*courbes complexes*, *courbes de Livi*, de Ludwig). Pearson a donné un procédé pour les décomposer quand elles sont formées de deux courbes simples, mais cette méthode n'est pas commode.

Ces courbes complexes ont le sommet élargi, et quelquefois, en augmentant le nombre des ordonnées ou classes, apparaissent deux ou plusieurs sommets. Nous pénétrons ainsi dans la catégorie des courbes multimodales ou de plusieurs sommets (*pleiomorphes*, de Bateson) qui peuvent présenter un grand nombre de sommets que Ludwig a proposé de désigner par les lettres grecques α, β, γ, δ, etc., selon leur importance relative (Fig. 5).

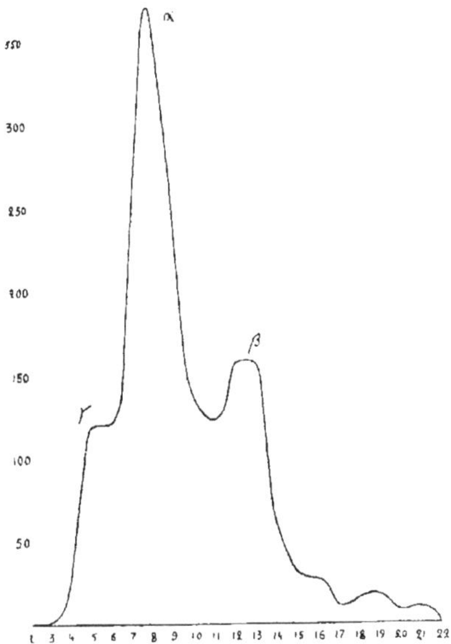

Fig. 5. — Synoptique de la variation du nombre des fleurs ligulées dans les capitules d'*Anthemis arvensis*, d'après Ludwig.

On peut voir que les *maxima* γ, α, β, tombent sur les nombres 5, 8, 13, de la série de Fibonacci.

Il n'est pas toujours facile de déterminer à laquelle de ces catégories appartient une courbe donnée. En général, quand elle ne diffère pas beaucoup de la normale, on la traite comme telle. Certaines formules permettent de déterminer quelles sont les courbes qui peuvent être considérées comme normales par approximation.

Quelle est la signification biologique de ces diverses courbes ?

En général, les courbes symétriques expriment l'égalité du groupe positif et du groupe négatif des causes connues ou inconnues de la variation, tandis que dans les courbes asymétriques ces deux groupes ne sont pas égaux, d'où résulte un déplacement du mode le plus fréquent du caractère considéré.

Le sommet des demi-courbes correspond à un caractère spécifique par rapport auquel la variation n'a lieu que dans un sens. De Vries a trouvé que la sélection peut changer ces demi-courbes en des courbes bilatérales en choisissant comme porte-graines les individus les plus variables.

Quant aux courbes multimodales, elles peuvent indiquer soit une condition polymorphique de l'espèce, soit la division de l'espèce en deux ou plusieurs variétés.

C'est facile à comprendre que la variation d'un caractère très variable est représentée graphiquement par une courbe large, tandis qu'un caractère peu variable donne à la même échelle une synoptique étroite. Dans le cas limite d'un caractère invariable, la synoptique se réduit à une ligne droite, l'ordonnée correspondante au caractère considéré. Pour apprécier mathématiquement la variabilité d'un caractère, on a trouvé des *indices de variabilité*.

Le plus employé est la racine carrée de la déviation carrée. Pearson et Warren ont modifié l'indice de variabilité ; le premier et Brewster ont proposé l'emploi d'un *coefficient de variabilité* qu'on obtient en divisant l'indice de variation par la médiane et en multipliant le quotient par 100. Le coefficient de variabilité a l'avantage d'être un nombre abstrait, tandis que les indices de variabilité sont des nombres concrets exprimés par la même unité que les valeurs des classes.

Pour l'étude de la corrélation, etc., on a trouvé des formules dont l'énumération sortirait du cadre de cette note.

La bibliographie phytostatistique comprend aujourd'hui près de 60 numéros et on peut voir une liste de ces travaux dans un article que j'ai publié cette année dans les « Anales del Museo Nacional de Buenos-Aires » (1) ainsi que dans les ouvrages de Duncker et Ludwig.

J'indiquerai ici les noms des personnes qui s'occupent de cette matière dans les divers pays.

Nous avons déjà dit que l'on doit à Pearson les plus grands progrès des méthodes mathématiques. D'autres savants étudient brillamment en Angleterre la variation zoologique, mais pour la botanique je connais seulement le nom de Pledge qui s'est occupé de la variation du *Ranunculus repens*.

En Allemagne, Duncker a fait un très bon exposé élémentaire des méthodes statistiques de la variation biologique qui a été pour moi d'une très grande utilité. Pour la phytostatistique, nous trouvons les noms de W. Haacke, Jost et Vöchting qui ont étudié la variabilité tératologique des fleurs de *Linaria* et Weisse qui s'est occupé de la variation du nombre de fleurons dans les inflorescences des Composées.

(1) T. VII, p. 37-72.

Mais le botaniste allemand qui a contribué le plus aux progrès de cette branche de la biostatistique est Ludwig, de Greiz, par ses études sur la variabilité des Composées, Légumineuses, Ombellifères, etc. Il a trouvé que la plupart des caractères variables des végétaux suivent la série de Fibonacci

1, 3, 5, 8, 13, 21, 34, 55, 89, 144, ...

que les mathématiciens nomment série de Gerhardt ou de Lamé, et il croit même y voir une différence fondamentale entre la variation des animaux et celle des plantes.

Un grand nombre de savants travaillent aux Etats-Unis à l'étude de la variation zoologique, et entre eux Davenport, qui a écrit un livre élémentaire très pratique sur la statistique de la variation. Quant à la variation des plantes, je ne connais qu'un article de Lucas.

Le promoteur des études de la variation normale et tératologique des plantes, est le professeur H. de Vries, l'éminent directeur du jardin botanique d'Amsterdam, où il réalise ses notables cultures qui ont abouti à la fixation de nouvelles races.

Il est suivi en Hollande par Verschaffelt et en Belgique par de Bruyker et Mac Leod qui s'occupent de la variation corrélative et par Vandevelde.

En Suisse, Amann a écrit en français sur la variation de longueur du pédicelle de *Bryum serratum*.

Enfin, moi-même, dans la République Argentine, j'ai commencé à étudier par les méthodes phytostatistiques la variabilité tératologique chez *Digitalis purpurea*.

Tel est, à ma connaissance, l'état actuel des études de phytostatistique.

Placée à la frontière des sciences biologiques et mathématiques, la biostatistique a besoin des efforts simultanés des biologistes et des mathématiciens et on a le droit d'espérer de très grands résultats de ces applications des mathématiques à la biologie, faites avec prudence et circonspection, car plusieurs questions importantes peuvent ainsi acquérir une plus grande précision et une plus grande exactitude, et en particulier la définition de l'espèce, base des problèmes biologiques de l'évolution.

CHAPITRE II.

Biologie, Morphologie et Physiologie spéciales.

Sur la variabilité tératologique chez la Digitale,

Par M. Angel GALLARDO,

Professeur suppléant à la Faculté des Sciences de Buenos-Ayres.

Depuis 1896, je cultive des exemplaires monstrueux de *Digitalis purpurea* L. dans un jardin de ma propriété, situé près de la station Muñiz du Chemin de fer du Pacifique dans la commune General Sarmiento (Province de Buenos-Ayres, République Argentine).

Les anomalies apparaissent généralement sur des individus vigoureux dont la grappe florale se termine par une formation d'aspect varié, caractérisée par l'augmentation du nombre des pièces florales, d'où le nom de formation métaschématique.

La partie corolline, généralement campanulée et actinomorphe, est formée par un nombre variable de pétales, ordinairement cohérents, et constitue la partie la plus voyante de la formation.

A l'extérieur de cette corolle, on trouve un calice formé par un nombre variable de sépales, quelques fois soudés et d'autres fois libres et disposés en spirale, continuant celle des bractées.

Les étamines sont généralement d'égale longitude et présentent divers degrés de soudure entre elles ou avec la corolle ; elles peuvent être plus ou moins pétaloïdes.

Les carpelles, très transformés, constituent soit un ovaire multiloculaire avec style unique ou multiple, soit une sorte de coupe, traversée par l'axe de l'inflorescence qui produit une touffe de bractées ou bien des fleurs normales. L'axe peut se terminer normalement ou bien produire une nouvelle formation métaschématique.

Les grappes latérales des inflorescences anormales se terminent à leur tour par des fleurs métaschématiques moins compliquées que celle de l'axe principal.

Vrolik a donné les premières descriptions complètes de ces anomalies et après lui plusieurs auteurs (Caspary, Suringar, Al. Braun, Magnus, Conwentz, Zimmermann, Hoffmann, etc.) ont publié des descriptions et figures plus ou moins détaillées.

Ces anomalies se sont développées dans notre jardin en 1895 issues de graines dont j'ignore la provenance. Etant absent du pays, je n'ai pu les observer cette année.

En 1896, j'ai trouvé une trentaine de plantes anormales, dont j'ai donné une description dans les « Anales del Museo Nacional de Buenos-Aires » (1).

L'année suivante, les monstruosités ont continué à se produire.

En 1898, il y avait 38 plantes anormales et 36 normales, c'est-à-dire 51 % de monstrueuses.

Ayant fait un semis plus nombreux, j'ai obtenu, en 1899, 357 plantes, dont 188 anormales et 169 normales. L'anomalie affectait donc le 52 % des digitales.

Ces plantes se trouvent dans des circonstances assez différentes, et la proportion des monstruosités varie depuis 33 % jusqu'à 70 % selon la richesse du sol, l'exposition au soleil et l'espace dont les plantes disposent pour leur développement, c'est-à-dire d'après les conditions qui influent sur la production des monstruosités et que de Vries a si bien mis en lumière par ses remarquables cultures.

Quelques exemplaires ont atteint un développement vraiment extraordinaire. J'ai trouvé ainsi 3 fleurs avec 24 étamines, 2 avec 25, 1 avec 26, 1 avec 29, 3 avec 30, 1 avec 32 et 1 avec 35, tandis que mes prédécesseurs ont mentionné seulement des fleurs 24-mères.

Il y avait encore deux exemplaires fasciés, dont un possédait 80 étamines fertiles et un corps carpellaire elliptique de 5 centimètres de longueur, couronnant une tige dilatée de 2 centimètres de largeur. L'autre exemplaire fascié ne présentait qu'un élargissement de la tige de 1,5 centimètres, 70 étamines dans la fleur terminale et un corps carpellaire de 4 centimètres.

(1) T. II, p. 37-45, 1898.

Pour donner une idée de la variable complication des fleurs métaschématiques des plantes monstrueuses de Digitale, j'ai compté le nombre des fleurs existantes dans mon jardin, le 5 novembre 1899.

Les 88 fleurs terminales ont donné les nombres suivants :

Nombre des étamines	13	14	15	16	17
Fréquence	5	6	5	9	4
Pour 0/0	5,68	6,82	5,68	10,23	4,54

Nombre des étamines	18	19	20	21	22	23
Fréquence	4	4	**17**	**13**	6	3
Pour 0/0	4,54	4,54	19,32	14,77	6,82	3,40

Nombre des étamines	24	25	26	27	28	29	30
Fréquence	3	2	1	0	0	1	3
Pour 0/0	3,40	2,27	1,14	—	—	1,14	3,40

Nombre des étamines	31	32	33	34	35
Fréquence	0	1	0	0	1
Pour 0/0	—	1,14	—	—	1,14

Pour représenter graphiquement ces valeurs, j'ai pris comme abcisses, les nombres d'étamines (classes) et comme ornées, les nombres de fleurs de même classe (fréquences). Nous avons ainsi obtenu le polygone empirique de la variation du nombre d'étamines des fleurs terminales métaschématiques de notre culture de 1899 de *Digitalis purpurea* L.

Mais nous avons dit déjà que les fleurs terminales des grappes latérales sont aussi métaschématiques quoique moins compliquées.

Pour apprécier sa variabilité, j'ai aussi compté le nombre des étamines dans 86 fleurs subterminales avec les résultats suivants :

Nombre d'étamines	6	7	8	9	10	11
Fréquence	7	22	**36**	8	2	2
Pour 0/0	8,14	25,58	41,30	9,10	2 32	2,32

Nombre d'étamines	12	13	14	15	16	17	18
Fréquence	1	3	3	1	0	0	1
Pour 0/0	1,17	3,48	3,48	1,17	—	—	1,17

On peut voir que les fleurs subterminales sont moins compliquées que les terminales, car celles-ci varient entre 13 et 35 étamines et ont le *maximum* en 20-21 tandis que les subterminales varient entre 6 et 18 étamines et le *maximum* est en 8.

Pour connaître la variabilité totale, nous avons réuni ces chiffres dans une seule courbe. Comme les fleurs subterminales sont à peu près quatre fois plus nombreuses que les terminales puisqu'il y a plusieurs subterminales dans chaque plante et une seule terminale, les tant pour cent des fleurs subterminales ont été multipliés par 4 avant d'être additionnés aux tant pour cent des terminales.

On peut voir, dans la courbe que nous avons obtenue, trois sommets pour 8, 13-14 et 20-21 étamines. Ces nombres sont assez bien d'accord avec les nombres 8, 13, 21 de la série de Fibonacci que LUDWIG a trouvés pour un grand nombre de mesures phytométriques.

Le polymorphisme de la courbe montre très bien l'accumulation des fleurs autour de certains types et la rareté des formes intermédiaires, propriété générale des races monstrueuses, d'après les travaux de DE VRIES.

Nous sommes ainsi conduits à envisager les monstruosités comme étant des états d'équilibre organique que les êtres vivants adoptent sous l'influence de conditions particulières encore mal déterminées.

Cette conclusion est tout à fait d'accord avec celle formulée par M. le professeur GIARD, après avoir étudié la nervation anormale des ailes d'un exemplaire chilien de *Pterodela pedicularia* L. (1), et que je ne connaissais pas quand j'ai publié les résultats des études que je présente aujourd'hui à la considération de Messieurs les Congressistes (2).

M. le professeur GIARD dit, en effet : « En réalité, les divers types de nervation représentent autant d'états d'équilibre stable entre lesquels ne peuvent s'établir des passages graduels continus. Les formes intermédiaires à ces états d'équilibre ne sont pas réalisées parce qu'elles ne correspondent pas à des états de stabilité suffisante. Pour me servir d'une comparaison triviale qui fera mieux comprendre ma pensée, *on ne peut monter la moitié ou une fraction quelconque d'une marche d'escalier.* »

Il serait intéressant de rapprocher ces conclusions avec les idées de l'astronome italien SCHIAPPARELLI sur la constitution des espèces biologiques et l'évolution des formes vivantes, mais cette comparaison sortirait tout à fait du cadre de la présente communication.

J'ai l'intention d'ailleurs de revenir sur cette question à propos de certaines études que j'ai en préparation, qui ne sont pas encore assez mûres, et peut-être ne le seront jamais, pour tirer des conclusions d'une si grande généralité.

(1) *Actes de la Société scientifique du Chili*, V, p. 19-21, 1895.

(2) Voir ; *Annales del Museo nacional de Buenos-Aires*, t. VII, p. 37-72 (analysé par LUDWIG : *Botanisches Centralblatt*, t. LXXXIV, p. 257-260) et *Revue générale de Botanique*, t. XII, 1900.

*Formes nouvelles et polymorphisme de l'*Aceras hircina *Lindl.*, *ou* Loroglossum hircinum *Reich.*,

Par **M. Émile GALLÉ.**

En mai-juin 1898, M. Paul Couleru m'informait qu'une station de *Loroglossum hircinum* existait aux environs de Nancy dans des conditions particulières. Cet orchidophile m'apportait un bouquet témoignant d'un polymorphisme inaccoutumé chez cette espèce; je me fis conduire sur place.

Les coteaux herbeux du calcaire jurassique dominant les communes de Griscourt et de Gezoncourt (Meurthe-et-Moselle), étaient occupés précédemment par d'anciens vignobles, laissés incultes à la suite des ravages annuels de la gelée. Les orchidées y ont pullulé en 1898 et 1899. L'*Ophrys apifera*, plutôt rare en Lorraine, y abondait avec l'*Ophrys arachnites*, et, fait nouveau pour la flore lorraine, j'y ai rencontré en 1898, et M. P. Nicolas, en 1899, l'*Ophrys scolopax* Cav.

L'*Aceras hircina* se trouvait en mélange avec ces ophrydées. L'« orchis bouc », dont les individus végètent chez nous habituellement solitaires, avait surgi en telle abondance que ses inflorescences donnaient au site un caractère pittoresque et inusité. J'ai pu recueillir les variétés qui avaient attiré l'attention de mon guide, et d'autres encore.

Les genres représentés dans une ère géographique par plusieurs espèces sont parfois fertiles en variétés; ceux à une seule espèce régionale conservent mieux les caractères spécifiques : tel notre inébranlable *Elleborus fœtidus*. Tel aussi, jusqu'à présent, le *Loroglossum hircinum*. Il avait montré, à des yeux peut-être inattentifs, une certaine rigidité de caractères. Toutefois, Reichenbach fils (1) a distingué deux variétés, *hircina*, épi dense, casque obtus, court, éperon bref, — et *caprina*, épi maigre, casque allongé, éperon plus long, dont Lindley a

(1) Reichenbach fil. Orchid. in Flora Germ. recens. p. 5, et pl. CCCLIX, fig. 8, 17.

E. Gallé et P. Nicolas del.

Photog. A. Barbier et F. Poulin, Nancy

Emile GALLÉ,

Polymorphisme de l'*Aceras hircina*. Lindl.

E. Gallé et P. Nicolas del. Photog. A. Barbier et F. Paulin, Nancy

Emile GALLÉ,

Polymorphisme de l'*Aceras hircina*. Lindl.

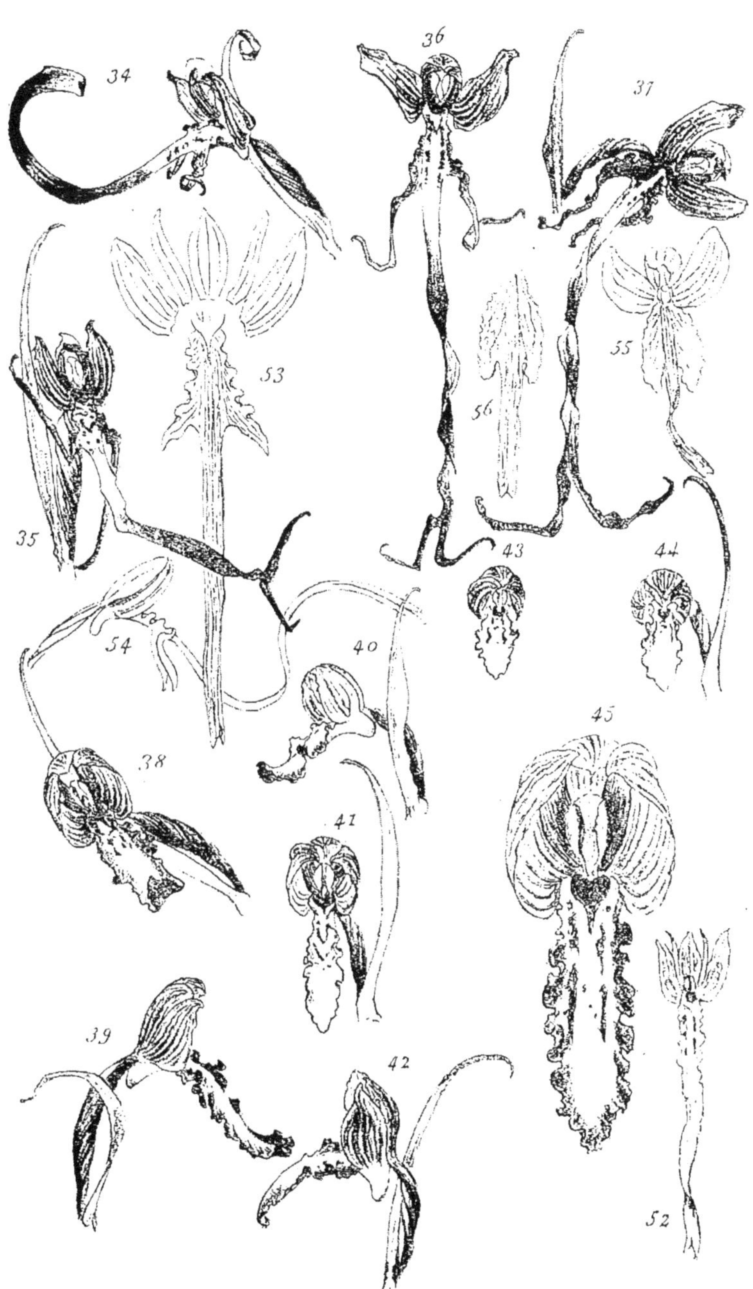

E. Gallé et P. Nicolas del.

Photog. A. Barbier et P. Poulin, Nancy

Emile GALLÉ.

Polymorphisme de l'*Aceras hircina*. Lindl.

E. Gallé et H. Dubois ph. — Photog. A. Barbier et F. Paulin, Nancy

Emile GALLÉ,

Polymorphisme de l'*Aceras hircina*. Lindl.

 Pl. V

E. Gallé et H. Dubois ph. Photot. A. Barbier et F. Paulin, Nancy

Emile GALLÉ,

Polymorphisme de l'*Aceras hircina.* Lindl.

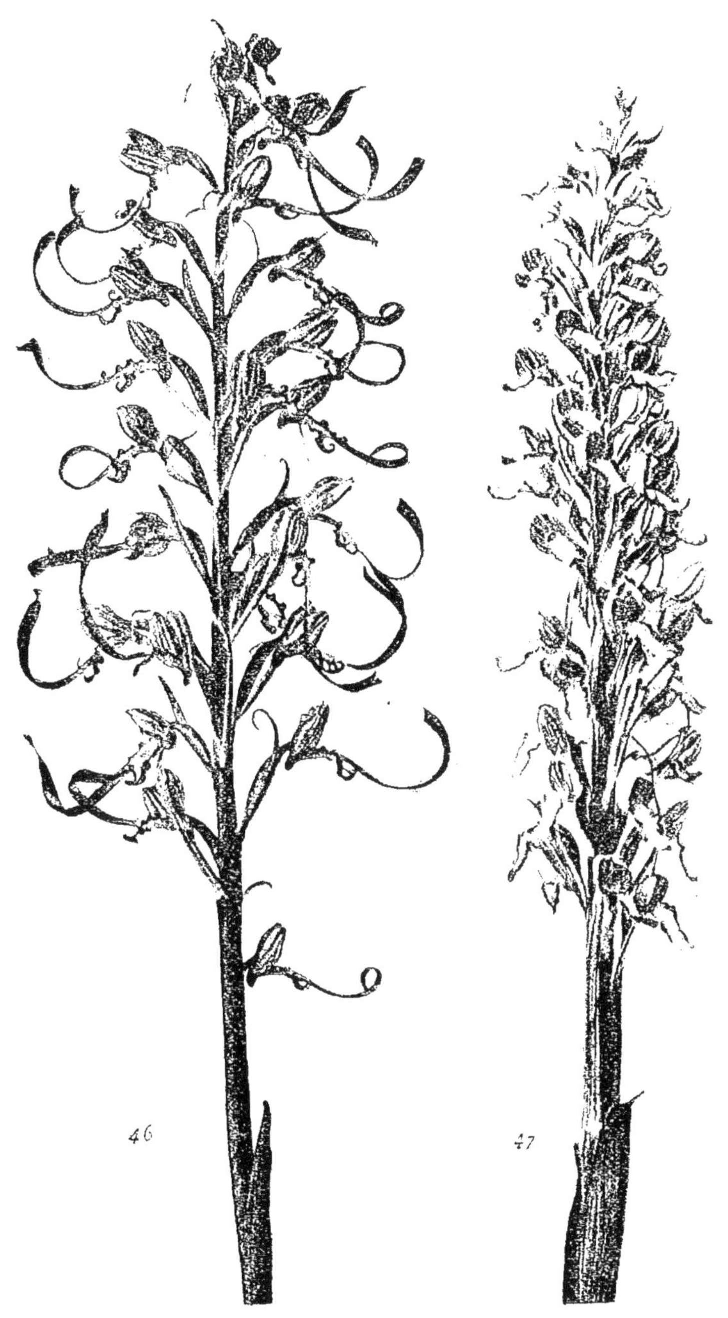

E. Gallé et H. Dubois ph. Photog. A. Barbier et F. Poulin, Nancy

Emile GALLÉ,

Polymorphisme de l'*Aceras hircina*. Lindl.

fait une espèce, *Aceras caprina* Lindl [1] (ma pl. III, fig. 53, d'après Reich.). REICHENBACH a signalé et figuré [2] une fleur à labelle longuement bifide (ma pl. III, fig. 54, d'après Reich., à comparer avec ma fig. 18); il signale aussi une variété chlorotique, albinisme de la forme habituelle, et enfin il a figuré une monstruosité [3]. Récemment, dans ses *Orchidaceen Deutschlands* et ses *Notices sur les variations des Orchidées indigènes*, M. MAX SCHULZE, d'Iéna, avait signalé deux formes en Allemagne, une dans le Nord et une dans le Sud, et une anomalie (mes fig. 7 et 52 d'après cet auteur). Mais le polymorphisme offert dans une même localité et dans un genre représenté à l'Est de la France par une seule espèce n'en reste pas moins surprenant. Et, si les écarts au sujet desquels M. Henry de VILMORIN m'écrivait : « Ce sont des divagations naturelles d'une amplitude peu commune, » se produisent en un genre à unique espèce chez nous, comment s'étonner qu'il y ait des variations si nombreuses dans l'*Orchis militaris*, dans les *Rubus*, les *Rosa*, etc.

A Griscourt-Gezoncourt, elles affectent surtout le labelle, les divisions périgonales extérieures et les bractées. Tantôt les diverses formes de labelles ont gardé le caractère classique d'où les noms génériques d'*Himantoglossum*, de *Loroglossum*, labelles en lanières, à 3 segments très allongés, étroits, enroulés avant l'anthèse. — Tantôt, au contraire, le labelle est *entier*, *court*, *large*, *plane et non enroulé*.

Et ainsi s'établit le tableau que j'ai présenté au Congrès, des passages du caractère habituel en lanière, à celui contradictoire et nouveau de la forme qu'on pourrait appeler *platyglosse*.

1° **Formes loroglossées trifides**. — Elles se rattachent à la forme vulgaire, *genuina* Reich. fils, marquée par le prolongement des crêtes des bords du labelle en deux lanières latérales, le tout formant un labelle à trois segments. Ce caractère est, à Griscourt, très vacillant : labelles plus ou moins étroits, ou élargis, allongés, genouillés, planes ou tordus, segments entiers ou bidentés, soit obscurément, soit longuement divergents, segments latéraux égalant presque parfois celui médian.

Voici quelques exemples de ces oscillations :

Forme élégante, à divisions périgonales toutes libres et étalées, celle médiane renversée, les internes linéaires, penchées en avant ; les deux

(1) Lindley, Orch. 282.
(2) Reich. fils, ibid., pl. DXIII, fig. 10.
(3) Id., pl. CCCLIX, fig. 17,

prolongements latéraux du labelle, à peine d'un quart plus courts que la lanière médiane, c'est-à-dire singulièrement allongés, presque filiformes, aigus, divergents, déjetés en arrière, comme les longues pattes postérieures des diptères vulgairement appelés « cousins » (var. *tipuloides*, pl. I, fig. 3, 4, 5, 6 et pl. V, fig. 49 ; comparez, pl. I, fig. 7 avec var. *thuringiaca*, Schulze).

Une autre forme (pl. 1, fig. 8, 9, 11, 12) présente un labelle d'abord étranglé, puis brusquement coudé-siphoïde, élargi en lanière pliée, restant, durant l'anthèse, courbée en cerceau, redressée à angle droit ou géniculée ou bizarrement contournée monstrueuse parfois pluridentée (pl. I, fig. 8) et d'une largeur anormale. Il est remarquable qu'alors les divisions latérales, faute de matière peut-être, sont comme atrophiées et très courtes linéaires, et parfois même (pl. I, fig. 9 et 10), atrophiées complètement dans certaiues fleurs de l'épi, montrant ainsi, dans le même épi, les états intermédiaires entre la série des variétés à labelle trifide et celles à labelle entier. Du reste, à propos des formes de la série à labelle entier, M. René Zeiller m'avait fait remarquer que le même poids de matière semblait avoir été autrement employé : « La nature, m'écrivait-il, a dû, j'imagine, faire, dans cette monstruosité, économie de substance ; ce que les labelles ont gagné d'un côté en largeur, ils l'ont perdu de l'autre, par la disparition totale de leurs trois lanières. » C'est, en effet, à cet état que retourne la forme aux lanières appauvries.

Une troisième forme offrait des lanières recourbées en dessous (fig. 13), flottantes, bidentées en oriflamme (fig. 18, 26), et dans d'autres variétés elles sont épaissies, recroquevillées en tous sens (fig.15), ou chiffonnées (fig. 8), tridentées (fig. 14), laciniées (fig. 19 bis, 33), conpées carrément (fig. 34 ; voir port de la plante, pl. IV, fig. 46), forcipulées (fig. 20, 21), ancrées à deux crochets (fig. 35, 36, 37), dont la divergence atteint parfois 30^{mm} (fig. 37), c'est-à-dire dépasse de beaucoup les divisions supérieures du labelle.

Lanières calamistrées. — Dans la forme habituelle, la lanière médiane est tordue sur elle-même, ordinairement à un seul tour et les diverses figures que les auteurs ont données, Barla par exemple, représentent de la sorte le *Loroglossum hircinum*. Sans attacher à ce détail plus d'importance qu'il ne convient, je signale ici une élégante variété de Griscourt, laquelle ne le cède pas comme étrangeté à mainte espèce exotique (pl. II, fig. 19, 20, 21). La lanière médiane est *étroitement tordue à 6 tours*, en copeau, tire-bouchon ou papillotte. Elle est dentée à son extrémité, et ces deux dents sont elle-mêmes contournées en dedans en forme de tenailles, ou de l'appareil postérieur de la forficule (var. *calamistrata*, *forcipulata*).

Notons qu'il existe aussi une variété *calamistrée à trois* (pl. II, fig. 22) et une autre à *cinq torsions*.

Lanières planes, proboscidées, etc. — Lanière plane, non tordue, partiellement enroulée en ressort durant la préfloraison. Enroulement arrêté à l'extrémité du labelle et exserte du périgone ; lanière médiane entière, à la fin *recourbée prenante* en trompe d'éléphant, caractère singulier observé dans quelques-unes des formes précédentes ; bractée étroite brusquement réfléchie à son extrémité, caractère qui affecte également les deux divisions latérales du labelle (pl. II, fig. 23, 24, 25, 30) ; labelle à dessins nets en caractères d'écriture, variés sur les fleurs d'un même épi. Les taches graphiques se trouvent aussi sur quelques variétés à lanières contournées ou en oriflammes (fig. 26, 27). Tantôt les caractères sont à peu près identiques sur toutes les fleurs d'un même épi, et rappellent la lettre μ par exemple (fig. 28), ou autre, comme le π grec (fig. 29), λ ou des apparences de chiffres arabes (fig. 29 *bis*).

Notons aussi le polymorphisme des divisions périgonales externes : en casque, plus ou moins soudées (fig. 16, 17), ou conniventes, (fig. 1, 2, 8, 10) ; au contraire libres, étalées et rejetées en arrière (fig. 4, 5, 6, 36, 37), ou à division externe médiane baissée en avant, les 2 latérales internes croisées l'une sur l'autre (Pl. III, fig. 35) ; ou à divisions internes conniventes plus longues que la médiane externe surbaissée en bonnet d'âne, et soudées avec celle-ci par la base (Pl. III, fig. 32). A signaler aussi la dentelure anormale des divisions internes (fig. 14). Enfin, ces organes sont diversement nuancés, bariolés, sablés, ou striés de lignes colorées (fig. 17), sur la face interne, ou lignés de pourpre sur les bords.

Quant aux bractées, elles varient de longueur, parfois le double de la fleur (fig. 31), le plus souvent le double de l'ovaire, et parfois le dépassant à peine (fig. 17), membraneuse et fortement nervée (fig. 33), la plupart du temps acuminée, recourbée en sabre, exceptionnellement la pointe brusquement réfléchie (fig. 23).

J'ai observé aussi, à Griscourt-Gezoncourt, des dispositions diverses dans les épis floraux. Dans une de ces formes (pl. IV, fig. 46), l'épi est comprimé, distique, les fleurs et leurs lanières sont étalées toutes sur un même plan, comme les barbes de certaines variétés d'orge.

2° Forme platyglossée, à labelle entier (pl. III, fig. 38 à 45; pl. IV, fig. 47; pl. V, fig. 48 grossie; planche VI, fig. 50, 51.). — Des exsiccata, des cires colorées, des photographies et des aquarelles ont été présentés au congrès et plusieurs de nos collègues ont pu examiner cette variété sur le vif. *Labelle peu allongé* (7 à 17^{mm} de long), *entier, épais, élargi, non enroulé durant la préfloraison*, parfois un peu étranglé au tiers inférieur, *terminé par une dent crêtelée dressée à l'anthèse*, reployée à la préfloraison comme les dents du lobe médian des ophrys; ondulé, à bords légèrement relevés en dessus, fortement plissés crénelés; charnu, blanc velouté, puis sillonné dentelé, scintillant à reflet rose. *Divisions périgonales supérieures presque monstrueusement agrandies, conniventes en casque*, à coloration intérieure rosée, extérieure verte. *Eperon étroit et allongé; gynostème à étamines rapprochées*, à caroncule intermédiaire saillante; un seul rétinacle. Bractées plus courtes ou égales, ou dépassant à peine la fleur.

Cette forme est-elle nouvelle ? C'est l'avis de MM. Camus, Malinvaud, Guignard, Gillot, Fliche, etc. Pour ma part, depuis trente-cinq années de récoltes annuelles d'Orchidées en Lorraine, je ne l'ai jamais rencontrée jusqu'alors. Aucun de nos confrères ne la connaissait. Elle n'a été ni signalée ni figurée. M. Max Schulze a décrit et figuré les formes *anomala* (1), (notre pl. III, fig. 52, d'après lui), *Thuringiaca*, (notre pl. I, fig. 7, d'après le même auteur), *Hohenzollerana* (2); il déclare n'avoir jamais vu la nôtre et n'en avoir trouvé nulle part la description : « C'est, dit-il, une forme nouvelle, intéressante et superbe. »

Comment expliquer cette transformation ? Les organes sexuels sont bien conformés; l'hypothèse d'un hybride a été écartée, notamment avec un ophrys, en raison des caractères des organes mâles, et M. Camus a pensé qu'il ne pouvait en être question, en raison de la torsion de l'ovaire; mais, suivant lui, il y aurait analogie avec l'*Aceras longibracteata*; les deux espèces *A. hircina* et *longibracteata* seraient issues d'un même stirpe; la lanière médiane se serait élargie dans l'un et allongée dans l'autre excessivement. Il y aurait *retour à une forme ancestrale*, commune aux deux types.

Cette hypothèse spécieuse ne me semble guère applicable à l'*A. longibracteata*; son labelle largement trilobé, non en en lanières (sans parler de caractères accessoires habituels aux orchis, la coloration purpurine par exemple et la suavité du parfum), a fait ranger non sans raison

(1) Max Schulze, *Die Orchidaceen Deutschlands*, pl. 38, fig. 6.
(2) Max Schulze, Nachtrage zur *Die Orchid. Deutsch.*, p. 81.

par la plupart des auteurs cette espèce dans le genre *Orchis*. Au contraire, l'hypothèse d'un retour à une forme commune ancestrale devient plausible quand l'on fait un tableau comparatif de toutes ces formes allant du *Loroglossum hircinum* classique jusqu'aux Aceras platyglosses de Griscourt, en passant, non par l'*A. longibracteata* qui nous ramène aux *Orchis*, mais par les espèces ou formes *A. caprina* Lindl. (pl. III, fig. 53), *A. formosa* Lindl., espèce caucasique (pl. III, fig. 55, 56, d'après Reichenb. fil.), puis notre forme à lobes latéraux appauvris (pl. I, fig. 10) et l'*anomala* d'Iéna (pl. III, fig. 52).

En résumé, que les curieux *Aceras* platyglosses de Griscourt marquent le départ des formes loroglossées, ou leur extrême déformation, notre forme platyglossée est bien organisée pour vivre et se propager ; si elle devenait commune, — et il ne faut s'étonner de rien avec les fantaisies sporadiques du genre, — les noms génériques d'*Himantoglossum* et de *Loroglossum* seraient en moins bonne posture ; ils ne caractériseraient plus que la forme connue des auteurs dans une période relativement courte, et d'après des observations peut-être insuffisantes; et les noms d'*Aceras hircina* α *platyglossa*, β *himantoglossa*, sembleraient en ce cas mieux appliqués. Nous n'en sommes point encore là. Et comme d'autre part les caractères distinctifs n'affectent que la fleur, ils ne me semblent pas suffisants sans doute pour créer une espèce qui serait un *Aceras platyglossa*, ou un *Loroglossum platyglossum* : je propose de la dénommer **Aceras hircina**, **var. platyglossa.**

EMILE GALLÉ.

Influence de la nature du Sol et des Végétaux qui y croissent sur le développement des Champignons.

Par M. BOUDIER.

L'influence que la nature du sol et la présence de certains végétaux exercent sur l'apparition des Champignons a toujours été remarquée, et tous les auteurs anciens et modernes ont indiqué avec soin, mais implicitement, les endroits où l'on avait chance de trouver les espèces. Plusieurs même ont traité plus particulièrement ce sujet en des mémoires spéciaux et, en France, M. René Ferry l'a déjà entrepris dans la Revue Mycologique, en 1887 et en 1892. Cependant la difficulté est restée grande pour la faire avec quelque certitude, les terrains étant le plus souvent mélangés, soit par éboulis, soit par alluvions ou infiltrations, comme le sont aussi les diverses espèces d'arbres dans une forêt; il en résulte qu'une espèce se trouvera en plus ou moins grande quantité dans une région suivant que les éléments du sol qui lui sont nécessaires, y seront plus ou moins abondants ou que les végétaux préférés s'y rencontreront. De sorte qu'on est souvent fort embarrassé pour en attribuer la présence à tel ou tel élément géologique ou végétal. Force est donc au mycologue qui voudra préciser ses observations de comparer la fréquence ou la rareté des espèces d'un terrain dans un autre, pour avoir une idée du degré de mélange de ses éléments. Les terrains purs étant souvent, mais pas toujours, exclusifs pour telle ou telle espèce, plante ou Champignon.

On comprend facilement combien il est urgent de connaître la composition du sol producteur, mais comme l'analyse chimique n'est pas toujours facile au botaniste ou du moins assez usuelle, il est un moyen qui a son importance et qui met le plus souvent le mycologue sur la voie de ses éléments constitutifs, moyen bien connu déjà, mais sur lequel on n'appuie jamais assez, c'est celui tiré de la présence de certains végétaux ligneux ou herbacés, qui indiquent généralement avec une précision suffisante, la nature des éléments qu'il doit contenir, comme leur fréquence, leur rareté ou leur absence indiqueront approximativement la quantité ou le manque de ces éléments.

Les principaux terrains que l'on rencontre ordinairement dans les excursions, sont les terrains siliceux ou granitiques, les terrains calcaires et magnésiens, et les terrains argileux. Je ne parlerai pas des terrains salins qui, rares en dehors des bords des mers, ont cependant dans les environs immédiats de celles-ci quelques espèces spéciales comme le *Lepiota littoralis* Men., le *Peziza arenaria* Osb., sur les bords de l'Océan, les *Montagnites Candollei* et *Gyrophragmium Delilei*, sur ceux de la Méditerranée. Les espèces de ces terrains ne sont pas encore assez bien groupées à ce point de vue, pour pouvoir en parler d'une manière suffisante.

Presque tous les terrains n'étant jamais chimiquement purs et presque toujours mélangés comme je l'ai dit plus haut dans des proportions plus ou moins sensibles, il en résulte l'apparition de bien des espèces dans des endroits où l'on n'aurait pas cru les rencontrer, espèces plus particulières à d'autres terrains, mais qui ont pu y prendre naissance parceque l'élément principal de leur sol préféré s'y trouvait en quantité suffisante pour assurer leur existence ; dans ces cas alors, on trouvera concurremment dans les environs certaines Phanérogames ligneuses ou herbacées, certaines fougères qui seront indubitablement caractéristiques de ces éléments. C'est ainsi que des sables qui paraissent à première vue purs, c'est-à-dire franchement siliceux, donneront naissance à des Champignons calcicoles, des Cortinaires de la section des *Scauri* par exemple, espèces éminemment des calcaires; mais alors on observera dans la région des *Helianthemum*, des *Teucrium chamædrys* ou autres plantes franchement calcicoles qui envahissent souvent les terrains siliceux quand ces derniers contiennent suffisamment de chaux pour qu'elles puissent y trouver leur subsistance, et réciproquement les bruyères, le châtaignier et la digitale, espèces bien silicicoles, viendront encore en terrain calcaire, quand la silice s'y trouvera en assez grande quantité pour leur permettre l'existence. On devra alors remarquer combien ces végétaux se développeront à souhait ou souffriront suivant l'abondance ou la rareté de leur élément géologique indispensable.

Il est donc nécessaire d'indiquer, pour notre région, quelques espèces végétales qui puissent être rencontrées partout, et qui reconnues bien spéciales aux divers terrains, pourront, à défaut d'analyses chimiques, guider les mycologues dans l'appréciation des terrains qu'ils parcourront. Les Phanérogames et Cryptogames vasculaires, et autres plantes à chlorophylle étant plus facilement et plus régulièrement rencontrées dans leurs localités, sont des moyens précieux, les Champignons étant toujours plus influencés dans leur poussée par des variations atmosphériques. On sait, en effet, que ces derniers peuvent abonder ou manquer complètement dans une même localité même plusieurs années de suite, suivant que la saison aura été sèche ou humide au moment favorable à leur végétation.

Je commencerai par les terrains siliceux ou granitiques, puis j'examinerai ceux qui sont calcaires ou argileux, puis l'influence que les espèces végétales peuvent avoir sur la présence des Champignons.

Terrains siliceux ou granitiques.

Ces terrains très répandus, caractérisés chimiquement par la présence de la silice en quantité dominante, sont reconnaissables, non seulement à première vue par leur peu de cohérence si connue de tout le monde, mais encore et principalement au point de vue végétatif par l'existence de plantes ligneuses ou herbacées spéciales, telles que, pour ne citer que quelques-unes des plus communes et que l'on peut toujours rencontrer dans des excursions soit en plaine, soit en montagne, le châtaignier, le bouleau, le genêt à balai, les ajoncs, les bruyères, les myrtilles, la digitale pourprée, la *Rumex acetosella*, l'*Aira flexuosa*, la Fougère commune (*Pteris aquilina*), le *Dicranum scoparium*, le *Leucobryum glaucum*, etc. Quand on verra ces arbres ou plantes en abondance dans une localité, on pourra regarder le terrain comme siliceux quand même on rencontrerait çà et là quelques végétaux calcicoles, comme le Hêtre, les divers *Helianthemum*, l'*Anthyllis vulneraria*, le *Teucrium chamædrys*, les *Orchis militaris*, *simia* ou autres plantes calcaires qui indiqueraient que la silice se trouve mélangée de chaux en quantité plus ou moins grande suivant leur abondance ou leur rareté. Il va sans dire que la plupart des plantes herbacées ne poussant pas sous bois, il faut les observer sur le bord des chemins ou dans les clairières.

En fait de Champignons, les terrains siliceux sont caractérisés par la présence des *Amanita virosa*, *citrina* qui y abonde dans les bois et bruyères, tandis qu'il manque dans les terrains franchement calcaires ou du moins y est très rare, et une remarque est à faire au sujet de cette espèce, c'est que la variété blanche assez rare dans les sables purs ou à peu près, est au contraire bien plus répandue dans ceux qui sont calcaires, la présence ou l'absence de la chaux semblant influer sur la fré-

PLÉMENT aux Actes du Congrès international de Botanique

EXPOSITION UNIVERSELLE DE PARIS 1900

SCHEMA de la Photographie d'un groupe de Membres du Congrès

Maire. — 2. Maugeret. — 3. Girard. — 4. Ballé. — 5. Poisson. — 6. Dr Charpentier. — 7. Marty. — 8. Grintzesco. — 9. Bois. — 10. Gaillard. — Ledieu. — 12. Ph. de Vilmorin. — 13. Rolland. — 14. Julien. — 15. De Jaczewski. — 16. Beille. — 17. Hochreutiner. — 18. Col. — 19. De Wildeman. — Labelle. — 21. Mme J. Jaffé. — 22. Dr Gillot. — 23. Delacour. — 24. Mellerio. — 25. Huber. — 26. Gallardo. — 27. Van Nerom. — 28. X. Gillot. — Cornu. — 30. Mlle Canna Popta. — 31. Mme Simon. — 32. Mme Ph. de Vilmorin. — 33. Mme Arbost. — 34. Holbrock. — 35. Arbost. — 36. Lutz. — 37. Crawford. — Peltereau. — 39. Offner. — 40. Hua. — 41. Harlay. — 42. P. Klincksieck. — 43. Dollfus. — 44. Simon. — 45. G. Camus. — 46. Mlle M. Belèze. — Fliche. — 48. Britton. — 49. Gamble. — 50. Thiselton Dyer. — 51. Rouy. — 52. De Seynes. — 53. Perrot. — 54. Boudier. — 55. Magnus. — 56. Radais. — — Bourquelot. — 58. Mussat.

Dans une autre photographie, il faut ajouter : entre les nos 2 et 3, M. Aug. Chevalier, entre les nos 23 et 24, M. Lignier.

quence ou la rareté de certaines de ces variétés. L'*Am. vaginata* var. *fulva* qui y est commune tandis que la variété grise est plus spéciale aux terrains siliceux contenant un peu de chaux ou d'argile. L'*Amanita muscaria* y abonde, mais se rencontre aussi dans les calcaires quand le bouleau, son arbre de prédilection, y vient, ce qui semblerait faire croire que c'est plutôt l'arbre que le terrain qu'elle recherche. Les sols siliceux sont les endroits préférés de certains Lépiotes, le *procera*, par exemple, comme de l'*amianthina*. Mais d'autres espèces de ce genre sont plus calcicoles quoiqu'en général elles aiment les sols légers, c'est-à-dire sableux. On trouve peu de *Tricholoma* dans les sables, ils sont plus spécialement des calcaires, cependant *pessundatum* s'y rencontre en cercles ou parties de cercles bien accusés sous les peupliers. *Sulfureum* et *nudum* y sont communs dans les bois, ce dernier ayant comme *Amanita citrina*, une variété pâle *Trich. glaucocanum* Bres. plus particulière aussi aux sables calcifères : *flavo-brunneum* y vient sous les bouleaux. Les *Cortinarius elatior*, *mucifluus*, *bolaris*, *pholideus*, *arenatus*, *caninus*, *anomalus*, *azureus*, *scutulatus*, *cinnamomeus* et sa variété *semi-sanguineus*, *hæmatochelis*, *paleaceus*, *hemitrichus* et bien d'autres y viennent en nombre, mais la plupart des espèces de ce genre et même les plus remarquables sont calcicoles, comme les espèces du genre *Inocybe* dont quelques-unes cependant préfèrent la silice, *plumosa*, *lanuginosa*, *dulcamara* entre autres. Parmi les Lactaires, le *L. plumbeus* Bull. ou *turpis* Fr., *glycyosmus* et *subumbonatus* caractérisent bien la silice, comme les *Russula virescens* et *fragilis*. *Marasmius oreades* y vient communément dans les gazons des routes ou des friches, mais il paraît plus abondant toutefois quand ils sont un peu calcaires. Les terrains siliceux sont la patrie de nombreux Bolets, parmi lesquels je citerai : *castaneus*, *cyanescens*, *subtomentosus*, *duriusculus*, *edulis*, *æreus*, quoique les deux derniers supportent assez la présence de la chaux pour être regardés comme indifférents, il faut ajouter encore les *Polyporus perennis* et *pictus*. Mais ce sont surtout les Hydnes terrestres qui semblent caractériser la silice plus peut-être que bien d'autres Champignons, et, à l'exception de *repandum* et de *rufescens*, presque tous les autres sont franchement silicicoles. Parmi eux je citerai : *subsquamosum*, *amicum*, *striatum* Schæff. ou *acre* Quél., *velutinum*, *scrobiculatum* et *melaleucum*. *Thelephora laciniata* est aussi l'hôte habituel de ces terrains, comme les *Phallus*, certains Lycoperdons comme le *gemmatum*, le *Bovista plumbea*, le *Scleroderma vulgare*, les *Polysaceum* ainsi que *Rhizopogon luteolus* qui est aussi dans ce cas. Je citerai de même certains Discomycètes comme les *Helvella pithya* B., *albipes*

Fuck., les *Peziza aurantia, badia, umbrina* et beaucoup de petites espèces, puis enfin tous les *Elaphomyces* dont les sols arénacés sont la station de prédilection surtout lorsqu'ils sont chargés d'humus, comme la terre dite de bruyère, par exemple.

Aux terrains siliceux, il me semble nécessaire de joindre les charbonnières et autres places brûlées. Bien que ces endroits ne soient pas toujours en sol sablonneux, ils ont souvent de l'analogie pour les espèces de Champignons qui y croissent, très probablement à cause du peu de cohésion de ce terrain, car il faut bien reconnaître que cette propriété particulière aux terrains sablonneux a aussi son influence sur la présence de certaines espèces. C'est ainsi que *Polyporus perennis* y est très commun, plus fréquent même que dans les sables, que *Lachnea hæmisphærica* des bois siliceux y vient aussi. De plus beaucoup d'espèces y sont tout à fait spéciales, comme *Flammula carbonaria*, *Naucoria amarescens*, *Cantharellus carbonarius*, *Galactinia Sarrazini*, *proteana* et *tosta* Boud., *Aleuria umbrina*, *Plicaria trachycarpa* et *leiocarpa*, *Anthracobia melaloma*, *Pyronema Marianum* et nombre d'autres Discomycètes. Les charbonnières et autres sols brûlés sont toujours des localités remarquables par le nombre d'espèces souvent particulières qu'on y rencontre, et à ce titre méritent une mention spéciale.

Comme on le voit, je ne fais pas ici un catalogue des espèces silicicoles, mais seulement l'énoncé d'un petit nombre de celles qui me semblent les plus caractéristiques. Il en sera de même pour les terrains suivants: mais si peu considérable est-il qu'il m'a paru suffisant pour caractériser ces terrains. Il est nécessaire en outre de faire remarquer que, dans l'état actuel de nos connaissances sur ce sujet, la préférence des Champignons pour les différents éléments géologiques est très difficile à établir dans les herborisations et ne peut être qu'approximative, la généralité poussant à peu près dans tous les terrains et étant de fait indifférente à ce point de vue, soit comme je l'ai dit plus haut, parceque les diverses variétés du sol ne sont jamais pures et que le mycélium y trouve toujours de quoi suffire à son existence, soit aussi parce que les Champignons terrestres sont éminemment saprophytes, tantôt avec indifférence, c'est-à-dire vivant de l'humus produit par n'importe quel végétal, tantôt ayant manifestement des préférences pour celui de certains végétaux, comme le prouve la présence exclusive de plusieurs espèces dans le voisinage de certains arbres. Je ne parle pas ici, bien entendu, de ceux qui viennent sur les végétaux eux-mêmes, comme les Pleurotes, certains *Collybia*, les *Lentinus*, Polypores, *Hydnum* arboricoles ou autres

Champignons basidiosporés ou thécasporés épixyles, et encore moins des parasites vrais, mais seulement de ceux que l'on rencontre sur le sol, dans lequel ils puisent ce qu'il leur faut pour leur existence. Et il ne faut pas perdre de vue que si certains ont besoin d'un sol siliceux ou autre, la plus grande partie sont indifférents et n'ont besoin que d'un humus quelconque ou de celui de quelque arbre préféré dans lequel ils trouvent ordinairement assez de substances minérales pour leur existence. A l'appui de cette opinion, je citerai les espèces habituellement terricoles qui se développent accidentellement sur les vieilles sciures et qui y végètent alors luxueusement. Les Champignons peuvent donc se récolter dans tous les terrains pourvu qu'ils y puissent trouver les éléments nécessaires à leur vie. De là, bien entendu, la difficulté si grande de noter avec certitude les préférences des espèces pour les différents éléments géologiques.

Terrains calcaires.

Ces terrains répandus à profusion et auxquels on peut réunir ceux qui contiennent des éléments magnésiens, comme ayant les mêmes qualités végétatives, sont remarquables par leur richesse bien plus grande en espèces. Ils sont bien reconnaissables non seulement parceque l'analyse chimique y dénote une quantité dominante de chaux ou de magnésie, mais aussi par les plantes ou champignons qu'ils nourrissent. De consistance généralement plus compacte que les terrains siliceux, on les reconnaît de suite à leur aspect et aux plantes qui y croissent bien plus nombreuses en espèces. A première vue, dans la saison, ces terrains sont bien plus fleuris, ce qui tient au grand nombre de Crucifères, de Légumineuses, d'Ombellifères, Labiées, Campanulacées et autres plantes à fleurs voyantes qui y croissent. Tandis que dans les sables purs, à part les bruyères, ce sont plutôt des Graminées. Comme arbres, les terrains calcaires présentent surtout des Hêtres, des Charmes, des Merisiers et des Prunelliers, des Tilleuls et des Noisetiers, qui les caractérisent bien. Comme plantes, on y verra l'*Helleborus fœtidus*, l'*Iberis amara*, les *Genista sagittalis* et *tinctoria*, le *Coronilla varia*, l'*Anthyllis vulneraria*, tous les *Helianthemum*, le *Buplevrum falcatum*, les *Heracleum* et *Pastinaca* et autres Ombellifères, la *Brunella grandiflora*, les *Stachys recta*, *Teucrium chamædrys* et *montanum*, l'*Asperula cynanchica*, beaucoup de Composées parmi lesquelles le *Centaurea scabiosa*, les *Campanula glomerata* et *persicæfolia*, les Gentianées, quand il y en a dans la région, nombre d'Orchidées, certaines Graminées et Cypéracées spéciales. Enfin, je citerai une petite plante cryptogame spéciale à ces terrains, mais qui les caractérise bien aussi, le *Nostoc vulgare*, qui y abonde sur le bord de tous les chemins. Un détail encore frappera le botaniste, c'est l'absence de Bruyères, de Genêts à balais, de Fougères communes, qui n'y apparaissent que lorsque le sable s'y trouve mêlé en très grande quantité.

Cette liste des plantes calcicoles est, comme on le voit, plus étendue que celle que j'ai donnée des espèces silicicoles ; c'est qu'aussi les premières sont tellement nombreuses que j'ai pensé devoir indiquer celles qui se rencontreront le plus communément dans les friches et dans les bois, de manière à renseigner suffisamment le mycologue sur la nature du terrain qu'il parcourra. Quant aux Champignons, ils sont nombreux aussi et dans ces terrains, plus qu'ailleurs, ils se rencontreront en belle végétation, soit isolés, soit groupés en cercles plus ou moins parfaits. C'est le sol préféré de l'Oronge vraie, *Amanita Cesaræa*, surtout quand il est un peu sablonneux ou argileux, des *Amanita phalloides* et *verna*, si dangereuses toutes deux, des *Am. pantherina* et *strangulata*, *strobiliformis* et *solitaria*. C'est celui des *Lepiota mastoidea, gracilenta*, *acutesquamosa*, qui représentent dans ces terrains les *procera* et *excoriata* des sables, le *granulosa* qui y remplace généralement *amianthina*, de *Tricholoma russula* et de la plupart des espèces de ce genre, de l'*Omphalia pyxidata*, du *Leptonia euchlora*. C'est dans ces terrains que viennent surtout et en nombre ces beaux Cortinaires de la section des « *Scauri* », tels que *fulgens*, *rufo-olivaceus*, *multiformis*, *calochrous*, *cærulescens*, *prasinus*, *dibaphus*, ou d'autres groupes comme *infractus*, *cyanopus*, *Bulliardi*, le volumineux *torvus* et tant d'autres qui s'y rencontrent souvent en cercles complets, tandis qu'ils sont épars seulement quand la silice y est en quantité trop considérable. Presque tous les *Inocybe* préfèrent ces terrains ; je citerai seulement *Geophylla*, *Bongardi*, *piriodora*, *Trinii* ou *Godeyi* de Gillet, qui y est fréquent, mais que j'ai rencontré quelquefois dans les terrains sablonneux et alors au pied des murs où il trouvait la chaux nécessaire à son existence. Les *Hebeloma* y sont nombreux surtout les grandes espèces, comme *sinapizans*, *crustuliniformis*, *elatum* et *longicaudum*. Le *Psalliota campestris* et surtout les formes à chair rougissante y viennent de préférence, comme les *Stropharia melasperma* et *coronilla*, quand le calcaire est sablonneux. Les Lactaires y sont nombreux; on doit citer *scrobiculatus*, *zonarius*, *blennius*, *pallidus*, *volemus*, qui caractérisent bien ces terrains. Parmi les Russules, les *R. delica*, *furcata*, *alutacea*, *sardonia*, *rubra*, *pectinata*, *aurata*; parmi les Hygrophores qui y croissent en nombre aussi, les *chrysodon*, *cossus*, *penarius*, *arbustivus*, *discoideus*, *nemoreus*, sont plus spéciaux. C'est la patrie des *Cantharellus cinereus* et c'est celle de nombre de Bolets parmi lesquels je citerai *sanguineus*, *satanas*, *candicans* Fr. ou *amarus* Pers., *scaber*, la forme à chapeau glabre, celle à chapeau tomenteux préfèrant la silice, du *Strobilomyces strobilaceus*, des *Hydnum repandum* et *rufescens*; du *Craterellus cornucopioides*, des *Thelephora pallida*, *Sowerbyi*, et *palmata*; des *Clavaria flava*, *aurea*, *muscoides* et de nombreux Gastéromycètes, tels que *Tulostoma mammosum*, si fréquent parmi les mousses des terrains calcaires et des vieux murs, le *Tulostoma granulosum* des sables de même nature, mais bien plus rare, les *Lycoperdon cœlatum*, *velatum*, *echinatum* qui affectionne les futaies de hêtres, puis les hypogés basidiosporés qui presque tous sont calcicoles. Et enfin parmi les thécasporés, de nombreux Discomycètes tels que *Helvella leucophæa*, *sulcata*, les *Acetabula vulgaris*, *ancilis*, *leucomelas*, ce dernier spécial aux bois de pins, les *Galactinia succosa*, *applanata*, *ampelina*, *Pustularia ochracea* et tant d'autres grandes ou petites et qui caractérisent bien ces terrains. De plus encore, pour clore cette liste, je ne puis passer sous silence les principales Tubéracées qui toutes préfèrent les terrains calcaires surtout quand ils sont ferrugineux et manquent ordinairement dans les siliceux.

Cette nomenclature est encore loin de représenter la totalité des Champignons calcicoles, mais elle me paraît suffisante, comme pour celle des espèces croissant sur la silice, pour représenter les terrains calcifères au point de vue de la végétation fongique.

Terrains argileux.

On pourrait très bien réunir ces terrains au précédent en raison de la quantité de chaux qu'ils contiennent presque toujours et qui leur permet de produire un grand nombre d'espèces calcicoles. Cependant, comme il s'en trouve quelques-unes qui paraissent plus spéciales, j'ai préféré les en séparer.

Les sols argileux se reconnaissent facilement au point de vue chimique par l'analyse qui y dénote une quantité considérable d'alumine et à la vue par leur consistance compacte plus grasse et s'attachant davantage aux pieds. Leur couleur varie comme celle des sables ou des calcaires avec lesquels ils sont souvent mélangés en raison du plus ou moins d'oxyde de fer qu'ils contiennent. Comme arbres, on y rencontre des Ormes, des Peupliers, des Saules, des Aulnes, des Frênes, des Aubépines et des Noisetiers ; comme plantes, certaines Renoncules, comme *auricomus* et *repens*, les *Tormentilla reptans* et *anserina*, la *Primula elatior*, le *Galeobdolon luteum*, le *Campanula trachelium*. *Polygonatum multiflorum* y est commun tandis que son voisin *vulgare* préfère les sables calcaires ; l'*Ornithogalum pyrenaicum*, l'*Orchis fusca*, le *Listera ovata* en sont les hôtes habituels comme l'*Arum maculatum*, les *Carex maxima*, *distans, sylvatica*, le *Milium effusum*, les *Bromus giganteus* et *asper*, les *Equisetum*, les *Hypnum triquetron* et *loricatum* et autres qui spécifient assez bien ces terrains. Il est probable aussi que l'humidité du sol joue un certain rôle dans la végétation des espèces.

Comme Champignons, quelques-uns sont assez caractéristiques, quoique beaucoup se rencontrent aussi dans les terrains calcaires, peut-être parce que ces derniers se trouvent argileux, de sorte que la distinction au point de vue biologique est souvent très difficile. Je citerai les *Amanita spissa* et *ampla* des terrains argileux des plateaux, *Lepiota cristata*, *Tricholoma acerbum*, *Clitocybe geotropa*, le *Pleurotus geogenius*, *Collybia rancida*, les *Entoloma sinuatum* et *lividum*, *nidorosum* et *sericellum*, de nombreux Cortinaires des sections des *Scauri*, *Cliduchii*, *Myxæcium*, à peu près les mêmes que ceux qui se rencontrent sur les calcaires mais moins nombreux ; *torvus* s'y rencontre aussi beau que dans ces derniers terrains. C'est l'endroit habituel de beaucoup d'*Inocybe* tels que *corydalina*, *piriodora*, *asterospora*, de nombreux *Hebeloma*, de l'*Hypholoma Candolleana* et *appendiculata*, du *Lacrymaria lacrymabunda*, de quantité de Lactaires, surtout *vellereus* et *velutinus, flavidus*, *insulsus*, *azonites, quietus* et *mitissimus*; de certaines Russules, surtout *fœtens*, *furcata*, *sardonia*, *sororia*, *integra* ; des *Hygrophorus cossus* et *discoideus* qui se rencontrent aussi en contrées calcaires ; peu de Bolets, et en général les mêmes que dans ces dernières ; le *Dedalæa biennis* ; quelques Clavaires telles que *Vermicularis falcata*, *grisea*, *inæqualis*, et de nombreux Discomycètes, parmi lesquels il faut signaler les *Morchella rotunda* et *vulgaris*, les *Helvella leucophæa* et *elastica*, le *Disciotis venosa*, *Ciliaria trechispora* et *umbrorum, Galactinia succosa*, les *Geoglossum difforme, glutinosum* et *viride* et en général les espèces des Calcicoles sans qu'on puisse préciser si elles appartiennent plus à une station qu'à une autre.

Bien que cette liste soit encore peu considérable, elle me paraît cependant devoir assez bien caractériser les terrains argileux, tout en laissant voir les rapports qu'ils présentent pour la végétation fongique avec celle des calcaires. Avec les terrains siliceux les rapports sont moins évidents, mais cependant, là encore, on peut se trouver embarrassé par les mélanges des divers éléments, mélanges si fréquents qu'ils sont, comme je l'ai dit, une des causes portant à faire regarder certaines des espèces qui les habitent comme indifférentes puisqu'on les rencontre presque en égale quantité partout et sous tous les arbres. Ainsi, parmi le grand nombre d'espèces qui rentrent dans ce cas, je citerai l'*Amanita rubens*. Vulgaire toujours et partout, sur la silice comme sur le calcaire et l'argile, on la rencontre aussi bien sous les arbres feuillus que sous les conifères. On ne peut donc indiquer avec quelque certitude pour elle, comme pour bien d'autres, si elle doit son apparition à tel ou tel élément du sol ou si elle la doit aux diverses substances humiques qui peuvent s'y rencontrer. Ces points resteront toujours très obscurs, les analyses chimiques ne pouvant apporter que peu de jour sur la question. J'ai remarqué en effet, il y a déjà longtemps, dans des analyses que j'avais faites de cendres de Champignons que dans les sols argileux, par exemple, l'alumine pouvait s'y rencontrer en plus grande abondance au détriment de la chaux, c'est-à-dire remplaçant cette dernière en partie dans les Champignons récoltés en terrains argileux, que dans celles des mêmes espèces poussées en sol calcaire. Un plus ou moins de ces substances pouvant donc se trouver dans une même espèce suivant l'endroit où elle a été récoltée. Je dois dire ici que pareilles observations ont déjà été faites pour les Phanérogames et qu'elles démontrent aussi d'une manière évidente l'influence au point de vue chimique des divers terrains sur les végétaux.

Influence de la présence des divers arbres ou plantes sur la poussée des Champignons.

Les principaux terrains que l'on rencontre le plus ordinairement étant examinés au point de vue de la végétation fongique, je vais dire quelques mots de l'influence que peuvent avoir sur elle les différentes espèces de végétaux. Influence indiscutable quand on compare les espèces si spéciales qu'on rencontre par exemple sous les arbres verts à celles qui croissent parmi les arbres feuillus ou les Graminées. A quelle cause cette influence est-elle due? On ne sait rien encore de positif à ce sujet, mais il est permis de croire que les résines ou huiles essentielles des Conifères sont pour quelque chose dans l'apparition des espèces qui leur sont spéciales, car en dehors de ces substances ou des produits de leur décomposition, l'humus qu'ils produisent ne doit pas différer beaucoup de ceux des arbres à feuilles caduques, comme semble le prouver l'indifférence des espèces fongiques qui croissent sur les bois très pourris et qui toutes viennent indistinctement sur les derniers comme sur les premiers, du moment que la décomposition aura été assez profonde pour en annihiler les propriétés.

Cette différence entre les espèces qui produisent les bois d'arbres verts et les autres est très nette, mais il y a souvent de la difficulté à spécifier celles qui sont particulières au voisinage de chaque espèce, aussi n'accepterais-je que la division en conifères, arbres feuillus et gazons ou prairies, la plupart des Champignons terricoles étant indifférents au point de vue de l'espèce. Certaines cependant sont manifestement spéciales comme le *Tricholoma equestre* sous les Pins, le *Lepiota Badhami* sous les Sapins, le *Boletus elegans* sous les Mélèzes; pour les premiers, les *Amanita muscaria* sous les Bouleaux, le *Tricholoma pessundatum* sous les Peupliers, d'autres sous les Chênes et les Hêtres, pour les seconds; comme d'autres pour les Graminées. Mais on comprendra la difficulté lorsqu'on se trouvera dans un bois à essences mêlées, connaissant l'indifférence fréquente de certaines espèces. Là il ne devient souvent possible de caractériser les préférences que par déduction d'observations antérieures et différentes. Dans d'autres cas, un seul Pin, un seul Peuplier, un seul Bouleau peuvent amener sous leur couvert, ou dans leurs environs immédiats, la présence d'espèces qui leur sont propres. Je répéterai ici encore qu'il n'entre pas dans mon plan de parler des espèces qui viennent sur les bois des différents arbres, ni même sur leurs feuilles tombées, ni de certaines espèces qui à première vue semblent terrestres, mais qui sont manifestement attachées à des racines ou autres bois enterrés comme les *Collybia longipes*, *radicata*, *conigena*, les *Pholiota radicosa* et certains *Marasmius* épiphylles, mais bien de celles qui sont franchement terrestres ou humicoles.

Pour les arbres feuillus, la préférence n'est pas plus expliquée que pour les conifères : c'est le contraire même qui a lieu. Est-ce au plus ou moins de matières tannantes particulières à chaque espèce d'arbres, à ces matières elles-mêmes ou au produit de leur décomposition que ces préférences sont dues ? On n'en sait rien encore et on ne peut, vu le manque de faits précis, que constater les faits.

En raison de la nature plus spéciale des stations des conifères, je commencerai par indiquer un certain nombre d'espèces qui leur sont particulières, mais je crois devoir faire remarquer préalablement que ces arbres, à part dans les pays de montagnes, n'étant pas indigènes dans nos régions, les espèces spéciales qu'ils produisent tant Phanérogames que Champignons doivent être considérées comme importées, quoiqu'elles soient cependant bien acclimatées.

Parmi ces espèces des arbres verts, je citerai donc : l'*Amanita porphyria* qui cependant s'égare quelquefois dans les bois de Chênes; l'*Amanita junquillea* Quél. et ses variétés ; les *Lepiota felina*, *Badhami* et *carcharias* ; les *Armillaria robusta* et *caligata*, *luteo-virens* et *aurantia* ; les *Tricholoma equestre*, plus particuliers aux bois de Pins, *vaccinum* et *imbricatum* ; beaucoup de *Clitocybe* tels que *clavipes*, *pithyophila*, *obsoleta*, *gilva*, *metachroa*, *ditopa* et *diatreta* ; le *Collybia maculata* qui quelquefois s'éloigne un peu ; certains Mycènes comme *elegans*, *rosella*, *metata* et *vulgaris*, mais qui doivent être regardées comme plus spéciales aux feuilles tombées ; les *Inocybe hiulca*, *calamistrata*, *plumosa*, *sambucina* ; d'assez nombreux Cortinaires tels que *percomis*, *traganus*, *mucifluus*, *sanguineus* ; les *Gomphidius glutinosus*, *viscidus*, *roseus* et *maculatus* ; le *Paxillus atromentosus* ; certains *Hygrophorus* comme *rubescens* et *pudorinus*, *hypotejus* si fréquent à l'entrée de l'hiver. Mais ce sont surtout les Lactaires qui offrent des exemples remarquables de spécialisation, tels que *deliciosus*, *sanguifluus*, qui les accompagnent toujours, le premier dans le Nord, le second dans le Midi, *lygniotus*, *trivialis*, *rufus*, *subumbonatus*. C'est la localité préférée du *Cantharellus aurantiacus*, qui se rencontre cependant aussi dans les autres bois, mais bien moins souvent. C'est aussi celle des *Russula Queletii*, *rosacea*, *xerampelina*, *ochracea* et quelques autres. Mais les Bolets partagent avec les Lactaires d'avoir un certain nombre d'espèces tout à fait spéciales. Je citerai, parmi ces derniers, *granulatus*, *luteus*, *bovinus*, *variegatus*, qui apparaissent même lorsqu'il n'y a qu'un seul Pin planté, *badius*, qui vient aussi de temps en temps sous les Chênes ; les *Boletus elegans* et voisins qui viennent sous les Mélèzes ; l'*Hydnum imbricatum* ; le grand *Polyporus Schweinitzii* ; les *ovinus* et *subsquamosus* ; les *Clavaria flaccida*, *abietina* et quelques autres ; le *Calocera viscosa* toujours cependant attaché à quelque morceau de bois ; enfin de nombreux Discomycètes, parmi lesquels on remarquera les *Morchella elata* et *conica*, les *Acetabula leucomelas*, celui-ci en sol calcaire, les *Pseudoplectania nigrella*, l'*Otidea abietina*, le *Spathularia flavida* et *Cudonia circinans* ; enfin un nombre considérable d'espèces tout à fait particulières à ces arbres et qu'on chercherait vainement en bois feuillés.

Pour la distinction des différentes espèces fongiques spéciales aux divers arbres feuillés, je dois dire qu'elle est des plus difficiles à établir, car elle est loin d'avoir la fixité de celles qui viennent sous les arbres à aiguilles et les préférences me semblent plutôt dépendre de la nature du sol. Il est probable donc que la pluralité de ces espèces sont plus ou moins indifférentes pour les matières humiques dont elles ont besoin, puisque l'on peut remarquer que presque toutes les espèces viennent indifféremment sous la plupart des arbres quand ces arbres ou arbustes poussent en un sol qui peut leur assurer leur existence. En effet, tandis que la plupart de ces espèces peuvent aussi végéter sous les conifères, on peut remarquer que les espèces réellement acicoles, c'est-à-dire spéciales à ces arbres, ne se rencontrent pas, quel que soit le terrain, sous les arbres feuillus. Les premières semblent donc moins indifférentes que les secondes, ce que je crois devoir attribuer, comme je l'ai dit, à la présence des matières résineuses ou essentielles.

Cependant, s'il y a une indifférence aussi marquée pour l'élément saprophyte chez la plupart des espèces de nos bois à feuilles caduques, il faut dire aussi que quelques-unes ont leurs préférences. Je citerai plus particulièrement les *Tricholoma pessundatum*, le *Lactarius controversus*, qui recherchent les Peupliers, l'*Amanita muscaria* qui, bien que se rencontrant quelquefois sous les Trembles et surtout sous les Sapins, est presque spéciale aux Bouleaux, comme les *Tricholoma flavobrunneum* et *Lactarius glycyosmus*. Le *Naucoria escharoides* accompagne souvent l'Aulne. Les *Morchella rotunda* et *vulgaris* préfèrent ordinairement les Ormes et les Frênes, quoique se trouvant fréquemment sous les autres arbres. Mais pour le Hêtre et le Charme, hôtes habituels des terrains calcaires, le Chataignier qui est silicicole, et le Chêne qui est à peu près indifférent pour les terrains, la plupart des espèces qui poussent sous leur couvert me semblent rechercher bien plus la nature du sol que les différences que peuvent leur présenter les variétés d'humus si nécessaires à leur existence que les différentes espèces végétales peuvent produire.

Gazons et Prairies.

Comme pour les végétaux ligneux, les gazons et prairies, par conséquent les lieux découverts, sont les stations préférées d'un certain nombre de Champignons, soit qu'ils poussent sur ces plantes mêmes et alors, comme je l'ai dit, je n'en parlerai pas, soit qu'ils végètent aux dépens de l'humus qu'ils forment. Là encore, l'espèce végétale nourricière semble être indifférente et le sol être l'un des principaux agents de la variété des espèces, mais il faut y ajouter encore un facteur important, l'aération qui leur est nécessaire. Les sylvicoles viennent bien sous bois à l'ombre plus ou moins épaisse des arbres, mais les espèces des champs et prairies ont besoin d'air et de lumière. Elles viennent en général mal et bien moins abondantes sous bois et ne montrent leur végétation normale que dans les lieux découverts habituellement envahis par les Graminées ou autres petites plantes.

C'est dans ces stations spéciales que se trouvent certains *Tricholoma* comme le *Georgii* et ses variétés qui forment de si beaux cercles dans les gazons des prés ou des avenues, le *Tricholoma personatum* et *grammopodium*, les *Clitocybe tumulosa* et *dealbata*, le *Mycena stannea*, les *Omphalia pyxidata*, *fibula* et *Schwartzii*, les *Entoloma sericeum* et *jubatum*, les *Leptonia euchlora*, *chalybea*, *asprella* et autres, les *Naucoria padiades*, *semiorbicularis*, les *Psalliota arvensis*, *pratensis* et *campestris* si connus sous le nom de Champignons roses ou de prairies, les *Stropharia inuncta* des gazons, *melasperma* et *coronilla* des friches sablonneuses ; très peu de Cortinaires, mais parmi eux *urbicus*; quelques Hygrophores, tels que *conicus*, *pratensis*, *puniceus*, *coccineus*, *psittacinus*, *chlorophanus*; peu de Russules et de Lactaires parmi lesquels *Russula sororia* et *Lactarius controversus*, ce dernier quand il y a des Peupliers; *Marasmius oreades* vient toujours dans les gazons secs; peu de Bolets, cependant *versicolor* y parait spécial, quoiqu'on en rencontre quelques autres, mais qui viennent aussi sous bois; quelques Clavaires comme *inæqualis* et *similis* ; des Lycoperdons tels que *cœlatum*, *furfuraceum*, *pratense* ; puis enfin certains Discomycètes, mais peu nombreux en espèces, la généralité préférant les endroits moussus ou dénudés; je citerai seulement certains Géoglosses comme *hirsutum* et *difforme*.

Comme on peut le voir par l'exposé de ces diverses observations sur la végétation des Champignons terrestres, leur apparition se trouve liée, non seulement à la présence des divers éléments géologiques du sol, mais aussi à celle de l'humus, et, au point de vue de l'influence que les végétaux peuvent exercer sur cette apparition, on peut les diviser en trois groupes, celui des arbres verts, celui des arbres feuillés, et celui des gazons ou prairies. Bien que quelques espèces paraissent spéciales à certaines entités végétales de l'un ou l'autre groupe, elles sont, pour la généralité, assez indifférentes pour chacun d'eux, les espèces des Conifères paraissant cependant être plus exclusives que les autres, ce qui me paraît tenir, comme je l'ai déjà dit, à la présence des substances résineuses dont elles sont chargées ou aux produits de leur décomposition, puisque lorsque la décomposition est totale, cette exclusion paraît disparaître.

Observations sur la biologie de certaines Urédinées, relatives à la valeur de certaines espèces biologiques,

Par le Dr PLOWRIGHT.

On a beaucoup discuté la question de savoir si certaines Urédinées devaient être regardées comme des espèces ou des variétés, rien que sur le terrain biologique. Dans l'espérance de jeter un peu de lumière sur cette matière, je prends la liberté de faire la communication suivante au Congrès international de Botanique.

Entre beaucoup d'Urédinées, les différences morphologiques sont si faibles qu'il est pratiquement impossible de les distinguer par l'examen et la mensuration microscopiques de leurs spores, car les spores dans un même groupe diffèrent plus les uns des autres que des spores d'espèces distinctes *boná fide*. Un exemple à citer, ce sont les remarquables travaux d'Eriksoon sur la *Puccinia graminis*, par lesquels il a montré que ce nom désigne plusieurs espèces biologiques ayant chacune leurs æcidiospores sur le *Berberis vulgaris*, mais leurs urédospores et leurs téleutospores sur certains groupes de Graminées. Les résultats obtenus par lui furent si intéressants que j'ai répété et confirmé quelques-unes de ses cultures. Par exemple, *P. graminis* sur le *Poa trivialis* a été mis en contact sur un petit arbuste de *Berberis vulgaris* dans mon jardin, le 7 mai 1899. Le 18 juin, d'abondantes æcidiospores s'étaient développées avec lesquelles j'ai infecté les graminées ci jointes.

Æcidiospores sur Berberis vulgaris	Plante infectée.	Date.	Date du 1er résult.
1304. *Poa trivialis*	*Poa trivialis*	18 Juin	9 Juill.
1305. —	*Trictum repens*	18 Juin	—
1306. —	*Hordeum vulgare*	18 Juin	—
1307. —	*Avena sativa*	18 Juin	—
1388. —	*Secale cereale*	18 Juin	—

Les plantes étaient placées en cercle autour du *Berberis*, de sorte qu'elles recevaient les æcidiospores du *Berberis* continuellement et aussi les urédospores du *Poa*. Cependant, le 15 septembre, elles étaient toutes exemptes de parasites sauf le *Poa*.

D'un autre côté, les urédospores de *Puccinia graminis* sur *Triticum repens* ont été mises en contact avec les six graminées ci-jointes, le 18 juillet ; le *Triticum repens* seulement fut infecté, jusqu'à la date du 15 septembre, et cependant pendant 43 jours ces plantes avaient poussé en contact effectif avec le *Triticum* portant les urédos.

	Uredo graminis from.	Plante infectée.	Date.	Date du 1er résult.
1310.	*Triticum repens*	*Triticum repens*	18 Juill.	3 Août.
1311.	—	*Hordeum vulgare*	18 Juill.	—
1312.	—	*Secale cereale*	18 Juill.	—
1313.	—	*Avena sativa*	18 Juill.	—
1314.	—	*Triticum vulgare*	18 Juill.	—
1315.	—	*Poa trivialis*	18 Juill.	—

La méthode la plus simple et la plus sensée paraîtrait d'appeler ces formes des espèces biologiques, et comme les champignons en question sont essentiellement parasites, quand ils sont certainement incapables d'exister sur d'autres plantes que leur unique plante hospitalière ou leur groupe de plantes hospitalières, on devrait les regarder comme des espèces sans égard aux ressemblances morphologiques quelconques pouvant exister entre eux.

Telle était, en vérité, ma manière de voir jusqu'à ce que l'expérience suivante ait été faite plus tard.

Au printemps, deux jeunes Bouleaux (*Betula alba*) environ de 15 cm. de hauteur furent placés si près l'un de l'autre (2 dm.) qu'on pouvait les recouvrir avec une grande cloche de verre. Le 27 mai, ils furent infectés avec les æcidiospores de *Cæoma Laricis* ; le 14 juin, l'un d'eux avait des urédospores sur ses feuilles, mais l'autre n'en avait aucune. Il est évident que ces deux Bouleaux étaient des variétés très marquées sinon des sous-espèces, car l'un avait des feuilles parfaitement glabres, tandis que le feuillage de l'autre était pubescent. C'était le Bouleau à feuilles glabres qui portait les urédos. Les deux Bouleaux poussèrent et fleurirent, de sorte que leurs branches se mêlaient et que les feuilles de l'un étaient en contact réel avec les feuilles de l'autre. Le Bouleau à feuilles glabres portait une abondance d'urédos qui infectaient ses feuilles, mais la variété à feuilles laineuses resta absolument libre de parasites pendant les mois de juin, juillet, août et septembre. Le 24 septembre, les plantes furent examinées et le champignon fut trouvé seulement sur la forme à feuilles glabres. Le 11 octobre, nouvel examen et tout à coup on vit sur les deux Bouleaux les taches jaunes abondantes du champignon. En d'autres mots, le Bouleau pubescent fut infecté artificiellement le 27 mai et naturellement et continuellement depuis le 24 juin jusqu'au 24 septembre par des centaines de spores fournies par le Bouleau voisin et cependant il résista au parasite, mais enfin il succomba en octobre. Deux autres jeunes Bouleaux de même dimension et de même âge, qui poussaient comme contrôle dans le même jardin, sont demeurés libres de champignons.

En premier lieu, il est évident qu'on ne doit pas accorder trop de confiance à des résultats négatifs, fournis par des expériences d'infection avec les urédospores.

En second lieu, nous devons admettre que notre plante a résisté avec succès, pendant trois mois, au parasite dont les spores tombaient, à chaque heure, tous les jours, sur son feuillage. L'infection s'est produite dans la suite soit (1°) parce que la plante était devenue sensible à l'approche de l'automne, soit (2°) à cause d'un changement dans la qualité des urédospores, changement qui les rendait capables d'infecter une plante dans l'arrière-saison, alors qu'ils ne le pouvaient point plus tôt dans l'année.

Si les expériences avec le *Puccinia graminis* avaient été continuées jusqu'au 11 octobre, aurions-nous obtenu un résultat différent ?

M. le Professeur Magnus fait remarquer qu'il a publié plusieurs études à ce sujet, et décrit les races accoutumées à une espèce hospitalière, notamment en ce qui concerne le *Puccinia arundinacea*. Il faut tenir compte, dit-il, des conditions physiologiques nécessaires à la présentation du germe. C'est la disposition spéciale des plantes hospitalières qu'il faut étudier.

L'évolution nucléaire chez les Urédinées et la sexualité,

Par M. René MAIRE,

Préparateur de Botanique à la Faculté des sciences de Nancy.

L'évolution nucléaire des Urédinées est actuellement la mieux connue parmi les champignons supérieurs ; après les travaux de DANGEARD, SAPPIN-TROUFFY, POIRAULT et RACIBORSKY et les miens, le cycle complet des phénomènes nucléaires a pu être suivi depuis la téleutospore jusqu'à la téleutospore. Il était intéressant de comparer le schéma obtenu à celui de l'évolution nucléaire des plantes vertes et des animaux : c'est ce que nous avons entrepris de faire dans ce travail, qui comprend donc un court résumé des faits connus chez les plantes vertes et les animaux, destiné à mettre en saillie les points particuliers sur lesquels s'appuiera le plus l'interprétation de l'évolution nucléaire des Urédinées, et l'interprétation générale résultant de ces comparaisons.

I. L'évolution nucléaire chez les plantes supérieures.

Si l'on étudie l'évolution nucléaire d'un Bryophyte ou d'un Ptéridophyte, on remarque qu'il y a pendant une période de la vie de l'individu des figures de division à n chromosomes et pendant une autre période des figures à $2\ n$ chromosomes. Qu'il s'agisse d'une mousse ou d'une fougère, voici, d'une façon générale, ce qui se passe, sauf de rares exceptions, dans toutes les espèces étudiées jusqu'ici : lors de la fécondation, il y a fusion de deux noyaux à n chromosomes ; le noyau de l'œuf qui résulte de cette fusion présente, à sa première division, $2n$ chromosomes et ses descendants continuent à en montrer pareil nombre ; à la formation du sporange il y a réduction du nombre des chromosomes et de la quantité de chromatine. Entre deux divisions, il se produit dans le noyau une sorte de pétrissage des chromosomes, de sorte que ceux-ci se fusionnent deux à deux : à la prophase, on voit apparaître seulement n chromosomes. Immédiatement après cette première division à n chromosomes, s'en produit sans accroissement intermédiaire une seconde d'où résulte réduction, dans les 4 noyaux obtenus par ces deux divisions successives, de la quantité de chromatine au 1/4 de celle contenue dans le noyau primitif.

Strasburger et Dangeard ont nommé *gamétophyte* le tronçon à n chromosomes qui produit les gamètes, et *sporophyte* celui à $2n$ chromosomes qui produit les spores. Le gamétophyte est le tronçon sexué, le sporophyte est le tronçon asexué ou somatique. Dans les plantes supérieures, les choses se passent de la même façon; seulement le sporophyte constitue presque tout l'individu, le tronçon sexué se réduisant aux gamètes (spermatozoïdes, ovules et globules polaires).

Ces considérations générales étant rappelées, si l'on jette les yeux sur des figures représentant la fécondation et la segmentation de l'œuf des Cyclops (1), on voit qu'à la fécondation il n'y a pas fusion, mais *association synergique* des *pronuclei*, c'est-à-dire des noyaux à n chromosomes du spermatozoïde et de l'ovule : les noyaux, au repos, sont accolés mais séparés, ils se divisent simultanément en formant une seule figure mitotique dans laquelle on distingue cependant chaque individualité se divisant à part; ce n'est qu'au bout d'un assez grand nombre de divisions que l'individualisation morphologique des noyaux disparaît. Ce cas et d'autres encore où l'individualité morphologique longuement persistante accuse nettement l'indépendance de la chromatine maternelle et de la chromatine paternelle conduit à admettre que, dans les cas de fécondation où les noyaux semblent se fusionner, cette fusion n'est qu'apparente, que si, à l'état de repos, les noyaux sont réunis sous la même membrane, leur chromatine répartie en karyosomes quelconques, ils n'en sont pas moins distincts, et, ce qui le montre, c'est qu'à chaque mitose ils affirment leur individualité par la formation de $2n$ chromosomes. Cette individualité ne disparaît qu'au moment de la réduction numérique des chromosomes, de cette sorte de pétrissage qui les unit par couples : c'est là seulement que se produit la véritable fusion, que nous appellerons *mixie*. La mixie est donc la fusion des chromosomes deux à deux, la réduction numérique des chromosomes.

(1) Par exemple, celles données par Wilson dans son traité classique *The Cell in Development and Inheritance*.

Après la mixie, on a 1 chromatine maternelle + 1 chromatine paternelle = 2. A la mixie fait suite la réduction quantitative de la chromatine que nous appellerons simplement réduction par opposition à la mixie : par suite de deux divisions successives, les quatre noyaux-fils contiennent 1/4 chromatine paternelle = 1/2 chromatine totale. Ils s'accroissent ensuite par eux-mêmes, de sorte qu'un noyau de gamète = 1/4 chromatine paternelle + 1/4 chromatine maternelle + 1/2 chromatine d'accroissement = 1. Par l'association à un autre noyau de gamète, on obtient de nouveau 1 + 1 = 2. Le premier noyau réduit constitue directement, soit le noyau du gamète, soit celui de la cellule ancêtre du ou des gamètes, du *progamète primaire*, comme nous l'appellerons ; ce progamète primaire, dans le cas des mousses ou des fougères, est la spore. Dans le premier cas, qui est le plus fréquent chez les animaux, le gamète se confond avec le progamète primaire ; dans le second, habituel chez les plantes, le ou les gamètes peuvent être séparés du progamète primaire par un plus ou moins grand nombre de générations de cellules que nous nommerons progamètes secondaires. Comme l'étude ici faite est celle de l'évolution nucléaire, la seule qui soit possible dans l'état actuel de la science et de la technique cytologique, nous emploierons, pour ne rien préjuger du rôle du cytoplasma, des centrosomes, etc., le terme de *karyogamètes* pour désigner les noyaux des gamètes ; nous appellerons *prokaryogamètes primaires* et *secondaires* les noyaux respectifs des progamètes primaires et secondaires ; au total, sous le nom de prokaryogamètes et de karyogamètes, nous désignons tous les noyaux à n chromosomes depuis la réduction jusqu'à la fécondation. L'association synergique des noyaux lors de la formation de l'œuf donne naissance à un noyau double à $2n$ chromosomes que nous appellerons *synkaryon primaire*, l'œuf étant alors le *synkaryocyte primaire*. Cet œuf donne naissance à des générations de *synkaryocytes secondaires* pourvus de *synkaryons secondaires*. Le terme de *synkaryon* désigne donc d'une façon générale tous les noyaux à $2n$ chromosomes.

A un moment donné, le synkaryocyte se transforme en progamète ; nous appellerons *progamétisation* cette transformation de la cellule qui nous est indiquée par les phénomènes nucléaires de mixie et réduction qui constituent la *prokaryogamétisation*.

Si l'on compare l'évolution nucléaire, l'évolution cellulaire et l'évolution individuelle, on aura le tableau suivant :

Evolution nucléaire.	**Evolution cellulaire.**	**Evolution individuelle.**
Prokaryogamète primaire = *noyau de la spore.* Prokaryogamètes secondaires. Karyogamètes.	Progamète primaire = *spore.* Progamètes secondaires = *cellules sexuées.* Gamètes.	Gamétophyte ou Gamétozoaire.
Synkaryon primaire = *noyau de l'œuf.* Synkaryons secondaires.	Synkaryocyte primaire = *œuf.* Synkaryocytes secondaires = *cellules somatiques.*	Synkaryophyte = *Sporophyte* ou Synkaryozoaire.
Protokaryogamètes (Prokaryogamétisation { Mixie / Réduction)	Protogamètes (Progamétisation).	Protogamétophyte ou Protogamétozoaire.
Prokaryogamètes, etc.	Progamètes, etc.	Gamétophyte, etc.

Nous remplaçons le terme de Sporophyte par celui de Synkaryophyte afin de pouvoir établir la concordance avec les animaux et de pouvoir dire *Synkaryozoaire*, le terme *Sporozoaire* ayant déjà une toute autre signification. Enfin nous considérons un troisième tronçon dans l'évolution de l'individu, tronçon intermédiaire entre le Synkaryophyte et le Gamétophyte, dans lequel se produit la progamétisation et que nous appelons *Protogamétophyte*. On verra que ce tronçon est particulièrement individualisé chez les Urédinées où il est constitué par la téleutospore et son promycélium.

Nous désignons sous le nom de *gamétisation* les phénomènes qui font passer la cellule à l'état de gamète mâle ou femelle. Dans le cas d'hétérogamie, nous ne savons pas à quel moment la cellule se différencie en gamète mâle ou en gamète femelle ; dans le cas d'isogamie, nous ne savons si cette isogamie est apparente ou réelle, et si les gamètes qui nous paraissent morphologiquement semblables ne sont pas physiologiquement différents. Quoiqu'il en soit, les cellules ne deviennent gamètes que quand elles ont acquis le pouvoir de copuler. De quelle nature est la gamétisation ? D'après les beaux travaux de Dangeard, à l'origine ce serait de l'affamement ; mais chez les Métaphytes sa nature nous est totalement inconnue ; nous ne savons pas plus ni à quel moment elle se produit, ni par quels phénomènes cytologiques elle se traduit. Chez une Fougère, le progamète primaire, qui dans le cas particulier est la spore, donne naissance à une lignée de progamètes secondaires qui produisent les gamètes mâles et femelles. A quel moment se fait la différenciation qui amènera certaines cellules du prothalle à produire des anthéridies et des spermatozoïdes, d'autres des archégones et des ovules ? Ici le début de la gamétisation est localisé entre la spore et le début de la formation de l'anthéridie ou de l'archégone. Mais chez une Sélaginelle, par exemple, où déjà les spores sont mâles ou femelles et produites dans des macrosporanges et microsporanges nettement différenciés ; chez une Angiosperme où cette différenciation est poussée plus loin encore ; chez les animaux supérieurs où l'ovaire et le testicule prennent leurs caractères de très bonne heure, le début de la gamétisation est bien antérieur à la progamétisation. La gamétisation est donc un processus différent de la progamétisation, mais cependant en relation avec cette dernière, que son début soit antérieur ou postérieur (1).

II. — L'évolution nucléaire chez les Urédinées.

Appliquons maintenant les idées ci-dessus à l'étude de l'évolution nucléaire des Urédinées. L'évolution nucléaire d'une Urédinée complète d'après les travaux de Sappin-Trouffy, dont j'ai pu, dans l'étude de plusieurs types d'Urédinées, constater maintes fois l'exactitude, peut se schématiser de la façon suivante :

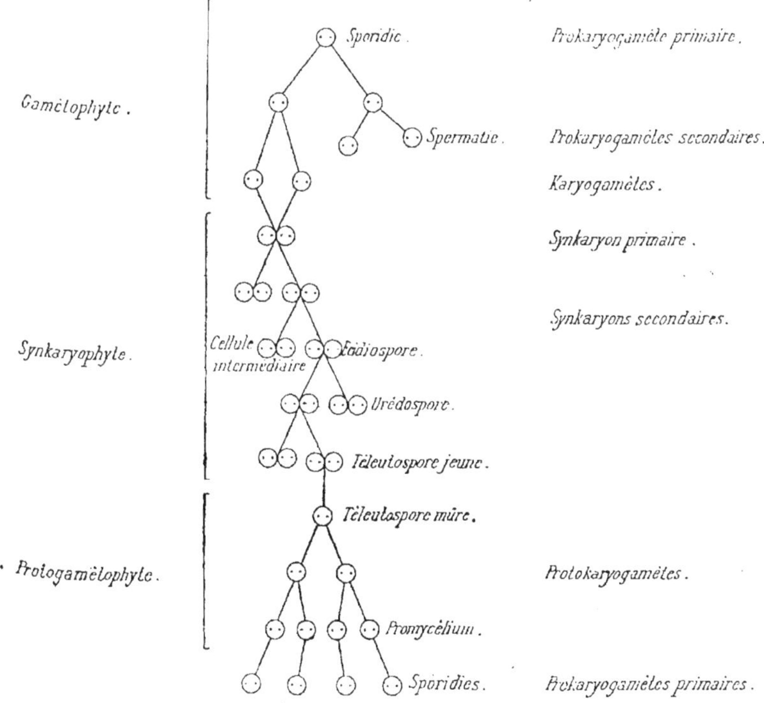

(1) Il est possible que certains faits signalés dans la transformation des spermatides en spermatozoïdes, tels que la formation du nebenkern résiduel soient une manifestation des processus ultimes de la gamétisation.

Comme on le voit par ce schéma, nous sommes absolument d'accord avec Sappin-Trouffy sur les faits, mais l'interprétation est un peu différente. Dangeard et Sappin-Trouffy, en effet, considèrent la fusion de noyaux qui se produit dans la téleutospore comme une fécondation ; ils n'attachent à l'association synergique témoignée par la mitose conjuguée qu'une importance secondaire, la considérant seulement comme destinée à rendre les noyaux de la téleutospore cousins très éloignés. Pour eux le gamétophyte serait toute l'Urédinée, de la sporidie à la téleutospore et le synkaryophyte (sporophyte) serait réduit à la téleutospore mûre et à son promycélium, car ils ne distinguent pas le protogamétophyte comme nous l'avons fait tout à l'heure.

Poirault et Raciborski ont contesté les faits et l'interprétation précédents : ils ne reconnaissent que deux chromosomes dans les figures mitotiques des divisions simultanées, alors qu'il y en a en réalité quatre et ils arrivent à considérer le noyau des Urédinées comme un noyau à un seul chromosome. Pour eux, les noyaux seraient conjugués pendant toute l'évolution de l'Urédinée, de la sporidie à la téleutospore, donnant ainsi toujours des figures mitotiques à deux chromosomes. A la téleutospore il y aurait fusion des deux noyaux dont la parenté serait ainsi très éloignée, puis le noyau de fusion donnerait des figures mitotiques à deux chromosomes qui, au lieu de produire quatre noyaux, n'en produiraient que deux, maintenant ainsi la fusion, et cela pendant les deux divisions du promycélium. Dans la sporidie les deux chromosomes se sépareraient donnant ainsi deux noyaux à 1 chromosome qui recommenceraient leur évolution conjuguée. Ce processus d'évolution serait bizarre et très différent de ce qu'on trouve ailleurs et d'ailleurs il est contredit par les faits: il n'y a en effet qu'un seul noyau dans les cellules du thalle jusqu'à l'écidie et si dans la sporidie on trouve fréquemment deux noyaux, ceux-ci se séparent bientôt pour évoluer chacun de leur côté.

Enfin une troisième interprétation a été ébauchée en quelques lignes par mon excellent maître M. Vuillemin. Cette troisième interprétation, d'après les quelques indications publiées par l'auteur et les explications verbales qu'il a bien voulu me donner, me paraît en conformité avec celle que je donne ci-dessus : la priorité de cette conception doit donc être attribuée à M. Vuillemin. Cette concordance m'a été d'autant plus agréable que la théorie de M. Vuillemin est venue à ma connaissance au moment même où la comparaison des figures mitotiques conjuguées et des doubles noyaux des Urédinées avec les figures de la segmentation de l'œuf de *Cyclops strennus* venaient de m'inspirer la même idée.

Comme l'exprime le schéma ci-dessus, il y a lieu de considérer dans une Urédinée au point de vue de l'évolution individuelle, comme dans une mousse, une fougère ou une angiosperme, trois tronçons dont voici la concordance :

	URÉDINÉES	MOUSSE	FOUGÈRE	ANGIOSPERME
Gamétophyte	De la sporidie à la base de l'écidie.	De la spore à l'archéogone et à l'anthéridie. (*Protonéma* + *plante feuillée*).	De la spore à l'archégone et à l'anthéridie (*prothalle*).	Du sac embryonnaire à 4 noyaux au sac à 8 noyaux. Grain de pollen et tube pollinique.
Synkaryophyte......	De la base de l'écidie à la téleutospore.	De l'œuf aux spores. (*Sporogone*).	De l'œuf aux spores. (*Plante feuillée*).	Toute la plante de l'œuf aux cellules-mères du sac et du pollen.
Protogamétophyte...	Téleutospore mûre et promycélium.	Cellule-mère des spores et ses filles jusqu'à la séparation des spores.	Comme chez les mousses.	De la cellule-mère du sac au sac à 4 noyaux; de la cellule-mère des grains de pollen à l'individualisation de ces derniers.

Au point de vue de l'évolution nucléaire, les noyaux conjugués des Urédinées sont en effet de véritables synkaryons, qui, au lieu d'être comme dans la généralité des cas morphologiquement fusionnés en une seule masse nucléaire à l'état de repos, sont dissociés comme chez les Cyclops. Ces noyaux se divisent ensemble, probablement sous l'action des mêmes centres cinétiques. L'équivalent de la fécondation est donc, chez les Urédinées, la formation du synkaryon primaire à l'extrémité des hyphes écidiogènes. L'œuf est donc constitué par des gamètes aussi parents que possible, puisque ce sont deux cellules sœurs non encore séparées par une cloison. La fusion qui se produit dans la téleutospore transforme le synkaryon dissocié en synkaryon fusionné ; ce dernier ne se divise pas à cet état, mais entre dans la période de progamétisation qui commence par la mixie. *La fusion des noyaux de la téleutospore correspond donc, non pas à la fécondation, mais au début des réductions numérique et quantitative, c'est-à-dire, de la progamétisation.*

Dans ces conditions, la sporidie est une spore au sens cytologique du mot ; la spermatie est une conidie du gamétophyte correspondant aux propagules des Muscinées ; la cellule terminale des hyphes écidiogènes est un œuf ; les écidiospores et les urédospores sont des conidies du synkaryophyte correspondant aux bulbilles des Angiospermes : les téleutospores mûres représentent le protogamétophyte enkysté.

On trouvera peut-être qu'il est bien étonnant de voir un œuf se former par l'association de deux cellules sœurs : ce n'est en tous cas pas le premier cas de ce genre, puisque chez le *Basidiobolus ranarum* on voit deux cellules sœurs former un œuf immédiatement après s'être séparées par une cloison ; chez les Urédinées, la seule différence est une simplification : la cloison ne se forme même pas. D'ailleurs, chez l'*Artemia salina*, Brauer a démontré que l'œuf se formait par l'association de l'ovale et d'un globule polaire, c'est-à-dire de deux cellules sœurs non séparées par une cloison. Toutefois, ce mode de fécondation, bien voisin de la parthénogénèse, doit prêter fort peu à la variation, et c'est peut-être, à côté de l'absence de la nutrition holophytique, une des raisons pour lesquelles les Champignons, au lieu de se différencier comme les plantes vertes, n'ont fait que s'épuiser en une multitude innombrable de formes peu différentes les unes des autres.

L'évolution nucléaire d'une Urédinée comprise comme ci-dessus est donc entièrement comparable à celle d'une plante supérieure. Il est difficile de dire qu'elle est homologue, car l'évolution nucléaire des ancêtres des Urédinées est trop mal connue pour qu'on puisse affirmer une descendance commune, l'évolution parallèle d'un même processus primitif dans des groupes différents ; il pourrait se faire que le processus actuel des Urédinées descende d'un processus ancestral tout différent de celui qui a donné naissance à celui des plantes supérieures : il y aurait alors non homologie mais convergence. La connaissance de la phylogénèse des Champignons d'un côté et des plantes vertes de l'autre, et l'étude approfondie de l'évolution nucléaire des types inférieurs pourront seules élucider ce point.

Il faut ajouter que le schéma débrouillé chez les Urédinées paraît être applicable à tous les Basidiomycètes, et peut-être aussi aux Ascomycètes, en un mot à tous les champignons supérieurs. Seulement ici interviennent d'innombrables complications et difficultés matérielles dues à l'apocytie habituelle à la plupart des types de ces groupes. Quoiqu'il en soit, les synkaryons dissociés sont faciles à retrouver dans les Trémelles (1) ; les Hyménomycètes en présentent depuis les débuts du

(1) Cf. Dangeard, Mémoire sur la reproduction sexuelle des Basidiomycètes. — J'ai vérifié ces faits chez un *Exidia*.

carpophore jusqu'aux basides (1). La fragmentation amitopique de ces synkaryons dans la plupart des cellules du pied et du chapeau vient embrouiller les choses, mais les synkarions se retrouvent toujours intacts dans les cellules sous-hyméniales. Leurs mitoses sont conjuguées comme chez les Urédinées, toutefois avec huit chromosomes au lieu de quatre. La fusion s'opère dans la baside et est suivie de deux divisions réductionnelles. Cette fusion est un phénomène de mixie, car la première mitose de la baside ne montre plus que 4 chromosomes, lequel nombre reste le même dans la spore et le jeune mycélium jusqu'à la formation du carpophore. Les conidies mycéliennes ont la valeur des spermaties des Urédinées et, coïncidence assez curieuse, germent à peu près aussi difficilement que ces dernières. Chez les Basidiomycètes le synkaryophyte va de la formation du carpophore à la baside, le protogamétophyte de la jeune baside à la spore mère, le gamétophyte de la spore au jeune carpophore (2).

Chez les Ascomycètes, la question est encore beaucoup plus embrouillée, surtout qu'il paraît se produire chez eux des phénomènes particuliers qui seraient une transition entre le mode d'évolution nucléaire des Oomycètes et celui des Champignons supérieurs. Malgré les beaux travaux de Harper, de Wager, de Thaxter (pour les Laboulbéniacées) et surtout de Dangeard, la lumière est encore loin d'être faite sur ce groupe si varié et si intéressant.

III. — L'évolution nucléaire des Urédinées et la théorie de la sexualité de DANGEARD.

Les conceptions ci-dessus sur la sexualité des Champignons supérieurs et en particulier des Urédinées, bien qu'elles ne soient pas entièrement conformes à celles de Dangeard, s'accordent cependant très bien avec la théorie générale de la sexualité de cet éminent botaniste, théorie dont voici la base :

« La théorie suppose, tout au moins à l'origine de la différenciation sexuelle, des éléments copulateurs semblables aux individus ordinaires de l'espèce considérée pour la forme et la structure générale ; ils n'en doivent différer que par une affinité sexuelle de même ordre que la faim

(1) Cf. R. Maire, Sur la cytologie des Hyménomycètes.

(2) Ces conclusions sont données d'après une note préliminaire qui fournit la liste des quelques espèces étudiées, mais il est très probable que les résultats fournis par ces quelques espèces, appartenant à des groupes assez divers, sont applicables à tous les Basidiomycètes ou tout au moins à tous les Hyménomycètes.

et due comme elle à un affaiblissement de l'organisme. » (DANGEARD, *Le Botaniste*, 6e série, p. 264.)

Donc dans un cas de sexualité primitive, dans un *Chlamydomonas* par exemple, deux cellules ordinaires, deux noyaux à 4 chromosomes se fusionnent : il y a mixie, puis réduction quantitative à la germination de l'œuf donnant de nouvelles cellules ordinaires de *Chlamydomonas* qui recommenceront à évoluer comme précédemment. La progamétisation existe donc déjà dans ce mode inférieur d'évolution nucléaire, aussi peut-on distinguer dans l'évolution individuelle du Chlamydomonas *deux tronçons* : 1° *le Gamétophyte* ; 2° *le Protogamétophyte. Le Synkaryophyte n'existe pas encore : la fécondation se confond avec la mixie.*

D'après DANGEARD, les complications ultérieures de la sexualité se sont produites par suite d'un retard apporté à la mixie et à la réduction. Cette hypothèse a beaucoup de probabilité, mais nous ignorons les raisons de ce retard. Quoiqu'il en soit, il y a de bonnes raisons d'admettre jusqu'à preuve du contraire que la sexualité des champignons et des plantes supérieurs est dérivée du mode primitif ci-dessus. Le retard de la mixie a fait apparaître un nouveau facteur, l'association synergique, caractérisée par la mitose conjuguée ; d'où la différenciation d'un troisième tronçon de l'individu, le *Synkaryophyte.* Ce dernier, par un retard de plus en plus considérable de la mixie, arrive à prédominer et à constituer la presque totalité de la plante supérieure (ou de l'animal), mais on retrouve toujours avec lui le gamétophyte et le protogamétophyte. La mixie, de plus en plus retardée, arrive à se produire seulement avant la fécondation, de sorte que chez les êtres supérieurs où la progamétisation a été étudiée pour la première fois, elle est apparue comme un phénomène devant forcément précéder la formation des gamètes. La fusion apparente des noyaux dans l'individu avait empêché la formation de la notion de synkaryon, de sorte que l'origine de la sexualité semblait mystérieuse. La théorie qui considère le gamète primitif comme un individu cellulaire ordinaire quoique appauvri et celle de la formation des synkaryons rendent au contraire parfaitement compte de cette origine ; aussi doit-on rendre à DANGEARD cet hommage assez rare : il a simplifié une question embrouillée.

La fécondation ayant été étudiée chez les animaux et les plantes supérieures se trouve donc être un processus bien défini, consistant en la formation du synkaryocyte primaire, caractérisé par ses mitoses conjuguées. On ne peut donc appeler fécondation la fusion des gamètes chez *Chlamydomonas*, chez *Cosmarium*, etc., puisqu'il n'y a pas de synkaryophyte : cette fusion est un phénomène de mixie. La *mixie est donc un phénomène plus général que la fécondation, puisqu'elle coexiste presque toujours avec celle-ci et lui est phylogénétiquement antérieure.*

IV. — Cas particuliers de l'évolution nucléaire chez les Urédinées.

Chez les Champignons supérieurs en général et chez les Urédinées en particulier, le synkaryophyte s'est développé dans des conditions toutes spéciales, les gamètes étant frères. A quel moment de l'évolution des Champignons a-t-il apparu ? Nous ne le savons pas encore : il ne paraît pas exister chez les Oomycètes, et son avènement doit sans doute se placer à l'origine des Ascomycètes. Quoiqu'il en soit, il s'est pour ainsi dire schématisé chez les Urédinées qui paraissent descendre assez directement de ces derniers. Si, chez les Urédinées hétéroïques à cycle complet, il est très développé, il n'en est pas de même chez les Urédinées autoïques à cycle plus ou moins raccourci, comme les Hemi-, Micro-, et Leptopuccinia. Or les Urédinées paraissent bien évoluer vers le type raccourci, qui leur permet de ne dépendre que d'un seul hôte, et les spermogonies et les écidies, souvenirs des spermogonies et des pycnides des Ascomycètes, sont en voie de disparition ; les Urédinées évoluant donc vers les Hemipuccinia d'un côté, vers les Micro- et Leptopuccinia de l'autre, il y a d'un côté prédominance croissante du synkaryophyte, et de l'autre une régression de ce dernier qui rend la prépondérance au gamétophyte.

Les *Endophyllum* présentent un cas particulièrement intéressant : il y a chez eux *apomixie* (1). Le schéma II représente l'évolution nucléaire des *Endophyllum Sempervivi* et *Euphorbiae* ; le schéma III indique celle de l'*E. Valerianae-tuberosae.*

Les Endophyllum, manquant du stade téleutospore où s'effectue la mixie par suite de la disparition de l'hôte où se développait ce stade, ont effectué leur progamétisation d'une autre façon, en usant d'expédients pour ainsi dire. Dans les *E. Sempervivi* et *Euphorbiae* la progamétisation s'effectue par la simple dissociation des constituants de deux synkaryons : il n'y a rien d'étonnant à ce que chez des êtres où l'association se fait d'une façon aussi simple, la dissociation s'effectue de même. Dans le second cas (*E. Valerianae-tuberosae*), le processus est

(1) Le mot *apomixie* n'a ici aucun rapport avec le terme apomixie employé par HAACKE dans un sens philosophique ; il signifie seulement *absence de la mixie*, comme *apogamie* signifie *absence de fécondation*, etc.

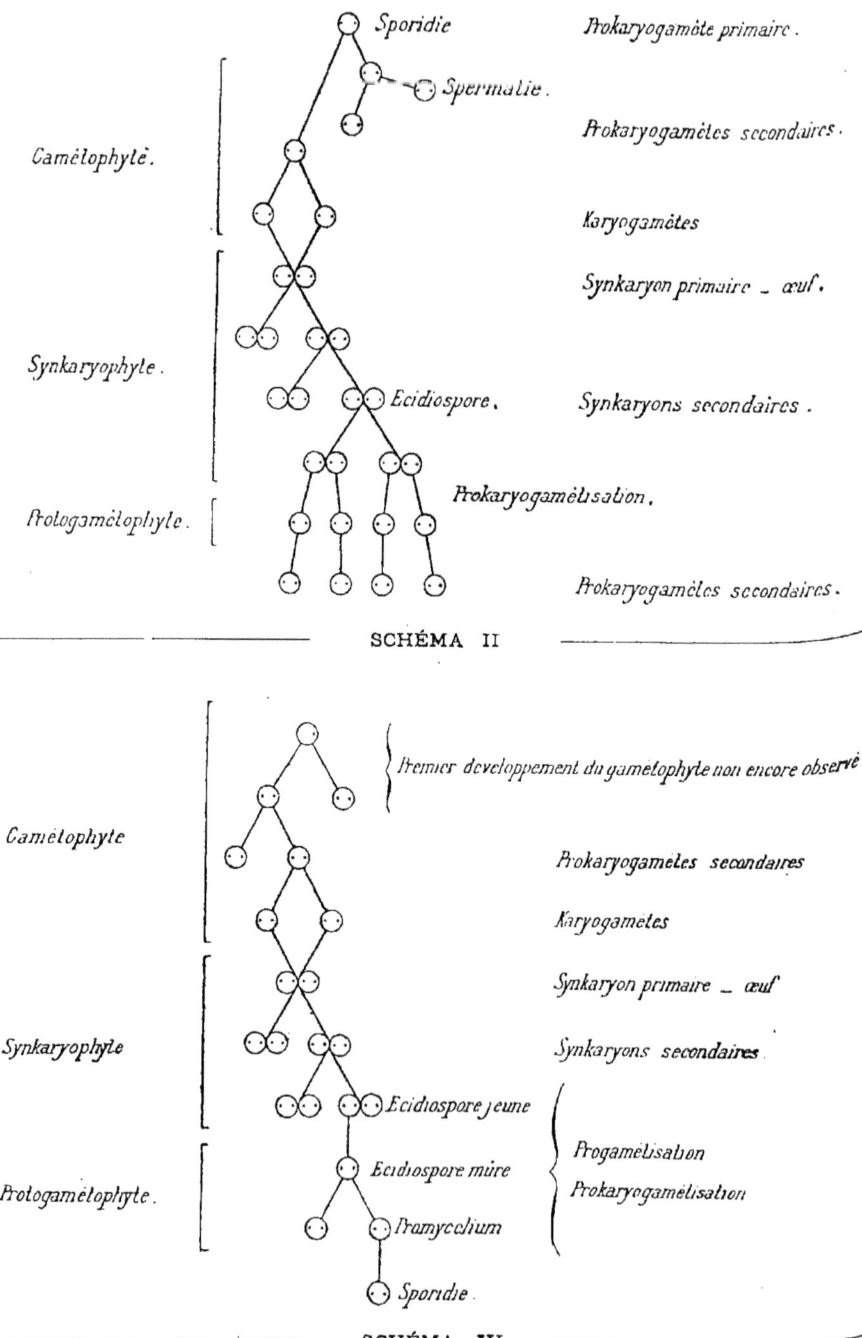

SCHÉMA II

SCHÉMA III

encore plus simplifié : l'un des éléments du synkaryon de l'écidiospore dégénère, de sorte que l'écidiospore mûre se trouve réduite à un seul noyau. Ce dernier se divise ensuite dans le promycélium en deux autres dont l'un dégénère, tandis que le second donne le noyau d'une sporidie, c'est-à-dire le prokaryogamète primaire. Exceptionnellement le prokaryogamète primaire s'épure par division et dégénérescence d'un de ses noyaux fils avant de passer dans la sporidie. Il faut reconnaître que ce sont là des processus qui ne pourraient guère se généraliser chez les êtres vivants, car ils réduiraient la formation des synkaryons à un acte purement végétatif, en rendant l'hérédité totalement unilatérale.

On voit donc par l'exemple des Endophyllum que l'*apomixie* comme l'*apogamie* peut exister, mais que, sans empêcher la fécondation de se produire, elle en dénature complètement la signification ; l'étude des Endophyllum vient en outre à l'appui des observations de Guignard sur la non-constance des processus de réduction quantitative, cette réduction devant cependant toujours exister sous une forme ou sous une autre.

V. — Conclusions générales.

Si on étudie la sexualité chez les êtres les plus inférieurs où elle se confond avec la mixie, on peut être tenté de voir dans cette dernière l'expression de la fécondation. Si, partant de cette notion, on suit l'évolution probable des êtres et de leur sexualité, on est tout naturellement conduit, chez les êtres à synkaryons dissociés, à envisager la formation de ces derniers comme un phénomène purement végétatif et à voir dans la mixie la fécondation, comme l'a fait Dangeard. Il faut bien reconnaître qu'à ses débuts la fécondation, caractérisée par la formation des synkaryons, ressemble beaucoup à un phénomène simplement végétatif, mais elle s'est perfectionnée plus tard par la différenciation des gamètes. Si on appliquait la manière de voir de Dangeard aux plantes supérieures et aux animaux, on arriverait logiquement à admettre que la fécondation s'opère dans le testicule ou dans la cellule mère du sac embryonnaire, de sorte qu'on ne sera plus d'accord avec la notion de fécondation qui a été établie dès la plus haute antiquité sur les phénomènes devenus très complexes et très apparents de la formation des synkaryons.

En résumé, la première apparition de la sexualité a revêtu la forme de la *mixie*, établissant dans l'individu deux tronçons, le *Gamétophyte* et le *Protogamétophyte ;* à la *mixie* est venue se surajouter la *fécondation* qui est *l'association synergique de deux noyaux avec ou sans fusion morphologique, caractérisée par les mitoses conjuguées à chromosomes en nombre double de celui observé dans les gamètes*, d'où est résultée la formation d'un troisième tronçon de l'individu, le *Synkaryophyte*, dont l'extension a peu à peu réduit les deux autres tronçons à leur minimum. Le synkaryophyte, se différenciant de plus en plus, a constitué toute la plante supérieure, sauf les organes reproducteurs proprement dits ; la grande différence qui sépare une Angiosperme d'une Algue inférieure est donc celle-ci : la première est un individu double, la seconde un individu simple. L'existence rare, mais réelle, de cas d'apomixie, permet de supposer que c'est à ce phénomène, non compensé comme chez les *Endophyllum* par un autre processus de progamétisation, qu'est due la formation de noyaux à plusieurs chromosomes.

BIBLIOGRAPHIE

Outre les travaux sur la cytologie des Urédinées, on trouvera dans cette liste les principaux mémoires qui ont servi à la rédaction des considérations générales :

Année biologique, de Y. Delage, Paris, Schleicher, édit[r], 1895, 1896, 1897.

Barbey. — Florae Sardoae Compendium, Lausanne, 1885.

Brauer. — Zur Kenntniss der Reifung d. parthenogenetisch sich entwickelnden Eies von *Artemia salina*. *Arch. f. mikr. Anat.*, 1893.

Dangeard. — Recherches sur la reproduction sexuelle des champignons, *Le Botaniste*, III, 1892-93.

— La reproduction sexuelle des Ascomycètes, *ibidem*, IV, 1894-95.

— Second mémoire sur la reproduction sexuelle des Ascomycètes, *ibidem*, V, 1896-97.

— Mémoire sur la reproduction sexuelle des Basidiomycètes, *ibidem*, IV, 1894-95.

— L'influence du mode de nutrition dans l'évolution de la plante, *ibidem*, VI, 1898.

— Mémoire sur les Chlamydomonadinées et théorie de la sexualité, *ibidem*, VI, 1898.

— La reproduction sexuelle des champignons, étude critique, *ibidem*, VII, 1900.

De Bary. — Neue Untersuchungen, 1865, p. 20.

— Morphol. und Physiol. d. Pilze, Flecht. und Myxomyceten, 1re éd., p. 169.

Debski. — Beobachtungen ueber Kerntheilung bei *Chara fragilis*. *Jahrb. f. Wiss. Bot.*, XXX, 1897.

Delage. — La structure du Protoplasma et les théories sur l'Hérédité, Paris, 1895.
Dixon. — Nuclei of *Lilium longiflorum*. *Ann. of Bot.*, IX, 1895.
— Fertilization of *Pinus silvestris*. *Ann. of Bot.*, VIII, 1894.
Dittrich. — Zur Entwickelungsgeschichte der Helvellineen. *Beitr. z. Biol. d. Pflanzen*, VIII, 1898.
Eidam. — *Basidiobolus*, eine neue Gattung der Entomophtoraceen. *Beitr. z. Biol. d. Pfl.*, 1884.
Farmer. — On spore formation and nuclear division in the Hepaticae. *Ann. of Bot.*, IX, 1895.
— Studies in Hepaticæ. On *Pallavicinia decipiens*. *Ann. of Bot.*, VIII, 1894.
Guignard. — Etudes sur les phénomènes morphologiques de la fécondation. *Bull. Soc. bot. de France*, XXXVI, 1890.
— Nouvelles études sur la fécondation. *Ann. S. N. Bot.*, 1891.
— La réduction chromatique (Revue). *Année Biologique 1897*.
— Sur la formation du pollen et la réduction dans le *Najas major*. *C. R. Ac.*, CXXVIII, n° 4.
— Sur les anthérozoïdes et la double copulation sexuelle chez les Angiospermes. *C. R. Ac.*, 4 avril 1899.
Harper. — Ueber das Verhalten der Kerne bei d. Frucht. einig. Ascomyceten. *Jahrb. f. wiss. Bot.*, XXIX, 1895.
— Sexual reproduction in *Pyronema confluens* and the Morphology of the Ascocarp. *Ann. of Bot.*, XIV, 1900.
Hirase. — Etudes sur la fécondation et l'embryogénie de *Ginkgo biloba*. *Journ. Coll. Sc. Univ.* Japon, Tokyo, VIII, 1895.
Humphrey. — *Berichte d. deutsch. bot. Ges.* 1894, Haft. V.
Ishikawa. — Die Entwickelung der Pollenkörner von *Allium fistulosum*. *Journ. Coll. Sc. Univ.*, Japon, Tokyo, X, 1897.
Ikeno. — Untersuchung. über d. Entwickelung d. Geschlechtsorgane u. d. Vorgang d. Befrucht. bei *Cycas revoluta*. *Jahrb. wiss. Bot.*, XXXII, 1898.
Juel. — Die Keruteilungen in den Pollenmutterzellen von *Hemerocallis fulva*. *Jahrb. wiss. Bot.*, XXX, 1896.
Klebahn. — Studien über Zygoten, I. *Jahrb. wiss. Bot.*, XXII, 1891.
Maire (R.). — L'évolution nucléaire chez les Urédinées et particulièrement chez les *Endophyllum* (*Note préliminaire*). *Bibliogr. Anat.*, janvier 1900.
— Sur la cytologie des Hyménomycètes. *C. R. Ac.*, *9 juillet 1900*.
— L'évolution nucléaire chez les Endophyllum. *Journ. de Bot.*, 1900.
Massee. — A monograph of the Geoglosseae. *Ann. of Bot.*, 1897.
Nypels. — La germination de quelques écidiospores. *Bull. Soc. belge de Microscopie*, XXII, 1898.
Overton. — Ueber d. Reduktion d. Chromosom. in d. Kernen d. Pflanzen. *Vierteljahrschr. d. naturf. Ges. in Zürich*, 1893.
Poirault et Raciborski. — Sur les noyaux des Urédinées. *Journ. de Bot.*, 1895.
Raciborski. — Ueber d. Einfluss aüsserer Beding. auf d. Wachstumsweise d. *Basidiobolus ranarum*. *Flora*, LXXXII, 1896.
Rosen. — Beitr. z. Kenntniss d. Pflanzenzellen II, III. *Beitr. z. Biol. d. Pfl.*, VI, VII, 1893-95.
— Kerne und Kernkörperchen in meristem. u. sporog. Geweb., *ibidem*, VII, 1895.
Saccardo. — Sylloge fungorum, VII. Padova, 1888.

Sappin-Trouffy. — Recherches histologiques sur la famille des Urédinées, *Le Botaniste*, V, 1896-97.

Strasburger. — Ueber periodische Reduktion d. Chromosomenzahl in Entwick. d. Organismen. *Biol. Centralbl.*, XIV, 1894.

— The periodic Reduction of number of the chromosomes in the life-history of living organims. *Ann. of Bot.*, VIII, 1894.

Vuillemin. — Analyse de « SAPPIN-TROUFFY, recherches histol. s. les Urédinées ». *Année biol.* 1896.

Wager. — On the nuclei of the Hymenomycetes. *Ann. of. Bot.*, VI, 1892.

— On the presence of Centrospheres in Fungi, *ibidem*, VIII, 1894.

— The sexuality of the Fungi. *Ann. of Bot.* XIII, 1899.

Wilson. — The cell in development and inheritance, New-York, 1897.

La reproduction sexuelle des Champignons supérieurs comparée à celle de l'Actinosphærium,

Par M. P. A. DANGEARD.

Professeur de Botanique à la Faculté de Poitiers.

Nous avons donné récemment une « Etude critique de la reproduction sexuelle des Champignons supérieurs » (1) ; chacun peut ainsi se rendre un compte exact de l'état actuel de nos connaissances sur ce sujet.

Si, au début, nos recherches ont été accueillies avec un certain scepticisme, comme il arrive souvent lorsqu'il s'agit de découvertes de ce genre, on a bientôt reconnu que les faits annoncés étaient exacts ; dès lors, la discussion ne pouvait porter que sur l'interprétation.

Aujourd'hui, on se trouve en présence de deux opinions principales :

La première, — celle que nous défendons, — est celle-ci : *Les fusions nucléaires qui existent chez les Champignons supérieurs représentent un acte sexuel bien caractérisé.*

La seconde opinion — celle de WAGER — est formulée par son auteur de la manière suivante : *Les fusions nucléaires dont il s'agit ne sont point morphologiquement sexuelles : elles constituent un acte physiologique équivalent* (2).

Dans un cas comme dans l'autre, l'intérêt du phénomène est le même et si nous cherchons à faire prévaloir notre interprétation, c'est uniquement par souci de la vérité.

Chez les Champignons supérieurs, la sexualité est réduite à son expression la plus simple : deux gamètes s'unissent, fusionnent leur noyau et donnent un œuf ; cet œuf est le point de départ de l'asque chez les Ascomycètes, de la baside chez les Basidiomycètes ; il n'existe pas

(1) P. A. DANGEARD : *La reproduction sexuelle des Champignons. Etude critique* (Le Botaniste, 7e série, 3-4 fascic., mai 1900).

(2) WAGER : *The sexuality of Fungi* (Annals of Botany, t. XIII, 1899).

d'appareil accessoire pour favoriser l'union des gamètes ; ceux-ci sont, en effet, contenus dans un même article (1).

Si un certain nombre d'auteurs ont hésité à nous suivre, c'est à cause de cette disposition des gamètes dans un même article et de la parenté rapprochée des noyaux sexuels qui en est parfois la conséquence.

Nous avons bien répondu d'avance à ces objections par des arguments probants ; mais en pareil cas, les raisons même les meilleures mettent souvent beaucoup de temps à s'imposer; pour brusquer le dénouement inévitable, rien ne vaut l'exemple de ce qui se passe chez autrui.

L'*Actinosphærium* est un Rhizopode dont la conjugaison vient d'être étudiée avec beaucoup de soin par R. HERTWIG (2); l'animal renferme de nombreux noyaux dans son protoplasme ; au moment de l'enkystement, une grande partie de ces noyaux se désagrègent et disparaissent ; le corps se segmente alors en un certain nombre de cellules, dont chacune contient un des noyaux restants ; c'est à ce moment que se fait la reproduction sexuelle.

Le noyau de chaque cellule se divise par mitose et une séparation se produit dans le cytoplasme amenant la formation des deux gamètes (fig. 1, A); dans ces gamètes, le noyau subit deux bipartitions successives; l'un des noyaux dans la première bipartition subit une dégénérescence (fig. 1, A. p^1) ; le même phénomène s'observe à la seconde division (fig. 1, B, p^1 p^2) ; deux éléments nucléaires disparaissent ainsi dans chaque gamète ; HERTWIG les assimile à des globules polaires. Finalement, les gamètes uninucléés opèrent leur conjugaison et fusionnent leurs noyaux pour donner naissance à l'œuf (fig. 1, C) ; cet œuf est le point de départ d'un nouvel individu; le cytoplasme s'échappe de la membrane et le noyau sexuel se divise pour fournir la forme multinucléée de l'individu adulte (fig. 1, D).

Dans cette reproduction sexuelle, le cytoplasme des gamètes est emprunté à une même cellule comme chez les Champignons supérieurs ; l'existence d'une cloison transitoire ne saurait établir entre les deux cas une différence sensible. Quant à la parenté des noyaux sexuels, elle est beaucoup plus rapprochée dans l'*Actinosphærium* que chez la plupart des Champignons; chez ces derniers, en effet, les noyaux sexuels, bien que réunis à l'intérieur d'un même article, sont souvent, comme chez les Urédinées, séparés par de nombreuses générations.

(1) Consulter les séries II-VI du Botaniste.

(2) R. HERTWIG : Kerntheil., Richtungskorperbild. und Befruchtung von *Actinosphærium* (Abh. k. bayer. Akad. Wiss., XIX, 2).

Il est donc indiscutable que la reproduction sexuelle des Champignons supérieurs se présente dans des conditions analogues à celles de l'*Actinosphærium*, en ce qui concerne *l'origine des gamètes* et la *parenté des noyaux sexuels*.

On pourrait croire, d'après cela, que les observations d'Hertwig ont rencontré chez les zoologistes une certaine résistance et que son interprétation est encore l'objet de nombreuses controverses ; or, il n'en est rien et la reproduction sexuelle de l'*Actinosphærium* est déjà exposée en bonne place dans les Traités généraux (1).

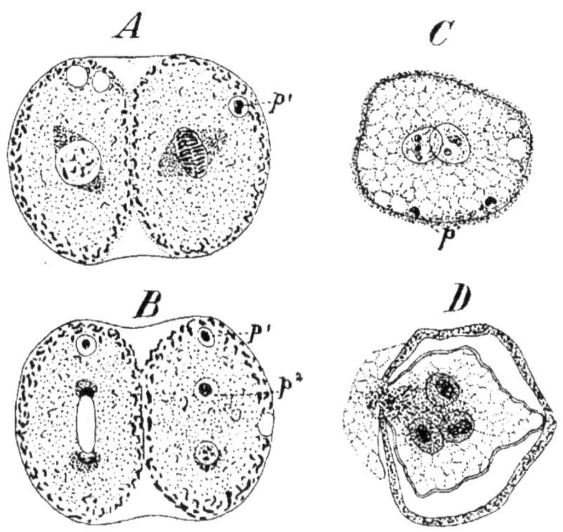

Fig. 1. Formation des globules polaires et conjugaison dans l'*Actinosphærium*. D'après Hertwig. Figure empruntée au Traité de la cellule de Wilson.

Il ne saurait en être désormais autrement, à fortiori, pour la reproduction sexuelle des Champignons ; la conjugaison des Rhizopodes semble n'avoir pas un caractère général ; elle ne se produit pas au même stade du développement, ainsi que le prouvent les observations de Schaudinn sur l'*Actinophrys* (2) ; de plus, elle n'a pas lieu suivant un mode identique. Chez les Champignons, au contraire, *le phénomène n'a présenté jusqu'ici aucune exception ; il se fait de la même manière pour toutes les espèces à un stade déterminé du développement.*

(1) Wilson : *The Cell in developp. and inheritance*, 2e édition, 1900.

(2) Schaudinn : *Ueber die Copulation von Actinophrys sol* (Sitz. Berich. Akad. Wiss., Berlin, 1896).

Telles sont les considérations que nous avons cru devoir présenter au Congrès international de Botanique ; nous ne voudrions pas cependant chercher à faire croire que la discussion est close ; la reproduction sexuelle des Champignons a été pendant un demi-siècle l'objet d'ardentes controverses entre des savants comme de BARY, VAN TIEGHEM, BREFELD ; elles ont laissé des traces profondes : la liquidation demandera encore quelque temps avant d'être complète.

C'est ainsi qu'HARPER vient de faire paraître un mémoire sur la reproduction sexuelle du *Pyronema confluens*, dans lequel il essaie de remettre en question la sexualité des Ascomycètes, telle que nous la comprenons (1).

Une première fois, ce savant avait signalé l'existence d'une perforation entre l'anthéridie et l'oogone du *Sphærotheca Castagnei* et décrit la fusion du noyau anthéridien avec le noyau de l'oogone ; on se serait trouvé ainsi en présence de deux fusions nucléaires successives, l'une s'effectuant au début du périthèce et l'autre à l'origine de l'asque.

Nous avons repris l'étude du *Sphærotheca Castagnei* et fourni une *preuve indiscutable* de l'absence d'une première fusion nucléaire au début du périthèce dans cette espèce (2) ; la diversion tentée par HARPE ne trompera personne.

Dans son nouveau travail, HARPER décrit des fusions nucléaires dans l'appareil en rosette qui existe au début du périthèce chez le *Pyronema confluens* ; les organes décrits par TULASNE, de BARY, KILMANN seraient réellement des anthéridies et des oogones. Chaque oogone est surmonté d'un trichogyne ; celui-ci s'isole de l'oogone par une cloison basilaire et ses noyaux se désagrègent ; le trichogyne se met ensuite en communication directe avec l'anthéridie ; les nombreux noyaux mâles traversent le trichogyne après disparition de la cloison basilaire et vont s'unir par paires aux noyaux de l'oogone. Ce dernier organe qui se trouve ainsi avoir la valeur d'une sorte d'œuf composé, fournit des ramifications qui se terminent par les asques.

On peut s'étonner de rencontrer ici des phénomènes de fusions nucléaires si aberrants ; l'erreur commise une première fois par HARPER chez le *Sphærotheca Castagnei*, justifie toutes les réserves ; il faut donc attendre de nouvelles recherches avant de se prononcer définitivement.

(1) HARPER : *Sexual Reproduction in Pyronema confluens and the Morphology of the Ascocarps* (Annals of Botany. Vol. XIV, N° LV, 1900).

(2) P. A. DANGEARD : *Second mémoire sur la reproduction sexuelle des Ascomycètes* (Le Botaniste, 5e série, 1896-1897).

En admettant que les faits décrits chez le *Pyronema* soient exacts, nos conclusions restent entières, ainsi qu'on pourra en juger, d'après le passage suivant écrit plusieurs mois avant la publication du mémoire d'HARPER (1) :

« On semble croire que la découverte de deux fusions nucléaires successives chez les Laboulbéniacées ou ailleurs suffirait à détruire l'édifice que nous avons élevé à grand'peine : c'est là une erreur.

« WAGER, dans l'hypothèse d'une première fusion nucléaire chez le *Sphærotheca Castagnei*, n'hésite pas cependant à attribuer quand même à la seconde fusion une *importance physiologique équivalente à l'acte sexuel ;* c'est beaucoup déjà et cependant ce n'est pas assez.

« En effet, nos recherches ont révélé *l'existence, chez les Champignons supérieurs, d'un mariage de gamètes qui a tous les caractères essentiels de celui qui est contracté dans la reproduction sexuelle, chez les animaux et les plantes ; il fournit à l'œuf un noyau double à* 2 n *chromosomes : il entraîne la nécessité d'une réduction chromatique. Les noyaux des gamètes étant d'origine différente, ce mariage assure le rajeunissement karyogamique.*

« *Le rajeunissement cytoplasmique n'accompagne pas, chez les Champignons supérieurs, la formation de l'œuf : il se produit avant ou après au moyen d'anastomoses entre les filaments du thalle ou entre des individus différents : nous savons d'ailleurs par l'exemple des Infusoires ciliés que le rajeunissement cytoplasmique peut faire totalement défaut dans la sexualité. Le noyau double de l'œuf est un noyau de segmentation qui est comme partout la souche unique des noyaux des nouvelles générations.*

« Ce sont là des faits acquis à la science.

« Supposons maintenant qu'on découvre chez quelques espèces un premier mariage s'effectuant selon toutes les règles de l'étiquette ; l'élément mâle est fourni par une anthéridie ; il est introduit dans la chambre conjugale par un trichogyne complaisant ; la fusion des noyaux a lieu, et ce premier mariage présentera toutes les garanties de légalité désirables.

« On sera forcé alors de constater que ce premier mariage est impuissant à assurer la reproduction de la plante ; celle-ci contracte un second mariage de gamètes extra-légal si l'on veut, mais alors que le premier était insuffisant, ce second mariage est au contraire fécond ; il donne naissance à des enfants, comme s'il s'agissait d'un ménage des plus ré-

(1) P. A. DANGEARD : La reproduction sexuelle des Champignons (Le Botaniste, 7ᵉ série, mai 1900).

guliers : finalement, presque toutes les espèces reconnaissant l'inutilité du premier mariage s'en dispensent et se contentent du second.

« Voilà exactement la situation qui serait faite aux Champignons supérieurs, si certaines espèces d'Ascomycètes présentaient une double fusion nucléaire : alors, si on persistait à ne pas comprendre le second mariage dans la reproduction sexuelle, il faudrait le considérer comme un *acte équivalent*.

« Nos travaux, avec leur interprétation naturelle, ont eu comme résultat de combler une lacune de la science, importante il est vrai ; mais, si on arrivait à faire prévaloir la seconde interprétation, celle de WAGER, l'intérêt serait beaucoup plus considérable : il s'agirait d'un phénomène nouveau qu'on pourrait mettre en parallèle avec la reproduction sexuelle tout entière ; c'est d'ailleurs ce qu'a fait PERCY GROOM qui désigne ce second mariage sous le nom de *deuterogamy* (1).

« Notre ambition ne va pas si loin : la ressemblance entre les deux actes est trop complète pour qu'on puisse jamais, à notre avis, ni les séparer sous des dénominations différentes dans le présent, ni leur chercher une genèse spéciale dans l'évolution ».

(1) PERCY GROOM : *On the fusion of nuclei among Plants* : *A. Hypothesis* (Transactions and Proceedings of the Botanical Society of Edinburgh, décembre 1898).

Sur les méthodes de culture pure des Algues vertes,

Par MM. R. CHODAT et I. GRINTZESCO.

Certains auteurs appellent cultures pures celles qui ne contiennent qu'une seule espèce d'Algue, mais qui peut être accompagnée de Champignons ou de Bactéries. De semblables cultures ont été déjà réalisées bien des fois en transportant dans une chambre humide de Ranvier ou de Bœttcher une seule cellule d'une algue inférieure suspendue dans une goutte de liquide nutritif ou de milieu gélatinisé.

Toutes les fois que les botanistes ont suivi sous le microscope l'évolution d'une forme nettement repérée et maintenue constamment humectée, ils ont en principe réalisé la méthode des cultures pures. Ils sont partis, en effet, d'une cellule isolée facilement retrouvée si on abandonne l'examen et dont ils ont pu suivre pas à pas le développement. Lorsque les conditions dans lesquelles doit vivre l'organisme sont suffisantes et n'entravent pas son développement, il sera possible d'en suivre méthodiquement l'ontogénie.

C'est pourquoi de très belles recherches ont pu être faites même en employant cette méthode primitive. Pringsheim a pu suivre le développement et la reproduction des plus communes des Algues d'eau douce. Goronchaskin, Dangeard et Dill ont pu établir pour des végétaux aussi mobiles que les *Chlamydomonas*, presque toute l'histoire de la sexualité et de la germination des zygotes.

Quand il s'agit d'observations, le jugement intervient pour une bonne part. Il ne s'agit pas d'enregistrer simplement, mais bien plutôt de trier les observations, rejeter tout ce qui est douteux et ne retenir que ce qui paraît certain.

Dans les cas où les organismes que l'on étudie sont relativement bien caractérisés de telle manière qu'on puisse les reconnaître à chaque instant, il n'est même pas nécessaire de les isoler. Leurs particularités permettront de les distinguer des autres formes au premier coup d'œil.

Il en est tout autrement lorsqu'il s'agit d'organismes très variables qui manifestent une succession de stades évolutifs qu'on pourrait qualifier de métamorphose.

Si parmi ces stades certaines formes de jeunesse affectent des apparences semblables à celles d'autres organismes ou si tout une catégorie d'organismes à un stade donné présentent la même forme, la filiation de ces formes diverses sera difficile à établir, et si même on y est arrivé, la part du jugement étant grande dans l'élaboration des conclusions, ces dernières pourront ne pas paraître convaincantes à des esprits sceptiques.

Seule une étude basée sur la méthode des cultures pures pourra écarter toutes les objections et s'imposer d'une façon définitive.

C'est dans cet esprit que M. CHODAT et Mlle GOLDFLUS (1) ont introduit dans la technique algologique l'emploi des plaques de porcelaine dégourdie, poreuse pour l'obtention des cultures pures des Algues.

Sur ces plaques stérilisées par la chaleur sèche et déposées dans une boîte de Pétri contenant un liquide nutritif stérilisé de manière à n'immerger que la base des plaques, on ensemence avec une pipette stérilisée une dilution des Algues à trier. Des dilutions successives permettent d'isoler assez les germes pour que ceux-ci soient l'origine de colonies peu nombreuses éparses sur la plaque humide. Après quelques triages répétés, on parvient à obtenir des cultures pures ne contenant ni Champignons ni Bactéries.

M. CHODAT et Mlle GOLDFLUS ont ainsi pu cultiver un *Nostoc*, puis M. CHODAT a réussi à isoler et cultiver de cette manière les espèces suivantes : *Oocystis elliptica*, *Scenedesmus obliquus*, *Hæmatococcus lacustris*, *Pleurococcus vulgaris*. Ces cultures pures ont figuré dans l'exposition universitaire, lors de l'Exposition nationale suisse à Genève en 1896.

En prenant quelques précautions, c'est-à-dire en enfermant les boîtes de Pétri dans des cristallisoirs à double couvercle peu grand et en maintenant ces doubles boîtes dans de petites serres en verre ne laissant pénétrer la poussière que difficilement, il est possible de maintenir les cultures à l'abri de la contamination.

Mais cette méthode n'est pas à l'abri de toute critique. Nous avons procédé dernièrement de la manière suivante. Les colonies obtenues par la méthode sur plaques dans des boîtes de Pétri sont retriées et reinoculées sur des plaques semblables, mais introduites dans des éprouvettes

(1) CHODAT et GOLDFLUS, note sur la culture des Cyonophycées, *Bull. de l'Herbier Boissier*, 1897.

à réservoir, comme il est d'usage d'en employer en technique bactériologique pour les cultures sur carotte ou pomme de terre. Nous versons dans le réservoir le liquide nutritif, solution Raulin, Van Tieghem, Knopp, Detmer, etc. L'étranglement est bourré de coton qui trempe dans la solution et qui fait mèche. C'est sur ce coton humide que repose la plaque allongée rectangulaire de porcelaine dégourdie. Pour préparer ces dernières, on peut simplement briser un plat en morceaux à peu près rectangulaires et limer les angles avec une lime grossière. Les éprouvettes remplies et bouchées d'un tampon de coton sont stérilisées à l'autoclave et ensemencées après refroidissement. Il est évident que cette méthode est aussi certaine que celle qui consiste à employer des milieux gélatinés ou agarisés en éprouvettes pour la culture des microbes.

La méthode des plaques de porcelaine dégourdie telle qu'elle a été introduite par M. Chodat présente l'avantage de donner à certaines Algues le milieu aéré qui leur convient. Nous avons pu ainsi obtenir de très belles cultures de *Chlorella* ou de *Scenedesmus*, aussi bien par le premier dispositif que par le second.

Un des inconvénients de cette méthode, c'est l'extrême lenteur avec laquelle se développent les organismes. Il faut des semaines avant de voir apparaître clairement les colonies, avant que les Algues aient pu s'habituer à vivre et à se multiplier abondamment dans ces conditions.

Actuellement, nous employons de préférence pour les premiers triages des Algues inférieurs des milieux gélosés (1), c'est-à-dire des solutions nutritives Knopp, Detmer, Van Tieghem, Raulin, etc., rendus solides par l'addition de gélose $1\frac{1}{2}$ - $2\frac{1}{2}$ ‰.

Pour la culture des algues inférieures, les vases employés doivent être commodes, permettre une bonne aération, laisser pénétrer difficilement les germes étrangers et pouvoir être facilement stérilisés.

Les flacons d'Erlenmeyer réalisent le mieux ces diverses conditions.

Les milieux que nous utilisons sont artificiels; car si l'on prend l'eau des étangs, des rivières, des lacs, etc., c'est-à-dire des milieux naturels, cela présente un double inconvénient. Si ces milieux ne sont pas renouvelés, les Algues s'y développent d'abord bien, mais ne tardent pas à dépérir, faute de nourriture, ou deviennent dans les premiers triages la proie des Bactéries et des Champignons.

Si, au contraire, ces milieux sont renouvelés, l'on s'expose à introduire des organismes étrangers dans les cultures.

La solution qui nous a donné les meilleurs résultats est la suivante :

Azotate de calcium......	1,0	Dans beaucoup de cas, il faut encore la diluer au 1/10, 1/2, 1/3.
Chlorure de potassium...	0,25	
Sulfate de magnésie.....	0,25	
Phosphate de potassium..	0,25	
Eau distillée	1.000,0	

Beaucoup d'expérimentateurs renonceront à la méthode des cultures pures après quelques insuccès. C'est pourquoi nous croyons utile de donner ici quelques détails qui ne paraîtront pas superflus.

S'il s'agit, par exemple, d'isoler un *Pleurococcus* qui vit en colonies abondantes sur l'écorce des arbres ou des *Hæmatococcus* qui colorent le creux des pierres inondées en rouge, l'un et l'autre formant déjà dans leurs milieux naturels des cultures relativement pures, il suffira de un ou deux triages pour les isoler. Il est vrai toutefois que pour les *Pleurococcus* il faudra les habituer à vivre dans des solutions nutritives avant de les ensemencer.

Si les organismes verts sont rares et mélangés à beaucoup de Microbes et de Champignons, il faudra commencer par multiplier ces organismes en les transportant dans des solutions nutritives qui les favorisent et qui ne conviendront pas aux Champignons et aux Bactéries, c'est-à-dire des milieux exclusivement minéraux. Malheureusement, dans ces conditions, ce sont surtout les organismes verts les plus communs qui finissent par prédominer.

En général, il vaudra mieux s'adresser à des milieux naturels où le nombre des organismes verts est assez considérable pour colorer l'eau en vert. L'eau de certains bassins de flaques sur routes, de solution de laboratoire spontanément ensemencés constitueront d'excellents points de départ.

Nous prenons cinq tubes stérilisés. Dans le tube 1 on introduit 10^{ccm} d'eau et une goutte du milieu naturel ou artificiel qui contient les Algues. On agite pour séparer les agglomérations, puis avec une pipette stérile on introduit dans ce mélange 5^{ccm} dans le second tube en y ajoutant en même temps 5^{ccm} d'eau pour le diluer. On opère de la même façon du tube 2 au tube 3, etc. On obtient ainsi 5 degrés de dilution et l'on peut procéder aux ensemencements.

On établit cinq séries de flacons Erlenmeyer contenant le milieu nutritif agarisé au point de se solidifier.

Dans chaque flacon de la première série on introduit une goutte du tube 1, dans chaque flacon de la seconde série une goutte du tube 2 et ainsi de suite. Au bout de 15 jours à un mois, on observe que les flacons de la première série contiennent de nombreuses colonies d'algues, mais aussi des Bactéries et des Champignons. Il est généralement impossible de trier les colonies de cette première série. Dans les autres, les colonies moins nombreuses sont plus éloignées et elles peuvent manquer totalement dans la dernière.

Les colonies suffisamment isolées ne renferment déjà ordinairement qu'une seule espèce ; elles fournissent la base de nouvelles dilutions qui aboutissent après une ou deux fois au triage définitif des espèces.

Pour arriver à séparer d'un mélange une algue à l'état de pureté absolue, il faut environ 2-3 mois.

Les milieux agarisés peuvent être additionnés de glucose ou rester exclusivement inorganiques.

Comme bien on le pense, ces milieux agarisés ne correspondent pas aux milieux naturels. Mais il est désormais facile de réinoculer ces Algues qui ont maintenant pris l'habitude de vivre dans des milieux artificiels, dans les solutions nutritives liquides, sur des plaques de porcelaine dégourdie, des morceaux d'écorce stérilisée de Bouleau ou de divers arbres contenus dans des éprouvettes comme il a été indiqué plus haut.

Ces méthodes permettront d'étudier méthodiquement, non seulement la morphologie, mais également la physiologie des Algues unicellulaires.

Lorsqu'il s'agit d'Algues filamenteuses, il faut partir des zoospores, car il serait très difficile d'obtenir un triage sérieux en partant des filaments.

Nous avons ainsi réussi à isoler un nombre considérable de Protococcoïdées.

Oocystis elliptica, *Dictyosphærium pulchellum*, *Kirchneriella lunaris*, *Raphidium polymorphum*, *Pediastrum tetras*, *Scenedesmus acutus*, *Pleurococcus vulgaris* var., *Hæmatococcus lacustris*, *Chlorella vulgaris*.

Nous avons étudié d'une manière plus complète le développement de *Scenedesmus actus* et de *Chlorella vulgaris*.

Le résultat a été conforme à ceux déjà publiés par M. Chodat et Madame Malinesco (1).

Les individus issus d'une cellule unique de *Scenedesmus* ont présenté un polymorphisme remarquable. Dans l'Agar-Agar, les cellules sont libres ou enchaînées, dépourvues de pointes ou aiguës, parfois de forme très bizarres. Les dimensions varient de 6-10 μ. On trouve à côté des cellules aiguës des cellules arrondies protococcoïdes. En transportant ces cultures dans l'eau de fontaine stérilisée, la forme primitive scénédesmique est reconstitué en passant par le stade *Dactylococcus*.

L'Agar additionné de 2 0/0 de glycérine paraît au début un excellent milieu de culture. Les colonies de *Scenedesmus* s'y multiplient avec beaucoup de vigueur ; la rapidité du développement est tel que, 6 jours après l'ensemencement, les colonies sont déjà visibles à l'œil nu. Cependant cette luxuriante végétation est éphémère, car au bout de peu de jours les cellules semblent souffrir ; elles s'arrondissent, se remplissent d'huile et sont presque décolorées.

L'addition de glycérine favorise également beaucoup le polymorphisme ; on y observe des cellules géantes. L'espèce prospère également bien sur des milieux solides comme la porcelaine dégourdie en boîte de Pétri ou en tubes à réactifs.

La *Chlorella vulgaris* ne paraît pas posséder la faculté de changer notablement de forme. Transportée sur des milieux divers, elle ne présente que des variations négligeables, et à part quelques différences de dimensions cette espèce est un bel exemple de stabilité.

Elle se développe abondamment sur des plaques poreuses.

P.-S. — Des cultures nombreuses sur les divers milieux cités ont été présentées aux membres du Congrès et distribuées à quelques membres qui ont exprimé le désir de les posséder.

Sur la culture des Algues à l'état de pureté,

Par M. RADAIS,

Professeur à l'Ecole de Pharmacie de Paris.

L'emploi des plaques de porcelaine poreuse imprégnées d'un liquide nutritif pour l'étude des organismes inférieurs se répand depuis quelques années dans les laboratoires; les échantillons de cultures d'Algues en cristallisoirs et en tubes que présentent MM. CHODAT et GRINTZESCO à l'appui de la précédente communication (1) en démontrent surabondamment les avantages. Déjà, en 1897, M. CHODAT et Mlle GOLDFUSS (2) avaient signalé ce substratum et, dès 1895, mon savant ami, M. le Dr POIRAULT, m'en avait recommandé l'usage, à la suite d'expériences faites au Museum d'Histoire naturelle de Paris. J'ai pu obtenir ainsi d'excellentes cultures de champignons inférieurs et de bactéries. Si l'on a soin de disposer sous la plaque, au fond du cristallisoir couvert où elle repose, un lit de coton hydrophile ou de papier filtre servant de réserve humide, il est possible de poursuivre les expériences pendant un assez long temps.

L'inconvénient du procédé réside dans la facile contamination des cristallisoirs emboités. On peut, il est vrai, éliminer presque complètement cette cause d'erreur en utilisant, comme MM. CHODAT et GRINTZESCO, d'étroits rectangles de porcelaine placés dans des tubes bouchés au coton, à la manière des tranches de pomme de terre préparées pour les usages bactériologiques. Malheureusement, la forme allongée et les faibles dimensions de ces vases restreignent dans d'étroites limites, l'atmosphère interne et se prêtent mal à de rapides échanges gazeux, C'est sans doute à ces causes qu'il faut attribuer le maigre développement des cultures d'Algues dans ces tubes, si on les compare à celles que fournissent les larges plaques des cristallisoirs.

(1) V. ce Recueil, p. 156.

(2) Note sur la culture des Cyanophycées et sur le développement d'Oscillatoriées coccogènes. *Bull. Herb. Boissier*, Vol. V, n° 11, p. 953-959.

Dans le but d'étudier le développement du *Chlorella vulgaris* Beyerinck, j'ai d'abord usé d'un dispositif qui, tout en permettant le renouvellement de l'atmosphère interne des vases, permet d'éviter l'introduction de germes étrangers.

Une cloche tubulée A (fig. 1), fermée par un tampon de coton, plonge dans l'espace annulaire que limitent deux cristallisoirs emboîtés; en versant dans cet espace une quantité convenable d'eau acidulée ou alcaline, impropre au développement des germes, on obtient une fermeture hydraulique laissant la possibilité d'imprimer à la cloche de légers mouvement verticaux. Cette disposition permet de renouveler l'atmosphère en cours d'expérience, l'appareil faisant office d'un soufflet dont la tuyère est la tubulure de la cloche elle-même. Quant aux plaques de porcelaine, elles sont disposées par paire à l'intérieur et inclinées à la manière d'un toit, grâce à deux échancrures à emboîtement réciproque. Le fond du cristallisoir étant occupé par une réserve convenable du liquide nutritif, on obtient ainsi deux larges surfaces propres à la culture, avec zones d'humidité décroissante de la base au sommet. L'appareil, en verre de Bohème, est stérilisé en bloc; les ensemencements et les prises d'essai se font par la tubulure de la cloche.

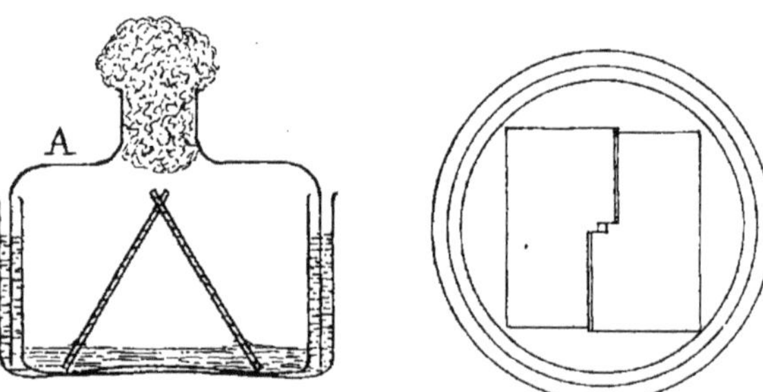

Fig. 1. — Cloche à cultures avec fermeture hydraulique.

Dans de pareilles conditions, la résistance à la contamination est fort longue; elle n'est pas indéfinie à cause de l'impossibilité de pencher l'appareil pour les ensemencements ou les prises d'essai. D'un autre côté, et principalement pour la culture des Algues, il serait désirable de pouvoir reproduire à volonté *in vitro* les variations de milieu auxquelles ces plantes sont soumises dans la nature, substituer, en cours d'essais, un milieu nutritif à un autre, provoquer une dessiccation lente ou rapide, modifier la composition de l'atmosphère, etc. C'est un pareil résultat que je me suis efforcé d'obtenir en remplaçant les plaques, difficilement maniables et exigeant des vases à large ouverture, par des bougies filtrantes en porcelaine ou en alumine qui, avec une surface développée aussi grande, ont l'avantage de s'introduire dans des récipients d'ouverture étroite et faciles à manier.

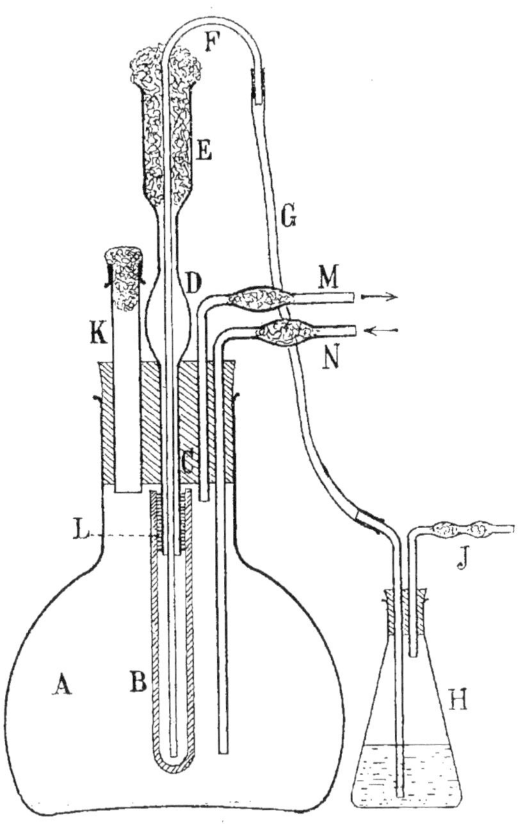

Fig. 2. — Appareil pour cultures sur bougies filtrantes.

Un ballon A (fig. 2) à fond plat et à large col est fermé par un bouchon de caoutchouc percé de 4 trous, l'un central et les autres périphériques. Deux de ces derniers livrent passage à des tubes étroits M et N, plongeant dans le ballon à des hauteurs différentes et destinés à renouveler l'atmosphère interne ou à en changer la composition; ces tubes sont munis d'ampoules à coton. Dans le troisième trou périphérique s'engage un tube K, large et court, bouché au coton et obturé par un capuchon de caoutchouc; cet orifice sert aux ensemencements et aux prises d'essai. Enfin, le trou central reçoit un tube C muni à la partie supérieure d'une ampoule D et d'un entonnoir cylindrique E; à la partie inférieure s'ajuste, au moyen d'un manchon de caoutchouc L, une bougie filtrante B. La bougie se trouve ainsi suspendue verticalement au centre du ballon; l'ensemble de l'appareil rappelle un peu l'aspect du filtre de KITASATO.

L'organisme à cultiver est ensemencé par le tube K sur la bougie qu'imprègne un liquide nutritif introduit par le tube E D C. On peut d'ailleurs choisir l'endroit à ensemencer en amenant dans la ligne d'action du fil de platine et par un simple mouvement de rotation du tube E D C, telle portion de surface que l'on voudra. Il importe de remarquer que la simple filtration du liquide nutritif à travers la porcelaine ne saurait donner une garantie suffisante de pureté pour une expérience prolongée. Des germes étrangers, introduits avec ce liquide au moment des arrosages, peuvent, par un jeu de cultures progressives au travers de la paroi filtrante, se faire jour à la surface externe de la bougie. Il convient donc d'ajouter à l'appareil un dispositif d'alimentation qui supprime cette cause d'erreur. Un tube fin F, traversant la bourre de coton qui ferme l'entonnoir E, plonge au fond du filtre; il est relié par un tuyau de caoutchouc G à un réservoir H contenant la réserve de liquide nutritif. Une manœuvre simple d'amorçage, en soufflant ou en aspirant par le tube J, permet de remplir ou de vider la bougie sans introduire de germes.

Avant de déposer la semence, on stérilise à la fois le ballon et le réservoir. Si le liquide que contient ce dernier ne peut supporter l'action des hautes températures, les deux vases sont stérilisés à part et réunis ensuite, avec les précautions aseptiques usuelles, par le tuyau G; ce dernier sera choisi assez long pour permettre l'inclinaison et le maniement commode des vases.

La description qui précède montre qu'il est possible de conserver indéfiniment des cultures à l'état de pureté. Le réservoir H, aisément remplaçable, permet de substituer un liquide à un autre; par des arrosages convenablement gradués, joints à une modification appropriée de l'état hygrométrique de l'atmosphère interne (dont le renouvellement est assuré par les tubes M et N reliés à un aspirateur), on peut réaliser des alternatives de sécheresse et d'humidité. Il ne faut pas oublier toutefois que l'aération des cultures, par un courant continu ou intermittent, exige des précautions spéciales contre la contamination. La filtration de l'air sur bourres de coton, suffisante pour un temps court n'offre pas toute sécurité si l'expérience dure plusieurs semaines; lorsque le coton est humide, les spores de champignons germent facilement et donnent un mycélium qui peut traverser toute la masse pour aller fructifier à l'extrémité opposée de la bourre. On a proposé (1) de stériliser l'air en le faisant barboter dans de l'acide sulfurique ou tout autre liquide antiseptique non volatil. Un pareil procédé n'est efficace qu'à la condition de faire passer le gaz par très petites bulles ; il présente en outre l'inconvénient d'opposer au courant une résistance inégale, très défavorable au bon fonctionnement des aspirateurs. J'ai obtenu des résultats excellents en plaçant sur le trajet du gaz à stériliser un tube horizontal exactement rempli de petites billes de porcelaine dégourdie maintenues humectées de glycérine ou mieux encore de vaseline liquide. Un pareil tube joue le rôle d'une chambre de Tyndall à parois sinueuses ; pour un courant de vitesse modérée (2-3 litres à l'heure), la stérilisation est parfaite et la résistance au courant presque nulle.

Fig. 3. — Appareil pour la stérilisation de l'air.

Voici comment je dispose l'appareil : Un tube de verre A (fig. 3) de 20-25^{mm} de diamètre intérieur et de 50^{cm} de longueur est fermé à ses deux extrémités par des bouchons percés que traversent deux tubes à boule C et C'. Ces tubes servent à mettre le stérilisateur en communication avec la culture et l'aspirateur. Le tube large A, préalablement rempli de billes de porcelaine, a été garni d'une quantité de vaseline suffisante pour humecter les billes et former, dans la partie déclive du tube A supposé horizontal, une réserve insuffisante pour obstruer les orifices des tubes C et C'. La filtration de l'air s'effectue dans la partie médiane et supérieure du tube ; pour maintenir les billes constamment humectées, il suffit de faire tourner de temps en temps l'appareil autour de son axe. Quant aux ampoules B et B', elles servent à recueillir l'excès de liquide qu'une fausse manœuvre pourrait introduire dans les tubes d'arrivée et de sortie.

Je rappelle, en terminant, que la réussite des cultures sur plaques ou sur bougies de porcelaine est, dans une large mesure, subordonnée à un nettoyage soigneux de ces appareils, surtout lorsqu'ils n'ont pas encore servi. Des lavages prolongés dans des eaux alcalines, acides et enfin dans l'eau distillée fréquemment renouvelée doivent toujours précéder leur mise en fonction.

(1) Alfred KOCH. — Ueber Verschlüsse und Luftungseinrichtungen für reine Culturen. *Centralbl. f. Bakt. Abth.* I, 1893, p. 252.

Observations sur les analogies anatomiques qui relient la fleur de l'Hypecoum à celle des Fumariacées et des Crucifères,

Note présentée par **M. Edouard MARTEL,**

Agrégé à la Faculté des sciences de Turin (Italie).

La fleur de l'*Hypecoum* parfaitement régulière comprend six verticilles bien distincts, munis chacun de deux phyllomes.

La disposition des parties est la suivante :

1er	Verticille	2	sépales	ant. post.
2e	id.	2	pétales	transv.
3e	id.	2	id.	ant. post.
4e	id.	2	étamines	transv.
5e	id.	2	id.	ant. post.
6e	id.	2	carpelles	transv.

Dans un mémoire publié il y a trois ans par les soins de l'Académie des sciences de Turin, j'eus occasion de démontrer que le diagramme scientifique tel qu'on peut le déduire de la position des faisceaux f. vas. qui forment la charpente de la fleur, ne diffère en rien du diagramme empirique de la fleur, ne comprend que 5 verticilles, et la disposition qu'on attribue aux unités florales est la suivante :

1er	Verticille	2	sépales	ant. post.
2e	id.	2	pétales	transv.
3e	id.	2	id.	ant. post.
4e	id.	2	phalanges	stamin. trans.
5e	id.	2	carpelles	transv.

Chacune des phalanges staminales comprend trois étamines dont une seule (celle du milieu) est pourvue d'anthère complète ; les deux ont seulement une anthère réduite.

Le diagramme empirique déroge aux lois de la phyllotonie en ce sens que les carpelles sont superposés aux phalanges staminales au lieu d'alterner avec elles.

Cette anomalie, qui a pour conséquence immédiate de séparer les Fumariacées de l'*Hypecoum* auquel elles se rattachent par de très nombreux caractères d'affinité, est purement apparente et dérive de ce que, à tort, on a considéré jusqu'ici les phalanges staminales comme phyllomes complets et indépendants. L'examen minutieux de la charpente fib. vas. de la fleur, démontre au contraire que les trois étamines qui forment chacune des phalanges sont, anatomiquement parlant, complètement indépendantes l'une de l'autre.

Les faisceaux qui arment en effet les deux étamines latérales d'une même phalange, au lieu de converger à la base vers le faisceau de l'étamine moyenne, comme cela se produirait naturellement si les étamines latérales étaient une dépendance de la moyenne, poursuivent leur chemin vers le centre de la fleur et vont se relier à deux faisceaux (un à l'avant, l'autre à l'arrière) placés dans le plan de symétrie ant. post., au devant de chacun des pétales de même orientation. Si personne que je sache n'a parlé encore de la présence des deux faisceaux ant. post. qui ont, selon moi, une importance capitale, cela provient probablement de ce que ces faisceaux, poussés à l'avant, restent enchassés entre les bords opposés des deux valves de l'ovaire et, pour les mettre en relief, il est nécessaire d'employer des moyens appropriés.

L'ensemble de chacun des faisceaux f. v. ant. post. et des deux étamines qui se rattachent à chacun d'eux forme un système indépendant auquel on doit accorder la signification de phyllome trisectionné. Pour chacun de ces phyllomes, le segment moyen est représenté par un des faisceaux ant. post., tandis que les segments latéraux sont représentés par deux étamines qui, après s'être renversées l'une à droite, l'autre à gauche, dans le plan de symétrie transversal, sont venues se placer chacune au flanc d'une étamine transversale et ont acquis avec cette dernière une telle adhésion qu'on les croit parties d'un même tout.

Si maintenant on accorde aux deux phyllomes ant. post. la place qui leur revient dans le diagramme des Fumariacées, il est facile de voir que celui-ci est morphologiquement analogue à celui de l'*Hypecoum*, possède le même nombre de verticilles et unités orientées de la même manière. On aura en effet :

1er	Verticille	2	sépales ant. post.
2[e]	id.	2	pétales transv.
3[e]	id.	2	id. ant. post.

4^e	Verticille	2	sépales transv. (Les moyennes de chaque phalange)
5^e	id.	2	phyllomes trisectionnés ant. post.
6^e	id.	2	carpelles transv.

Les étamines de chacun des phyllomes ant. post. possèdent une structure pétaloïde très prononcée et cela explique l'avortement partie de l'anthère. On se trouve en présence d'un fait analogue à celui qu'on voit chez les étamines du *Canna Indica* (Maranthacées).

Avant de passer aux Crucifères et pour mieux établir certaines analogies, je tiens à faire observer que chez l'*Hypecoum* comme chez les Fumariacées, les pétales ant. post. se recourbent pour se porter fortement vers le centre. Chez l'*Hypecoum*, le lobe moyen de chacun des pétales, dégagé des lobes latéraux au point de sembler isolé, passe au-dessus de l'étamine qui le sépare de l'ovaire et vient s'appuyer contre celui-ci. Chez les Fumariacées, les deux pétales ant. post. se courbent vers le centre au point de se rencontrer au-dessus du pistil, se souder ensemble et former ainsi une espèce de voûte qui recouvre le style.

CRUCIFÈRES.

Le diagramme empirique comprend six verticilles et présente la disposition suivante :

1er	Verticille	2	sépales	ant. post.
2^e	id.	2	id.	transv.
3^e	id.	4	pétales	diagonaux.
4^e	id.	2	étamines	transv.
5^e	id.	4	id.	diagonales.
6^e	id.	2	carpelles	transv.

Ce diagramme déroge aux lois de la phyllotonie par deux motifs : En premier lieu, les unités florales occupent deux positions différentes relativement aux plans de symétrie; en second lieu, manquent dans ce diagramme les unités qui devraient se superposer aux sépales ant. post. et celles qui devraient alterner avec les étamines transversales.

Sans m'arrêter aux théories qui ont été proposées pour expliquer de telles anomalies, j'arrive de suite aux résultats que l'observation immédiate de la fleur a pu me procurer et les exposerai d'une façon résumée.

1° Les pétales des Crucifères, pris deux à deux d'un même côté du plan de symétrie transversal et considérés par le plus grand nombre comme unités complètes et indépendantes, n'ont d'autre signification que celles de lobes latéraux d'un phyllome ant. post. dont le lobe moyen est représenté par un faisceau f. v. qui se recourbe vers le centre jusqu'à rejoindre l'ovaire.

Dans la première partie de son trajet, ce faisceau, très fortement courbé comme je l'ai dit, rampe sous un nectaire (glande ant. post.) et reste caché par lui. Arrivé au niveau de l'ovaire, le faisceau se redresse, s'appuie contre l'ovaire même faisant corps avec lui, souvent le dépasse et, dans ce cas, forme, de concert avec celui du côté opposé, l'armature de cette protubérance qu'en Systématique on nomme bec et qui, en certains genres (*Vella, Brassica, Sinapsis, Eruca*), acquiert des dimensions relativement considérables.

La manière de se comporter de ce faisceau f. v. et son union au-dessus de l'ovaire avec le faisceau opposé rappelle d'une façon évidente la manière de se comporter des pétales ant. post. chez les Fumariacées.

2° Les étamines diagonales ou longues comme on les nomme généralement, prises elles aussi deux par deux d'un même côté du plan de symétrie transversal ne sont pas, comme on l'admet, des unités florales complètes et indépendantes, mais simplement, à l'instar des pétales, les lobes latéraux d'un phyllome trisectionné dont le lobe moyen, poussé vers le centre de la fleur, reste inclus entre les valves de l'ovaire et entre dans la constitution d'une des deux moitiés a. p. du replum.

Ce faisceau se trouve nécessairement adossé à celui du phyllome qui précède et dans le plus grand nombre des cas ne peut être mis en relief qu'au moyen de sections conduites en série.

Il ne manque pas de cas cependant où les deux faisceaux peuvent se rendre visibles et se suivre dans toute leur longueur au moyen de simples macérations dans la potasse (*Vella Pseudo-Narcissus*).

D'après ce qui précède, l'ovaire des Crucifères présente dans sa structure une complication assez grande puisqu'il dérive de l'union de six éléments morphologiquement indépendants. Deux de ces éléments (valves) placés dans le plan de symétrie transversale ont la signification d'unités florales complètes. Les quatre autres éléments qui occupent le plan ant. post. de l'ovaire sont réduits à de simples faisceaux et ont la signification seulement de lobes foliaires.

Les étamines diagonales des Crucifères correspondent aux étamines latérales des phalanges opposées des Fumariacées prises deux à deux d'un même côté du plan de symétrie transversal. La différence entre les étamines des Crucifères et celles des Fumariacées consiste en ce que, chez les premières, les étamines se maintiennent droites et conservent tous les caractères qui leur sont propres, tandis que chez les secondes les étamines se renversent de côté pour se disposer parallèlement aux deux étamines transversales du verticille précédent, acquièrent adhésion avec ces dernières et assument une structure pétaloïde, perdent une partie de leurs caractères essentiels par la réduction de leurs anthères.

Tenant compte de l'existence des deux phyllomes ant. post., le diagramme scientifique des Crucifères, analogue morphologiquement à celui de l'*Hypecoum* et des Fumariacées, se présente de la façon suivante :

1er	Verticille	2	sépales ant. post.
2e	id.	2	id. transv.
3e	id.	2	phyllomes trisect. ant. post.
4e	id.	2	étamines transv.
5e	id.	2	phyllomes trisect. ant. post.
6e	id.	2	carpelles transv.

Ce que j'ai dit des Crucifères s'applique nécessairement aussi aux Capparidées munies d'étamines tétradynames (*Cleome Spinosa*). Le fait essentiel qui ressort de l'étude qui précède, est que le *groupe entier des Crucifères* comprenant : *Hypecoum*, Fumariacées, Crucifères, Capparidées, *a une fleur munie de six verticilles dimères et alternes*.

Pour finir, je donnerai un résumé des analogies et des différences qu'on observe entre les trois groupes examinés successivement en procédant par verticilles.

1er Verticille : Est occupé dans les trois groupes par deux phyllomes ant. post. d'aspect foliacé (sépales ant. post.).

2e Verticille : Représenté dans les trois groupes par deux phyllomes transversaux. Chez les Crucifères, ces phyllomes sont foliacés ; dans les deux autres groupes, ils ont un aspect pétaloïde plus ou moins prononcé.

3e Verticille : Chez l'*Hypecoum* et les Fumariacées, représenté par deux phyllomes pétaloïdes qui se courbent vers le pistil, au point de le recouvrir.

Chez les Crucifères, les deux phyllomes sont trisectionnés, et tandis que pour chacun d'eux les segments latéraux conservent aspect pétaloïde (pétales des Crucifères), le segment moyen réduit à l'état de faisceau va s'appuyer contre l'ovaire, fait corps avec lui et contribue à la formation du bec au-dessus de lui.

4e Verticille : Dans les trois groupes, représenté par deux étamines transversales. Chez les Fumariacées, chacune de ces étamines adhère à deux autres provenant du phyllome du verticille suivant et forme avec elles une fausse phalange.

5e **Verticille** : Chez l'*Hypecoum*, représenté par deux étamines ant. post. et dans les deux autres groupes, par deux phyllomes trisectionnés. Chez les Fumariacées, les segments latéraux de chacun des phyllomes sont représentés par deux étamines pétaloïdes qui se recourbent à droite et à gauche pour s'appliquer contre chacune des étamines transverses du verticille précédent. Le segment moyen réduit à faisceau f. v. reste enchassé entre les bords opposés des carpelles. Dans les Crucifères, les deux segments latéraux de chacun des phyllomes sont représentés aussi par deux étamines qui restent droites et le segment moyen par un faisceau qui reste caché entre les valves et contribue à l'armature du replum.

6e **Verticille** : Dans les trois groupes, représenté par deux carpelles transversales.

Chez l'*Hypecoum*, les bords des deux carpelles viennent librement à contact et se soudent entre elles. Chez les Fumariacées ,les bords opposés des carpelles restent séparés par un faisceau (lobe moyen du phyllome du 4e verticile) et ne se rejoignent que dans l'intérieur de l'ovaire (commencement de replum).

Chez les Crucifères, entre le bord des valves opposeés, se trouvent à l'avant et à l'arrière 2 faisceaux (segments moyens des phyllomes du 3e et du 5e verticilles). Le plus extérieur de ces faisceaux, en se ramifiant au-dessus de l'ovaire, contribue à l'armature du bec, le plus intérieur à la formation du replum. Dans un mémoire de prochaine publication, je me propose de fournir toutes les preuves à l'appui de ce que j'avance en cette note. L'avantage que présente la théorie que je propose sur celles qui la précèdent est d'éviter toute espèce d'hypothèse pour ne s'appuyer que sur des faits acquis. Pour ce qui regarde la logique sur laquelle ma théorie se base, je laisse au lecteur le soin de se prononcer.

Voir, pages suivantes, les figures se rapportant à ce travail.

EXPLICATION DES FIGURES

Fig. 1. — Diagramme de l'*Hypecoum*.

S.a.p.... Sépale ant. post.
P. l....... Pétale lat. ou transverse.
P. a.p... id. ant. post.
E. l....... Etamine lat. ou trans.
E. a.p.... id. ant. post.
C........ Carpelle.

N. B.— Le lobe moyen du pétale ant. post. se porte en avant de manière à recouvrir l'étamine ant. post. et se mettre à contact de l'ovaire.

1

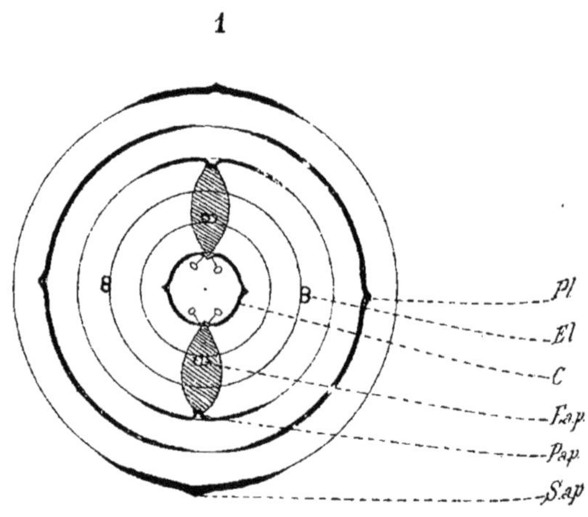

3

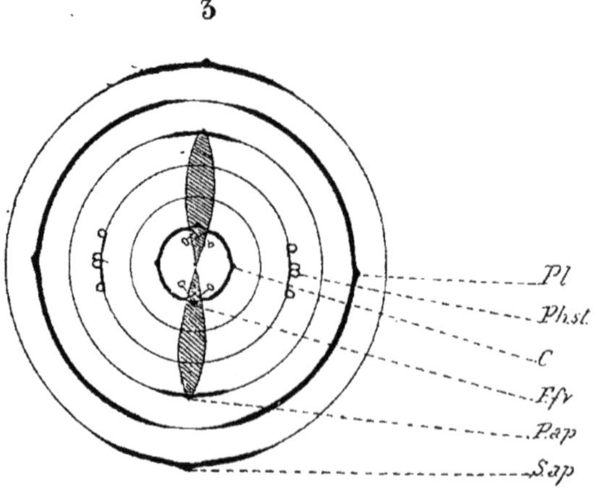

Fig. 3. — Diagramme empirique d'une Fumariacée.

S. a.p. .... Sépale ant. post.
P. l. ..... Pétale lat. ou trans.
P. a.p..... Id. ant. post.
Ph. st. ... Phalange stamin.
F. a.p. ... Faisceau ant. post.
C. .... Carpelle.

N. B. — Le pétale ant. post. se recourbe à l'avant de façon à s'unir au-dessus de l'ovaire avec le pétale opposé.

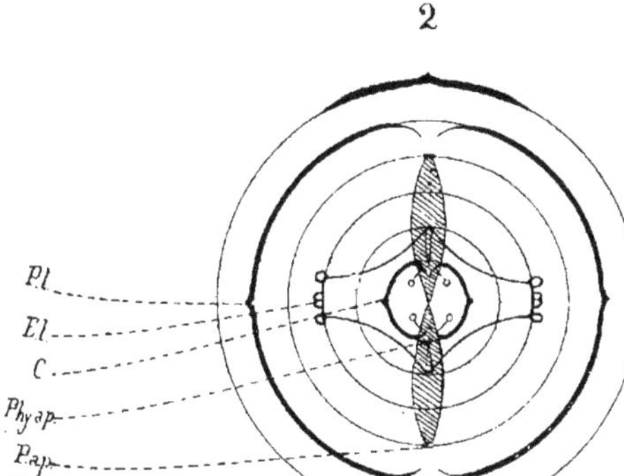

Fig. 2. — Diagramme théorique d'une Fumariacée tel que je le propose.

S. a.p...... Sépale ant. post.
P. l......... Pétale lat.
P. a.p....... Pétale ant. post.
E. l......... Etamine lat.
Phy. a.p.... Phyllome ant. post.
C.......... Carpelle.

N. B. — La même observation relativement au pétale ant. post. que pour la figure précédente.

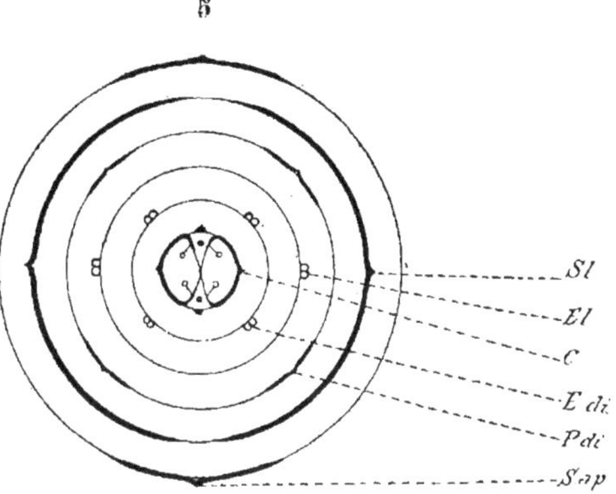

Fig. 5. — Diagramme empirique d'une Crucifère.

S. a.p...... Sépale ant. post.
S. l......... Id. latéral.
P. di....... Pétale diagonal.
E. l........ Etamine lat. ou transv.
E. di....... Id. diagonale.
C.......... Carpelle.

N. B. — Entre les deux carpelles et à chaque extrémité du diamètre ant. post. se trouvent 2 faisceaux fib. vasc.

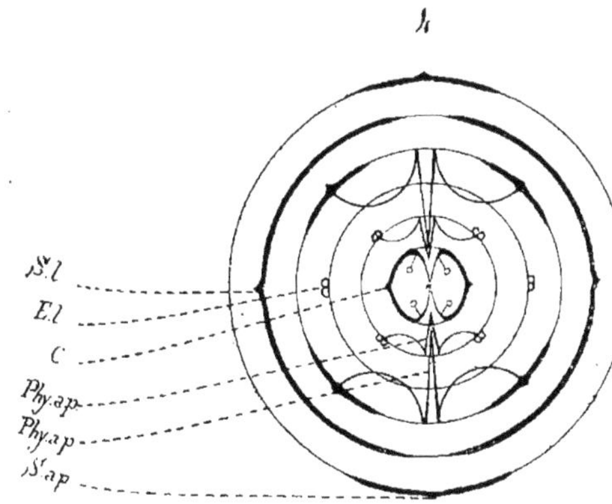

Fig. 4. — Diagramme théorique d'une Crucifère tel que je le propose.

S. a. p..... Sépale ant. post.
S. l........ Id. latér. ou transv.
Phy. a.p... 1er Phyllome ant. post.
E. l........ Etamine lat. ou transv.
Phy' ap'.. 2e Phyllome ant. post.
C......... Carpelle.

N. B. — Le premier phyllome ant. post. est celui qui porte les pétales diag. — Le second est celui qui porte les étamines longues ou diag.

Observations au sujet de la communication de M. MARTEL : Sur les analogies anatomiques qui relient la fleur de l'Hypecoum à celle des Fumariacées et des Crucifères,

Par M. C. GERBER,

Chef des travaux pratiques à la Faculté des sciences de Marseille,
Professeur suppléant à l'Ecole de Médecine.

Messieurs,

Dans la belle communication que M. Martel a faite, au Congrès, à la fin de la séance précédente, il est un point sur lequel je ne partage pas complètement les vues de notre savant collègue, et, puisque vous avez jugé la question assez importante pour en continuer aujourd'hui la discussion, je vais abuser de votre bienveillance pour faire quelques objections à M. Martel sur sa conception du pistil des Crucifères.

M. Martel a rencontré, dans les Crucifères qu'il a étudiées, deux faisceaux libéroligneux, dans le replum : l'un situé dans la région antérieure de la cloison et l'autre placé dans la région postérieure. Ces deux faisceaux sont, nous indique-t-il, adossés chacun à un faisceau plus extérieur. Je suis heureux de cette constatation, car elle est une vérification des recherches que j'ai publiées depuis près de deux ans sur ce sujet. Dans trois communications parues dans le *Bulletin de la Société de Biologie* en avril et juillet 1899, j'ai, en effet, signalé le premier l'existence de deux faisceaux libéroligneux dans la cloison des Crucifères et leur adossement à deux faisceaux plus extérieurs.

Mais, si nous sommes d'accord sur l'existence de ces faisceaux de la cloison et des faisceaux externes adossés, nous divergeons d'opinion en ce qui concerne leur origine et leur signification. Vous avez vu que M. Martel considère les premiers comme représentant le lobe médian de deux phyllomes antéropostérieurs trilobés dont les lobes latéraux constituent les grandes étamines, et les seconds comme représentant le lobe médian de deux autres phyllomes antéropostérieurs trilobés dont les lobes latéraux sont les pétales. Or, en pratiquant des coupes en séries perpendiculaires à l'axe dans une jeune silique de Colza, par exemple, entourée encore par le calice, la corolle et l'androcée, j'ai observé les faits suivants :

Immédiatement au-dessus du point où les étamines se détachent du pédicelle de la fleur, on voit huit faisceaux libéroligneux normaux, disposés en cercle autour d'une masse centrale de parenchyme.

Un peu plus haut, deux faisceaux, situés aux extrémités d'un même diamètre et alternant avec les deux groupes de petites étamines, abandonnent le cercle et viennent se ranger à la périphérie. En même temps deux fentes perpendiculaires au diamètre apparaissent entre ces deux faisceaux et le reste du cercle.

Puis, les fentes s'élargissent, les cellules qui les bordent se différencient en deux épidermes ; celui qui recouvre la face interne pénètre en encoche dans le tissu du centre de l'ovaire ; il en résulte la formation de deux lobes concrescents au centre et contenant, dans leur région externe les six faisceaux qui restaient dans le cercle ; ces faisceaux sont disposés en deux groupes de trois, chaque lobe contenant un groupe.

Les deux faisceaux latéraux de l'un et l'autre groupe sont appliqués contre les bords des valves ; ils sont très réduits. Quant au faisceau médian, beaucoup plus gros, il est logé comme les deux précédents dans la paroi ovarienne même ; mais, chose remarquable, on voit naître un *nouveau faisceau* qui s'applique contre la face interne de ce faisceau médian.

Un peu plus haut, l'étranglement médian des lobes augmente considérablement, si bien que ceux-ci deviennent presque indépendants ; ils contiennent dans leur région périphérique le *nouveau faisceau* devenu très gros.

Enfin plus on s'élève et plus les deux lobes diminuent d'épaisseur du centre à la périphérie ; il en résulte finalement une cloison réduite à ses deux épidermes presque dans toute sa largeur ; seule la région périphérique, celle qui contient les *nouveaux faisceaux*, demeure épaisse. Quant aux deux gros faisceaux situés à la face externe des *nouveaux faisceaux* et à ces derniers, ils conservent leurs dimensions, tandis que les six autres faisceaux des parois ovariennes diminuent beaucoup. Les ovules apparaissent et *raccordent leur système libéroligneux uniquement à celui des nouveaux faisceaux*. — Nous terminerons ici cette esquisse rapide de la marche des faisceaux (1). Il ressort suffisamment, en effet, de ce que nous venons de dire que ce que nous appelons les *nouveaux faisceaux*

(1) On en trouvera une étude plus détaillée dans le *Bulletin scientifique de la France et de la Belgique* (août 1899).

(auxquels correspondent les faisceaux du réplum de M. MARTEL), ne semblent pas provenir, dans les plantes que nous avons étudiées, des étamines longues ; ils paraissent bien se détacher plus haut, des faisceaux extérieurs auxquels ils sont adossés ainsi, d'ailleurs, que M. LIGNIER l'a fait également observer à la fin de la dernière séance.

Une seconde objection que je demanderai à M. MARTEL la permission de lui faire au sujet de l'origine qu'il attribue aux faisceaux du replum, repose sur l'orientation de leur bois et de leur liber.

M. MARTEL ne nous a pas parlé de cette orientation ; elle est cependant bien remarquable. Les *nouveaux faisceaux* ont, comme je l'ai également établi en avril 1899, leur bois vers l'extérieur et leur liber vers le centre de l'ovaire ; ils sont donc renversés par rapport aux deux faisceaux auxquels ils sont adossés. Or, puisque les uns et les autres ont dû suivre une marche à peu près parallèle pour émigrer du phyllome pétale (faisceaux externes) ou du phyllome étamine qui lui est superposé (faisceaux internes) jusque dans l'ovaire, il n'y a aucune raison pour que les uns aient subi un renversement et non les autres.

En troisième lieu, puisque, ainsi que nous l'avons montré, les ovules dépendent uniquement des *nouveaux faisceaux*, en admettant l'origine staminale de ces derniers, on est obligé de considérer, si l'on pense avec M. MARTEL que l'ovaire des Crucifères formé par deux feuilles carpellaires, deux lobes staminaux et deux lobes pétaliques, les ovules comme dépendant des phyllomes staminaux et non des feuilles carpellaires.

Enfin, et c'est la dernière objection que je ferai, il me parait bien difficile, avec la théorie de M. MARTEL d'expliquer le cas, fréquent chez les Crucifères, où il y a plus de deux loges à l'ovaire. Les formes plus ou moins fixées, appelées *Tetrapoma*, de divers *Nasturtium* et dont M. le comte de SOLMS-LAUBACH vient de faire une si belle étude critique (1), ont le même nombre de pièces, à la corolle et à l'androcée que les formes normales, et cependant il y a autant de faisceaux renversés, porteurs d'ovules, adossés chacun à un faisceau extérieur normal qu'il y a de cloisons à l'ovaire (2, 3 ou 4). Puisque, selon toute apparence, nous n'avons, ici, comme dans les fleurs normales, que deux phyllomes pétales dans la corolle par exemple, je conçois difficilement comment les deux lobes médians de ces phyllomes peuvent entrer dans la constitution tantôt des quatre, tantôt des trois et tantôt enfin des deux faisceaux nor-

(1) Graf zu SOLMS-LAUBACH, Cruciferenstudiene *Botanische Zeitung 1900*. Heft. X.

maux extérieurs aux quatre, trois et deux cloisons des trois sortes de fruits que l'on rencontre parfois sur la même inflorescence (1).

Telles sont les quelques objections que je voulais présenter à M. MARTEL sur un point de sa belle et savante communication grâce à laquelle la parenté des Fumariacées et des Crucifères nous parait si grande.

Ces objections nous permettent difficilement d'admettre, en ce qui concerne ce point particulier, que le pistil des Crucifères contient, ainsi que notre savant collègue l'admet :

1° *Deux feuilles carpellaires ;*

2° *Le lobe moyen de deux phyllomes étamines ;*

3° *Le lobe moyen de deux phyllomes pétales.*

Des recherches non seulement anatomiques, mais encore tératologiques, auxquelles nous nous sommes livré, ainsi que de l'observation de fleurs virescentes, il nous semble résulter plutôt que, comme nous le disions en juillet 1899 à la *Société de Biologie* :

1° *La fausse cloison des Crucifères est formée de deux feuilles carpellaires fertiles, adossées au centre de l'ovaire et dont la face centrale regarde l'extérieur.*

2° *La paroi ovarienne comprend quatre feuilles carpellaires stériles disposées en deux verticilles; le verticille externe constituant les parois extérieures des loges; le verticille interne, la région périphérique de la cloison.*

3° *Les deux feuilles carpellaires de la cloison proviennent du dédoublement des deux feuilles carpellaires du verticille interne.*

Notre théorie a l'avantage de rapprocher le gynécée et l'androcée des Crucifères ; tous deux sont en effet construits sur le même type; la seule différence, c'est que deux carpelles seulement sont fertiles, tandis que les six étamines portent des grains de pollen. Cette théorie explique aussi très facilement le cas des siliques anormales à trois et quatre loges. Ces fruits ne diffèrent des siliques normales que par le nombre des pièces carpellaires qui entrent dans chaque verticille. Chacun de ceux-ci est trimère ou tétramère. Quant aux cloisons, elles proviennent du dédoublement des trois ou quatre pièces du verticille interne, suivant que le fruit a trois ou quatre cloisons.

Cette adjonction de carpelles supplémentaires aux carpelles ordinaires pour augmenter le nombre des loges, dans quelques siliques de Cruci-

(1) C. GERBER. Sur les fruits à 3 et 4 loges des Crucifères (*Bull. Soc. Bot. de France*, session d'Hyères, mai 1899.

fères, ne peut étonner en aucune façon; elle indique simplement la tendance, si bien mise en relief par M. le comte de Solms-Laubach (1), à la multiplication des carpelles chez les Crucifères. Ne voit-on pas de pareils faits se produire à chaque instant dans des familles très voisines. Il nous suffira de dire que, dans une herborisation au mont Ventoux, faite sous la direction du savant et intrépide professeur de l'Université de Montpellier, M. Flahault, nous avons récolté divers échantillons d'un même Pavot (*Papaver alpinum*) dont les capsules avaient depuis trois jusqu'à huit cloisons avec un nombre correspondant de stigmates.

M. Lignier qui, par ses études antérieures, avait été conduit à émettre la notion du *mériphyte* (système libéro-ligneux foliaire, considéré comme unité anatomique), est heureux que M. Martel s'y soit rallié et qu'ainsi il ait été amené à son tour à dire que les pétales des Crucifères ne représentent que les lobes latéraux de pièces florales voisines. Cependant il ne croit pas qu'il faille admettre toutes les conclusions de M. Martel. Plusieurs faits semblent en effet s'y opposer, ce sont les suivants :

1° C'est dans le plan droite-gauche de la fleur des Fumariées que se trouvent leurs pièces les plus larges et non dans le plan antéro-postérieur, comme le voudrait l'explication de M. Martel ;

2° Les deux faisceaux libéro-ligneux qui se trouvent, au sommet de l'ovaire, dans le carpelle dit fertile sont orientés en sens inverse l'un de l'autre et non dans le même sens, conformément à son interprétation;

3° En descendant dans la base de l'ovaire, celui de ces deux faisceaux qui est intérieur et placentaire se divise en deux lobes qui, tournant sur eux-mêmes, lui ont toujours semblé venir s'accoler rapidement aux bords du faisceau extérieur;

4° Les carpelles dits stériles sont en rapport avec les carpelles fertiles par des faisceaux qui viennent, en descendant, s'accoler au faisceau extérieur de ces derniers ;

5° Chez le *Gynandropsis* (Capparidée), il existe un long entre-nœud qui sépare nettement les verticilles staminal et carpellaire du verticille pétalaire, celui-ci restant contigu au verticille sépalaire.

---

(1) *Loc. cit.*

M. Mussat émet l'avis qu'il est dangereux, d'une façon générale, de se reposer uniquement sur la structure anatomique pour tirer les explications de la morphologie florale. Il faut prendre aussi en sérieuse considération les études d'organogénie florale, c'est-à-dire l'étude du développement des organes. Les organes floraux commencent, comme tous les autres organes, par être essentiellement cellulaires, et c'est en suivant leur développement, au point de vue anatomique, au point de vue de la place qu'ils occupent habituellement, etc., qu'on peut arriver à tirer des conclusions sur leur nature morphologique. M. Mussat cite sous ce rapport le cas du *Dicentra*. L'organogénie florale du *Dicentra* montre, en effet, qu'il apparaît d'abord deux sépales antéro-postérieurs, puis successivement deux verticilles de deux sépales antéro-postérieurs, puis deux verticilles de deux pétales en alternance, deux étamines biloculaires latérales et enfin deux mamelons antéro-postérieurs qui, en se scindant de très bonne heure par leur ligne médiane, donnent à gauche et à droite deux moitiés d'étamines. Ces deux moitiés d'étamines ou mieux ces deux étamines à une seule loge d'anthère viennent ensuite s'accoler entre les étamines latérales, ce qui constitue pour la fleur entière deux faisceaux de trois filets staminaux.

M. Flahault attire l'attention des membres du Congrès sur ce fait, que les considérations tirées de la structure anatomique pour arriver à résoudre les questions de morphologie perdent tous les jours du terrain. Il pense, comme M. Mussat, qu'il est utile de reprendre avec ardeur les études organogéniques dans le sens indiqué jadis par Payer.

M. Dutailly ajoute que l'Organogénie a eu son œuvre comme l'Anatomie, et aujourd'hui on ne saurait trop, dit-il, recommander aux personnes qui s'occupent d'Histoire naturelle de recourir à la fois aux deux moyens d'investigation pour arriver plus sûrement à la connaissance de la véritable nature morphologique des organes.

Note sur le développement des Disciflores,

Par M. L. BEILLE,

Professeur agrégé à l'Université de Bordeaux.

Nous nous proposons, dans cette note, d'exposer les résultats auxquels nous sommes arrivés relativement au développement du disque et de l'androcée dans les cas d'obdiplostémonie qui sont si fréquents dans ce groupe des Polypétales.

Le disque est constitué par un renflement du réceptacle floral se produisant entre l'insertion des divers verticilles et pouvant devenir nectarifère, nous avons étudié sa formation non seulement dans les diverses familles du groupe des Disciflores tels que le comprenaient Bentham et Hooker, mais encore dans la famille des Euphorbiacées qui y est réunie par les auteurs plus modernes.

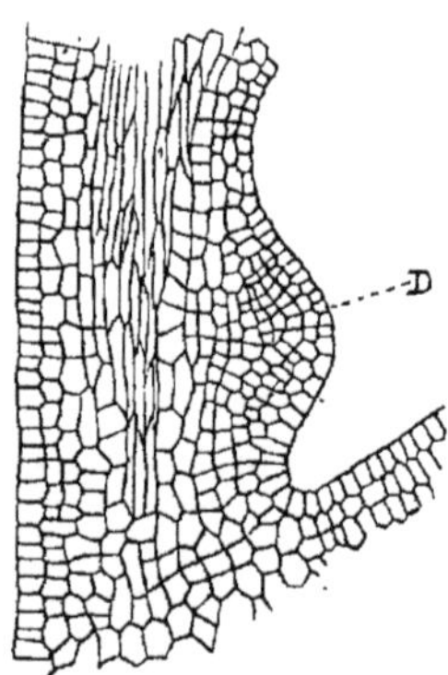

Fig. 1. — D, Formation du disque dans une fleur de *Colletia horrida*.

Quelles que soient la forme et la position qu'il affecte, nous avons observé partout la plus grande uniformité dans son développement. Ce renflement se produit toujours à une époque tardive et postérieure à celle du verticille qui lui est superposé : s'il est, par exemple, au-dessous du gynécée, on ne le voit apparaître qu'après la formation des feuilles carpellaires et des ovules ; il se forme par la division d'abord transversale puis plus tard radiale de la deuxième assise de cellules (Fig. 1) et partout on voit les éléments ainsi formés conserver une taillle plus petite que les cellules voisines dont ils se distinguent encore par leur paroi mince, leur gros noyau et leur contenu granuleux ; jamais des formations fibro-vasculaires n'apparaissent dans leur intérieur.

Dans beaucoup de familles du groupe des Disciflores, les étamines sont disposées en deux verticilles alternes ; si les étamines externes sont alternes avec les pétales, la diplostémonie est directe, mais si elles sont au contraire opposées aux pièces de la corolle, la loi d'alternance est troublée et les fleurs sont *obdiplostémones*. Pour expliquer ce cas, il y a trois théories en présence ; les uns, avec Braun, Hofmeister, Celakowsky, regardent ce verticille épipétale comme un verticille normal occupant cette situation par suite de la disparition d'un seul ou plusieurs verticilles situés extérieurement et alternes avec les pièces de la corolle ; Dikson et Saint-Hilaire considèrent ces étamines comme produites soit par une ramification des étamines normales, soit par une ramification des pétales ; Delpino, enfin, regarde la réunion des pétales et des étamines qui leur sont opposées comme autant de fleurs monandres. Le développement, étudié au moyen des coupes fines et sériées, nous a conduit à adopter à ce sujet l'opinion de Saint-Hilaire, qu'à aucune époque du développement, on n'observe de trace des verticilles disparus et l'époque même de l'apparition de ces étamines doit faire abandonner la théorie de Delpino.

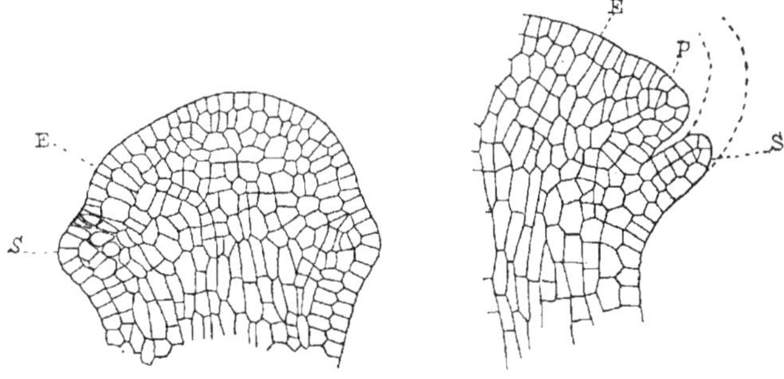

Fig. 2. Fig. 3.

Deux stades du développement d'une fleur à androcée obdiplostémone : Fig. 2.— E, mamelon au dépens duquel se formeront le pétale et l'étamine ; Fig. 3.— P, E, ces deux organes commencent à se différencier.

Dans les nombreux cas d'obdiplostémonie que nous avons observés (Fig. 2 et 3), nous avons vu, après l'apparition des sépales et en alternance avec eux, se produire un gros mamelon qui ne tarde pas à se diviser en deux portions inégales; la partie externe donnera le pétale et la portion interne qui s'en séparera plus tard deviendra l'étamine, mais cette séparation se produit postérieurement à la différenciation des étamines normales alternes avec les pétales. Il y a donc ici une simple ramification des pétales qui peut parfois se montrer plus compliquée comme chez les *Peganum*, où il y a deux étamines opposées à chacune des pièces de la corolle se produisant de la même manière. Le retard dans l'apparition de ce verticille externe d'étamines est un fait curieux qu'il faut peut-être considérer comme un indice de régression.

M. Chodat, à la suite de cette communication, fait observer qu'ayant étudié le développement des fleurs obdiplostémones des *Sempervivum*, il a remarqué le dédoublement indiqué par M. Beille. Il pense en outre que, dans d'autres cas, l'obdiplostémonie est dûe à un déplacement apparent des étamines secondairement formées.

D'après la course des faisceaux, M. Beille dit que ce fait paraît devoir rentrer dans le cas du dédoublement.

Du Style géniculé chez certains GEUM,

Par M. G. DUTAILLY.

Pourquoi le « style » de certains *Geum*, comme le *G. urbanum*, le *G. rivale*, etc., est-il géniculé-articulé vers son milieu ?

Les auteurs constatent le fait, sans en chercher la cause. PAYER, qui a étudié le développement floral du *Geum*, développement sur lequel nous reviendrons plus loin, se borne à dire, dans son *Traité d'Organogénie*, que le sac carpellaire se gonfle en ovaire à sa base et « s'effile à son sommet en style ».

BAILLON, dans sa *Monographie des Rosacées*, écrit que : « le style des *Geum* proprement dits s'insère au sommet de l'ovaire ou très près de ce sommet, et se coude une ou deux fois avant de se terminer par une petite tête stigmatifère ».

M. VAN TIEGHEM, envisageant, dans son *Traité de Botanique*, les styles persistants, dit que, dans certains cas, le style s'accroît beaucoup en forme de queue plumeuse *(Clematis, Anemone)*, ou de bec crochu (*Geum, Geranium*).

Dans leur *Flore française*, GRENIER et GODRON décrivent les styles des *Geum* comme « continus ou genouillés vers leur milieu, et à article supérieur caduc ». Pour eux, le style du *G. urbanum* est « genouillé-articulé à son quart supérieur » ; celui des *G. rivale* et *sylvaticum*, « genouillé-articulé vers son milieu » ; celui du *G. pyrenaicum* vers son $\frac{1}{3}$ supérieur ; tandis que le *G. montanum* et le *G. reptans* ont les carpelles surmontés d'un long style plumeux, non articulé.

MM. BONNIER et DE LAYENS, dans leur *Flore de France*, divisent également les *Geum* en deux groupes, suivant qu'ils ont le style « recourbé et comme articulé » (*G. urbanum, G. rivale*, etc.), ou bien le style non recourbé, ni articulé (*G. montanum, G. reptans*, etc.).

Ainsi donc pour tous les auteurs, organogénistes, anatomistes, classificateurs, c'est, dans le *G. urbanum*, le style qui se recourbe, devient crochu ou genouillé, et se partage en deux articles dont le terminal est caduc.

Nous sommes d'une opinion absolument différente. Nous pensons que le style ne se coupe pas en deux parties inégales, mais qu'il est entièrement constitué par ce que l'on appelle l'article supérieur caduc ; tandis que l'article inférieur persistant est formé par un bec de l'ovaire qui rappelle à certains égards celui du fruit de tant de Composées. Il nous sera, croyons-nous, facile de prouver que le style à deux articles des auteurs n'est point simplement géniculé, comme on le décrit ; mais qu'il est toujours doublement coudé et que l'une des deux courbures, celle dont la convexité est en haut, appartient à la partie supérieure du bec ovarien, tandis que l'autre courbure, celle dont la convexité est tournée en bas, est constituée par la partie inférieure du vrai style.

Pour justifier cette manière de voir, il nous faut suivre toute une série de faits qui s'enchaînent. Comme ils sont en grande partie connus, nous ne nous attarderons guère à les décrire, et nous nous bornerons presque à les rappeler.

I. — Rosacées à ovaire sans bec et à style terminal.

Etudions d'abord le *Dryas octopetala*. Ses carpelles ont un ovaire ovoïde, à peu près régulier, et un style terminal. A la base du style, entre lui et l'ovaire, se trouve une couche génératrice intercalaire qui préside à l'accroissement longitudinal : en bas, de l'ovaire ; en haut, du style. Ce dernier est persistant et non articulé. Mêmes faits chez le *Geum reptans*, le *G. montanum*, etc.

A côté des Rosacées de ce groupe, il en est d'autres ayant pareillement un ovaire sans bec et à style terminal ; mais ce style est articulé à sa base et caduc. Le *Waldsteinia geoides* réalise ce type. Son carpelle est construit fondamentalement comme celui du *Dryas octopetala* et possède entre le haut de l'ovaire et la partie inférieure du style, la même couche génératrice. Mais, à la maturité du fruit, cette couche génératrice devient une zone de désarticulation, et le style se sépare entièrement de l'ovaire.

II. — Rosacées à ovaire avec bec rudimentaire et à style subterminal, articulé et caduc.

J'ai pu étudier un carpelle de *Coluria geoides*. A première vue, il paraît construit tout à fait comme un carpelle de *Waldsteinia*. Cependant l'ovaire est un peu plus renflé d'un côté que de l'autre, et le style n'est plus exactement terminal ; premier indice d'une gynobasie qui, dans d'autres genres de Rosacées, se traduit avec tant de netteté. En outre, au-dessous de l'articulation du style avec l'ovaire, ce dernier se rétrécit et s'allonge en un très court bec qui supporte le style et reste, comme une sorte d'acumen, partie intégrante du fruit, quand tombe le style.

III. — Rosacées à styles gynobasiques et sans bec.

Les carpelles de ce type sont bien connus; et tantôt le style latéral est marcescent, comme dans les *Fragaria* et le *Comarum*; tantôt il est caduc, comme dans le *Sibbaldia*, les *Potentilla*, etc. On sait, depuis les recherches organogéniques de Payer, comment se constitue un ovaire gynobasique. L'ovule, pressant contre la paroi externe et supérieure de l'ovaire, « la force à se gonfler et à former une sorte de tumeur au sein de laquelle il est dressé ». Par suite le style, de terminal qu'il était dans le principe, se trouve rejeté sur la face interne du fruit. A l'occasion de la présente note, nous avons suivi tout le développement du carpelle de *Fragaria*, dont Payer n'avait étudié que les phases tardives. Ce développement rappelle, par ses traits principaux, celui de l'*Alchemilla*, décrit par ce botaniste. Au début, comme toujours, le carpelle de *Fragaria* ressemble à une petite feuille ou à une écaille à face supérieure concave ; à ce moment, rien qui distingue le futur ovaire de ce qui deviendra le style. Très promptement, un léger sillon différencie l'ovaire du style. A ce moment, le style est terminal. Un peu plus tard, quand s'accroîtra l'ovule, la paroi ovarienne deviendra gibbeuse extérieurement, le style demeurant encore presque terminal. Finalement, la gibbosité se prolongera par en haut, et la gynobasie sera définitivement établie. Dans tout cela, rien d'imprévu. Mais, en étudiant le développement organogénique du carpelle, nous en avons suivi les modifications anatomiques, tout au moins en ce qui concerne son système libéro-ligneux. Alors que le carpelle débute avec l'apparence d'une sorte d'écaille, il possède trois faisceaux : un médian et deux latéraux qui suivent les bords de l'écaille carpellaire. Quand l'ovaire et le style se différencient, ils présentent par suite chacun un faisceau dorsal et deux faisceaux latéraux, les faisceaux stylaires n'étant que la continuation des faisceaux ovariens. Le faisceau dorsal ovarien, à mesure que l'ovaire se gonfle, suit naturellement le contour de la gibbosité; et, quand celle-ci s'est étendue en haut et que le style est devenu nettement latéral, ce même faisceau redescend du sommet de la bosse ovarienne pour pénétrer dans le style, tandis que les deux faisceaux latéraux montent de l'ovaire dans le style, sans déviation notable.

Si nous décrivons avec détails le système libéro-ligneux du carpelle du Fraisier, c'est que nous le retrouverons bientôt dans le carpelle du *Geum urbanum*, et que l'organisation du premier nous servira à expliquer celle du second.

Avant de quitter le *Fragaria*, il n'est pas inutile de faire remarquer que les premiers états de son développement traduisent l'état définitif des carpelles des *Dryas*, *Geum montanum* et *G. reptans*, *Waldsteinia* etc.. Il est donc infiniment probable, en se plaçant au point de vue de la filiation des divers genres de Rosacées, que des plantes analogues au *Dryas*, aux *Geum montanum* et *G. reptans*, au *Waldsteinia*, etc., ont été les ancêtres des *Fragaria* et des *Comarum*.

J'ai étudié le carpelle du *Coleogyne ramosissima* dont Baillon décrit le style comme « tortueux et plus ou moins replié sur lui-même vers sa base, qui répond à peu près au milieu de la hauteur du bord central de l'ovaire ». Je me demandais si ce « style » n'était pas, dans une certaine mesure, géniculé à la façon de celui du *Geum urbanum*. Mais je n'ai trouvé là, malgré la très légère courbure du style à sa base, qu'un ovaire sans bec et à style gynobasique, que je crois persistant ; car les poils abondants dont il est garni dans sa moitié inférieure, et qui lui constituent une sorte d'aigrette, ne paraissent laisser aucune espèce de doute sur son rôle ultérieur : il est un organe de dispersion.

Comme je l'ai dit plus haut, le *Sibbaldia* et les *Potentilla* ont le même carpelle que les *Fragaria* et le *Comarum*. Seulement leur style est caduc. Par conséquent, leur fruit est à celui d'un *Fragaria* ce que le fruit du *Waldsteinia* était à celui d'un *Dryas* ou d'un *Geum montanum*.

Le *Stylobasium spathulatum*, qui est une Rosacée-Chrysobalanée, ne pouvait manquer d'attirer mon attention par son style gynobasique qui, en raison de sa courbure, paraissait, à un examen superficiel, avoir quelques analogies avec celui du *Geum urbanum*. L'étude de la fleur m'a démontré que le carpelle du *Stylobasium* est tout simplement constitué par un ovaire à style gynobasique ordinaire. Ce style est-il persistant ou caduc ? Les auteurs se taisent à ce sujet, et je n'ai pu étudier le fruit mûr. Mais, comme ce fruit est une drupe, je crois volontiers que le style latéral se sèche et tombe.

IV. — Rosacées à ovaires pourvus d'un bec et terminés par un style gynobasique caduc.

Pour tous les botanistes, le style du *Geum* est terminal. Pour nous, au contraire, il est gynobasique, et ce que l'on a pris pour le style terminal n'est que le bec de l'ovaire. Enfin, le style est constitué tout entier, selon nous, par ce que l'on nomme son article supérieur, son article caduc. Pour le prouver, nous nous appuierons sur l'organogénie et l'anatomie du carpelle du *Geum urbanum*.

Son anatomie, que je sache, n'a été faite par personne. Quant à l'organogénie, on la trouve dans le *Traité* de Payer. Mais, détail bien curieux et qui, soit dit en passant, prouve une fois de plus que les faits que l'on ne recherche pas échappent souvent aux meilleurs observateurs, tout ce qui concerne l'évolution du double coude du style n'a pas été même effleuré par le perspicace savant. Son texte est muet sur ce point, et, entre sa figure 14 (Pl. 100), qui représente un jeune carpelle non encore géniculé, et sa figure 17 qui le représente à l'état adulte, avec ses deux coudes, aucun état transitoire n'a été dessiné. Les figures 15 et 16 ont trait au développement des ovules. Il est probable que Payer n'a vu là qu'un banal fait de flexion, sans intérêt morphologique.

Transcrivons exactement tout ce qu'il dit du développement des carpelles : « Chacun de ces carpelles, écrit-il, se compose à l'origine d'un bourrelet semi-lunaire dont les bords tendent à se rapprocher ; puis il devient une sorte de sac fendu sur le côté ; et la fente, largement béante d'abord, tend à se rétrécir au fur et à mesure que le sac s'allonge, en sorte que, quand le sac s'est gonflé en ovaire à sa base et effilé à son sommet en style, les bords de la fente se sont soudés et ont clos de toutes parts la cavité du sac ».

Payer s'en tient là ; mais il faut ajouter que ses dessins vont un peu plus loin que son texte. On y voit que cette partie supérieure du sac (qui s'effile pour constituer ce que Payer appelle le style, et qui deviendra un bec ovarien plus un style) est encore simple, non subdivisée en ce que l'on a appelé les deux articles. On y constate encore que les premières phases du développement du carpelle du *Geum urbanum* sont identiques à celles du développement d'un carpelle de *Dryas*, de *Waldsteinia*, de *Fragaria*. Dans toutes ces plantes, la pointe effilée qui, au début de l'évolution, continuait l'ovaire à sa partie supérieure, était un style. Nous n'avons aucune raison de penser que cette pointe terminale n'est point également le style chez le *Geum*. Mais nous allons voir bientôt, dans cette plante, un nouvel organe, ou plutôt une nouvelle portion d'organe, s'interposer entre l'ovaire et la base du style, et y apparaître secondairement par accroissement intercalaire. Cet organe, c'est ce qu'on a appelé l'article inférieur du style. Comment les deux articles se différencient-ils ? C'est ce qu'il est temps d'examiner. Pour cela, reprenons l'étude organogénique au point précis où Payer l'a abandonnée, c'est-à-dire au moment où le carpelle, après s'être « gonflé en ovaire à sa base et effilé à son sommet en style », a resserré les bords de sa fente interne, les a soudés et a clos de toutes parts la cavité du sac.

Aussitôt après, l'ovaire et le style, qui avaient jusque là le même axe longitudinal, se coudent légèrement l'un sur l'autre à leur point de jonction, et de telle sorte que le coude soit extérieur et que le style se porte en dedans, du côté de l'axe de la fleur. Le coude s'accentue et devient une gibbosité qui rejette en dedans et au-dessous d'elle l'insertion stylaire.

Il se passe, en d'autres termes, à ce moment, dans le carpelle du *Geum urbanum*, les mêmes faits que dans l'ovaire à style gynobasique du *Fragaria*; le style devenant latéral et intérieur dans les deux cas, par suite du développement inégal de la paroi ovarienne.

Mais, en même temps, se produit un autre phénomène qui complique le premier et qui, très certainement, l'avait fait jusqu'ici méconnaître. La partie supérieure de l'ovaire, sous-jacente au style, s'allonge en une sorte de bec, comme le fruit d'un *Taraxacum*, par accroissement intercalaire, de sorte que l'insertion latérale du style se trouve reportée loin de l'ovaire proprement dit, le long duquel elle se montre dans les *Fragaria*, les *Potentilla*, etc. C'est encore, dans notre *Geum*, un ovaire à style gynobasique ; mais à condition qu'il soit bien entendu que le bec fait partie de l'ovaire, comme le prouve son développement, et non du style, comme on l'avait cru jusqu'ici. Notons que l'article stylaire, à l'état adulte, ne s'insère nullement bout à bout avec le bec recourbé, comme on le représente constamment, mais au-dessous, en dehors de la pointe du bec ; de sorte que, lorsque le style caduc se détache, ce n'est pas à la pointe du crochet constitué par le bec du fruit qu'il faut chercher le tissu cicatriciel, mais au-dessous et un peu en dehors de cette pointe.

Le système fibro-vasculaire du carpelle du *Geum urbanum* est, fondamentalement, le même que celui du carpelle de *Fragaria*. Il est constitué pareillement par trois faisceaux, un faisceau médian ou dorsal, et deux faisceaux latéraux. Seulement, dans le *Geum*, les faisceaux latéraux n'existent que dans l'ovaire, bec compris, et ne montent pas dans le style. Seul le faisceau dorsal, après avoir contourné la gibbosité terminale du bec, entre dans le style et le parcourt dans toute sa longueur, tandis que, dans le *Fragaria*, le faisceau dorsal montait à peine dans la partie inférieure du style.

Après ce qui précède, il serait superflu, je pense, de s'attarder en de longues explications touchant le double coude du carpelle : le premier coude formé par le bec courbé de l'ovaire ; le second, déterminé par l'insertion latérale du style sur le bec. Mais il est un fait sur lequel nous tenons à insister particulièrement, en raison des données qu'il nous paraît apporter touchant l'origine des *Geum* à carpelles géniculés. Dans les *Fragaria*, les *Potentilla*, etc., la gynobasie était déterminée par la pression ovulaire sur la paroi extérieure de l'ovaire. Chez le *Geum urbanum*, la gynobasie se produit à l'extrémité du bec ovarien, par conséquent en dehors de toute action compressive de l'ovule. Comment expliquer cette gynobasie sans cause immédiate apparente? Je ne vois qu'une interprétation possible : l'action de l'hérédité. Il me paraît probable que les ancêtres du *Geum urbanum* possédaient des ovaires à style gynobasique, mais sans bec, semblables à ceux des *Potentilla* et *Fragaria*. Lorsque, par un phénomène d'adaptation, sur lequel nous ne voulons point faire de conjectures, le bec s'est graduellement produit, le caractère ancestral de la gynobasie s'est maintenu, non seulement parce qu'il était un héritage de caractères fixés, mais aussi parce que la plante en était arrivée à pouvoir utiliser le bec courbé en crochet pour la dispersion de ses fruits. On trouve ainsi, dans beaucoup de familles, des organes qui, après s'être constitués autrefois dans un but déterminé, rendent maintenant à l'espèce des services tout autres, nécessités par des modifications de milieux et des adaptations différentes.

Le carpelle des *Adenostoma*, après celui des *Geum*, ne pouvait manquer d'attirer mon attention. On sait que ce que l'on appelle son style se coude immédiatement au-dessus de l'ovaire, en se couchant presque sur le sommet de celui-ci, puis se redresse en formant un second coude. Y avait-il là quelque chose de comparable à ce qui se passe chez le *Geum urbanum*, avec cette différence que le crochet, chez le *Geum*, surmonte un bec rectiligne, tandis que, chez l'*Adenostoma*, le crochet eut été sessible ? Le « style » coudé de l'*Adenostoma* se coupait-il en deux articles, suivant la manière de parler lorsqu'il s'agit du *Geum* ? J'ai étudié, pour répondre à ces questions, le carpelle de l'*Adenostoma fasciculatum* et de l'*A. sparsifolium*. Mais je n'ai eu à ma disposition que des fleurs, et pas de fruits. Je ne sais donc pas si le style est persistant ou caduc, et, dans ce dernier cas, en quel point s'opèrerait sa séparation d'avec le reste du fruit. Je dois ajouter qu'à part les flexuosités de sa base, le style ne présente rien qui rappelle le raccord si particulier du bec et du style chez le *Geum urbanum*. Je crois donc, jusqu'à plus ample informé, qu'il ne s'agit que de courbures sans intérêt morphologique. J'ajoute que je n'ai pas trouvé de renseignements sur le fruit chez les auteurs que j'ai consultés.

V. — Faits analogues dans d'autres familles.

Les Rosacées sont voisines des Renonculacées, des Saxifragées, des Légumineuses. J'ai donc cherché dans ces trois familles des faits comparables à ceux que nous venons de décrire dans le *Geum urbanum*. Je n'ai rien trouvé chez les Saxifragées. Quant aux Renonculacées, on rencontre à la vérité, chez certains *Anemone* et *Clematis*, des styles longs et plumeux ; mais ces styles terminaux, et non latéraux, rapprochent ces plantes des *Geum montanum* et *G. reptans*, et non des *Geum urbanum* et *G. rivale*.

Chez les Légumineuses mimosées et papilionacées, je ne vois rien qui rappelle le style du *Geum urbanum*. En revanche, parmi les Légumineuses césalpiniées, il existe un genre, le *Phyllocarpus*, dont le style est sinueux, tout au moins dans la fleur, à ce que disent les auteurs. L'échantillon de l'herbier du Muséum ne nous a pas paru assez riche pour que nous osions y prendre une fleur. Mais, tout en engageant ceux qui disposeraient de matériaux plus abondants à se livrer à cette étude, je crois qu'il n'en sortira aucun fait bien intéressant et qu'il s'agit simplement, ici encore, de sinuosités stylaires sans importance.

Bien qu'il n'y ait aucun rapport entre un style et une soie d'aigrette des Composées, j'ai néanmoins cherché à savoir ce qui se passait dans les deux soies doublement genouillées qui, dans l'aigrette du *Distreptus crispus*, tranchent si remarquablement sur les soies ordinaires qui les accompagnent, par la double courbure de leur partie médiane. Si leur rôle disséminateur est manifestement le même que celui du croc terminal du fruit de *Geum urbanum*, il est évident que leur sinuosité ne saurait être due aux mêmes causes. J'ai pu étudier une fleur très-jeune et voir le début du double genou de ses deux grandes soies. Comme celles-ci ont un accroissement basipète, je me figurais *a priori* que la flexion de la soie devait apparaître à son insertion même sur le fruit, alors que la moitié supérieure seule de l'organe s'était dégagée de la couche génératrice basilaire. Je me trompais : les deux coudes débutent à peu près simultanément, vers le milieu de la soie, par deux ondulations d'abord presque imperceptibles, qui s'accentuent rapidement. Ici, les courbures sont simplement dues à l'élongation d'éléments préexistants, élongation plus considérable sur les portions convexes des soies, et non à l'action de zones génératrices intercalaires.

VI.— Doit-on démembrer le genre *Geum* ?

Si l'interprétation que nous avons apportée ici des différentes parties du carpelle du *Geum urbanum* est exacte, il est manifeste que ce *Geum* et ceux qui s'en rapprochent : le *G. rivale*, le *G. sylvaticum*, le *G. pyrenaicum*, etc., se trouvent à une bien plus grande distance qu'on ne le pensait auparavant des *Geum montanum*, *G. reptans*, etc. Autrefois, ils n'étaient séparés que par ce qu'on croyait de simples différences de formes du style : géniculé-articulé chez les premiers, continu et rectiligne chez les seconds. C'était un fait qui semblait si peu important qu'on n'aurait même pas cherché à l'interpréter. Si nous ne nous sommes pas trompé, c'est maintenant la gynobasie qui sépare les deux groupes de *Geum*, et la gynobasie avec un bec ovarien tout à fait anormal chez les Rosacées. Outre la gynobasie, il y a ce fait qui n'a pas pu passer inaperçu, mais sur lequel on n'a pas assez attiré l'attention, c'est que, tandis que les *Geum* à style gynobasique ont pour organe de dissémination un crochet constitué par le bec de l'ovaire, les autres emploient, également pour leur dissémination, une longue aigrette plumeuse qui est leur style. Voilà, semble-t-il, des différences assez importantes pour justifier la séparation en deux genres distincts. Nous nous en garderons bien. Tout d'abord, ce n'est pas l'existence d'un bec à l'ovaire des *Geum urbanum*, *G. rivale*, etc. qui pourrait nous imposer cette décision. Il est un genre de Composées, le genre *Hypochæris*, dont certaines espèces ont leurs achaines sans bec (*H. arachnoidea*) ; dont certaines autres (*H. Balbisii*, *H. radicata*) ont tous leurs achaines rostrés ; dont d'autres enfin (*H. Neapolitana*, *H. glabra*), ont des achaines sans bec au rayon et rostrés au disque. Sépare-t-on, pour cela, le genre *Hypochæris* en trois autres genres ? Non, parce que les espèces à achaines les uns rostrés, les autres sans bec, servent de trait d'union entre les *Hypochæris* à achaines non rostrés et ceux dont tous les achaines sont pourvus d'un bec. Même, à un point de vue plus élevé, il est encore indispensable de conserver le genre *Hypochæris* tel qu'il est constitué, parce qu'il nous présente ses trois groupes d'espèces en un ensemble qui nous en fait admirablement saisir l'évolution à travers les siècles. Pour des raisons que nous exposerons ailleurs, le type le plus ancien est celui des *Hypochæris* à fruits non rostrés. Les *Hypochæris* à fruits les uns rostrés, les autres non rostrés, traduisent un degré d'évolution supérieur; enfin le dernier degré d'évolution, le plus récent, se manifeste dans les *Hypochæris* pourvus de fruits tous rostrés. Scindez en trois genres les espèces, d'ailleurs si voisines, des *Hypochæris* : vous faites de la pulvérisation inutile ; toute vue d'ensemble, toute vue philosophique par conséquent, disparaît.

Ce que je viens de dire des *Hypochæris* s'applique aux *Geum*. Faites abstraction de leurs caractères carpellaires, vous les trouverez si semblables par les autres qu'ils constituent manifestement un ensemble qui ne saurait être détruit sans dommage pour leur compréhension scientifique. Ce sont des parents peut-être plus éloignés qu'on ne le croyait, mais tout de même des parents issus de la même souche. Et, à comparer les uns aux autres les caractères de leurs fruits, on voit assez clairement comment était construit le fruit de l'ancêtre commun. C'était un achaine sans bec, à style terminal, persistant et court. Le style est resté terminal et persistant chez les *G. montanum* et *G. reptans*; mais, en même temps, par adaptation et pour les nécessités de la dispersion du fruit, il s'est allongé, s'est couvert de longs poils et est devenu une véritable aigrette. Chez les *Geum* de l'autre groupe, la transformation évolutive du carpelle s'est faite dans un autre sens. Il est devenu un fruit à style gynobasique, style d'abord sessile sans doute, type encore si commun chez les Rosacées. Puis s'est produit le bec ovarien, d'abord très court, et qui s'est graduellement allongé. Certains états de ce développement à travers les siècles ont persisté jusqu'à nous. C'est ainsi que, dans le *Geum rivale*, tous les auteurs décrivent le style comme articulé en son milieu, tandis que, dans le *G. pyrenaicum*, l'article supérieur n'est que le tiers et, dans le *G. urbanum*, le quart de l'article inférieur. Qu'est-ce à dire, sinon que le bec ovarien, proportionnellement plus court dans le *G. rivale* que dans le *F. pyrenaicum*, et plus court aussi dans le *G. pyrenaicum* que dans le *G. urbanum*, est, dans ces trois espèces, à des états différents d'évolution ? Enfin, la plante a utilisé sa gynobasie en transformant l'extrémité du bec ovarien en un crochet résistant, favorable à sa dissémination. Les deux groupes de

Geum ont donc atteint le même but, la perpétuation de l'espèce par des moyens différents, plus compliqués assurément chez les *Geum* du groupe *urbanum* ; mais qu'importe ?

Dissociez ces deux groupes ; créez un nouveau genre. Vous aurez, par une complication de nomenclature, non pas détruit certes, mais voilé les relations qui existent entre toutes les formes du *Geum*. Comme pour l'*Hypochæris*, en séparant au lieu de réunir, vous aurez travaillé contre la science dont le but est non seulement la connaissance, mais l'interprétation des faits.

M. Mussat pense également qu'il ne faut pas scinder les *Geum* en deux sections. Dans deux autres genres de Rosacées, les *Fragaria* et les *Potentilla*, le plus ou moins de carnosité du fruit n'est pas non plus capable de justifier la séparation de ces deux genres.

Sur quelques anomalies de l'inflorescence de l'Arum Arisarum L.

Par M. le Dr C. GERBER,

Professeur suppléant à l'Ecole de médecine,
Chef de travaux à la Faculté des sciences de Marseille.

De la belle communication dans laquelle M. Dutailly vient de nous montrer que le fruit du *Geum urbanum*, cette plante si connue, n'avait pas été étudié avant lui avec tout le soin voulu, il découle deux conclusions : la première, c'est qu'il est possible de tenir sous le charme un auditoire, même en lui présentant un sujet ardu, difficile ; la seconde, c'est que les plantes qui paraissent les mieux étudiées ne laissent pas que de révéler plus d'un secret à celui qui a la patience de les interroger.

J'espère que la communication que j'ai l'honneur de vous faire viendra à l'appui de cette dernière conclusion et que vous ne m'en voudrez pas trop de ne pas pouvoir apporter ma contribution à l'appui de la première ; il n'est pas donné à tout le monde d'être aussi éloquent que notre aimable et savant collègue.

Ceux d'entre vous qui ont assisté à la session extraordinaire que la Société botanique de France a tenu à Hyères, l'année dernière, ont fréquemment rencontré, dans les diverses herborisations dirigées par l'organisateur dévoué de cette belle session, M. Flahault, des fruits mûrs d'*Arisarum vulgare*, Targ. Tozz. C'est surtout dans la presqu'île de Giens que nous pûmes faire une ample provision de cette aroidée en fruits ; mais il eut fallu venir en novembre de l'année précédente pour admirer le beau tapis verdoyant et émaillé d'élégants petits capuchons formé par cette plante méditerranéenne, dans les régions boisées de la presqu'île. Ayant eu le bonheur de nous trouver à cette époque à Giens, nous fîmes une abondante récolte d'inflorescences et ce n'est pas sans surprise que nous constatâmes que beaucoup d'entre elles ne ressemblaient pas du tout aux dessins de Reichenbach, Engler et Prantl, Baillon, Cuzin, etc., ni à la description des auteurs.

Si nous examinons ces dessins, nous voyons :

1° qu'ils présentent des fleurs femelles seulement sur un côté du spadice, dans la région la plus basse de ce dernier ;

2° que, au-dessus des étamines parfaitement conformées, le spadice ne porte aucune trace d'appendices de quelque forme que ce soit ; il est nu jusqu'à son extrémité renflée.

D'autre part, Engler, dans sa monographie des *Araceæ*, nous dit, au sujet du genre *Arisarum* : « Spadicis androgyni *ima parte spathæ dorso « accreti inflorescentia feminea 3-5 flora unilateralis*, mascula illi arcte « contigua sparsiflora dimidium tubi paulo superans, appendix elongato-« stipitata dépendens, in clavulam elongatam vel crassiorem aut in filum « longum exiens » (1). Enfin, Parlatore, auquel on doit d'avoir précisé certains caractères du fruit de notre plante, dit, en se basant sur l'étude de cette dernière, au sujet du genre *Arisarum* : « Spadix tenuis, superne « curvatus, sæpe apicem versus incrassatus, *basi antice pistillis non « nullis*, postice et usque sub medio staminibus continue tectus, *reliqua « parte nudus* » (2).

Ces deux citations prouvent bien que les dessins dont nous avons parlé précédemment répondent absolument à la description des auteurs ; cependant, un assez grand nombre de *Capuchons* (3), comme nous l'avons dit tout à l'heure, diffèrent beaucoup de ces dessins et de ces descriptions et cela, en trois points différents ; en un mot, nous avons rencontré trois sortes d'anomalies assez fréquentes, que nous allons successivement étudier.

PREMIÈRE SORTE D'ANOMALIES.

Sur certains spadices, on trouve, en nombre assez grand, au-dessus des étamines bien conformées, épars comme elles, des crochets recourbés vers le bas. Ces crochets sont d'autant plus courts qu'ils sont plus élevés sur le spadice, et leur présence réduit notablement la région réellement nue de celui-ci. Dans le flacon que je vous remets, vous pouvez observer, conservées dans l'alcool, deux semblables inflorescences. Nous avons représenté l'une d'entre elles, vue de profil avec la spathe

(1) Suite au Prodomus Systematis Naturalis Regni Vegetabilis. Vol. secundum, p. 561.

(2) Parlatore. — Note sur l'*Arisarum*, in *Bull. Soc. bot. de France*, 1856, p. 341. Fl. Ital. II, 234.

(3) Nom vulgaire de l'*Arisarum vulgare*.

coupée verticalement en deux, dans la figure 1 et, vue de face, par le côté antérieur et par le côté postérieur, dans les figures 2 et 3.

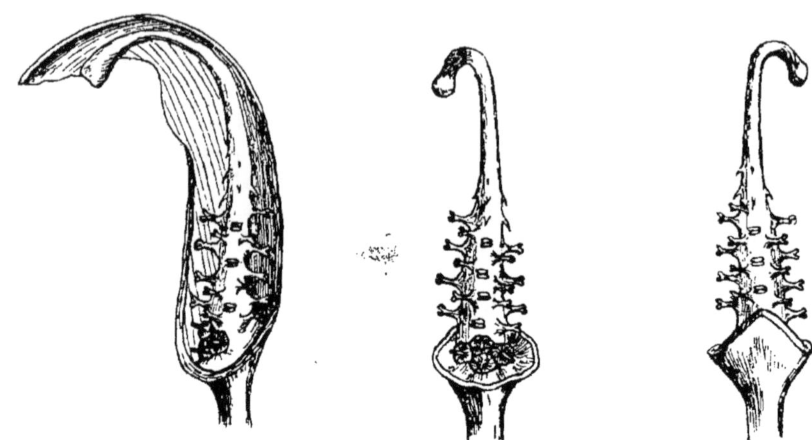

Infl. d'*Arisarum vulgare* L. à fleurs stériles au-dessus des étamines.

Fig. 1 Vue latérale ; la moitié de la spathe est enlevée.

Fig. 2 Vue antérieure ; la spathe entière est enlevée.

Fig. 3 Vue postérieure; la spathe entière est enlevée.

Beaucoup de spadices qui, à première vue, sont complètement nus, au-dessus des étamines bien conformées, et auxquels on croirait pouvoir appliquer la diagnose donnée par Parlatore à sa tribu des Arisarées : « Spadix..... genitalibus rudimentariis nullis », placés entre l'œil et la lumière, laissent voir un certain nombre de points noirs épars au-dessus des étamines ; c'est ce dont vous pouvez vous rendre compte par l'examen du troisième échantillon contenu dans le flacon que je vous ai fait passer. Examinez ensuite attentivement la surface de cette inflorescence et vous constaterez, là où vous avez vu tout à l'heure, par transparence, des points noirs, de très petits crochets ou même de simples saillies à peine visibles. Ce spadice est représenté, vu de profil, dans la figure 4.

Que signifient ces crochets ? Nous n'avons jamais pu constater, à leur base, la moindre trace d'ovaire contenant des ovules plus ou moins avortés ; cependant, souvent, leur partie inférieure un peu renflée est creuse ; d'autre part, ils ressemblent assez à la partie inférieure conique du filet de l'étamine normale de la plante, partie que certains auteurs considèrent comme une saillie du spadice (1) sur laquelle se trouverait

(1) H. Baillon.— Histoire des Plantes, tome XIII, p. 427.

l'anthère sessile constituant à elle seule toute la fleur mâle ; aussi serions-nous porté à croire que les crochets de la région du spadice immédiatement au-dessus des étamines sont : non pas des fleurs femelles stériles, mais des fleurs mâles avortées. Il n'en est rien, comme va nous le montrer la seconde sorte d'anomalies.

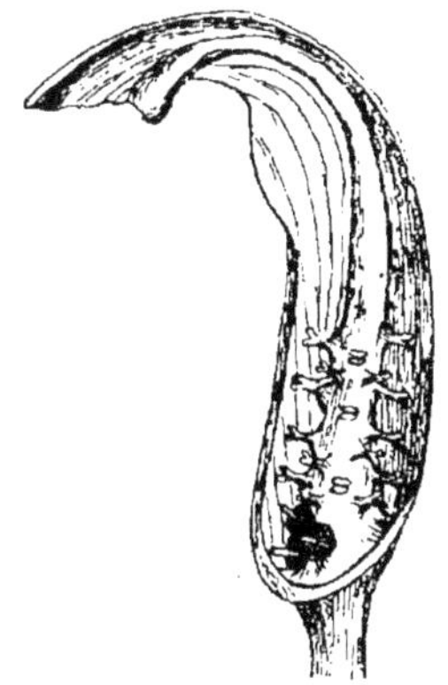

Fig. 4. — Inf. d'*Arisarum vulgare* L. à émergences très petites au-dessus des étamines. La moitié de la spathe est enlevée.

DEUXIÈME SORTE D'ANOMALIES.

Jetez un coup d'œil sur la région supérieure du spadice que je vous fais passer dans ce second flacon ; vous voyez trois fleurs femelles parfaitement développées, placées au-dessus des étamines, la région du spadice située plus haut que ces fleurs femelles et de leur côté est complètement nue ; par transparence, vous ne distinguez aucun point noir. Ces fleurs semblent donc bien occuper la même place que les crochets des échantillons précédents et, par suite, nous sommes amené à penser que ces organes rudimentaires ne sont autre chose que des fleurs femelles avortées.

Quoiqu'il en soit, les appendices portés par la région du spadice supérieure à celle occupée par les étamines, doivent être rapprochés de ceux que l'on rencontre au-dessus de l'anneau de fleurs mâles dans les espèces du genre *Arum*. Ceux-ci en effet, comme nos crochets, sont renflés à la base, atténués au sommet en une pointe dirigée obliquement vers la partie inférieure de l'inflorescence et non vers le haut, ainsi qu'un *lapsus calami* le fait dire à Baillon (1).

La présence assez fréquente sur le spadice de l'*Arisarum vulgare* de « Genitalia rudimentaria e basi plus minusve bulboso-incrassata, « verrucosa...... deorsum flexa vel breviter subulata » (2), pour employer l'expression consacrée par Engler aux fleurs stériles occupant la même situation dans les *Arum,* rapproche beaucoup notre plante méditerranéenne de ces derniers. Aussi, ne sommes-nous pas étonné de voir Linné faire entrer, dans le genre des *Gouets* ou *Arum*, le *Capuchon* dont Tournefort avait fait le type d'un genre distinct.

Certes, au premier abord, en nous plaçant uniquement au point de vue des organes rudimentaires, une grande différence semble exister entre les *Gouets* et le *Capuchon.* Chez l'*Arum italicum*, pour ne citer que le plus abondant des *Gouets* dans notre Sud-Est, il existe en effet un deuxième groupe de *Genitalia rudimentaria*, placés entre les fleurs femelles et les fleurs mâles, ce qu'aucune inflorescence anormale d'*Arisarum vulgare* ne nous a montré ; mais il ne faut pas oublier qu'il existe en Corse, en Sardaigne et dans les îles Baléares, à côté de l'*Arisarum vulgare*, un *Gouet* chez lequel cette seconde catégorie de fleurs stériles n'existe pas : c'est l'*Arum pictum* L. dont Schott avait fait le genre *Gymnomesium* ramené par Engler à l'état de section du genre *Arum*, section qu'il caractérise de la façon suivante : « Inflorescentia mascula a feminea spatio brevi nudo remota. Spadix supraflores masculos tantum genitalibus rudimentariis ornatus » (3).

TROISIÈME SORTE D'ANOMALIES.

Si, incontestablement, la présence fréquente de fleurs stériles sur le spadice de l'*Arisarum vulgare* rapproche cette plante du genre *Arum,* bien d'autres caractères paraissent l'en éloigner beaucoup ; le plus important est certainement la localisation des fleurs femelles sur une moitié seulement de la base du spadice et leur réduction, comme nombre, à 3 ou 4, chez le *Capuchon*, alors qu'elles forment une bague à la base de l'inflorescence et sont assez nombreuses chez les *Arum*. Certains auteurs, Parlatore en particulier, considèrent cette localisation et cette réduction dans le nombre des fleurs femelles, comme une

(1) Loc. cit. p. 425.
(2) Loc. cit. p. 581.
(3) Loc. cit. p. 582.

évolution très accentuée vers un état de séparation absolue des fleurs mâles et des fleurs femelles sur les deux côtés opposés du spadice et de réduction de l'inflorescence femelle à une seule fleur, état que l'on rencontre chez les *Ambrosinia*. Aussi éloignent-ils considérablement le *Capuchon* du genre *Arum* et en font-ils le type d'une tribu spéciale qui, par les *Ambrosinia*, relierait les Pistiacées aux Aroïdées. Cependant, il s'en faut que ce caractère différentiel qui sépare *Arisarum vulgare* des *Arum* soit absolu. En effet, quelques inflorescences, récoltées dans la presqu'île de Giens, en novembre 1898, nous ont montré, ainsi que vous pouvez le voir dans l'échantillon du second flacon que je vous ai fait passer, des fleurs femelles, non seulement dans la région la plus encavée de la base du spadice, mais encore dans la région opposée, de sorte que l'inflorescence femelle est constituée par un anneau à peu près complet de fleurs femelles entourant la base du spadice. Ces fleurs femelles supplémentaires, qui sont représentées dans les figures 5, 6, 7, sont aussi bien constituées que les fleurs normales. Comme elles, à la maturité, elles donnent une sorte de capsule indéhiscente contenant un assez grand nombre de graines.

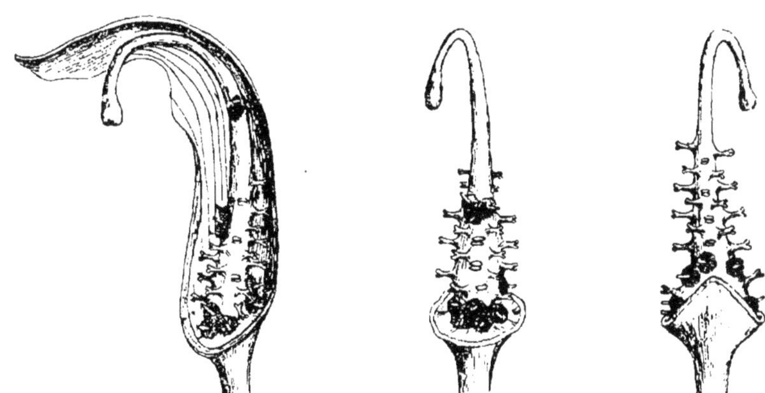

Infl. d'*Arisarum vulgare* L. à fl. fem. fertiles, les unes en haut du spadice, les autres en bas formant un anneau presque complet.

Fig. 5 — Vue latérale ; la moitié de la spathe est enlevée.
Fig. 6 — Vue antérieure ; la spathe entière est enlevée.
Fig. 7 — Vue postérieure ; la spathe entière est enlevée.

Les inflorescences, où nous avons rencontré un anneau complet de pistils à la base du spadice, sont peu nombreuses; il n'en est pas de même de celles où nous constatons les débuts de cette anomalie. Elles sont aussi fréquentes que les inflorescences, signalées plus haut, à fleurs stériles se présentant sous la forme de crochets très petits et de points noirs à peine visibles. Nous possédons entre les mains deux inflorescences répondant à ce type ; nous les avons représentées, fig. 8 et 9, vues par la face antérieure. Dans l'un des échantillons, il n'y a qu'une fleur femelle anormalement placée ; dans l'autre, il y en a deux. Si ces fleurs femelles supplémentaires sont séparées des fleurs femelles ordinaires par un certain nombre d'étamines, il n'en reste pas moins acquis qu'il n'y a jamais d'étamines au-dessous d'elles ; le spadice, en un mot, est nu depuis la base correspondante jusqu'aux fleurs femelles.

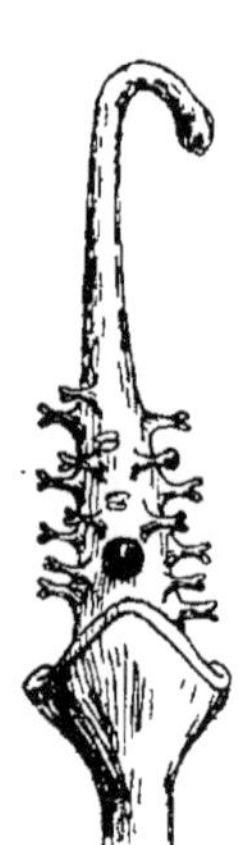

Inf. d'*Arisarum vulgare* L. Vue postérieure. Spathe enlevée.

Fig. 8 — 2 fl. fem. fertiles supplémentaires.

Fig. 9 — 1 fl. fem. fertile supplémentaire.

Nous assistons donc ici à la première manifestation de la tendance à l'achèvement de l'anneau de fleurs femelles, achèvement qui est presque complet dans l'échantillon représenté dans les fig. 5, 6, 7, puisqu'une seule étamine interrompt l'anneau dans l'inflorescence. Cette dernière se rapproche donc beaucoup d'une inflorescence d'*Arum*.

CONCLUSIONS.

Il ressort de l'étude des diverses anomalies de l'inflorescence de l'*Arisarum vulgare* que nous venons de faire, les conclusions suivantes :

L'*Arisarum vulgare*, tout en possédant des caractères spéciaux (forme et insertion oblique de la spathe, répartition des étamines qui sont éparses sur le spadice, nature plus ou moins capsulaire du fruit, etc.), tels que OCTAVIEN TARGIONI TOZZETTI a eu raison de reprendre cette plante comme le type d'un genre *Arisarum* établi déjà par TOURNEFORT, présente fréquemment des anomalies rappelant presque tous les caractères du genre *Arum* (anneau de fleurs femelles à la base du spadice, présence de pistils avortés au-dessus des étamines). Aussi est-il difficile de faire de cette plante le type d'une tribu des Arisarées bien distincte de la tribu des Arées contenant les Gouets, comme le voulait PARLATORE. Tout au plus peut-on, avec ENGLER, considérer le *Capuchon* comme constituant une sous-tribu de la tribu des *Areæ* ; mais nous préférerions voir le genre *Arisema* à fleurs dioïques devenir le type de cette sous-tribu, tandis que le genre *Arisarum* en sortirait pour venir se placer dans la sous-tribu des *Arinæ*, tout près du genre *Arum*. Cela n'empêcherait pas de considérer avec PARLATORE les *Arisarum* comme formant le passage des *Pistia* aux *Arum* vrais par les *Ambrosinia* et les *Arisema*.

C'est pour attirer l'attention sur les nombreux liens de parenté qui rattachent le genre *Arisarum* au genre *Arum*, que nous avons donné, dans le titre de notre communication, comme nom latin du *Capuchon*, le nom : *Arum Arisarum*, qu'adoptent DE CANDOLLE dans sa flore française, et GRENIER et GODRON dans leur flore de France.

Sur l'interprétation anatomique de l'anomalie des tiges chez les Dicotylédones Cyclospermées et sur le plan structural de leurs pétioles,

Par M. le Dr F. GIDON,

Chef des travaux pratiques à l'Ecole de Médecine de Caen.

Dans l'étude des tiges anormales, l'examen histologique des coupes isolées doit être complété par l'analyse anatomique de l'ensemble de la tige. Car la connaissance des recloisonnements d'où résulte à un niveau déterminé la structure définitive, révèle seulement le *procédé* suivant lequel s'établit l'anomalie. L'appareil libéro-ligneux des tiges résulte de l'association en un système plus ou moins étroitement coordonné de courants libéro-ligneux verticaux originairement bien distincts, et l'anomalie d'une tige résulte essentiellement de ce que ces courants s'associent suivant un plan anormal au lieu de s'associer suivant le mode vulgaire. Ce qui caractérise chaque type d'anomalie, c'est précisément le mode d'arrangement dans la tige de ces courants de valeur anatomique diverse et l'interprétation anatomique d'une tige anormale consiste à mettre ce plan en évidence.

Le type d'anomalie réalisé chez la plupart des Dicotylédones Cyclospermées offre cet intérêt particulier de réaliser comme une forme de transition entre la structure normale des Dicotylédones et celle des Monocotylédones. A quel mode d'arrangement des courants libéro-ligneux correspond donc l'aspect si particulier des sections transversales de la tige ?

On peut résumer comme suit, en les opposant l'un à l'autre, le plan d'association des courants libéro-ligneux chez les Dicotylédones normales d'une part, et, d'autre part, chez les Nyctaginées, qui nous offrent les exemples les plus accusés de l'anomalie des Cyclospermées.

Si on suit de haut en bas, à partir de l'extrémité jeune des tiges, les courants libéro-ligneux qui descendent des feuilles, on les voit, chez les Dicotylédones normales, s'associer marginalement dans la tige, en formant par leur coalescence bord à bord des faisceaux primaires plus ou moins importants. Mais, si on suit assez loin vers le bas de la tige ces faisceaux primaires, on constate qu'à un certain niveau ils se perdent dans les couches secondaires de faisceaux plus anciens, auxquels ils se sont à leur tour associés au cours de leur descente dans la tige.

Si, au contraire, on étudie à un niveau déterminé de la tige les transformations par lesquelles passe l'appareil libéro-ligneux au cours de son développement, on constate qu'il y a *coalescence* des courants libéro-ligneux les plus anciennement constitués, coalescence due à l'apparition, entre ces courants anciens, de courants plus jeunes qui les relient les uns aux autres. Ensuite survient l'épaississement secondaire des faisceaux.

Chez les Nyctaginées, les choses se passent tout d'abord de la même manière. Si on suit de haut en bas les courants libéro-ligneux qui descendent des jeunes feuilles, on les voit aussi, tout d'abord, s'associer marginalement. Mais ici, cette association n'est pas définitive. Un peu plus bas, en effet, les parties les plus jeunes du faisceau ainsi formé par coalescence se séparent des parties anciennes sous la forme d'un rameau qui devient plus externe et, à son tour, peut contracter dans cette nouvelle situation, avec d'autres courants, des associations également temporaires.

De même, on voit, à la rentrée des traces foliaires et des traces raméales dans la tige, les parties les plus jeunes de ces traces se séparer des parties anciennes sous forme de rameaux externes. De toutes ces dispositions résultent : 1° la structure polycyclique de l'appareil libéro-ligneux, 2° l'existence d'anastomoses entre les diverses séries des faisceaux, 3° la disposition plurisériée de la trace foliaire à sa rentrée dans la tige.

Chez les Nyctaginées, les courants libéro-ligneux se continuent donc indéfiniment vers le bas de la tige, en conservant leurs caractères de faisceaux primaires et sans jamais aboutir à des couches secondaires, mais en devenant de plus en plus externes.

De même, si on étudie à un niveau déterminé les transformations successives de l'appareil libéro-ligneux, on voit les faisceaux primitivement constitués s'élargir tout d'abord, du fait de courants libéro-ligneux plus jeunes qui s'annexent à eux marginalement. Puis, à un certain moment, ce processus *d'expansion marginale* cesse, remplacé par l'émission des rameaux externes. Le faisceau, après s'être élargi, se ramifie vers le bas.

Certaines Aizoacées nous offrent, au contraire, l'anomalie des Cyclospermées sous sa forme rudimentaire. Les courants libéro-ligneux descendants se sont en effet déjà enclavées sous forme de couches secondaires entre le bois et le liber d'un faisceau plus ancien lorsqu'apparaît en eux la tendance à l'émigration centrifuge vers le bas de la tige. Au niveau où apparaît l'anomalie, le cambium interlibéro-ligneux de ce faisceau *se délamine*, et on voit les éléments libéro-ligneux secondaires les plus récemment produits par le cambium jusque là unique se continuer vers le bas avec ceux auxquels donne naissance le cambium surnuméraire.

Chez les Nyctaginées, le procédé histologique par lequel s'établit l'anomalie est différent. Le plus souvent, il y a simplement *plissement du procambium*, suivi de sa reconstitution dans une situation plus externe. Ce plissement est dû à l'apparition, entre les faisceaux, d'un conjonctif à accroissement centrifuge, lui-même dérivé du procambium. En raison de l'épaisseur de ce tissu, les arcs procambiaux interfasciculaires se trouvent bientôt plus éloignés du centre de la tige que ne le sont les faisceaux, de sorte que le procambium envisagé dans son ensemble cesse d'être régulièrement annulaire pour devenir onduleux. La reconstitution du procambium dans une situation plus externe se fait ensuite par mise en continuité de tous les plis externes à travers le pseudo-péricycle dérivé du liber des faisceaux.

Mais, dans d'autres circonstances, le plissement de l'anneau procambial à un niveau déterminé de la tige a pour conséquence la *duplication du procambium* directement au-dessous, lorsqu'aux niveaux inférieurs la présence d'un large faisceau sur cette même verticale a empêché le plissement de se produire dans la région correspondante de la tige. Les plis externes du procambium, à l'étage supérieur, deviennent en effet le point de départ de nappes procambiales à différenciation descendante qui, en se prolongeant vers le bas, viennent passer au dos du faisceau large déjà constitué. D'où résulte l'apparition dans le pseudo-péricycle d'une zone cambiale extérieure au faisceau.

L'arrangement des faisceaux dans le pétiole et la nervure médiane des feuilles offre, chez diverses Nyctaginées, certaines dispositions qui s'établissent par un processus très analogue.

A chaque niveau du pétiole et de la nervure médiane se constitue un arc procambial dorsal bientôt fermé par une zone ventrale droite. Or la zone procambiale *ventrale* apparue en haut de la feuille ne se met pas en connexion, vers le bas, avec la zone homologue de la partie inférieure du limbe. Elle devient au contraire le point de départ d'une nappe procambiale libre à différenciation descendante qui se prolonge vers le bas dans l'aire même du système clos formé par l'arc dorsal et le segment ventral droit. Des nappes procambiales analogues peuvent également descendre des grosses nervures. Sur tout le système procambial ainsi constitué se développent ensuite, çà et là, des faisceaux libéro-ligneux, et leur orientation en chaque point répond à celle des zones procambiales qui leur donnent naissance.

Voir pour détails complémentaires, **F. Gidon** (Dr). — Essai anatomique sur l'organisation générale et le développement de l'appareil conducteur dans la tige et dans la feuille des Nyctaginées. — Thèse de l'Université de Caen 1900. *Mémoires de la Société linéenne de Normandie*, T. XX, fasc. 1, 1900, 112 p. — 100 fig. (VI pl.).

Sur la nomenclature des Tissus péricycliques et pseudo-péricycliques,

Par M. F. GIDON,

Chef des travaux pratiques à l'Ecole de Médecine de Caen.

Dans un travail récent sur l'anatomie des Nyctaginées, j'ai substitué l'expression de *pseudo-péricycle* au terme généralement usité de *péricycle* pour désigner la zone juxtalibérienne dans laquelle se constitue le cambium formateur des faisceaux surnuméraires. Je me suis assuré, en effet, que tous les éléments qui composent ce prétendu péricycle ont fait partie, à une certaine époque, de l'anneau procambial, ce qui ne cadre pas avec la définition précise et excellente du *péricycle*, telle que l'a donnée M. Morot. Or, il existe réellement dans le monde végétal des péricycles véritables, qu'il importe de distinguer des formations beaucoup plus vulgaires que je propose de nommer *pseudo-péricycles*. Sans doute, il n'y a là qu'une question de mots, et les descriptions anciennes n'en restent pas moins utilisables, mais il est commode d'avoir deux vocables pour exprimer deux formations de valeur anatomique différente.

D'ailleurs, en ce qui concerne spécialement les Nyctaginées, il n'y a aucune différence à établir entre les parties du pseudo-péricycle situées en arrière des faisceaux et les portions intercalaires situées entre les faisceaux. Car, s'il est vrai que, souvent, le pseudo-péricycle se constitue *derrière des faisceaux* par transformation d'un *liber* parfaitement caractérisé, parfois aussi, chez les mêmes espèces, il dérive directement, en ce même point, du procambium, sans aucun stade interposé de différenciation libérienne. Les choses se passent alors, en arrière des faisceaux, exactement comme entre les faisceaux et la formation du pseudo-péricycle apparaît, dès lors, comme indépendante de la constitution préalable, en certains points, de plages libériennes.

Sur une expérience de sélection,

par M. **PH.** de **VILMORIN**.

Il n'est pas douteux aujourd'hui que les différents végétaux utilisés par l'homme pour son alimentation ne dérivent de types sauvages dont plusieurs ont disparu ou n'ont pas été retrouvés à l'état spontané. Mais la sélection, qui a eu pour effet la création des races cultivées, remonte la plupart du temps à une époque si ancienne et les races en question diffèrent parfois du type spontané d'une façon tellement grande, qu'il ne faut pas s'étonner si cette théorie d'une origine commune n'a pas été admise du premier coup par les savants. Ce qui nous semble maintenant évident, presque puéril, n'était pas accepté sans contestations il y a un demi-siècle.

A l'époque où De Candolle abordait avec tant de hardiesse et de succès l'étude de l'origine des plantes cultivées, mon arrière grand-père s'efforçait de démontrer d'une façon expérimentale le passage des types sauvages aux types cultivés. Une de ses expériences, demeurée célèbre est celle qui avait pour objet l'amélioration de la Carotte sauvage. Cette expérience, instituée en 1832, fut en 1840 l'objet d'une communication à la Société Horticulturale de Londres. L'auteur y expose que, prenant pour point de départ le *Daucus carota*, spontané dans nos régions, à racines filiformes et ramifiées, il était arrivé au bout de 4 générations seulement, à des plantes pourvues de racines charnues, plus ou moins colorées et presque comparables à des carottes potagères ordinaires.

On était à cette époque encore si peu habitué, comme je l'ai dit en commençant, à cette notion de l'évolution des êtres vivants qui forme maintenant comme la base de la philosophie naturelle, que les résultats obtenus par mon bisaïeul furent très fortement contestés. On lui objecta que l'amélioration était due sans doute à l'influence du pollen de plantes potagères cultivées à proximité.

Je ne sais pour quelle cause il interrompit cette expérience et négligea de défendre publiquement ses théories ; il eut du moins le plaisir de les voir appliquer bientôt de toutes parts et en particulier par son fils Louis qui en fit la base de ses travaux sur l'amélioration de la betterave à sucre ; elles sont maintenant presque universellement adoptées et c'est dans le but tout platonique de rendre leur juste valeur aux résultats obtenus par son grand-père, que mon père institua, en 1874, l'expérience dont je veux vous dire quelques mots.

La Carotte étant sujette à caution, par suite de l'existence de races déjà perfectionnées, mon père a pris comme sujet l'*Anthriscus sylvestris*, ombellifère voisine des *Daucus* par ses caractères de végétation, mais que son goût âcre et désagréable rend impropre à la consommation. La méthode de sélection employée pour la Carotte fut de nouveau adoptée avec le succès que vous allez voir.

Le but à atteindre étant l'obtention de racines charnues, courtes et dépourvues de ramifications latérales ; on a naturellement débuté par le choix de celles qui, issues de graines récoltées sur une plante sauvage, semblaient avoir des tendances à se modifier dans ce sens.

Chacune de ces racines, plantée sous un n° séparé, donne l'année suivante une certaine quantité de graines, qui, un an plus tard encore, fournissent un lot de racines donnant lieu à de nouveaux choix. Le nombre des racines conservées chaque année est d'une vingtaine et comme nous prenons jusqu'à 4 ou 5 racines dans les lots où la transmission des caractères héréditaires semble se faire d'une façon plus complète, plusieurs lots sont chaque année totalement abandonnés.

Tous les ans aussi, nous arrachons, comme point de comparaison, des racines provenant de graines récoltées sur un individu sauvage, dans une région quelconque mais toujours éloignée du lieu de l'expérience.

Cette méthode de sélection généalogique a donné des résultats tels que, dès 1889, l'expérience pouvait être considérée comme concluante.

Les schémas ci-contre, représentant les racines choisies en 1883, donnent déjà une idée du chemin parcouru. C'est de la racine 82.522 qu'est sortie la 825.221 et toutes celles comprises dans le tableau généalogique que j'ai reconstitué comme illustration de la méthode. Cette même racine 82.522 a donné naissance à une autre famille cultivée dans les années impaires. Enfin, une autre ligne, qui ne rejoint les deux premières qu'à la 1re année de la sélection est celle qui a donné les différenciations les plus sensibles. Il convient d'ailleurs de noter que ces schémas ne peuvent donner qu'une idée très imparfaite de l'amélioration. Si le type des racines choisies s'améliore en moyenne sensiblement à chaque génération, c'est sur l'ensemble du lot que la différence est le plus sensible. Les racines nettes qui étaient autrefois l'exception sont devenues aujourd'hui beaucoup plus nombreuses.

Aux modifications de l'appareil souterrain consistant surtout dans l'élargissement de la racine dans son tiers supérieur et dans la suppression presque absolue des ramifications latérales, correspond un changement très prononcé dans le feuillage qui devient plus grêle, plus jaune et presque frisé. La plante, dans son ensemble est plus hâtive que le type sauvage et moins vigoureuse.

Si, ce résultat acquis, je continue la sélection de l'*Anthriscus*, c'est que cette expérience fournit sans cesse l'occasion d'observations intéressantes. Non seulement les caractères dont je parlais tout à l'heure sont devenus suffisamment transmissibles pour que l'ensemble des lots présente une forte proportion de racines charnues et bien nettes, mais encore il existe entre les différents lots des différences assez sensibles, produites par la constitution de petites hérédités secondaires. L'influence du parent immédiat combinée avec celles des ancêtres aux différents degrés est facile à étudier, et ce n'est pas un des moindres intérêts de l'expérience.

Il a été souvent remarqué que les races cultivées sont moins vigoureuses et moins rustiques que les espèces sauvages dont elles dérivent. C'est un fait très logique, car le développement exagéré de certaines parties des végétaux, constituant, à notre point de vue utilitaire, un perfectionnement, est pour eux une cause réelle d'infériorité dans la lutte pour l'existence. J'ai dit plus haut que la réduction de l'appareil aérien était corrélatif de l'amélioration de la racine. Bien souvent les progrès de la sélection, dans l'expérience qui nous occupe ont été entravés par ce fait que les racines les plus courtes et les plus renflées produisaient des plantes chétives et ne donnaient pas de graines. J'ai appris à mes dépens, l'hiver dernier, que la rusticité décroissait dans les mêmes proportions. La plupart des racines choisies en 1899 et plantées la même année pour porter graines en 1900 ont été détruites par un froid de 12°, et en particulier celles qui par leur forme s'écartent le plus du type sauvage.

Pour la première fois, l'année dernière, il a été remarqué une racine montrant une régression très nette vers le type primitif.

Il sera curieux de voir ce qu'elle produira.

Je sortirais du cadre que je me suis tracé si j'essayais ici l'explication des lois qui régissent l'évolution et des phénomènes qui l'accompagnent. Les sélections, effectuées par les agents extérieurs, par la concurrence vitale ou par la volonté raisonnée de l'homme, sont les moyens grâce auxquels l'évolution se produit ; les causes en sont tout autres et leur étude serait digne d'un plus long travail.

Permettez-moi cependant de poser *un fait* : c'est que, dans cette sélection de l'*Anthriscus*, le progrès s'est effectué par différenciations lentes et successives, jamais par saut brusque ; et que les caractères acquis accidentellement, par suite de la culture ou de l'humidité plus ou moins grande de l'année n'ont jamais été transmis. Je n'ai pas fait d'essais spéciaux sur l'effet de différentes cultures ou de différents engrais ; mais, par la force même des choses les conditions ne sont pas identiques d'une année à l'autre. Suivant la préparation du terrain et les récoltes qu'il a antérieurement portées, suivant l'état d'humidité du sol, les racines sont plus ou moins bien formées, de sorte que certaines années il y a une apparence de retour en arrière. Mais à la génération suivante, dans des conditions favorables, le retard est largement rattrapé. Car si les conditions varient d'une année à l'autre, elles sont, chaque année, identiques pour toutes les racines et comme les caractères sur lesquels je me base pour opérer la sélection sont des caractères relatifs, celle-ci peut toujours avoir lieu. Et si, dans un même lot, composé de racines issues d'une même mère et ayant par conséquent la même hérédité atavique et immédiate, je constate des différences légères, puisque d'autre part les conditions de milieu sont les mêmes, je suis bien forcé d'attribuer ces variations à une cause profonde. Or, j'ai remarqué que ces variations sont toujours transmissibles par hérédité. Je ne dis pas que les autres ne le soient pas, quoique je croie provisoirement le contraire. Je sais que des expériences sont actuellement en cours, destinées à prouver qu'elles le sont, mais je ne l'ai jamais constaté.

A l'aide de la sélection généalogique, j'ai constaté, au contraire, qu'une déformation accidentelle n'a d'autre influence sur le type de la plante que de rendre un peu plus difficile le choix des porte-graines.

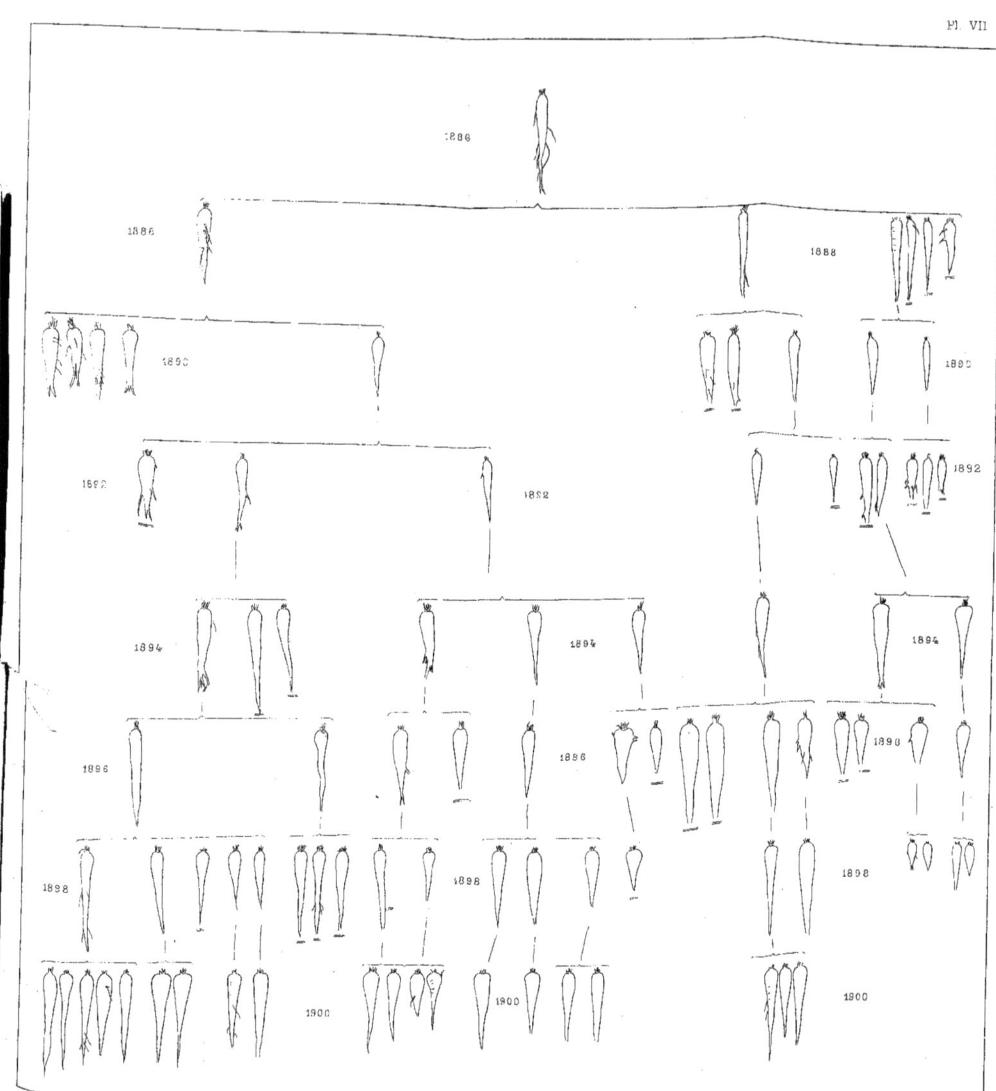

Ph. de Vilmorin Photo.

Barry, Imp. Paris

EXPÉRIENCE DE SÉLECTION SUR L'*ANTHRISCUS SYLVESTRIS*

Descendance d'une seule racine.

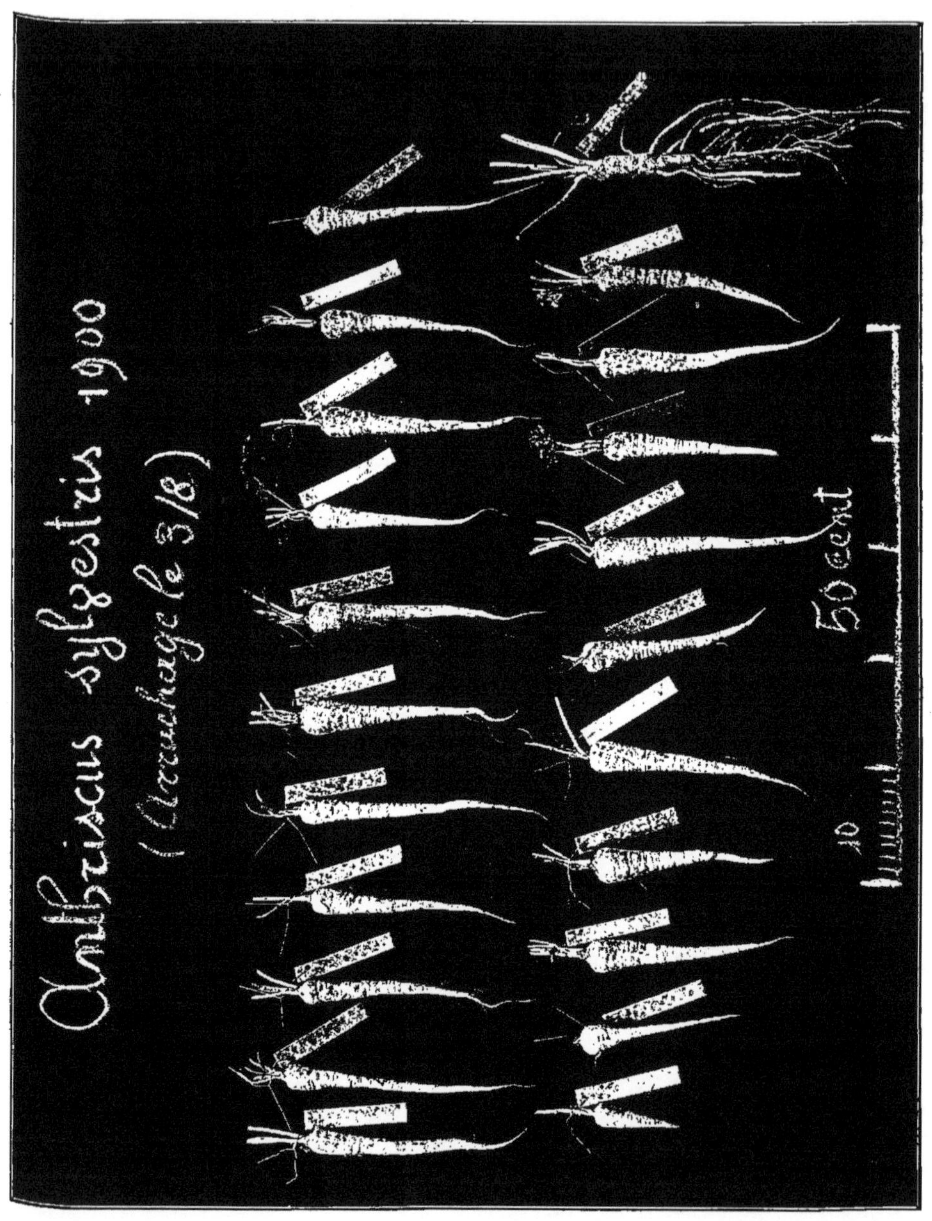

J. Barry, Imp., Paris.

Anthriscus Sylvestris

Racines choisies en 1900

La dernière en bas et à droite, est une racine provenant de graines récoltées sur une plante sauvage, pour comparaison.

J. BARRY, Imp., Paris

Anthriscus Sylvestris amélioré

Ensemble d'un lot en 1900

De l'indépendance fréquente des stipules, bractées, sépales et pétales stipulaires,

Par M. le Dr D. CLOS.

A diverses reprises, je me suis occupé des stipules, et, notamment dans deux mémoires (1), j'ai cherché à pénétrer leur rôle dans la constitution de la fleur, et à mettre en évidence leur individualité.

Depuis lors, M. G. Colomb a cru pouvoir conclure de consciencieuses études sur les stipules que, dépendances de la feuille, dont elles reçoivent leurs faisceaux fibro-vasculaires, elles n'ont pas d'autonomie propre (2). D'autre part, l'intervention de stipules dans l'économie florale ne semble pas avoir reçu la sanction des botanistes. Quelques nouveaux faits de nature à confirmer ces deux points de doctrine feront l'objet de cette note.

A. — Les Stipules sont-elles toujours dépendantes des feuilles ?

Ici, comme à propos de tant de dispositions organiques, les conclusions trop générales sont loin de concorder avec les résultats de l'observation. Ne peut-on pas citer nombre de cas où les stipules se montrent soit sur la plantule, soit sur les rameaux comme les premiers organes appendiculaires d'où la feuille se détache ? Et d'autres où la feuille disparaît au voisinage de l'inflorescence, les deux stipules persistant, s'y multipliant même parfois en *stipulium* ?

Les jeunes plantes de *Pisum arvense* montrent à l'entrenœud sus-cotylédonaire un appendice lancéolé sessile terminé par trois petites

(1) Sépales stipulaires, in *Bull. Soc. bot. de France*, 1859, t. VI, p. 580.
Des Stipules et de leur rôle à l'inflorescence et dans la fleur (in *Mém. Acad. Sc. de Toulouse* pour 1878, 7e sér., t. X, pp. 201-317.
Des stipules à l'inflorescence et dans la fleur (in *Revue des Sc. natur.*).

(2) In *Bullet. Soc. botan. de France*, t. XXXIII (1886), p. 288-294, et *Annal. Sc. nat. Bot.*, 7e sér., VI, p. 68 et suiv.

pointes indices, la médiane un peu plus longue, de la feuille, les deux latérales, des stipules; la distinction de ces trois organes s'accentue dans l'appendice qui suit.

A la base jeunes rameaux de *Cratægus mexicana*, on distingue des appendices obovales récurvés, corps stipulaires dont l'échancrure terminale laisse sortir un acumen, rudiment de feuille. Dans une autre espèce, on peut suivre comme une disjonction successive et graduée des trois organes, stipules et feuille, avec prédominance d'abord des premières, puis de la seconde.

Si, dans ces cas, les stipules sont les premiers appendices à se manifester après les cotylédons, chez plusieurs genres de familles diverses, Légumineuses, Malvacées, etc., elles suppléent pour la fleur la feuille composée ou palminerve qui ne peut guère se modifier en bractées à l'inflorescence, si bien que les stipules sont parfois les premiers appendices de végétation à paraître et souvent les derniers à persister.

Chez nombre d'Amentacées, les petites écailles stipulaires entièrement cellulaires et promptement caduques, se montrent par là indépendantes de la feuille qu'elles accompagnent.

Les feuilles et les stipules peuvent donc réciproquement se passer les unes des autres, bien que les secondes soient bien plus souvent sous la dépendance des premières. Mais lors de l'avortement ou du non développement des feuilles chez les plantes à stipules, tantôt celles-ci conservent leur position primitive, tantôt elles prennent la place de celles-là, ou, en cas de multiplication, se disposent en verticille (*Hibiscus*). En conséquence, il convient, ce me semble, de distinguer deux sortes de stipules, les *indépendantes* et les *dépendantes*, ces dernières comprenant non seulement les pétiolaires, mais aussi toutes les caulinaires qui seront reconnues liées à la vie de la feuille par l'identité d'origine de faisceaux fibro-vasculaires.

B. — Stipules bractéo-florales.

I. — Stipules bractéales.

Légumineuses. C'est assurément la famille où se dévoile le plus fréquemment et sans la moindre incertitude la formation stipulaire des bractées, exceptions faites des tribus des Anthyllidées (sauf *Dorycnopsis*), Lotées et Viciées d'une part, des Sophorées, Dalbergiées et Cæsalpiniées, de l'autre. A signaler les tribus suivantes :

1° Podalyriées. Bractées stipulaires : *Anagyris*, *Piptanthus* ; folio-stipulaires, trifides : *Chorizema*.

2° Génistées. Bractées stipulaires : nombre d'espèces de *Crotalaria* et de *Lupinus* à feuilles simples ou composées.

3° Trifoliées. Bractées stipulaires : *Parochetus* ; involucre stipulaire chez les *Trifolium* de la section *Involucraria*. Chez les *Ononis*, le fleurs sont tantôt à l'aisselle de feuilles simples ou composées, tantôt à l'aisselle de la foliole impaire de ces dernières, tantôt à celle des stipules.

4° Galégées. Dans cette tribu dominent aux inflorescences les bractées-stipulaires, notamment chez *Coursetia orbicularis*, les *Psoralea stipulata*, *multicausis* et *melilotoides*, et dans nombre d'espèces désignées dans le travail cité des genres *Amorpha*, *Dalea*, *Oxytropis*, *Astragalus*, *Phaca*, *Glycyrrhiza*, *Tephrosia*, et, encore d'après les descriptions génériques, chez *Petalostemon*, *Harpalyce*, *Macrogonyx*, *Caragana*, *Eysenhardtia*.

5° Hédysarées. Même constatation chez *Taverniera*, *Hedysarum*, *Æschynomene*, *Desmodium*, *Uraria*, *Pseudarthrum*, *Onobrychis*, *Adesmia*, *Zornia*, quant aux espèces dénommées, et en outre dans *Isodesmia*, *Sœmmeringia*, *Ormocarpum*, *Alysicarpus*, *Amicia*, enfin chez *Uraria picta*.

6° Phaséolées. Les *Rhynchosia polystachya*, *nummularia* et *capitata*, *Phaseolus erectus*, les *Shuteria glabrata* et *vestita*, *Erythrina ovalifolia*, et, d'après les caractères tracés chez les genres *Periandra*, *Clitoria*, *Centrosema*, *Amphicarpæa*, *Kennedya*, *Minkelersia*, etc.

7° Sophorées. *Sophora glauca*.

8° Chrysobalanées. *Hirtella americana*, et probablement d'autres espèces du genre.

Malvacées. Les *Malva Alcea* et *moschata* offrent à l'inflorescence, à la place des feuilles manquant, des stipules simples entières bilobées ou tri-quadrifides, *aissailant* des pédoncules uniflores; elles sont sessiles, les feuilles de ces plantes étant, comme on sait, palmatifides longuement pétiolées, caractères qui ne leur permettent généralement pas le passage aux bractées, ainsi que je l'ai prouvé jadis (1).

Mais bien autrement étendue est la répartition des bractées stipulaires dans le règne végétal, chez de très nombreuses familles Dicotylédones, polypétales et apétales, et chez quelques monopétales, telles que (2) :

(1) De quelques principes d'Organographie végétale (in *Mém. Acad. Sc. Toulouse*, 7e sér., t. IV, p. 181 et suiv.

(2) La longue liste d'espèces de l'énumération qui suit a été relevée dans mon mémoire cité de 1878, où chacune d'elles est accompagnée de l'indication des figures ou des passages d'auteurs qui s'y rapportent.

Urticées. *Elatostema*, *Forskahlea Cossoniana*, *Pouzolzia guineensis*, *Margarocarpus*, *Phenax*.

Cannabinées. *Cannabis*, capitules des fleurs femelles.

Chloranthacées. *Chloranthus*.

Artocarpées. *Sycomorus Vogeliana*, *Pourouma palmata*, *Olmedia ferruginea*.

Ulmacées « Stipulæ nunc in inflorescentiis in bracteas conversæ (Planchon) ».

Bétulinées. Les inflorescences femelles de l'Aulne et les trois fleurs de celles du Bouleau sont accompagnées, les premières, d'une stipule, les secondes de deux (Schacht).

Dombeyées. Les *Melhania abyssinica* et *Leprieurii*.

Hermanniées. Les *Melochia graminifolia*, *crenata*, *corchorifolia*, *Waltheria indica*.

Buttnériacées. Les *Buttneria scabra*, *ovata*, *cordata*, *reticaulis*, *Ayenia pusilla*, *Rulingia dasyphylla*, *R. hermanniæfolia*, *Commersonia Fraseri*.

Hélictérées. Involucre stipulaire chez les *Helicteres brevissima*, *jamaicensis*, *Kleinhovia hospita*, *Myrodia*, *Wallichia spectabilis*, *Pterospermum semisagittatum*.

Sterculiées. *Sterculia Ivira*.

Bombacées. *Cheirostemon*.

Géraniacées. Stipuliums de nombreuses espèces de *Geranium* et de *Pelargonium*, *Monsonia ovata*.

Tiliacées. *Apeiba Tibourbou*; involucres des *Sparmannia africana*, *palmata*, *abyssinica*; *Luhea rufescens*, *Triumfetta Fabreana*, *Microcos tomentosa*.

Ochnacées. *Gomphia sumatrana*, *Hostmannia elvasioides*.

Stackhousiées. *Stackhousia*.

Malpighiacées. *Galphimia brasiliensis*, *Peixotea*; — Stipulium : *Coleostachys*, *Echinopteris Lappula*, *Heteropteris umbellata*, *Byrsonima bumeliæfolia*, *Triaspis*, *Brunchosia*.

Violariées. Persistance des stipules seules sur la plupart des pédoncules radicaux chez les espèces de la section *Monimium*.

Hippocratéacées. *Hippocratea obtusifolia*.

Trigoniacées. *Trigonia Cepo*.

Rhamnées. *Helinus arabica*, *Ceanothus discolor*, Stipulium des *Cryptandra*.

Rubiacées. *Cinchona officinalis* et *C. angustifolia*, — *Pogonopus*, — *Rondeletia odorata*, — *Oldenlandia ramosa*, *Kadua conostyla*,

Leptoscela ruellioides, *Ophiorrhiza Richardiana*, — *Isertia coccinea*, les *Axanthes ceylanica*, *elliptica*, *longifolia*, — *Sabicea cana*, *S. cinerea* (Stipulium), - *Berteria guianensis*, *B. Zaluzania*, — *Ceratopyxis verbenacea*, *Pavetta Brunonis*, — les *Ixora villosa*, *barbata*, *nigricans*, *polyantha*, *grandiflora*, Stipulium dans *I. parviflora*, — *Tetralopha Motleyi;* les *Faramea sessiliflora* et *quinqueflora;* — les *Psychotria collina*, *trichocephala*, *latistipula*, *Vogeliana*, *guianensis*, *crocea* , *Palicourea guianensis* (Stipulium), *Amaracarpus*, *Chasalia? laxiflora*. — *Coprosma* (Stipulium).

Lindley avait déjà constaté que, dans les cas de réduction de nombre des appendices de végétation chez les Cinchonées, ce sont fréquemment les feuilles qui disparaissent les premières, notamment dans *Spermacoce calyptera*, *Psychotria barbiflora*, *Pæderia fœtida*, et certaines espèces de *Cephælis*, exemples auxquels on peut ajouter les *Cinchona officinalis* et *angustifolia*, *Ophiorrhiza Richardiana*, *Isertia coccinea*, les *Berteria guianensis* et *Zaluzania*, *Ceratopyxis verbenacea*.

Loganiacées. *Logania floribunda*.

II. — Stipules florales.

1. Sépales et périanthes simples de nature stipulaire.

Violariées. *Viola* de la section *Monimium* ; *Spathularia longifolia*, *Schweiggeria floribunda*, *Ionidium silvaticum*, *I. villosissimum*, *Solea concolor*.

Sauvagésiées. Les *Sauvagesia erecta* et *deflexifolia*.

Polygonées. Les Ocréas formant les involucres stipulaires : *Rumex*, *Pteropyrum*, *Atraphaxis*, *Polygonum*.

Chloranthacées. *Chloranthus inconspicuus*.

Urticées. *Laportea terminalis*, *Pouzolzia cymosa*.

Artocarpées *Pourouma palmata*, *Olmedia ferruginea*.

Nitrariées. *Nitraria tridentata* et autres.

Géraniacées. *Monsonia elegans*, maintes espèces de *Geranium*, *Erodium*, *Pelargonium*.

Zygophyllées. *Tribulus*, *Rœpera fabagifolia*.

Hugoniacées. *Hugonia Mystax*, *Roucheria calophylla*.

Dombeyacées. *Dombeya Schimperiana*.

Malvacées. *Callirhoe* ou *Nuttalia cordata*.

Tiliacées. *Triumfetta*, *Corchorus*, *Prokia Crucis*.

Chlénacées. *Schizolæna rosea*.

Ochnacées. *Euthemis leucocarpa*.

Rubiacées. *Exostemma maynene*, *Conosiphon aureum*, *Solenandra ixoroides*.

Urticées. *Chamabaina cuspidata*, *Epicarpurus spinosa*, *Pouzolzia auriculata*.

Magnoliacées. Sépales du *Magnolia Frigo* formés de deux paires de stipules unies par le pétiole.

Légumineuses. C'est encore dans ce groupe qu'on peut bien constater, chez nombre de Papilionacées, la nature stipulaire des sépales, par comparaison avec les bractées, notamment chez *Hedysarum obscurum*, *Æschynomene*, *Trifolium*, *Galega apollinea*, plusieurs espèces de *Trifolium*, *Psoralea bituminosa*, *Nicholschia cayennensis* var. β D. C., *Pultenæa stipulacea*.

2. Sépales et Pétales stipulaires.

a. D'après Eichler, il faut voir des stipules dans les prétendus pétales extérieurs des genres *Mimusops*, *Imbricaria*, *Labramia*, *Eichleria*, de la famille des Sapotées.

b. La figure donnée par Pohl (*Plant. brasil. Icon.*, t. 187) du *Luhea microphylla*, rend manifeste, chez cette Tiliacée, la ressemblance des stipules aux bractées, aux sépales et aux pétales.

c. J'ai déjà noté dans le mémoire détaillé consacré aux stipules (pp. 84-85) la ressemblance de ces organes et des sépales dans le genre d'Elatinées *Merimea*. Mais elle s'étend aux pétales, du moins chez le *M. arenarioides*, dont la description porte : « Calyx... foliolis oblongo-lanceolatis acutis... Petala calycem œquantia, oblongo-lanceolata acuta (Richard et Perrottet, *Flor. Seneg.*, p. 43, où la figure donnée de l'espèce, t. XII, n'est pas moins démonstrative) ».

d. Je crois avoir prouvé que nombre de Paronychiées ont des sépales stipulaires (*l. c.*, 81). M. Asa Gray a figuré les caractères floraux du genre *Polpoda*, de cette famille, témoignant, ce semble, de la nature stipulaire des pétales ; et on lit dans le texte qui les accompagne : « Folia minuta utrinque stipulis fimbriatis instructa... corolla... petalis... obovatis, obtusis margine fimbriato-laceris... (*Gener. Plant.*) ».

e. Et en ce qui concerne le genre *Paronychia*, la fleur montre entre les sépales (auxquels sont opposées les étamines) des appendices lancéolés ou subulés semblables aux stipules et que l'on peut considérer à volonté ou comme des pétales réduits ou comme des filets d'étamines stériles, dernière interprétation admise par Nees, décrivant des *Paronychia* dans son *Genera* : « Stamina sterilia quinque setiformia, cum laciniis (perianthii) alternantia ». Cette distinction perd un peu de son importance depuis cette démonstration que dans nombre de plantes cotylédonées le filet représente une bande longitudinale moyenne, soit du pétale, soit, à défaut de corolle, des pièces du périanthe simple.

f. Chez les *Alchemilla*, les quatres divisions extérieures du périanthe ont été prises par Payer et Baillon pour des stipules bractées; les 4 intérieures, qui leur ressemblent, ne comportent-elles pas aussi une signification stipulaire, qu'on y voie des sépales ou des pétales.

g. Il faut encore citer les *Biebersteinia brachypetala* et *leiosepala*, figurés dans les *Illustrationes plantarum orientalium* de Jaubert et Spach, II, pp. 192-193, avec des pétales divisés au sommet comme les stipules supérieures et dans la description desquels je relève pour le 1er : « Stipulæ... foliorum inferiorum subintegerrimæ... ceteræ inciso-dentatæ... sepala integerrima... Petala... apice 3-8 lobata... » ; et pour le 2e : « Stipulæ... foliorum superiorum inciso-dentatæ... petala cuneiformia apice 7-9 lobulata ».

h. Si les Géraniacées (comprises dans un sens limité) offrent les meilleurs exemples de sépales stipulaires, d'après leur ressemblance aux bractées dont l'origine par des stipules est chez tant d'entre elles des plus frappantes, n'offriraient-elles pas également des pétales stipulaires? Or, il suffit d'examiner des fleurs doubles de *Pelargonium zonale* pour y constater la transition insensible des sépales aux pétales ; aux premiers, elliptiques, acuminés et verts, succèdent des corps un peu plus larges et obovés, d'un vert blanchâtre à l'extérieur, rouges à l'intérieur, quelques-uns bordés aussi d'une petite membrane rouge (1) ou même comme bifides par l'interposition entre les deux bandes vertes d'une lame pétaloïde rougeâtre. D'autre part, dans les fleurs où il reste quelques étamines, on voit les pétales devenir de plus en plus étroits vers l'intérieur pour se réduire à une mince bande, quelquefois transformée en cornet, et au sommet de laquelle apparaît, comme un organe de nouvelle formation, une anthère à deux loges : n'est-ce pas la preuve et de la nature à la fois pétalique et stipulaire de ces étranges filets et de l'indépendance de l'anthère?

(1) Une fleur de *Rosa bracteata* m'a offert aussi un organe sépale dans une moitié pétale par l'autre.

i. S'il est une famille où le passage des stipules aux sépales soit manifeste, c'est bien celle des Bégoniacées, à propos desquelles Alph. de Candolle, après avoir écrit : « Nous voilà rejetés vers l'opinion que les deux bractées sont les deux stipules soudées ensemble... », ajoute après discussion : « L'hypothèse que les lobes floraux sont des stipules soudées me paraît la plus probable (*Mém. s. la fam. des Bégon.*, pp. 12-13) » (1). Là, en effet, les pétales diffèrent d'ordinaire si peu des sépales, notamment dans les fleurs femelles, qu'on a de la peine à les distinguer et qu'ils doivent reconnaître la même origine. Mais que faut-il penser de la nature des étamines ? Si la fleur double de ces plantes doit ses nombreux pétales à la métamorphose rétrograde des étamines (Ed. Morren, in *Belgiq. hortic.*, 1879, p. 66), accompagnée parfois de leur multiplication (E. Fournier, in *Journ. Soc. nat. et centr. d'hortic.*), *la multiplication de la corolle intervient aussi*, dit Duchartre, constatant dans des fleurs doubles de Bégonia *Gloire de Nancy*, outre une cinquantaine de pétales profondément échancrés à onglet grêle avec une bordure médiane jaune et provenant de la pétalisation des étamines, une dizaine de larges pétales extérieurs sessiles et d'une toute autre provenance. Le passage de ces derniers au filet de l'étamine, s'il était établi, démontrerait la nature stipulaire de cette partie de l'organe mâle.

(1) Ce botaniste cite à ce propos cette phrase d'Agard : « Ex studio alabastri juvenilis patere mihi videtur verticillos florales Begoniacearum bractæis, h. e. *Stipulis* esse formatos (*Theor. Syst. plant.*, p. 94) ».

CHAPITRE III.

Botanique descriptive et Géographie botanique.

Notes sur quelques espèces du genre **Coffea** *L.*,

Par É. DE WILDEMAN,
Docteur en sciences naturelles,
Aide-naturaliste au Jardin botanique de l'État à Bruxelles.

Il n'est pas aisé d'arriver à la détermination des espèces du genre *Coffea*, malgré les nombreuses études qui ont été publiées sur les espèces qui le composent. Plusieurs clefs analytiques ont en effet été proposées et même une monographie assez complète a été publiée en 1898 par M. A. Frœhner (1). Dans tous ces travaux, on ne trouve pas pour certaines espèces, même anciennes, des détails suffisamment précis sur les caractères de certains organes ; nous citerons par exemple le calicule. C'est là d'ailleurs un organe sujet à varier, comme nous avons pu l'observer dans le *Coffea arabica* L. M. Frœhner, le seul, pensons-nous, qui ait fourni de cette espèce une description relativement complète, décrit comme suit la disposition des fleurs : « In den Blattachseln stehen je 3-7 Blüthen, zu drei gestützt von einem einfachen calyculus... » Or, parmi les nombreux échantillons de *C. arabica* que nous avons examinés dans les Herbiers Boissier, de Candolle et du Jardin botanique de Bruxelles, nous avons très fréquemment trouvé des fleurs solitaires ou disposées par deux à l'aisselle des feuilles et en outre en général les fleurs, qu'elles soient solitaires ou à plusieurs dans un glomérule, étaient supportées par un pédoncule muni de deux calicules superposés, emboités. Bien peu d'espèces nouvelles possèdent des descriptions comparatives. M. Frœhner a, il est vrai, essayé de remédier à cet état de choses, mais dans bien des cas les matériaux dont il a pu faire l'étude n'étaient pas suffisants pour établir des caractères parallèles. Les auteurs ont aussi attiré l'attention tantôt sur un organe, tantôt sur un autre, donnant à celui-ci dans certains cas une grande importance, à celui-là dans d'autres une valeur de premier ordre. Certains de

(1) Die Gattung *Coffea* und ihre Arten, in *Engl. Bot. Jahrb.*, XXVIII (1898), p.233-295.

ces caractères n'ont, croyons-nous, pas la valeur spécifique qui leur a été accordée et plusieurs des espèces créées devront être ramenées dans la synonymie de types anciens. Il doit d'ailleurs en être du genre *Coffea* comme de tous les genres soumis depuis de longues années à une culture intensive ; peu de *Coffea* se présentent à l'état totalement spontané, il doit s'être formé des hybrides qui possèdent sans doute un facies différent de leurs parents ; d'un autre côté la culture sous divers climats, la sélection par les planteurs, doit avoir amené la constitution de races s'écartant plus ou moins fortement du type initial, dont nous ne possédons malheureusement pas d'échantillons. Il ne faut pas oublier non plus qu'il s'agit ici de plantes ligneuses, à végétation lente, sur lesquelles les agents extérieurs ont une action constante et que les caractères employés par certains auteurs pour grouper les différentes formes du genre, sont fréquemment des caractères extrêmement modifiables par la culture et par les agents extérieurs.

Si l'on examine en effet la clef analytique du genre, telle qu'elle a été proposée par M. Frœhner dans sa monographie et telle qu'elle a été donnée par M. Lecomte (1), on y trouve qu'après avoir choisi comme caractères principaux, la longueur des étamines par rapport à la corolle, la durée des feuilles (annuelles ou persistantes), ils admettent comme importante la grandeur et la texture des feuilles. Or grandeur et texture ne sont-elles pas en rapport immédiat avec les facteurs extérieurs ? Ces caractères bons peut-être, et encore, pour différencier deux espèces affines ne peuvent être employés pour constituer des groupements, car on arrive alors, comme cela a été fait par M. Frœhner et M. Lecomte, à séparer des espèces très voisines, si voisines même qu'il n'est pas impossible qu'une étude approfondie les fera peut être un jour réunir. D'ailleurs, il n'est guère aisé de décider, sur des échantillons desséchés, si la feuille a été coriace ou mince ; il y a là une question d'appréciation et ce caractère est par suite sujet à varier d'après l'observateur.

Un autre caractère sur lequel on a essayé de tabler la différenciation de certaines espèces est celui tiré du calicule ; nous l'avons rappelé déjà plus haut, la forme, la grandeur et le nombre de calicules emboités les uns dans les autres ont servi de critérium spécifique. Il y a lieu de s'arrêter un instant sur ce calicule, il est formé par deux stipules un peu réduites, connées à leur base, comme les stipules des tiges, sur lesquelles s'insèrent deux feuilles plus ou moins fortement réduites, parfois presque nulles ; dans tout le genre, le calicule est constitué de la même façon comme l'a très bien fait remarquer M. Frœhner (2). Quand ces

(1) Lecomte, Le Café. Paris 1899.

(2) Cf. etiam Radlk., in *Brem. Abhandl.* VIII (1883), p. 390.

calicules sont emboités les uns dans les autres, ils sont plus ou moins nettement décussés, suivant dans leur disposition celle des feuilles sur la tige. Les glomérules floraux ou les fleurs solitaires, nous apparaissent donc comme des rameaux réduits, arrêtés dans leur développement, dans lesquels les stipules sont moins atrophiées que les feuilles et dont le bourgeon terminal donne les fleurs. On n'a pas, nous semble-t-il, attiré suffisamment l'attention sur ce point. De ce que nous venons de dire on pourrait peut-être conclure que, s'il y a dans le calicule un caractère semblant important, il doit se retrouver dans les stipules ; cela est très possible et nous aurions voulu essayer de résoudre cette question. Malheureusement sur les matériaux d'herbier, et même sur les plantes cultivées dans nos serres, il est souvent difficile de trouver des stipules en bon état. Aussi n'avons-nous pu, dans la suite de ces notes, nous baser sur les stipules pour essayer la différenciation des espèces de *Coffea*. Nous avons souvent employé le nombre de lobes de la corolle, mais nous ajouterons de suite que c'est là un caractère qui, tout en paraissant à première vue très important, n'est peut-être que secondaire. Nous observons, en effet, que chez plusieurs espèces le nombre des lobes de la corolle est variable, de 6 à 8 pour le *C. liberica* Bull, par exemple, alors que chez d'autres il serait constant. Cette constance ne serait-elle pas due au manque de renseignements ?

Il y a donc, comme on le voit, une série de points douteux qu'il serait nécessaire de résoudre avant de pouvoir traiter définitivement la monographie du genre. Il serait donc très désirable que tous ceux qui sont à même d'étudier des *Coffea* vivants, dans leur milieu naturel, cherchent la solution de ces questions, que les botanistes-voyageurs nous rapportent une ample moisson d'échantillons botaniques, en signalant les conditions de culture. Peut-être alors pourrons-nous arriver à dégager définitivement les caractères propres aux diverses espèces du genre.

Parmi les matériaux rapportés de l'État indépendant du Congo par M. Ém. Laurent et par Alfr. Dewèvre, nous avons trouvé deux formes de *Coffea* que nous croyons nouvelles, elles ne peuvent en effet se rapporter à aucune des espèces connues; il faudrait pour les considérer comme semblables à des espèces existantes, modifier plus ou moins fortement la description de ces dernières. Nous avons ainsi été amenés tout naturellement en cherchant les affinités de nos deux plantes, à faire un groupement nouveau, qui se rapproche, comme on pourra le voir, en bien des points de celui proposé par M. Frœhner; c'est dans le groupe des espèces à feuilles persistantes, celles qui fournissent le café, que nous avons fait le plus de changements.

Nous tenons à faire bien remarquer qu'il ne s'agit pas ici d'une monographie, ni même d'un essai monographique, nous avons cherché uniquement à constituer des groupements dans lesquels les deux plantes nouvelles se classent facilement. On ne doit donc nullement croire trouver dans ces notes toutes les espèces du genre, notre but n'a pas été d'être complet; dans ce travail nous avons même systématiquement écarté les espèces du sous-genre *Lachnostoma*, bien différent du sous-genre *Eucoffea* et avons surtout étudié les espèces africaines qui nous intéressaient davantage.

Si l'on consulte notre tableau, on pourra voir que certaines espèces, que nous croyons voisines, se distinguent difficilement les unes des autres d'après la phrase diagnostique que nous donnons ; nous avons très nettement saisi ces difficultés, nous les avons même mises en vedette, afin d'attirer l'attention sur elles, car nous croyons que des observations nouvelles amèneront peut-être la fusion de ces espèces; en outre, il est presque inutile de le dire, il ne peut être question, dans l'état actuel de nos connaissances et surtout dans un genre aussi polymorphe que le genre *Coffea*, de différencier deux espèces par un ou deux caractères; il faudra toujours, pour arriver à une détermination sûre, étudier une description complète et comparer successivement tous les caractères ; dans la plupart des cas, la comparaison de textes ne suffit pas, il faut recourir aux échantillons types. Tout le monde admet, pensons-nous, qu'une espèce végétale ne se reconnaît pas à un seul, mais bien à plusieurs caractères qui par leur association constituent un tout dont nous formons la spécificité. Mais cette conception est un jeu de notre esprit et par suite très sujette à varier. Bien que ne voulant pas faire de travail monographique, nous avons fait suivre la clef analytique que nous avons établie, de la nomenclature des espèces afin de permettre au lecteur de se guider dans la littérature ; mais ici aussi nous ferons remarquer que la littérature est loin d'être complète, nous avons donné des indications générales, le lecteur devra se reporter aux travaux généraux que nous avons relevés, il y trouvera des indications plus complètes.

Nous tenons à remercier, en terminant ces notes, MM. W. Barbey-Boissier, C. de Candolle, A. Frœhner, W. B. Hemsley, Hiern, K. Schumann, des matériaux qu'ils ont mis à notre disposition et des renseignements qu'ils ont bien voulu nous communiquer.

COFFEA L.

Syst. nat., ed. I (1735); *Benth.* et *Hook.* Gen., pl. II, p. 114; *K. Schum.* in *Engl.* et *Prantl.* Natürl. Pflanzenfam. IV, 4, p. 103; *Frœhner*, Die Gatt. Coffea in *Engl.* Bot. Jahrb., XXV (1898), p. 233 et suiv.

CLEF ANALYTIQUE DES ESPÈCES.

SUBGEN. I.— **EUCOFFEA**. — Corolle 4-8 mère, à tube assez allongé, à fruit à deux loges.

SECT. I. — **INCLUSÆ**. — Anthères incluses au moins en partie dans le tube de la corolle.

A. Stigmate faisant saillie en dehors du tube de la corolle, fruit blanc .... *C. jasminoides* Welw.

B. Stigmate inclus dans le tube de la corolle.

a. Feuilles velues ou pubescentes.— **Hirsutæ.**

1. Fleurs à 6-7 lobes.

Feuilles de 2-4,5×1,2-2 cm., oblongues, obtuses ou aiguës au sommet, aiguës à la base ; fleurs apparaissant avant les feuilles ; corolle à tube de 4,5 cm. de long et à lobes de 1 cm. de long. .... *C. divaricata* K. Schum.

2. Fleurs à 5 lobes.

α. Un involucre pour une seule fleur.

* Fleurs apparaissant avant les feuilles.

** Feuilles subsessiles, ovales-obtuses ; limbe du calice à dents nombreuses, aiguës ; tube de la corolle de 12 mm. environ de long.................... *C. Wightiana* Wight et Arn.

** Feuilles ovales, rétrécies aux deux bouts ; limbe du calice subtronqué ou denticulé ; tube de la corolle de 12-15 mm. env. de long, à limbe de 10-12 mm. de long .... *C. rupestris* Hiern.

* Fleurs et feuilles se développant en même temps.

Feuilles elliptiques ou elliptiques-lancéolées, obtuses ou acuminées ; tube de la corolle de 16-25 mm. de long.................... *C. travancorensis* Wight et Arr.

β. Un involucre pour plusieurs fleurs.

Feuilles ovales ou elliptiques ; calice à limbe pluridenté ; tube de la corolle de 1,2-3,7 cm. de long. .... *C. bengalensis* Roxb.

b. Feuilles glabres. — **Glabræ**.

α. Fleurs de 2,5 cm. env. de long ; feuilles à 3-5 paires de nervures.................... *C. melanocarpa* Welw.

β. Fleurs de 8-12 cm. de long ; feuilles à 5-6 paires de nervures.................... *C. Gilgiana* Froehner.

SECT. II. — **EXSERTÆ**. — Anthères sortant entièrement du tube de la corolle.

a. Feuilles annuelles. — **Annuæ**.

1. Feuilles velues plus ou moins fortement sur les nervures de la face inférieure.

α. Fleurs terminales ou subterminales, racèmes dressés, à pédicule commun allongé. Feuilles ovales-lancéolées, tuberculeuses-scabres .... *C. racemosa* Lour.

β. Fleurs axilliares.
Feuilles oblongues-lancéolées ou lancéolées, atténuées à la base, à 6-10 paires de nervures............ *C. salicifolia* Miq.
Feuilles ovales ou obovales, obtusément acuminées, mucronulées, arrondies ou émarginées à la base, glabres à la face supérieure, sauf sur les nervures, hispides sur les nervures de la face inférieure, de 5-9,5×2-5 cm., à 4-5 paires de nervures.... *C. subcordata* Hiern.

2. Feuilles glabres.
Feuilles ovales ou obovales, de 4-4,7×8-9,5 cm., à acumen court, obtus, à 5-7 paires de nervures............ *C. Ibo* Frœhner.

b. Feuilles persistantes. — **Perennes**.

1. Arbrisseaux grimpants.
Feuilles ovales de 4-11×2-5 cm., à 4-5 paires de nervures, fleurs géminées, à calice à peine ondulé, à corolle à 6 lobes, à tube de 2,5 cm. de long, à lobes de 5 mm. de long. *C. scandens* K. Schum.
Feuilles de 6-10×2,2-3,2cm., à 4-5 paires de nervures, fleurs à calice à 5-7 lobes arrondis, à corolle à 5 lobes, à tube de 3 mm. env. de long, à lobes de 5 mm. env. de long. *C. pulchella* K. Schum.

2. Arbrisseaux ou arbres, non grimpants.

α. Calice à limbe annulaire, entier, denticulé, petit ou nul.

* Corolle 4-5 mère.

** Feuilles rétrécies au sommet en un acumen assez allongé, mince.

*** Tube de la corolle de 3-4 mm. de long.
Feuilles de 20-25×6 7 cm. obovales-lancéolées, aiguës à la base, acuminées, à acumen de 2-5 cm., de long, à 9-10 paires de nervures; corolle à 5 lobes, à tube de 3 mm. env. de long et à lobes de 13 mm. env. de long............ *C. Staudtii* Frœhner.

Feuilles de 12-16×4-6 cm., elliptiques, atténuées à la base et au sommet, à 5-7 paires de nervures ; corolle à 5 lobes, à tube de 4 mm. env. de long, à lobes de 15 mm. env. de long .... *C. congensis* Frœhner.

*** Tube de la corolle de 6-9 mm. de long.

Feuilles de 17-22×12-13 cm., elliptiques, atténuées à la base, acuminées au sommet, à 12-13 paires de nervures ; corolle à 4-5 lobes, à tube de 6-9 mm. de long, à lobes de 15 mm. env. de long .... *C. arabica* L.

Feuilles de 22×17 cm., elliptiques, acuminées, à 13 paires de nervures, corolle à 4-5 lobes, à tube de 9 mm. env. de long, à lobes de 15 mm. env. de long .... *C. canephora* Pierre.

** Feuilles rétrécies au sommet en un acumen court obtus.

*** Feuilles de plus de 15 cm. de long.

Feuilles de 25-33×9-16 cm., obovales, atténuées à la base, subobtuses au sommet, à acumen court et obtus ; corolle à 5 lobes, à tube de 10 mm. env. de long, à lobes de 15 mm. env. de long .... *C. Dewevrei* DeWild. et Th. Dur.

*** Feuilles atteignant au maximum 15 cm. de long.

Feuilles de 3,5×1,8-2,6 cm. ; ovales-lancéolées, subrhomboïdales, à acumen court, obtus, à 5 paires de nervures ; corolle à 5 lobes, à tube de 6 mm. de long .... *C. brachyphylla* Radlk.

Feuilles de 5-7,5 cm. de long, oblongues, cunéiformes à la base, subobtuses au sommet ; corolle de 6 mm. env. de long, à 5 lobes .... *C. mauritiana* Lam.

Feuilles de 12,5-15 cm. de long. sessiles, oblongues-spathulées, aiguës, coriaces ; corolle de 1,25 cm. de long, à 5 lobes .... *C. macrocarpa* A. Rich.

* Corolle 5-6-mère.

Feuilles elliptiques-obovales, acuminées, cunéiformes à la base, de 6-22 ×23-6,8 cm., à 6-9 paires de nervures ; corolle à tube de 7-10 mm. de long, à lobes de 6-7 mm. de long .... *C. brevipes* Hiern. et var. *longifolia* Fœrhner.

* Corolle 6-8 mère.

** Fleurs à lobes de 7-10 mm. de long.

Fleurs à 6 lobes ; feuilles de 14-30×7-16 cm., à 12 paires de nervures latérales, fruits lisses.......... *C. Laurentii* De Wild.

Fleurs à 6-7 lobes ; feuilles de 5-10×1,8-6,2 cm., à 5-6 paires de nervures, fruits striés longitudinalement.......... *C. zanguebariæ* Lour.

Fleurs à 6-8 lobes ; feuilles de 3,7-13,2×0,5-3,3 cm. ; à 7-9 paires de nervures ; fruits lisses.......... *C. stenophylla* Don.

Fleurs à 8 lobes ; feuilles de 16-25×7,5-10 cm., à 8-9 paires de nervures ; fruits inconnus.......... *C. Arnoldiana* De Wild.

** Fleurs à lobes de 15-25 mm. de long.

Fleurs à 6-8 lobes; feuilles de 16-35×6-15 cm., à 8-12 paires de nervures ; fruits lisses.......... *C. liberica* Bull.

β. Calice à limbe assez développé.

* Calice à limbe tronqué ou à lobes arrondis.

** Fleurs 8-mères.

Feuilles de 20-25×10-11 cm., oblongues acuminées, aiguës à la base ; involucre triple, calice de 2 mm. env. de long, tronqué ; corolle à tube de 11 mm. env. de long et à lobes de 11 mm. env. de long et à lobes de 11 mm. de long...... *C. macrochlamys* K. Schum.

** Fleurs 5-mères.

Bractéoles petites, non foliacées, baies subglobuleuses, feuilles de 7,5-22,5×3 8,7 cm. *C. hypoglauca* Welw.

Bractéoles foliacées, baies inconnues ; feuilles de 3-7-7,5×1,5-3,2 cm.......... *C. Afzelii* Hiern.

* Calice à limbe en forme de spathe, fendu unilatéralement.

Feuilles elliptiques, longuement acuminées, de 9-15×3-5 cm., à 5-7 paires de nervures ; corolle à tube de 11-12 mm. de long, à lobes de 13-14 mm. de long.. *C. spathicalyx* K. Schum.

SUBGEN. II.— **LACHNOSTOMA**. — Corolle toujours 4-mère ; à tube assez court ; fruit non à deux loges.

Cette section à espèces peu nombreuses n'est pas représentée en Afrique.

Subgen. I. — EUCOFFEA *Hook. f.*

SECT. I. — INCLUSÆ.

Hirsutæ.

C. **jasminoides** Welw., ex HIERN in *Trans. Linn. Soc.* ser. 2, I (1876), p. 175 et in *Oliv.* Fl. trop. Afr. III, p. 185; FRŒHNER in *Notizbl. königl. bot. Gart. Berlin*, I (1897), p. 230 et in *Engl. Bot. Jahrb.*, XXV (1898), p. 257; LECOMTE, Le Café, p. 15; HIERN, *Cat. Welw. Afr. Pl.*, I, p. 490.

Distrib. — Niger, Vieux-Calabar, Angola, Congo français.

C. **divaricata** K. Schum., in *Engl. Bot. Jahrb.* (1897), p. 461; FRŒHNER in *Notizbl. königl. bot. Gart.*, *Berlin*, I (1897), p. 230; et in *Engl. Bot. Jahrb.*, XXV (1898), p. 256; LECOMTE, Le Café, p. 15.

Distrib. — Lagos, Togo.

C. **Wightiana** Wight et Arn., *Prod. Fl. Ind. or.* (1834), p. 436; WIGHT, Icon., t. 1598; *Wall.* Cat. 6246; THWAITES Enum., p. 154; HOOK., *Fl. Brit. Ind.*, III, p. 154; FRŒHNER, in *Notizbl. königl. bot. Garten*, I (1897), p. 231, et in *Engl. Bot. Jahrb.* XXV (1898), p. 256; LECOMTE, Le Café, p. 15.

Distrib. — Travancore, Ceylan.

C. **rupestris** Hiern, in *Trans. Linn. Soc.* ser. 2, I (1876), p. 174, et in OLIV. *Fl. trop. Afr.* III, p. 184; FRŒHNER, in *Notizbl. königl. bot. Gart.* Berlin, I (1897), p. 231, et in *Engl. Bot. Jahrb.* XXV (1898), p. 258; LECOMTE, Le Café, p. 15.

Distrib. — Guinée.

C. **travancorensis** Wight et Arn., *Prod. Fl. Ind. or.* (1834), p. 435; WALL. Cat. 2, 6245; THWAITES Enum., p. 154; HOOKER, *Fl. Brit. Ind.* III, p. 154; FRŒHNER, in *Notizbl. königl. bot. Garten*, Berlin. I (1897), p. 231, et in *Engl. Bot. Jahrb.*, XXV (1898), p. 256; LECOMTE, Le Café, p. 14.

C. triflora Moon, Cat. pl. of Ceylan (1824), p. 15.

Distrib. — Navancore, Ceylan.

— — var. **fragrans** (Wall.) FRŒHNER, in *Notizbl. königl. bot. Garten Berlin*, I (1897), p. 231, et in *Engler Bot. Jahrb.*, XXV (1898), p. 256; LECOMTE, Le Café, p. 15.

C. fragrans Wall., ex *Hook. Fl. Brit. Ind.*, III (1882), p. 154.

Distrib. — Silhet, Tenasserim, Mergui.

C. bengalensis Roxb., Fl. Ind., I (1832), p. 540; Rœm. et Schult., *Syst. veg.*, 200; *DC. Prod. regn. veget.*, IV, p. 499; Spreng. *Syst. nat.*, I, p. 755; Wall., Cat. n. 6244; Wight et Arn., *Fl. Penins. Ind.*, Oc. I, p. 435; Hook., *Bot. Mog.*, t. 4917; Lecomte, Le Café, p. 14; Boyer, *Hort. Maur. et Seych.*, p. 173; *Bot. Mog.*, t. 4917; Frœhner, in *Engl. Jahrb.*, XXV (1898), p. 255, c. litt.

C. Horsfieldiana Miq., *Fl. Ind. Brit.*, II (1856), p. 308.

Distrib. — Himalaya, Bengale, Assam, Silhet, Siam, Java, Samarang.

Glabræ.

C. melanocarpa Welw. ex Hiern in *Trans. Linn. Soc.* ser., 2, I, (1876), p. 174, et in Oliv. *Fl. trop. Afr.*, III, p. 183; Frœhner, in *Notizbl. königl. bot. Gart.*, *Berlin*, I (1897), p. 231, et in *Engl. Bot. Jahrb.*, XXV (1898), p. 258; Lecomte, Le Café, p. 15; Hiern *Cat. Welw. Afr. pl.*, I, p. 489.

Distrib. — Angola, Kameroun.

C. Gilgiana Frœhner, in *Engl. Bot. Jahrb*, XXV (1898), p. 267; Lecomte, Le Café, p. 32.

Distrib. — Kameroun.

SECT. II. — **EXSERTÆ.**

Annuæ.

C. racemosa Lour., *Fl. Cochin.* (1790), p. 145; Hiern, in *Trans. Linn. Soc.*, ser. 2, I (1876), p. 175; Frœhner, in *Notizbl. königl. bot. Garten*, Berlin, I (1897), p. 231, et in *Engl. Bot. Jahrb.*, XXV (1898), p. 272; Lecomte, Le Café, p. 39; K. Schum., in *Engl. Ost-. Afr.* C, p. 387.

C. mozambicana DC., *Prod. regn. veget.*, IV (1830), p. 500.

C. ramosa Rœm. et Schult., *Syst. veget.*, I (1819), p. 198.

Distrib. — Mozambique.

C. salicifolia Miq., *Fl. Ind. Bat.*, II (1856), p. 307; Frœhner, in *Engl. Bot. Jahrb.*, XXV (1898), p. 258.

Distrib. — Java (Pengalengang).

C. subcordata Hiern, in *Trans. Linn. Soc.*, sér. 2, I (1876), p. 174, et in Oliv. *Fl. trop. Afr.*, III, p. 185; Frœhner, in *Notizbl. königl. bot. Gart.*, Berlin, I (1897), p. 231, et in *Engl. bot. Jahrb.*, XXV (1898), p. 259; Lecomte, Le Café, p. 16.

Distrib. — Vieux Calabar, Gabon, Kameroun.

C. Ibo Frœhner, in *Notizbl. königl. bot. Garten*, I (1897), p. 231 et 234, et in *Engl. Bot. Jahrb.*, XXV (1898), p. 272; Lecomte, Le Café, p. 36, fig. 7.

Distrib. — Mozambique.

Perennes.

C. scandens K. Schum., in *Engl. Bot. Jahrb.*, XXIII (1897), p. 463; Frœhner, in *Notizbl. Konigl. bot. Gart.*, Berlin, I (1897), p. 232, et Lecomte, Le Café, p. 17.

Distrib. — Kameroun.

C. pulchella K. Schum., in *Engl. Bot. Jahrb.*, XXIII (1897), p. 462; Frœhner in *Notizbl. bot. Gart., Berl.*, I (1897), p. 232, et in *Engl. Bot. Jahrb.*, XXV (1898), p. 260; Lecomte, Le Café, p. 18.

Distrib. — Gabon.

C. Staudtii Frœhner, in *Notizbl. königl. bot. Garten*, I (1897), p. 230, et in *Engl. Bot. Jahrb.*, XXV (1898, p. 267; Lecomte, Le Café, p. 31.

Distrib. — Kameroun.

C. congensis Frœhner, in *Notizbl. königl. bot. Gart.*, Berlin, I (1897), p. 230, et in *Engl. Bot. Jahrb.*, XXV (1898), p. 265; Lecomte, Le Café, p. 27.

Distrib. — État indépendant du Congo.

C. arabica L., Sp. pl. (1753), p. 172; Willd., Sp. pl., I, p. 973; *Bot. Mag.*, t. 1303; cf. etiam Pritzel, *Ind. Ic. bot.*, p. 286; Dc., *Prod. regn. veget.*, IV, p. 499; Hiern, in *Trans Linn.* Soc., ser. 2, I (1876), p. 170, et in Oliv., *Fl. trop. Afr.*, III, p. 180; Bojer, *Hort. Maur.*, p. 173; Frœhner, in *Notizbl. königl. bot. Garten*, Berlin, I (1897), p. 233, et in *Engl. Bot. Jahrb.*, XXV (1898), p. 261; Baker, *Pl. Maur. et Seych.*, p. 152; cf. etiam, De Cordemoy, *Fl. Ile Réunion*, p. 506; Rich., *Tent. fl. Abyss.*, I, p. 349; Miq., *Fl. Ind. Bat.*, II, p. 304; Hiern, *Cat. Welw, Afr. pl.*, I, p. 488; K. Schum., in Engl. *Ost.-Afr.* C, p. 387, et in Engl. et Prantl *Natürl. Pflanzen*, fam. IV, 4, p. 104, fig. 36, A-B.

C. vulgaris Mœnch, *Meth.*, *pl. hort. Marb.* (1794), p. 504.

C. moka Hook., ex Reynh. Nom. bot., (1840), p. 153.

C. laurifolia Salisb., *Prod. Stirp. Hort.*, *chapel. Allert.* (1796), p. 62.

Jasminum arabicum Juss., *Act.*, *Paris* (1713), p. 291, t. 7.

Distrib. — Cultivé dans la plupart des régions tropicales et subtropicales.

— — var. **Stuhlmannii** Warb., ex Frœhner, in *Bot. Jahrb.*, XXV (1898), p. 263 ; Lecomte, Le Café, p. 25.

Distrib.— Bukoba.

— — var. **intermedia** Frœhner, in *Engl. Bot. Jahrb.*, XXV (1898), p. 264 ; Lecomte, Le Café, (1899), p. 25.

Distrib. — Ligaijo (Afrique).

— — var. **leucocarpa** Hiern, in *Trans. Linn. Soc.*, ser., 2, I (1876), p. 171, et in *Oliv.*, Fl. trop. Afr., III, p. 181 ; Frœhner, in *Bot. Jahrb.*, XXV (1898), p. 264 ; Lecomte, Le Café, p. 25.

Distrib. — Sierra-Leone.

— — var. **amarella** Frœhner, in *Engl. Bot. Jahrb.*, XXV (1898), p. 263 ; Lecomte, Le Café, p. 24.

Distrib. — Brésil.

— — var. **maragogipe** Frœhner, in *Engl. Bot. Jahrb.*, XXV (1898), p. 263 ; Lecomte, Le Café, p. 24.

Distrib. — Brésil.

— — var. **angustifolia** Miq., ex Frœhner in *Engl. Bot. Jahrb.*, XXV (1898), p. 263 ; Lecomte, Le Café, p. 25.

Distrib. — Célèbes.

— — var. **straminea** Miq., ex Frœhner in *Engl. Bot. Jahrb.*, XXV (1898), p. 263 ; Lecomte, Le Café, p. 25.

C. sundana Miq., Ind. Bat., II (1856), p. 306.

Distrib. — Sumatra.

— — var. **Humblotiana** (Baill.) Frœhner, in *Engl. Bot. Jahrb.*, XXV (1898), p. 264 ; Lecomte, Le Café, (1899), p. 25.

C. Humblotiana Baill., in *Bull. Soc. Linn.*, Paris, I (1885), p. 514 ; Frœhner, in *Notizbl. königl. bot. Garten*, Berlin, I (1897), p. 234.

Distrib. — Grande-Comore.

— — var. **rachiformis** (Baill.) Frœhner, in *Engl. Bot. Jahrb.*, (1898), p. 264 ; Lecomte, Le Café, (1899), p. 26.

C. rachiformis Baill. in *Bull. Soc. Linn.*, Paris, I (1885), p. 514 ; Frœhner, in *Notizbl. königl. bot. Garten*, Berlin, I (1897), p. 234.

Distrib. — Grande-Comore.

C. canephora Pierre, ex Frœhner, in *Notizbl. königl. bot. garten.*, I (1897) p. 230 et 237 et in *Engl. Bot. Jahrb.*, XXV (1898), p. 269; Lecomte, Le Café, p. 32, fig.
Distrib. — Gabon.

C. Dewevrei De Wild. et Th. Dur. in Th. Dur. et DeWild. *Mat. fl. Congo.*, fasc. VI (1899), p. 32 (*Bull. Soc. roy. de Bot. de Belg.*, XXVIII, 2 [1899], (p. 202).
Distrib. — Congo.
Obs. — Nous renvoyons pour les affinités et les caractères différentiels de cette espèce avec les voisines aux observations qui accompagnent la description originale.

C. brachyphylla Radlk., in *Brem. Abhandl. naturw.*, VIII (1883), p. 390 ; Lecomte, Le Café, p. 40 ; Frœhner, in *Engl. Bot. Jahrb.*, XXV (1898), p. 274.
Distrib. — Madagascar.

C. mauritiana Lam., *Encycl. méth. Bot.*, I (1783), p. 550, *Illust.* pl. I, 160 fig. 2 ; DC. *Prod. reg. veget.*, IV, p. 499; Baker, Fl. Maur. et Seychelles, p. 152 ; de Cordemoy, Fl. Ile Réunion, p. 566 ; Hiern, in *Trans. Linn. Soc.* ser. 2, I (1876), p. 173; Lecomte, Le Café, p. 39; Frœhner, in *Notizbl. königl. bot. Garten*, Berlin, I (1897), p. 234 et in *Engl. Bot. Jahrb.*, XXV (1898), p. 273.
C. arabica β. Willd., *Sp. plant.*, I (1797), p. 974.
C. sylvestris Willd., ex Rœm. et Schult., *Syst. veg.*, V (1819), p. 201.
Distrib. — Réunion.

C. macrocarpa A. Rich. *Mém. Soc. hist. nat.*, Paris (1834), p. 168; Bojer, *Hort. Maur.*, p. 173; Baker, *Fl. Maur. et Seychelles*, p. 152; Frœhner, in *Notizbl. königl. bot. Garten*, Berlin, I (1897), p. 234, et in *Engl. Bot. Jahrb.*, XXV (1898), p. 274 ; Lecomte, Le Café, p. 39; Hiern, in *Trans. Linn. Soc.* ser. 2, I (1876), p. 173.
C. grandifolia Boj., ex Baker, *Fl. Maur. et Seychelles* (1877), p. 152.
Distrib. — Réunion et Maurice.

C. brevipes Hiern, in *Trans. Linn. Soc.* ser., 2, I (1876), p. 172 et in Oliv., *Fl. trop. Afr.*, III, p. 183 ; Frœhner, in *Notizbl. königl. bot. Gart.*, Berlin, I (1897), p. 232 et in *Engl. Bot. Jahrb.*, XXV (1898), p. 260 ; Lecomte, Le Café, p. 17.
Distrib. — Kameroun.

— — var. **longifolia** Frœhner, in *Engl. Bot. Jahrb.*, XXV (1898), p. 260 ; Lecomte, Le Café, p. 17.
Distrib. — Kameroun.

Coffea Laurentii De Wild., nov. sp.

Arbrisseau de 3 à 4 m. de haut, à branches étalées. Feuilles d'un vert plus ou moins foncé, à pétiole assez fort, de 15 à 17 mm de long, à limbe de 16 à 30 cm de long et de 7 à 16cm de large, ovale, acuminé au sommet, subobtus à la base, ou obovale, cunéiforme à la base, acuminé au sommet, souvent bulleux entre les nervures, les concavités du côté de la face inférieure, à bords légèrement ondulés, à 10-12 nervures de chaque côté de la nervure médiane, anastomosées en arc vers le bord de la feuille et nettement proéminentes sur la face inférieure et à peine visible sur la face supérieure ; à l'aisselle de la nervure principale et des nervures latérales se trouvent de petites cavités, creusées dans le parenchyme, ouvertes à la face inférieure, légèrement velues sur les bords et peu proéminentes à la face supérieure. Stipules largement triangulaires, mucronées, connées à la base, de 8 mm environ de haut. Fleurs disposées en 2 à 4 inflorescences axillaires, pédonculées, à pédoncule épais, court, de 2 à 3 mm environ de haut, surmonté d'un involucre composé de deux bractées largement triangulaires, aiguës, mucronées, parfois glanduleuses sur les bords, connées à la base, pouvant atteindre 5 mm de haut, sur lesquelles s'insèrent latéralement au niveau de la soudure, au dessous du bord et de chaque côté une bractée foliacée, plus ou moins réduite, dépassant le bord de l'involucre et atteignant parfois plus de 1 cm de long et 4 mm de diam., parfois assez rapidement caduques. Fleurs rarement solitaires, souvent au nombre de 5 dans un involucre, courtement pédicellées. Calice privé de dents, entier ou légèrement ondulé sur les bords. Corolle blanche, à tube de 10 mm environ de long sur 2 mm de diam., un peu rétréci à la base, à lobes au nombre de 6, allongés, de 10 mm environ de long. Pistil un peu plus long que les étamines, bifide au sommet. Fruit courtement elliptique, renfermant deux graines, de 9-11 mm de long sur 8-9 mm de large, à graines semi-globuleuses, de 7-8 mm de long et de 5-7 mm de large.

Café du Sankuru, cultivé à Lusambo, 1er décembre 1895 (Ém. Laurent).

Obs. — Nous rapportons à cette espèce le n° 987 B de la collection de Dewèvre, recueilli à Kasongo, où ce caféier est cultivé par les Arabes, bien que l'aspect d'un des rameaux fructifères paraisse différer légèrement.

Comme on peut le voir en comparant les descriptions, le *C. Laurentii* a beaucoup d'affinité avec le *C. arabica* L. De même que ce dernier, il possède des fleurs entourées à leur base d'un involucre, constitué par deux sortes de folioles, dont les unes représentent les stipules, les autres les feuilles, plus ou moins réduites. La forme des feuilles, le nombre de lobes de la corolle, la grandeur des fruits constituent les caractères les plus saillants qui permettent de séparer facilement le *C. Laurentii* et le *C. arabica*. Quant au *C. liberica* Bull., à fleurs 6-8 mères, grandes, à feuilles à cavités glanduleuses bien marquées, il possède un port très différent qui ne peut être comparé à l'espèce nouvelle que nous venons de décrire en la dédiant à M. le Prof. Ém. Laurent de l'Institut agricole de Gembloux. C'est pendant son second voyage qu'il remarqua cette plante d'avenir, et peu après son retour, il en donna une description sommaire (Cf. Ém. Laurent : Le caféier et sa culture au Congo in *Bull. Soc. roy. de Bot. de Belg.*, XXXVII, 2, p. 51). Les mensurations des feuilles de cette plante prise sur le vivant prouvent bien que les caractères proposés par M. Frœhner pour grouper les *Coffea* ne peuvent être employés. En effet, où classerions-nous le *C. Laurentii* : ses feuilles mesurent de 16 à 30 cm de long ; or, pour M. Frœhner, une première subdivision des caféiers à feuilles persistantes comprend les espèces dont les feuilles atteignent 15 cm de long, la seconde celles dont les feuilles varient de 20-25 cm, il faudrait donc modifier profondément les mensurations proposées par le monographe allemand.

C. zanguebariæ Lour., *Fl. Cochinch.* (1790), p. 145 ; Hiern. in *Trans. Linn. Soc.* ser. 2, I (1876), p. 172 ; in *Oliv. Fl. trop. Afr.*, III, p. 182 ; Frœhner, in *Notizbl. königl. bot. Garten*, Berlin, I (1897), p. 234, et in *Engl. Bot. Jahrb.*, XXV (1898), p. 274 ; Lecomte, Le Café, p. 40 ; K. Schum., in *Engl. Ost-Afr.* C, p. 387.

Amazoua africana Spreng., *Syst. veget.*, II (1825), p. 126.

Distrib. — Zanzibar, Mozambique.

C. stenophylla G. Don., *Gen. Syst.*, III (1834), p. 587 ; Hiern., in *Trans. Linn. Soc.* ser. 2, I (1876), p. 172, et in Oliv., *Fl. trop. Afr.* III, p. 182 ; *Kew Bull.* (1893), p. 167, et (1896), p. 119 ; Hook., *Bot. Mag.*, t. 7475 ; Frœhner, in *Engl. Bot. Jahrb.*, XXV (1898), p. 265.

C. arabica Hook., *Niger* fl. (1849), p. 413, pr. p.

Distrib. — Sierra-Leone.

Obs. — C'est indiscutablement à la suite d'une erreur de plume que Sir J. D. Hooker donne comme caractère de cette espèce (cf. *Bot. Mag.* loc. cit.), des glandes foliaires axillaires s'ouvrant sur la face supérieure, c'est inférieure qu'il faut lire.

Coffea Arnoldiana De Wild. nov. sp.

Feuilles d'un vert plus ou moins foncé, à pétiole assez fort, de 12 à 15^{mm} environ de long, à limbe de 16 à 21^{cm} de long sur 7 à 11^{cm} de large, ovales ou obovales, brusquement atténuées au sommet en un acumen court, atteignant 1^{cm} de long, obtus, obtusément cunéiformes à la base, légèrement ondulées sur les bords, ourlées, très luisantes sur la face supérieure, mates sur la face inférieure, devenant d'un brun rougeâtre foncé en se desséchant, à 8-10 nervures de chaque côté de la nervure médiane, anastomosées en arc vers le bord de la feuille et nettement proéminentes à la face inférieure ; nervures secondaires réticulées, assez visibles sur les deux faces ; à l'aiselle de la nervure principale et des nervures latérales se trouvent des cavités assez grandes, creusées dans le parenchyme, ouvertes à la face inférieure, légèrement velues sur les bords et proéminentes sur la face supérieure où elles se remarquent par des renflements bien visibles. Stipules largement triangulaires, courtement aiguës, de 5^{mm} environ de long, connées à la base et parfois ciliées sur les bords. Fleurs disposées en inflorescences axillaires, pédonculées, à pédoncule court, atteignant parfois 2^{mm} environ de haut, surmonté de 2 involucres composés de deux bractées largement triangulaires, subobtuses, glanduleuses sur les bords, et sur lesquelles s'insèrent latéralement au niveau de la soudure, au-dessous du bord et de chaque côté une bractée plus ou moins développée rappelant la forme des feuilles et dépassant en général le bord de l'involucre, atteignant parfois 25^{mm} de long et 6^{mm} de large, et présentant même les cavités glandulaires axillaires ; les deux involucres superposés en croix. Fleurs parfois solitaires, souvent au nombre de 5 dans un involucre, courtement pédicellées, formant dans leur ensemble des glomérules subsessiles à l'aisselle des feuilles. Calice privé de dents, lisse, très luisant. Corolle luisante, glanduleuse sur la face externe dans le bouton, blanche, à tube de 8 à 9^{mm} de long sur 2^{mm} environ de diam., un peu rétréci vers la base, à limbe divisé en 8 lobes, elliptiques, obtus, de 10 à 11^{mm} environ de long et 4^{mm} environ de large. Étamines au nombre de 8, insérées à la gorge de la, corolle de 10^{mm} environ de long, pistil un peu plus long que les étamines, bifide au sommet. Fruit inconnu.

Distrib. — Bas-Congo (Alf. Dewèvre).

Obs. — Nous avons dédié cette intéressante espèce à M. Arnold, directeur du service de l'Agriculture au Département des Finances du Gouvernement de l'État indépendant du Congo.

Si l'on examine la description ci-dessus, on verra qu'elle présente assez d'analogie avec celle du *L. liberica* Bull. Le *C. Arnoldiana* possède 8 divisions à la corolle, des cavités glanduleuses très marquées à l'aisselle des feuilles, comme le *C. liberica*, mais ses fleurs sont beaucoup plus petites. Nous avons exposé dans notre tableau des espèces les caractères permettant de différencier ces diverses plantes. Comme pour le *C. Laurentii*, on peut voir que les mensurations des feuilles devraient faire créer, si l'on pouvait admettre le groupement proposé par M. FRŒHNER, une nouvelle subdivision, car 16-21 centimètres se trouvent être justement intermédiaires entre 15, maximum d'une série, et 20, minimum de la section *Grandifolia*.

C. liberica Bull, ex HIERN in *Trans. Linn. Soc.*, ser. 2, I (1876), p. 171, pl. 24 et in OLIV., *Fl. trop. Afr.*, III p. 181 ; FRŒHNER, in *Notizbl. königl. bot. Garten*, Berlin, I (1897), p. 233, et in *Engl. Bot. Jahrb.*, XXV (1898), p. 269 ; LECOMTE, Le Café, p. 35 ; HIERN, *Cat. Welw. Afr., pl*, I, p. 489 ; K. SCHUM., in *Engl. et Prantl*, *Natürl. Pflanzenfam.*, IV. 4, p. 103, fig. 36, C-F.

C. arabica Benth., in HOOK., *Niger Fl.* (1849), p. 413, p. p.

Distrib. — Libéria, Sierra-Leone, Angola, État indépendant du Congo, Gabon.

Obs. — Il ne semble pas que, pour cette espèce, les auteurs soient d'accord. La plante figurée par M. HIERN paraît semblable à celle que l'on trouve dans la collection Dinklage, provenant de Libérie. M. FRŒHNER décrit (loc. cit.) les fleurs comme possédant chacune un calicule, or dans la plante de Libéria à laquelle nous faisons allusion il y a deux calicules superposés ; pour la disposition des fleurs, cette plante ne ressemble pas à ce qui a été figuré par M. HIERN dans les Transactions de la Société Linnéenne de Londres.

C. macrochlamys K. Schum., in *Engl. bot. Jahrb.*, XXIII (1897), p. 463 ; FRŒHNER, in *Notizbl. königl. bot. Garten*, Berlin, I (1897), p. 233, et in *Engl. Bot. Jahrb.*, XXV (1898), p. 268 ; LECOMTE, Le Café, p. 32.

Distrib. — Kameroun.

C. hypoglauca Welw., ex HIERN in *Trans. Linn. Soc.*, ser. 2, I (1876), p. 172, et in OLIV., *Fl. trop. Afr.*, III, p. 184 ; FRŒHNER, in *Notizbl. königl. bot. Garten*, Berlin I (1897), p. 233, et in *Engl. Bot. Jahrb.*, XXV (1898), p. 267 ; LECOMTE, Le Café, p. 32 ; HIERN, *Cat. Welw. Afr.*, pl. I, p. 490.

Distrib. — Angola.

C. Afzelii Hiern. in *Trans. Linn. Soc.*, ser. 2, I (1876), p. 174, et in OLIV., *Fl. trop. Afr.*, III, p. 184 ; FRŒHNER. in *Notizbl. königl. bot. Garten*, Berlin I (1897), p. 232, et in *Engl. Bot. Jahrb.*, XXV (1898), p. 259 ;LECOMTE, Le Café, p. 16.
Distrib. — Sierra-Leone.

C. spathicalyx K. Schum., in *Eng. Bot. Jahrb.*, XXIII (1897), p. 464 ; FRŒHNER, in *Notizbl. königl. bot. Garten* Berlin I (1899), p. 232, et in *Engl. Bot. Jahrb.*, XXV (1898), p. 266 ; LECOMTE, Le Café, p. 31.
Distrib. — Kameroun.

Subgen. II. — **LACHNOSTOMA** Hook. f.

C. densiflora Bl. **C. khasiana** Hook. f. **C. jenkiusii** Hook f. **C. uniflora** K. Schum. **C. glabra**.	Cf. FRŒHNER, in ENGL. *Bot. Jahrb.*, XXV (1898), p. 277.

Sp. DUBIÆ.

C. resinosa (Hook. f.) RADLK., in *Bremen Abhandl. Naturw.*, VIII (1883), p. 390, in obs.
Leiochilus resinosus Hook. f., in BENTH. et HOOK. *Gen., pl.*, II (1873), p. 116.
Distrib. — Madagascar.

C. Perrottetii Steud., ex BUEK, *Ind. DC. Prod. regn. veget.*, I (1842), praef. p. IX.
C. microcarpa DC., *Prod. regn. veget.* IV (1830), p. 499, non RUIZ et PAVON ; HIERN, in *Trans. Linn. Soc.*, sér. 2, I (1876), et in OLIV. *Fl. trop. Afr.*, III, p. 183.
Distrib. — Sénégal.

OBS. — Le *C. microcarpa* DC. serait le *Cremaspora microcarpa* Baill.; nous ferons cependant remarquer que cette plante dont nous avons vu des échantillons authentiques qui nous ont été communiqués par M. C. DE CANDOLLE a beaucoup d'analogie avec le *C. subcordata* Hiern, les feuilles se ressemblent fortement, ainsi que l'indument des tiges et des feuilles qui ne sont pas glabres comme l'indique la diagnose de PRODROME. Nous n'avons malheureusement pas vu de fleurs et ne savons pas si BAILLON a pu en étudier.

Les explorations botaniques dans les Colonies françaises de l'Afrique tropicale,

d'après les collections conservées au Muséum d'Histoire naturelle de Paris,

Par M. HENRI HUA,

Sous-Directeur du Laboratoire des Hautes-Etudes au Muséum.

Depuis une vingtaine d'années, c'est-à-dire depuis que les nations européennes se sont partagé le continent noir, l'attention du monde savant s'est reportée d'une façon particulière sur l'ensemble des productions de l'Afrique tropicale. Nos connaissances concernant la végétation de ces régions si longtemps mystérieuses font chaque jour, peut-on dire, un pas nouveau grâce à l'activité déployée par les botanistes des nations les plus directement intéressées dans l'exploitation de ce nouveau champ, si vaste, ouvert aux recherches.

En Allemagne, M. le Professeur ENGLER et ses collaborateurs du Musée de Berlin, ont, depuis 1892, poursuivi dans les *Botanische Jahrbücher*, la publication des *Beiträge zur Flora von Afrika,* dont la première série parut dans le T. XIV du recueil, et qui en est actuellement à la vingtième dans le T. XXVIII. Une centaine de familles environ a été étudiée ; 150 espèces au moins, la plupart nouvelles, ont été figurées. Plusieurs notices sur des voyages particuliers ont été données.

A côté de cette série, et parallèlement avec elle, des diagnoses d'espèces nouvelles de diverses familles, des notes sommaires sur certaines plantes intéressantes ont trouvé place depuis 1895 dans le *Notizblatt des königl. botanischen Gartens und Museums zu Berlin*, dont le 3me volume est en cours.

Enfin, des ouvrages généraux ont été publiés : ainsi, *Die Pflanzenvelt Ostafrikas* (1895), et, depuis 1898, la belle série des *Monographien afrikanischer Pflanzenfamilien und Gattungen* dont le 5e fascicule, consacré aux *Sterculiaceæ* par M. SCHUMANN, vient de paraître. Les précédents ont pour objet : I. *Moraceæ*, par A. ENGLER ; II. *Melastomaceæ*, par A. GILG ; III. IV. *Combretaceæ*, par A. ENGLER et L. DIELS.

En Angleterre, l'honorable directeur du Jardin royal de Kew, Sir W. THISELTON DYER, a pu reprendre, en 1897, après une interruption de vingt années, la publication du *Flora of tropical Afrika,* dont les Tomes I à III, allant jusqu'aux *Ebenaceæ*, avaient paru de 1866 à 1877 sous la direction d'OLIVER. L'introduction du T. VII, fait connaître les vicissitudes de cette publication, et contient la mention des botanistes auxquels sont dus les documents utilisés pour l'élaboration de cet important ouvrage, où se trouvent aujourd'hui traitées récemment, dans le T. VII, les Monocotylédones jusqu'aux Liliacées, dans le T. V., les Gamopétales, des Acanthacées aux Labiées.

Le présent résumé ne peut énumérer tous les travaux de détails consacrés dans divers recueils anglais à la Flore de l'Afrique tropicale, et dont la synthèse se trouve dans l'ouvrage que nous venons de citer. Mais il faut accorder une mention spéciale à l'importante contribution donnée par MM. HIERN et RENDLE, du British Museum, sous le titre de *Catalogue of African plants collected by Dr Friedrich Welwitsch in 1833-61*, dont le premier fascicule a paru en 1896 et qui est aujourd'hui achevé pour les Phanérogames.

En Belgique, fut commencée en 1892, au Jardin botanique de l'Etat, la série des publications africaines, par une œuvre d'érudition pour laquelle M. TH. DURAND s'adjoignit M. H. SCHINZ, le directeur du Jardin botanique de Zurich : le *Conspectus Floræ africæ*, dont le T. V, terminé en 1895, contient les Monocotylédones et les Gymnospermes, et a été suivi en 1898 d'un fascicule du T. I, allant des Renunculacées aux Frankeniacées.

Les mêmes auteurs donnent, en 1896, dans les Mémoires publiés par l'Académie royale de Belgique, une première série d'*Etudes sur la Flore de l'Etat indépendant du Congo*, bientôt suivies de plusieurs autres fascicules donnés à la Société royale de botanique de Belgique par MM. DURAND et DE WILDEMAN, sous le titre de *Matériaux pour la Flore du Congo* : le huitième vient de paraître.

Bientôt, le Secrétariat d'Etat du Congo confia aux mêmes botanistes, dans les *Annales du Musée du Congo*, la direction des *Illustrations de la Flore du Congo*, belle publication commencée en 1898, et qui en est aujourd'hui à sa soixantième planche ; et les *Contributions à la Flore du Congo* dont les trois fascicules parus de juillet 1899 à juillet 1900, passent en revue les plantes vasculaires de l'Etat indépendant du Congo.

Ne pouvant entreprendre ici la revision complète des connaissances acquises successivement sur la Flore africaine, malgré le haut intérêt qu'elle présenterait, et ayant seulement pour but, avant de montrer l'œuvre propre de la France dans l'étude botanique du Continent africain, d'esquisser la part prise par les autres nations dans cette étude, on comprendra que je ne cite pas tout ce qui a été fait, et l'on excusera les omissions nécessitées par les restrictions même du sujet (1).

Même en ce qui concerne la France, ce n'est pas le lieu de reprendre dès l'origine une histoire dont les éléments se trouvent dans le travail cité de M. Vallot, auquel on doit se reporter pour toutes les indications concernant les explorations antérieures à 1882.

Je ne puis m'empêcher de rappeler que la France fut la première à marcher dans la voie de l'exploration scientifique de l'Afrique tropicale avec l'illustre Adanson, qui de 1749 à 1754 parcourut la Sénégambie dans ses voyages au Podor, à Gorée, à Albréda, à St-Louis.

Pendant toute la première moitié du XIXe siècle, c'est elle encore qui fournit les matériaux les plus considérables avec Palisot de Beauvois pour la Guinée septentrionale; Leprieur, Richard, Perrotet, Heudelot, pour la Sénégambie; Quartin Dillon et Petit pour l'Abyssinie. Ces matériaux servent de base à des publications magistrales, restées classiques; *Flore d'Oware et de Benin* (1804-1807); *Floræ Senegambiæ tentamen*, œuvre malheureusement inachevée, s'arrêtant aux Mélastomacées, à la fin du 1er volume (1830-33); *Tentamen floræ Abyssinicæ* (1847-51). Ces ouvrages, joints à quelques autres, tels que : le *Genera plantarum guineensium* d'Afzelius (1804), les *Beskrive af Guineiske Planter* de Schumacher et Thonning (1827), forment les bases fondamentales de nos connaissances sur la végétation de l'Afrique tropicale.

Plus tard, les collections faites par Aubry Lecomte, puis par le R. P. Duparquet et Griffon du Bellay au Gabon, donnent, après celles de Christian Smith faites au commencement du siècle, lors de l'expédition du capitaine Tuckey, à l'embouchure du fleuve Congo, les premiers

(1) On trouvera des références particulièrement nombreuses dans les travaux suivants :

Vallot. — Etudes sur la Flore du Sénégal. — *Bull. de la Soc. bot. de France*, 1882, p. 168-205.

Gurke. — Ubersicht über die Gebiete des tropischen Afrika, in welchen deutsche Reisende niedergelegten Sammlungen zusammen brachten, mit Angabe der Wichstigsten über ihre Reisen und deren Ergebnisse voroffentlichen Aufsätze. — *Bot. Jahrbücher* XIV (1892), p. 279-292

Hiern. — Catalogue of the african Plants collected by Dr Friedrich Welwitsch. — Introduction p. XIX-XXV (1896).

W. T. Thiselton Dyer. — Flora of tropical Africa, vol. VII, préface (1898).

éléments des études sur la flore congolaise. — BAILLON avait commencé à les mettre en lumière dans les *Etudes sur l'Herbier du Gabon*, publiées dans l'*Adansonia* de 1865 à 1876. Mais occupé d'autres soins, notamment de la publication de sa monumentale *Histoire des Plantes*, et de l'examen de la *Flore de Madagascar* (1), que lui avait confié M. GRANDIDIER, il ne put achever. Il s'est arrêté aux Combrétacées qui, dans la série linéaire adoptée par lui, correspondent à peine à la moitié des familles.

Après la formation de ces grandes collections fondamentales pour l'herbier d'Afrique tropicale du Museum, une sorte d'éclipse se produit. Doit-on l'attribuer aux graves évènements politiques qui précédèrent et suivirent la guerre de 1870, ou bien à un état d'esprit scientifique particulier à cette période et faisant rejeter au second plan tout ce qui a trait à la botanique systématique et géographique, pour envisager presque exclusivement les questions anatomiques et physiologiques? Le fait est, qu'en France notamment, si l'on excepte BAILLON, qui par son *Histoire des Plantes* est l'émule de BENTHAM et HOOKER et de leur *Genera plantarum*, et COSSON qui termine ses études sur l'Afrique du Nord, personne, en dehors des herborisants occupés de flore locale, ne paraît trouver d'intérêt aux questions de floristique.

Il faut arriver en 1880, pour retrouver sur les registres d'entrée du Museum l'inscription de quelques envois importants venant d'Afrique, près de vingt ans après ceux de GRIFFON DU BELLAY et du P. DUPARQUET. Depuis, ils n'ont plus cessé : chaque année, nos collections nationales s'enrichissent de matériaux nouveaux dont la mise en œuvre est l'objet des soins de l'auteur de cette note.

La situation du Museum, ainsi qu'on peut le voir facilement par cet exposé sommaire, est un peu différente de celle d'autres établissements où la Flore africaine est l'objet d'études assidues. Il ne suffit pas de mettre à jour les collections nouvelles au fur et à mesure de leur arrivée. Il faut former un ensemble homogène au moyen des collections récentes et des fonds anciens, en partie étudiés, mais où bien des choses sont encore indéterminées.

Il semble donc utile, avant de présenter les résultats fournis par l'étude de cet ensemble, d'en esquisser les origines. M. VALLOT, dans le travail ci-dessus cité, l'a fait jusqu'en 1880. Nous partirons de cette

(1) 12 fascicules de planches ont été publiés par BAILLON avant sa mort. — De nombreuses descriptions furent données dans le *Bulletin de la Société linnéenne de Paris*. Depuis, l'œuvre est continuée par M. DRACKE DEL CASTILLO.

date, et nous énumèrerons, en suivant, pour chacune des colonies, l'ordre chronologique, les collections ayant fourni des matériaux au Museum. Nous aurions aimé à élargir cette étude, à montrer d'une part ce qui a été fait d'important en dehors de cet établissement, d'autre part, à indiquer la contribution apportée par divers travailleurs à nos connaissances sur la flore africaine. Nous devons nous borner, pour l'Etranger, aux indications incomplètes données plus haut, et, pour la France, à citer en dehors des travaux faits au Museum, tant au service de l'Herbier, par le signataire de cette note et quelques autres, surtout le regretté FRANCHET, qu'au service des cultures, par M. le professeur Max. CORNU, les études de M. le professeur HECKEL (1), directeur du Musée colonial de Marseille, sur les produits utiles de nos colonies africaines et celles de M. L. PIERRE (2), sur de nombreux types nouveaux du Gabon, d'après son herbier personnel, dû pour la plus grande part au R. P. KLAINE, pour ce qui est des plantes africaines.

SÉNÉGAL — GUINÉE — SOUDAN

Depuis les derniers envois d'HEUDELOT, en 1837, rien n'était venu de cette région, sauf quelques produits, graines ou gommes, enrichir les collections du Muséum, quand, en 1880, M. CARREY, ingénieur-directeur des travaux publics au Sénégal, envoya une petite collection provenant du Haut Fleuve.

En 1882, le commandant DERRIEN, puis le Dr TALMY, conservateur de l'Exposition des colonies, font d'autres envois de la même région.

Le Dr BAYOL, en 1883, explore le Fouta-Djallon. L'année suivante, M. BAUCHER, pharmacien de la marine, s'attache plus spécialement aux plantes à caoutchouc qui commencent à attirer l'attention.

En 1885, le Dr BELLAMY pénètre plus avant et explore le Soudan occidental dans la région entre le Haut-Sénégal et le Haut-Niger.

En 1888, le Dr LAFFONT, en 1889, le Dr NOURRY et M. COLLIN récoltent quelques matériaux qui viennent se joindre aux précédents.

Toutes ces collections, d'importance variable, sont faites à l'occasion, généralement sans esprit de suite.

En 1893, le Museum s'est attaché dans la personne de M. G. PAROISSE, un correspondant sagace, qui manquant du loisir nécessaire pour faire

(1) Voir les *Annales de l'Institut colonial de Marseille.*

(2) V. le *Bulletin de la Société linnéenne de Paris*, anc. série, tome II, in fin., et nouv. série, nos 1 à 15, et les planches autographiées distribuées par M. PIERRE à divers musées et à quelques particuliers.

des collections très importantes par le nombre des échantillons, s'attache à soigner ceux-ci et à donner des plantes qu'il rapporte une idée aussi complète que possible.

En 1893, il rapporte des plantes de Conakry et des environs; puis, du Fouta Djallon, sa plus importante collection qui atteint 200 échantillons. En 1895, il a exploré à fond le petit groupe des îles Tristão. — En 1898, il rapporte d'une campagne au Soudan, dans le Haut-Niger et la région entre ce fleuve et les affluents du Sénégal, de superbes matériaux concernant les lianes à caoutchouc, grâce auxquels il a été possible d'éclaircir l'origine botanique de la précieuse gomme dans cette région (1). Tout récemment (août 1900), une petite collection venant de Kandiafara s'ajoute aux précédentes; malheureusement, elle a été fort éprouvée par des vicissitudes de route.

En 1895, M. Dybowski a rapporté un certain nombre de plantes des environs de Conakry.

Le Dr Maclaud, en 1895 et 1897, a constitué un herbier assez important de la même région. En 1898, il a fait une bonne récolte dans les hautes régions du Fouta.

En 1897, le Museum reçut du Dr Miquel une petite série, fort intéressante, de plantes des environs de Timbo, parmi lesquels se trouva la première Labiée à feuilles alternes, qui ait été signalée et qui fut alors distinguée comme genre nouveau sous le nom d'*Icomum* (2). Depuis, M. H. Burkill en a retrouvé plusieurs espèces dans les collections arrivées à Kew de diverses contrées de l'Afrique tropicale.

En 1898, la Société de géographie commerciale remettait au Museum une vingtaine de plantes, récoltées par la mission Hourst, et qui présentent l'intérêt d'être les premières plantes reçues par le Museum des bords du Niger moyen.

Enfin, en 1898, le général de Trentinian, alors lieutenant gouverneur du Soudan, voulant faire connaître la richesse des régions confiées à son administration, organisa une importante mission, dans laquelle M. Auguste Chevalier fut chargé des études botaniques. C'était une heureuse initiative, reprenant une tradition, malheureusement perdue depuis trop longtemps, que d'affecter un spécialiste exclusivement à l'étude de la végétation d'une de nos colonies, sans qu'il fût distrait de ses recherches particulières par des soucis d'un autre ordre. On a pu estimer au pavillon du Sénégal-Soudan, à l'Exposition universelle,

(1) Sur une des sources de caoutchouc du Soudan français, par Henri Hua. — *Bull. du Museum*, 1899, p. 178 sq.

(2) *Bull. du Museum*, 1897, n. 7, p. 325 sq.

l'importance des récoltes de M. Chevalier. Le Congrès doit, du reste, entendre exposer par le voyageur même une partie des résultats de ses explorations. Pendant près d'un an, il parcourut la vaste région, encore inexplorée au point de vue botanique, qui s'étend au sud du Niger, dans les cercles de Kouroussa, de Kankan, de Sikasso, poussant jusqu'à Bobo-Dioulasso, puis remontant au nord vers Tombouctou, où il trouve le contact entre la végétation soudanaise et la végétation saharienne. Après avoir visité la curieuse localité des lacs du Sahel, où les deux flores sont mélangées, il remonta le Niger, et il se disposait à rentrer en France, quand une nouvelle mission lui fut confiée par M. Chaudié, gouverneur général de l'Afrique occidentale, sur la proposition de M. Milhe-Poutingon, commissaire général du Sénégal à l'Exposition universelle de 1900, pour préparer l'Exposition botanique de cette colonie.

L'ensemble de ces explorations a déjà permis de se rendre compte de l'unité probable au point de vue botanique de toute la bande de territoire, confondue par les géographes sous le nom de Soudan, et qui s'appuie à l'Ouest au massif du Fouta-Djallon, à l'Est à celui de l'Abyssinie. Les plantes récoltées par Schweinfurth au Bahr-El-Ghazal, par Dybowski, dans le bassin du Chari, ont des relations évidentes avec celles du Soudan occidental et du Sud du Sénégal. Cette région est limitée au sud par la grande forêt, avec ses caractères spéciaux, au nord par la région désertique du Sahara. Sur la côte même, la différence paraît appréciable, dans une certaine mesure, entre les localités situées au nord de Conakry, jusqu'au Cap Vert, et que l'on peut rattacher à la région soudanienne. et celles situées au Sud, qui paraissent former un ensemble assez homogène jusque vers l'embouchure du Congo, — constituant la Guinée, — expression géographique qui doit subsister au point de vue physique, malgré les diverses dénominations adoptées à la suite du partage politique du territoire. Et il est important de remarquer que la colonie française dite de Guinée, ne participerait qu'à son extrême sud, aux caractères de la végétation guinéenne.

Nous en aurons fini avec cette région, en signalant après quelques échantillons des environs de Conakry dus à M. Eug. Poisson et à M. Lecerf (1), et arrivés cette année même, l'envoi tout récent de plantes des environs de Timbo, dû à un des meilleurs correspondants du Museum, M. Pobéguin, administrateur des Colonies, dont nous retrouvons le nom dans d'autres contrées.

(1) Voy. *Bull. du Museum* (1900), p. 309 sq.

COTE D'IVOIRE

C'est à M. Pobéguin que nous devons à peu près tout ce que nous connaissons sur la flore de la Côte d'Ivoire. Deux petites collections arrivées en 1894 et 1896 sont suivies en 1897 d'un envoi plus important presque entièrement consacré aux plantes du Baoulé, différant sensiblement de celles de la région côtière (2).

DAHOMEY

Les documents concernant le Dahomey consistent jusqu'à présent exclusivement dans une petite collection due au R. P. Menager et arrivée au Museum en 1881 par l'intermédiaire de Baillon. Nous avons lieu de croire qu'un de nos correspondants, M. Le Testu, ingénieur agronome, qui vient de partir pour cette colonie, va nous fournir des matériaux plus complets sur sa flore.

CONGO FRANÇAIS

(Gabon — Congo — Oubangui)

Les premières notions apportées au Museum sur la végétation du Gabon datent de 1845-48, et sont dues à Edelestan Jardin. Les récoltes d'Aubry-Lecomte, Griffon du Bellay, Duparquet, citées plus haut, et entrées en totalité dans notre Herbier national en 1895, lors de la dispersion de l'Exposition permanente des colonies, qui occupait une partie de l'ancien Palais de l'Industrie, les complétèrent.

Depuis 1864, à part quelques plantes envoyées par le R. P. Klaine en 1874 et 1882, on n'acquiert plus rien de la région qui devait devenir la colonie du Congo français, jusqu'aux belles collections de Thollon et de Dybowski, qui forment aujourd'hui le fond principal de l'Herbier congolais du Museum.

Parti d'abord comme attaché à la mission de Brazza, Thollon ayant, de 1883 à 1895, accompli de nombreuses campagnes à divers titres sur différents points de la colonie, il a fait, pendant cette période de douze ans, de nombreux envois provenant des bords de l'Ogooué, du Congo et de ses principaux affluents, le Kouilou, l'Alima, l'Oubangui, et de la forêt du Mayumbe, entre Loango et Brazzaville. L'ensemble comprend plus de 4.000 numéros.

(2) Voy. *Bull. du Museum* (1897), p. 247-251.

Les collections de M. Dybowsky proviennent, d'une façon générale, des mêmes régions. Elles comprennent trois séries : la première, faite lors de la mission de 1891, présente cet intérêt spécial de nous fournir des documents sur l'arrière pays, vers la rivière Kémo, sur le versant de l'Oubangui, et vers le Chari, sur le versant du Tchad, documents qui permettent de relier la végétation du Soudan français à celle du Bahr el Ghazal. Les deux autres, reçues en 1894 et 1895, proviennent de l'Ogooué, en particulier de la station d'Achouka, située sur la ligne équatoriale même.

Outre ces principales collections, l'Herbier congolais du Museum comprend encore des matériaux dûs à M. H. Lecomte, qui a particulièrement exploré le Mayumbe ; à Mgr Leroy, quand il était vicaire apostolique du Gabon, et dont les envois proviennent surtout du Haut-Ogoué ; au R. P. Klaine, qui recueille avec soin tous les végétaux des environs immédiats de Libreville ; à M. Guiral, qni a fait, en 1885, un petit envoi, à la suite de son exploration du Benito.

Tels sont les matériaux importants dont nous avons entrepris le classement d'ensemble dans l'Herbier du Museum, classement presque terminé aujourd'hui. Nous pensons pouvoir, en joignant leur étude à celle des anciens documents conservés au Museum, esquisser dans un avenir prochain l'exposé méthodique des richesses végétales des colonies francaises de l'Afrique tropicale. L'étendue et la variété des territoires qui en dépendent semblent promettre d'intéressants résultats au point de vue de la géographie botanique, encore si obscure, du continent africain.

La végétation de la région de Tombouctou,

par **Aug. CHEVALIER**.

Chargé de mission scientifique dans l'Afrique Occidentale.

Le pays qui fait l'objet de cette étude est situé, dans le Soudan occidental, par 17° de lat. nord, entre 10° et 5° de long. ouest, au contact du Sahara dont il n'est que l'expansion méridionale. Le Niger apporte à cette contrée, par les dépressions qui communiquent à l'hivernage avec le sommet de sa boucle, une fécondité, dans les terres inondées, comparable à celle des territoires de la Nubie, baignés par le Nil.

La flore du Sud algérien et tunisien commence à être bien connue. M. Jean Massart (1) a tracé récemment encore une esquisse intéressante de la biologie des plantes de cette région. Nous ne savons à peu près rien, au contraire, sur la végétation de l'intérieur du Sahara et de sa bordure méridionale. Les dangers de toutes sortes auxquels on se heurte dans le Grand Désert, les privations et les fatigues qu'il faut endurer sans cesse, ont arrêté les voyageurs les plus zêlés. La pauvreté de la flore n'est pas faite, d'ailleurs, pour tenter les botanistes qui préfèrent toujours les régions tropicales, infiniment plus riches, plus variées et plus faciles à aborder.

Il a fallu toute l'audace et l'énergie de René Caillié, de Barth, de Nachtigal, de Lenz et de quelques autres voyageurs transsahariens pour réussir des traversées aussi dangereuses. Malheureusement, ces intrépides explorateurs ont rapporté très peu de renseignements sur la géographie botanique, l'étude de la topographie et de la constitution du sol ayant surtout fixé leur attention.

Au moment où le gouvernement français entreprend l'occupation définitive de la Mauritanie occidentale, après la remarquable mission Fourreau-Lamy qui a joint l'Algérie aux territoires français du lac Tchad, après la périlleuse excursion de M. Flamand à In-Salah, bientôt suivi

(1) J. Massart. Un voyage botanique au Sahara. *Bull. Soc. Roy. Bot. Belgique* t. XXXVII (1898) p. 2-202.

des colonnes de pénétration du Touat, après enfin l'exploration de l'Adrar par la mission BLANCHET-DEREIMS qui a coûté la vie à l'infortuné BLANCHET, il nous a semblé qu'il serait intéressant de présenter au Congrès international de Botanique de 1900, un tableau de la végétation du Sahara méridional, dressé à la suite d'un séjour de quelques semaines dans la région de Tombouctou en 1899.

Au mois d'octobre 1898, M. le général DE TRENTINIAN, lieutenant-gouverneur du Soudan français, constituait un groupe de spécialistes pour aller étudier les productions de la boucle du Niger que la récente capture de Samory venait de pacifier. M. MILHE-POUTINGON, directeur de l'Afrique à l'Union coloniale et M. HUA, chargé de l'Herbier d'Afrique au Muséum, nous proposèrent pour l'exploration botanique. Nous sommes heureux de leur exprimer notre reconnaissance. Cette mission fut suivie de celle du Sénégal qui nous fut confiée par M. CHAUDIÉ, gouverneur général, en vue de réunir les productions végétales de la colonie pour l'Exposition de 1900. Parvenu dans le haut Sénégal à la fin de l'année 1898, nous atteignions le Niger moyen en janvier 1899. Pendant un an et demi, nous avons parcouru sur un itinéraire d'environ 8.000 kil. les régions comprises entre l'Océan Atlantique, le massif du Fouta-Djalon, l'hinterland de la Côte-d'Ivoire, la branche descendante du Niger et le Sahara méridional.

C'est en juillet 1899 que nous avons atteint le pays de Tombouctou après avoir parcouru une grande partie de la boucle du Niger.

Grâce au caractère officiel de notre mission et à la bienveillante recommandation du général DE TRENTINIAN, les plus grandes facilités nous furent données pour poursuivre nos recherches en sécurité, les dunes étant encore fréquemment parcourues par des Touaregs et des Berabichs, généralement disposés à attaquer l'Européen isolé, malgré la soumission de leurs chefs. Nous devons des remerciements tout spéciaux à M. l'interprète militaire MERLE et surtout au R. P. DUPUIS pour les intéressants renseignements qu'ils nous ont procurés sur les usages indigènes des plantes du pays et sur leurs noms en Sonrhaï, langue la plus parlée à Tombouctou. Nous avons pu encore parcourir, avec le R. P. DUPUIS et grâce à l'escorte que commandait M. le capitaine d'artillerie de marine HAÏS, les abords du lac Faguibine et traverser les Daouna, pays de culture du blé de Tombouctou.

Dans notre parcours à travers l'Afrique occidentale, nous avons relevé trois zônes de végétation dont nous avons exposé la constitution dans des travaux précédents (1).

(1) A. CHEVALIER. Les zônes et les provinces botaniques de l'Afrique occidentale *C. R. Acad. Sc.*, t. CXXX. p. 1205 et *Une mission au Sénégal*, p. 201 (Challamel, 1900).

1° Au nord de l'hinterland de la Côte-d'Ivoire, s'étend la *zône méridionale* ou *guinéenne* qui participe de la végétation des forêts équatoriales de l'Afrique, couverte, au moins dans les vallées, de bosquets impénétrables, de grands arbres enlacés de lianes nombreuses, avec des Monocotylédonés arborescentes au bord des eaux (Palmiers, *Dracæna*, *Pandanus*).

2° La *zône soudanienne* ou *moyenne*, qui commence vers le 12e degré de latitude nord, est dans son ensemble un vaste plateau de grès latéritiques couvert en hivernage de hautes savanes de Graminées, plus riches en individus qu'en espèces variées. Quelques espèces d'*Andropogon*, *Imperata cylindrica* Pal.-Beauv., *Ctenium elegans* Kunth. sont presque les seules graminées qui les constituent. De loin en loin se dressent dans cette savane des arbres donnant ordinairement peu d'ombre et çà et là s'étend la brousse proprement dite, constituée par des arbustes ou des arbres de 2e grandeur (entre lesquels croissent aussi des Graminées) et qui constituent des taillis toujours facilement pénétrables.

3° Au nord du 14e degré de latitude nord, et souvent formant des encoches plus méridionales dans la zône précédente, aux régions dépourvues d'eau, s'étend la *zône sahélienne*. Elle commence là où finit le Palmier rônier (*Borassus Æthiopium* Mart.) et les Baobabs (*Adansonia digitata* L. et *A. sphærocarpa* A. Chev.) qui, quoique existant aussi dans la zône guinéenne, caractérisent surtout la zône soudanienne. Dès leur disparition un autre Palmier, rare dans la zône soudanienne, devient de plus en plus fréquent. C'est le *Doum* des arabes (*Hyphæne thebaïca*) qui s'étend dans cette zône, sans interruption, depuis le Sénégal jusqu'à l'Egypte, en présentant cependant à l'ouest des caractères spéciaux qui nous ont paru suffisants pour en faire une variété nouvelle. La région de Tombouctou fait partie de cette zône sahélienne, qui n'est en somme que la bordure méridionale du Sahara.

En Algérie, si la limite de la végétation du Sahara n'est pas toujours très nette (2), elle est cependant parfois fort brusque, lorsque les Hauts-Plateaux viennent mourir en pente abrupte au contact des sables. « Le Haut Plateau, dit J. Massart, quoiqu'il touche de toutes parts au désert a sa Flore nettement différente de celle du Sahara. Les deux espèces qui dominent sont l'Alfa (*Stipa tenacissima*) et le Chih (*Artemisia Herba alba*) », p. 237, et le même auteur ajoute : « Dès qu'on descend sur le versant qui limite le plateau vers le nord..., les vents humides qui soufflent de la Méditerranée viennent se heurter à la muraille presque verti-

(2) Battandier et Trabut. — L'*Algérie*, Baillière 1898.

cale. Ils se refroidissent à mesure qu'ils s'élèvent et il arrive un moment où leurs vapeurs se condensent sous forme de pluie et de rosée... Il y a des mousses sur le sol et les feuilles sont couvertes de rosée. La végétation est essentiellement méditerranéenne. ».

Du côté du Sud, le Sahara présente toujours des limites extrêmement indécises, car aucune barrière ne vient empêcher la pénétration des espèces tropicales, ni arrêter les espèces sahariennes dont quelques unes trouvent encore dans la zône sahélienne la sécheresse qui convient à leur genre de vie.

A. — Biologie des plantes de la région de Tombouctou.

Selon Massart, « au point de vue de la composition de la flore, le Sahara est actuellement une dépendance de la région méditerranéenne ». C'est exact sur la bordure septentrionale du Sahara algérien, mais sur la bordure méridionale et à l'intérieur, dans les endroits où les grandes vallées ont permis la pénétration des types tropicaux, comme dans le bassin du Nil moyen, ceux-ci dominent, même là où l'aridité est absolue. Même au centre du Sahara, si l'on s'en rapporte aux listes des plantes publiées par Rob. Brown (exploration de Clapperton, Denham et Oudney) et par E. Cosson (exploration de H. Duveyrier), les seules que nous possédions, il est facile de voir que les plantes soudaniennes existent en aussi grande quantité que les espèces méditerranéennes. Les familles de la flore tropicale qui ont fourni le principal appoint au Sahara sont les Légumineuses, les Capparidées, les Asclépiadées, les Euphorbiacées, les Graminées.

Ces plantes ont subi des adaptations analogues à celles des espèces de la région méditerranéenne qui pénètrent dans le désert.

Quelques-unes sont à tiges crassulascentes ou à parenchyme foliaire épais (*Boucerosia tombuctuensis*, *Salvadora Persica*, *Boscia senegalensis*, *Capparis tomentosa*, *Calotropis procera*, *Balanites ægyptiaca*). Certaines ont gorgé leurs tissus d'eau sous forme de latex (*Calotropis procera*, *Boucerosia tombuctuensis*, *Leptadenia Spartum*, *L. lancifolia*, *Cocculus Læba*, *Ipomæa asarifolia*).

Il en est qui sont aphylles, ou ont les feuilles réduites à de simples écailles (*Leptadenia Spartum*, *Capparis aphylla* trouvé par Heudelot au nord du Sénégal).

Les espèces qui croissent au Soudan et qui s'avancent sur les dunes désertiques diminuent la taille de leurs feuilles (divers *Acacia*, *Bauhinia rufescens, B. reticulata, Capparis tomentosa, Cadaba farinosa, Zizyphus Jujuba*).

Quelques espèces, comme *Bauhinia reticulata* et *Zizyphus Jujuba* qui croissent à la fois dans la zône guinéenne et la zône sahélienne, ont un aspect si différent dans ces deux régions que nous aurions été tenté d'en faire des espèces nouvelles si nous n'avions trouvé toutes les transitions à mesure que nous allions vers le nord dans la boucle du Niger.

Quelques espèces sont plus tomenteuses que dans le Soudan proprement dit (*Commiphora africanum, Zizyphus Jujuba, Capparis tomentosa*).

Les épines sont plus longues et plus nombreuses (*Acacia albida, Zizyphus Jujuba*).

Quelques espèces ont la tige ou les feuilles recouvertes d'un revêtement de cire (*Boucerosia tombuctuensis, Calotropis procera*) ou de granulations spéciales (*Cadaba farinosa*).

Toutes ces dispositions ont pour but d'emmagasiner dans les tissus de la plante autant d'eau que possible et de réduire la transpiration.

Une adaptation fréquente a été la diminution de l'élongation annuelle. Les entre-nœuds sont courts, beaucoup de rameaux se transforment en épines. La plupart des types arborescents de Tombouctou sont rabougris, tortueux, couverts d'épines. Par ces caractères, la plupart des espèces qui vivent à la fois au Soudan et dans la région de Tombouctou ont un aspect tellement différent qu'il semble au premier abord que ces dernières seront des espèces désertiques spéciales. Si l'on examine ces plantes de près, on s'aperçoit que c'est le port seulement qui diffère, les caractères des fleurs, des feuilles, ne permettent pas même d'en faire des variétés (*Combretum aculeatum, Cadaba farinosa, Acacia albida, Bauhinia rufescens, Gymnosporia montana*). Le *Combretum aculeatum*, qui, au sud du 14ᵉ degré de lat. N. est souvent une liane, dont quelques rameaux s'enroulent de droite à gauche en avant, n'est jamais sarmenteux dans la région désertique de Tombouctou. Chez beaucoup d'espèces ligneuses, lorsqu'un rameau est blessé, pour empêcher la perte d'eau, la plante ferme la plaie par une exsudation de gomme (la plupart des espèces d'*Acacia*) ou de gomme-résine (*Commiphora africanum*) ou de latex qui en s'évaporant laisse une pellicule de résine (*Euphorbia balsamifera*. Les plantes herbacées et les arbustes ont souvent des racines profondément pivotantes qui fixent solidement la plante dans le sable et lui permettent d'aller chercher l'eau en profondeur. Un sagace observateur, M. Curtet, en creusant un puit au Cayor, région désertique du Sénégal, a remarqué un buisson d'*Acacia albida* haut seulement de quelques décimètres (parce qu'on coupe chaque année ses tiges pour ensemencer le Sorgho) mais dont les racines s'enfonçaient à plus de 8 mètres de profondeur pour atteindre la couche aquifère.

Nous avons trouvé quelques espèces à rhizomes et d'autres à bulbe qui peuvent ainsi emmagasiner en terre le peu d'eau que leurs feuilles empruntent à l'air ainsi que le pense M. VOLKENS (1).

Beaucoup étalent sur le sable des tiges qui rayonnent autour du pivot et sont en partie enterrées, ou bien elles émettent de distance en distance des racines adventives qui fixent la plante et vont chercher dans le sol le peu d'eau qui y arrive à chaque pluie.

Nous avons vu ainsi *Ipomæa asarifolia* émettre, outre les tiges florifères habituelles dressées, des tiges couchées, courant sur le sable et atteignant jusqu'à 20 mètres de longueur. Souvent cette plante croît sur les dunes qui sont au bord des marigots de la région des lacs du Sahel. Ces sortes de stolons feuillés descendent le long des pentes des dunes jusqu'à ce qu'ils atteignent le bord de l'eau où ils se fixent dans le sol humide. A partir de ce moment, il est probable que l'eau absorbée par ce point profite à toute la colonie, la souche ayant produit d'autres stolons qui s'allongent dans toutes les directions. Lorsque au contraire *Ipomæa asarifolia* se développe les racines dans l'eau, ce qui arrive habituellement dans les marais du Sénégal, ou sur les rives du fleuve, les tiges sont droites, élevées de 0^{m} 30 à 0^{m} 60 et la souche ne produit pas de stolons ou en produit de très courts.

Les fleurs et les graines des plantes du Sahara méridional sont loin de présenter la variété qu'on observe dans les pays tropicaux.

Les corolles à couleurs éclatantes font à peu près défaut. Quel contraste avec les fleurs si voyantes de la zône guinéenne ! A Tombouctou, en dehors de l'*Ipomæa asarifolia* qui porte, comme corolle, un large entonnoir écarlate, il serait difficile de trouver une fleur au sens que lui donne le vulgaire.

VOLKENS et J. MASSARD ont remarqué que presque toutes les plantes sahariennes étaient dépourvues de parfums. Il n'en est pas tout à fait de même dans la région sahélienne.

Euphorbia balsamifera dégage de toutes ses parties une odeur résineuse très prononcée.

Commiphora africanum a une odeur qui rappelle le beaume. C'est cet arbuste, d'ailleurs, qui fournit par exsudation une gomme-résine qui

(1) VOLKENS. *Die Flora der Ægyptisch-Arabische Wüste,* Berlin, 1887.

est le *Bdellium* ou myrrhe de Tombouctou (*Albarcanté* des indigènes).

Les fleurs de *Boucerosia tombuctuensis* ont une odeur fétide de charogne.

Les fleurs de l'*Acacia tortilis* dégagent un parfum exquis qui rappelle celui des *Acacia* cultivés (sous le nom de Mimosas) dans le midi de la France. Comme cet arbuste forme le fond de la végétation, pendant tout le temps qu'il est en fleurs, d'immenses espaces sont parfumés par ses senteurs délicieuses.

Les fruits et les graines de quelques plantes sont adaptées à la dispersion anémophile (*Combretum aculeatum*, *Cocculus leæba*, *Calotropis procera*).

Les cinq seuls fruits indigènes comestibles (vendus en grand sur le marché de Tombouctou), *Hyphæne thebaïca* var. *occidentalis*, *Diospyros mespiliformis*, *Zizyphus Jujuba*, *Salvadora Persica*, *Boscia senegalensis*, ont un parenchyme non aqueux, mais très sec, à peine charnu. Les graines germent rapidement à l'arrivée d'une pluie, mais peuvent conserver plusieurs années leur pouvoir germinatif.

La plupart des plantes herbacées annuelles des dunes germent, fleurissent et fructifient en deux mois, parfois en moins d'un mois. Durant notre court séjour à Tombouctou, nous avons pu ainsi recueillir en fruits mûrs des plantes dont nous avions suivi tout le développement.

Il en est de même pour celles qui croissent sur les sables au bord des eaux, car leur recouvrement par l'arrivée de l'inondation les oblige à à précipiter leur cycle évolutif.

B. — Géographie botanique.

I. — LES STATIONS.

On doit distinguer dans la région de Tombouctou trois groupes de stations très différentes, caractérisés par leurs espèces particulières à adaptations également différentes.

1° *Le fleuve Niger, les lacs du Sahel et les nombreuses dépressions contenant de l'eau à l'hivernage, indépendantes ou en relation avec le labyrinthe qui constitue aux hautes-eaux les divers bras du fleuve.*

Certaines de ces dépressions ne reçoivent de l'eau qu'à de longs intervalles, durant les années de très grande crue. Tels sont les ravins qui s'étendent entre Kabarah et Tombouctou. Bien que ces ravins soient restés à sec depuis plusieurs années, la présence sur leurs bords de l'*Ipomæa asarifolia* et d'un *Vernonia* ligneux, montrait lors de notre passage qu'ils constituaient malgré leur aridité une station différente de la dune proprement dite.

Dans les endroits peu profonds du fleuve, on trouve en toute saison des *Nymphæa* (*N. cærulea* et surtout *N. lotus*), *Pistia Stratiotes*, *Wolfia hyalina*, *Lemna minor*. Les bords sablonneux du Niger se couvrent à l'arrivée des premières pluies de nombreuses touffes espacées de *Cypéracées*, ou de petites plantes ordinairement couchées appartenant aux *Ficoïdées*, aux *Borraginées*, aux *Composées*. Ces plantes doivent mûrir très rapidement leurs graines pour qu'elles ne soient point enfouies sous le liquide lorsqu'arrive l'inondation. A mesure que les plantes sont recouvertes, les graines toutes très fines se détachent et flottent en grande abondance sur l'eau qui procède à leur dissémination. Chaque petite vague qui vient battre le rivage est chargée de ces graines dont une partie s'enterre sous les grains de sable soulevés par le choc. Les graines les plus légères sont poussées plus loin par la vague; aussi il n'est pas rare de voir plus tard, après le retrait de l'eau, les plantes issues de ces diverses graines disposées par lignes ondulées, alternativement d'espèces différentes. Ces lignes correspondent aux traces des vagues de l'année précédente.

Une des particularités les plus curieuses des dépressions inondées, est la formation des prairies aquatiques. Dans les endroits où le rivage au lieu d'être sablonneux est vaseux, des *Graminées* se développent dès l'arrivée de la crue. Elles croissent à mesure que l'eau s'élève, de manière qu'au moment de la floraison, leur chaume dépasse le niveau de quelques décimètres. Les embarcations peuvent circuler à travers, en écartant les herbes qui referment aussitôt le sillage ouvert, et, pour notre part, nous avons vécu près d'un mois à bord du *Lieutenant Bunas* au milieu de ces prairies aquatiques.

La principale Graminée de cette station dans le Nil, le *Vossia procera*, paraît manquer au Niger moyen. *Saccharum spontaneum* y existe par places en abondances, là où le sol est argileux. Mais les trois Graminées qui constituent principalement cette formation entre le lac Débo et Tombouctou sont : *Panicum pyramidale* Lamk., *Leptochloa cærulescens* Steud. et surtout *Panicum Burgu* A. Chev., curieuse Graminée saccharifère, que nous avons décrite ailleurs (1) et dont le sucre sert aux indigènes à fabriquer des sirops et des boissons fermentées. Le

A. Chevalier. -- Une nouvelle plante à sucre de l'Afrique française centrale, in Milhe-Poutingon : *Rev. Cult. Coloniales*, 1900.

Panicum Burgu constitue en beaucoup d'endroits, surtout à proximité du lac Débo, des prairies ayant des milliers d'hectares d'étendue. Sur les talus des dunes qui sont battues par les eaux de l'inondation, on rencontre fréquemment le Talaba (*Ipomæa asarifolia*), dont il a été parlé plus haut. Enfin les arbres et arbustes qui croissent au bord des marigots sont tous originaires des zônes guinéenne et soudanienne et se sont ainsi avancés dans le nord en suivant la vallée du Niger dont ils s'éloignent peu. Il en est de grande taille : *Celtis integrifolia*, *Tamarindus indica*, *Kigelia africana*, *Diospyros mespiliformis* ; de simples arbustes : *Phyllanthus reticulatus*, *Mitragyna africana*, *Vernonia Tenoreana* ; on y rencontre aussi quelques lianes : *Landolphia senegalensis* (forme à inflorescences glabres et forme à inflorescences velues), *Tacazzea Barteri*. C'est également à proximité des eaux, mais en dehors des terrains atteints au moment de l'inondation qu'on rencontre le palmier Doum (*Hyphæne thebaïca* var. *occidentalis*) dont les jeunes pieds forment des fourrés épais servant fréquemment de repaires aux lions et dont les troncs adultes avec leurs rameaux divergents présentent l'apparence de curieux candélabres. Depuis Goundam jusqu'à Ras-el-Mâ, nous avons longé la rive méridionale du lac Faguibine, sans jamais y rencontrer « les grandes Algues analogues aux Algues marines » qui y avaient été signalées par des voyageurs trop portés à sacrifier l'exactitude au pittoresque, pour embellir leurs récits. L'eau du Faguibine est entièrement douce et la seule Algue que nous y ayons rencontrée est une plante microscopique qui colorait en vert la vase en certains endroits ainsi que l'eau croupissante des flaques. Il y a très peu de *Panicum Burgu* sur les bords du Faguibine; en revanche, les plantations de *Riz* y sont communes.

Sur les plages du Faguibine, nous avons rencontré en abondance un curieux champignon *Podaxon Chevalieri* Patouillard et Hariot.

2° *Dunes désertiques.* — Ce sont les dunes de sables parfois mobiles et complètement dénudées, parfois plus ou moins fixées et couvertes d'une maigre végétation dont les plus grands buissons dépassent rarement 5 mètres de hauteur, qui couvrent la presque totalité du pays.

Elles ont l'aspect général de celles du Grand désert si souvent décrit au sud algérien et tunisien.

Tout ce qui a été dit plus haut sur la biologie des plantes désertiques, concerne particulièrement celles de cette station.

Les espèces herbacées sont souvent en parties enterrées ou apparaissent seulement au moment des pluies. On peut parfois parcourir plusieurs centaines de mètres sans rencontrer un seul brin d'herbe et san-

M. TROTTET del. C. RUCKERT sc.

voir d'autre tableau que des immenses moutonnements de sables sur lesquels le vent a tracé des ondulations analogues à celles que laissent les vagues sur les plages de la mer. Il n'est pas rare de rencontrer des herbes et même des arbustes ensevelis complètement sous ces amoncellements de sable. Ils n'en persistent pas moins à vivre quelque temps et dès que le sable se déplace ils reprennent leur vigueur première.

Le sommet des dunes les mieux fixées et surtout le fond des cuvettes gazonnées sont couverts d'une végétation ligneuse, composée d'arbrisseaux presque tous épineux et parfois en assez grand nombre pour former de véritables taillis.

Les espèces les plus caractéristiques sont :

Acacia tortilis et *A. Senegal* souvent parasités par des *Loranthinées*, du groupe des *Dendrophthoacées* (Van Tieghem), vivant aussi sur d'autres arbustes, puis *Zizyphus Jujuba*. *Salvadora Persica*, *Leptadenia Spartum*, *Combretum aculeatum*.

Sur les sables peu fixés se rencontre en abondance une Graminée annuelle à épillets ornés de crochets qui se fixent avec la plus grande facilité aux vêtements et en général à tout ce qui les touche. Ils entrent facilement dans les chairs du voyageur imprudent qui s'aventure nu-pieds dans les sables, et après leur extraction ils laissent une petite pustule très douloureuse. Cette plante est le *Cenchrus echinatus*, le *Kramkram* dont ont parlé plusieurs explorateurs du Sénégal et du Soudan et qui existe dans toute l'Afrique tropicale. Dans les mêmes dunes que lui, on trouve souvent la Coloquinte, *Cucumis colocynthis* (1), plante fréquente dans tout le Sahara, ainsi que le Séné (*Cassia obovata*).

Au dire des caravanes qui font le trajet de Tombouctou au Maroc, il existerait trois lignes de forêts de gommiers (*Acacia tortilis* et *A. Senegal*) entre le Niger et Araouan en comptant celle qui environne la ville de Tombouctou. Au delà d'Araouan s'étendrait le désert infini avec de chétifs buissons d'*Acacia* de très loin en très loin.

3° *Collines rocheuses.* — Ces collines, généralement alignées de l'est à l'ouest s'élèvent de 20 à 150 mètres au-dessus du pays environnant. Elles sont constituées par des grès azoïques en bancs très horizontaux, appartenant probablement à la période triasique. Les plus importants de ces massifs rocheux sont le Bankorré, le massif de Tombaïeu où se

(1) Nous n'avons rencontré aucune des espèces du Sahara qui caractérisent les terrains salés ou nitrifères. Pour trouver de véritables dépôts de sel il faut allller à Taodenit ou à la Sebka d'Idjil qui approvisionnent de sel tout le Soudan occidental. Les espèces des pays tempérés qui s'avancent jusqu'à Tombouctou sont : *Cynodon dactylon, Solanum nigrum, Stachys arvensis, Anagallis arvensis* (ce dernier récolté par la mission Hourst).

retirèrent, en 1896, les Touareg Kel-Antassar avant leur soumission, la montagne du Farache, les monts Tahakim, l'Ile Taguilem également rocheuse, au milieu du lac Faguibine.

Contrairement à ce qu'on pourrait croire, l'aridité de ces collines est moins grande que celle des dunes. Le Bankorré que nous avons gravi près de Goundam présente, vu de son sommet, l'aspect d'une riante *forêt* (ce mot ayant bien entendu un sens relatif à la région de Tombouctou). Ces chaînes arrêtent en effet une partie des brouillards formés soit sur le Niger, soit sur le lac Faguibine et leur condensation entretient le matin une rosée dont profitent les plantes. Les deux arbustes les plus remarquables et les plus abondants de ces pentes sont *Euphorbia balsamifera* et *Commiphora africanum* qui descendent jusqu'aux pieds des collines et constituent des bois épais sur les terrains latéritiques. A l'est du lac Horo, le *Commiphora* qui n'est habituellement qu'un petit arbuste buissonneux atteint jusqu'à 10 mètres de hauteur et son tronc 0 m 30 de diamètre. Quant à *Euphorbia balsamifera*, bien connu au Sénégal sous le nom de *Sâlane*, il s'élève jusqu'à 8m de hauteur et son tronc blanc, gorgé de latex, peut acquérir jusqu'à 1 m de circonférence.

C'est également sur les collines de la région de Tombouctou que nous avons rencontré *Cleome paradoxa*, *Cadaba glandulosa*, *Acacia læta* qui n'ont pas été trouvés plus à l'ouest et paraissaient particuliers à la Nubie et l'Abyssinie.

II. — Modifications a la flore apportées par l'homme.

Ainsi qu'on devait s'y attendre pour un pays aussi aride que cette partie de l'Afrique, l'homme a modifié très peu l'aspect de la végétation au contact du Sahara. L'absence de l'eau ne permet point d'établir des cultures en dehors des terrains inondés à l'hivernage et les feux de brousse qui détruisent des étendues de taillis considérables au Soudan ne peuvent s'étendre à la zône sahélienne où l'herbe et les arbustes sont trop clairsemés pour alimenter les flammes.

Au bord des sentiers des caravanes, la plupart des arbustes, même les *Acacia* épineux sont broutés par les dromadaires.

Les habitants actuels de Tombouctou ont conservé par la tradition, le souvenir d'une forêt épaisse, qui s'étendait entre la ville et le Niger. L'examen des puits de Tombouctou montre d'ailleurs que la ville est bâtie sur des alluvions du fleuve et que c'est à une époque relativement récente que le pays a été ensablé par la marche constante des sables vers le sud. Il se peut aussi que les Sourhaïs, habitants actuels du

Actes du Congrès international de Botanique PL. XI

(EXPOSITION UNIVERSELLE DE PARIS 1900)

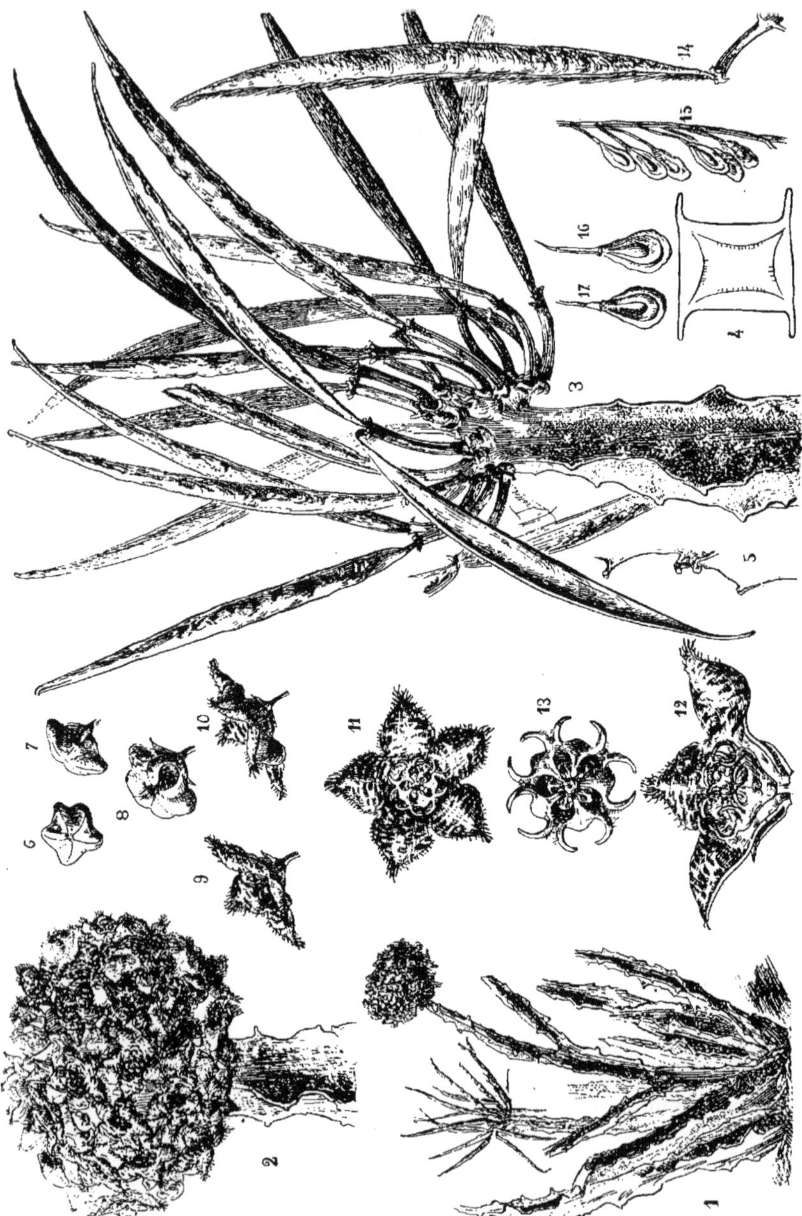

M. TROTTET del. C. RUCKERT sc.

pays, aient précipité le déboisement en coupant souvent les essences nécessaires à la construction de leurs maisons. Depuis l'occupation française, de nombreux palmiers Doum (*Hyphæne thebaïca* var. *occidentalis*) qui existaient au sud de la ville ont été coupés pour l'édification des charpentes du Fort-Bonnier.

Les « quelques grands arbres » de l'intérieur de la ville de Tombouctou, mentionnés dans le Journal de voyage de Barth s'observent toujours : ce sont des *Balanites* qui atteignent bien 5 mètres de hauteur! Comme nous le disons plus haut, dans le Sahara tout est relatif, et il ne faudrait pas croire qu'il existe dans l'intérieur du Grand-Désert des forêts comparables à celles des zônes tempérées, par ce fait que quelques voyageurs, comme Caillié, Barth, Duveyrier, Lenz, ont indiqué en certains endroits des arbres en abondance. Les plus grands ne dépassent guère la hauteur des arbustes des *maquis* de Corse ou des *garigues* du midi de la France et sont autrement clairsemés !

Autour du lac Faguibine et dans les dépressions des Daouna, on cultive chaque année quelques centaines d'hectares de blé dur (*Triticum durum*). Le terrain ensemencé en orge (*Hordeum vulgare*) sur les bords du Niger est encore moins étendu. Les deux principales cultures de la vallée du Niger sont celles du Sorgho ou gros mil (*Andropogon Sorghum*) et du Riz (*Oryza sativa*). Dans la région sahélienne, ce dernier se plante toujours en terrain inondé et une espèce du même genre existe fréquemment à l'état spontané, dans les *prairies de Bourgou* mentionnées ci-dessus. La culture de ces céréales n'atteindra jamais un grand développement dans la région des lacs de Tombouctou, l'inondation y étant trop peu étendue. C'est dans la vallée même du Niger et particulièrement dans les territoires de la zône soudanienne compris entre Sansanding et le lac Débo, où l'inondation s'étend sur un ruban pouvant atteindre 150 kilom. de largeur, que l'agriculture indigène pourra se développer.

Les autres plantes africaines de grande culture qui se rencontrent en plus petite quantité, cultivées dans la région de Tombouctou, sont : le petit mil (*Penicillaria spicata*), le maïs (*Zea Maïs*), le Sésame (*Sesamum indicum*), le niébé (*Vigna Catjang*), l'arachide (*Arachis hypogea*), le cotonnier (*Gossypium hirsutum*), l'indigotier (*Indigofera tinctoria*), le tabac (*Nicotiana rustica*).

Sur les dunes, autour de Tombouctou, on cultive dans le sable, plusieurs variétés de pastèques (*Citrullus vulgaris*) appelées *Cancani* par les Sonrhaïs, qui réussissent bien, les années ou la pluie est normale (30 centim environ par an). Les indigènes les sèment au hasard dans le sable, ne les arrosent pas et se contentent d'entourer les plantations de branches épineuses de l'*Acacia tortilis* ou de rameaux de l'*Euphorbia balsamifera* qui se bouturent facilement.

Dans les trous creusés autour de la ville et qui servent de puits, les indigènes font pousser quelques légumes : l'oseille de Guinée *(Hibiscus Sabdariffa)*, le gombo *(Hibiscus esculentus)*, le jute *(Corchorus olitorius)*, l'échalotte *(Allium ascalonicum)*, le calebassier *(Lagenaria vulgaris)*, la courge *(Cucurbita Pepo)*, le melon *(Cucumis Chate)*, la menthe, les tomates, le piment enragé.

En élargissant et en multipliant ces puits, on pourrait facilement entourer la ville d'un véritable oasis planté de palmiers, ce qui serait un bienfait pour le pays. Tombouctou restera toujours un entrepôt important, celui du Sahara qui échange son sel et sa gomme contre les produits plus riches du Sud (céréales, kolas, tissus de coton) (1). Déjà quelques dattiers existent sur les bords de la mare de la Grande-Mosquée ; en les multipliant et surtout en introduisant les variétés améliorées du Sud algérien, on dotera le pays d'une source de richesse très appréciable.

Les Européens ont introduit dans l'un des trous qui sert de jardin au poste, les principaux légumes d'Europe qui réussissent bien étant arrosés et abrités du soleil et quelques arbres fruitiers tropicaux : papayer, goyavier, bananier, citronnier qui viennent mal.

En dehors des plantes que nous venons d'énumérer, on trouve, autour de Tombouctou, de la plupart des villages de la région et même le long des sentiers de caravanes dans le désert, quelques plantes qui ne sont plus cultivées, mais qui paraissent avoir été introduites autrefois. Les plus communes de ces espèces sont le *Datura Tatula*, le Bentamaré *(Cassia occidentalis)*, le pourpier *(Portulaca oleracea)* naturalisé dans toutes les régions chaudes du globe, une amarante (*Amarantus spinosus*) également répandue dans toute les régions tropicales, enfin la Mélochie des arabes (*Melochia corchorifolia*), qui, au dire de SCHWEINFURTH serait encore cultivée dans le bassin du Haut-Nil au cœur de l'Afrique (2). D'où sont venues ces plantes maintenant naturalisées dans toutes les régions tropicales du globe ? Quelles peuplades les ont apportées dans l'Afrique occidentale ? Ce sont des questions auxquelles il est impossible de répondre en présence des nombreuses migrations de peuples qu'a vu le centre du continent noir.

(1) E. BAILLAUD. Les territoires français du Niger, leur valeur économique (La *Géographie*, 1900).

(2) SCHWEINFURTH. *Au cœur de l'Afrique* (trad. LOREAU) II, p. 171.

III. — Énumération des végétaux ligneux de la région de Tombouctou.

α. ESPÈCES SPONTANÉES.

1. Cocculus Leæba DC. — **Liligui** (sonrhaï) (1), **Mboum Tiéré** (wolof), dans les dunes, grimpant sur les *Acacia* et les *Salvadora*, assez commun. — Cette plante a été rencontrée dans le sud algérien par la mission Flamand.

2. Capparis tomentosa Lamk. — **Coubigna** (sonrhaï), **Kharègne** (wolof), **Toufi** (bambara), **Goumi valivi** (foulbé). — Dunes, surtout à proximité des eaux. — Assez commun : Tombouctou, Kabarah, Tahakim, Arnassay, El-Oualadji, Sumpi.

3. Cleome paradoxa Br. in Salt. = *Dianthera grandiflora* Kl. in Peter. — **Mar Doungouri** (sonrhaï). — Rare : Rochers du Bankorré, près Goundam.

4. Cadaba farinosa Forsk. — **Ashou Oueïl** (sonrhaï), **Ndébargué** (wolof), **Tiensègne** (foulbé), **tomagny** (bambara). — Très commun partout dans les dunes.

5. Cadaba glandulosa Forsk. — **Querné** (sonrhaï). — Rare : Rochers du Bankorré, près Goundam, rochers entre le lac Horo et Niodougou.

6. Mærua rigida R. Br. — **Ashou ouar** (sonrhaï), **Atil** (arabe), **Adjar** (temacheq). — Ça et là aux environs de Tombouctou et de Goundam : dunes.

7. Boscia senegalensis Lamk. — **Horrégna** (sonhraï), **Niandam** (wolof), **Béré** (bambara), **Guiguilé** (foulbé). — Très abondant partout dans les dunes et à proximité des eaux. Varie à feuilles étroites lancéolées.

8. Mimosa asperata L. = *M. polyacantha* Willd. — **Guérackiao** (woloff), **Cougou** (sonrhaï), **Gononi** (bambara). — Bords des eaux : ça et là le long du marigot de Goundam.

9. Acacia Senegal. (L.) Mult. auct. (non Willd.) = *A. Verek* Guill. et Perr. — **Aouirouar** (arabe), **Aouarouar** (temacheq), **Deligna** (sonrhaï), **Vérek** (wolof), **Patouki** (foulbé), **Donkoro** (bambara). — Dunes et rochers : commun partout (dunes et rochers),

(1) Les noms sonrhaïs nous ont été communiqués par le R. P. Dupuis, les noms arabes et touareg (temacheq), par M. Merle, les noms en wolof, bambara et foulbé ont été recueillis par nous.

mais demeurant presque toujours à l'état d'arbustes rameux dès la base et élevés seulement de 2 à 4 mètres. Les arbres hauts de 7 à 8 mètres sont rares.

10. Acacia Trentiniani sp. nov. — Rare : Rochers du Bankorré, près Goundam.

11. Acacia albida Delib. — **Ahadès** (temacheq), **Kassane** (sonrhaï), **Kade, Kada** (wolof), **Balansa** (bambara), **Tiaski** (foulbé). — Peu commun; ne se rencontre guère dans la région de Tombouctou qu'à proximité des eaux ; Kabarah, Arnassay, Goundam, environs du lac Horo.

12. Acacia tortilis Hayne = *A. fasciculata* Guill. et P. — **Bissogna** (sonrhaï), **Talha** (arabe), **Jadié** (bambara), **Sourour** (wolof), **Boulbi** (foulbé). — Extrêmement abondant partout et dans toutes les stations. C'est réellement l'arbuste qui caractérise la flore de la région.

13. Acacia arabica Willd. = *A. Adansonii* Guill. et Perr. — **Banigna** (sonrhaï), **Amoura, Talha** (arabe), **Absaq** (temacheq), **Diabi** (foulbé), **Neb-neb** (wolof), **Goniaké** (wolof des bords du Sénégal), **Bouana, Bagana** (bambara), **Gaodi, Gaoudi** (foulbé). — Commun dans les dunes.

14. Acacia Seyal Delile. — **Cargui Quireil** (sonrhaï), **Mpenah** (wolof). — Nous n'avons pas rencontré cet arbuste, mais le R. P. Dupuis nous a assuré qu'il existait autour de Tombouctou.

15. Acacia læta R. Br. — Rare : Rochers du Bankorré, près Goundam.

16. Acacia pennata Willd. — **Ded, Déda** (wolof). — Rare : Entre le lac Horo et Sumpi. — Plus commun en dehors de cette région dans le Macina, le Fouladougou et le Fouta sénégalais.

17. Acacia ataxacantha DC. — Environs de Sumpi, où il semble être à sa limite septentrionale. — Très commun dans la zône soudanienne.

18. Bauhinia rufescens Lamk. — **Tendia boundou** (sonrhaï), **Rand, Randa** (wolof), **Sifilé** (bambara), **Namaré, Nammari** (foulbé). — Assez commun dans les dunes et à proximité des eaux : Tombouctou, Arnassay, Goundam, environs du lac Faguibine, du lac Horo, Ras-el-Mâ, Sumpi.

19. Bauhinia reticulata DC. — **Fara-fara** (sonrhaï), **Nguiguis** (wolof), **Niama** (bambara), **Mbarquèhi** (foulbé). — Peu commun : au bord des eaux, dans la région de Tombouctou : Kabarah, Arnassay, marigot de Goundam, El-Oualadji, Sumpi.

20. Tamarindus indica L. — **Bosogna** (sonrhaï), **Dakkar** (wolof), **Tombi** (bambara), **Diammi** (foulbé). — Rare et peut-être introduit. Un individu de grande taille existe dans la dune entre Tombouctou et le village de Tassakante, à mi-chemin. Çà et là sur les bords du marigot de Goundam, spécialement près du campement d'El Massara.

21. Sesbania pubescens DC. — Rare, bords des eaux : mare de la Grande Mosquée, à Tombouctou.

22. Indigofera paucifolia Delile. — **Sini basseil** (sonrhaï). — Peu commun. Dans les dunes aux environs de Tombouctou, de Gassa, de Sumpi.

23. Commiphora africanum Engl. = *Balsamodendron africanum* Arn. — **Arbarcatégna** (sonrhaï), **Gnôtot** (wolof), **Diangounani** (bambara), **Badi** (foulbé). — Dunes, alluvions latéritiques, rochers. Rare à Tombouctou, commun sur les montagnes du Bankorré, abondant dans la région comprise entre les Daouna, le lac Horo et la ville de Sumpi.

24. Zizyphus Jujuba Lamk. = *Z. orthacantha* DC. — **Dareygna** (sonrhaï), **Sedra** (arabe), **Tabakat** (temachaq), **Sidème** (wolof), **Tomboro** (bambara), **Diabé** (foulbé). — Très commun dans les dunes de toute la région.

25. Balanites ægyptiaca Delile. — **Garbey Honno** (sonrhaï), **Taïchot** (arabe), **Taboraq** (temacheq), **Soump** (wolof), **Séguéné** (bambara), **Mourotoki** (foulbé). — Très commun dans les dunes de toute la région.

26. Gymnosporia montana Benth. = *Celastrus senegalensis* Lamk. — **Hassana** (sonrhaï), **Guénidek** (wolof), **Dialgoti** (foulbé). — Commun dans les dunes de la région (1).

27. Vernonia Tenoreana Oliv. = *Candidea senegalensis* Tén. — **Touri-touri yocoti** (sonrhaï). — Dépressions aux environs de Tombouctou. Arbuste de 0^{m}50 à 2 mètres de hauteur.

28. Mitragyna africana Korth. = *Nauclea inermis* Baill. — **Bellékabé** (sonrhaï), **Koss, Hoss** (wolof), **Koli** (foulbé), **Dioum** (bambara). — Dépressions aux environs de Kabarah, de El-Oualadji, de Sumpi, bords du marigot de Goundam.

29. Kigelia africana Benth. in Hook. — **Combolgna** (sonrhaï), **Diombal** (wolof). — Rare : Bords des dépressions entre Tombouctou

(1) La plante décrite récemment par M. Battandier, *Celastrus Saharæ* Battand., Botanique de la mission Flamand, in *Bull. Soc. Bot. de France*, 1900, p. 251, parait avoir les plus grands rapports avec cette espèce, si elle ne lui est pas identique.

et Arnassay, bord du marigot de Goundam, près du campement d'El-Massara, environs du lac de Sumpi.

30. Diospyros mespiliformis Hochst. et A. DC. — **Doueygna** (sonrhaï), **Alome** (wolof), **Sounsoun** (bambara), **Dounoubi** (foulbé). — Rare : bords des eaux. Des arbres élevés de plus de 15 mètres de hauteur existent le long du marigot de Goundam, sur les deux rives, principalement près du campement d'El-Massara.

31. Landolphia senegalensis Kotschy et Peyritsch. — **Lingui** (sonrhaï, **Mad**, **Mada** (wolof), **Saba** (bambara), **Laré** (foulbé). — Croît dans la région au bord des eaux. Atteint sa limite septentrionale à El-Oualadji, par 16° 12' de lat. N. C'est la limite nord extrême des *Landolphia* dans cette région de l'Afrique. Se retrouve à Sumpi et à Sébi. On y rencontre les deux formes décrites par M. Hua. M. Merle nous a indiqué une liane à caoutchouc sur la rive droite du Niger, près de l'île de Koura et vers Réro (est de Tombouctou). C'est probablement de cette plante qu'il s'agit, bien qu'elle ne donne qu'une mauvaise résine.

32. Tacazzea Barteri H. Baill., *Bull. Soc. Lin. Paris*, 1889, n° 101, p. 88. — A proximité des eaux, rare : bords du marigot de Goundam, entre El-Massara et Djindjin.

33. Leptadenia lancifolia Decne. — **Hanou** (sonrhaï), **Tiakat**, **Kiakate** (wolof), **Soniougou** (bambara). — Commun dans les dunes et surtout à proximité des eaux.

34. Leptadenia Spartum Wight. — **Sabéye** (sonrhaï). — Assez commun dans les dunes : Tombouctou, Kabarah, Tahakim, Arnassay, Goundam, environs du lac Faguibine.

35. Calotropis procera Ait. — **Tourdia** (sonhraï), **Krounka** (arabe d'Algér.) **Tourcha** (arabe maure et temacheq), **Paftane**, **Fafetone** (wolof), **Pompopongola** (bambara), **Bamambi** (foulbé). — Très commun dans les dunes aux environs de Tombouctou, de Kabarah, de Goundam. A tout à fait les allures d'une plante introduite, venue d'ailleurs.

36. Combretum aculeatum Vent. = *Poivrea aculeata* DC. — **Bobouré** (sonrhaï), **Savate** (wolof), **Volonkonti** (bambara), **Laoniandé** (foulbé). Commun dans toute la région, spécialement sur les dunes situées à proximité des dépressions parfois inondés.

37. Salvadora Persica L. — **Hiro** (sonrhaï), **Irak** (arabe), **Nchek**, **Ntichek** (temacheq). — Très abondant dans toute la région sur les dunes. Le tronc atteint parfois 0m25 de diamètre et le buisson s'élève jusqu'à 8m de hauteur. Les branches très nombreuses

retombent comme dans les saules pleureurs. C'est le seul arbre du Sahara qui donne véritablement de l'ombre. C'est celui sur lequel les Touareg jettent leurs tentes et sous lequel nous nous abritions durant notre voyage.

38. CELTIS INTEGRIFOLIA Lamk. — **Cégna** (sonrhaï). — Assez rare et peut-être introduit : île de Tahakim, près du village ; bords du marigot de Goundam, spécialement près du campement d'El-Massara. Cet arbre qui atteint dans cette dernière station 10 à 15 mètres de hauteur et 1 mètre de diamètre pour son tronc est le plus grand de la région.

39. PHYLLANTHUS RETICULATUS J. Müll. Argov. = *Anisonema Prieurianum* H. Bn. — **Balan-balan** (bambara). — Rare : bords du marigot de Goundam. — Commun dans la zône soudanienne sur les bords du Niger et du Sénégal.

40. EUPHORBIA BALSAMIFERA Ait. — **Berré** (sonrhaï), **Afernane** (arabe), **Tiqhal** (temacheq), **Salane** (wolof). — Tahakim et Tombouctou : planté dans les cimetières et sur les tombes des saints. Très abondants sur les terrains rocheux et sur la latérite aux environs des lacs Fati, Faguibine, Horo. A Zinguette, les buissons atteignent jusqu'à 8 mètres de hauteur.

41. TAPINANTHUS CHEVALIERI Van Tieghem in *Herb. Mus. Paris*. Voisin de *Loranthus (Tapinanthus) gibbosulus* A. Rich. d'Abyssinie. — **Caouatou** (sonrhaï) ; **Zadié-nadon** (bambara). — Parasite et très commun sur les diverses espèces d'*Acacia*, sur *Bauhinia rufescens*, *Salvadora Persica*, *Gymnosporia montana*, etc.

41 *bis*. ACROSTEPHANUS RUBRO-VIRIDIS Van Tieghem in *Herb. Mus. Paris*. — **Caouatou** (sonrhaï), **Tob** (wolof). — Parasite et commun sur les rameaux de l'*Acacia arabica* Willd.

42. HYPHÆNE THEBAICA var. OCCIDENTALIS var. nov. — **Congom** (sonrhaï), **Nakhla Fer'oune** (arabe), **Akeuke** (temacheq), **Dzimini** (bambara), **Guélé** (wolof). — Très commun dans la vallée, atteinte par des débordements du Niger (1).

β. ESPÈCES INTRODUITES.

43. ADANSONIA DIGITATA L. an A. SPHÆROCARPA sp. nov. — **Kogna** (sonrhaï) ; **Gouï** (wolof), **Cira** (bambara), **Boki** (foulbé). — Quel-

(1) La liste précédente ne comprend pas un certain nombre d'arbres, rencontrés aux environs de Sumpi qui appartient déjà à une province botanique différente de celle de Tombouctou. Le 16° de lat. Nord forme la limite entre les deux.

ques pieds jeunes très chétifs ont été plantés à Tombouctou : ils viennent très mal. Comme ils n'ont pas donné et ne donneront probablement pas de fruits, il est impossible de les déterminer spécifiquement.

44. ERIODENDRON ANFRACTUOSUM DC. — **Dambougna** (sonrhaï), **Bantan** (wolof), **Banan** (bambara), **Bantignié** (foulbé). — Quelques jeunes fromagers ont également été plantés à Tombouctou depuis l'occupation française. On arrive difficilement à les faire vivre.

45. GOSSYPIUM HIRSUTUM (L.) Parlat. — **Habou** (sonrhaï), **Vitène** (wolof), **Coroni** (bambara), **Ligué** (toucouleur). — De très beaux pieds existent à Tombouctou même, sur les bords des mares. A Goundam, à Sumpi, sur les bords du lac Faguibine existent les plus belles plantations de cotonniers que nous ayons rencontrées durant notre voyage au Sénégal et au Soudan.

46. SCLEROCARYA BIRRÆA Hochst. = *Spondias Birræa* A. Rich. — **Dineygna** (sonrhaï), **Berr** (wolof), **Kounan** (bambara), **Héri** (foulbé). — Il existe une dizaine de Berrs autour de la mare de la Grande Mosquée, à Tombouctou. Ces arbres ont été plantés autrefois par des indigènes et rapportent des fruits tous les ans. Ce sont certainement les plus beaux arbres de Tombouctou. Les Berrs sont spontanés et abondants entre Niodougou et Sumpi.

47. FICUS sp. (1). — **Doubalan** (sonrhaï), **Doubalé** (bambara). — Un certain nombre d'individus de cette espèce ont été plantés autour du poste de Kabarah, ils viennent assez bien, surtout ceux dont les racines ont pu pénétrer dans la nappe aquifère.

48. PHŒNIX DACTYLIFERA L. — **Nakhla** (arabe), **Tachdxït** (temacheq), **Gorboïgna** (sonrhaï), **Tandarma** (wolof). — Trois ou quatre dattiers de grande taille s'observent à la mare de la Grande Mosquée, à Tombouctou. Des indigènes se souviennent qu'il en existait autrefois en grand nombre.

(1) VUILLET (Quelques plantes intéressantes de la vallée du Niger, in *Rev. des Cult. coloniales, t. VII, p. 712*) a récemment rapporté cet arbre au *Ficus laurifolia*, qui est une espèce de l'Inde occidentale toute différente. Le *Doubalé* paraît être le *Ficus punctata* Lamark, lequel serait synonyme de *Ficus aggregata* Hort. Toutefois, il existe une trop grande confusion dans les *Ficus*, pour que nous prétendions élucider ici la question.

γ. ESPÈCES DOUTEUSES.

Plantes ligneuses existant dans le Sahara méridional, d'après les renseignements fournis par les indigènes à M. MERLE, interprète militaire de Tombouctou, mais dont nous n'avons pu constater la présence.

49. HENOPHYTON DESERTI Coss. et Dur. — **Assabaï** (arabe), **Aua** (temacheq). — Arbuste très commun sur les rives du Niger à l'Est de Gao (MERLE).
50. ATRIPLEX HALIMUS L. — **Guelof** (arabe). Vient dans l'Adrar oriental (MERLE).
51. FICUS sp... — **Kerma** (arabe), **Tahart** (temacheq). — Gao et environs du lac Guérou, sur la rive droite du Niger, au S.-E. de Tombouctou (MERLE).
52. EPHEDRA ALATA Dcne. — **Alenda** (arabe), **Timabàrt** (temacheq).

IV. — DIAGNOSES DES PLANTES NOUVELLES,

Adansonia sphærocarpa sp. nov.

Diffère de *A. digitata* par les *fruits sphériques* ou légèrement ovoïdes et de taille plus petite (8-12^{cm} diamètre long.).

Soudan occidental : Bassin du Bakoy (Ht-Sénégal) et du moyen Niger, aussi commun que *A. digitata*. Cette espèce a le port et les feuilles du Baobab, dont elle ne paraît différer que par les fruits.

Boucerosia tombuctuensis sp. nov.

Tiges en touffes, cactiformes tétragones, à angles ailés, dressées, hautes de 0^{m} 40 à 0^{m} 80, rameuses à la base et surtout au sommet, ces derniers rameaux courts et étalés, d'un vert pâle couvertes d'une pulvérulence blanche ; ailes des tiges étalées 2 à 2 dans un même plan, irrégulièrement crénelées, à appendices des créneaux étalés, subdressés ou au contraire dirigés vers le bas, espacés de 15 à 30^{mm}. Tige rétrécie au-dessous de l'inflorescence, puis élargie en une masse irrégulièrement lobée qui porte des pedoncules floraux simples, nombreux, longs de 10 à 15^{mm}. au moment de l'anthèse. Inflorescences en boules compactes de la taille d'une orange. Fleurs à sépales lancéolés verdâtres pointus, longs de 3^{mm}. Corolle infundibuliforme-rotacée d'un noir pourpre, large de 12 à 15^{mm}. (sur le vif), à lobes deltoïdes, aigus, lisses en dessous, entièrement plissés-papilleux en dessus et munis sur les bords et surtout au dessus de la pointe de nombreux cils articulés, mobiles, pendants, très fragile, de 2^{mm} de long et de même couleur que la fleur.

Pédoncules épaissis, après la floraison, supportent des follicules allongés-linéaires longs de 10-12 cent., blonds à maturité. Graines petites terminées par une pseudo-aigrette, constituée par une lame étroite, membraneuse, plus ou moins laciniée au sommet. — Croît sur les dunes, surtout au pied des arbres et sur les collines rocheuses.

Tombouctou et tous les environs ! Arnassay ! Goundam ! collines du Bankorré ! environs du lac Horo entre Zinguette et Niodougou ! — En fleurs et en fruits en août et septembre (fruits de l'année précédente ?)

Fleurs à odeur de viande pourrie, visitées par plusieurs mouches et d'autres petits diptères.

Cette plante a le port de *Boucerosia (Apteranthes) Schimperiana* Ad. Brongn. mss. in *Herb. Mus. Paris* qui en diffère par ses fleurs très petites à corolle comme tomenteuse à l'intérieur.

Elle diffère de *B. Russeliana* Ad. Brongn. *Bull. Soc. Bot. France* 1860, par la corolle papilleuse en dessus et présentant des cils seulement sur les bords internes, alors que dans *B. Russeliana* toute la surface intérieure de la corolle est couverte de poils,

Hyphæne thebaïca var. occidentalis var. nov.

Arbre de 5 à 8 m. de hauteur, à tronc rarement simple, se dichotomisant 1, 2 ou 3 fois à 1 m. 50 ou 2 m. au-dessus du sol.

Diffère de *H. thebaïca* type, par la taille du fruit plus petite, la couleur de l'exocarpe plus claire. Les fruits sont presque sphériques ou vaguement trigones, un peu bosselés, l'une des bosselures étant plus étroite que les deux autres. Ils ne sont point étranglés ni en leur milieu, ni à leur base qui est toujours élargie au lieu d'être atténuée comme dans *H. thebaïca* type et *H. turbinata*. Il ressemble au fruit de *H. crinitum*, mais celui-ci est un peu atténué à la base. *H. thebaïca* type possède souvent des fruits avortés accolés à la base des fruits normaux. — Vallée du Sénégal entre Podor et Bakel, vallée du moyen Niger depuis Nyamina jusqu'au delà de Tombouctou et du Bani de San à la confluence de Mopti. Devient très abondant entre le lac Débo et Tombouctou.

Acacia Trentiniani sp. nov.

Arbuste de 2 à 5 m. de haut, ordinairement rameux dès la base, à rameaux cendrées, couverts de lenticelles plus claires, à épines infrastipulaires groupées par 2 ou par 3, divariquées, arquées, courtes (3 à 5^{mm}), noires-luisantes ou noires-glancescentes. Feuilles plus courtes que les épis floraux, à rachis subpubescent ou présentant seulement quelques poils, long de 10 à 20^{mm}, muni en dessus d'une glande vers sa base et d'une autre à son sommet, portant 2 à 4 paires de rachis secondaires glabres ou subpubescents, ceux-ci donnant insertion à 3 à 5 paires de folioles vertes-glancescentes, linéaires-oblongues, gilbeuses d'un côté à la base, élargies et obtuses ou apiculées au sommet, longues de 4 à 6^{mm}, larges de 1,5 à 2,5, avec une nervure médiane saillante en-dessous et des nervures secondaires anastomosées, également saillantes. Epis floraux isolés ou fasciculés par 2 ou 3, longs de 5 à 8^{cm}, subpubescents, à fleurs lâches ; ordinairement espacées de 2 à 3^{mm}, dans le tiers supérieur de l'épi, à boutons subglobuleux, d'un vert pâle ; lobes du calice munis sur le milieu d'une large raie verte et blanchâtres sur les bords. Corolle et étamines semblables à *A. Senegal.*

Cette espèce qui a le port de *A. Senegal* est exactement intermédiaire entre *A. Senegal* et *A. læta.*

Du premier elle diffère par ses feuilles à rachis secondaires moins nombreux, et principalement par le nombre réduit de ses folioles, leur forme plus élargie et surtout leur nervation réticulée, enfin par ses fleurs en épis plus lâches, par ses boutons floraux subsphériques et munis d'une nervure verte sur le milieu du calice (ils sont obovés et ont les sépales entièrement blanchâtres dans *A. Senegal*).

Elle diffère de l'*A. læta* par ses épines presque toujours fasciculées par 3, ses épis plus longs et moins lâches, et surtout par ses folioles qui dans *A. læta* sont plus grandes et obovales oblongues, nettement cunéiformes au sommet.

Nous dédions cette belle espèce au général de TRENTINIAN, ancien gouverneur du Soudan français et organisateur de la mission qui nous a permis d'entreprendre ces recherches.

Reseda sudanica sp. nov.

Plante herbacée, à tige dressée, rameuse dès la base, à rameaux étalés dressés, de 30 à 40 centim. de hauteur, à tiges velues, hérissées de poils blanchâtres, surtout au sommet. Feuilles oblongues-lancéolées très entières, à petiole de 1 à 2^{cm}, à limbe vert, long de 6 à 12^{cm}, large de 1 à 3^{cm}, longuement atténué en pétiole à la base, à sommet arrondi-obtus ou brièvement pointu, présentant à l'état jeune des poils épars sur toute la surface et à l'état adulte seulement sur la nervure médiane et les bords. Axe de l'épi floral tout couvert de poils blancs étalés. Fleurs en épi lâche à la base, serrées au sommet et dépassées par les bractées ; celles-ci linéaires, longues de 5-6^{mm}, glabres ou munies de quelques cils à la base, légèrement scarieuses sur les bords.

Pédoncule long de 1 à 2^{mm}, au moment de la floraison, blanc-tomenteux. Fleurs à calice à 6 sépales subégaux, oblongs, obtus au sommet, longs de 4 à 5^{mm}, larges de 2^{mm}, ciliés à la base et bordés sur tout le pourtour d'une marge blanche-scarieuse ; corolle à 6 pétales blancs, les deux supérieurs ovales-lancéolés de 4^{mm} de long, surmontés de 1 à 3 lobules ovales, élargis au sommet et latéralement de 1 à 3 paires de courtes laciniures filiformes, le reste étant seulement denticulé ; les quatre autres pétales sont linéaires-oblongs, longs de 4^{mm}, élargis et denticulés à la base, parfois un peu élargis au sommet. Lame staminale elliptique, relevée en-dessus, large de 2^{mm}, finement denticulée sur ses bords ; étamines de 24 à 30, à filets lisses et pointus égalant les pétales. Ovaire trimère, oblong glabre, à stigmate trifide, chaque lobe étant canaliculé en dedans et couvert de fines papilles. Fruit et graines inconnus.

Sur le sable humide aux bords du puits de Gassa, entre le lac Faguibine et les mares Daouna. Une seule touffe en fleurs : fin août 1899.

Cette espèce est très distincte du *Reseda lanceolata* Lag. d'Espagne et du *R. Alphonsi* Mull. Arg. de l'Algérie dont elle a le port.

C'est la troisième espèce rencontrée jusqu'à ce jour dans l'Afrique tropicale. Les deux autres sont *R. pruinosa* Del. (= *R. Quartiniana* Rich.) et *R. Carmen-Sylvæ* Volkens et Schœfth.

V. — Conclusions.

L'étude des espèces botaniques que nous avons rapportées du Soudan occidental n'est pas assez avancée pour que nous puissions tirer des conclusions définitives. Cependant la détermination que nous avons faite des espèces ligneuses présente déjà quelque intérêt. Sur les 49 espèces énumérées, plus des 4/5 appartiennent à la fois au Sénégal d'une part, à la Nubie et l'Abyssinie de l'autre.

Ceci montre la grande uniformité de la végétation de la zône sahélienne depuis l'Atlantique jusqu'à la mer Rouge. Il est même curieux de constater que nous n'avons trouvé jusqu'à présent qu'une seule espèce sénégalienne qui ne paraisse pas aller jusqu'au Nil. C'est *Euphorbia balsamifera* des Canaries. L'Abyssinie et la Nubie fournissent au contraire trois espèces (*Acacia læta*, *Cadaba glandulosa*, *Cleome paradoxa*), qui semblent s'arrêter là puisqu'on ne les a pas rencontrées jusqu'à ce jour au Sénégal déjà bien exploré. La flore de Tombouctou aurait donc plus de rapports avec la végétation de l'Afrique orientale qu'avec celle de l'Afrique occidentale, quoique Tombouctou soit situé à 15° à peine de l'Atlantique et à plus de 35° de la mer Rouge.

BIBLIOGRAPHIE

Il n'existait jusqu'à ce jour qu'une seule note consacrée à la flore du *Soudan central*. C'est celle où Rob. Brown a étudié les plantes récoltées par Denham, Clapperton et Oudney dans la région du lac Tchad :

R. Brown. — *Observations on the structure and affinities of the more remarkable plants collected by the late Walter Oudney, M. D. and major Denham and captain Clapperton in the years 1822, 1823, 1824, during their expedition to explore Central africa;* London, 1826, in-4°, 44 p.

Quelques plantes récoltées également dans le Bornou et sur les bords du Tchad, par Edward Vogel, ont été rapportées par Barth et sont mentionnées dans **Oliver**. *Flora of Tropical Africa.*

Enfin on trouvera quelques renseignements sur la végétation de Tombouctou dans les relations de voyages suivantes :

René Caillié. — Voyage à Tombouctou et à Ienné, de 1824 à 1828, 3 vol., Paris, 1830.

Barth. — Voyages et découvertes dans l'Afrique septentrionale et centrale; 4 vol., Paris, 1860.

Lenz. — Tombouctou, 2 vol., Paris, 1887.

Félix Dubois. — Tombouctou la Mystérieuse, Paris, 1897.

Hourst. — Relation du Voyage de Tombouctou à l'océan Atlantique, 1 vol., Paris, 1898.

Mgr Hacquard. — Monographie de Tombouctou, 1 vol., Paris, 1900.

EXPLICATION DES PLANCHES

PLANCHE X.

Prairies aquatiques de Bourgou (*Panicum Burgu* A. Chev.) dans le Niger moyen, entre le lac Débo et Tombouctou. A droite et au premier plan : un chaume de Bourgou, au moment de la floraison.

PLANCHE XI.

Bouceroşia tombuctuensis A. Chev.

1, plante entière, 2 inflorescences, 3 fruits à maturité. 4, section transversale de la tige. 5, développement d'un bourgeon sur la tige. 6, 7, 8, fleurs non épanouies. 9, 10, 11, fleurs épanouies. 12, fleur coupée montrant l'appareil coronal de face. 14, un follicule au moment de la déhiscence. 15, groupes de graines adhérant à la pseudo-aigrette, 16 graines.

LA FLORE DU KLONDIKE,

par M. N.-L. BRITTON,

Directeur du Jardin botanique de New-York.

Le Klondike, la nouvelle région des mines d'or de l'Amérique du Nord, est situé dans la vallée de la Rivière Yukon, autour de la ville de Dawson dans le territoire du Yukon. Il se trouve entre les Rerby montagnes situées à l'Est et les Coast montagnes d'Alaska à l'Ouest et son altitude n'est pas très élevée.

Le climat est sec, la saison courte.

Les flores ont peu de ressemblance avec celles de la côte Pacifique d'Alaska, mais se trouvent en relation avec celles de la vallée de la rivière Mackenzie, et à quelques points de vue ont des affinités avec celles des régions du sud. Beaucoup d'espèces ont une distribution circumboréale, et un petit nombre habite la Sibérie.

Nos études des flores se basent sur deux collections. L'une a été faite par M. R. S. Williams, maintenant aide au Muséum Botanique de notre jardin, l'autre par M. J. R. Taileton.

Les explorateurs canadiens ont aussi rapporté des échantillons de la région, qui sont conservés dans l'herbier du « *Geological and Natural History Survey* » de Canada, à Ottawa.

A propos de cette communication, M. Chevalier fait observer que les indigènes de la région aurifère du Haut-Sénégal et du Haut-Niger prétendent qu'un arbuste du genre *Gardenia* indique toujours par sa présence l'existence de sables aurifères dans les terrains où il croît. M. Chevalier a retrouvé cette plante sur presque tous les terrains latéritiques du Sénégal et du Soudan occidental dans des régions où l'or n'a jamais été signalé.

CENSUS PLANTARUM CONGOLENSIUM

par MM. É. De WILDEMAN et Th. DURAND.

La flore de l'Afrique tropicale a été dans ces dernières années l'objet d'un grand nombre de travaux. A Berlin, Bruxelles, Londres et Paris se publie simultanément le résultat des recherches entreprises sur les matériaux botaniques du centre de l'Afrique accumulés dans les herbiers nationaux; aussi n'est-il pas sans intérêt de jeter, à la fin du siècle, un coup d'œil rapide sur ce que l'on connaît de la flore du Congo.

Nous n'envisagerons ici que la flore de l'État Indépendant du Congo, la limitant strictement aux frontières de l'État.

Certes, les données actuelles sont encore très vagues; il ne peut être question de tracer un tableau complet et définitif de la végétation de cette partie de l'Afrique tropicale, encore peu connue au point de vue géographique et même les renseignements que nous essayerons de condenser ici doivent être considérés comme provisoires. Il y aura, il ne faut pas le dissimuler, beaucoup à modifier, beaucoup à corriger. Parmi le très grand nombre d'espèces décrites dans ces dernières années et considérées comme endémiques, combien seront à supprimer et à reléguer dans la synonymie! Elles représentent sans doute des formes extrêmes d'autres espèces déjà décrites, mais dans l'état actuel de nos connaissances en systématique, il ne pouvait être question de les réunir, il faut attendre pour cela que l'on ait réussi à voir la série de formes intermédiaires.

Cette multiplicité de créations spécifiques n'est pas un mal, bien au contraire; si ces soi-disant espèces ont été minutieusement décrites, si leurs auteurs ont eu soin de donner toujours les affinités et les caractères différentiels, les botanistes futurs, auxquels reviendra la grande tâche de fondre les données éparses, trouveront dans ces travaux préliminaires des renseignements précieux. Grâce à M. le baron Van Eetvelde, l'éminent secrétaire d'État de l'État Indépendant du Congo, qui a décrété la création des *Annales du Musée du Congo*, et à M. Ch.

Liebrechts, secrétaire général du département de l'Intérieur, qui dirige cette publication, ceux qui auront à s'occuper de l'étude de la flore du centre de l'Afrique, trouveront dans les publications de l'État du Congo, des éléments très utiles pour leurs études.

C'est en 1896 que nous voyons apparaître le premier travail d'ensemble sur la flore de l'État Indépendant du Congo. MM. Th. Durand et H. Schinz, dans la première partie de leurs « *Études sur la flore du Congo* », la seule parue jusqu'à ce jour (1), ont condensé tous les renseignements publiés jusqu'à cette époque sur cette flore ; ils y signalent un peu plus de 1000 espèces réparties dans les diverses parties du territoire. Depuis, de nombreux voyages d'explorations, des missions scientifiques, dont plusieurs organisées par le gouvernement de l'État du Congo, ont amené à Bruxelles des matériaux importants, et l'étude de la flore de l'Afrique tropicale a pris un nouvel essor. Au bout de cinq années, de 1895 à 1900, le nombre des espèces trouvées au Congo belge et citées dans des publications est doublé, il est actuellement de plus de 2000 ; ce résultat est très satisfaisant. Sous peu, ce chiffre augmentera de beaucoup, grâce aux collections mises pour la plupart à la disposition du Jardin botanique de l'État à Bruxelles par le département de l'Intérieur de l'État Indépendant du Congo et dont la plus grande partie est déjà étudiée, mais dont les déterminations n'ont pu encore être toutes publiées.

Dans cette rapide revue, nous nous permettrons d'attirer tout d'abord l'attention sur ceux qui ont contribué à faire connaître la dispersion des plantes au Congo ; nous essayerons ensuite de fixer quels sont les portions de ce vaste territoire comprenant presque tout le bassin du Congo, sur lesquelles nous possédons des renseignements botaniques.

I

Dans l'introduction de leurs « Études sur la flore du Congo » (1), MM. Durand et Schinz citent 18 voyageurs et botanistes dont les collections ont servi de base à la rédaction de leur énumération ; 9 d'entre eux sont allemands, 3 anglais, 6 seulement belges ; depuis, cette proportion a grandement changé. Actuellement, il y a au total 38 voyageurs et botanistes dont la collaboration est plus ou moins importante ;

(1) La seconde partie de ces « Études » est en préparation.

de ces 38, 4 seulement sont anglais, 11 allemands, 1 autrichien, 1 hollandais, 1 luxembourgeois et 20 belges. Nous ne comprenons pas, dans cette liste, WELWITSCH et MONTEIRO ; car les récoltes du premier paraissent avoir été faites toutes en dehors des limites de l'État, de même, d'ailleurs, que celles de MONTEIRO ces dernières ne semblent pas avoir été étudiées.

Nous allons passer en revue, par ordre chronologique, les noms des différents voyageurs auxquels nous devons l'ensemble de connaissances actuelles sur la flore du Congo, en donnant sur leurs voyages et leurs récoltes quelques renseignements. Ces indications seront très sommaires pour ceux des voyageurs sur lesquels MM. DURAND et SCHINZ ont publié des notices assez étendues dans leurs « Études ».

C. Smith (Anglais). — Christian SMITH, le premier voyageur auquel on doit des renseignements botaniques sur le Congo, fit partie de la malheureuse expédition du capitaine R. TUCKEY. C. SMITH mourut dans le Bas-Congo, mais son herbier fut rapporté en Europe par un jeune jardinier anglais, LOKHART (Cf. Narrative of an Expédition to explore the river Zaïre : Th. DUR. et SCHINZ, loc. cit. p. 38).

Il est curieux de constater que certaines plantes récoltées, en 1816, par C. SMITH, dans le Bas-Congo, n'ont, jusqu'à ce jour, été retrouvées par aucun autre voyageur ; c'est là une preuve bien évidente que cette partie de l'Afrique relativement bien explorée n'est pas encore épuisée.

Burton (Anglais). — R.-F. BURTON fit son expédition vers 1858, son nom se trouve cité à maintes reprises dans la « *Flora of tropical Africa* » de MM. OLIVER et THISELTON-DYER (Cf. Th. DUR. et SCHINZ, loc. cit., p. 39).

Cameron (Anglais). — V. Lovett CAMERON explora, en 1874, une partie du Haut-Congo, le district actuel du Lualaba ; il reste cependant des doutes sur la provenance de ses récoltes, il n'est pas spécifié si elles proviennent des territoires situés à l'est ou à l'ouest du Tanganika.

Schweinfurth (Allemand). — Le célèbre voyageur Dr G. SCHWEINFURTH partit de l'Égypte en 1868 et arriva dans le nord du Congo, pays des Mombuttus en 1870. Par le grand nombre de plantes nouvelles, non encore retrouvées dans l'Etat, par les descriptions qu'il a données, l'éminent naturaliste allemand a fait entrevoir dans cette partie du Congo une région à flore très spéciale, dont l'exploration n'a malheureusement plus été reprise depuis (Cf. G. SCHWEINFURTH, Im Herzen von Africa ; Th. DUR. et SCHINZ, loc. cit., p. 39).

Naumann (Allemand). — NAUMANN, naturaliste de la croisière scientifique de la *Gazelle*, ne fit que de petites excursions autour de l'embouchure du Congo et, malgré le peu de temps consacré à l'étude de cette région, il y découvrit quelques plantes dont nous n'avons point encore vu de représentants (Cf. Engler, Beiträge zur Flora des Congogebietes, in Bot. Jahrb., VIII (1887), p. 59-68 ; Th. DUR. et SCHINZ, loc. cit., p. 40).

Pogge (Allemand). — Le Dr P. POGGE fit deux voyages botaniques dans l'Angola et le Congo. En 1875, il partit seul du Congo portugais et traversa le sud de l'État Indépendant du Congo jusque dans le pays des Muata-Iamvo. En 1880-1884, accompagné de WISSMANN, il suivit d'abord le même itinéraire qu'en 1875, puis ils continuèrent jusqu'à Nyangwe, sur le Congo. Ces deux voyages furent très fructueux. Deux genres et de nombreuses espèces ont été dédiées à POGGE (Cf. Th. DUR. et SCHINZ, loc. cit., p. 81).

Buchner (Allemand). — Le Dr BUCHNER visita, en 1878-1880, à peu près les mêmes régions que POGGE et WISSMANN et rapporta comme eux de nombreux matériaux, qui sont étudiés au Jardin botanique de Berlin, sous la savante direction de M. le prof. Ad. ENGLER (Cf. Th. DUR. et SCHINZ, loc. cit., p. 41).

Von Mechow et **Teusz** (Allemands). — C'est encore dans la même direction que se fit l'exploration du major von MECHOW, accompagné de TEUSZ, chargé spécialement de la récolte des plantes. Partis de Saint-Paul de Loanda en 1880, ils traversèrent l'Angola, pénétrèrent dans le Congo, franchirent le Kasaï et revinrent à la fin de l'année à leur point de départ (Cf. v. MECHOW in Verhandl. Geo. Erdkunde de Berlin, IX [1892], p. 475 et 489 ; Th. DUR. et SCHINZ, loc. cit., p. 42.)

Büttner (Allemand). — Le Dr R. BÜTTNER, de 1884 à 1886, explora divers points du Congo belge et du Congo portugais, il remonta même le fleuve jusqu'à Equateurville, actuellement Coquilhatville. Botaniste lui-même, il décrivit dans plusieurs publications un grand nombre des espèces qu'il avait récoltées ; sur les 444 espèces trouvées pendant son voyage, 146 le furent dans l'État Indépendant du Congo (Cf. Th. DUR. et SCHINZ, loc. cit., p. 42 et 52).

Pechuel-Lœsche (Allemand). — PECHUEL-LŒSCHE fit un séjour, vers 1885, dans le Congo ; il ne semble pas avoir fait de collection botanique importante, mais les renseignements généraux qu'il a publiés seront toujours très utiles à consulter (Cf. PECHNEL-LŒSCHE, Die Vegetation am Congo bis zum Stanley-Pool, Ausland, 1886, p. 381 et p. 405; et Th. DUR. et SCHINX, loc. cit., p. 43).

Ledien (Allemand). — LEDIEN, résidant à Vivi, fit, vers 1886, quelques récoltes botaniques ; il eut la bonne fortune de mettre la main sur certaines plantes intéressantes, entre autres sur le *Strophantus Ledieni*, qui n'a pas encore été, jusqu'à ce jour, retrouvé dans le Bas-Congo (Cf. Th. DUR. et SCHINZ, loc. cit., p. 43.)

Hens (Belge). — Les premiers explorateurs botanistes du Congo furent, comme nous venons de le voir, des Anglais, puis vinrent les Allemands ; le peintre anversois Fr. HENS ouvre la série des Belges qui rapportèrent en Europe des collections de plantes sèches. Il remonta le Congo jusqu'aux Stanley-Falls, recueillant à chacun des points d'arrêt un certain nombre de spécimens, ce furent les premières plantes rapportées des bords du Congo au nord de l'Équateur. Le nom de HENS a été donné à plusieurs espèces nouvelles, c'est un hommage bien mérité, car, à l'époque où fut entrepris ce voyage (1887-1888), les expéditions dans le centre de l'Afrique étaient loin d'être aussi faciles qu'aujourd'hui.

On trouvera, dans les « Études sur la flore du Congo » (p. 44-46), des renseignements plus précis sur les conditions dans lesquels M. Fr. HENS entreprit son voyage.

Briart (Belge).— Le Dr BRIART fit partie de l'expédition DELCOMMUNE. Elle quitta le Stanley-Pool en Octobre 1890 et se dirigèrent vers le Katango où furent récoltées les quelques plantes dont M. BRIART fit don à son retour au Jardin botanique de l'Etat à Bruxelles (Cf. Th. DUR. et SCHINZ, loc. cit., p. 86).

Descamps (Belge). — Le Capt. DESCAMPS en 1890, 1893 et 1895, fit trois expéditions au Congo. Il rapporta, de ces trois séjours en Afrique, un certain nombre de plantes qui presque toutes furent remises au Jardin botanique de Bruxelles. Les plantes qu'il avait récoltées lors de son passage par le Nyassaland (second voyage en 1893) furent étudiées par DEWÈVRE et nous ne possédons pas en herbier les types décrits par notre confrère. Ce fut le Capt. DESCAMPS qui, lors de son retour en Belgique, en 1895, rapporta la première partie de l'herbier du R. P. DEBEERST (Cf. Th. DUR. et SCHINX, loc. cit., p. 47).

J. Cornet (Belge). — Le Dr J. CORNET fit partie de l'expédition BIA-FRANCQUI, et récolta quelques plantes dans le Haut-Congo, principalement dans les plaines de Ntenko, en août 1892 (Cf. Th. Dur. et et Schinx, loc. cit., p. 48).

Demeuse (Belge). — M. Fern. Demeuse explora de 1891 à 1893, pour le compte de sociétés commerciales, diverses régions du Congo ; il s'occupa de récoltes botaniques sur les bords du Congo, du Lac Léopold II, du Saukuru et du Kasai. Malheureusement, une grande partie de son importante collection, — il y avait plus de 1.000 numéros, — fut perdue dans un naufrage ; les numéros sauvés sont intercalés dans l'Herbier du Jardin botanique de Bruxelles et proviennent surtout des bords du Congo jusqu'aux Stanley-Falls (Cf. Th. Dur. et Schinz, loc. cit., p. 48).

Debeerst (Belge). — Le R. P. Debeerst, missionnaire belge, sur les bords du Tanganika, remit, en 1895, au Capt. Descamps, un petit herbier de plantes récoltées dans le Marungu. Ces premières récoltes nous furent transmises ; elles renfermaient des matériaux très intéressants sur la flore de ces régions et nous y trouvâmes plusieurs espèces nouvelles, malheureusement souvent assez pauvrement représentées. Plusieurs d'entre elles reçurent le nom du vaillant missionnaire. Nous avions espéré avoir en lui un auxiliaire précieux pour la connaissance de la flore de la partie orientale de l'État, il ne devait pas en être ainsi ; le P. Debeerst ne résista pas longtemps au climat et mourut à Saint-Jacques de Lusaka, le 24 décembre 1896. Un paquet de plantes est encore arrivé à Bruxelles après sa mort par l'intermédiaire du R. P. supérieur de la mission des Pères blancs à laquelle appartenait le R. P. Debeerst.

Laurent (Belge). — Le savant professeur Ém. Laurent, de l'Institut agricole de Gembloux, parcourut en 1893 le Mayombe, Bien qu'il ne put s'occuper que très peu de botanique dans ce voyage, il en rapporta une assez belle série de plantes dont plusieurs nouvelles, et très intéressantes, furent décrites par notre regretté confrère A. Dewèvre. En 1895-1896, M. Laurent entreprit un second voyage agronomique autour du Congo, il récolta environ 500 plantes des divers points d'arrêt de son itinéraire; parmi celles-ci se trouve une belle série d'espèces nouvelles pour la science, et aussi bon nombre de plantes intéressantes pour la connaissance de la distribution géographique. Plusieurs espèces nouvelles lui ont été dédiées (Th. Durand et Schinz, loc. cit. p. 49).

Dupuis (Belge). — Le lieutenant P. Dupuis, capitaine de la force publique au Congo, occupa ses loisirs, pendant son séjour en 1893 dans le Mayombe, à explorer botaniquement cette région intéressante, il rapporta lors de son retour en Europe un petit herbier dans lequel l'on a rencontré quelques nouveautés. Un second séjour au Congo, en 1896-1898, lui permit de réunir quelques observations sur la flore des environs de Nyangwe, mais les matériaux récoltés ne nous sont pas encore parvenus et seront sans doute perdus.

G. A. von Götzen (Allemand). — Le comte von Götzen traversa toute l'Afrique ; parti de l'Est, il pénétra dans l'État Indépendant du Congo par le Nord du Lac Kivu. Ce fut dans cette partie de l'État qu'il fit en 1894 avec son second, le lieutenant Pristwitz, des récoltes botaniques en faisant l'ascension du volcan Kirungia. Ces plantes récoltées entre 2.000 et 3.300 mètres donnent une idée de la végétation des hautes altitudes sous les tropiques. Plusieurs espèces nouvelles furent trouvées, elles ont été décrites par M. le professeur Engler et ses collaborateurs du Jardin botanique de Berlin dans une annexe du remarquable ouvrage « *Durch Afrika von Ost nach West* » que le comte von Götzen a consacré à son voyage.

Dewèvre (Belge). — Alfred Dewèvre, pharmacien, docteur en sciences naturelles, fut le premier belge chargé officiellement d'une mission botanique au Congo. Parti le 6 juin 1895, il devait consacrer deux ans à un voyage circulaire et amasser pendant ce temps des renseignements sur la flore et particulièrement sur les essences industrielles et commerciales. Il visita d'abord le Mayombe, remonta ensuite le fleuve puis une partie des bords de la Lulonga jusqu'à Bassankusu, passa par les Stanley-Falls, toucha à Nyangwe, d'où il fit une excursion vers le Lomami, puis suivit encore le grand fleuve jusque vers Kasongo, mais sentant les premières atteintes du mal qui devait l'emporter, il reprit le chemin de l'Europe.

Arrivé dans le Bas-Congo, son état d'affaiblissement était tel qu'il ne put s'embarquer, et terrassé par la maladie, Dewèvre mourut le 27 février 1896 à Léopoldville ; il comptait rentrer en Belgique, en juin de cette même année. Il avait réuni un herbier composé d'environ 1200 numéros de phanérogames et de cryptogames vasculaires et d'une centaine de cryptogames cellulaires. M. M. Micheli de Genève, qui voulut bien se charger de l'étude des Légumineuses de cette collection, y reconnut un genre nouveau qu'il dédia à Dewèvre (*Dewevra bilabiata*). Beaucoup d'autres espèces portent son nom. Nous avons réuni dans les « *Reliquiæ Dewevreanæ* », publiés par les soins de l'État Indépendant du Congo et actuellement sous presse, les notes botaniques recueillies par A. Dewèvre pendant son séjour en Afrique (on trouvera sur A. DEWÈVRE quelques renseignements supplémentaires dans le *Bull. de la Soc. belge de microsc.*, XXIII, p. III).

Thonner (Autrichien). — M. FR. THONNER, botaniste autrichien, déjà connu par des travaux de systématique, entreprit en 1896 un voyage au Congo, ayant pour objectif d'étudier particulièrement la flore. Il se dirigea vers le district des Bangala, prenant des notes sur les aspects caractéristiques du pays, sur la faune et aussi la flore. Il a publié sur cette exploration un beau volume qui a paru successivement en allemand et en français et où l'on trouve des renseignements précieux (1). Les 120 plantes qu'il rapporta en Europe (le reste de ses collections fut détruit par les indigènes) furent offertes gracieusement au Jardin botanique de l'État à Bruxelles et elles nous fournirent l'occasion d'écrire un travail spécial dans lequel beaucoup d'espèces nouvelles ont été dédiées au savant explorateur (2).

Le gouvernement de l'État Indépendant du Congo envoya en 1898 MM. DUCHESNE et LUJA en mission botanique et horticole au Congo.

Duchesne (Belge). — M. ÉM. DUCHESNE remonta le Congo jusque vers les Stanley-Falls, rapportant des matériaux peu nombreux, mais bien préparés ; il y a fort peu de nouveautés dans ces récoltes faites toutes d'ailleurs dans les régions avoisinant immédiatement le fleuve, où plusieurs botanistes avaient déjà passé.

Luja (Luxembourgeois). — M. ÉD. LUJA quitta Bruxelles le 1er avril 1898 en même temps que M. DUCHESNE; ils firent leurs premières récoltes ensemble, mais il se sépara de son confrère dès leur arrivée au Stanley-Pool où il résida quelque temps, de là il remonta le Kasai assez loin dans l'intérieur. Son herbier, plus fourni que celui de M. DUCHESNE, a donné aussi plus de nouveautés; la région du Kasai est d'ailleurs plus riche et moins explorée que celle des bords du Congo.

MM. DUCHESNE et LUJA rentrèrent en Belgique en septembre 1899.

Cabra (Belge). — Le capitaine d'état-major CABRA, chargé d'une mission géodésique dans le Bas-Congo, quitta la Belgique en 1896. Il s'occupa de faire des collections scientifiques et consacra ses loisirs à la récolte des plantes. Les envois reçus de M. CABRA sont peu nombreux mais fort bien préparés, soit par lui, soit par son adjoint M. TILMAN.

Gillet (Belge). — Le frère J. GILLET S. J., lors d'un premier séjour au Congo en 1898, recueillit un certain nombre de plantes qu'il nous

(1) *Fr. Thonner*. Im afrikanischen Urwald, Berlin, 1898 et Dans la grande forêt de l'Afrique tropicale., Bruxelles, 1899.

(2) *De Wild.* et *Th. Dur.* Plantæ Thonnerianæ congolenses, Bruxelles, 1900.

soumit à son retour. Nous l'engâgeames alors à faire de plus amples récoltes et à nous envoyer pendant le second séjour qu'il se proposait de faire au Congo, des échantillons botaniques numérotés ; il nous le promit. Grâce au zèle infatigable de ce collaborateur et à l'intervention du gouvernement du Congo, il s'est établi entre le Jardin botanique de l'Etat à Bruxelles et M. J. GILLET un véritable service régulier. Parti en 1899, pour la mission de Kisantu, les récoltes qu'il a faites aux environs de Kisantu, Dembo, Kimuenza ont atteint en moins d'un an le chiffre de 1500 numéros, représentant environ 2200 feuilles d'herbier. C'est la plus belle série de plantes congolaises récoltées par un belge ; de nouveaux envois en préparation, augmenteront sensiblement ce chiffre qui sera certainement porté à 1800 avant la fin du siècle.

Butaye (Hollandais). — Le R. P. BUTAYE S. J., botaniste hollandais, quitta la Belgique le 6 juillet 1896 et se rendit dans le Bas-Congo. Résidant à Kisantu ou à Dembo, il ne put s'occuper, malgré son désir, dans les premières années de son séjour, de la récolte des plantes. En juillet de cette année, il collabora à la formation des collections de GILLET, et fit une première série de récoltes dans les environs de Lemfu, tenant ainsi la promesse qu'il nous avait faite avant son départ. Ce premier envoi sera, espérons-nous, suivi de nouvelles expéditions de plantes qui nous mettront à même de mieux connaître la dispersion des végétaux dans cette partie déjà un peu explorée de l'État.

Hecq (Belge). — Le capitaine HECQ, lors de son second terme de service au Congo, en qualité de gouverneur du district du Tanganika (1899), s'occupa de réunir des collections scientifiques de la région (Tanganyka, Rusisi, Kivu). Une partie de ses récoltes botaniques se perdit malheureusement par suite d'une révolte des indigènes. Parmi les matériaux arrivés à Bruxelles, un certain nombre d'échantillons furent avariés, mais ce qui reste permet de se faire une idée de la flore herbacée, peu élevée, qui caractérise les steppes de l'est du Congo.

Chargeois (Belge). — Le lieutenant CHARGEOIS, sur les conseils du capitaine HECQ, se livra en 1899 à quelques recherches botaniques sur les bords du lac Noero et fit parvenir à l'Etat un petit herbier de cette région.

Il nous reste à citer deux expéditions récentes dont les résultats ne sont pas encore connus. Celle de M. R. SCHLECHTER (Allemand), organisée par le gouvernement allemand en vue d'étudier spécialement les plantes à caoutchouc. M. SCHLECHTER, botaniste-voyageur bien connu, a rapporté du Congo, dont il a traversé les districts du Bas-Congo, environ 600 numéros de plantes dont l'étude a été commencée à Berlin sous la direction de M. le professeur Ad. Engler.

La seconde expédition est celle de M. le capitaine Lemaire (expédition scientifique du Katanga), dont l'objectif était d'étudier surtout les richesses minières du Katanga et de rechercher les sources de diverses rivières du plateau du Congo-Zambèse ; l'expédition n'est pas encore rentrée, aucune plante ne nous est parvenue et peu de renseignements sur la flore ont été publiés, mais des fragments du journal de voyage et des dessins envoyés au département de l'Intérieur de l'État du Congo, on peut augurer que l'expédition aura été fructueuse au point de vue botanique.

Citons en terminant les noms de personnes qui, sans s'être occupées activement de botanique, ont communiqué des renseignements ou rapporté des échantillons botaniques du Congo : MM. **Bolle**, commissaire du district du Lac Léopold II ; **Callewært** (Bas-Congo), cité dans la Flora of trop. Afr. de Olivier et Thiselton-Dyer ; **Camp** (Anglais) (Stanley-Pool) ; **Delhez** (Belge) (Lac Léopold II) ; le lieutenant **Duchesne** (Belge), (Env. de Lusambo) ; **Ern. Dewèvre** (Bas-Congo et Haut-Congo) ; **Gentil** (Env. de Coquillatville) ; **Kindt** (Bas-Congo) ; **Van der Ryst** (Bas-Congo) ; le capitaine **Wilwerth** (Bas-Congo, Upoto).

II.

Au point de vue politique, le territoire de l'État du Congo a été divisé en 14 districts, un quinzième comprend l'enclave de Lado, prise à bail par S. M. Léopold II, souverain de l'État. Pour se rendre compte des régions dont nous possédons des renseignements, nous suivrons cette subdivision dans l'aperçu suivant.

Les districts de Banana, Boma, Matadi et des Cataractes situés à l'entrée du territoire, reserrés entre le Congo français et le Congo portugais, ont été déjà assez souvent explorés par des botanistes. C'est grâce aux récoltes de Naumann, Smith, Burton, Ledien, Cabra, Ern. Dewèvre, Dupuis, Gillet, Hens, Laurent, Vanderryst, que nous devons surtout la connaissance sommaire de la végétation du territoire compris entre la mer et l'Inkissi ; un millier deplantes a été signalé dans cette région, ce chiffre est naturellement très en dessous de la réalité.

Le district du Stanley-Pool, comprenant le Stanley-Pool et la zone longeant le fleuve et s'étendant jusqu'au Kasai, a été exploré par Hens,

Luja, Duchesne, Dewèvre, Laurent, Gillet; la flore de ce district présente, comme il fallait le prévoir, assez de ressemblance avec celle de l'Angola; on y retrouve en effet un bon nombre des types récoltés par Welwitsch et Pogge.

Mais si la connaissance de la flore de ces districts est assez avancée, il faut bien remarquer que cet avancement n'est que relatif; car tous les renseignements proviennent des bords du fleuve et de la route des caravanes.

Aucun belge n'a recueilli des plantes dans le district du Kwango ; celui-ci n'a guère été exploré au point de vue botanique que par Pogge, Wissmann, Buchner, von Mechow et Teusz et cependant la flore de ce territoire doit être variée si l'on en juge d'après les plantes recueillies par ces voyageurs allemands.

Du district du Lac Léopold II, nous ne possédons presque rien. Le peu de renseignements communiqués par Demeuse, Laurent, Delhez, Bolle ne permettent pas de se faire une idée de la flore de cette région. Ces données proviennent d'ailleurs d'observations faites au bord même du Lac Léopold II, et jamais nous n'avons reçu de matériaux, ni même une indication botanique de l'intérieur de ce district qui s'avance le long du Lukenié jusqu'au centre du bassin du Congo.

Nous ne connaissons pour le district de l'Équateur que la végétation des bords du Congo et encore très sommairement. Les affluents du fleuve n'ont pas été explorés au point de vue botanique, seuls les bords de la Lulonga ont été visités par Dewèvre qui a ramassé des plantes à Bokakata et à Bassankusu.

Quant au district de l'Oubanghi, nous ne possédons pas la moindre indication certaine sur sa flore ; des renseignements vagues ont été rapportés par des officiers ayant séjourné sur les bords de cette importante rivière. Le district des Bangala, en dehors des bords du fleuve qui ont été explorés par Dewèvre, Duchesne, Hens, Laurent, Demeuse, Wilwerth, n'a guère été parcouru que par M. Fr. Thonner; ce fut en effet le premier botaniste qui atteignit la Mongalla, faisant connaître dans ses grands traits la flore et l'aspect de la végétation entre le fleuve et cette rivière.

Le district de l'Uelle, comprenant le pays de Mombuttus, a reçu la visite de Schweinfurth. Ce dernier ne pénétra pas très loin dans l'État, mais les plantes si intéressantes qu'il a trouvées font supposer une région dont la flore serait bien spéciale.

Dans le district de l'Aruwimi, ce ne sont aussi que les bords du Congo dont la végétation a pu être sommairement étudiée par ceux qui, comme

Dewèvre, Duchesne, Laurent, ont remonté le fleuve jusqu'au Stanley-Falls. Rien de la vallée de l'Aruwimi ne nous est parvenu.

Quant au vaste district des Stanley-Falls, comprenant bien des régions différentes, nous avons reçu des plantes des points suivants : bords du fleuve (Laurent, Dewèvre) et du Lomami (Laurent, Dewèvre), lac Tanganyka (Debeerst, Descamps, Hecq), lac Kivu (von Gotzen, Hecq), lac Moero (Chargeois), Katanga (Descamps, Cornet, Briart). Mais, bien que nombreux, ces divers voyageurs n'ont en somme récolté que bien peu de choses dans cet immense territoire.

Enfin le district de Lualaba-Kasai a été exploré le long du fleuve par Laurent et Luja et le long du trajet de Nyangwe à Luebo par Laurent.

Comme on peut facilement s'en rendre compte par ce rapide aperçu, une faible partie du territoire de l'État a fourni des matériaux botaniques; tout le centre du bassin compris entre le Congo au nord et à l'ouest, le Kasai et la Lulua au sud, le Louami à l'est, est totalement inconnu ; il en est de même du territoire situé au sud-est de Stanley-Falls et à l'est du Congo vers le Tanganika. Nul doute que ces vastes régions ne renferment bien des végétaux intéressants.

Peut-on, d'après ces données fragmentaires, se faire une idée de la dispersion des plantes au Congo ? L'on trouve souvent dans les ouvrages des descriptions plus ou moins botaniques de régions, dans lesquelles on cite même les espèces typiques, caractéristiques de la région ; mais ces descriptions ont rarement été faites d'après des matériaux revus par un botaniste ; leurs auteurs se sont souvent contentés d'à peu près, on ne doit pas en tenir compte dans un exposé scientifique. D'une manière générale, on peut cependant dire que le centre du Congo est couvert par une forêt épaisse entrecoupée de clairières et de cultures plus ou moins étendues, que tout le pourtour est occupé par la brousse et la steppe, se présentant sous des aspects différents, suivant qu'on les considère vers l'embouchure du Congo, vers le nord, le sud ou le sud-est. Mais il n'est pas possible, dans l'état actuel de nos connaissances, de dire quelles sont les formes végétales caractéristiques de ces régions. Vers l'embouchure du fleuve, la plaine est sillonnée de ravins profondément encaissés et dans ces vallées se réfugie une végétation arborescente rappelant celle de la forêt ; dans l'est, le nord-est et le sud-est, plus de ravins, le terrain est mamelonné, les grands arbres disparaissent, la végétation prend un aspect particulier : ce sont toutes de petites plantes, beaucoup de graminées, de légumineuses et quelques types rappelant la flore des régions tempérées; par ci par là, des buissons d'Euphorbes cactiformes ou de petits arbres rabougris.

MM. Durand et Schinz ont, dans leurs « *Études sur la flore de l'État indépendant du Congo* », essayé de subdiviser le territoire de l'État en 6 régions géo-botaniques. Ils ont proposé les divisions suivantes :

I. Région du Congo supérieur ;
II. Région du Niam-Niam ;
III. Région du Congo central ;
IV. Région du Kasai ;
V. Région du Bas-Congo ;
VI. Région du Nil.

Dans leur ensemble, ces régions peuvent encore être admises aujourd'hui ; il y aura lieu de modifier, croyons-nous, un peu leurs limites, il faudra aussi, pensons-nous, admettre une région VII pour la zone de Mayombe, appartenant, comme nous l'avons dit, au bassin du Tschiloango. Cette région, peu étendue dans l'État Indépendant, est développée surtout dans le Congo français ; malheureusement, sa flore n'est pas mieux connue sur le territoire français que sur le territoire de l'État indépendant.

Sans vouloir entrer dans de longs détails sur ces questions difficiles, disons encore que la région I ne nous semble pas avoir l'étendue qui lui a été assignée par MM. Durand et Schinz ; au lieu de porter sa limite au Stanley-Falls, il faut la limiter à la Porte d'Enfer. De cette façon, le Katanga dont la flore paraît bien spéciale forme, avec le bord ouest du Tanganika et les bords du Kivu, une région dont les caractères généraux paraissent constants au dire des voyageurs. Par suite, la région III deviendrait plus importante et s'étendrait au-dessous et au-dessus de l'Équateur, depuis la limite est du bassin du Congo vers le lac Albert-Édouard, jusqu'à sa limite ouest dans le Congo français et comprendrait ainsi presque toute la région considérée comme forestière (Cf. Th. Masui, l'État Indépendant à l'Exposition de Bruxelles-Tervueren ; cartes, p. 43 et 345).

Quant à la région du Nil, devenant région VII, et comprenant l'enclave de Lado et la zone s'étendant le long de la frontière de l'État jusqu'au nord du Kivu, nous n'en possédons aucun renseignement nouveau ; la seule plante rapportée par M. Schaltin de la région est le *Butyrospermum Parkii*, déjà indiqué dans ces parages.

Il ne peut être question non plus d'esquisser une comparaison entre la flore de l'État Indépendant du Congo et celle des régions voisines, toutes sont encore peu connues ; les conclusions que l'on pourrait tirer d'un tel travail seraient controuvées d'un jour à l'autre, nous nous contenterons donc d'exposer aussi exactement que possible, l'état actuel des connaissances sur la dispersion des plantes congolaises.

DICOTYLÉDONES	I	II	III	IV	V	VI	(1)
RANUNCULACEÆ							
Trib. *Clematideæ.*							
Clematis L.							
chrysocarpa Welw. *var.* Poggei Th. Dur. et Schinz...				—			
glaucescens Fresen........	—						
grandiflora DC............					—		
Kirkii Oliv...............	—						
scabiosifolia DC..........	—						
spathulifolia (O. Ktze) Prantl.				—			
Thunbergii Steud. *var.* angustisecta Engl..........	—						
Trib. *Anemoneæ.*							
Thalictrum L.							
rhynchocarpum Quart. Dill. et Rich................	—						
Trib. *Helleboreæ.*							
Delphinium L.							
dasycaulon Fresen........	—						
DILLENIACEÆ							
Trib. *Dilemeæ.*							
Tetracera L.							
alnifolia Willd. *var.* Dewevrei De Wild. et Th. Dur.		—	—				
fragrans De Wild. et Th. Dur.			—				
Masuiana De Wild. et Th Dur....................			—				
Poggei Gilg..............				—			
ANONACEÆ							
Trib. *Uvarieæ.*							
Uvaria L.							
congensis Engl. et Diels...			—		—		
glauca Engl. et Diels......							
Mocoli De Wild. et Th. Dur			—				
Poggei Engl. et Diels......				—			
verrucosa Engl. et Diels...		—					
Trib. *Unoneæ.*							
Artabotrys R. Br.							
congolensis De Wild. et Th. Dur....................			—				
Thomsoni Oliv............			—				

	I	II	III	IV	V	VI	(1)
Hexalobus A. DC.							
crispiflorus A. Rich.......		—					
Trib. *Mitrephoreæ.*							
Monodora Don............							
angolensis Welw.........					—		
congolana De Wild. et Th. Dur....................		—					
Dewevrei de Wild. et Th. Dur....................	—						
Thonneri De Wild. et Th. Dur....................			—				
Trib. *Xylopieæ.*							
Anona L.							
Laurentii Engl. et Diels...			—				
Mannii Oliv...............					—		
senegalensis Pers.........					—		
Xylopia L.							
aurantiiodora De Wild. et Th. Dur................			—				
Bokoli De Wild. et Th. Dur.			—				
longipetala De Wild. et Th. Dur....................			—				
Wiliverthii de Wild. et Th. Dur....................			—				
MENISPERMACÆ							
Trib. *Rinosporeæ.*							
Jateorhiza Miers.							
strigosa Miers............							—
Trib. *Cissampelideæ.*							
Cissampelos L.							
Pareira L................			—		—		
— *subsp.* owariensis Oliv...........			—		—		
— *subsp.* zairensis Engl...........					—		
tenuipes Engl.				—			
Dioscoreophyllum Engl.							
strigosum Engl...........					—		
NYMPHÆACEÆ							
Trib. *Nymphaeæ.*							
Nymphæa L.							
Lotus L..................			—		—		
cœrulea Savign...........	—				—		

(1) Espèces indiquées « Congo ».

CAPPARIDACEÆ	I	II	III	IV	V	VI	(1)
TRIB. *Cleomeæ.*							
Cleome L.							
ciliata Schumach. et Thonn.	—		—		—		
monophylla L.	—						
spinosa Jacq.			—	—	—		
Polanisia Raf.							
hirta (Klotzsch) Pax	—				—		
Pedicellaria Schrank							
pentaphylla Schrank	—		—	—			
TRIB. *Cappareæ*							
Mærua Forsk.							
angolensis DC.	—						
Aprevaliana De Wild. et Th. Dur			—				
Capparis L.							
erythrocarpa Isert					—		
Poggei Pax				—			
thyrsiflora De Wild. et Th. Dur					—		
Euadenia Oliv.							
alimensis Hua			—				
VIOLACEÆ							
TRIB. *Violeæ.*							
Viola L.							
abyssinica Steud.	—						
Jonidium Vent.							
enneaspermum Vent.					—		
— — *var.* thesiifolium (DC.) Nob.					—		
TRIB. *Alsodeiæ.*							
Alsodeia Thou.							
brachypetala Turcz.				—	—		
congensis (Engl.) Nob.					—		
Dewevrei (Engl.) Nob.					—		
Dupuisii (Engl.) Nob.					—		
Engleriana De Wild. et Th. Dur			—				
TRIB. *Sauvagesieæ*							
Sauvagesia L.							
erecta L.			—		—		
BIXACEÆ							
TRIB. *Bixeæ.*							
Bixa L.							
Orellana L.	—		—		—		

	I	II	III	IV	V	VI	(1)
TRIB. *Phylloclinieæ*							
Phylloclinium Baill.							
paradoxum Baill.			—				
TRIB. *Oncabeæ.*							
Oncoba Forsk.							
Crepiniana De Wild. et Th. Dur			—				
Demeusei De Wild. et Th. Dur			—				
dentata Oliv.			—		—		
Laurentii De Wild. et Th. Dur			—				
Poggei Gürke				—			
Welwitschii Oliv.			—		—		
Buchnerodendron Gürke.							
speciosum Gürke			—	—			
Poggea Gürke.							
alata Gürke				—			
PITTOSPORACEÆ							
Pittosporum Banks.							
bicrurium Schinz et Th. Dur							—
POLYGALACEÆ							
Polygala L.							
acicularis Oliv.			—	—	—		
arenaria Willd.					—		
Cabræ Chod.					—		
Gomesiana Welw.	—						
CARYOPHYLLACEÆ							
TRIB. *Polycarpaceæ.*							
Polycarpon L.							
Lœfflingiæ (Willd.) Benth. et Hook. f.					—		
prostratum (Forsk.) Pax.				—			
Polycarpæa Lans.							
corymbosa (L.) Lam.				—			
— *var.* eriantha (Hochst.) Pax.	—			—			
— *var.* genuina Pax.							
TRIB. *Alsineæ.*							
Cerastium L.							
africanum Oliv.	—						

(1) Espèces indiquées « Congo ».

	I	II	III	IV	V	VI	(1)
PORTULACEÆ							
Portulaca L.							
oleracea L.					—		
quadrifida L.			—				
Talinum Adans.							
crassifolium (Jacq.) Willd.			—				—
cuneifolium (Vahl) Willd.			—				
HYPERICACEÆ							
TRIB. *Hypericaceæ.*							
Hypericum L.							
lanceolatum Lam	—						
TRIB. *Vismieæ.*							
Vismia Vell.							
affinis Oliv.					—		
Psorospermum Spach.							
febrifugum Spach	—		—		—		
Haronga Thou.							
paniculata (Pers.) Lodd.					—		
GUTTIFERACEÆ							
TRIB. *Moronobeæ.*							
Symphonia L. f.							
globulifera L. f.		—	—	—	—		
TRIB. *Garcinieæ.*							
Garcinia L.							
Livingstonei T. Anders.							—
Mannii Oliv.				—			
ovalifolia Oliv.			—				
punctata Oliv.					—		
Allanblackia Oliv.							
floribunda Oliv.							—
MALVACEÆ							
TRIB. *Malveæ.*							
Sida L.							
carpinifolia L. f.	—						
cordifolia L.			—		—		
humilis Cav	—				—		
linifolia Cav		—			—		

	I	II	III	IV	V	VI	(1)
rhombifolia L.					—		
spinosa L.	—				—		
urens L.	—				—		
Wissadula Medic.							
hernandioides (L'Hérit.) Garcke					—		
rostrata (Schumach. et Thonn.) Planch.	—		—		—		
Abutilon Gaertn.							
angulatum (Guill. et Perr.) Mart					—		
Cabræ De Wild. et Th. Dur.	—				—		
Eetveldeanum De Wild. et Th. Dur.					—		
indicum (L.) Don	—						—
zanzibaricum Boj.							
TRIB. *Ureneæ.*							
Malachra L.							
capitata L.					—		
radiata L.					—		
Urena L.							
lobata L.	—		—		—		
— *var.* reticulata Gürke.	—		—		—		
Pavonia L.							
kilimandscharica Gürke	—						
TRIB. *Hilisceæ.*							
Kosteletzkya Presl.							
Grantii Gürke	—						
Hibiscus L.							
Abelmoschus L.					—		
calycinus Willd							—
cannabinus L.	—		—		—		
Corneti De Wild. et Th. Dur	—						
crassinervis Hochst	—						
Debeerstii De Wild. et Th. Dur	—						
diversifolius Jacq	—		—		—		
Eetveldeanus De Wild. et Th. Dur			—				
esculentus L.	—		—				
fuscus Garcke	—						
gossypinus Thunb	—						

(1) Espèces indiquées « Congo ».

	I	II	III	IV	V	VI	(1)
lancibracteatus De Wild. et Th. Dur			—				
Liebrechtsianus De Wild. et Th. Dur	—						
Masuianus De Wild. et Th. Dur					—		
micranthus L.	—						
panduriformis Burm.	—						
physaloides Guill. et Perr.					—		
rhodanthus Gürke	—						
rostellatus Guill. et Perr.			—		—		
sabdariffa L.			—				
surattensis L.				—	—		
vitifolius L.					—		
Thespesia Soland.							
Debeerstii De Willd. et Th. Dur	—						
Gossypium L.							
arborescens L.	—		—		—		
*barbadense L.	—		—		—		
hirsutum L.					—		
Trib. *Bombaceæ.*							
Adansonia L.							
digitata L.					—		
Eriodendron DC.							
anfractuosum DC.			—		—		
STERCULIACEÆ							
Trib. *Sterculieæ.*							
Sterculia L.							
quinqueloba (Garcke) K. Schum	—						
pedunculata De Wild. et Th. Dur			—				
Tragacantha Lindl.					—		
Cola Schott.							
acuminata (P. Beauv.) R. Br.		—		—	—		
Afzelii (R. Br.) Mast.					—		
Ballayi Cornu	—				—		
congolana De Wild. et Th. Dur			—				

	I	II	III	IV	V	VI	(1)
Dewevrei De Wild. et Th. Dur					—		
diversifolia De Wild. et Th. Dur			—				
heterophylla Schott			—		—		
Trib. *Dombeyeæ.*							
Dombeya Cav.							
Gœtzenii K. Schum	—						
myriantha K. Schum.				—			
Trib. *Hermannieæ.*							
Melochia L.							
corchorifolia L.			—		—		
melissifolia Benth.	—		—		—		
Waltheria L.							
americana L.			—				
Trib. *Buettnerieæ.*							
Leptonychia Turcz.							
multiflora K. Schum.			—				
Buettneria L.							
africana Mast.					—		
Scaphopetalum Mast.							
Thonneri De Wild. et Th. Dur			—				
TILIACEÆ							
Trib. *Brownlowieæ.*							
Christiania DC.							
africana DC.					—		
Trib. *Grewieæ.*							
Grewia L.							
africana Hook. f.					—		
floribunda Mast.					—		
occidentalis L.	—						
venusta Fres.	—						
— *var.* angustifolia K. Sch.	—						
tetragastris R. Br.	—						

(1) Espèces indiquées « Congo ».

	I	II	III	IV	V	VI	(1)
Grewiopsis De Wild et Th. Dur.							
Dewevrei De Wild. et Th. Dur			—				
— *var.* subintegrifolia De Wild. et Th. Dur.			—				
globosa De Wild. et Th. Dur.			—	—			
Triumfetta L.							
heliocarpa K. Schum				—			
ionantha K. Schum				—			
orthacantha Welw.							
rhomboidea Jacq	—		—		—		
semitriloba Jacq			—	—			
trachystoma K. Schum				—			
Welwitschii Mast	—						
TRIB. *Tilieæ.*							
Honckenya Willd.							
ficifolia Willd	—		—		—		
Corchorus L.							
*olitorius L.	—		—				
tridens L.			—				
Cistanthera K. Schum.							
kabingaensis K. Schum				—			
TRIB. *Apeibeæ.*							
Glyphæa Hook. f.							
grewioides Hook. f.			—		—		
LINACEÆ							
TRIB. *Hugonieæ.*							
Hugonia L.							
platysepala Welw.				—			
TRIB. *Ixonantheæ.*							
Ochthocosmus Benth.							
congolensis De Wild. et Th. Dur			—				
MALPIGHIACEÆ							
TRIB. *Banisterieæ.*							
Heteropteris Kunth.							
africana A. Juss			—		—		
Acridocarpus Guill. et Perr.							
corymbosus Hook. f.					—		
rudis De Wild. et Th. Dur.					—		
Smeathmanni (DC.) Guill. et Perr							—
TRIB. *Hireæ.*							
Flabellaria Cav.							
paniculata Cav			—				
GERANIACEÆ							
TRIB. *Geranieæ.*							
Geranium L.							
aculeolatum Oliv	—						
TRIB. *Oxalideæ.*							
Oxalis L.							
Corneti Dewevre	—						
corniculata L.	—				—		
sensitiva L.	—		—		—		
TRIB. *Balsamineæ.*							
Impatiens L.							
bicolor Hook. f.	—		—				
Briartii De Wild. et Th. Dur.	—						
Eminii Warb	—						
Irvingii Hook. f.	—		—	—			
Kirkii Hook. f.							
Thonneri De Wild. et Th. Dur			—				
RUTACEÆ							
Limonia L.							
Poggei Engl				—			
Fragara.							
Welwitschii Engl.			—	—			
SIMARUBACEÆ							
TRIB. *Simarubeæ.*							
Quassia L.							
africana Baill			—		—		
TRIB. *Picramnieæ.*							
Irvingia Hook. f.							
Smithii Hook. f.			—	—	—		

(1) Espèces indiquées « Congo ».

	I	II	III	IV	V	VI	(1)
OCHNACEÆ							
TRIB. *Ochneæ.*							
Ochna Schreb.							
Höffmanni-Ottonis Engl...				—			
membranacea Oliv........			—				
pulchra Hook............			—				
quangensis Büttn.........				—			
Ouratea Aubl.							
affinis (Hook. f.)..........			—	—			
Arnoldiana De Wild. et Th. Dur..................			—				
lævis De Wild. et Th. Dur.					—		
laxiflora De Wild. et Th. Dur..................			—				
pellucida De Wild. et Th. Dur..................			—				
refracta De Wild. et Th. Dur.			—				
reticulata (P. Beauv.) Engl.					—		
— — *var.* Poggei Engl...				—			
— — *var.* Schweinfurthii Engl.		—					
BURSERACEÆ							
Pachylobus G. Don.......							
edulis G. Don...........			—				
— — *var.* Mubafo (Ficalho) Engl. = Canarium........							
Safu Engl................				—	—		
Schweinfurthii (Engl.) Nob.	—	—		—	—		
MELIACEÆ							
TRIB. *Melieæ.*							
Turræa L.							
Cabræ De Wild. et Th. Dur.					—		
Vogelii Hook. f...........	—		—	—	—		
***Melia** L.							
Azedarach L.............	—				—		
TRIB. *Trichilieæ.*							
Trichilia L.							
quadrivalvis C. DC.......				—			

	I	II	III	IV	V	VI	(1)
Entandrophragma C. DC.							
Candolleanum De Wild. et Th. Dur...............			—				
DICHAPETALACEÆ							
Dichapetalum Thou.							
Lujæi De Wild. et Th. Dur.			—				
mombuttense Engl........		—	—				
mundense Engl...........							
Poggei Engl..............				—			
rufipile (Turcz.) Th. Dur. et Schinz...............				—	—		
OLACACEÆ							
TRIB. *Olaceæ.*							
Rhaptopetalum Oliv.							
Eetveldeanum De Wild. et Th. Dur...............	—						
Heisteria L.							
parvifolia Sm............			—		—		
Olax L.							
Aschersoniana Büttn......				—			
Durandii Engl...........							
Poggei Engl.............				—			
Strombosiopsis Engl.							
congolensis De Wild. et Th. Dur..................			—				
Lavalleopsis Van Tiegh.							
longifolia De Wild. et Th. Dur..................	—						
Alsodeiopsis Engl.							
Poggei Engl..............				—			
TRIB. *Opilieæ.*							
Rhopalopilia Pierre.							
Poggei Engl..............				—			
Leptaulus Benth.							
daphnoides Benth.........		—					
Apodytes E. Mey.							
beninensis Hook. f........					—		
TRIB. *Icacineæ.*							
Icacina A. Juss.							
Gueszfeldtii Aschers.......							

(1) Espèces indiquées « Congo ».

	I	II	III	IV	V	VI	(1)
Polycephalium Engl...							
Poggei Engl.............				—			
CELASTRACEÆ							
Gymnosporia Wight et Arn.							
senegalensis.(Lam.) Loesen. *var.* inermis (A. Rich.) Lœsen		—					
HIPPOCRATEACEÆ							
Campylostemon Welw.							
Duchesnei De Wild. et Th. Dur..................				—			
Hippocratea L.							
cymosa De Wild. et Th. Dur.			—				
Poggei Lœsen...........				—			
Salacia L.							
congolensis De Wild. et Dur..................			—				
Demeusei De Wild. et Th. Dur..................			—				
Dewevrei De Wild. et Th. Dur..................	—						
senegalensis DC..........					—		
unguiculata De Wild. et Th. Dur..................			—				
RHAMNACEÆ							
TRIB. *Zizypheæ.*							
Zizyphus Juss.							
espinosus Büttn...........					—		
TRIB. *Gouanieæ.*							
Gouania L.							
longipetala Hemsl........				—			
AMPELIDACEÆ							
TRIB. *Ampelideæ.*							
Vitis L.							
producta Afzel............			—				
Smithiana Baker..........			—				
Ampelocissus Planch.							
angolensis Planch. *var.* congensis Planch...........					—		
Cissus L.							
Bakeriana Planch.........		—					
Barbeyana De Wild. et Th Dur....................			—				
Dewevrei De Wild. et Th. Dur....................	—						
Guerkeana (Büttn.) Th. Dur. et Schinz...............			—				
Gilletii De Wild. et Th. Dur.					—		
Haullevilleana De Wild. et Th. Dur................	—						
mayombensis Gilg.........					—		
prostrata De Wild. et Th. Dur....................					—		
rubiginosa (Welw.) Planch.			—		—		
Smithiana (Bak.) Planch.					—		—
tenuicaulis (Bak.) Hook. f.							
tiliæfolia Planch..........		—					
TRIB. *Leeæ.*							
Leea L.							
sambucina Willd..........					—		
SAPINDACEÆ							
TRIB. *Paullinieæ.*							
Paullinia L.							
pinnata L.................			—	—	—		
Cardiospermum L.							
grandiflorum Sw..........	—	—			—		
— — *var.* hirsutum Radlk.					—		
Halicacabum L...........	—				—		
TRIB. *Thouinieæ.*							
Allophylus L.							
congolana Gilg...........	—						
leptocaulòs Radlk.........	—						
longipetiolatus Gilg.......		—					
Schweinfurthii Gilg.......		—					
TRIB. *Sapindeæ.*							
Deinbollia Schum. et Thonn							
insignis Hook. f...........					—		

(1) Espèces indiquées « Congo ».

	I	II	III	IV	V	VI	(¹)
TRIB. *Lepisantheæ.*							
Pancovia Willd.							
Harmsiana Gilg..........				—			
Chytranthus Hook. f.							
stenophyllus Gilg.........					—		
TRIB. *Cupanieæ.*							
Phialodiscus Radlk.							
unijugatus Radlk.........			—				
ANACARDIACEÆ							
TRIB. *Mangifereæ.*							
***Anacardium** Rottb.							
*occidentale L............					—		
TRIB. *Spondieæ.*							
Pseudospondias Engl.							
microcarpa (A. Rich.) Engl.		—	—				
Thyrsodium Benth.							
africanum Engl...........				—			
Sorindeia Thou.							
juglandifolia Planch......							—
Poggei Engl..............				—			
Anaphrenium E. Mey.							
abyssinicum Hochst. *var.* lanceolatum Engl.......	—	—					
— — *var.* latifolium Engl.					—		
Rhus L.							
glaucescens A. Rich......	—						
CONNARACEÆ							
TRIB. *Connareæ.*							
Agelæa Soland.							
Demeusei De Wild. et Th. Dur..................			—				
Dewevrei De Wild. et Th. Dur..................					—		
Duchesnei De Wild. et Th. Dur..................			—				
Poggeana Gilg...........				—			
rubiginosa Gilg...........	—						
Schweinfurthii Gilg.......	—						
Rourea Aubl.							
adiantoides Gilg..........			—		—		
bamangensis De Wild. et Th. Dur..................			—				
chiliantha Gilg..				—			
fasciculata Gilg..........				—			
Fœnum-graecum De Wild. et Th. Dur.............					—		
inodora De Wild. et Th. Dur.					—		
obliquifoliolata Gilg......				—			
ovalifoliolata Gilg.........	—						
Poggeana Gilg............				—			
splendida Gilg............				—			
unifoliolata Gilg..........				—			
viridis Gilg..............				—			
Connarus L.............							
Englerianus Gilg..........				—			
luluensis Gilg............				—			
TRIB. *Cnestideæ.*							
Manotes Soland..........							
Aschersoniana Gilg.......				—			
brevistyla Gilg...........				—			
Cabræ De Wild. et Th. Dur.					—		
Griffoniana Baill..........					—		
pruinosa Gilg............			—	—	—		
sanguineo-arillata Gilg....				—	—		
Cnestis Juss.							
corniculata Lam..........					—		
emarginata De Wild. et Th. Dur..................							
ferruginea DC...........			—				
— — *var.* pilosa Dewèvre.					—		
iomalla Gilg.............				—			
oblongifolia Baker........			—				
polyantha Gilg...........				—			
setosa Gilg..............		—			—		
urens Gilg...............					—		
Paxia Gilg.							
Dewevrei De Wild. et Th. Dur.					—		

(1) Espèces indiquées « Congo ».

LEGUMINOSACEÆ

SUBFAM. PAPILIONATÆ

	I	II	III	IV	V	VI	(1)
TRIB. *Genisteæ.*							
Crotalaria L.							
brevidens Benth					—		
capensis Jacq	—						
Corneti Dewèvre	—						
cylindrocarpa DC			—		—		
Descampsii M. Mich	—						
glauca Willd			—	—	—		
globifera E. Mey	—						
— *var.* stenophylla Taub.				—			
Hildebrandtii Vathe					—		
intermedia Kotschy					—		
katangensis Dewèvre	—						
lanceolata E. Mey			—		—		
mesopontica Taub	—						
ononoides Benth	—		—				
polyantha Taub				—			
senegalensis Bacle							—
spartea R. Br			—				
spinosa Hassk	—		—				
stenothyrsus Taub				—			
striata DC	—		—		—		
TTIB. *Trifolieæ.*							
Trifolium L.							
Gœtzenii Taub	—						
TRIB. *Galegeæ.*							
Indigofera L.							
astragalina DC			—	—			
Binderi Kotschy	—						
capitata Kotschy			—		—		
Dewevrei M. Mich	—				—		
Dupuisii M. Mich					—		
endecaphylla DC	—						
erythrogramma Welw			—				
Heudelotii Benth					—		
hirsuta L			—		—		
paucifolia DC	—						
Poggei Taub				—			
procera Schumach. et Thonn				—			
tetraptera Taub				—			
tetrasperma Schumach. et Thonn	—			—			
trita L	—		—				
Tephrosia Pers.							
bracteolata Guill. et Perr.			—				
elegans Schumach. et Thonn					—		
lincaris Pers	—				—		
lupinifolia DC			—		—		
— — *var.* digitata Baker.			—				
megalantha M. Mich				—			
noctiflora Bos			—	—			
villosa Pers	—						
Vogelii Hook. f		—	—				
Milletia Wight et Arn.							
baptistarum Buettn					—		
drastica Welw			—		—		
macrophylla Hook. f			—				
macroura Harms				—			
Mannii Baker			—				
Thonningii (Schumach et Thonn.) Baker	—		—		—		
Platysepalum Welw.							
cuspidatum Taub	—						
ferrugineum Taub	—						
hypoleucum Taub				—			
Poggei Taub				—			
violaceum Welw			—		—		
Dewevrea M. Mich.							
bilabiata M. Mich	—		—				
Sesbania Pers.							
ægyptiaca Pers	—		—		—		
pubescens DC					—		
punctata DC					—		
TRIB. *Hedysareæ.*							
Herminiera Guill. et Perr.							
Elaphroxylon Guill. et Perr.			—				

(1) Espèces indiquées « Congo ».

	I	II	III	IV	V	VI	(1)
Cyclocarpa Afzel.							
stellaris Afzel.			—				
Ormocarpum Pal. Beauv.							
sesamoides DC.			—				
Aeschynomene L.							
lateritia Harms			—				
sensitiva Sw.					—		
Smithia Act.							
Strobilanthes Welw.	—						
uguenensis Taub.					—		
Geissaspis Wight et Arn.							
bifoliolata M. Mich.	—						
Descampsii De Wild. et Th. Dur.	—						
Stylosanthes Sw.							
erecta Pal. Beauv.							
***Arachis** L.							
hypogæa L.			—		—		
Desmodium Desv.							
ascendens DC.	—				—		
gangeticum DC.							—
hirtum Guill. et Perr.							
lasiocarpum DC.			—		—		
paleaceum Guill. et Perr.	—		—				
mauritianum DC.	—				—		
polygonoides Welw.	—						
tenuiflorum M. Mich.			—		—		
triflorum (L.) DC.			—		—		
Pseudarthria Wight et Arn.							
Hookeri Wight et Arn.	—		—				
Uraria Desv.							
picta (Jacq.) Desv.			—		—		
Alysicarpus Neck.							
vaginalis (L.) DC.							
Trib. *Vicieæ.*							
Abrus L.							
canescens Welw.				—	—		
precatorius L.			—		—		
pulchellus Wall.			—				
Trib. *Phaseoleæ.*							
Clitoria L.							
tanganicensis M. Mich.	—						
ternatea L.					—		
Glycine L.							
javanica L.	—				—		
— — form. glabrescens Buettn.			—				
Erythrina L.							
abyssinica Lam.	—						
Mucuna Adans.							
pruriens DC.			—				
urens DC.	—				—		
Dioclea H. B. et K.							
reflexa Hook. f.			—	—			
Phaseolus L.							
lunatus L.	—		—				
Vigna Savi.							
gracilis Hook. f.			—		—		
luteola Benth. *var.* villosa M. Mich.					—		
micrantha Harms				—			
pubigera Baker					—		
punctata M. Mich.	—						
reticulata Hook. f.	—		—		—		
sinensis (L.) Endl.		—					
triloba Walp.					—		
vexillata (L.) Benth.			—				
Sphenostylis E. Mey.							
stenocarpa (Hochst.) Harms (Vigna ornata Welw.)			—	—			
***Voandzeia** Thou.							
subterranea Thou.		—		—			
Pachyrhizus Rich.							
bulbosus (L.) Kurz					—		
Psophocarpus Neck.							
longepedunculatus Hassk.					—		

(1) Espèces indiquées « Congo ».

	I	II	III	IV	V	VI	(1)
Dolichos L.							
biflorus L.				—			
*Lablab L.					—		
splendens Welw.	—						
Cajanus DC.							
indicus Spreng.			—		—		
Rhynchosia Lour.							
calycina Guill. et Perr.			—				
caribæa DC.					—		
congensis Baker					—		
flavissima Hochst.	—						
Mannii Baker	—		—		—		
Memnonia (Delile) DC.					—		
minima DC.					—		
Eriosema DC.							
cajanoides Hook. f.	—				—		
glomeratum (Guill. et Perr.) Hook. f.			—		—		
— — *var.* elongatum Baker.				—	—		
griseum Baker					—		
tuberosum Hochst.	—						
TRIB. *Dalbergieæ.*							
Dalbergia L. f.							
laxiflora M. Mich.			—				
luluensis Harms				—			
saxatilis Hook. f.					—		
Ecastaphyllum Rich.							
Brownei Pers.					—		
Monetaria Pers.			—				
Drepanocarpus G. F. W. Mey.							
lunatus (L. f.) G. F. W. Mey.					—		
Pterocarpus L.							
erinaceus Poir.				—			
grandiflorus M. Mich.			—				
Ostryocarpus Hook. f.							
parvifolius M. Mich.			—				
Lonchocarpus H. B. et K.							
Barteri Benth.					—		
comosus M. Mich.	—				—		
Dewevrei M. Mich.			—	—	—		
Eetveldeanus M. Mich.					—		
sericeus (Poir.) H. B. et K.					—		
subulidentatus Buettn.				—			
Teuszii Buettn.				—	—		
Derris Lour.							
brachyptera Baker			—				
TRIB. *Sophoreæ.*							
Dalhousiea Wall.							
bracteata Wall.			—				
Baphia Afzel.							
angolensis Welw.			—				
chrysophylla Taub.				—			
densiflora Harms				—			
nitida Lodd.							—
pubescens Hook. f.	—		—		—		
racemosa Hochst.	—		—				
Schweinfurthii Harms		—					
spathacea Hook. f.			—				
Angylocalyx Taub.							
ramiflorus Taub.	—		—				
Schumannianus Taub.			—				
Camoensia Welw.							
maxima Welw.					—		
TRIB. *Eucæsalpinieæ*							
Mezoneuron Desv.							
angolense Welw.							—
Cæsalpinia L.							
pulcherrima (L.) Sw.	—		—		—		
TRIB. *Cassieæ.*							
Hæmatoxylon L.							
campechianum L.							—
Oligostemon Benth.							
pictus Benth.					—		

(1) Espèces indiquées « Congo ».

	I	II	III	IV	V	VI	(1)
Cassia L.							
Absus L.	—		—		—		
Kirkii Oliv.	—				—		
mimosoides L.	—		—	—	—		
occidentalis L.			—	—	—		
*reticulata Willd.			—		—		
Tora L.			—		—		
Dialium L.							
guineense Willd.			—				
TRIB. *Bauhinieæ.*							
Bauhinia L.							
Petersiana Bolle	—						
reticulata DC.	—				—		
simplicifolia Benth.					—		
tenuiflora Benth.				—			
tomentosa L.	—		—	—	—		
Bandeirea Welw.							
simplicifolia Benth.					—		
tenuiflora Benth.				—			
TRIB. *Amherstieæ.*							
Macrolobium Schreb.							
Heudelotii Benth.					—		
Palisotii Benth.	—		—				
Berlinia Soland.							
acuminata Soland.	—		—				
bracteosa Benth.	—				—		
Eminii Taub.	—						
Afzelia Sm.							
africana Sm.	—		—		—		
cuanzensis Welw.			—				
Tamarindus L.							
indica L.	—		—		—		
Baikiæa Benth.							
anomala M. Mich.				—			
insignis Benth.				—			
minor Oliv.	—				—		
Schotia Jacq.							
latifolia Jacq.	—		—				
Brachystegia Benth.							
impalensis M. Mich.	—						
TRIB. *Cynometreæ.*							
Cryptosepalum Benth.							
marawiense Oliv.	—						
Copaiba.							
Arnoldiana De Wild. et Th. Dur.					—		
Demeusei Harms							
Hardwickia Benth.							
Mannii Baker			—				
Cynometra L.							
Mannii Oliv.			—		—		
sessiliflora Harms							—
TRIB. *Dimorphandreæ.*							
Erytrophlœum Afzel.							
guineense Don					—		
SUBFAM. MIMOSOIDEÆ.							
TRIB. *Parkieæ.*							
Pentaclethra Benth.							
macrophylla Benth.			—		—		
Parkia R. Br.							
biglobosa Benth.					—		
TRIB. *Peptudenieæ.*							
Entada Adans.							
abyssinica Steud.	—		—	—			
TRIB. *Adenanthereæ.*							
Tetrapleura Benth.							
Thonningii Benth.			—	—			
Dichrostachys DC.							
nutans (C. DC.) Benth.			—		—		
TRIB. *Mimoseæ.*							
Mimosa L. pr. p.							
asperata L.			—		—		

(1) Espèces indiquées « Congo ».

	I	II	III	IV	V	VI	(1)
TRIB. *Acacieæ.*							
Acacia Willd.							
ataxacantha DC.	—	—					
Farnesiana (L.) Willd.					—		
Lahai Steud. et Hochst.	—						
tortilis Hayne	—						
TRIB. *Ingeæ.*							
Pithecolobium Mart.							
altissimum Oliv.			—	—			
Albizzia Durazz.							
versicolor Welw.					—		
ROSACEÆ							
TRIB. *Chrysobalaneæ.*							
Chrysobalanus L.							
ellipticus Soland					—		
Icaco L.					—		
Parinarium Juss.							
congoense Engl.			—				
curatellæfolium Planch.			—				
Mobola Oliv.				—			
Poggei Engl.				—			
subcordatum Oliv.			—		—		
Acioa Willd.							
Buchneri Engl.				—			
Dewevrei De Wild. et Th. Dur.			—				
Griffonia Hook. f.							
Barteri Hook. f.				—			
TRIB. *Rubeæ.*							
Rubus L.							
Gœtzenii Engl.	—						
kirungensis Engl.	—						
CRASSULACEÆ							
Crassula L.							
abyssinica A. Rich.							
abyssinica *var.* vaginata (Eckl. et Zeyh.) Engl.	—						
Kalanchoe Adans.							
coccinea Welw.							
— — *var.* subsessilis Britt.					—		
Cuisini De Wild. et Th. Dur.	—						
DROSERACEÆ							
Drosera L.							
Burckena Planch.			—		—		
indica L.			—				
RHIZOPHORACEÆ							
TRIB. *Rhizophoreæ.*							
Rhizophora L.							
Mangle L.					—		
racemosa G. F. W. Mey.					—		
TRIB. *Anisophylleæ.*							
Anisophyllea R. Br.							
laurina R. Br.				—			
COMBRETACEÆ							
Terminalia L.							
Catappa L.			—				
Dewevrei De Wild. et Th. Dur.							—
Combretum L.							
camporum Engl.					—		
cinereopetalum Engl. et Diels	—			—			
confertum (Benth.) Laws.					—		
constrictum (Benth.) Laws.			—		—		
Hensii Engl. et Diels					—		
hispidum Laws.							—
latialatum Engl.			—				
Lawsonianum Engl. et Diels.			—				
laxiflorum Welw.				—			
longipilosum Engl. et Diels.			—				

(1) Espèces indiquées « Congo ».

	I	II	III	IV	V	VI	(1)
marginatum Engl. et Diels							—
mucronatum Schum. et Thonn			—				
mussaendiflorum Engl. et Diels	—						
nervosum Engl. et Diels					—		
paniculatum Vent	—						
Poggei Engl. et Diels				—			
porphyrobotrys Engl. et Diels					—		
puetense Engl. et Diels	—						
racemosum Pal. Beauv			—	—	—		
— — *var.* flammeum Welw				—			
sericogyne Engl. et Diels				—			
towaense Engl. et Diels	—						
Quisqualis L.							
indica L					—		
MYRTACEÆ							
Trib. *Myrteæ.*							
Psidium L.							
Guajava L			—				
Eugenia L.							
calophylloides DC					—		
cordata (Hochst.) Laws	—						
Dewevrei De Wild. et Th. Dur					—		
Jambos L			—		—		
Laurentii Engl							
owariensis Pal. Beauv					—		
Trib. *Belvisieæ.*							
Napoleona Pal. Beauv.							
imperialis Pal. Beauv				—			
MELASTOMATACEÆ							
Trib. *Osbeckieæ.*							
Osbeckia L.							
albiflora Cogn	—						

	I	II	III	IV	V	VI	(1)
congolensis Cogn			—				
— — *var.* robustior Cogn			—		—		
Crepiniana Cogn					—		
multiflora Sm			—				
Guyonia Naud.							
intermedia Cogn			—				
Tristemma Juss.							
hirtum Pal. Beauv					—		
leiocalyx Cogn			—				
littorale Benth							—
Schumacheri Guill. et Perr.	—		—		—		
Dinophora Benth.							
spenneroides Benth					—		
Thonneri Cogn			—				
Dissotis Benth.							
Autraniana Cogn					—		
Brazzaei Cogn			—		—		
capitata (G. Don) Hook. f.			—	—			
— — *var.* Vogelii (Benth.) Hook. f			—				
debilis Triana	—						
decumbens Triana			—		—		
— — *var.* minor Cogn							
Hensii Cogn			—				
prostrata (Schumach. et Thonn.) Triana			—				
segregata Benth			—				
Thollonii Cogn			—		—		
Trib. *Sonerileæ.*							
Calvoa Hook. f.							
sessiliflora Cogn	—						
Amphiblemma Naud.							
setosum Hook. f	—						
Wildemannianum Cogn			—				
Trib. *Dissochæteæ.*							
Dicellandra Hook. f.							
Barteri Hook. f		—					
Sakersia Hook. f.							
Laurentii Cogn			—				

(1) Espèces indiquées « Congo ».

	I	II	III	IV	V	VI	(1)
strigosa Cogn.			—				
Medenilla Gaud.							
africana Cogn.							—
TRIB. *Memecyleæ.*							
Memecylon L.							
Mannii Hook. f.			—				
membranifolium Hook. f.					—		
polyanthemos Hook. f. *var.* grandifolium Cogn.				—			
LYTHRACEÆ							
Rotala L.							
fontinalis (Bell.) Hiern.					—		
Ammania Houtt.							
multiflora Roxb.					—		
salicifolia Monti.					—		
ONAGRACEÆ							
Jussiæa L.							
acuminata Sw.				—			
linifolia Vahl.			—		—		
pilosa Kunth.				—	—		
suffruticosa L.	—		—		—		
Ludwigia L.							
prostrata L.			—				
SAMYDACEÆ							
Homalium Jacq.							
Abdessammadii Aschers. et Schweinf.			—	—			
africanum (Hook. f.) Benth.							—
Dewevrei De Wild. et Th. Dur.			—				
stipulaceum Welw.			—				
Byrsanthus Guill. et Perr.							
epigynus Mast.			—		—		

	I	II	III	IV	V	VI	(1)
TURNERACEÆ							
Wormskioldia Schumach. et Thonn.							
lobata Urban.	—				—		—
pilosa (Willd.) Schweinf.							
PASSIFLORACEÆ							
TRIB. *Passifloreæ.*							
* **Passiflora** L.							—
*quadrangularis L.			—				
TRIB. *Adenieæ.*							
Adenia Forsk.							
panduræformis Engl.		—					
Schweinfurthii Engl.		—					
venenata Forsk.			—				
Paropsia Noronha.							
Dewevrei De Wild. et Th. Dur.					—		
reticulata Engl.	—		—				
— — *var.* ovatifolia Engl.				—			
Barteria Hook. f.							
Dewevrei De Wild. et Th. Dur.			—				
nigritana Hook. f. *var.* uniflora De Wid. et Th. Dur.					—		
TRIB. *Modecceæ.*							
Ophiocaulon Hook. f.							
apiculatum De Wild. et Th. Dur.	—						
cissampeloides (Planch.) Mast.				—	—		
Dewevrei De Wild. et Th. Dur.			—				
lanceolatum Engl.				—	—		
Poggei Engl.				—			
reticulatum De Wild. et Th. Dur.					—		

(1) Espèces indiquées « Congo ».

	I	II	III	IV	V	VI	(1)
TRIB. *Cariceæ.*							
***Carica** L.							
*Papaya L.			—	—	—		
CUCURBITACEÆ							
TRIB. *Cucumerineæ.*							
Peponia Naud.							
bracteata Cogn. *var.* hirsuta Cogn.					—		
Adenopus Benth.							
breviflorus Benth.			—		—	—	
Cogniauxia Baill.							
cordifolia Cogn.				—	—		
podolæna Baill.			—		—		
trilobata Cogn.	—		—	—	—		
Lagenaria Ser.							
vulgaris Ser.	—		—		—		
Momordica L.							
Charantia L. *var.* abbreviata Ser.			—		—		
cissoides Planch.		—	—				
gracilis Cogn.					—		
Gabonii Cogn.			—				
Luffa L.							
cylindrica (L.) Rœm.			—		—		
Sphærosicyos Hook. f.							
sphæricus Hook. f.	—						
Cucumis L.							
hirsutus Sond.	—						
metuliferus E. Mey.					—		
***Citrullus** Neck.							
*vulgaris Schrad.					—		
Dimorphochlamys Hook. f.							
Cabraei Cogn.					—		
Crepiniana Cogn.					—		
Cucumeropsis Naud.							
edulis (Hook. f.) Cogn.		—			—		
Physedra Hook f.							
Barteri (Hook. f.) Cogn.		—					
***Cucurbita** L.							
*maxima Duchesne	—						
*moschata Duchesne					—		
*Pepo L.			—				
Melothria L.							
capillacea (Schumach. et Thonn.) Cogn.					—		
deltoidea (Schumach. et Thonn.) Benth.							
maderaspatana (L.) Cogn.					—		
tridactyla Cogn.		—	—				
BEGONIACEÆ							
Begonia L.							
elæagnifolia Hook. f.					—		
Poggei Warb.				—			
quadrialata Warb.					—		
Sutherlandi Hook. f.	—						
CACTACEÆ							
Rhipsalis Gaertn.							
Cassytha Gaertn.	—		—	—	—		
FICOIDACEÆ							
TRIB. *Aizoideæ.*							
Sesuvium L.							
crystallinum Welw.					—		
TRIB. *Mollugineæ.*							
Mollugo L.							
Glinus A. Rich.					—		
nudicaulis Lam.			—		—		
Spergula L.			—		—		
Gisekia L.							
Miltus Fenzl.			—				
pharnaceoides L.			—		—		

(1) Espèces indiquées « Congo ».

	I	II	III	IV	V	VI	(1)
UMBELLIFERACEÆ							
TRIB. *Hydrocotyleæ.*							
Hydrocotyle L.							
asiatica L.					—		
TRIB. *Peucedaneæ.*							
Malabaila Hoffm.							
Kirungæ Engl.	—						
Peucedanum L.							
araliaceum (Hochst.) Benth. et Hook. f.							—
fraxinifolium Hiern.					—		
ARALIACEÆ							
TRIB. *Panaceæ.*							
Schefflera Forst.							
Goetzenii Harms.	—						
TRIB. *Hedereæ.*							
Cussonia Thunb.							
arborea Hochst.	—						
RUBIACEÆ							
TRIB. *Naucleæ.*							
Sarcocephalus Afzel.							
Ruessegeri Kotschy.		—					
sambucinus (T. Winterb.) K. Schum.					—		
Stephegyne Kunth.							
africana (Willd.) Walp.		—					
stipulosa (DC.) Benth. et Hook. f.							—
TRIB. *Cinchoneæ.*							
Uncaria Schreb.							
africana G. Don.							
Corynanthe Welw.							
paniculata Welw.					—		
Crossopteryx Fenzl.							
febrifuga (Afzel.) Benth.			—		—		
TRIB. *Hedyotideæ.*							
Pentas Benth. et Hook. f.							
cleisostoma K. Schum. *var.* Poggeana K. Schum.				—			
Dewevrei De Wild. et Th. Dur.							
longiflora Oliv.	—						
— — *var.* occidentalis K. Schum.	—						
longituba K. Schum.	—						
zanzibarica (Klotzsch) Vatke.	—						
Virecta Afzel.							
multiflora Sm.			—		—		
procumbens Sm.					—		
Otomeria Benth.							
dentata Hiern.							—
dilatata Hiern.	—		—				
guineensis Benth.			—				
lanceolata Hiern.					—		
madiensis Oliv.		—					
Pentodon Hochst.							
pentander (Schum. et Thonn.) Vatke.					—		
TRIB. *Holdenlandieæ.*							
Oldenlandia L.							
angolensis K. Schum.					—		
Bojeri (Klotzsch) Hiern.					—		
caffra Eckl. et Zeyh.					—		
capensis L. f.					—		
corymbosa L.	—		—		—		
Crepiniana K. Schum.			—				
Debeerstii De Wild. et Th. Dur.	—						
decumbens (Hochst.) Hiern.					—		
globosa (Klotzsch) Hiern.					—		
Heynei (R. Br.) Oliv.			—				
lancifolia (Schum. et Thonn.) Schweinf.		—	—				

(1) Espèces indiquées « Congo ».

	I	II	III	IV	V	VI	(¹)
macrophylla DC.					—		
microphylla De Wild. et Th. Dur.			—				
TRIB. *Mussændeæ.*							
Mussaenda L.							
arcuata Poir.	—		—	—			
elegans Schum. et Thonn.	—	—	—		—		
— — *var.* minor De Wild. et Th. Dur.		—			—		
erythrophylla Schum. et Thonn.				—	—		
heinsioides Hiern.					—		
hispida Engl.					—		
luteola Delile.					—		
platyphylla Hiern.		—					
polita Hiern.				—			
stenocarpa Hiern.		—	—	—			
— — *var.* congensis Büttn.			—				
— — *var.* latifolia De Wild. et Th. Dur.							
tenuiflora Benth.			—	—	—		
Urophyllum Wall.							
Dewevrei De Wild. et Th. Dur.	—				—		
Liebrechtsianum De Wild. et Th. Dur.			—				
verticillatum de Wild. et Th. Dur.					—		
viridiflorum Schweinf.		—					
Sabicea Aubl.							
capitellata Benth.					—		
Dinklagei K. Schum.			—				
Kolbeana Büttn.				—			
Schumanniana Büttn.			—				
venosa Benth.			—		—		
— — *var.* venosa K. Schum.					—		
TRIB. *Hamelieæ.*							
Heinsia DC.							
jasminiflora DC.				—	—		
pulchella (G. Don) K. Schum.			—				
pulchella *var.* phyllocalyx K. Schum.			—		—		
— — *var.* hispidissimum K. Schum.			—				
Bertiera Aubl.							
congolana De Wild. et Th. Dur.			—				
laxa Benth.					—		
macrocarpa Benth.			—		—		
Thonneri de Wild. et Th. Dur.			—				
TRIB. *Gardenieæ.*							
Leptactinia Hook. f.							
formosa K. Schum.				—			
Laurentiana Dewèvre.					—		
Leopoldi II Büttn.			—				
Tarenna Gaertn.							
congensis Hiern.					—		
Randia L.							
acuminata (G. Don) Benth.		—					
Eetveldeana De Wild. et Th. Dur.					—		
Liebrechtsiana De Wild. et Th. Dur.			—				
longiflora (Salisb.) Th. Dur. et Schinz.		—					
micrantha K. Schum. *var.* Poggeana K. Schum.				—			
octomera (Hook.) Benth. et Hook. f.			—				
malleifera (Hook.) Benth. et Hook. f.		—	—		—		
Munsæ Schweinf.		—					
Morelia A. Rich..							
senegalensis A. Rich.			—		—		
Gardenia L.							
Leopoldiana De Wild. et Th. Dur.					—		
Thunbergia L. f.	—		—		—		
Vogelii Hook. f.					—		

(1) Espèces indiquées « Congo ».

	I	II	III	IV	V	VI	(1)
Amaralia Welw.							
(A. bignoniæflora Welw.) calycina (G. Don) K. Schum.		—			—		
Oxyanthus DC.							
formosus Hook. f.				—			
Smithii Hiern				—			
speciosus DC.			—				
unilocularis Hiern			—		—		
Pouchetia A. Rich.							
africana DC.						—	
— — *var.* cuneata Hiern.						—	
Baumanniana Büttn.						—	
Tricalysia A. Rich.							
coriacea Hiern						—	
Dewevrei De Wild. et Th. Dur.							
reticulata (Benth.) Hiern.						—	
TRIB. *Knoxieæ.*							
Pentanisia Harv.							
Schweinfurthii Hiern		—					
variabilis Harv.	—	—					
TRIB. *Alberteæ.*							
Cremaspora Benth.							
triflora (Thonn.) Th. Dur. et Schinz			—				
Aulacocalyx Hook. f.							
jasminiflora Hook. f.							
— — *var.* latifolia De Wild. et Th. Dur.				—			
TRIB. *Vanguerieæ.*							
Plectronia L.							
Barteri (Hiern) De Wild. et Th. Dur.				—			
brevifolia Engl.						—	
congensis (Hiern) Nob.						—	
connata De Wild. et Th. Dur.				—			
lualabæ K. Schum.		—					

	I	II	III	IV	V	VI	(1)
lucida De Wild. et Th. Dur.			—				
Barteri (Hiern) De Wild. et Th. Dur.					—		
Vangueria Juss.							
canthioides Benth.			—				
Dewevrei De Wild. et Th. Dur.					—		
rubiginosa K. Schum.				—			
Fadogia Schweinf.							
ancylantha Schweinf.	—						
Cienkowskii Schweinf.	—						
Craterispermum Benth.							
angustifolium De Wild. et Th. Dur.			—				
congolanum De Wild. et Th. Dur.			—				
Dewevrei De Wild. et Th. Dur.			—				
TRIB. *Ixoreæ.*							
Ixora L.							
odorata Hook. f.			—				
Soyauxii Hiern			—		—		
Pavetta L.							
Baconia Hiern					—		
canescens DC.							—
flammea K. Schum.				—			
Coffea L.							
*arabica L.			—		—		
congensis Fröhner	—		—				
Dewevrei De Wild. et Th. Dur.	—						
divaricata K. Schum.			—				
jasminoides Welw.				—			
Laurentii De Wild. et Th. Dur. (C. canephora Froehner in Herb.)				—			
Rutidea DC.							
olenotricha Hiern		—					
rufipila Hiern					—		
Smithii Hiern					—		

(1) Espèces indiquées « Congo ».

	I	II	III	IV	V	VI	(¹)
TRIB. *Morindeæ.*							
Morinda L.							
citrifolia L.		—			—		
longiflora G. Don		—	—		—		
TRIB. *Psychotrieæ.*							
Psychotria L.							
Ansellii Hiern					—		
brunnea Schweinf		—					
cristata Hiern		—					
cyanopharynx K. Schum				—			
longevaginalis Schweinf		—					
nigropunctata Hiern					—		
Poggei K. Schum				—			
potamophila K. Schum				—			
stigmatophylla K. Schum				—			
Geophila D. Don							
Aschersoniana Büttn			—				
involucrata Schweinf		—	—		—		
obvallata (Schum.) F. Didr.			—				
renaris De Wild. et Th. Dur.			—				
Uragoga L.							
ceratiloba K. Schum				—			
peduncularis (Salisb.) K. Schum			—				
Thonneri De Wild. et Th. Dur			—				
Cephaëlis Sw.							
congensis Hiern					—		
Trichostachys Benth. et Hook. f.							
macrocarpa K. Schum				—			
Lasianthus Jack.							
tortistilus K. Schum				—			
TRIB. *Anthospermeæ.*							
Anthospermum L.							
asperuloides Hook. f	—						
TRIB. *Spermacoceæ.*							
Diodia L.							
breviseta Benth			—		—		
maritima Thonn			—	—	—		
Spermacoce L.							
dibrachiata Oliv	—						
hebecarpa (Hochst.) Oliv					—		
ocymoides Burm					—		
ramisperma Pohl					—		
Ruelliæ DC.					—		
senensis (Klotzsch) Hiern					—		
Borreria G. F. W. Mey							
neglecta A. Rich			—				
striata (L. f.) K. Schum	—				—		
TRIB. *Galieæ.*							
Galium L.							
Aparine L	—						
dasycarpum Hochst	—						
stenophyllum Baker	—						
— — *var.* longifolium De Wild. et Th. Dur.	—						
Mitracarpum Zucc.							
scabrum Zucc	—		—		—		

COMPOSITACEÆ

	I	II	III	IV	V	VI	(¹)
TRIB. *Vernonieæ.*							
Spargonophorus Gaertn.							
Vaillantii Gaertn					—		
Ethulia L.							
conyzoides L	—		—	—	—		
Centratherum Cass.							
grande (Bojer) Th. Dur. et Schinz					—		
Bothriocline Oliv.							
longipes N. E. Br							
Vornonia Schreb.							
acrocephala Ktatt	—						
amygdalina Delile							
armerioides O. Hoffm							
— — *var.* tomentosa O. Hoffm				—			
Burtoni Oliv							—

(1) Espèces indiquées « Congo ».

	I	II	III	IV	V	VI	(¹)
cinerea Less.					—		
clinopodioides O. Hoffm.				—			
conferta Benth.					—		
cruda Klatt.	—						
Dupuisii Klatt.					—		
Goetzenii O. Hoffm.	—						
Grantii Oliv.	—						
hamata Klatt.	—						
Hensii Klatt.			—				
infundibularis Oliv.				—			
jugalis Oliv.		—					
lasiolepis O. Hoffm.				—			
Melleri Oliv. et Hiern.	—						
misera Oliv. et Hiern.			—		—		
Napus O. Hoffm. *form.* angustifolia O. Hoffm.				—			
— — *form.* latifolia O. Hoffm.				—			
natalensis Schultz-Bip.			—		—		
pandurata Link.					—		
Poskeana Vatke et Hildeb.			—				
podocoma Schultz-Bip.							—
potamophila Klatt.					—		
senegalensis (Pers.) Less.	—				—		
sericolepis O. Hoffm.							
Smithiana Less.					—		
suprafastigiata Klatt.	—						
Teuszii Klatt.	—						
turbinata Oliv. et Hiern.	—						
vernicata Klatt.	—						
violacea Oliv. et Hiern.					—		
Herderia Cass.							
stellulifera Benth.			—		—		
Msuata O. Hoffm.							
Buettneri O. Hoffm.			—				
Elephantopus L.							
multisetus O. Hoffm.				—			
scaber L.					—		
Trib. *Eupatoriaceæ.*							
Adenostemma Forst.							
viscosum Forst.					—		
Ageratum L.							
conyzoides L.	—			—	—		
Mikania Willd.							
scandens (L.) Willd.			—	—	—		
Trib. *Asteroideæ.*							
Dichrocephala DC.							
chrysanthemifolia DC.			—				
latifolia DC.					—		
Grangea Adans.							
maderaspatana (L.) Poir.			—	—	—		
Conyza L.							
ægyptiaca (L.) Dryand.		—					
Trib. *Inuleæ.*							
Blumea DC.							
aurita (L. f.) DC.					—		
lacera (Burm.) DC.			—		—		
Laggera Schultz-Bip.							
alata (DC.) Schultz-Bip.							—
brevipes Oliv. et Hiern.					—		
oblonga Oliv. et Hiern.					—		
Pluchea Cass.							
Dioscoridis (L.) DC.					—		
Sphæranthus L.							
polycephalus Oliv. et Hiern.			—				
Blepharispermum Wight.							
spinulosum Oliv. et Hiern.					—		
Achyrocline Less.							
batocana Oliv. et Hiern.							—
Helichrysum Gaertn.							
argyrosphærum DC.							—
auriculatum Less.							—
fruticosum (Forsk.) Vatke.	—						
globosum Schultz-Bip.	—						
Lentii Volk. et O. Hoffm.	—						
nudifolium Less.							—
pachyrhizum Harv.							—
subglomeratum Less.							—
undatum Less.		—					

(1) Espèces indiquées « Congo ».

	I	II	III	IV	V	VI	(1)
***Zinnia** L.							—
*elegans Jacq.					—		
Trib. *Helianthoideæ*.							
Enydra Lour.							
fluctuans L.			—				
Eclipta L.							
alba (L.) Hassk.	—		—		—		
Blainvillea Cass.							
Prieureana DC.					—		
Aspilia Thon.							
Dewevrei O. Hoffm.	—						
Kotschyi (Schultz-Bip.) Benth. et Hook. f.	—		—		—		
latifolia Oliv. et Hiern.			—				
Smithiana Oliv. et Hiern.					—		
Melanthera Rohr.							
Brownei (DC.) Schultz-Bip.	—		—		—		
Spilanthes L.							
Acmella L.	—		—		—		
Guizotia Cass.							
Schultzii Hochst.	—						
Coreopsis L.							
Grantii Oliv.			—	—			
Bidens L.							
pilosa L.	—		—	—	—		
Trib. *Helenioideæ*.							
Jaumea Pers.							
compositarum (Steetz) Benth. et Hook.	—						—
congensis O. Hoffm.					—		
Tagetes.							
*patula L.					—		
Gynura Cass.							
cernua (L. f.) Benth.			—	—	—		
crepidioides Benth.		—	—		—		
vitellina Benth.		—			—		
Trib. *Senecionideæ*.							
Cineraria L.							
bracteosa O. Hoffm.	—						
Prittwitzii O. Hoffm.	—						
Emilia Cass.							
cæspitosa Oliv.			—				
graminea DC.			—	—	—		
sagittata (Vahl).	—	—	—	—	—		
sonchifolia DC.							—
Senecio L.							
abyssinicus Schultz-Bip.		—					
denticulatus Engl.	—						
Dewevrei O. Hoffm.	—						
Goetzenii O. Hoffm.	—						
Johnstonii Oliv.	—						
maritimus L. f.					—		
Kleinia Haw.							
fulgens Hook.	—						
Trib. *Cynaroideæ*.							
Carduus L.							
leptacanthus Fresen.	—						
Trib. *Mutisieæ*.							
Pleiotaxis Steetz.							
affinis O. Hoffm.				—			
Dewevrei O. Hoffm.	—						
eximia O. Hoffm.	—				—		
pulcherrima Steetz.	—		—	—			
rugosa O. Hoffm.							—
Erytrocephalum Benth.							
erectum Klatt.	—						
Passacardoa O. Kuntze.							
Grantii (Benth.) O. Kuntze.	—						
Dicoma Cass.							
anomala Sond. *var.* karaguensis (Oliv.) Oliv. et Hiern.				—			

(1) Espèces indiquées « Congo ».

	I	II	III	IV	V	VI	(1)
TRIB. *Cichoriaceæ.*							
Lactuca L.							
taraxacifolia (Willd.) Schum. et Thonn.	—						—
Sonchus L.							
Schweinfurthii Oliv. et Hiern		—					
LOBELIACEÆ							
Lobelia L.							
fervens Thunb.	—						
CAMPANULACEÆ							
Lightfootia L'Hér.							
napiformis A. DC.	—						
Cephalostigma A. DC.							
Perrottetii A. DC.					—		
Sphenoclea Gaertn.							
zeylanica Gaertn.					—		
PLUMBAGINACEÆ							
Plumbago L.							
zeylanica L.					—		
SAPOTACEÆ							
TRIB. *Bumeliæ.*							
Mimusops L.							
cuneifolia Baker					—		
Stironeurum Radlk.							
stipulatum Radlk.							—
Pachystela Pierre.							
cuneata Radlk.			—		—		

	I	II	III	IV	V	VI	(1)
EBENACEÆ							
Maba Forsk.							
buxifolia Pers.					—		
Euclea L.							
divinorum Hiern							—
Diospyros L.							
Loureiriana G. Don *var.* heterotricha Welw.					—		
OLEACEÆ							
TRIB. *Oleineæ.*							
Linociera Sw.							
nilotica Oliv.			—				
APOCYNACEÆ							
TRIB. *Carisseæ.*							
***Allamanda** L.							
*cathartica L.							—
Landolphia Pal. Beauv.							
lucida K. Schum.				—			
owariensis Pal. Beauv.			—		—		
Carpodinus R. Br.							
congolensis Stapf					—		
gracilis Stapf			—		—		
lanceolata K. Schum.			—	—	—		
leptantha Stapf			—		—		
ligustrifolia Stapf					—		
turbinata Stapf					—		
Carissa L.							
edulis Vahl					—		
TRIB. *Plumerieæ.*							
Rauwolfia L.							
congolana De Wild. et Th. Dur.	—				—		—
Mannii Stapf							
obscura K. Schum.	—		—	—	—		

(1) Espèces indiquées « Congo ».

	I	II	III	IV	V	VI	(¹)
Pleiocarpa Benth.							
tubicina Stapf			—		—		
Voacanga Thon.							
obtusata K. Schum	—			—			
Sweinfurthii Stapf			—				
Lochnera Reichb.							
rosea (L.) Reichb					—		
Tabernæmontana L.							
Barteri Hook. f			—				
durinervis Stapf					—		
nitida Stapf							—
pachysiphon Stapf	—						
Smithii Stapf			—	—	—		
Thonneri Th. Dur. et De Wild			—				
Tabernanthe Baill.							
albiflora Stapf					—		
Iboga Baill					—		
tenuiflora Stapf			—		—		
Holarrhena R. Br.							
congolensis Stapf			—		—		
floribunda (G. Don) Nob					—		
Isonema R. Br.							
infundibuliflorum Stapf					—		
TRIB. *Echitideæ*.							
Strophanthus DC.							
Arnoldianus De Wild. et Th. Dur					—		
bracteatus Franch			—				
Demeusei Alf. Dewèvre							—
Dewevrei De Wild. et Th. Dur	—						
hispidus DC			—		—		
Ledieni Stein					—		
parviflorus Franch	—			—			
Preussii Engl. et Pax			—				
sarmentosus DC					—		
Motandra A. DC.							
guineensis A. DC	—		—				

	I	II	III	IV	V	VI	(¹)
Zygodia Benth.							
subsessilis Benth							—
Alafia Thou.							
major Stapf					—		
Hololafia Stapf.							
multiflora Stapf			—				—
Oncinotis Benth.							
tenuiloba Stapf			—				
Guerkea K. Schum.							
congolana K. Schum							
Schumanniana De Wild. et Th. Dur							
Kickxia Blume.							
latifolia Stapf			—	—			
ASCLEPIADACEÆ							
TRIB. *Periploceæ*.							
Ectadiopsis Benth.							
Buettneri K. Schum			—				
Tacazzea Decne.							
pedicellata K. Schum		—					
Periploca L.							
Preussii K. Schum			—	—	—		
TRIB. *Cynancheæ*.							
Xysmalobium R. Br.							
dissolutum K. Schum							
Schizoglossum E. Mey.							
spathulatum K. Schum	—			—			
tricorniculatum K. Schum				—			
Gomphocarpus R. Br.							
amœnus K. Schum	—						
dependens K. Schum				—			
foliosus K. Schum				—			
fruticosus (L.) R. Br	—						

(1) Espèces indiquées « Congo ».

	I	II	III	IV	V	VI	(1)
lineolatus Decne			—		—		
roseus K. Schum				—			
semiamplectens K. Schum.			—	—			
tomentosus Burch	—						
Stathmostelma K. Schum.							
incarnatum K. Schum				—			
Laurentianum Alfr. Dewèvre					—		
Pentarrhinum E. Mey.							
abyssinicum DC					—		
Cynanchum L.							
brevidens N. E. Br							—
Dewevrei De Wild. et Th. Dur	—						
minutiflorum K. Schum			—				
vagum N. E. Br			—				
Vincetoxicum Moench.							
polyanthum K. Schum		—					
Dæmia R. Br.							
extensa R. Br			—				
TRIB. *Marsdenieæ.*							
Tylophora R. Br.							
sylvatica Decne					—		
Rhynchostigma Benth.							
Lujaei De Wild. et Th. Dur			—				
Marsdenia R. Br							
racemosa K. Schum				—			
TRIB. *Ceropegieæ.*							
Ceropegia L.							
Gilletii De Wild. et Th. Dur					—		
Schweinfurthii Gilg		—					
suaveolens Gilg		—					

	I	II	III	IV	V	VI	(1)
GENTIANACEÆ							
TRIB. *Exaceæ.*							
Belmontia E. Mey.							
Teuszii Schinz	—						
TRIB. *Chironieæ.*							
Canscora Lam.							
decussata Rœm. et Schult.	—						
Neurotheca Salisb							
congolana De Wild. et Th. Dur			—				
lœselioides Benth			—				
TRIB. *Menyantheæ.*							
Limnanthemum Griseb.							
indicum (L.) Griseb			—				
POLEMONIACEÆ							
Hydrolea L.							
glabra Schum. et Thonn					—		
BORAGINACEÆ							
TRIB. *Cordieæ.*							
Cordia L.							
aurantiaca Baker					—		
TRIB. *Borageæ.*							
Trichodesma R. Br.							
zeylanicum (L.) R. Br	—						
Cynoglossum L.							
micranthum Desf							
LOGANIACEÆ							
TRIB. *Gelsemicæ.*							
Mostuea F. Didrichs.							
Brunonis F. Didrichs					—		
densiflora Gilg					—		

(1) Espèces indiquées « Congo ».

	I	II	III	IV	V	VI	(1)
Coinochlamys T. Anders.							
angolana S. Moore........			—				
congalana Gilg...........			—				
Poggeana Gilg............				—			
Nuxia R. Br.							
dentata R. Br.............	—						
Buddleia L.							
madagascariensis Lam.....							—
Anthocleista Afzel.							
Buchneri Gilg.............				—			
Liebrechtsiana De Wild. et Th. Dur...............			—				
Schweinfurthii Gilg.......		—					
Strychnos L.							
floribunda Gilg...........		—					
innocua Delile............							—
longecaudata Gilg.........		—					
pungens Solered..........			—	—			
Usteria Wild.							
guineense Willd..........			—				
Ehretia.							
abyssinica R. Br..........		—			—		
longistyla De Wild. et Th. Dur..................					—		
Heliotropium L.							
indicum L...............			—		—		
CONVOLVULACEÆ							
TRIB. *Diceratostyleæ*.							
Prevostea Chois.							
Cabræ De Wild. et Th. Dur.					—		
campanulata K. Schum....	—						
Poggei Dammer...........				—			
Bonamia Thou.							
minor Hallier f............	—		—				
Evolvulus L.							
alsinoides L.............			—				
— — *var.* erectus Schweinf.	—		—				
— — *var.* procumbens Schweinf.	—						
TRIB. *Convolvuleæ*.							
Stictocardia Hall. f.							
beraveensis (Vatke) Hallier f.	—		—				
Aniseia Choisy.							
uniflora Choisy...........					—		
Calonyction Choisy.							
bona-nox (L.) Boj.........	—			—			
Quamoclit Moench.							
vulgaris Choisy..........			—	—	—		
Ipomœa L.							
amœna Choisy............	—		—	—	—		
asclepiadea Hallier f......			—				
Barteri Baker *var.* subsericea Hallier f..........			—		—		
Batatas (L.) Poir..........	—		—		—		
cairica (L.) Sweet.........	—		—		—		
chrysochætia Hallier f.....			—		—		
elytrocephala Hallier f.....					—		
fimbriosepala Choisy......					—		
fragilis Choisy............					—		
hispida (Vahl) Roem. et Schult.	—		—		—		
hypoxantha Hallier f......				—			
involucrata Pal. Beauv....			—	—	—		
kentrocarpa Hochst.......	—		—				
lasiophylla Hallier f.......			—				
lilacina Blume............			—		—		
micrantha Hallier f. *var.* hispida Hallier f........					—		
Nil (L.) Roth....	—						
ochracea (Lindl.) Don.....	—				—		
ophthalmantha Hallier f...	—		—				
paniculata (L.) R. Br......	—		—	—			
— — *var.* indivisa Hallier f.							—
pes-capræ (L.) Sweet......	—				—		
— — *var.* emarginata Hallier f.............	—				—		

(1) Espèces indiquées « Congo ».

	I	II	III	IV	V	VI	(1)
reptans (L.) Poir.					—		
Smithii Baker					—		
Merremia Dennst.							
angustifolia (Jacq.) Hallier f.					—		
— — *var.* ambigua Hallier f.	—				—		
hastata (Desv.) Hallier f.	—						
hederacea (Burm.) Hallier f.			—		—		
pentaphylla (Choisy) Hallier f.			—		—		
pes-draconis Hallier f.	—						
pterygocaulos (Choisy) Hallier f.	—		—		—		
— — *var.* tomentosa Hallier f.	—						
Astrochlæna Hallier f.							
solanacea Hallier f.	—						
Hewittia Wight et Arn.							
bicolor Walk. et Arn.	—		—		—		
Jacquemontia Choisy.							
capitata (Desv.) G. Don			—		—		

SOLANACEÆ

TRIB. *Solaneæ.*

	I	II	III	IV	V	VI	(1)
Solanum L.							
acanthocalyx Klotzsch	—						
æthiopicum L.					—		
indicum L.					—		
*Melongena L.					—		
Naumanni Engl.					—		
symphyostemon De Wild.			—				
Welwitschii Wight *var.* strictum Wight			—				
Physalis L.							
æquata Jacq. f.					—		
minima L.			—		—		
*peruviana L.	—		—				

TRIB. *Hyoscyameæ.*

	I	II	III	IV	V	VI	(1)
Datura L.							
Stramonium L. *var.* Tatula (L.) Dunal					—		
***Nicotiana** L.							
rustica L.		—			—		
Tabacum L.			—				

TRIB. *Salpiglossideæ.*

	I	II	III	IV	V	VI	(1)
***Petunia** Juss.							
nyctaginiflora Juss.					—		
Schwenkia L.							
americana L.			—		—		

SROPHULARIACEÆ

TRIB. *Cheloneæ.*

	I	II	III	IV	V	VI	(1)
Halleria L.							
lucida L.							—

TRIB. *Gratioleæ.*

	I	II	III	IV	V	VI	(1)
Mimulus L							
gracilis R. Br.							—
Herpestis Gaertn.							
calycina Benth.			—				
Monnieria (L.) Kunth							
Artanema Don.							
Cabræ De Wild. et Th. Dur.			—	—	—		
sesamoides Benth.			—				
Torema L.							
parviflora Hamilt.			—	—			
Vandellia L.							
diffusa L.			—		—		
Scoparia L.							
dulcis L.			—	—	—		

TRIB. *Gerardieæ.*

	I	II	III	IV	V	VI	(1)
Harveya Hook.							
Thonneri De Wild. et Th. Dur.			—				

(1) Espèces indiquées « Congo ».

	I	II	III	IV	V	VI	(1)
Buchnera L.							
capitata Benth.					—		
multicaulis Engl.				—			
quangensis Engl.				—			
Reissiana Büttn.			—				
subcapitata Engl.				—			
Striga Lour.							
Dewevrei De Wild. et Th. Dur.			—				
Forbesii Benth.							
gesnerioides (Willd.) Vatke.	—				—		
hermontica Benth.	—						
hirsuta Benth.	—				—		
lutea Lour.							—
Rhamphicarpa Benth.							
fistulosa (Hochst.) Benth.			—	—			
longiflora Benth.			—				
Cycnium E. Mey.							
adoense E. Mey.				—			
Buchneri Engl.				—			
camporum Engl.				—	—		
Dewevrei De Wild. et Th. Dur.					—		
Sopubia Ham.							
angolensis Engl. *var.* angustisepala Engl.	—				—		
Dregeana (Hochst.) Benth.	—				—		
latifolia Engl.				—			
trifida Ham.			—	—			

LENTIBULARIACEÆ

	I	II	III	IV	V	VI	(1)
Utricularia L.							
exoleta R. Br.							—
reflexa Oliv.							—
stellaris L. *var.* inflexa (Forsk.) C.B. Clarke.				—			

BIGNONIACEÆ

Trib. *Tecomeæ.*

	I	II	III	IV	V	VI	(1)
Spathodea Pal. Beauv.							
campanulata Pal. Beauv.	—		—		—		
nilotica Seem.			—				
Dolichandrone Fenzl.							
tomentosa (Seem.) Benth. et Hook. f.				—	—		
Newbouldia Seem.							
lævis Seem.					—		

PEDALIACEÆ

	I	II	III	IV	V	VI	(1)
Sesamum L.							
angolense Welw.	—			—			
*indicum L.			—	—			
mombanzense De Wild. et Th. Dur.			—				
Thonneri De Wild. et Th. Dur.			—				

ACANTHACEÆ

Trib. *Thunbergieæ.*

	I	II	III	IV	V	VI	(1)
Thunbergia L. f.							
alata Boj.	—						
Liebrechtsiana De Wild. et Th. Dur.			—				
parvifolia Lindau	—						
Stuhlmanniana Lindau						—	
Thonneri De Wild. et Th. Dur.			—				
Vogeliana Benth.	—		—	—			
Gilletiella De Wild. et Th. Dur.							
congolana De Wild. et Th. Dur.					—		

Trib. *Nelsonieæ.*

	I	II	III	IV	V	VI	(1)
Tubiflora J. F. Gmel.							
acaulis (L.) O. Kuntze (Elytraria capitata Vahl).					—		
Nelsonia R. Br.							
campestris R. Br.			—				

(1) Espèces indiquées « Congo ».

	I	II	III	IV	V	VI	(¹)
Hygrophila R. Br.							
ciliata Burkill					—		
longifolia Nees							—
Asteracantha Nees.							
Lindaviana De Wild. et Th. Dur.			—				
Brillantaisia Pal. Beauv.							
alata T. Anders	—			—	—		
Dewevrei De Wild. et Th. Dur.			—				
Kirungæ Lindau	—						
Lamium Benth. (B. owariensis Hook.)	—						
patula T. Anders					—		
subcordata De Wild. et Th. Dur.			—				
— — *var.* macrophylla De Wild. et Th. Dur.			—				
Mellera S. Moore.							
Briartii De Wild. et Th. Dur.	—						
Dyschoriste Nees.							
Perrottetii (Nees) O. Kuntze.			—				
Ruellia L.							
patula Jacq	—				—		
Paulowilhelmia Hochst.							
Sclerochiton (S. Moore) Lindau		—					
Micranthus Wendl.							
Hensii Lindau			—				
Poggei Lindau			—		—		
Rungia Nees.							
Buettneri Lindau				—			
congoensis C. B. Clarke					—		
grandis T. Anders					—		
Macrorungia C. B. Clarke.							
macrophylla (Lindau) C. B. Clarke.						—	
Lankesteria Lindl.							
Barteri Hook. f.	—		—				
Whitfieldia Hook.							
Arnoldiana De Wild. et Th. Dur.			—				
elongata (Pal. Beauv.) De Wild. et Th. Dur. an C. B. Clarke ?)	—			—			
lateritia Hook. f.					—		
Laurentii (Lindau) C. B. Clarke.			—				
Liebrechtsiana De Wild. et Th. Dur.					—		
Stuhlmannii (Lindau) C. B. Clarcke.	—					—	
subviridis C. B. Clarke (T. longifolia T. Anders. pr. p.					—		
Trib. *Acantheæ.*							
Blepharis Juss.							
boerhaviæfolia Pers.					—		
— — *var.* nigrovenulosa De Wild. et Th. Dur.					—		
Buchneri Lindau	—		—				
trinervis Alfr. Dewèvre	—						
Acanthopsis Harv.							
horrida Nees							—
pubescens (Lindau) C. B. Clarke.	—						
Acanthus L.							
arboreus Forsk	—						
mayaccanus Buettn				—			
montanus T. Anders	—		—	—			
Crossandra Salisb.							
guineensis Nees			—				
nilotica Oliv	—						
Trib. *Justicieæ*							
Barleria L.							
Briartii De Wild. et Th. Dur.	—						

(1) Espèces indiquées « Congo ».

	I	II	III	IV	V	VI	(1)
Descampii Lindau	—						
Crabbea Harv.							
ovalifolia Ficalho et Hiern.	—						
Thomandersia Baill.							
congolana De Wild. et Th. Dur.			—		—		
Hensii De Wild. et Th. Dur.			—				
laurifolia (T. Anders.) Baill.			—				
Asystasia Blume.							
coromandelina Nees	—		—	—	—		
Pseuderanthemum Radlk.							
Lindavianum De Wild. et Th. Dur.	—				—		
Ludovicianum (Buettn.) Lindau			—	—			
nigritianum Radlk			—		—		
Justicia L.							
Anselliana (Nees) T. Anders.	—						
Emini Lindau	—						
Garckeana Buettn				—	—		
matammensis Oliv	—	—	—				
palustris (Hochst.) T. Anders.	—						
Paxiana Lindau			—		—		
Poggei Lindau				—			
Rostellaria (Nees) Lindau	—				—		
Duvernoya E. Mey.							
Dewevrei De Wild. et Th. Dur.			—				
haplostachya Lindau	—						
Rhinacanthus Nees.							
Dewevrei De Wild. et Th. Dur.			—				
Dicliptera Juss.							
Elliotii C. B. Clarke					—		
Hensii Lindau							
umbellata Juss			—		—		
Welwitschii S. Moore			—				
Peristrophe Nees.							
bicalyculata (Vahl) Nees	—						
Hensii C. B. Clarke			—				
Hypoestes R. Br.							
cancellata (Willd.) Nees		—		—	—		
latifolia Hochst			—		—		
mollis T. Anders	—				—		
verticillaris (Juss.) R. Br.	—		—		—		
SELAGINACEÆ							
Selago L.							
alopecuroides Rolfe							—
Johnstonii Rolfe							—
VERBENACEÆ							
TRIB. *Verbeneæ.*							
Lantana L.							
salvifolia Jacq.	—		—		—		
Lippia L.							
adoensis Hochst			—		—		
asperifolia Rich	—						
Burtoni Baker					—		
nodiflora Rich	—						
Stachytarpheta Vahl.							
angustifolia Vahl	—	—	—	—			
indica (L.) Vahl	—	—			—		
Duranta L.							
Plumieri Jacq		—					
TRIB. *Viticeæ.*							
Premna L.							
angolensis Gürke				—			
Vitex L.							
æsculifolia Baker		—					
camporum Büttn					—		
Cienkowskii Kotschy et Peyr					—		

(1) Espèces indiquées « Congo ».

	I	II	III	IV	V	VI	(1)
congolensis De Wild. et Th. Dur.			—	—			
Dewevrei De Wild. et Th. Dur.			—				
lundensis Gilg				—			
Poggei Gilg				—			
rufescens Gilg				—			
Clerodendron L.							
Bakeri Gürke (C. congense Baker)			—				
Buchneri Gürke				—			
congense Engl					—		
formicarum Gürke		—					
fuscum Gürke				—	—		
Gilletii De Wild. et Th. Dur.					—		
grandifolium Gürke				—			
longitubum De Wild. et Th. Dur.					—		
Lujaei De Wild. et Th. Dur.					—		
melanocrater Gürke							
myricoides R. Br.			—		—		
— — *var.* camporum Gürke.					—		
Poggei Gürke				—			
spinescens (Oliv.) Gürke							—
— — *var.* parviflorum Schinz			—		—		
splendens G. Don			—	—	—		
subreniforme Gürke							
Thonneri Gürke			—				
thyrsoideum Gürke							
volubile Pal. Beauv			—		—		

TRIB. *Avicenniеæ*.

	I	II	III	IV	V	VI	(1)
Avicennia L.							
africana Pal. Beauv					—		

LABIATACEÆ

TRIB. *Ocimoideæ*.

	I	II	III	IV	V	VI	(1)
Ocimium L.							
canum Sims	—			—	—		
Descampsii Briq	—						
glossophyllum Briq				—			
linearifolium Briq				—			
Poggeanum Briq				—			
gratissimum L.			—				
— — *var.* macrophyllum Briq.			—				
— — *var.* mascarenarum Briq.	—		—		—		
viride Willd			—				
Geniosporum Wall.							
scabridum Briq							
Platostoma Pal. Beauv.							
africanum Pal. Beauv					—		
Buettnerianum Briq			—				
flaccidum Briq			—	—			
Acrocephalus Oliv.							
campicola Briq	—						
cœruleus Briq							
— — *var.* genuinus Oliv.	—						
— — *var.* trichosoma Briq.				—			
cylindraceus Oliv	—						—
divaricatus Briq							
elongatus Briq				—			
Hensii Briq			—				
iododermis Briq				—			
Laurentii Briq				—			
Masuianus Briq					—		
paniculatus Briq				—			
Poggeanus Briq				—			
Moschosma Reichb.							
polystachyum (Mœnch.) Benth	—	—			—		
— — *var.* stereocladum Briq.	—				—		
Orthosiphon Benth.							
adornatus Briq. *var.* oblongifolius Briq					—		
heterochrous Briq				—			
iodocalyx Briq				—			
Liebrechtsianus Briq	—						
retinervis Briq				—			

(1) Espèces indiquées « Congo ».

	I	II	III	IV	V	VI	(1)
Pleotranthus L'Hérit.							
miserabilis Briq				—			
physotrichus Briq			—				
Hoslundia Vahl.							
opposita Vahl	—				—		
— — *var.* verticillata Baker	—						
Solenostemon Schumach. et Thonn.							
bullatus Briq				—			
ocymoides Schumach. et Thonn.			—		—		
monostachyus (Pal. Beauv.) Briq				—			
Coleus Lour.							
Dewevrei Briq	—						
Dupuisii Briq					—		
Eetveldeanus Briq	—						
membranaceus Briq				—	—		
mirabilis Briq. *var.* Poggeanus Briq				—			
nervosus Briq			—				
petasatus Briq	—						
viridis Briq				—			
Aeolanthus Mart.							
Buchnerianus Briq				—			
petasatus Briq	—			—			
Poggei Gürke							
Prittwitzianus Gürke	—						
Anisochilus Wall.							
africanus Baker (A. Engleri Briq.)			—	—			
Alvesia Welw.							
rosmarinifolia Welw			—		—		
Pycnostachys Hook.							
congensis Gürke				—			
Descampsii Briq	—						
Gœtzenii Gürke	—						
Hyptis Jacq.							
brevipes Poit			—		—		
pectinata Poit			—				
spicigera Lam	—	—					
Trib. *Stachydeæ.*							
Scutellaria L.							
Debeerstii Briq	—						
polyadena Briq	—						
Leucas R. Br.							
Descampsii Briq	—						
Poggeana Briq				—			
Leonitis Pers.							
Leonurus (L.) R. Br							
— — *var.* vestita Briq				—			
nepetifolia (L.) R. Br	—		—		—		
Trib. *Satureieæ.*							
Micromeria Benth.							
ovata (R. Br.) Benth	—						
Tinnæa Kotschy et Peyr.							
platyphylla Briq				—			
NYCTAGINACEÆ							
Trib. *Mirabilieæ.*							
Boerhaavia L.							
adscendens Willd			—		—		
paniculata Rich			—				
repens L	—						
***Bougainvillæa** Comm.							
*spectabilis Willd			—		—		
AMARANTACEÆ							
Trib. *Celosieæ.*							
Celosia L.							
argentea L	—		—	—	—		
laxa Schumach. et Thonn.			—		—		
leptostachya Benth			—				

(1) Espèces indiquées « Congo ».

	I	II	III	IV	V	VI	(1)
loandensis Baker..........					—		
trigyna L.................	—		—	—	—		
TRIB. *Amaranteæ*.							
Digera Forsk.							
arvensis Forsk............			—		—		
Amarantus L.							
caudatus L...............			—		—		
paniculatus L............			—		—		
viridis L................			—		—		
Cyathula Lour.							
prostrata (L.) Blume......			—		—		
Aerua Forsk.							
lanata (L.) Juss...........	—		—		—		
Mechowia Schinz.							
grandiflora Schinz.........	—						
Pupalia Juss.							
lappacea (L.) Moq.-Tand..					—		
Achyranthes L.							
angustifolia Benth.........			—		—		
aspera L..................	—		—		—		
rubro-lutea Schinz........	—						
Pandiaka Benth. et Hook.							
Heudelotii (Moq.-Tand.) Benth. et Hook. f.......				—			
TRIB. *Gomphreneæ*.							
Alternanthera Forsk.							
repens (L.) Stend.........					—		
sessilis (L.) R. Br.........			—		—		
Gomphrena L.							
globosa L.................			—				
CHENOPODIACEÆ							
Chenopodium L.							
ambrosioides L...........			—		—		

	I	II	III	IV	V	VI	(1)
PHYTOLACCACEÆ							
TRIB. *Rivineæ*.							
Mohlana Mart.							
latifolia Moq.-Tand........			—				
TRIB. *Euphytolacceæ*.							
Phytolacca L.							
abyssinica Hoffm.........			—				
— — *var.* macrophylla De Wild. et Th. Dur.			—				
POLYGONACEÆ							
TRIB. *Eupolygoneæ*.							
Polygonum L.							
acuminatum Kunth.......					—		
lanigerum R. Br..........							
— — *var.* africanum Meissn.			—	—			
senegalense Meissn........	—		—		—		
serrulatum Lag..........	—						
TRIB. *Rumiceæ*.							
Rumex L.							
abyssinicus Jacq..........	—						
TRIB. *Coccolobeæ*.							
Brunnichia Banks.							
congoensis Dammer (B. africana Welw. *var.* erecta Büttn.)...........			—				
PODOSTEMACEÆ							
Dicræa Tul.							
quanguensis Engl.........				—			
Warmingii Engl..........				—			
Hydrostachys Thou.							
Bismarckii Engl..........				—			

(1) Espèces indiquées « Congo ».

ARISTOLOCHIACEÆ

	I	II	III	IV	V	VI	(1)
Aristolochia L.							
Dewevrei De Wild. et Th. Dur.					—		
Schweinfurthii Engl.		—					
triactina Hook. f.					—		

PIPERACEÆ

TRIB. *Pipereæ.*

	I	II	III	IV	V	VI	(1)
Piper L.							
capense L. f.	—						
Clusii (Miq.) C. DC.				—			
guineense Schumach. et Thonn.	—		—	—	—		
— — *var.* Thomeanum C. DC.			—		—		
subpeltatum Willd.			—		—		—
— — *var.* parvifolium C. DC.			—		—		
umbellatum L.							
Peperomia Ruiz et Pav.							
reflexa (L. f.) A. Dietr.	—						

LAURACEÆ

	I	II	III	IV	V	VI	(1)
Cassytha L.							
filiformis L.					—		

PROTEACEÆ

TRIB. *Proteæ.*

	I	II	III	IV	V	VI	(1)
Protea L.							
angolensis Welw.	—						

THYMELÆACEÆ

TRIB. *Euthymeleæ.*

	I	II	III	IV	V	VI	(1)
Gnidia L.							
apiculata Gilg	—						
flava Lindl.	—			—			
katangensis Gilg. et Dewèvre	—						
Oliveriana Engl. et Gilg.				—			
Poggei Gilg.				—			
rubro-cincta Gilg.				—			
Dicranolepis Planch.							
convalliodora Gilg.				—			
Baertsiana De Wild. et Th. Dur.					—		
Thonneri De Wild. et Th. Dur.			—				

LORANTHACEÆ

TRIB. *Euloranthеæ.*

	I	II	III	IV	V	VI	(1)
Loranthus L.							
Buchneri Engl.					—		
capitatus (Spreng.) Engl.					—		
— — *var.* latifolius Engl.			—				
constrictiflorus Engl.				—			
Cornetii Alfr. Dewèvre	—						
crassicaulis Engl.					—		
Demeusei Engl.					—		
Descampsii Engl.	—						
discolor Engl.			—				
Durandii Engl.			—				
Laurentii Engl.			—				
Lujæi De Wild. et Th. Dur.				—			
luluensis Engl.				—			
micrantherus Engl.					—		
Poggei Engl.				—			
polygonifolius Engl.			—				
Thonneri Engl.			—				

BALANOPHORACEÆ

TRIB. *Langsdorffieæ.*

	I	II	III	IV	V	VI	(1)
Thonningia Vahl.							
sanguinea Vahl			—				

(1) Espèces indiquées « Congo ».

	I	II	III	IV	V	VI	(1)
EUPHORBIACEÆ							
TRIB. *Euphorbieæ.*							
Euphorbia L.							
*Hermentiana Ch. Lem....					—		
graminea Jacq............					—		
Grantii Oliv...............	—						
hypericifolia L............		—					
indica Lam...............	—		—		—		
pilulifera L...............	—		—		—		
Poggei Pax...............	—			—			
Tirucalli L................	—				—		
Monadenium Pax.							
Descampsii Pax...........	—						
TRIB. *Phyllantheæ.*							
Bridelia Willd.							
tenuifolia Müll.-Arg							—
Cleistanthus Hook. f.							
caudatus Pax.............	—						
Phyllanthus L.							
capillaris Schumach. et Thonn.................	—		—		—		
floribundus Müll.-Arg.....	—						
Niruri L..................				—	—		
niruroides Müll.-Arg......	—						
odontadenius Müll.-Arg...					—		
— — *var.* micranthus Pax.					—		
polyanthus Pax...........			—				
reticulatus Poir...........			—		—		
TRIB. *Crotoneæ.*							
***Jatropha** L.							
*Curcas L...............	—		—		—		
*multifida L..............	—						

	I	II	III	IV	V	VI	(1)
Croton L.							
Poggei Pax...............				—			
Manniophyton Müll.-Arg.							
africanum Müll.-Arg......			—				
fulvum Müll.-Arg.........	—		—		—		
Crotonogyne Müll.-Arg.							
Poggei Pax...............				—			
Caperonia St-Hil.							
senegalensis Müll.-Arg....							—
Flueggea Willd.							
obovata (L.) Willd.........	—						
Uapaca Baill.							
Mole Pax.................				—			
Antidesma L.							
membranaceum Müll.-Arg.			—				
Schweinfurthii Pa.........		—					
venenosum E. Mey........			—		—		
Mæsobotrya Benth.							
Bertramiana Büttn........				—			
hirtella Pax..............			—				
Hymenocardia Wall.							
acida Tul.................			—	—	—		
mollis Pax................							
— — *var.* glabra Pax.....			—				
Poggei Pax...............				—			
ulmoides Oliv............			—				
Cyathogyne Müll.-Arg.							
Dewevrei Pax.............	—						
viridis Müll.-Arg..........			—				
***Manihot** Adans..........							
*Glaziovii Müll.-Arg.......							
*utilissima Pohl...........							
Poggeophyton Pax.							
aculeatum Pax............				—			
Claoxylon Juss.							
atrovirens Pax............		—					
flaccidum Pax............		—					

(1) Espèces indiquées « Congo ».

	I	II	III	IV	V	VI	(1)
Microdesmis Planch.							
puberula Hook. f.					—		
Erythrococca Benth.							
aculeata Benth.			—				
Hasskarlia Benth.							
didymostemon Baill.	—						—
Micrococca Benth.							
Mercurialis (L.) Benth.					—		
Acalypha L.							
Dewevrei Pax			—				
haplostyla Pax				—			
indica L.				—			
ornata A. Rich.	—				—		
paniculata Miq.					—		
polymorpha Rich.	—						
Vahliana Müll.-Arg.			—				
villicaulis Müll.-Arg.					—		
Argomuellera Pax.							
macrophylla Pax				—			
Mareya Baill.							
micrantha (Benth.) Müll.-Arg.	—						
Alchornea Sw.							
cordifolia Müll.-Arg.	—				—		
floribunda Vahl			—		—		
hirtella Benth.					—		
Mallotus Lour.							
oppositifolius (Geisel.) Müll.-Arg.			—		—		
subulatus Müll.-Arg.	—						
Macaranga Thou.							
mollis Pax				—			
monandra Müll.-Arg.					—		
Poggei Pax				—			
saccifera Pax				—			

	I	II	III	IV	V	VI	(1)
Schweinfurthii Pax		—					
Zenkeri Pax					—		
Chætocarpus Thw.							
africanus Pax				—			
Pycnocoma Benth.							
Thonneri Pax			—				
Tragia L.							
cordifolia Benth.					—		
tenuifolia Benth.			—				
volubilis L.			—				
Zenkeri Pax					—		
Dalechampia L.							
scandens L. *var.* cordofana (Hochst.) Müll.-Arg.	—				—		
Maprounea Aubl.							
africana Müll.-Arg.			—		—		
— — *var.* obtusa Pax					—		
Sapium R. Br.							
cornutum Pax. *var.* coriaceum Pax				—			
Mannianum (Müll.-Arg.). Benth.				—			
oblongifolium (Müll.-Arg.) Pax			—		—		
Poggei Pax				—			
xylocarpum Pax				—			
Ricinus L.							
communis L.					—		

URTICACEÆ

TRIB. *Celtideæ.*

	I	II	III	IV	V	VI	(1)
Trema Lour.							
guineensis (Schumach. et Thonn.) Büttn.			—		—		
— — *form.* strigosa Büttn.			—				

(1) Espèces indiquées « Congo ».

	I	II	III	IV	V	VI	(¹)
TRIB. *Cannabineæ.*							
Cannabis L.							
sativa L.			—	—	—		
TRIB. *Moreæ.*							
Dorstenia L.							
Debeerstii De Wild. et Th. Dur.	—						
psilurus Welw.			—				
scaphigera Bureau			—	—			
TRIB. *Artocarpeæ.*							
Ficus L.							
ardisioides Warb.		—					
exasperata Vahl					—		
furcata Warb.		—					
persicifolia Warb.		—					
Rokke Warb. et Schweinf.		—					
subcalcarata Warb.		—					
Bosqueia Thou.							
Welwitschii Engl.			—				
Treculia Dcne.							
Dewevrei De Wild. et Th. Dur.			—				
***Artocarpus** Forst.							
*incisa L. f.			—		—		
TRIB. *Conocephaleæ.*							
Myrianthus Pal. Beauv.							
arborea Pal. Beauv.		—	—	—			
Musanga R. Br.							
Smithii R. Br.			—	—	—		
TRIB. *Urticeæ.*							
Fleurya Gaud.							
æstuans Gaud.	—		—		—		
podocarpa Wedd.					—		
Urera Gaud.							
arborea De Wild. et Th. Dur.			—				
camerounensis Wedd.					—		
congolana De Wild. et Th. Dur.			—				
Dewevrei De Wild. et Th. Dur.	—						
Thonneri De Wild. et Th. Dur.			—				
Pouzolzia Gaud.							
denudata De Wild. et Th. Dur.			—				
Dewevrei De Wild. et Th. Dur.			—				

CERATOPHYLLACEÆ

	I	II	III	IV	V	VI	(¹)
Ceratophyllum L.							
demersum L.				—			

MONOCOTYLÉDONES

HYDROCHARITACEÆ

	I	II	III	IV	V	VI	(¹)
TRIB. *Vallisnerieæ.*							
Vallisneria L.							
spiralis L.		—	—				
TRIB. *Stratioteæ.*							
Ottelia Pers.							
halogena De Wild. et Th. Dur.	—						
Boottia Wall.							
abyssinica Ridl.		—					

(1) Espèces indiquées « Congo ».

	I	II	III	IV	V	VI	(1)
ORCHIDACEÆ							
TRIB. *Epidendreæ.*							
Bulbophyllum Thon.							
Laurentianum Kraenzl....			—				
Schinzianum Kraenzl......				—			
Eulophia R. Br.							
congoensis Cogn..........							
gracilis Lindl.............			—	—			
guineensis Lindl..........	—		—		—		
Laurentiana Kraenzl......					—		
Leopoldi Kraenzl.........					—		
Lubbersiana Laur. et De Wild..................			—				
Lujeana Kraenzl..........			—				
lurida Lindl.............					—		
maculata Reichb. f........					—		
Smithii Rolfe............					—		
Tanganyikæ Kraenzl......	—						
Lissochilus R. Br.							
dilectus Reichb. f.........			—	—	—		
elatus Rolfe.............					—		
giganteus Welw...........					—		
Leopoldi Kraenzl..........	—						
Lindleyanus Reichb. f.....	—		—				
porphyroglossus Reichb. f.		—					
purpuratus Lindl..........	—						
roseus Lindl..............			—				
stylites Reichb. f..........		—					
Ansellia Lindl.							
africana Lindl............	—			—	—		
congoensis Rodig.........					—		
Polystachya Hook.							
golungensis Reichb. f......		—					
Cyrtopera Lindl.							
flavo-purpurea Reichb. f...		—					
Saccolabium Bl.							
oeonioides Kraenzl........							—
Angræcum Thou.							
imbricatum Lindl.........	—						
Listrostachys Reichb. f..							
Althoffii Th. Dur. et Schinz.							—
Chailluana Reichb. f......			—				
Durandiana Kraenzl.......					—		
subulata Reich. b.........			—				
Thonneriana Kraenzl......			—				
Mystacidium Lindl.							
erythropollinium Th. Dur. et Schinz................				—	—		
Aeranthus Lindl.							
distichus Reichb. f........	—						
TRIB. *Neottieæ.*							
Vanilla Sw.							
acuminata Rolfe..........							—
africana Lindl............							—
cucullata Kraenzl.........			—				
grandifolia Lindl..........					—		
TRIB. *Ophrydeæ.*							
Habenaria Willd.							
Debeerstiana Kraenzl......	—						
Guingangæ Reichb. f.....	—						
Ichneumonea Lindl........	—						
macrura Kraenzl..........			—				
Poggeana Kraenzl.........			—				
stenochila Lindl..........	—						
Volkensiana Kraenzl......	—						
Satyrium Sw.							
brachypetalum A. Rich....	—						
riparium Reichb. f........	—						
Disa Berg.							
aurantiaca Reichb. f.......							—
Leopoldi Kraenzl..........	—						
Wissmannii Kraenzl......	—						
Brachycorythis Lindl.							
Briartiana Kraenzl........	—						
congensis Kraenzl.........	—						
Leopoldi Kraenzl.........						—	
pleistophylla Reichb. f....	—						

(1) Espèces indiquées « Congo ».

	I	II	III	IV	V	VI	(1)
rhomboglossa Kraenzl				—			
Schweinfurthii Reichb. f.		—					
Platycoryne Reichb. f.							
Poggeana Rolfe				—			
Disperis Sw.							
aphylla Kraenzl							—

ZINGIBERACEÆ

Trib. *Zingibereæ.*

	I	II	III	IV	V	VI	(1)
Kaempferia L.							
Dewevrei De Wild. et Th. Dur.	—						
pleiantha K. Schum	—						
Amomum L.							
angustifolium Sonner					—		
latifolium Afzel							—
Laurentii De Wild. et Th. Dur					—		
Masuianum De Wild. et Th. Dur					—		
Melegueta Rosc							—
Sceptrum Oliv					—		
Costus L.							
afer Ker					—		
Dewevrei De Wild. et Th. Dur					—		
edulis De Wild. et Th. Dur.	—						
Lucanusianus J. Braun et K. Schum					—		
phyllocephalus K. Schum.	—		—		—		
spectabilis K. Schum	—		—		—		
Renealmia L. f.							
bracteata De Wild. et Th. Dur			—				
Cabræ De Wild. et Th. Dur.					—		
congolana De Wild. et Th. Dur			—				
Dewevrei De Wild. et Th. Dur			—				

Trib. *Maranteæ.*

	I	II	III	IV	V	VI	(1)
***Maranta** L.							
*arundinacea L.					—		
Thalia L.							
cœrulea Ridl			—		—		
Donax Lour.							
arillata K. Schum	—		—				
congensis K. Schum			—	—	—		
cuspidata (Rosc.) K.Schum.					—		
Schweinfurthiana K.Schum					—		
Phyllodes Lour. (Phrynium Willd.).							
baccatum K. Schum	—			—	—		
Hensii (Baker) Nob			—				
leiogonium K. Schum				—	—		
Trachyphrynium Benth.							
Liebrechtsianum De Wild. et Th. Dur			—				
Poggeanum K. Schum							—
Preussianum K. Schum					—		
violaceum Ridl					—		
Hybophrynium K. Schum.							
— Braunianum K. Schum.		—	—		—		
— — *var.* violaceum De Wild. et Th. Dur.			—				

Trib. *Canneæ.*

	I	II	III	IV	V	VI	(1)
***Canna** L.							
*indica L.			—		—		

MUSACEÆ

	I	II	III	IV	V	VI	(1)
Musa L.							
Ensete L.		—					
— — *var.* paradisiaca Baker							—
— — *var.* sanguinea Welw.					—		
sapientum L.							—

(1) Espèces indiquées « Congo ».

	I	II	III	IV	V	VI	(1)
HÆMODORACEÆ							
Sansevieria Thunb.							
cylindrica Boj					—		
guineensis Willd			—	—	—		
longiflora Sims					—		
IRIDACEÆ							
TRIB. *Moreæ.*							
Moræa L.							
textilis Baker					—		
zambesiaca Baker	—						
TRIB. *Ixieæ.*							
Lapeyrousia Pourr.							
erythrantha Baker	—						
Gladiolus L.							
angolensis Welw					—		
brevicaulis Baker			—				
corneus Oliv	—		—				
Quartinianus A. Rich			—				
Antholyza L.							
labiata Pax	—		—				
AMARYLLIDACEÆ							
TRIB. *Hypoxideæ.*							
Hypoxis L.							
angustifolia Lam			—		—		
subspicata Pax				—			
Curculigo Gaertn.							
gallabatensis Schweinf			—		—		

	I	II	III	IV	V	VI	(1)
TRIB. *Amarylleæ.*							
Crinum L.							
giganteum Andrews		—					
Laurentii De Wild. et Th. Dur					—		
majakallense Baker				—			
massaianum N. E. Br							—
scabrum Sims					—		
zeylanicum L							
Hæmanthus L.							
Cabræ De Wild. et Th. Dur.					—		
Eetveldeanus De Wild. et Th. Dur			—				
Lindeni N. E. Br							—
multiflorus Martyn							—
Demeusea De Wild. et Th. Dur.							
longifolia De Wild. et Th. Dur							—
TACCACEÆ							
Tacca Forst.							
pinnatifida Forst		—					
DIOSCOREACEÆ							
Dioscorea L.							
alata Willd					—		
dumetorum Th. Dur. et Schinz					—		
odoratissima Pax				—			
pterocaulon De Wild. et Th. Dur			—				
prehensilis Benth							—
sativa L				—	—		
Schimperiana Hochst. *var.* vestita Pax					—		

(1) Espèces indiquées « Congo ».

	I	II	III	IV	V	VI	(1)
smilacifolia De Wild. et Th. Dur.			—				
Thonneri De Wild. et Th. Dur.			—				
LILIACEÆ							
TRIB. *Smilaceæ.*							
Smilax L.							
Kraussiana Meissn. *var.* Morsaniana A. DC.			—				
TRIB. *Asparageæ.*							
Asparagus L.							
abyssinicus Hochst.					—		
africanus Lam.	—		—		—		
drepanophyllus Welw.	—		—	—	—		
falcatus L.					—		
plumosus Baker					—		
TRIB. *Aioineæ.*							
Aloe L.							
congolensis De Wild. et Th. Dur.					—		
venenosa Engl.				—			
TRIB. *Dracæneæ.*							
Dracæna L.							
Buettneri Engl.			—				
capitulifera De Wild. et Th. Dur.			—				
laxissima Engl.				—			
Poggei Engl.			—	—	—		
reflexa Lam. *var.* nitens Baker	—				—		
spicata Roxb.					—		
— — *var.* aurantiaca Baker					—		

	I	II	III	IV	V	VI	(1)
surculosa Lindl.							
thalioides Ch. Morr.					—		
TRIB. *Asphodeleæ.*							
Bulbine L.							
asphodeloides Schult.	—						
Anthericum L.							
congolense De Wild. et Th. Dur.			—				
sphacelatum Baker			—		—		
Chlorophytum Ker.							
macrophyllum Aschers.				—			
TRIB. *Scilleæ.*							
Albuca L.							
angolensis Welw.				—			
Urginea Steinh.							
altissima Baker			—		—		
micrantha Solms					—		
viridula Baker							—
Scilla L.							
Ledieni Engl.					—		
Ornithogalum L.							
caudatum AA.					—		
TRIB. *Uvularieæ.*							
Gloriosa L.							
virescens Lindl.	—		—	—			
superba L.			—	—	—		
XYRIDACEÆ							
Xyris L.							
angustifofia De Wild. et Th. Dur.	—						
congensis Buettn.			—				

(1) Espèces indiquées « Congo ».

	I	II	III	IV	V	VI	(1)
COMMELINACEÆ							
TRIB. *Pollieæ.*							
Palisota Reichb.							
ambigua C.B. Clarke.....				—	—		
Barteri Hook. f...........			—				
Mannii C.B. Clarke.......					—		
prionostachys C.B. Clarke.		—		—			
Schweinfurthiana C.B. Clarke................				—	—		
thyrsiflora Benth..........			—	—	—		
TRIB. *Commelineæ.*							
Commelina L.							
africana L................	—						
aspera C. B. Clarke........			—				
benghalensis L...........	—				—		
capitata Benth............			—		—		
condensata C. B. Clarke...			—				
Dammeriana K. Schum...	—						
latifolia Hochst...........					—		
nudiflora L...............	—		—		—		
scaposa C. B. Clarke.......	—						
Aneilema R. Br.							
æquinoctiale Kunth.......					—		
beniniense Kunth.........		—	—	—	—		
Lujæi De Wild. et Th. Dur.			—		—		
ovato-oblongum P. Beauv.			—				
pedunculosum C. B. Clarke.	—						
Schweinfurthii C. B. Clarke.	—						
sinicum Lindl...........	—		—		—		
TRIB. *Tradescantieæ.*							
Cyanotis Don.............							
lanata Benth..............					—		
longifolia Benth...........							—
— — *var.* Bakeriana C. B. Clarke.					—		
Floscopea Lour.							
africana C. B. Clarke......			—		—		

	I	II	III	IV	V	VI	(1)
Buforrestia C. B. Clarke.							
imperforata C.B. Clarke..			—		—		
FLAGELLARIACÉES							
Flagellaria L.							
indica L..................							—
PALMACEÆ							
TRIB. *Phœniceæ.*							
Phœnix L.							
spinosa Thonn............					—		
TRIB. *Lepidocaryeæ.*							
Calamus L.							
Cabræ De Wild. et Th. Dur.					—		
Raphia P. Beauv.							
mombuttorum Drude......		—					
vinifera P. Beauv.........	—			—	—		
Oncocalamus Wendl. et Mann.							
acanthocnemis Drude.....			—				
Eremospatha Wendl. et Mann.							
Hookeri Mann. et Wendl..		—					
Ancistrophyllum Wendl. et Mann.							
secundiflorum Mann et Wendl................	—			—	—		
TRIB. *Borasseæ.*							
Borassus L.							
flabellifer L..............	—		—		—		
Hyphæne Gaertn.							
guineensis Thonn.........					—		
ventricosa Kirk...........							—

(1) Espèces indiquées « Congo ».

	I	II	III	IV	V	VI	(1)
TRIB. *Cocoineæ.*							
Elæis Jacq.							
guineensis L.		—		—	—		
***Cocos** L.							
nucifera L.					—		
PANDANACEÆ							
Pandanus L. f.							
Candelabrum P. Beauv.	—		—		—		
ARACEÆ							
TRIB. *Culcasieæ.*							
Culcasia P. Beauv.							
angolensis Welw.				—	—		
scandens P. Beauv.			—		—		
TRIB. *Lasieæ.*							
Cyrtosperma Griff.							
Afzelii Engl.			—				
TRIB. *Amorphophalleæ.*							
Anchomanes Schott.							
giganteus Engl.			—				
Hydrosme Schott.							
Eichleri Engl.				—			
Leopoldiana Mast.							—
Teuszii Engl.				—			
Cercestis Schott.							
congoensis Engl.	—				—		
TRIB. *Nephthytideæ.*							
Rhektophyllum N. E. Br.							
mirabile N. E. Br.		—	—				
Nephthytis Schott.							
picturata N. E. Br.							—
TRIB. *Anubradeæ.*							
Anubias Schott.							
Afzelii Schott.					—		
hastæfolia Engl.				—			
TRIB. *Colocasieæ.*							
***Colocasia** Schott.							
antiquorum Schott.				—			
TRIB. *Pistieæ.*							
Pistia L.							
Stratiotes L.			—	—			
ERIOCAULONACEÆ							
Mesanthemum Kœrn.							
radicans Kœrn.			—				
CYPERACEÆ							
TRIB. *Scirpeæ.*							
Cyperus L. pr. p.							
amabilis Vahl.			—		—		
— — *var.* macer C. B. Clarke.					—		
angolensis Bœck.	—				—		
articulatus L.	—	—	—	—	—		
auricomus Lieb.			—				
compactus Lam.							—
congensis C. B. Clarke.					—		
dichromenæformis Kunth.							
— — *var.* major Bœck.		—	—				
difformis L.			—		—		
diffusus Vahl.			—				
distans L.	—	—	—		—		

(1) Espèces indiquées « Congo ».

	I	II	III	IV	V	VI	(1)
esculentus L.			—		—		
— — *var.* acaulis C. B. Clarke.					—		
fertilis Bœck			—				
flabelliformis Rottb	—		—		—		
flavidus Retz					—		
flexifolius Bœck					—		
gracilinux C. B. Clarke			—				
Haspan L.			—		—		
— — *var.* lævinux C. B. Clarke					—		
Hensii C. B. Clarke			—				
maculatus Bœck	—		—				
Mannii C. B. Clarke	—						
mapanioides C. B. Clarke			—		—		
margaritaceus Vahl			—	—	—		
maritimus Poir					—		
— — *var.* crassipes C. B. Clarke					—		
ochrocephalus C. B. Clarke					—		
Papyrus L.					—		
radiatus Vahl	—		—	—	—		
rotundus L.					—		
sphacelatus Rottb			—		—		
tenax Bœck					—		
tuberosus Poir			—		—		
uncinatus Poir			—		—		
Zollingeri Steud			—	—	—		
Mariscus Vahl.							
Dregeanus Kunth					—		
flabelliformis H. B. et K.			—				
flavus Vahl							
— — *var.* humilis Benth.					—		
luridus C. B. Clarke			—				
nossibeensis Steud			—				
pseudo-pilosus C. B. Clarke.					—		
— — *var.* tenuior C. B. Clarke					—		
rufus H. B. et K.					—		
Sieberianus Nees					—		
— — *var.* subcompositus C. B. Clarke	—				—		
umbellatus Vahl			—	—	—		

	I	II	III	IV	V	VI	(1)
Pycreus Pal. Beauv.							
albo-marginatus Nees			—		—		
flavescens Reichb			—		—		
globosus Reichb. *var.* nilagiricus C. B. Clarke	—						
polystachyus Pal. Beauv.					—		
propinquus Nees			—		—		
Smithianus C. B. Clarke			—				
tremulus C B. Clarke							
subtrigonus C. B. Clarke			—		—		
Juncellus C. B. Clarke.							
lævigatus C. B. Clarke	—						
pustulatus C. B. Clarke			—				
Kyllingia Rottb.							
albiceps C. B. Clarke	—						
brevifolia Rottb			—		—		
elatior Kunth					—		
erecta Schum			—				
—*form.* Soyauxii C. B. Clarke					—		
macrocephala A. Rich							
— — *var.* angustior C. B. Clarke			—				
melanosperma Nees				—	—		
planiceps C. B. Clarke					—		
pumila Michx		—			—		
rigidula Steud					—		
sphærocephala Bœck	—						
squamulata Thonn					—		
teres C. B. Clarke			—				—
Eleocharis R. Br.							
atropurpurea Kunth					—		
capitata R. Br					—		
Bulbostylis Raf.							
abortiva C. B. Clarke			—				
barbata C. B. Clarke	—				—		
capillaris (L.) Nees					—		
— — *var.* trifida (Nees) C. B. Clarke			—				
cardiocarpa (Ridl.) C. B. Clarke			—				
filamentosa (Vahl) C. B. Clarke		—	—		—		

(1) Espèces indiquées « Congo ».

	I	II	III	IV	V	VI	(1)
laniceps C. B. Clarke......			—				
puberula (Poir.) C. B. Clarke.................					—		
trichobasis C. B. Clarke................							
— — *var.* uniseriata C. B. Clarke...........					—		
Fimbristylis Vahl.							
Cioniana Savi.............			—	—	—		
complanata (Retz.) Link...			—				
dichotoma (L.) Vahl.......							—
diphylla (Retz.) Vahl......			—	—	—		
dipsacea (Rottb.) Benth....			—				
exilis (Willd.) Rœm. et Schult.................			—		—		
ferruginea (L.) Vahl.......					—		
Hensii C. B. Clarke........					—		
monostachya (L.) Hassk....					—		
obtusifolia (Lam.) Kunth..					—		
scabrida Schumach.......		—					
squarrosa Vahl............			—		—		
Scirpus L.							
Buettnerianus Bœck.......					—		
fluitans L................	—						
Fuirena Rottb.							
chlorocarpa Ridl..........			—				
umbellata Rottb..........				—	—		
Lipocarpha R. Br.							
argentea (Vahl) R. Br.....					—		
pulcherrima Ridl.........			—	—			
sphacelata Kunth.........			—	—			
TRIB. *Hypolytreæ.*							
Ascolepis Nees.							
pinguis C. B. Clarke.......	—						
Hypolytrum L. C. Rich.							
africanum Nees...........					—		
congense C. B. Clarke.....							—
nemorum Pal. Beauv......			—		—		
TRIB. *Rhynchosporeæ.*							
Rhynchospora Vahl.							
aurea Vahl................		—	—		—		
candida Bœck.............			—				
TRIB. *Sclericæ.*							
Scleria Berg.							
Barteri Bœck.............			—		—		
Buchanani Bœck..........	—						
melanomphala Kunth.....					—		
— — *var.* macrantha (Bœck.) C. B. Clarke.			—				
ovuligera Nees...........					—		
racemosa Poir............					—		
verrucosa Willd..........			—		—		
GRAMINACEÆ							
TRIB. *Maydeæ.*							
***Zea** L.							
*Mays L.................							—
TRIB. *Andropogoneæ*							
Imperata Gaertn.							
cylindrica (L.) P. Beauv. *var.* Thunbergii (Retz.) Hack..................					—		
***Saccharum** L.							
*officinarum L............							—
Manisuris Sw.							
granularis (L.) L. f........					—		
Rhytachne Desv.							
congoensis Hack..........			—		—		
— — *v.* imcompleta Hack.							—
— — *v.* polystachya Hack.					—		
— — *v.* submutica Hack..							—
gabonensis (Steud.) Hack..					—		
Vossia Wall. et Griff.							
procera Wall. et Griff....				—			

(1) Espèces indiquées « Congo ».

	I	II	III	IV	V	VI	(¹)
Elionurus Humb. et Bonpl.							
argenteus Nees...........					—		
Hensii K. Schum..........					—		
Trachypogon Nees.							
polymorphus Hack........							
— — *subsp.* Montufari Hack. *var.* capensis (Thunb.) Hack.					—		
Andropogon L.							
Afzelianus Rendle.........			—				
appendiculatus Nees... ...					—		
Brazzæ Franch............					—		
brevifolius Sw............			—				
bracteatus Willd..........					—		
diplandrus Hack..........			—		—		
distachyus L.............					—		
familiaris Stend..........			—		—		
finitimus Hochst..........							—
intermedius R. Br.........							
— — *var.* punctatus Roxb.) Hack. *subvar.* glaber (Roxb.) Hack..					—		
Lecomtei Franch..........					—		
lepidus Nees.............	—						
Schimperi Hochst.........					—		
Schœnanthus L...........							
— *subsp.* densiflorus Hack.			—		—		
*Sorghum Brot...........							—
— — *var.* effusus Hack...	—						
— — *var.* halepensis (L.) Hack............			—				
squarrosus L. *var.* genuinus Hack..............					—		
— — *var.* nigritanus (Benth.) Hack..			—				
TRIB. *Zoysieæ.*							
***Anthephora** Schreb.							
*elegans Schreb..........					—		
Perotis Ait.							
latifolia Ait..............					—		

	I	II	III	IV	V	VI	(¹)
TRIB. *Tristagineæ.*							
Melinis Pal. Beauv.							
minutiflora Pal. Beauv....	—						
Thysanolæna Nees.							
acarifera Nees...........					—		
TRIB. *Paniceæ.*							
Paspalum L.							
conjugatum Berg.........				—	—		
longiflorum Retz..........					—		
scrobiculatum L..........	—		—		—		
Isachne R. Br.							
Buettneri Hack...........							—
Panicum L.							
argyrotrichum Anders.....			—		—		
brizanthum Hochst........			—		—		
— — *var.* polystachyum De Wild. et Th. Dur............			—		—		
colonum L...............				—			
coloratum L..............					—		
Crus-galli L..............	—		—		—		
— — *var.* Petiveri (Trin.) Hack.............	—				—		
— — *var.* polystachyum Munro.		—					
— — *var.* submuticum Franch..........			—				
diagonale Nees...........							
— — *var.* hirsutum De Wild. et Th. Dur.			—				
— — *var.* uniglume (Hochst.) Hack.......			—				
distichophyllum Trin......					—		
Griffonii Franch..........					—		
indutum Stend...........			—		—		
lutetense K. Schum.......					—		
maximum Jacq...........	—		—		—		
mayumbense Franch. (Hensii K. Schum.).........					—		
muticum Forsk...........					—		

(1) Espèces indiquées « Congo ».

	I	II	III	IV	V	VI	(1)
nigritanum Hack			—				
ogowense Franch					—		
ovalifolium Poir			—	—	—		
plicatum Lam			—	—	—		
— — *var.* costatum (Roxb.) Bak							—
sanguinale L			—		—		
— — *var.* cognatum Hack.			—				
— — *var.* horizontale (E. Mey.) A. Rich				—			
scabrum Lam			—				
sulcatum Aubl			—				
Tholloni Franch			—				
Zenkeri K. Schum					—		
Tricholæna Schrad.							
rosea Nees		—			—		
sphacelata Benth							—
Oplismenus Pal. Beauv.							
africanus Pal. Beauv			—		—		
Setaria Pal. Beauv..							
aurea Hochst			—		—		
glauca Pal. Beauv	—				—		
Cenchrus L.							
barbatus Schum					—		
Pennisetum Pers.							
Benthami Stend			—		—		
cauda-ratti Schumach					—		
dichotomum (Forsk.) Delile.			—				
dioicum (Hochst.) A. Rich.					—		
hordeiforme (L.) Spreng	—		—	—	—		
macrostachyum Benth			—				
nodiflorum Franch			—				
parviflorum Trin					—		
polystachyum Schult				—	—		
Prieurii Kunth			—		—		
purpurascens (Schrad.) Anders					—		
reversum Hack				—			
riparioides Hochst					—		
setosum (Sw.) A. Rich							
spicatum (L.) Kœrn					—		
unisetum (Nees) Benth					—		

	I	II	III	IV	V	VI	(1)
Olyra L.							
brevifolia Schumach			—		—		
Trib. *Oryzeæ.*							
Leptaspis R. Br.							
conchifera Hack			—		—		
Leersia Sw.							
hexandra Sw					—		
Trib. *Agrostideæ.*							
Aristida L.							
amplissima Trin. et Rupr.					—		
vestita Thunb					—		
Sporobolus R. Br.							
capensis (Willd.) Kunth					—		
indicus R. Br					—		
mayombensis Franch					—		
Molleri Hack					—		
Trichopterix Nees.							
arundinaceus Hack					—		
flammida Benth					—		
Trib. *Chlorideæ.*							
Cynodon Pers.							
Dactylon (L.) Pers					—		
Ctenium Panzer.							
concinnum Nees					—		
elegans Kunth							—
Chloris Sw.							
Gayana Kunth					—		
punctulata Hochst. et Steud.			—	—			
Eleusine Gaertn.							
indica (L.) Gaertn					—		
verticillata Roxb					—		

(1) Espèces indiquées « Congo ».

	I	II	III	IV	V	VI	(1)
Dactyloctenium Willd....							
ægyptium (L.) Willd......					—		
Leptochloa R. Br.							
cœrulescens Stend........			—		—		
TRIB. *Festuceæ.*							
Elytrophorus Pal. Beauv.							
articulatus Pal. Beauv....							—
Phragmites Trin.							
vulgaris Crép............			—	—			
Eragrostis Pal. Beauv.							
atrovirens Trin...........							
Brownei Nees............			—		—		
Chapelieri (Kunth) Nees...					—		
ciliaris (L.) Link..........					—		
fascicularis Trin..........					—		
multiflora (Forsk.) Aschers.					—		
nutans (Retz.) Roxb.......							—
patens Oliv..............							
— — *var.* congensis Franch.					—		
Centotheca Desv.							
mucronata (Pal. Beauv.) Benth................					—		
owariensis (Pal. Beauv.) Hack.................			—		—		
Streptogyne Pal. Beauv.							
crinita Pal. Beauv........			—				
Bromus L.							
runssorensis K. Schum....	—						
TRIB. *Bambuseæ.*							
Euclasta Franch.							
glumacea Franch.........	—		—				
Puelia Franch.							
Dewevrei De Wild. et Th. Dur..................	—						

(1) Espèces indiquées « Congo ».

GYMNOSPERMEÆ

GNETACEÆ

	I	II	III	IV	V	VI	(1)
Gnetum L.							
africanum Welw..........			—		—		
CYCADACEÆ							
Encephalartos Lehm.							
Lemarinelianus De Wild. et Th. Dur............	—			—			
ACOTYLÉDONES							
GLEICHENIACEÆ							
Gleichenia Sw.							
dichotoma (Thunb.) Hook.		—		—			
POLYPODIACEÆ							
Cyathea Sw.							
angolensis Welw..........					—		
Camerooniana Hook.......			—				
canaliculata Willd.........							
— — *var.* Congi Christ...				—			
Welwitschii Hook. f......					—		
Alsophila R. Br.							
æthiopica Welw...........					—		
Dioksonia L'Hérit.							
rubiginosa Kaulf..........					—		
Davallia L.							
denticulata (Burm.) Metten. (= D. elegans Sw.).....					—		
chærophylloides (Poir.) Kunze..................			—		—		
Speluncæ (L.) Baker......			—	—	—		
Vogelii Hook............			—	—			
Adiantum L.							
æthiopicum L............				—			
capillus-veneris L.........	—						

	I	II	III	IV	V	VI	(1)
caudatum L.					—		
cuneatum Langsd. et Fisch.	—						
lunulatum Burm.	—		—				
tetraphyllum Willd. *var.* obtusum Mett. (D. Vogelii Mett.)			—	—	—		
Lonchitis L.							
occidentalis Baker				—			
pubescens Willd.				—			
Cheilanthes Sw.							
Kirkii Hook.	—						
Pellæa Link.							
calomelanos (Sw.) Link.							—
consobrina (Kunze) Hook.	—						
Doniana Hook.	—				—		
geraniifolia (Raddi) Fée							—
pectiniformis Baker	—						
Pteris L.							
aquilina L.			—		—		
— — *var.* lanuginosa (Bory) Hook.	—				—		
— — *var.* caudata (L.) Hook.					—		
atrovirens Willd.	—		—	—	—		
biaurita L.				—	—		
cretica L.							—
Currozi Hook.	—		—	—	—		
— — *var.* glabrata Christ.				—			
incisa Thunb.				—			
longifolia L.				—			
nemoralis Willd.					—		
quadriaurita Retz.	—		—				
Ceratopteris Brongn.							
thalictroides (L.) Brongn.			—		—		
Woodwardia Sm.							
radicans (L.) Sm.					—		
Asplenium L.							
abyssinicum Fée	—						
alatum H. B. et K.				—			
caudatum Forst.	—		—				
coadunatum Willd.	—						
crenato-serratum Bomm.					—		
cuneatum Lam. *var.* congolense Christ.			—	—			
dimidiatum Sw.			—	—			
emarginatum Pal. Beauv.			—		—		
formosum Willd.				—			
Laurentii Bomm.					—		
longicauda Hook.			—				
lunulatum Sw.	—						
macrophyllum Sw.			—		—		
præmorsum Sw.				—			
proliferum Lam.					—		
Sandersoni Hook.	—						
serratum L.	—		—				
sinuatum Pal. Beauv.			—	—	—		
sylvaticum (Sw.) Presl.			—	—	—		
Aspidium Sw.							
lobatum Sw.	—						
oligodontum Desv.	—						
tetta (Willd.) Engl.	—						
Nephrodium Rich.							
albo-punctatum Desv.	—			—			
athamanticum Hook.	—						
Buchanani Bak.					—		
conterminum (Wild.) Desv.			—				
molle (Sw.) Desv.	—						
nigrescens (Mett.) Baker			—	—	—		
pallidivenium (Hook.) Bak.				—	—		
pectinatum (Arthropteris pectinata Kuhn)	—						
pennigerum (Blume) Hook.			—		—		
protensum (Afzel.) Th. Dur. et Schinz			—	—	—		
unitum (L.) R. Br.	—						
subquinquefidum Hook.			—	—			
Nephrolepis Schott.							
biserrata (Sw.) Schott.			—	—	—		
cordifolia (L.) Presl.	—		—	—	—		
punctulata (Sw.) Presl *var.* hirsuta Mett.					—		
ramulosa (Pal. Beauv.) T. Moore					—		
exaltata Schott.				—			

(1) Espèces indiquées « Congo ».

	I	II	III	IV	V	VI	(1)
Polypodium L.							
cameroonianum Hook. (Sagenia gemmifera (Fée?).					—		
lycopodioides L.			—	—	—		
oppositifolium Hook.					—		
Phymatodes L.	—		—	—	—		
punctatum (L.) Sw. (P. irioides Lam.)			—	—	—		
lineare Thunb.	—						
loxogramme Mett.	—						
normale Don *var.* longifrons (Wall.) Christ.				—			
proliferum Presl.	—						
propinquum Wall. *var.* Laurentii Christ (P. quercifolium Th. Dur. et Schinz).	—		—	—	—		
scolopendrinum Ham.	—						
Wildenowii Berg.	—						
Phegopteris Presl.							
obtusiloba (Desv.) Christ.				—			
Oleandra Cav.							
articulata Cav.			—	—			
Notochlæna R. Br.							
Buchanani Baker.	—						
Vittaria Smith.							
lineata Sw. *var.* abbreviata Christ.				—			
scolopendrina Presl.	—		—	—			
Acrostichum L.							
aureum L.					—		
gabonense Hook.			—	—	—		
Heudelotii (Borg.) Hook.					—		
Laurentii Christ.	—			—			
punctulatum (Sw.)	—		—	—	—		
salicinum Hook.					—		
Sieberi Hook. et Grev.					—		
sorbifolium L.	—		—	—			
tenuifolium (Desv.) Baker.					—		
virens Wall.					—		
viscosum Sw.							—
Platycerium Desv.							
angolense Welw.	—			—			

(1) Espèces indiquées « Congo ».

	I	II	III	IV	V	V	(1)
Elephantotis Schweinf.		—					
Stemmaria (Pal. Beauv.) Desv.			—	—	—		
OSMUNDACEÆ							
Osmunda L.							
regalis L.	—				—		
SCHIZÆACEÆ							
Lygodium L.							
microphyllum R. Br.				—			
scandens (L.) Sw.			—		—		
Smithianum Presl.			—		—		
volubile Sw.					—		
MARATTIACEÆ							
Marattia Smith.							
fraxinea Smith.			—	—	—		
OPHIOGLOSSACEÆ							
Ophioglossum L.							
vulgatum L.							—
RHIZOCARPACEÆ							
Azolla R. Br.							
pinnata R. Br. *var.* africana (Willd.) Baker.			—	—			
MARSILEACEÆ							
Marsilea L.							
diffusa Leprieur.							—
LYCOPODIACEÆ							
Lycopodium L.							
cœrnuum L.				—	—		
Psilotum Sw.							
nudum (L.) Griseb.			—				
SELAGINELLACEÆ							
Selaginella Spring.							
æquiloba Christ.			—				
scandens (Sw.) Spring.	—		—	—	—		
Vogelii Spring.					—		

STATISTIQUE DE LA FLORE DE L'ÉTAT INDÉPENDANT.

Vers 1893, on ne connaissait que 300 plantes environ dans l'État indépendant, ce chiffre a été porté à 1.093 par la publication des « Études sur la flore de l'État Indépendant ». Le présent travail en renseigne 2.016.

	1896	1900
	—	—
Dicotylées	760	1.505
Monocotylées	258	434
Cryptogames vasculaires	75	123
	1.093	2.062

Il est intéressant de voir comment ces espèces se répartissent entre les diverses régions botaniques :

Rég. I [Congo supérieur] : 472.
Rég. II [Rég. des Niam-Niam] : 115.
Rég. III [Congo central] : 711.
Rég. IV [Kasai] : 403.
Rég. V [Bas Congo] : 845.
Rég. VI [Nil] : 9.

En outre, 106 espèces ont été récoltées sur le territoire de l'État Indépendant, mais sans désignation de localités précises.

EXPLICATION DES PLANCHES

PLANCHE XII

A. — **Poa dimorphantha** Murbeck.

Les divers dessins représentent :

1° La plante entière de grandeur naturelle.

2° Un épillet de fleurs fortement grossies avec les nervures pourvues de longs poils denses, blancs et soyeux.

3° Une ligule supérieure et une ligule inférieure.

4° Une anthère.

B. — **Poa exilis** Murbeck : anthère dessinée comme terme de comparaison avec la précédente.

PLANCHE XIII

Dictyochloa involucrata G. Cam.

Les dessins représentent :

1° La plante entière de grandeur naturelle.

2° Des capitules d'épillets fortement grossis.

3° Un ovaire stérile.

4° Un ovaire ordinairement stérile, accompagné des étamines.

5° Un ovaire fertile, de coloration jaune verdâtre.

6° Des épillets isolés fortement grossis.

7° La glumelle supérieure, dont les nervures sont pourvues de dents visibles seulement avec un fort grossissement.

NOTA. — *Ces deux planches ont été coloriées à la main par l'Auteur et* Mlles CAMUS. — E. P.

A. Poa dimorphantha Mürbeck,
B. Anthère du Poa exilis Mürbeck.
(P. remotiflora Hack, *pr. var.*)

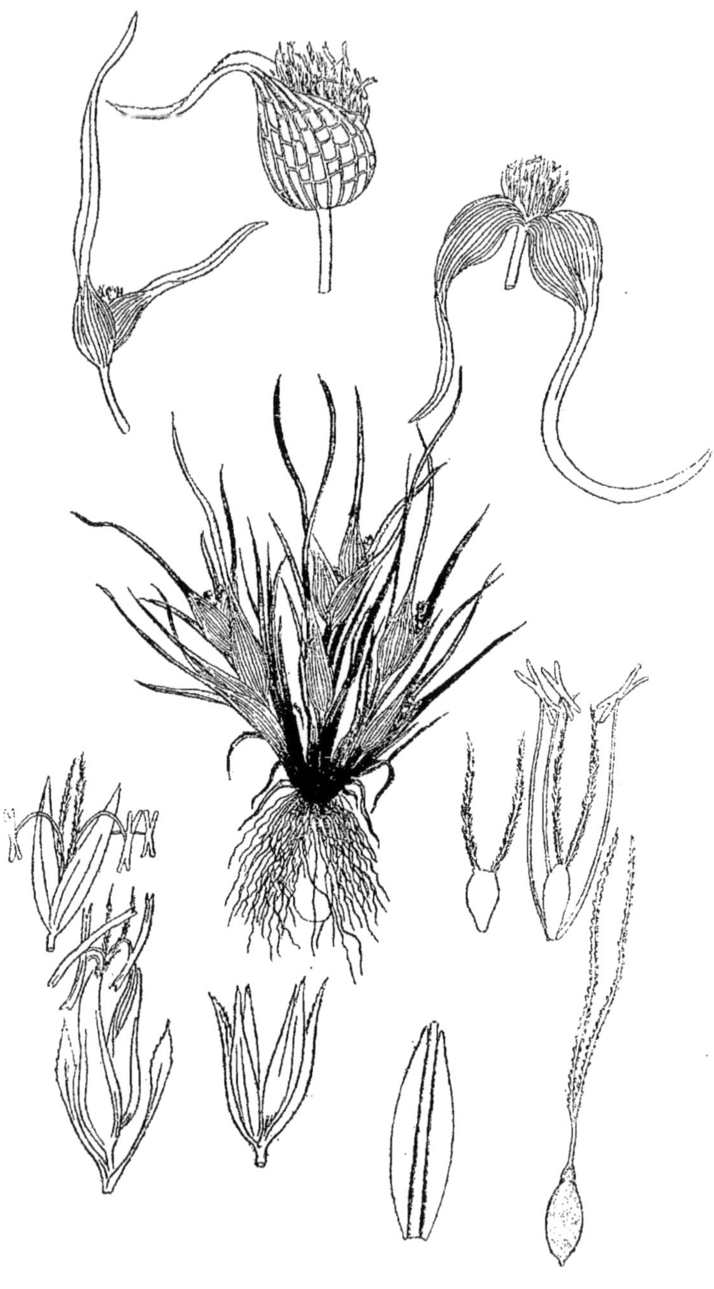

Dichtyochloa involucrata G. Cam. = Ammochloa involucrata Mürbeck.

Contribution à la connaissance de la Flore du Maroc,

Par M. E.-G. CAMUS.

M. Mellerio, notre confrère, fait chaque année un séjour de plusieurs mois à Casablanca, sur le littoral ouest du Maroc. Par ses excursions faites dans les environs de Rabat. Larache, Casablanca, il a beaucoup contribué à faire connaître la flore de ces intéressantes localités. M. Mellerio s'est proposé de donner à ses recherches l'extension que comporte l'étude botanique encore incomplète du Maroc. L'état de santé de notre confrère et des causes locales l'ont empêché jusqu'à présent de mettre ses projets à exécution et nous faisons les plus grands souhaits pour que les circonstances lui soient plus favorables. Dans le journal *Le Naturaliste*, M. le Dr Ed. Bonnet a publié la liste des plantes envoyées par M. Mellerio au Muséum de Paris et à l'herbier Cosson. C'était le résultat des récoltes des herborisations faites surtout dans les environs de Larache et de Casablanca. Depuis cinq ans, M. Mellerio, empêché de donner à ses excursions l'étendue qu'il désirait, a tenu à utiliser ses recherches en donnant plus de précision aux documents qu'il m'a envoyés. Pour les espèces dont la dessication change l'aspect, il a pris le soin de m'envoyer ces plantes vivantes, de les entourer d'ouate hydrophile mouillée et de les enfermer dans des étuis de fer blanc. Le tout, en paquets recommandés à la poste, m'est toujours arrivé en excellent état. En ouvrant les boîtes, on aurait pu croire à une récolte faite dans les environs de Paris, si les espèces qui s'y trouvaient n'avaient trahi leur origine loitaine. C'est en grande partie à ce supplément de soins que je dois de pouvoir aujourd'hui ajouter quelques faits nouveaux sur la flore du Maroc. Malgré l'intérêt qu'il peut y avoir à faire connaître la liste des plantes qui, signalées par les différents botanistes, ont été retrouvées récemment par M. Mellerio, en raison de l'étendue trop grande de ce sujet, nous avons restreint notre liste aux plantes non signalées antérieurement ou trouvées dans des stations nouvelles. Nous avons donné en outre les descriptions des espèces et variétés nouvelles ou peu connues que le nouveau mode d'envoi nous a permis d'étudier avec précision.

Liste des plantes intéressantes récoltées récemment dans les environs de Casablanca.

[Sauf une autre indication, il faut entendre les environs immédiats.]

Ranunculus aquatilis L. var. *Godronii* Gren., Roubilla ; var. *Baudotii* Coss. Comp. — *R. rectirostris* Coss., Route de Roubilla.— *Malcolmia littorea* var. *spathulata* G. Cam. Caractérisée par ses feuilles inférieures lancéolées-spatulées, Dunes de Sidi-Abdermen. — *Helianthemum guttatum* var. *macrocephalum* Coss. — *Saponaria Vaccaria* L. Moissons. — *Dianthus gaditanus* Boiss. Rabat. — *Pistorinia intermedia* Boiss. et Rent. var. *flaviflora* et var. *rubella* Trab. et Bat. — *Bupleurum protractum* Link. Moissons. — *Falcaria Rivini* Host. Moissons. — *Sedum cæspitatum* DC. — *Phagnalon rupestre* DC. Rochers à Mazagran. *Senecio pteroneura* Ball. Centaurea *sphærocephala* Desf. β. *Fontanesii* D R. Revue Duchartre, II, p. 429. — *Cerinthe oranensis* Batt. — *Linaria Broussonetii* Chav. ; *L. tripartita* Wild. ; *L. tinginata* Boiss. et Reut. — *Orobanche fœtida* Poiret var. *comosa* Bull. *O. Calendulæ* Pomel, sur le *Cal. marrocana* Ball. ; *O. hyalina* Spr. ; *Ornithogalum umbellatum* L., β *bœticum* Batt. et Trab. ; *Dipcadi serotinum* Medik. ; — Entre Tanger et le Cap Spartel. *Asplenium Hemionitis* L., *A. Adiantum-nigrum* L., *Ophioglossum lusitanicum* L.

Orchidées.— Espèces et variétés nouvelles ou peu connues. *Serapias Cordigera* L. ; *S. pseudo-cordigera* Reich ; *S. Lingua* L. Sidi-Momnine, où il atteint souvent 30 centimètres de hauteur et a ordinairement l'un des bulbes très longuement pédicellé.

Orchis papilionacea var. *major* G. Cam. Tige robuste de 3 à 4 décim. Fleurs très grandes ; labelle de 20 à 25 millim., non compris l'éperon.

O. picta Lois. Abondant à l'Aine Gemha.

O. coriophora var. *major* G. Cam. Tige robuste de 30 à 45 centim. de hauteur. *Fleurs* en épi dense, très nombreuses, mais *petites* ; casque d'un pourpre foncé, muni de nervures d'un vert noirâtre ; labelle court, à lobes très marqués, dépourvu de macules vertes ; éperon conique, gros, plus long que le labelle.

O. acuminata Desf.

Gennaria diphylla Parlat., au milieu des Cistes et des Bruyères entre Tanger et le cap Spartel.

Ophrys tenthredinefera Willd., La Houke.

O. bombiliflora Link., La Honcke et l'aine Massy.

O. Scolapax var. *honckensis* G. Cam. Fleurs de même forme que dans l'*O. Scolapax*, mais plus grande que dans le type. Divisions extérieures du périanthe d'un blanc jaunâtre, munies de nervures vertes. Labelle à lobe médian brunâtre, bordé près de l'appendice d'une zone jaunâtre, muni à sa base d'un écusson rectangulaire à angles arrondis, limité par deux lignes d'un jaune citron ; deux anses symétriques formées par une ligne de même nuance ornent la partie moyenne de ce labelle.

POA DIMORPHANTHA Murbeck. Contributions à la connaissance de la flore du Nord-Ouest de l'Afrique, etc. III et IV, in *Acta Reg. Soc.* Physiogr. Lund., X, Tirage à part, p. 20, fig. 6 dans le texte, pl. XIV, fig. 11. — Plante annuelle. Chaumes dressés, dépourvus de fascicules stériles, de 8 à 20 centim., rarement plus. Gaines inférieures très comprimées, fortement carénées sur le dos, Feuilles entièrement glabres, lisses même sur les bords, les supérieures insensiblement atténuées en pointe ; limbe linéaire plan ou un peu canaliculé ; ligules inférieures arrondies, ligules supérieures oblongues-triangulaires. Panicule oblongue, trois fois plus longue que large, à rameaux lisses, disposés en tous sens et non unilatéralement dressés ou dressés-étalés, mais non étalés entièrement ou réfractés. *Epillets* ovales-oblongs, obtus, *2-3-flores*, plus rarement *1-4-flores*, à fleurs rapprochées et comprimées latéralement ; rachis glabre. Fleurs très dissemblables, les inférieures de 2 à 3 mm. de long, (1 ou 2) hermaphrodites, la ou les supérieures toujours femelles. — Fleurs hermaphrodites : glume inférieure ovale-oblongue, obtusiuscule, ordinairement à 1 nervure ; glume supérieure trinerviée dans sa partie inférieure. *Glumelle inférieure* à dos arrondi, *munie de la base jusqu'au dessus du milieu de sa hauteur de 5 nervures ornées de longs poils soyeux blancs, denses*, membraneuse sur les bords, arrondie au sommet. *Glumelle* supérieure dépassant légèrement la glumelle inférieure *munie aussi de nervures soyeuses blanches.* Dans les deux glumelles, les intervalles des nervures sont d'un brun violacé. Glumellules ovales triangulaires. *Filets staminaux deux fois plus longs que les glumelles*, dressés à l'anthèse et dépassant longuement la fleur terminale. *Anthères 6 à 8 fois plus longues que larges*, atteignant environ 2 mm. de longueur, à loges linéaires, d'un rouge violacé. Caryopse oblong ovoïde, environ 2 fois plus court que la glumelle inférieur, souvent avorté. — Fleur supérieure (rarement les 2 supérieures), souvent avortée, toujours femelle, atteignant au plus 1 à 1 mm. 1/2, obtuse, largement ovoïde après l'anthèse, environ de la longueur de son pédicelle, souvent penchée. Glumelles pourvues de nervures soyeuses blanchâtres, atteignant presque le sommet. Etamines ordinairement avortées. Caryopse largement ovoïde, égalant presque la glumelle inférieure. (A. Pl. XIII).

Espèce voisine du *P. annua* L. et du *P. exilis* (Thommas) Murbeck = *P. annua B. remotiflora* Hack. in Batt. et Trab. [non P. (*Arctophila*) *remotiflora* Ruprecht Fl. samoj. p. 63, an. 1845].

Diffère du *P. annua* par : ses chaumes dressés et non couchés, ascendants, par les feuilles lisses sur les bords ; sa panicule plus allongée, enfin par les filets staminaux dépassant longuement la glumelle inférieure lors de l'anthèse. S'en rapproche par ses anthères linéaires.

Diffère du *P. exilis* par les filets staminaux et les anthères. Dans cette dernière espèce, les filets sont courts et les anthères sont obovales.

Maroc : Bords d'une petite mare près de la route de Casablanca à Mzabe, Leg. Mellerio (18 mars 1897, a été retrouvé en fleurs plus avancées en avril 1900) (A. Pl. XII).

DICTYOCHLOA Gen. nov. — Gen. **Ammochloa**. Sect. DICTYOCHLOA Murbeck. Contributions à la connaissance du nord-ouest de l'Afrique, etc., in *Acta Reg. Soc. Physiogr. Lund.*, T. XI, p. 12. — Gaine de la feuille supérieure hémisphérique munie de nervures réticulées, simulant un involucre autour de l'épi capituliforme, caduque, se séparant du chaume en même temps que l'épi. Epillets 1-3 flores, rarement ayant une 4e feuille rudimentaire.

D. INVOLUCRATA G. Cam., AMMOCHLOA INVOLUCRATA Murbeck. Op. cit., p. 11 ; et fig. 3 dans le texte, pl. XIII, fig. 3-7. — M. le Dr Bonnet qui le premier a reçu cette curieuse Graminée de M. Mellerio ne la considérait pas comme le type de l'*A. subacaulis*, il y voyait soit une variété, soit une monstruosité de cette espècè. Les échantillons nombreux et vivants que nous avons reçus jeunes, ou à l'époque de la maturité nous ont permis de fixer notre opinion, tout en voyant combien était justifiée la réserve de M. Bonnet. M. Murbeck qui a si bien vu combien cette plante est distincte des espèces avec laquelle un examen superficiel peut la faire confondre, a créé, dans le genre *Ammochloa*, la section *Dictyochloa*. Les caractères de cette section nous paraissent tellement importants que nous croyons devoir créer pour elle le genre *Dictyochloa*.

Plante annuelle, chaumes nombreux fasciculés, disposés en touffes arrondies, dépassés par les feuilles, les uns très courts, de 5 à 15 mm de longueur, les autres atteignant jusqu'à 5 centim., tous assez épais, mais *non rigides et non canaliculés*, feuillés jusqu'au sommet. Feuilles à bords et à nervures scabriuscules, glabres cependant, au nombre de 2-5 ; la *supérieure enflée en gaine subhémisphérique*, membraneuse, entourant le capitule d'épillets et lui formant une sorte d'involucre, *munies de nervures anastomosées*, limbe surmontant la gaine involucrale souvent court et plus ou moins canaliculé. Ligule courte, laciniée, décurrente sur les bords de la gaine. Feuilles inférieures planes, molles, de 3 à 8 centim. de longueur ; feuilles supérieures plus courtes, planes ou un peu enroulées, *épi dense*, *ovale-globuleux*, *capituliforme*, de 8 à 10 millim. de longueur, semi caché dans la gaîne involucrale de la feuille supérieure, même après l'anthèse et enfin caduc en même temps que cette gaîne. Epillets 6-12 par épi, 1-3 flores, un peu comprimés latéralement. Glumes presque égales, deux fois plus courtes que les fleurs, ou les égalant presque, obovales-lancéolées dans les épillets extérieurs, linéaires dans ceux de l'intérieur, toutes à côtés inégaux, à carène ailée-membraneuse, à dos presque coriace, mucronulées au sommet, légèrement scabres sur les bords. Rachis très court, glabre. Fleurs linéaires, celles du centre plus courtes que celles de l'extérieur. Glumelle inférieure enveloppant la supérieure, munie de 7-9 nervures n'atteignant pas toutes le sommet, glabre ou dans la fleur supérieure chargée de papilles courtes unicellulaires, membraneuse, transparente sauf sur les nervures, obtuse arrondie ou un peu tronquée au sommet, brièvement bilobée, à lobes érodés au sommet et un peu dépassés par le mucron formé par le prolongement de la nervure médiane. Glumelle supérieure dépassant souvent l'inférieure, membraneuse, transparente, trilobée au sommet, le lobe médian plus étroit, à nervures scabres. Glumellules nulles. Anthères étroitement linéaires, filets très longs. Ovaire glabre ovoïde-oblong ; styles courts soudés à la base en un stylopode aplani membraneux, stigmates très longs, papilleux, émergeant au sommet de la fleur. Caryopse long de 2^{mm} environ, ovoïde, à dos convexe, à face presque plane, environ quatre fois plus long que le stylopode. Macule du hile punctiforme.

Cette espèce se différencie des *Ammochloa involucrata* et *pungens* par l'épi caduc en même temps que la gaîne supérieure, et par la gaîne subhémisphérique réticulée, enfin par les épis pauciflores (1-3) et non (5 à 15 fl.).

Sectionnement du genre ECHIUM (sensu stricto),

par M. A. de Coincy.

Toutes les fois que j'ai voulu classer les espèces du genre *Echium*, j'ai rencontré de grandes difficultés, et je me suis aperçu que les botanistes systématiques plus autorisés que moi éprouvaient le même embarras. Il n'est même pas toujours facile de déterminer les types que les auteurs ont eus en vue en établissant leurs espèces ; les termes qu'ils ont employés sont vagues, les synonymes souvent fautifs ; en outre les échantillons prototypes manquent parfois, ou sont imparfaits. Je me suis donc attaché à étudier à nouveau ce genre difficile, à voir s'il n'y aurait pas moyen d'établir la classification sur des caractères plus constants et surtout plus précis que ceux employés jusqu'alors.

Je vais exposer en quelques mots les principes qui m'ont guidé et les résultats auxquels je suis arrivé. Mais je commencerai par une définition du genre un peu étendue, afin de présenter les différents organes sous le point de vue qui me paraît conduire au but indiqué.

Le genre *Echium* appartient dans la famille des Borraginées à la tribu des Echiées caractérisée par la fleur irrégulière, bilabiée, le style gynobasique, l'ovaire à 4 logettes uniovulées et le fruit formé par 1-4 achaines (*Bail. Hist.* X, 366).

Calice à 5 divisions profondes, plus ou moins inégales, persistantes, quelquefois accrescentes.

Corolle irrégulièrement infundibuliforme, nue à la gorge, 5-lobée ; les deux lobes postérieurs sont plus développés : ils sont dans la préfloraison enveloppés par les deux lobes latéraux qui sont eux-mêmes recouverts par l'antérieur. Le tube de la corolle est parcouru longitudinalement par 10 nervures principales : 5 correspondent aux lobes de la corolle, 5 correspondent aux filets des étamines. De chaque côté des nervures opposées aux divisions de la corolle, part sous un angle en général très obtus une nervure secondaire ; elles se terminent toutes en ramifications très fines dans les parties supérieures de la corolle. Vers la base du tube, on remarque une membrane en forme d'anneau qui peut être soit entière, et alors 5-10 lobée, soit composée de 10 écailles distinctes opposées aux 10 nervures principales (1) ; les écailles opposées aux nervures qui correspondent aux divisions de la corolle sont en général un peu plus développées. Quelquefois les 10 écailles sont si serrées que la membrane paraît continue (2). Au-dessous de l'anneau le tube est souvent hérissé de petites soies d'une structure si élémentaire qu'elles n'ont parfois aucune influence appréciable sur la lumière polarisée. Elles sont très exceptionnellement insérées sur la membrane même de l'anneau ; quelque fois cependant à sa partie inférieure. On trouve parfois, mais rarement, un léger duvet dans l'intérieur du tube de la corolle au-dessus de l'insertion des étamines (*E. pomponium* Bss.).

Etamines alternes avec les divisions de la corolle, à anthères ovales-obtuses, à filets grêles et inégaux, glabres ou poilus, ascendants, insérés à des hauteurs différentes. Lorsque les filets sont courts et les anthères linéaires, les étamines sont stériles, mais les fleurs peuvent être fertiles. L'étamine postérieure, qui est la plus courte, est insérée plus bas et rattachée à la corolle au-dessus de son point d'insertion par une membrane plus développée que celle qui se remarque à la base des autres étamines ; les deux étamines intermédiaires viennent ensuite, et les 2 antérieures sont plus longues et insérées plus haut. Les étamines peuvent être incluses, sub-exsertes ou exsertes suivant qu'elles sont cachées dans le tube, apparentes seulement au-dessus des lobes antérieurs ou dépassant les lobes postérieurs.

Style plus long que les étamines, bifide, poilu plus ou moins dans sa partie indivise ; il est très rarement simplement bilobé.

Stigmates capités, très petits, discolores.

Achaines au nombre de 4 ou moins par avortement, ovales-trigones, à carènes dorsale et ventrale, à insertion triangulaire-plane, plus ou moins rugueux-échinulés, le plus souvent glabres.

Les *Echium*, qui habitent l'Europe, l'Asie occidentale, l'Afrique boréale, les Canaries, quelques-uns à Madère et aux îles du Cap Vert, sont des plantes herbacées ou frutescentes (ces dernières presque toutes des

(1) M. DUTAILLY, qui a bien voulu, à ma demande, faire l'organogénie de l'anneau basilaire des *Echium*, a constaté qu'il débute par des mamelons complètement séparés qui ne se relient entre eux que plus tard par concrescence (dans le cas où la membrane devient continue. Il en conclut que les *Echium* à anneau continu présentent un état évolutif plus avancé et plus compliqué.

(2) Dans le *Compendio della flora italiana* l'anneau est décrit : « *una corona di dieci squamette setoloso-cigliate* », ce qui ne se rapporte qu'à certains cas particuliers et vicie la caractéristique du genre.

îles de l'Atlantique). Elles sont couvertes d'un indument très rude, souvent dimorphe. Les poils les plus raides naissent d'un tubercule composé de petits éléments nacrés.

Les fleurs sont disposées en cymes scorpioides unipares, solitaires ou accouplées deux à deux, formant une inflorescence paniculée ou spiciforme dont l'aspect varie beaucoup avec l'âge de la floraison; dans les cymes solitaires, la fleur du bas est dépourvue de bractée adjacente; dans les cymes accouplées, il y a toujours une fleur située à peu près dans l'angle que forment entre elles les deux cymes.

Arrivons maintenant aux caractères employés pour la détermination des espèces et le sectionnement du genre.

Le port, très soigneusement noté, est très variable, nous l'avons dit. D'une saison à l'autre, d'un terrain à l'autre, d'une année à l'autre, il change au point d'être tout à fait méconnaissable. Les botanistes qui voudront suivre le développement d'une série nombreuse d'*Echium vulgare* s'en rendront compte facilement.

L'indument de la tige et des feuilles a son importance, mais n'est pas suffisant pour établir une classification pratique et rationnelle.

Le style bilobé ou bipartite ne peut guère servir à distinguer sûrement qu'une seule espèce (*E. rubrum* Jacq.).

Les achaines ne varient guère pour la forme ; leur aspect extérieur peut avoir une certaine importance (*E. gaditanum*).

Les étamines incluses ou exsertes, souvent employées, laissent parfois du doute dans l'esprit à cause du vague de cette expression dans la corolle à ouverture oblique des *Echium*. Quelques espèces cependant, comme le *E. sericeum* Wahl, sont remarquables par la très forte saillie des étamines qui dépassent beaucoup la lèvre postérieure (1). L'insertion de l'étamine postérieure et la forme de la membrane qui rattache le filet à la corolle sont quelque-fois à considérer (*E. vulgare* L., *E. polycaulon* Bss.).

La forme de la corolle ne peut pas toujours se définir d'une façon bien nette. La nature de l'indument extérieur, une seule espèce exceptée (*E. plantagineum* L.), est d'une uniformité à peu près complète.

L'anneau basilaire, au contraire, me paraît très propre à fournir des caractères très constants, souvent très nets et très faciles à interpréter.

(1) La présence ou l'absence de poils sur les filets des étamines est souvent un excellent caractère ; mais il faut avoir soin de considérer les corolles un peu avancées ; celles qui se sont détachées naturellement et restent suspendues au style sont pour l'étude les plus favorables.

Il permet de partager le genre *Echium* en deux sections, suivant qu'il est formé de 10 écailles bien séparées, saillantes, ovales, atteignant presque la base du tube dans leur partie inférieure ordinairement rétrécie, ou bien constitué par une membrane continue, insérée au-dessus de la base, accrue par le haut et divisée en 5 ou 10 lobes qui deviennent souvent obsolètes par le progrès de l'âge.

Nous aurons, dans le 1er cas, la section des *Eleutherolepis* et, dans le second, celle des *Gamolepis*.

Le groupe, où la membrane bien que manifestement continue conserve la trace des écailles séparées, formera le passage d'une section à l'autre, mais rentrera par définition dans la deuxième section.

Le seul inconvénient de cette méthode, qui a l'avantage d'être naturelle et de ne pas séparer les espèces voisines, c'est qu'elle nécessite une technique très facile, il est vrai, à pratiquer, mais d'une nature un peu délicate pour les botanistes systématiques.

Voici en quelques mots en quoi elle consiste. On fend la corolle en faisant passer autant que possible le scalpel par la moitié de la lèvre antérieure ; on constate alors avec une forte loupe la présence ou l'absence de soies à la base du tube ; on fait subir à la préparation un léger bouillon au-dessus de la lampe à alcool ; on l'étend ensuite sur une lame de verre dans la glycérine ; on la recouvre d'une lamelle et on l'examine par transparence ; une simple loupe est souvent suffisante ; mais il vaut toujours mieux employer le microscope composé avec un grossissement de 50 à 80 diamètres. Les soies sont souvent difficiles à apercevoir à cause de leur indice de réfraction se rapprochant beaucoup de celui du liquide employé, et de la faible épaisseur de leur paroi ; c'est pour cela qu'il est préférable de les observer d'abord à sec. Mais l'anneau se voit avec une grande netteté.

Je citerai, comme exemple typique d'*Echium* appartenant aux *Eleutherolepis*, l'*E. albicans* Bss. Les écailles de l'anneau y sont d'une grosseur et d'un développement remarquables.

Les *Gamolepis* sont parfaitement caractérisés dans l'*E. angustifolium* Lam.

Les *Echium* suivants sont des *Eleutherolepis* :

E. vulgare L.
E. grandiflorum Desf.
E. australe Lam.
E. plantagineum L.
E. fruticescens.
E. calycinum Viv.

E. rosulatum Lange.
E. elegans Lehm.
E. Rawolfii Del.
E. Davæi Rouy.
E. longifolium Del.
E. Gaditanum Bss.
E. tuberculatum.
E. vulgare var. *pustulatum.*
E. rubrum Jacq.

Parmi les *Gamolepis* glabres, je note :

E. angustifolium Lam.
E. humile Desf.
E. nanum Coss.
E. suffruticosum Barrat.

et parmi les *Gamolepis* à soies basilaires :

E. trygorrhizum Pom.
E. italicum L.
E. pomponium Bss.

Il reste à établir la caractéristique de chaque espèce ; l'étude de l'anneau nous servira encore beaucoup à ce point de vue plus spécial ; mais les autres organes de la corolle seront mis à contribution ainsi que certaines particularités de la plante. Ce sera assez facile pour le plus grand nombre des espèces ; mais pour quelques-unes le travail se complique de l'incertitude irrémédiable qui plane sur les types des auteurs (*E. Creticum* L., *E. tuberculatum* Lk et Hffg). Il ne faut pas hésiter, dans l'intérêt de la science, à supprimer les espèces douteuses ou celles qui sont établies sur de fausses apparences, quel que soit le crédit que le nom de leur auteur leur ait donné (*E. maritimum* Willd.).

L'étude de l'anneau basilaire, sa présence ou son absence plus ou moins réelle, ses variations dans les autres genres de la famille des Borraginées présentent un grand intérêt ; j'ai déjà amassé une certaine somme d'observations. J'en dirai autant du mode d'insertion des nervures secondaires, à la hauteur de l'anneau, qui est presque uniforme dans le genre *Echium*, mais qui acquiert dans certains autres genres une véritable importance. Je me réserve de faire connaître ultérieurement le résultat de mes études à cet égard.

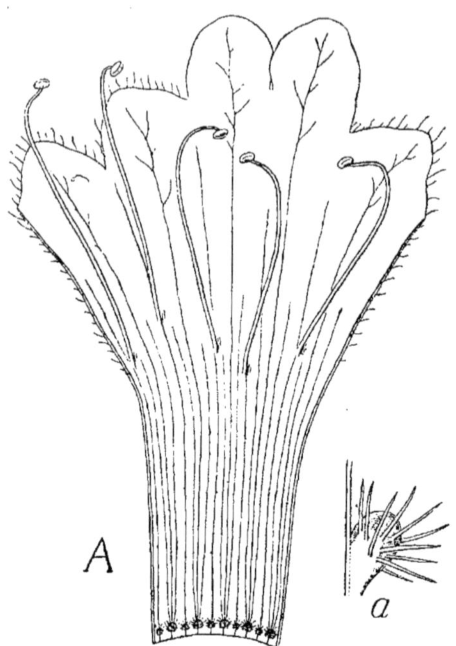

A, Corolle d'*E. albicans* ; *a*, Ecaille vue de profil.

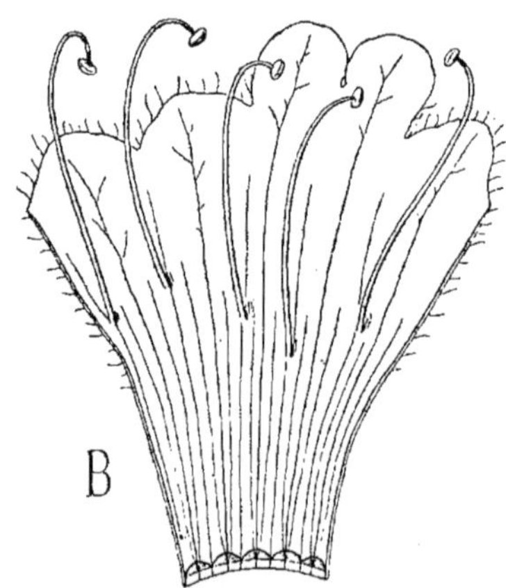

B, Corolle d'*E. angustifolium.*

NOTA. — L'angle que forme chaque nervure secondaire en quittant la nervure principale est trop aigu sur les figures ci-dessus.

Observations sur les SAXIFRAGA PALMATA et NERVOSA Lap.,

Par **M. Hte MARCAILHOU-D'AYMÉRIC,**

Pharmacien de première classe à Ax-les-Thermes (Ariège),
Membre et lauréat de plusieurs Sociétés savantes.

Depuis la publication de la *Monographie des Saxifrages pyrénéennes* par PICOT DE LAPÉROUSE, en 1801, divers floristes et particulièrement DE CANDOLLE, GRENIER et GODRON, ENGLER, TIMBAL-LAGRAVE, etc., ont apporté des modifications du travail au savant botaniste toulousain.

Loin de faire la lumière, ces auteurs ont jeté de la confusion sur certaines espèces affines, en les rangeant dans des groupes différents. Plus récemment, P. BUBANI, dans le 2e volume de son *Flora pyrenæa*, a émis des opinions personnelles sur la légitimité de quelques Saxifrages critiques.

Nous nous occuperons seulement des *Saxifraga palmata* et *nervosa* Lap.

§ 1. — Saxifraga palmata Lap.

S. palmata Lap., *Fl. pyr.* Saxif., (1801) p. 64 *ex descript. non ex icone* et *Hist. abr. Pyr.* (1813), p. 236, (non *S. palmata* Smith, *Fl. brit.*, p. 456).

Après avoir passé sous silence dans la 3e édition de sa *Flore francaise* (1805) le *Saxifraga palmata* Lap., DE CANDOLLE indique cette plante dans son *Supplément* ou tome Ve (1815), no 3581, p. 520, comme variété du *S. geranioidea* L. (1).

GRENIER et GODRON, *Fl.* de *Fr.*, I (1848), p. 644, le réunissent comme synonyme avec le *S. geranioidea* L.

A. ENGLER, dans sa *Monographie der Gattung* Saxifraga (1872), p. 189, l'envisage comme un simple synonyme du *S. geranioidea* L., sans autres détails.

TIMBAL-LAGRAVE, dans son *Excursion scientifique aux sources de la Garonne*, etc., publiée dans le *Bulletin de la Soc. des Sc. phys. et nat. de Toulouse*, volume I, 1re livraison (1872-73), note G, p. 91, le consi-

(1) Dénomination plus correcte, selon nous, que *S. geranioides*, L.

dère « comme une bonne espèce qui vient se placer entre les *S. pentadactyla* et *geranioidea*, à côté du *S. obscura* G. et G. », mais trois ans après, dans la note I de sa 2e *Excursion dans les Corbières orientales*, in *Mém. Acad. Sc. Toulouse*, 7e série, tome VII (1875), p. 469, ce même botaniste phytographe, donne *S. palmata* Lap. (*pro parte*) comme synonyme de son *Saxifraga corbariensis* qui est une toute autre plante, considérée par nous comme la forme des rochers calcaires du *S. geranioidea* L. dans les zones inférieure et subalpine ou bien comme sa race régionale.

Selon nous, le *S. palmata* Lap. est une sous-espèce du *S. geranioidea* L. et ne croît que dans les zones alpine et nivale.

D'après Lapeyrouse, *Fl. pyr.*, Saxifr., p. 64, cette plante est bien caractérisée : « par la petitesse de toutes ses parties ; sa hampe de 5-8 centim.; sa racine ligneuse, forte, profonde et pivotante; ses feuilles petites, planes, épaisses, sans nervures à 5 lobes linéaires, obtus, entiers et couvertes de glandes visqueuses, luisantes, à l'aspect argenté ». La planche 41 de l'ouvrage précité ne correspond pas à cette plante.

Dans son *Histoire abrégée des plantes des Pyrénées*, Lapeyrouse la décrit ainsi : « S. foliis palmatis enerviis glandulosis, villosis ; petiolis basi marginatis ; floribus tubulosis, petalis acutis ; pedunculis unifloris » et après avoir indiqué ses différences avec le *S. geranioidea*, cet auteur l'indique seulement dans la zone alpine : « *Sur les roches escarpées du Canigou et de Cambredazes* (Pyrénées-Orientales) ».

Elle diffère à première vue du *S. geranioidea* L., par l'aspect fortement cendré de ses feuilles et de sa panicule, ainsi que par ses feuilles plus épaisses très ciliées et très glanduleuses, par ses nervures presque imperceptibles à la page inférieure et nulles à la page supérieure.

De nombreux intermédiaires relient ces deux plantes qui ont des stations différentes ; tandis que le *S. geranioidea* L., croît généralement à l'ombre et dans les lieux humides, souvent parmi les touffes de rhododendron ; le *S. palmata* Lap., au contraire, croît dans les lieux secs et ordinairement exposés au soleil.

§ 2. — Saxifraga nervosa Lap.

S. nervosa Lap., *Fl. pyr.*, Saxifr., p. 63, tab. 39 et 41 ; *Hist. abr. Pyr*, p. 235 ; *addit.* p. 638 et *Supplément* p. 56.

De Candolle considère à tort, selon nous, le *S. nervosa* Lap. comme simple variété β du *S. intricata* Lap., dans le tome Ve p. 520, no 3584 de sa *Flore française*. Grenier et Godron de leur côté (*Fl. de Fr.*, I, p. 647) le rapprochent du *S. geranioidea* dont il aurait « les feuilles réduites à l'état de miniature » ; cette plante serait représentée d'après eux par la figure 41 du *S. palmata* de la *Flore des Pyrénées* de Lapeyrouse.

A. Engler, (*Monographie*..... p. 180) le considère comme une variété (*nervosa*) de son type polymorphe *S. exarata* Vill. et lui donne comme synonyme : *S. exarata* Vill. var. *laxa* Koch. *Synop.*, p. 235 (*pro parte*).

Nyman, dans son *Conspectus floræ europææ* (1878), p. 270, regarde le *S. nervosa* Lap. comme une simple sous-espèce ou forme du *S. exarata* Vill.

Tout en reconnaissant la juste observation de Grenier et Godron, en ce qui concerne la figure 41 des Icones de Lapeyrouse, nous ne saurions adopter leur opinion au sujet du *S. nervosa* Lap., car cette plante est pour nous une sous-espèce du *S. pentadactyla* (1) dont elle se rapproche par ses fleurs petites, ses pédicelles grêles, les découpures caractéristiques de ses feuilles fortement nerviées et ordinairement à 5 lobes. Elle s'en distingue par ses lobes moins profonds et plus larges, ses nervures plus prononcées, ses rosettes lâches et surtout par sa souche ordinairement plus allongée.

Nous subdivisions cette sous-espèce en 2 variétés ayant chacune un aspect différent qui paraît subordonné à l'influence de l'altitude :

Var. α, *typica* Marc.-d'Aym. — Les spécimens récoltés par nous le 15 mai 1894, sur les rochers de Barcugnas, au N. de Bagnères-de-Luchon, à 800^{m} d'altitude (localité classique de cette espèce Lapeyrousienne), ont la taille peu élevée (6-12 centim.), les feuilles et les tiges odorantes, visqueuses et assez velues, les digitations peu profondes, les rosettes peu nombreuses. Nous ne la possédons pas dans notre région.

Var. β, *alpina* Marc.-d'Aym. — Celle-ci, assez commune dans la zone alpine du bassin de la haute Ariège, est moins odorante, moins visqueuse et moins velue ; les tiges sont en général plus nombreuses, plus élevées, plus ramifiées ; les feuilles des rosettes sont plus fortement nerviées et enfin la souche émet de nombreux surcules.

Nous avons cru utile d'appeler l'attention de nos collègues auxquels nous soumettons divers spécimens de *S. palmata* et *nervosa*, et des espèces auxquelles on peut les rattacher, après une étude consciencieusement faite dans l'herbier du regretté Timbal-Lagrave au Musée d'histoire naturelle de Toulouse.

Nous serons heureux d'avoir contribué à la connaissance plus exacte de quelques Saxifrages des Pyrénées !

(1) Dénomination plus correcte, selon nous, que *S. pentadactylis*.

Nouvelle classification des Hybrides

Par M. H. LÉVEILLÉ.

Le temps limité dont je dispose et la science de mes honororables auditeurs me dispenseront de leur rappeler quelles sont aujourd'hui les classifications adoptées pour les hybrides et quelles sont les modifications apportées depuis un certain nombre d'années à ces classifications.

A une heure où l'hybridité est plus que jamais (peut-être trop) à l'ordre du jour, on éprouve le besoin d'une classification simple claire et précise des hybrides.

Je proposerai simplement celle que j'ai adoptée pour le genre *Epilobium* et que je suivrai dans la monographie, en préparation, du genre *Onothera.*

Ainsi que je l'ai dit ailleurs (1), je ne me fais guère d'illusion sur les chances d'adoption de ma proposition qui aura contre elle et nombre d'auteurs de dénominations d'hybrides et ceux auxquels ces hybrides ont été dédiés. Néanmoins, en considérant l'avenir, j'espère que sinon cette classification nouvelle, du moins une classification voisine ralliera les suffrages et permettra de connaître, *au seul énoncé du nom,* quel est l'hybride, et de quelles espèces il tire son origine.

Dans mon travail sur *les hybrides en général et les Epilobes hybrides de France*, j'ai distingué quatre sortes de croisements possibles : 1° HYBRIDES, résultant de la *juxtaposition* entre elles ou par deux de leurs races, d'espèces différentes ; 2° MÉTIS, provenant de la *combinaison* entre elles de deux races d'une même espèce ; 3° ISOGÈNES naissant du *mélange* du type avec l'une quelconque de *ses* races produisant ainsi de nombreuses variétés ; *mictogames* ou union d'un métis d'une espèce avec une forme quelconque d'une autre espèce.

A ces trois principales sortes (2) de croisements conviennent des dénominations différentes.

Aux *hybrides*, que nous rattachons à l'espèce-mère comme forme, nous donnons le nom du père en donnant au nom paternel la désinence *oides* et nous proposons pour les plantes dont actuellement la dénomi-

(1) *Les Hybrides en général et les Epilobes hybrides de France,* p. 16.

(2) Il ne sera pas question ici des mictogames rares et encore mal connus.

nation spécifique est terminée en *oides* de la remplacer conformément à l'étymologie par les désinences *oideus*, *oidea*, *oideum*.

Aux *métis*, nous appliquerons la désinence *forme* en ajoutant cette désinence *au fournisseur du pollen.*

Quant aux *isogènes* résultant, ainsi que nous l'avons dit, du mélange du type avec l'une de ses races, nous les distinguons par le préfixe *simili* appliqué à l'échantillon *dont les fleurs rappellent le porte-pollen.*

Prenons un exemple :

Epilobium montanum L.

roseoides (hybride du *montanum roseum*).

Si c'est une race de *montanum* qui a été fécondée par un *roseum*, nous écrirons :

Epilobium montanum L.

s. esp. *collinum* Gmel.

roseoides.

Veut-on avoir les divers croisements constatés jusqu'ici de l'*Epilobium montanum* ? En voici le tableau :

Epilobium montanum L.

Gillotioides, hybride avec *Gilloti*, ancien *obscurum* p. p.
Palustroides, hybride avec *palustre*.
Molloides, hybride avec *molle*.
Roseoides, hybride avec *roseum*.
Trigonoides, hybride avec *trigonum*.

S. Esp. **Duriæi** Gay.

Palustroides, hybride avec *palustre*.
Similimontanum, isogène avec *montanum*.

S. Esp. **lanceolatum** Seb. et Maur.

Gillotioides, hybride avec *Gilloti*.
Palustroides, hybride avec *palustre*.
Molloides, hybride avec *molle*.
Roseoides, hybride avec *roseum*.
Duriæiforme, métis avec *Duriæi*.
Similimontanum, isogène avec *montanum*.

S. Esp. **collinum** Gmel.

Gillotioides, hybride avec *Gilloti*.
Palustroides, hybride avec *palustre*.
Molloides, hybride avec *molle*.
Roseoides, hybride avec *roseum*.
Lanceolatiforme, métis avec *lanceolatum*.

Duriæiforme, métis avec *Duriæi*.

Similimontanum, isogène avec *montanum*.

Si vous me nommez *Epilobium Duriæi palustroides*, de suite je comprends qu'il s'agit de l'hybride du *Duriæi* avec *palustre*. Si vous me parlez de l'*E. udicolum* Haussknecht, je ne sais plus à quel hybride j'ai affaire et, si je ne suis pas un spécialiste en Épilobes, je ne sais même plus si j'ai affaire à un hybride. La classification proposée a donc le mérite de la clarté.

Objections. — La plus sérieuse est celle-ci. Comment voulez-vous, dira-t-on, nommer un hybride *d'après le nom du père et le rattacher à la mère*, puisque souvent on ignore le nom du père et que tout au moins on n'est pas d'accord sur la paternité, d'où il suivra que les uns regarderont, par exemple, l'*Epilobium montanum* comme le père alors que les autres regarderont l'*E. palustre* au contraire comme le père. Vous aurez donc deux dénominations pour l'hybride, les uns l'appelant *E. montanum palustroides*, tandis que les autres l'appelleront *E. palustre montanoides*.

A cela je réponds : le mal ne serait pas très grand, car il est assez peu important de faire la recherche exacte de la paternité. On saura toujours que c'est un *E. montanum* qui s'est hybridé avec un *palustre*.

Et puis veut-on une règle absolue ? Eh bien ! admettons, ce que j'ai reconnu exact dans le genre *Epilobium*, que la fleur chez l'hybride rappelle par ses dimensions et surtout par sa coloration la plante-père qui a donné le pollen tandis que par son port, son aspect général, elle rappelle plutôt la mère. Nous aurons ainsi une règle assez précise dans l'immense majorité des cas.

On me permettra de répondre ici à une autre objection faite par un de nos sympathiques collègues, M. Gagnepain, à notre conception de l'hybride dans son travail *sur un nouvel hybride artificiel Onothera suaveolens* × *biennis* (1).

Après divers rapprochements entre le produit artificiel et ses parents, M. Gagnepain écrit ceci : « Mais il est un point sur lequel il est bon d'insister, c'est que, dans *O. suaveolens* × *biennis*, il n'y a aucune juxtaposition de caractères en ce sens qu'une partie bien tranchée du produit n'appartient point à la mère, l'autre présentant uniquement les caractères du père, comme s'il y avait greffe de l'un sur l'autre. Au contraire les caractères sont fusionnés, mélangés, combinés à quelque degré dans chaque organe et ce n'est pas seulement dans l'ensemble

(1) In Bull. de l'*Association franç. de Botanique*, n° 32-33, août-sept. 1900.

que la plante est intermédiaire, mais aussi dans les détails morphologiques de son organisation (1). Nous sommes donc bien loin de l'opinion de M. Léveillé....... ».

Notre sympathique et distingué Confrère ne peut au contraire être plus près de mon opinion puisqu'il reconnaît lui-même plus loin que son prétendu hybride n'en est pas un, mais bien un *isogène*. Nous sommes donc complètement et parfaitement d'accord puisque nous avons défini l'*isogène* : le mélange d'un type avec l'une quelconque de ses races. Qui dit mélange dit nécessairement « caractères fusionnés, mélangés, combinés à quelque degré dans chaque organe ». C'est dans l'hybride et dans l'hybride seul que se remarque la juxtaposition des caractères.

Le produit obtenu artificiellement par M. Gagnepain est donc bien un isogène tout à fait conforme à notre définition et en rendant hommage au consciencieux travail de notre collègue nous ne faisons que rectifier une de ses conclusions qui, loin de nous condamner, est au contraire la plus éclatante confirmation de notre travail et de notre conception des formes hybrides.

(1) La seule conclusion que l'on puisse tirer de l'observation et de l'expérience de M. Gagnepain, c'est qu'il est difficile de définir le rôle des procréateurs d'un isogène.

A propos d'Hybrides,

Par M. GAGNEPAIN.

Permettez-moi, Messieurs, de faire une courte réponse à M. Léveillé et en même temps de rectifier une inexactitude.

Notre confrère du Mans vient de faire allusion à une opinion exprimée dans le *Bulletin de l'Association française* à propos de ma note : « Un nouvel hybride artificiel : *Onothera suaveolens* × *biennis*. » Dans cet article, j'ai reconnu l'autorité de M. Léveillé en matières d'*Onothéracées* et nous demeurons d'accord que le nouvel hybride artificiel est un isogène, que les caractères des parents sont fusionnés, mélangés à divers degrés, au moins morphologiquement dans l'organisation du végétal. Mais j'ai cru devoir signaler, en passant, une opinion de M. Léveillé que je ne puis aucunement partager. Si j'ai peu expliqué, peu précisé alors ce qui nous sépare, on me pardonnera, j'espère aujourd'hui d'être plus complet. Aussi bien j'estime que l'on peut, suivant son tempérament, entrer ou non dans une discussion toute personnelle, mais que le devoir des botanistes est de faire éclater la vérité scientifique en toute circonstance, et je sais que M. Léveillé aime trop la lumière et la vérité pour s'offenser de mon intervention toute platonique. Puis la question d'hybridité, jadis méconnue, rencontre aujourd'hui même des sceptiques. Il importe donc qu'aucune erreur importante ne s'y glisse pour lui éviter un certain discrédit, lui faire perdre pour un temps l'importance qu'elle a en systématique et en biologie.

Dans la définition de l'hybride proposée par M. Léveillé, il y a ce que j'appelle une observation incomplète et une généralisation prématurée. Voici les termes incriminés :

« Hybrides résultant de la juxtaposition entre elles ou par deux de leurs races, d'espèces différentes... C'est dans l'hybride et dans l'hybride seul que se remarque la juxtaposition des caractères ». Si j'ai bien compris, un hybride (bispécifique) se distinguerait à première vue d'un isogène ou d'un métis par la juxtaposition des caractères des parents et ce serait en quelque sorte une greffe de l'un sur l'autre, l'inflorescence pure de l'un sur le système végétatif sans mélange de l'autre. On ne peut reconnaître d'autre sens au terme employé et comme le mot juxtaposition constitue le fond de la définition, il s'agit de reconnaître si les faits s'accordent avec les dire, si tout hybride (car M. Léveillé ne parle pas d'exception), si tout hybride présente bien tranchée cette greffe des caractères des parents.

En matières d'hybrides aux caractères presque indicibles, il vaut mieux avoir vu qu'avoir lu et la plante, vivante de préférence, vaut dix fois la description la plus complète. Je préfèrerai donc m'appuyer sur quelques hybrides (bispécifiques) étudiés sur le vif, que sur les multiples diagnoses des auteurs. Certes mon expérience, en cette matière, ne peut être aussi complète, aussi mûre que celle de personnes ici présentes ; cependant, dans ma jeune carrière d'herborisant, j'ai étudié un assez grand nombre d'hybrides sur lesquels j'ai publié ou des diagnoses ou des observations. Les genres *Nasturtium*, *Roripa*, *Viola*, *Potentilla*, *Medicago*, *Galeopsis*, *Linaria*, *Verbascum*, *Salix*, etc... ont été mis à contribution pour établir une opinion que j'exprime ainsi. Dans plus de trente hybrides, et je ne parle pas ici des isogènes obtenus artificiellement, je n'ai jamais vu la moindre juxtaposition, au contraire, il y a toujours eu un mélange intime des caractères essentiels des parents : tiges, feuilles, fleurs rappelaient à quelque degré les deux procréateurs. Et ceci est encore vrai pour un hybride bigénérique *Cratægus oxyacantha*, *Mespilus germanica* que plusieurs d'entre vous, Messieurs, ont pu observer dans les pépinières du Muséum que nous avons visitées sous la direction de M. le Professeur Cornu. On n'a pas vu croître des Nèfles sur une Aubépine, ni des Cenelles sur un Néflier. Les feuilles rappelaient à la fois et *Cratægus* et *Mespilus* avec un balancement variable vers l'un ou l'autre genre. Ainsi, dans un hybride bigénérique, il y a encore mélange et non juxtaposition et, si j'ai bien compris comme M. Léveillé le sens des mots en litige, voici déjà plus de trente exceptions à une règle qui paraît, dans son esprit, n'en souffrir aucune.

Ceci, Messieurs, n'est point la condamnation de la nomenclature proposée par M. Léveillé, puisque moi-même j'en ai adopté certains termes à l'occasion. J'ai tenu à m'expliquer et à faire une rectification utile : ce n'est peut-être qu'une rature un peu désagréable parmi une belle page d'une main habile *aidée de la bonne volonté la plus louable.*

Réponse à l'observation de M. GAGNEPAIN « *A propos d'Hybrides* »,

Par M. LÉVEILLÉ.

Deux mots seulement au sujet de la réponse de M. Gagnepain, réponse qu'il a bien voulu me communiquer.

Notons tout d'abord, *et c'est là le point important*, que la définition de l'hybride est absolument en dehors du projet de nomenclature et n'enlève rien à la valeur et à l'utilité de celle-ci.

Quant à la définition de l'hybride, je l'ai basée sur ce que j'ai vu sur le vif dans le genre *Epilobium* et dans certains hybrides, par exemple, l'*Erica Watsoni*.

Il est possible que la juxtaposition soit contestable dans la généralité des cas et je suis heureux de cette discussion qui attire l'attention des botanistes sur ce point.

D'ailleurs, il ne faut pas prendre le mot juxtaposition dans son sens strict et étymologique. En sciences naturelles, il n'y a rien de fixe ni de mathématique. Aussi suis-je d'accord avec M. Gagnepain, quand il déclare qu'on ne doit pas faire entrer les êtres dans des moules fermés et restreints.

Sous ces réserves, je crois avoir donné satisfaction à mon honorable contradicteur.

ORCHIS PSEUDO-MILITARIS Hybrid. nov.

par **M. l'Abbé HY.**

On sait que certains hybrides possèdent un mimétisme curieux qui pourrait les faire confondre aisément avec d'autres plantes dont l'autonomie n'est pas douteuse. Tel est celui que je viens vous soumettre et qui, certainement issu du croisement des *Orchis purpurea* Hudson et *Simia* Lamark, n'en présente pas moins dans tous ses organes soit végétatifs soit reproducteurs une analogie remarquable avec le véritable *Orchis militaris* Jacquin.

L'*O. militaris* du *Species plantarum* avait une compréhension très étendue et qui n'est plus admise depuis longtemps. Il embrassait, outre les trois espèces désignées plus haut, un nombre considérable d'hybrides établissant entre elles des séries entrecroisées. C'est même l'existence de ce réseau inextricable pour lui qui avait porté Linné à réunir tout l'ensemble dans un même type spécifique.

En fait, le problème posé par l'*Orchis militaris* L. loin d'être un cas isolé, se retrouve à l'occasion de la plupart des anciennes espèces aujourd'hui morcelées. La solution seulement ne saurait être uniforme pour tous ces cas douteux, puisqu'elle dépend des relations naturelles, essentiellement variables, qui existent entre les divers anneaux d'une chaîne en apparence ininterrompue. La difficulté consiste toujours à savoir où l'on doit « couper le ruban » comme disait Thuret.

Dans le groupe qui nous occupe, l'*Orchis militaris*, entendu au sens restreint précisé par Jacquin, décrit encore par Lamark et Poiret sous le nom d'*O. galeata*, et adopté par tous les botanistes récents, se présente bien comme le terme moyen de toute une série continue dont les extrêmes sont *O. Simia purpurea*. C'était ainsi que logiquement Linné pouvait y voir le type de son espèce unique. Mais plusieurs autres hypothèses peuvent être opposées à cette première manière de voir. A priori il s'en présente une à la pensée qui pourrait tout expliquer. Ce même *O. militaris (sensu stricto)* ne serait-il pas tout simplement l'hybride des deux autres? A vrai dire, cette opinion n'a jamais été soutenue, je crois, et elle serait même difficile à justifier, étant reconnue d'une part la parfaite conformation du pollen et des graines de la plante, et d'autre part son abondante dispersion sur une aire géographique étendue : car tel n'est pas le cas ordinaire des hybrides disséminés en petit nombre parmi les espèces normales et d'une fertilité constamment amoindrie sinon complètement éteinte.

Si l'*Orchis militaris* Jacquin (*O. galeata* Lamark) est une bonne espèce, au même titre que les *purpurea* et *Simia*, et si, par ailleurs, l'hybridité s'introduit entre ces trois types, on conçoit la confusion qui doit inévitablement en résulter, et la difficulté d'arriver à une analyse rigoureuse des formes intermédiaires. Surtout si l'on songe qu'ici l'observation pure des faits est l'unique ressource des naturalistes, impuissants jusqu'à cette heure à appliquer aux Orchidées la méthode expérimentale des semis.

Heureusement que des circonstances particulièrement favorables peuvent simplifier les recherches, par exemple dans les régions où les espèces démembrées de l'ancien *Orchis militaris*, au lieu de se montrer réunies toutes les trois, se trouvent seulement deux par deux en présence. Ainsi, en Anjou, les *Orchis purpurea* et *Simia* ne sont pas rares dans les bois calcaires, où ils s'hybrident entre eux, sans mélange par ailleurs avec le vrai *militaris* Jacquin.

L'absence totale de cette dernière espèce dans la contrée dont je parle étant une condition indispensable pour la valeur des arguments que je vais essayer de produire, il s'agit d'abord de l'établir solidement. Mes observations personnelles depuis plus de trente ans, celles des botanistes avec qui je suis en relation, la consultation de nombreux herbiers locaux, le témoignage enfin de Boreau résumant dans ses plus récents ouvrages toute la tradition du passé s'accordent à reconnaître qu'il n'existe pas d'*Orchis militaris* dans nos environs. Ce que les anciens floristes angevins avaient pris pour tel n'était que l'hybride *O. Simia*×*purpurea*, successivement désigné sous le nom erroné d'*O. cercopitheca*, ou trop vague d'*O. hybrida*, et devenu enfin l'*O. angusticruris* de Franchet.

Cependant Guépin, dans la dernière édition de sa *Flore de Maine-et-Loire*, décrivait outre l'hybride mentionné comme *O. militaris*, un autre rapporté à l'*O. galeata* Lamark. De son côté, H. de la Perraudière avait récolté à Lué un pied que j'ai vu étiqueté de sa main « vrai *militaris* ! » Or, la remarque de cet observateur éminent, à une époque où la lumière était déjà faite sur les types confondus jadis par Linné, mérite une extrême attention. Enfin j'ai moi-même recueilli trois fois, et toujours dans des localités où ses congénères étaient associées, une plante répondant au signalement donné par GUÉPIN, et tout-à-fait conforme au spécimen d'herbier DE LA PERRAUDIÈRE. Tout spécialiste non prévenu y aurait vu sans hésiter l'*Orchis militaris* de JACQUIN pour le caractère essentiel tiré du labelle, tel qu'il est décrit notamment dans les récents travaux de M. G. CAMUS sur les Orchidées de France.

Mais les conditions dans lesquelles croît cette plante rarissime ne permettent pas de la rapporter à une espèce autonome. Tout par ailleurs dénote en elle sa nature hybride : l'atrophie de ses masses polliniques, de ses ovaires, et jusqu'au mode de floraison de sa grappe qui se prolonge beaucoup plus que dans les races fertiles.

Quant à ses affinités, elles ressortent assez clairement de la place même occupée par la plante dans la série des hybrides *Orchis purpurea* × *Simia* ; elle vient s'intercaler en effet entre l'hybride de premier degré, bien connu et pas très rare, qui est l'*O. angusticruris*, et l'*O. purpurea*, marquant ainsi un retour vers ce premier parent. C'est donc une production quarteronne, ne possédant, on peut dire, qu'un quart de sang de l'*O. Simia*, et se nuançant même par degrés avec d'autres formes intermédiaires qui ne peuvent être détachées du type si polymorphe de l'*O. purpurea*.

Il ne sera pas inutile de résumer ici, dans un tableau d'ensemble, les caractères comparatifs des deux espèces précédentes, avec toute la série des hybrides observés entre elles. Cette lignée, nettement dégagée de la descendance du véritable *Orchis militaris*, aidera à débrouiller les cas plus compliqués qui s'observent en Normandie, par exemple, ou dans les environs de Paris, comme conséquence de l'intervention de l'espèce mitoyenne.

Dans ces phrases descriptives, j'applique aux parties du labelle des noms tirés de sa comparaison classique avec le corps humain : les divisions primaires seront les bras, celles du second ordre, les jambes, et l'intervalle qui sépare leur insertion, le buste, terme préférable, peut-être, à celui de médiastin, dont l'usage a soulevé quelques objections et qui n'est pas plus clair.

Orchis purpurea × Simia.

I. — Casque brun ou rouge-brun comme teinte générale au commencement de l'anthèse et dans les fleurs du sommet de la grappe épanouie. Labelle blanc ou lavé de rose et couvert de mouchetures plus foncées purpurines (Ces dernières manquent rarement). Divisions inférieures du labelle (jambes) presque contiguës aux divisions supérieures (bras), non séparées par un intervalle distinct (pas de buste). Jambes très larges et progressivement dilatées jusqu'aux extrémités. Grappe fournie et nettement centripète. (*O. fusca* Jacquin) O. purpurea Hudson.

II. — Casque variant de couleur, du rouge sombre au rose clair. Buste distinct, variant en largeur de 3 à 5 mm. Bras toujours plus étroits que les jambes ; celles-ci peu ou pas dilatées aux extrémités ; les uns et les autres franchement aplanis, non cylindracés et peu ou pas flexueux. (On y remarque seulement parfois une légère courbure, tantôt en dehors, tantôt en dedans.)

A. Jambes courtes, convergentes ; buste large de 3 à 4 mm

a. Jambes pourvues de mouchetures purpurines et larges au moins de 3 mm. × *O. pseudomilitaris*.

b. Jambes roses, sans mouchetures, larges de 2 mm. au plus. × *O. Weddelli* Camus.

B. Jambes divergentes et assez longues ; buste large de 2 à 3 mm.

a. Grappe accrescente et fournie ; membres roses seulement vers les extrémités, et un peu mouchetés à la base. × *O. angusticruris* Franchet.

b. Grappe médiocre ; membres entièrement roses et sans mouchetures. × *O. Francheti* Camus.

III. — Casque rose cendré au commencement de l'anthèse, pâlissant ensuite. Buste long et mince (environ 2 mm.) : membres à peu près également étroits (1 mm.), linéaires, cylindracés et flexueux, ordinairement roses, plus rarement pâles, et toujours sans taches purpurines. Grappe courte et à floraison presque simultanée. O. Simia Lamark.

On remarquera la place assignée ici aux *Orchis Weddelli* et *Francheti* que M. G. Camus a démembrés de l'*O. angusticruris*. En réalité, ce dernier hybride collectif décrit par Franchet comprend au moins trois formes distinctes, dont la principale et moyenne mérite d'être conservée avec le nom que lui avait imposé son auteur. C'est de beaucoup la plus répandue dans la région de l'Ouest de la France, et celle qui représente l'hybride de premier degré. Les deux variations plus rares, distinguées par M. Camus, marquent un certain retour, si faible soit-il, vers les deux parents.

La diagnose attribuée ici à l'*O. angusticruris* concorde bien avec celle que Boreau donne de l'hybride nommé par lui *cercopitheca* et *hybrida* dans les dernières éditions de la *Flore du Centre* : ainsi défini, on voit qu'il s'éloigne à la fois de l'*O. Weddelli* par ses jambes divergentes et non moins de l'*O. Francheti* par ses grappes multiflores atteignant à la fin une longueur de 20 centimètres.

Variété, Race, Modification,

par M. F. KRASAN, de Graz.

Il est toujours délicat de disserter ou d'écrire sur des sujets tels que les espèces ou les non-espèces, surtout à une époque où les uns n'accordent à ces sortes de questions aucun intérêt d'actualité, parce qu'elles sont purement théoriques, tandis que d'autres, au contraire, les considèrent comme impossible à discuter, parce qu'elles sont en rapport direct avec le problème non encore élucidé de la formation des espèces. De plus, il est indéniable que la question n'est pas seulement purement théorique, mais qu'elle a aussi un côté conventionnel ; un accord général est, par cela même, des plus difficiles à atteindre, car il existe une latitude presque illimitée à l'appréciation subjective de chacun. Parmi les nombreuses questions et les importants problèmes relatifs aux espèces, nous ne retiendrons ici que ce qui concerne les races et les variétés parce que ces notions se rattachent à la nomenclature, et qu'elles sont étroitement liées avec la méthode empirique des essais de culture réciproque. Depuis longtemps déjà, il existe chez les Botanistes et les Zoologistes des opinions tout à fait divergentes sur la manière de comprendre les races et les variétés. Tandis que les uns donnent le nom de races à certains produits de culture très connus et de natures diverses, tels que les animaux domestiques par exemple, d'autres sont tentés de considérer la race comme une sorte de sous-espèce parce qu'ils admettent d'abord que certaines formes, séparées de leur aire géographique, sont arrivées à un développement très particulier et ont acquis un très haut degré d'indépendance. C'est à celles-ci, d'après eux, qu'il faudrait réserver le nom de races.

Les formes de la première et de la deuxième catégories sont, dans certaines de leurs propriétés, foncièrement différentes. Il est peu probable que les nombreuses formes de culture (la vigne, le chou, la courge, le blé, les fruits, les animaux domestiques) dussent jamais devenir de véritables espèces.

Nous voyons, au contraire, partout que ces produits de transformation qui ont pris naissance sous l'influence de l'homme n'ont aucune tendance à redevenir sauvages ; ils restent ce qu'ils sont, c'est-à-dire en quelque sorte des résultantes de la culture de jardin et de la domestication. Si on réussit, par hasard, à faire croître une forme de culture d'une façon analogue à l'espèce sauvage la plus rapprochée, elle dégénère, et même si cette dégénérescence ne ramène pas le produit de culture à sa forme originelle, elle permet cependant de constater que la nature ne fait pas toujours traverser à ses espèces les mêmes points de passage. Ce qui dans la nature doit devenir une espèce le devient d'une toute autre façon. Un grand nombre de savants ont, depuis longtemps, admis cette manière de voir, mais on ne possède pas de preuves à l'abri de toute réfutation, car les recherches ont toujours eu lieu sur un terrain absolument théorique.

Nægeli est l'un des premiers qui aient reconnu exactement les conditions dans lesquelles on peut aborder avec succès la question des espèces ou non-espèces, en s'appuyant sur un grand nombre de faits résultant d'observations prolongées pendant de longues années dans la nature libre et dans les cultures (surtout sur les *Hieracium*). Il était plus qualifié qu'aucun autre pour indiquer la voie à suivre dans l'étude de ces questions d'espèces, de non-espèces, de variétés, de races, etc. On peut penser ce qu'on voudra de son idioplasma qui forme la base de sa très célèbre théorie mécanique et physiologique de la descendance (1884) ; les résultats qu'il a obtenus d'une façon empirique dans ses recherches n'en ont pas moins une valeur durable. On lit à la page 541 de l'ouvrage que nous venons de mentionner : « L'espèce ne dérive ni de la modification de nourriture, ni de la race ; elle est toujours une variété plus perfectionnée et la formation d'espèces est, par conséquent, identique avec la formation des variétés. »

Plus loin, page 545, on lit : « De même que des variétés différentes peuvent provenir dans un même endroit d'une unique origine, de même il est possible que des variétés puissent se former dans des localités très éloignées, lorsque les influences extérieures occasionnent dans l'idioplasma des transformations identiques. Nous trouvons la confirmation de cette assertion dans le fait que les mêmes commencements de variétés se reproduisent dans des localités très éloignées les unes des autres. »

Page 298 : « Il existe une opposition très nette dans les propriétés des races et des espèces en ce sens que les premières sont excessivement variables dans des limites très étendues, tandis que les secondes au contraire sont toujours constantes dans un rayon très restreint. »

Enfin, page 544 : « Les variétés prennent naissance par les transformations lentes du développement et de l'adaptation de l'idioplasma qui, occasionnées par des causes identiques, se produisent de la même façon dans tous les individus de la même variété. Les variétés sont uniformes et absolument constantes malgré les conditions extérieures les plus différentes ; elles se croisent en général difficilement avec des variétés proches parentes, elles ne sont pas absolument modifiées lorsque par extraordinaire il se produit un semblable croisement, et elles ont la durée d'une période terrestre. »

D'après Nægeli, les *races prennent naissance par les transformations de l'idioplasma occasionnées par croisement ou par maladie*, leur formation commence chez les individus isolés et dans des directions différentes parce que les causes sont différentes ; elles peuvent par conséquent présenter une très grande variété de formes. Les races se distinguent par des caractères plus ou moins *anormaux* : certaines d'entre elles sont positivement des monstres. Elles naissent très vite, souvent dans la durée d'une génération et possèdent une constance très variable.

Aussi appartiennent-elles exclusivement à l'état de culture. Par contre, les *modifications* sont obtenues par des influences de nutrition et de climat qui n'agissent que sur le plasma de nutrition et sur la substance non plasmatique, et qui, par conséquent, ne produisent pas de propriétés héréditaires chez les organismes. Elles ne durent qu'autant que durent les causes qui les ont produites et lorsque les conditions changent, d'autres modifications se produisent. Chez les plantes plus élevées, le passage s'accomplit sur le même pied pendant la formation de la poussée annuelle (page 544).

Ces citations suffisent pour caractériser l'opinion émise par Nægeli il y a 20 ans.

Il est évident que dans l'avenir on appellera encore espèces des formes nettement tranchées au point de vue diagnostique et qui restent constantes dans les conditions les plus variables.

Parmi les naturalistes français qui se sont sensiblement rapprochés de cette opinion sur les races et les variétés, nous citerons d'abord M. de Saporta qui, à la page 87 de son ouvrage, nous dit : « La race domestique est une espèce créée en vue de l'homme plus rapidement que l'espèce sauvage et, par cela même, établie sur des bases moins fixes. L'espèce spontanée a dû se faire lentement, sous l'empire de nécessités permanentes, au moyen de la même force inhérente à l'organisme, mais agissant plus sûrement que lorsque l'homme s'en empare pour en profiter ». Ici par conséquent on oppose à la race l'espèce sauvage ou spontanée, tandis que, dans un paragraphe ultérieur, page 106, il n'est question que de la différence entre les espèces qui doivent leur existence à l'homme et celles qui se sont formées spontanément. « Les espèces créées par l'homme ou races ne sont pas semblables à celles que la nature a formées ».

Il est regrettable que l'on ne se soit pas entendu, dans les langues française, allemande, etc., pour donner une seule et même dénomination, un seul et même sens aux mots tels que races, espèces, qu'on emploie dans ces différentes langues avec des significations différentes. Le mot « variété » ne devrait jamais être employé pour les produits de culture, ni le mot race pour les produits sauvages : ces derniers, quand ils possèdent un certain degré de stabilité, devraient être désignés sous le nom de sous-espèces, ou bien de variété, ou encore d'espèces en formation.

Certains savants sont d'avis que, pour une transformation occasionnée nettement par des conditions climatériques, on devrait employer la dénomination de variété ; d'après Nægeli, ce serait une *modification*. En tout cas, il nous semble qu'une nomenclature « conséquente » même prise dans un autre sens serait infiniment préférable à l'arbitraire existant actuellement.

Etude des flores adventices. Adventicité et naturalisation,

Par le Dr X. GILLOT.

La végétation d'une région déterminée peut se modifier soit par des changements dans la répartition proportionnelle des espèces, changements dus à des causes diverses, perturbations climatériques, géologiques, déboisements, défrichements, etc. ; soit par la disparition de certaines espèces, soit par l'introduction d'espèces nouvelles. Cette dernière cause est de beaucoup la plus fréquente, et nous nous en occuperons spécialement en traitant des flores adventices.

Et tout d'abord, il nous paraît opportun de trancher une question de grammaire et de signification. Le mot *adventice*, du latin *adventitius*, d'*advena*, étranger, est, en réalité, le seul correct. Le terme *adventif, ive,* d'une étymologie fautive, et attribué, au XVIIIe siècle, à la langue juridique, est habituellement employé comme synonyme et se trouve dans tous les dictionnaires ; il est même le seul admis dans des ouvrages classiques, tels que les *Dictionnaires de botanique* de Germain de Saint-Pierre et d'H. Baillon. Nous estimons donc qu'on peut employer indifféremment les termes de flores ou plantes *adventices* ou *adventives*. Quant à leur signification, ils ne désignent pas seulement les plantes *qui croissent sans avoir été semées*, comme le répètent à l'envi tous les Dictionnaires les plus autorisés (N. Landais, Bescherelle, Littré, Hatzfeld, Darmstetter et Thomas, etc.), mais toutes les plantes primitivement étrangères à une flore (1) et introduites, le plus souvent d'une façon fortuite ou accidentelle, parfois, au contraire, intentionnellement ou à la suite de semis antérieurs. Elles comprennent donc tout aussi bien les espèces à durée éphémère, appelées à disparaître rapidement dès que cessent les conditions spécialement favorables à leur développement, *plantes adventices passagères*, que celles qui se propagent dans leur patrie d'adoption, et y prennent les allures des espèces spontanées aborigènes, *plantes adventices naturalisées*. A. De Candolle

(1) *Adventitius*, advena, qui aliundè venit. — *Adventitiæ species*, quæ ex aliis provinciis importantur (Du Cange, *Glossarium*).

nous parait donc avoir beaucoup trop restreint le sens étymologique et grammatical du mot *adventives* , en l'appliquant seulement aux plantes de la première catégorie (A. De Candolle. *Géographie botanique* [1855], II, p. 609, 643).

Depuis longtemps déjà, l'attention a été attirée, en France, sur les florules adventices dont les plus remarquables ont été l'objet de publications spéciales (1). Bon nombre d'espèce adventices sont admises dans les ouvrages de botanique systématique, les unes par suite de leur complète naturalisation, les autres à cause de leurs apparitions intermittentes et répétées, d'autres encore à titre de curiosité. Mais la lecture des flores régionales ou des florules locales révèle de grandes divergences d'appréciation au sujet de certaines espèces, d'origine évidemment adventice, et il nous paraît utile d'établir une classification' plus en rapport avec la précision scientifique actuelle.

Il n'est pas nécessaire, en effet, pour qu'une plante soit considérée comme adventice, qu'elle ait une origine très éloignée. Cette conception, seule admissible, quand on considère la flore générale d'un pays, se restreint singulièrement quand on descend dans les détails d'une flore régionale ou locale : et c'est grâce à la connaissance minutieuse de ces florules partielles qu'on arrivera à se rendre mieux compte de la biologie végétale et à résoudre d'intéressantes questions de géographie botanique. Les observations que nous avons commencées depuis longtemps déjà dans la région Autunoise et dans ses environs (2) nous serviront particulièrement d'exemples au cours de ce travail..

(1) Dr A. Godron. Flora juvenalis ou énumération des plantes étrangères qui croissent naturellement au Port-Juvénal, près de Montpellier, précédé de considérations sur les migrations des végétaux. 2e édition, 1854. — A. Déséglise. Florula genevensis advena in *Bull. soc. royale de bot. dé Belgique*, XVI (1878), p. 235 et extrait 10 p. ; — et Supplément à la florule exotique de Genève, in *Bull. soc. des études scientif. de Paris*, IV (1881) extr. 12 p. — Ch. Quincy. Les plantes adventices du Creusot, in *Bull. soc. des sc. nat. de Saône-et-Loire*, III (1882), p. 113, et IV (1885), p. 32 ; *Mémoires soc. des sc. nat. de S.-et-L.*, III (1880), p. 81 ; *Revue de botanique*, III (1884-1885), p. 294. — Fr. Hériraud-Joseph. Plantes adventives de la flore d'Auvergne, in *Bull. soc. bot. de France*, XXXIX (1892), p. 45. — Abbé H. Coste et Fr. Senen. Plantes adventices observées dans la vallée de l'Orb, in *Bull. soc. bot. de France*, XLI (1894), p. 98. — René Maire. Florule adventive de Gray, in *Feuille des jeunes natur.*, 25e année (1895), no 298, p. 155 ; et Plantes adventices : observations faites dans l'Est en 1895, ibid. 26e année, nos 304, 305, p. 79-95. — L. Géneau de Lamarlière. Flore adventice du département de la Marne in *F. des j. natur.*, 29e année (1899), nos 340, 341, p. 59 et 79. — Maurice Langeron. Essai sur les plantes nouvelles rares ou adventices de la Côte-d'Or, in *Bull. soc. d'horticult. et de viticult. de la Côte-d'Or*, 3e série, XX (1895), p. 153, etc., etc.

(2) Dr X. Gillot. Notice sur les modifications de la flore phanérogamique d'Autun et de ses environs, in *Congrès scientifique de France*, 42e session tenue à Autun en 1876, I, p. 343-396.

I.

Les plantes *adventices* doivent être divisées au point de vue de leur origine géographique, en trois groupes : *adventices indigènes*, *étrangères* et *exotiques*.

A. *PLANTES ADVENTICES INDIGÈNES.* — Appartenant bien en propre à la flore d'un pays ou d'une province considérée dans son ensemble, mais d'apport accidentel dans un district ou une localité déterminée. Le plus souvent, la cause en est dans une modification passagère ou permanente de la constitution chimique du sol, comme l'apparition de certaines espèces, *calcicoles* préférentes, dans les montagnes granitiques siliceuses du Morvan, grâce au procédé agricole du chaulage des terres (1) : *Ranunculus arvensis*, *Papaver dubium*, *Sinapis arvensis*, *Lathyrus Aphaca* et *hirsutus*, *Caucalis daucoidea*, *Torilis helvetica*, *Valerianella Auricula*, *Knautia arvensis*, *Filago arvensis*, *Picris hieracioidea*, *Crepis fœtida*, *Sonchus arvensis*, *Prismatocarpus Speculum*, *Melampyrum arvense*, *Euphorbia exigua*, *Alopecurus agrestis*, *Bromus arvensis*, etc., etc. — ou la persistance de toute une colonie d'espèces également calcicoles sur l'emplacement d'anciennes constructions ou de ruines disparues, et dont elles sont parfois le dernier vestige : *Clematis Vitalba*, *Genista sagittalis*, *Astragalus glycyphyllos*, *Medicago minima*, *Erigeron acer*, *Cynoglossum officinale*, *Origanum vulgare*, *Teucrium Chamædrys*, *Euphorbia verrucosa*, *Buxus sempervirens*, *Poa bulbosa*, *Polypodium calcareum*, etc., etc. Ce sont des *colonies végétales hétérotopiques artificielles* ou *adventices* à rapprocher des *colonies végétales hétérotopiques naturelles* ou *spontanées* que nous avons étudiées ailleurs (2) et qui sont liées à la constitution minéralogique de certaines roches dont les éléments peuvent, par leur décomposition, fournir à ces plantes les matériaux nécessaires à leur développement et leur permettre de constituer ainsi des colonies en apparence étrangères à la flore locale native (3).

(1) Dr X. GILLOT. *loc. cit.*, p. 370.

(2) Dr X. GILLOT. Influence de la constitution minéralogique des roches sur la végétation. Colonies végétales hétérotopiques, in *Bull. soc. bot. de France*, XLI (1894), session extraordinaire, en Suisse, p. XVI-XXXV ; et *F. des j. natur.*, 25e année (1895), nos 295 et 296. — Dr X. GILLOT. Espèces naturalisées au parc de Monjeu, in *Congrès scientif. de France*, 42e session tenue à Autun en 1876, 1, p. 366. Nous ferons observer que le mot *naturalisées* employé dans ce mémoire est impropre : il s'agit en réalité de plantes seulement *subspontanées*.

(3) Voyez sur ce sujet l'article très suggestif de M. TERMIER : Sur l'élimination de la chaux par métasomatose dans les roches éruptives basiques de la région du Pelvoux, in *Bull. soc. géolog. de France*, 3e sér. XXVI (1898), p. 165.

Il en est de même de ces colonies de plantes *halopiles, nitrophiles*, ou *kaliphiles*, qui trouvent autour des sources thermales chlorurées, sur les dépôts de voirie riches en matières azotées, ou dans les cendres des scories d'usines, comme au Creusot, cendres riches en soude, les éléments nécessaires à leur développement, y pullulent pendant quelques années, semblent s'y naturaliser complètement, puis vont en s'amoindrissant et finissent par disparaître à mesure que s'épuisent dans le sol les réserves salines : *Atriplex rosea, A. laciniata, Salsola Kali*, etc. (1). Partout ailleurs où ces plantes des marais salants ont été rencontrées fortuitement, comme *Salsola Kali* et *S. Tragus* dans le Tarn et jusque sur les bords du lac de Genève, elles n'y ont été récoltées qu'en rares et maigres exemplaires, sans descendance, et leur apport a été attribué aux Mouettes émigrantes qui en avaient semé quelques graines avec leurs excréments (*Feuille des jeunes naturalistes*, 25e année (1895) n° 291 p. 41).

D'autres fois, c'est la constitution physique du sol qui favorise la végétation d'espèces adventices indigènes, comme, par exemple, celle des espèces psammicoles : *Chondrilla juncea, Scrofularia canina, Plantago arenaria, Pl. Coronopus, Eragrostis megastachya, E. poæoïdea, Equisetum ramosum, etc.*, sur le ballast des voies ferrées, ou les talus sablonneux du Creusot ; — ou de certaines espèces sur les terrains gras et les décombres : *Lepidium ruderale, Erysimum cheiranthoïdeum, Sisymbrium Sophia, Pyrethrum Parthenium, Chenopodium glaucum, Ch. intermedium*, etc. — ou encore des espèces *limnophiles* qui apparaissent de temps en temps dans les fossés ou au bord des ruisseaux ; telles que : *Ranunculus sceleratus, Nasturtium officinale, Petasites officinalis, Veronica Anagallis, Chaiturus Marrubiastrum*, commun en Bresse, mais tout à fait étranger à la flore de l'Autunois, où nous l'avons rencontré plusieurs fois, — de même *Ceterach officinarum*, sur les vieux murs, *Scolopendrium officinale*, dans les vieux puits, et bon nombre d'espèces croissant sur les murailles et les toits de chaume et qui ont fourni à M. F. GAGNEPAIN les éléments d'une curieuse et intéressante statistique (2), à rapprocher de celle à laquelle a donné lieu la végétation adventive des saules têtards (3).

(1) CH. QUINCY et Dr GILLOT. Notes sur quelques plantes adventices nouvelles pour le département de Saône-et-Loire, in *Bull. soc. hist. nat. d'Autun*, IX (1896). Comptes rendus des séances p. 242. — Voyez aussi : F. GAGNEPAIN. La végétation sur les laitiers des hauts fourneaux in *Bull. soc. hist. nat. d'Autun*, ibid., p. 47.

(2) F. GAGNEPAIN. Végétation calamicole et murale des environs de Cercy-la-Tour (Nièvre), in *Bull. soc. hist. nat. d'Autun*, X (1897), 2e partie, p. 230.

(3) Dr A. MAGNIN. Florule adventive des saules têtards de la région lyonnaise. Lyon (1895). — F. GAGNEPAIN. Végétation épiphyte des saules têtards des environs de Cercy-la-Tour (Nièvre), in *Bull. soc. hist. nat. d'Autun*, X (1897), 2e partie, p. 77.

Le transport des plantes, comme on le voit, n'a pas besoin de se faire à une grande distance pour qu'elles prennent le caractère d'espèces *adventices*. Et si l'on ne s'occupe que de la statistique botanique d'une localité très limitée, à constitution géologique bien définie, on peut y reconnaître à l'état adventice des espèces importées de quelques kilomètres seulement de distance, mais qui n'en sont pas moins étrangères à la végétation spontanée et primitive de la localité. On aura ainsi des plantes adventices *régionales* et *extra-régionales* (1). La plus grande partie des espèces citées plus haut comme *adventices* dans la région Autunoise appartiennent à la première catégorie, mais les *adventices indigènes extra-régionales* n'y sont pas rares, et proviennent en grande partie de la France méridionale. Nous citerons au hasard : *Sisymbrium Irio*, *S. austriacum*, *Medicago Murex*, *Melilotus sulcata*, *Centaurea solstitialis*, *Chrysanthemum segetum*, *Pterotheca nemausensis*, *Amarantus albus*, *Koeleria phleoïdea*, *Sclerochloa dura*, etc., etc..

La plupart du temps, le transport de ces plantes, qui s'avancent du midi vers le nord, en dehors de leurs limites habituelles, ou vice versâ, est dû à l'intervention d'agents physiques, ou le plus souvent à l'action de l'homme, cultures, chemins de fer, etc., comme nous le dirons plus bas. Parfois, ce sont des espèces montagnardes qui descendent dans la plaine, le long des grands cours d'eau ou de leurs affluents, comme *Sisymbrium austriacum* Jacq. sur les bords de la Saône à Chalon (2), *Anthemis montana* L. sur les sables de la Loire en Nivernais, etc., et peuvent se modifier sensiblement au cours de ces migrations. Il y aurait, en conséquence, à revenir sur certaines idées généralement admises touchant la filiation des espèces affines. C'est ainsi, pour nous en tenir à ce seul exemple, qu'au lieu de regarder le *Silene inflata* Sm., si vulgaire dans les champs cultivés des plaines, comme un type spécifique dont le *Silene alpina* Thom. serait une sous-espèce ou race montagnarde, il serait plus conforme à la vérité de chercher l'origine de l'espèce dans les formes des hautes montagnes : *S. alpina* Thom. (*S. glareosa* Jord., etc.), qui, descendues dans les régions basses, s'y sont propagées grâce surtout aux défrichements et à la culture, tout d'abord à l'état de plantes adventices indigènes, puis s'y sont complètement naturalisées en subissant une adaptation morphologique dont sont issues les formes actuelles de *S. inflata* Sm. (*S. oleracea* Bor., *S. puberula* Jord., *S. angustifolia* Guss., etc.).

(1) Ch. Quincy. Florule adventive du Creusot, in *Revue de botanique*, III (1884-1885), p. 296 et 300.

(2) Ch. Quincy. Plantes adventices de Chalon-sur-Saône, in *Bull. soc. hist. nat. d'Autun*, XI (1898), 2e p., p. 213.

B. *PLANTES ADVENTICES ÉTRANGÈRES*. — N'appartenant pas à la circonscription géographique d'une flore, mais à celle des pays voisins ou du même continent ; ainsi les espèces méridionales ou orientales qui ont pénétré en France et s'y sont installées d'une façon plus ou moins stable. En première ligne, les espèces du Sud-Est ou du bassin oriental de la Méditerranée : *Cheiranthus Cheiri*, de Grèce, *Lepidium Draba*, de Sicile, *Geranium pyrenaïcum*, *Pyrethrum Parthenium*, de Turquie, *Tragopogon porrifolius*, de Dalmatie, *Silybum Marianum*, *Datura Stramonium*, de la mer Caspienne, *Antirrhinum majus*, *Borrago officinalis*, *Linaria Cymbalaria*, d'Italie, *Verronica Buxbaumii*, etc., qui se sont *naturalisées* chez nous au point d'être admises, à peu près sans discussion, dans tous les catalogues ; — puis quelques espèces du centre ou du nord-est de l'Europe : *Brassica elongata* Ehrh., d'introduction récente, qui a remonté la vallée du Danube et a fait son apparition dans plusieurs localités de l'Est de la France, notamment à Chagny (Saône-et-Loire) (1), *Calepina Corvini* Desv. à stations dispersées dans le centre de la France, et retrouvé dernièrement aux environs de Bourbon-Lancy, également à Genève (2), *Sisymbrium pannonicum* Jacq., *Berteroa incana* DC. etc., d'Allemagne et de Russie, introduite par les chemins de fer au Creusot, à Gray, à Bordeaux, dans la Côte-d'Or, le Rhône, etc., *Impatiens parviflora* DC., de Russie, depuis longtemps naturalisé à Lyon (3), et qui pullule dans les jardins publics des grandes villes, le Thiergarten à Berlin, les massifs de l'Ecole de pharmacie à Paris ; l'*Artemisia austriaca* Jacq., qui, d'introduction plus récente, devient de plus en plus fréquent autour de Lyon ; *Salvia verticillata* L. etc., etc.— et parmi les plantes aquatiques, *Aldrovandia vesiculosa* L., Droséracée de l'Europe australe, découverte dans les marais de Saint-Raphèle (Bouches-du-Rhône) (4), *Vallisneria spiralis* L. qui, d'Italie, a remonté, comme on sait, nos rivières et nos canaux du sud au nord (5), etc., etc.

(1) P. A. GENTY. Sur une Crucifère orientale nouvelle adventice de France, in *Feuille des jeunes natur.*, 27e année (1897), n° 316, p. 81; — Dr X. GILLOT. *Bull. soc. hist. nat. d'Autun*, X (1897), 2e partie, p. 181.

(2) C. BASSET. Herborisations bourbonnaises, in *Bull. soc. hist. nat. d'Autun*, XII (1899), 2e partie, p. 323. — *Feuille des jeunes nat.*, 25e année (1895), n° 291, p. 41.

(3) CARIOT et ST-LAGER. Et. des fleurs, 8e éd. (1889), p. 150. — *Ann. soc. bot. Lyon.*, XXI (1896). Comptes-rendus, p. 42.

(4) P. BLANC. *Feuille des jeunes nat.*, 29e année (1899), n° 346, p. 177.

(5) Dr X. GILLOT. Plantes hydrophiles adventices, in *Mém. soc. Eduenne*, nouvelle série, XII, p. 448.

C. *PLANTES ADVENTICES EXOTIQUES*. — D'origine très éloignée, et provenant d'un continent différent, comme ces plantes américaines dont quelques-unes envahissent nos champs : *Onothera biennis*, *Erigeron canadensis*, ou tout au moins se sont implantées très solidement chez nous et s'y propagent de plus en plus, soit dans les lieux vagues : *Senebiera pinnatfida*, *Onothera muricata*, *Stenactis annua*, *Xanthium spinosum*, etc., — soit au bord des rivières : *Aster Novi-Belgii*, *A. brumalis*, *Solidago glabra ; Lindernia gratioloïdea* Benth., qui, parti de Nantes, a remonté progressivement le cours de la Loire et de ses affluents et vient d'être trouvé dans notre région de l'est, dans le Cher (A. LE GRAND), et la Nièvre, près Decize (F. GAGNEPAIN) (1) ; *Ambrosia artemisiifolia* L., également originaire du Nouveau-Monde, Carolines, rencontré depuis un quart de siècle dans des localités de plus en plus multipliées, en France, notamment dans le département du Rhône, Beaujolais, et plus récemment dans celui de Saône-et-Loire, Mâconnais, Toulon-sur-Arroux, et qui semble devoir être rejoint par un de ses congénères, l'*Ambrosia tenuifolia* Spreng., de Montevideo, déjà signalé sur plusieurs points du Midi de la France. Cette, Pézenas, etc. (2). Nous citerons particulièrement le *Carex multiflora* Muehl. (*C. Moniezi* Lagrange), de l'Amérique du Nord, trouvé par M. MONIEZ à Bruailles près Louhans (3), mais qui en a depuis longtemps disparu. En revanche, le *Glyceria nervosa* Trin. (*G. Michauxi* Kunth.), graminée également nord-américaine, constatée depuis 1849 dans les marais du bois de Meudon, s'y est maintenue et propagée (4) ; et le *Jussiœa grandiflora* Mich., introduit dans le Lez près Montpellier en 1840, infeste actuellement cette rivière, et se propage dans les autres cours d'eau du Midi, Lunel, etc., etc.

II.

Les plantes de ces trois groupes peuvent, au point de vue de leur durée, être dites :

A. *Passagères*, quand elles apparaissent sur des points disséminés,

(1) Dr X. GILLOT. Notes de géographie botanique. Dispersion des espèces, in *Le Monde des plantes*, VII, n° 98 (1898). *Bull. anoc. fr. bot.*, p. 60. — F. GAGNEPAIN. Topog. bot. environs de Cercy-la-Tour, 1900, p. 124.

(2) *Feuille des jeunes natur.*, 23e année (1893), n° 269, p. 76.— *Bull. soc. ét. scientif. de l'Aude*, VII (1897), p. 118.

(3) Dr CARION. *Catal. raisonné pl. phanérog. du département de Saône-et-Loire*, (1861), p. 101.

(4) COSSON et GERMAIN de ST-PIERRE. Flore des env. de Paris, 2e éd. (1861), p. 822. — E MALINVAUD. *Bull. soc. bot. France*, XXVIII (1881), p. 294.

éloignés les uns des autres, à des intervalles irréguliers ou d'une façon purement accidentelle. Elles sont destinées à disparaître rapidement, quitte à être retrouvées ailleurs dans des conditions analogues.

B. Subpontanées, quand elles se resèment d'elles-mêmes et se maintiennent dans une localité nouvelle, pour ainsi dire artificielle, à l'instar des plantes autochtones, tant que persistent les conditions favorables à leur végétation, pour s'éteindre promptement dès que ces conditions sont supprimées, par exemple : *Cheiranthus Cheiri*, *Arabis sagittata*, *Corydallis lutea*, *Campanula Medium*, *Antirrhinum majus*, *Rumex scutatus*, etc., sur les vieux murs d'Autun.

C. Naturalisées, quand elles persistent un temps indéfini dans la même localité, et se propagent de plus en plus dans leurs nouvelles stations, comme les *Onothera biennis*, *Erigeron canadensis*, *Artemisia Absinthium*, *Pyrethrum Parthenium*, *Linaria Cymbalaria*, *Veronica Buxbaumïi*, *Amarantus retroflexus*, etc., etc.; et parmi les végétaux aquatiques, *Trapa natans*, répandu dans un grand nombre d'étangs, *Lindernia gratioloïdea*, *Jussiœa grandiflora*, *Helodea canadensis* Michx. qui, du nord au sud, envahit tous nos cours d'eau, canaux, étangs, etc. — A. de Candolle (*Géogr. botaniq.*, 1855, II, p. 631, 709), a étudié avec beaucoup de détails les naturalisations *à petite distance* et *à grande distance*. Les considérations dans lesquelles il est entré à propos de la végétation du globe en général peuvent tout aussi bien s'appliquer à celles des régions limitées. Nous estimons même que l'appréciation plus facile des causes d'introduction et de maintien de la plupart des espèces présente un intérêt tout particulier et peut conduire à la solution de problèmes encore obscurs de géographie botanique, tels que ceux de la migration des espèces, de leur adaptation aux climats ou aux sols, et de l'unification des flores européennes par l'influence de l'homme et les progrès de la civilisation.

Nous laissons de côté les plantes *adventices acclimatées*, qui, pour la plupart, d'origine exotique et de climats différents, ne peuvent croître et se maintenir qu'à l'aide de l'intervention humaine et de soins culturaux spéciaux et qui ne rentrent guère dans le cadre de ce travail ; par exemple, certaines plantes arctiques ou alpines, des climats froids, cultivées dans but d'ornement, ou les végétaux américains et australiens : *Eucalyptus*, *Acacia*, *Opuntia*, *Agave*, etc., confinés sur le littoral méditerranéen où ils trouvent seulement les degrés de chaleur et de sécheresse compatibles avec leur existence (1).

(1) Voyez sur l'acclimatation des plantes, l'analyse d'un travail de Polotser, dans *Revue scientifique*, 4e série, XIV, n° du 28 juillet 1900, p. 120.

III.

Si maintenant nous cherchons à nous rendre compte des causes principales qui favorisent l'introduction des plantes adventices, nous arrivons à les répartir en plusieurs catégories.

1° *Plantes sporadiques* ou *pérégrines*, dont l'apparition de plus en plus fréquente et l'aire de dispersion de plus en plus étendue sont en rapport avec les déplacements sociaux de l'homme et la multiplicité des voies de communication établies par lui. C'est ainsi que, le long des routes, et surtout des chemins de fer, se propagent de plus en plus certaines espèces adventices *indigènes* ou *étrangères*, comme *Diplotaxis tenuifolia*, *Brassica elongata*, *Hirschfeldia adpressa*, *Lepidium Draba*, *L. ruderale*, *Isatis tinctoria*, *Melilotus alba*, *Stenactis annua*, *Crepis setosa*, *Salvia verticillata*, *Amarantus albus*, *Chenopodium Botrys* etc. (1); ou *exotiques* : *Lepidium virginicum* L., qui, importé d'Amérique aux environs de Bayonne, a suivi les voies ferrées en remontant progressivement vers le Nord et vient d'être signalé dans deux localités du département de Saône-et-Loire, à Cronat (F. GAGNEPAIN) et à Montchanin (CH. QUINCY) ; *Onothera muricata* L., propre aux lieux sablonneux, et qui, suivant les rivières et les chemins de fer, a été aussi constaté en Saône-et-Loire, à Marcigny (Q. ORMEZZANO); *Galinsoga parviflora* Cass., de l'Amérique septentrionale, naturalisé en Piémont, tout autant qu'*Erigeron canadensis* L., et se répandant de plus en plus le long des voies ferrées ; *Amsinckia angustifolia* Lehm., Borraginacée du Chili, dont la dispersion est si singulière, et dont l'apparition a été signalée depuis quelques années sur un grand nombre de points différents du territoire français, depuis Bordeaux jusqu'à Paris, et notamment dans le centre, au camp d'Avors (LOUIS GILLOT), au Creusot (CH. QUINCY), à Decize-sur-Loire (F. GAGNEPAIN) (2), etc., etc.

Les canaux et les rivières servent également de transport aux plantes adventices hydrophiles, non seulement submergées comme *Vallisneria spiralis*, *Helodea canadensis*, dont nous avons déjà parlé ; ou flottantes, comme *Trapa natans*, mais croissant sur les bords, comme *Alisma ranunculoïdeum* L. var. *repens* (*A. repens* Cav.), qui, de l'Ouest de la

(1) Ch. QUINCY et Dr GILLOT. Note sur q.-q, pl. adventices nouv. pour le dép. de Saône-et-Loire, in *Bull. soc. hist. nat. d'Autun*, IX (1896). Comptes-rendus des séances, p. 240.

(2) *Actes soc. Linnéenne de Bordeaux*, VI (1873). Comptes rendus des séances, p. XVII — *Feuille des jeunes natur.*, 23e année, (1893), n° 268, p. 61 et n° 270, p. 92 ; 24e année (1894), n° 287, p. 174 ; 25e année (1895), n° 291, p. 41 ; 27e année (1897), n° 314, p. 36, etc.

France, a remonté la Loire et les canaux jusqu'en Saône-et-Loire, Bourg le-Comte (E. CHATEAU), Montchanin, où il atteint sa limite orientale, à l'état de plante *adventice indigène*, tendant à se naturaliser (1); *Juncus tenuis* Wild., à dispersion ambigüe et d'origine douteuse (2), qui semble se propager dans les mêmes conditions en Bresse, à Châlon-sur-Saône, à Montceau-les-Mines, à Dracy-Saint-Loup (Saône-et-Loire), etc., etc.

Les ports de mer sont des centres tout désignés d'introduction pour les plantes exotiques, dont les unes restent limitées à la banlieue des grands ports, les autres se naturalisent et étendent de plus en plus leur aire de dispersion. Nous citerons seulement, pour exemple, la ville de Bayonne avec sa colonie *adventice exotique américaine* : *Onothera rosea*, *O. longiflora*, *Lepidium*, *virginicum*, *Cyperus vegetus*, *Panicum vaginatum*, *Eleusine indica*, *Stenotaphrum americanum*, etc. (3).

Il n'est plus un catalogue botanique qui n'énumère une quantité d'espèces nouvelles récoltées aux environs des gares, des magasins généraux ou des canaux. Leurs réseaux de plus en plus multipliés, la facilité des communications, l'établissement des ballasts, des terrassements ou des digues, à l'aide de matériaux différents, et parfois venus de loin, le transit de marchandises variées, etc., facilitent singulièrement l'introduction de plantes adventices et deviennent des facteurs de plus en plus importants dans la modification des flores locales (4).

2° *Plantes adventices rudérales.* — D'origine parfois indécise, qui apparaissent principalement autour des habitations, sur les décombres, les terreaux, les talus de terrassements, et dont les unes s'éteignent et disparaissent rapidement, à la suite des travaux de voirie, colonies adventices fugaces qui déroutent les herborisants novices ; les autres s'établissent en colonies parfaitement naturalisées et persistantes autour des

(1) Dr X. GILLOT. *Le Monde des plantes*, loc. cit. p. 59.

(2) Dr X. GILLOT. *Bull. soc. bot. de France*, XXIX (1882), session extraord., à Dijon, p. XXIV. — Dr A. MAGNIN. *Ann. soc. bot. de Lyon*, XXII (1898). Comptes-rendus des séances, p. 82.

(3) *Bull. soc. bot. de France*, XXVII (1880). Session extraord. à Bayonne, p. XVI, et LXXVIII, etc.

(4) Voyez, à propos de l'introduction des plantes par les chemins de fer, de nombreuses notes dans la *Feuille des jeunes naturalistes*, 25e année (1895), n° 291, p. 41 ; 27e année (1897). n° 316, p. 81.— *Ann. soc. Lin. de Bordeaux*, VI (1893), p. XVII.— *Bull. scientif. du Bourbonnais*, IX (1896), p. 161.— E. GOUTE. Sur quelques plantes adventices dans la Somme, in *Bull. soc. Linn. du Nord de la France*, 24e année (1895), p. 235.— M. LANGERON. Essai sur q. q. pl. nouv. rares ou adventices de la Côte-d'Or, in *Bull. soc. hort. et vitic. de la Côte-d'Or*, XX (1895), p. 159.— P. MAILFAIT. Considér. génér. sur la flore du département des Ardennes, in *Bull. soc. hist. nat. des Ardennes*, III, p. 28., etc.

villages : *Sisymbrium Sophia*, *Erycimum cheiranthoïdeum*, *Sinapis nigra*, *Lepidium ruderale*, *Conium maculatum*, *Pyrethrum Parthenium*, *Carduus crispus*, *Onopordon Acanthium*, *Leonurus Cardiaca*, *Nepeta Cataria*, *Chenopodium intermedium*, *Ch. Bonus-Henricus*, *Euphorbia Peplus*, etc. etc.

3° *Plantes adventices culturales.* — Introduites, comme le titre l'indique, par les cultures de quelque nature qu'elles soient. Tantôt les graines de ces plantes se trouvent mélangées aux semences céréales ou fourragères de provenance étrangère ; tantôt ce sont des plantes cultivées qui se resèment d'elles-mêmes après la récolte et se retrouvent parfois pendant longtemps au voisinage des cultures primitives, en affectant l'allure des plantes spontanées ; elles sont appelées alors, comme je l'ai déjà dit, *subspontanées* ; tantôt, enfin, elles ont été semées ou cultivées dans un but intentionnel.

Et, suivant les différents cas, on peut les subdiviser en espèces :

α. *Messicoles*, apportées avec les semences de céréales, par exemple, aux environs d'Autun et dans tout le centre de la France : *Ranunculus arvensis*, *Papaver Argemone*, *Vicia lutea*, *Lathyrus Nissolia*, *L. tuberosus*, *L. hirsutus*, *Caucalis daucoïdea*, *Torilis nodosa*, *Turgenia latifolia*, *Valerianella Auricula*, *Chrysanthemum segetum*, *Prismatocarpus Speculum*, *Bromus arvensis*, etc., etc.

β. *Agricoles, fourragères* ou autres, en dehors des moissons, telles que : *Medicago sativa*, *Trifolium hybridum*, *Melilotus alba*, *Onobrychis sativa*, *Carum Carvi*, *Asperula galioïdea*, propagés par les prairies semées, *Symphytum asperrimum*, *Phacelia tanacetifolia* (1) de la Californie, *Lolium italicum*, *Bromus Schraderi*, etc. C'est ici qu'on peut rattacher ces colonies adventices de plantes observées autour des campements et des champs de manœuvre, comme au Grand Camp, près de Lyon : *Melilotus parviflora*, *Chrysanthemum Myconis*, *Centaurea deusta*, *Plantago Lagopus*, *Vulpia ligustica*, etc. (2) et à la place des anciens dépôts de fourrages, notamment après la guerre de 1870-1871, et dont il reste encore des traces dans certaines localités, où les listes de ces espèces ont été relevées sous le titre de *flore obsidionale* (3). Le

(1) Dr X. GILLOT. Notes botaniques, in *Bull. soc. hist. nat. d'Autun*, VI (1893), Comptes-rendus des séances, p. 146.

(2) *Ann. soc. bot. Lyon*, XX (1895), Comptes-rendus, p. 49.

(3) J. PAILLOT. Notes sur les plantes transportées par les mouvements de nos troupes en 1870-1871, in *Mém. soc. émulation du Doubs*, séances des 10 et 13 décembre 1871. — GAUDEFROY et MOUILLEFARINE. Florule obsidionale, in *Bull. soc. bot. France*, XVIII, (1871), p. 246. — A. LE GRAND. *Statistique bot. du Forez*, (1873), p. 53.

Trifolium flavescens Tin., par exemple, a été retrouvé, après vingt-sept ans, sur le plateau d'Avron, près Paris (*F. des jeunes natur.*, 28e année [1898], no 336, p. 226).

γ. *Horticoles* : échappées des jardins où elles sont cultivées à divers titres, comme plantes potagères, ornementales, médicinales, etc., tantôt passagères, tantôt subspontanées dans les haies: *Clematis Viticella*, *Lathyrus latifolius*, *Spiræa salicifolia*, etc. ; ou au voisinage des jardins : *Delphinium Ajacis, Papaver somniferum*, *Lychnis coronaria*, *Onothera grandiflora*, *Borrago officinalis*, *Datura Stramonium, Nicandra physaloïdea*, *Nicotiana rustica*, *Salvia Sclarea*, *Amarantus sanguineus*, *Blitum virgatum*, *Atriplex hortensis*, *Rumex sanguineus*, *R. Patientia*, *Euphorbia Lathyris*, etc. ; *Narcissus poëticus*, *N. biflorus*, çà et là dans les prés autour des villages, etc. Nous devons mentionner ici les espèces issues parfois des jardins botaniques, mais dont l'apparition toute accidentelle n'est jamais de longue durée, ainsi que la rencontre inattendue d'espèces importées par les échanges botaniques, comme l'a récemment signalé, en Saône-et-Loire, M. E. Chateau, instituteur à Bourg-le-Comte (1).

δ. *Forestières*, soit qu'elles aient été plantées par les silviculteurs dans un but de reboisement : Pin noir d'Autriche, Pin Laricio, Sapins, Mélèzes, Chênes d'Amérique (2) ; soit que, plantées dans les parcs, elles s'y soient maintenues ou se propagent aux environs : *Cèdres*, *Robinia pseudo-acacia*, *Gleditschia triacautha*, *Cratægus Crus galli*, etc., soit qu'elles aient été introduites avec les essences forestières, comme le *Cionura erecta* L., Asclépiadacée de la partie orientale du littoral méditerranéen, Grèce, Syrie, etc., apportée au mont Duplan (Hérault) par les pépiniéristes qui ont fourni les arbres et arbustes lors du reboisement de cette colline, et qui s'y maintient depuis plusieurs années (3), soit qu'elles végètent sous leur abri, dans certaines conditions déterminées : *Monotropa Hypopithys*, *Pirola secunda* L., introduit en 1852, avec de jeunes plantations de Pin silvestre, à la Demie, canton de Noray (Haute-Saône), et assez répandu dans cette localité (4) ; *Vaccinium*

(1) E. Chateau. A propos de plantes adventices, in *Bull. soc. hist. nat. d'Autun*, XIII (1900), Comptes-rendus des séances, p. 145.

(2) Ch. Flahault. Essai d'une carte botanique et forestière de la France, in *Ann. de géographie*, no 28 (15 juillet 1897), p. 300.

(3) G. Cabanès. *Bull. soc. étude des sc. naturelles de Nîmes*, 25e année (1897). Procès-verbaux, p. LXXX.

(4) H. Vendrely. Notes sur q.q. pl nouv. ou localités nouv. pour la flore de la Haute-Saône, in *Mém. soc. émul. du Doubs*, 7e série, IV, (1899), p. 383.

Vitis idæa L., complètement naturalisé dans la forêt du Breuil à St-Brisson (Nièvre), où il s'étend progressivement (1) ; *Goodyera repens* R. Br., rencontré çà et là dans des plantations de Pins, comme à Yzeure, près Moulins-sur-Allier (H. BOURDOT), et sur deux points différents de la Côte-d'Or, Semur (E. FAUTREY), et Savilly-en-Morvan (MOUILLÉ) (2).

ε. *Parasites.* Il nous paraît également impossible de séparer du groupe des plantes adventices *culturales*, les espèces adventices *parasites* qui n'apparaissent cà et là qu'avec les végétaux qui leur servent de support nourricier et qui disparaissent avec eux ; tels que *Monotropa Hypopithys*, cité plus haut, *Cuscuta Trifolii* et *C. densiflora* dans les Luzernières et les champs de Lin, *Orobanche ramosa*, dans les cultures de Chanvre, *O. minor*, dans les champs de Trèfle et de Légumineuses, *O. Hederæ*, sur les grosses souches de Lierre depuis longtemps plantées dans les jardins et sur les ruines, etc.

4° *Plantes adventices industrielles*, dont l'apport est lié aux progrès de l'industrie, soit qu'elles y soient employées directement, par exemple à titre de textiles : *Linum usitatissimum*, *Asclepias syriaca*, etc. ; de plantes tinctoriales : *Reseda Luteola*, *Isatis tinctoria*, *Carthamus tinctorius*, indiqué comme subspontané à Rivollet (Rhône), par GANDOGER (3), etc ; oléagineuses : *Sinapis alba*, *Camelina sativa*, etc. ; culinaires : *Fœniculum vulgare*, *Coriandrum sativum*, *Petroselinum sativum*, *Satureia hortensis*, etc. ; aromatiques ou médicinales ; *Althæa officinalis*, *Artemisia Absinthium*, *Tanacetum vulgare*, *Mentha piperita*, *Melissa officinalis*, *Hyssopus officinalis*, *Chenopodium ambrosioideum*, etc., etc., soit qu'elles soient importées avec les matières premières, telles que les laines pour les filatures, les peaux pour les tanneries (4) ; ainsi à Autun : *Medicago Murex*, *Xanthium spinosum*, *Bromus madritensis*, etc., autour des tanneries ou les minerais destinés aux usines. C'est à cette dernière cause qu'est dûe la flore *adventice étrangère*, si riche et si curieuse que MM. Ch. QUINCY et MARCHAND, instituteurs au Creusot, ont suivie pendant plusieurs années autour des dépôts de minerais

(1) *Bull. soc. hist. nat. d'Autun*, XII (1899), 2e partie, p. 369.

(2) Dr X. GILLOT. Une Orchidée rare, *Goodyera repens* R. Br. dans le Morvan, in *Bull. soc. hist. nat. d'Autun*, XI (1898), 2e partie, p. 148.

(3) *Mém. Soc. Émul. du Doubs*, 7e série, IV (1899), p. 385.

(4) Nous rappellerons ici le *Flora juvenalis* du Dr GODRON, qui peut être considéré comme un modèle de description de ces flores adventices industrielles.

provenant d'Espagne, de l'île d'Elbe et d'Algérie (1) ; de même que la flore *adventice indigène*, forcément plus restreinte, que nous avons signalée nous-mêmes dans la banlieue d'Autun, autour des fours à chaux : *Reseda Luteola*, *Eryngium campestre*, *Dipsacus silvestris*, *Centaurea Scabiosa*, *C. Calcitrapa*, *Stachys germanica*, etc., etc. (2).

5° *Plantes adventices erratiques.* Il est enfin une dernière catégorie de plantes d'origine évidemment adventice et fortuite, réduites le plus souvent à un très petit nombre d'individus, voire même rencontrées à l'état isolé, dont les voies d'introduction ne rentrent dans aucune des catégories précédentes, ou s'expliquent difficilement. On peut invoquer leur apport par les oiseaux pour certaines espèces à fruits comestibles, comme l'*Arbutus officinalis* L., localisé dans un seul et étroit espace à Mellecey (Saône-et-Loire) (3) ; par les vents et les tempêtes pour les graines légères aigrettées ; par une plantation intentionnelle de date ancienne et oubliée, comme le *Cyclamen neapolitanum* Ten., observé depuis vingt ans dans un parc à Joude (Saône-et-Loire) (4) ; par le charroi de décombres ou de composts divers, comme l'apparition sur un terreau de jardin à Moulins (Allier) d'une élégante Portulacée de la Martinique, le *Talinum patens* Wild. Nous proposons le terme d'*erratiques* pour désigner ces espèces adventices à dispersion variée, irrégulière et tout accidentelle ; et ce mot accolé aux titres des groupes précédents pourrait servir également à indiquer ces rencontres de hasard. C'est ainsi que le *Talinum patens*, qui n'a été signalé qu'une seule fois par MM. TREYVE et LASSIMONNE, de Moulins, et dont les feuilles charnues, comme celles de l'Epinard, ont pu être essayées à titre alimentaire, devrait être considéré comme une espèce adventice *exotique*, *horticole* et *erratique*.

IV.

Si, partant de ces données générales et à l'aide de la classification que nous venons d'esquisser, nous passons à leurs applications locales et détaillées, nous en pourrons facilement tirer d'utiles et intéressantes

(1) Ch. QUINCY. Les plantes adventices du Creusot, in *Mém. Soc. sc. nat. départ. S.-et-L.*, III (1880), p. 81 ; *Bull. Soc. sc. nat. dép. S.-et-L.*, III (1882), p. 113 ; IV (1885), p. 32 ; *Revue de Botanique*, III (1884-1885), p. 43 et 294 ; ibid., V (1886-1887), p. 309.

(2) Dr X. GILLOT. Notice sur les modifications de la flore phanérogamique d'Autun et de ses environs, in *Congrès scientif. de France*, 42e session, à Autun (1876), p. 360.

(3) *Bull. Soc. des Sc. nat. du départ. de Saône-et-Loire*, II (1881), p. 21.

(4) CONVERT. *Ann. Soc, bot. Lyon*, XX (1895), Comptes-rendus, p. 4.

déductions sur les changements et la constitution actuelle de la flore d'une province ou d'un district déterminé. C'est ce que nous avons commencé à faire dans une étude datant déjà de vingt ans sur les *modifications de la flore phanérogamique d'Autun et de ses environs*, notice présentée au Congrès scientifique de France (42e session tenue à Autun du 4 au 13 septembre 1876, I, p. 343-376). Mous y avons relevé la liste d'environ deux cents espèces que nous regardons comme étrangères à la flore aborigène de l'Autunois, bien que certaines d'entre elles y croissent actuellement en abondance. C'est faute de précision dans l'étude des formes végétales que les Flores ou Catalogues locaux énumèrent pêle-mêle une quantité d'espèces dont quelques-unes sont manifestement adventices. Le Dr Carion, dans son *Catalogue raisonné des plantes phanérogames du département de Saône-et-Loire* (Autun, 1861), en a bien noté un certain nombre comme subspontanées, mais il admet en même temps, et sur le même rang que les espèces autochtones, des plantes certainement étrangères au département et par conséquent *adventices*, les unes *adventices indigènes*, les autres *adventices étrangères*, quelques-unes même *exotiques*. Nous en avons relevé plus de soixante-dix, et nous nous proposons, dans une étude plus complète et détaillée sur la flore adventice des environs d'Autun et du pays voisin, d'apporter de nouvelles observations relatives à l'origine de ces espèces adventices, à leurs relations, à leur durée, etc.

Dans un travail analogue et très documenté, notre méritant ami, M. F. Gagnepain, instituteur primaire à Cercy-la-Tour, actuellement préparateur de botanique au laboratoire des Hautes-Etudes au Muséum de Paris, a fourni une importante *Contribution à l'étude de la géographie botanique de la France* en publiant sa *Topographie botanique des environs de Cercy-la-Tour (Nièvre)* (1). La question de la flore adventice y a été particulièrement traitée, et sur 1.009 espèces constituant la florule de ce canton, M. Gagnepain a aussi noté 115 espèces adventices, dont il a fait ressortir les origines probables et les voies d'introduction.

MM. André Guillaume et L. Géneau de Lamarlière viennent également de faire paraître une série d'*Etudes sur la géographie botanique du département de la Marne* (2) avec force détails sur la *Flore introduite de la craie*, répartissant en autant de paragraphes la flore messi-

(1) Autun. Imp. Dejussieu, 1900, in-8°, 180 pages, extr. des *Bull. Soc. hist. nat. d'Autun*, XIII (1900).

(2) *Bulletin de la Soc. d'étude des sc. natur. de Reims*, IX (1900).

cole, celle des prairies artificielles, etc. Mais la confusion que laisse dans l'esprit du lecteur leur manière d'envisager les plantes introduites, les plantes adventices qu'ils en séparent, etc., nous paraît légitimer le besoin de précision désirable dans ces sortes de travaux.

Des recherches semblables, à la portée de tous, entreprises sur de nombreux points différents, puis comparées entre elles, contribueraient singulièrement, malgré leur apparente minutie, à nous faire connaître dans ses détails, ses origines et ses modifications, la flore de France, ce qui doit être notre but principal.

Elles peuvent s'appliquer avec le même intérêt aux flores étrangères et les constatations seront d'autant plus précises que le champ d'observation sera plus limité et l'introduction des espèces adventices plus facile à saisir. Dans un récent mémoire sur la flore des îles Açores (3), le botaniste américain, M. Trelease, sur 605 espèces phanérogamiques cataloguées par lui, signale 52 espèces adventices, dont quelques-unes particulièrement intéressantes pour nous : *Digitalis purpurea* L., apportée d'Europe, *Linaria Cymbalaria* L., échappée des jardins, comme chez nous, et complètement naturalisée, de même que *Mimulus moschatus* L., *Juncus tenuis* Wild., etc., etc., dont l'aire de dispersion semble décidément s'accroître de plus en plus, etc.

Ces exemples suffisent pour démontrer l'importance et l'attrait de l'étude des flores adventices et justifier les détails dans lesquels nous sommes entrés.

Nous terminerons par un vœu tout pratique. C'est de voir employer, dans les travaux de géographie ou de statistique botaniques, une notation spéciale, telle que l'usage de caractères différents ou de signes conventionnels, astérisques, croisillons, etc., propres à signaler, au premier coup d'œil, les espèces non autochtones, par conséquent adventices à quelque titre que ce soit. La lecture de l'ouvrage n'en sera que plus attrayante, plus rapide, et fournira d'emblée matière à des comparaisons plus faciles et d'une indéniable utilité.

M. Mouillefarine se demande si, en dehors des causes occasionnelles de l'adventicité, il ne faut pas croire que certaines plantes vont et

(3) M. Trelease. *Botan. observ. on the Azores*, in *Missouri bot. garden*, VIIIe report (1897), p. 137. Voyez aussi, sur l'introduction involontaire des plantes en Floride, un article de R. Fernald, publié dans *Botan. Gazet.*, nov. 1899 et analysé dans *Revue scientifique*, 4e sér., XIII, n° du 6 janvier 1900, p. 29.

viennent ; il y aurait peut-être lieu d'étudier les grands mouvements des flores.

M. l'abbé SAINTOT pense qu'il y a une distinction à faire entre les plantes annuelles qui se reproduisent facilement par graines et les plantes vivaces qui ne paraissent quelquefois que de loin en loin. Peut-être existe-t-il une végétation dormante et cachée ?

M. GILLOT fait observer que les plantes à végétation dormante font partie de la flore indigène et ne doivent en aucun cas être considérées comme adventices.

Sur les campos de l'Amazone inférieur et leur origine,

Par M. J. HUBER (Pará).

Conservateur du Musée botanique de Rio-de-Janeiro.

On sait depuis longtemps que dans la région de la forêt amazonienne (*Hylæa* de Humbold), il y a des superficies plus ou moins grandes qui sont couvertes par une végétation herbacée et que les Brésiliens appellent *Campos*, les classant ainsi dans la même catégorie que les *Campos* des hauts plateaux du Brésil central. Mais tandis que ces derniers ont fait l'objet d'études très approfondies qui ont suffi pour définir leur place dans l'ensemble des formations géo-botaniques (je ne rappellerai ici que l'important travail de Warming sur Lagoa Santa), les Campos de l'Amazone sont encore très peu connus et il est impossible, d'après les descriptions existant jusqu'ici (1), de se faire une idée exacte sur leur véritable nature.

Il ne me semble donc pas inutile de donner ici le résultat de quelques observations personnelles, d'autant plus qu'elles m'ont amené à des idées précises sur l'origine de ces Campos, idées qui peut-être sont susceptibles d'être généralisées et appliquées à d'autres groupes de végétation semblables. A ce point de vue, je dois m'en rapporter à des observations très intéressantes faites par mon collègue, M. Buscalioni (de Rome), sur les Campos du Tocantins et qui l'ont amené à des idées très semblables aux miennes, de sorte que je peux présenter les conclusions de cette communication comme étant en quelque sorte communes à nous deux.

Les Campos sont assez répandus, surtout le long du *cours inférieur* de l'Amazone. Toute la moitié orientale de l'île de Marajó, les îles de Caviana et de Mexiana, dans l'embouchure du fleuve, et les terres

(1) Une des meilleures descriptions des Campos de Santarem se trouve dans le livre de Bates, *The naturalist on the River Amazons*, vol. II, p. 20-22.

du Cap Nord jusque vers l'Oyapoc, constituent une région très étendue de campos qui sont seulement interrompus par les cours des petites rivières bordées de leur lisière plus ou moins large de forêt. Il est vrai qu'on n'aperçoit ces campos ni de la côte de l'Atlantique, ni sur l'Amazone, parce qu'ils sont bordés d'une bande presque continue de forêts littorales, soit de caractère essentiellement maritime, comme sur la côte de l'Océan, soit de caractère plutôt fluviatile, comme sur les bords de l'Amazone. En remontant l'Amazone, il faut traverser une large zone occupée exclusivement par des forêts, avant d'arriver de nouveau dans une zone de campos, qui accompagnent le fleuve, depuis l'embouchure du Rio Xingú jusqu'à l'embouchure du Tapajóz et un peu au-delà jusqu'au voisinage d'Obidos. Ce sont là les principaux campos amazoniens, mais on en trouve de plus petits près de la côte, à l'est de l'embouchure du Rio Pará (campos de Quatipurú), et quand on remonte les affluents de l'Amazone inférieur, le Tocantins, le Xingú et le Tapajóz, au sud, et les affluents de moindre importance du nord, on rencontre, échelonnés le long de leur cours et à une distance variable de ces rivières, des campos ou bien isolés et séparés par de larges bandes de forêt, ou bien s'enchaînant plus ou moins, jusqu'à ce que l'on arrive dans les savanes ouvertes (*campos gerães* des Brésiliens) qui se relient alors avec les campos des hauts plateaux.

Pour le moment, je ne parlerai que des **Campos strictement amazoniens** que j'ai visités moi-même à plusieurs reprises, surtout à Marajó, et dont j'ai pu étudier la flore.

Les auteurs récents cherchent à expliquer l'existence des campos, soit par l'influence du climat, soit par l'influence du sous-sol (Conditions édaphiques de Schimper). Or, ni l'une ni l'autre de ces explications ne me paraît donner un résultat satisfaisant pour les campos de la plaine amazonienne.

Quant aux **Conditions climatiques**, on pourrait y songer pour les campos très étendus, comme par exemple ceux de la partie orientale de Marajó. Il est cependant à remarquer que, même dans ces prairies très étendues, il y a des îles de végétation arborescente, qui s'y développe très bien en se renouvelant sans cesse. Si on y peut réellement constater, par rapport aux régions voisines, comme par exemple les environs de Pará, une différence sensible dans la sécheresse atmosphérique plus grande et dans les vents plus violents, ces différences paraissent être, à mon avis, une *conséquence* plutôt que la cause de la présence des campos. D'autre part, il n'y a, dans le climat, aucune explication pour les petits Campos (*Campinas*) qui souvent sont coupés comme à l'emporte-pièce au milieu de la forêt (1).

Les conditions du sous-sol ne suffisent non plus, à mon avis, pour expliquer la présence des campos dans l'Amazonie. Il est vrai qu'il y a des campos dont le sous-sol est un sable très stérile, mais il y en a d'autres où il est argileux ou rocailleux, et souvent il contient une proportion assez considérable d'humus. L'inondation périodique à laquelle sont soumis la plupart des campos amazoniens, constitue non plus une explication pour l'absence des essences forestières, car on sait que dans la vallée de l'Amazone il existe des forêts considérables qui sont sujettes à des inondations périodiques.

Or mes observations dans différents points de la région amazonienne m'ont amené à la conclusion suivante :

Le climat de la vallée de l'Amazone est en général favorable au développement de la forêt; j'en vois la preuve dans le fait que dans la plus grande partie de cette vallée la forêt vierge se renouvelle sans cesse et se reconstitue même dans les endroits où elle a été détruite par la main de l'homme.

Les Campos *sont des différenciations au milieu de cette région de forêts, ils correspondent à d'anciens lits de rivière, où l'immigration des essences forestières a été entravée par des circonstances particulières.*

Le long du cours de l'Amazone, surtout dans sa partie supérieure, ainsi que le long des fleuves qui lui donnent naissance, l'Ucayali et le Marañon, on trouve des prairies sur les plages qui commencent à émerger pendant quelques mois de l'année.

Mais à mesure que la plage se surélève en s'enrichissant de nouveaux sédiments, il y apparaît successivement, supplantant la prairie, d'abord des fourrés de *Gynerium* ou des arbustes variés (surtout *Salix Martiana* et *Alchhornea castaneæfolia*), et ensuite la végétation arborescente dont les pionniers sont les *Cecropias* à croissance rapide.

(1) M. Schimper, dans son beau livre « *La géographie botanique basée sur les principes de physiologie* », est d'avis que le climat de la vallée amazonienne est, dans son essence, contraire à la végétation forestière (« Gehölzfeindlich »), et que les forêts y prospèrent seulement là où il y a de l'eau souterraine infiltrée des nombreux fleuves de la région. Il me paraît cependant que cette conclusion de M. Schimper est due en première ligne aux informations incomplètes qui existaient jusqu'à présent sur les précipitations atmosphériques dans la vallée de l'Amazone. Des observations météorologiques, poursuivies depuis 5 ans au musée de Pará, ont montré que la quantité d'eau annuelle, au moins dans cette ville, est supérieure à 2,5 m. et non pas inférieure à 2 m. comme on le croyait jusqu'ici.

La prairie, refoulée vers le bord de l'eau, occupe les nouveaux terrains qui s'ajoutent à la plage.

C'est ainsi que sur ces plages les associations végétales s'échelonnent et se substituent rapidement à mesure que, par le dépôt des sédiments, la plage croît en hauteur et en étendue. Les prairies sont ici des formations très passagères et n'occupent que des bandes plus ou moins larges le long des plages de sable.

D'autre part et tout le long de l'Amazone, sur des milliers de kilomètres, les berges argileuses, tant qu'elles ne sont pas trop abruptes et qu'elles émergent pendant la saison des basses eaux, sont couvertes d'une végétation herbacée, où prédominent les grands *Panicum* (surtout *P. spectabile* Nees et *P. amplexicaule* Rudge) qui forment, pendant les hautes eaux, des prairies demi-flottantes s'avançant plus ou moins dans l'eau. Ce sont ces prairies qui, en se détachant, donnent naissance aux célèbres *îles flottantes de l'Amazone.*

Or quand il arrive que, par un déplacement du chenal, un bras du fleuve ou même un coude tout entier est séparé et forme un lac tranquille, ce lac est facilement envahi par les plantes littorales et quand il devient, par suite des sédiments apportés par les grandes crues, assez peu profond pour se dessécher en été, il se transforme alors tout simplement en une prairie (1).

Les campos du bas Amazone montrent, par une série de particularités, qu'ils ne sont autre chose que de ces bras de fleuve séparés. D'abord par leur **situation** : presque toujours ils sont rattachés ou bien au fleuve principal, ou bien à un de ses affluents. Souvent, — et cela a lieu principalement quand ils sont rattachés à une rivière de second ordre, — ils ont conservé la forme d'un coude de rivière qui à ses deux extrémités est en relation avec le cours actuel de la rivière. Presque tous les petits campos ont une forme allongée et parfois très nettement celle d'une large rivière.

Le **niveau** des Campos du Bas-Amazone dépasse en général de très peu le niveau des basses eaux du fleuve, et dans leur centre il y a souvent des dépressions (appelées *baixas* par les indigènes). Beaucoup de ces dépressions constituent de véritables bassins, au centre desquelles se conser-

(1) Le Rio Capim, affluent méridional du Rio Pará, est bordé de plusieurs lacs peu profonds qui, avec la saison sèche, peuvent se transformer plus ou moins complètement en prairies. Dans le haut Amazone, ces lacs-prairies ne paraissent pas se conserver longtemps. J'en ai vu un sur l'Ucayali, à l'embouchure du Rio Catalina, qui ne contenait des Graminées que vers le milieu, étant envahi dans sa plus grande étendue par des arbustes (*Salix Martiana*, *Mimosa asperata*, *Drepanocarpus*, *Psidium*, etc.)

vent, même pendant la saison sèche, des lacs plus ou moins étendus, mais peu profonds. Ainsi, dans les Campos qui s'étendent entre Monte-Alegre et l'Amazone, se trouve le Lago grande de Monte-Alegre, et dans le centre de l'île de Marajó, il y a plusieurs lacs dont le plus important est celui de l'*Arary*. Une autre dépression considérable constitue les *Mondongos*, large bande de terrains marécageux qui court parallèlement à la côte septentrionale de Marajó et que les géographes brésiliens ont depuis longtemps reconnu comme correspondant à un ancien bras d'estuaire de l'Amazone (1).

Mais ce qui caractérise avant tout l'origine fluviatile de ces campos du bas Amazone, c'est incontestablement leur flore qui, du moins dans ceux de formation relativement récente, comme les bas campos de Monte-Alegre et de Marajó, est essentiellement fluvio-littorale et montre sinon une identité complète, au moins une très grande analogie avec la flore que l'on rencontre le long des rivages de l'Amazone. Cette analogie se montre principalement pendant la saison pluvieuse (janvier-mai ou juin) quand ces campos, très mal drainés par des cours d'eau sinueux, sont inondés dans leur plus grande étendue à une hauteur variant de quelques centimètres à 2 mètres (2).

Des champs de grandes herbes vivaces,— divers *Panicum* (des mêmes espèces qui se trouvent sur le bord du fleuve), *Paspalum*, *Oryza*, *Leersia*, *Ipomœa fistulosa*, *Thalia geniculata*, divers *Polygonum*, — émergeant plus ou moins sur la surface de l'eau, alternent avec des surfaces considérables d'eau libre, peuplées par une infinité de plantes proprement aquatiques à feuilles ou à tiges flottantes (*Nymphæa*, *Cabomba*, *Limnanthemum*, divers *Eichhornia*, *Utricularia*, divers *Jussiœa*, *Neptunia*, *Pistia*, *Ceratopteris*, etc.), plantes qui presque toutes se retrouvent sur les bords mêmes de l'Amazone.

Quand les campos se dessèchent en été, toute cette végétation flottante disparaît en pourrissant ou se retire dans les dépressions ou sur les bords des petits cours d'eau, et sur les surfaces libres naît une prairie d'herbes annuelles parmi lesquelles se trouvent de nouveau, d'une façon prédominante, certaines plantes des berges de l'Amazone (*Paspa-*

(1) Cf. *Barão de Marajó* : As regioes amazonicas. Lisbôa 1896, p .307, et O. A. Derby, *Bol. do Museu Paraense,* II, p. 165 (citation de l'opinion de Ferreira Penna).

(2) L'inondation de ces campos est certainement due en premier lieu à l'eau de pluie tombée sur place, mais vers la fin de la période des pluies, quand dans les campos, l'évaporation l'emporte sur la pluie, tandis que le fleuve est à son plus haut niveau, on peut observer qu'à certains endroits l'eau du fleuve se précipite avec impétuosité dans les canaux qui le font communiquer avec les Campos.

lum conjugatum, *Eragrostis reptans* etc.), dont les graines s'étaient probablement conservées dans le sol pendant le temps de l'inondation (1). Comme premier élément du peuplement estival des campos de Marajó et de Monte-Alegre, ainsi que de ceux de Quatipurú près Bragança, j'ai cependant presque toujours observé une petite Cypéracée du genre *Heleocharis*, qui avec ses feuilles filiformes et des tiges traçantes extrêmement ténues, se tient d'abord flottante entre les autres plantes aquatiques pour constituer ensuite le premier revêtement de la terre encore humide (2).

Il est évident que ce curieux régime de végétations alternantes a favorisé d'une manière puissante l'immigration de nouveaux éléments, surtout de plantes annuelles à petites semences qui peuvent être transportées par le vent, ou ce qui est certainement plus important encore (3) par les oiseaux aquatiques qui peuplent par milliers ces parages lorsque les campos commencent à se dessécher. La plupart des plantes que l'on trouve par exemple dans les campos de Marajó au moment où ils se couvrent de leur végétation estivale, et qu'on ne rencontre pas aussi sur les berges du fleuve, ont en effet de très petites semences. Elles appartiennent surtout aux familles des *Xyridacées, Eriocaulacées (Pæpalanthus), Gentianacées (Schulthesia), Melastomacées (Acisanthera), Scrophulariacées (Herpestis, Gerardia), Rubiacées*, etc.

Une des particularités des campos du bas Amazone qu'ils partagent d'ailleurs avec les savanes consiste dans les **îles de forêt** qui s'y trouvent en grand nombre et dont la présence paraît, au premier abord, très difficile à expliquer. Il y en a deux catégories : l'une comprenant les îles dont le sous-sol ne s'élève pas au-dessus du niveau des campos, l'autre, représenté surtout dans la partie orientale de Marajó, comprenant des îles de forêt localisés sur des élévations de terrain, d'ailleurs très insignifiantes, appelées « tésos » par les habitants du pays. A quelle cause faut-il attribuer la présence de ces tâches de végétation arborescente au milieu des prairies ? Pour résoudre cette question, il faut remonter à l'origine des îles de forêt. Au voisinage de la côte, il est facile de constater que les « tésos » ne sont autre chose que d'anciennes dunes ; mais dans le centre de Marajó, ainsi que dans beaucoup d'au-

(1) Tandis que les Graminées vivaces atteignent souvent 1 m. et plus de hauteur, la prairie annuelle, d'ailleurs assez touffue, mais avec sous-sol souvent crevassé dans tous les sens, reste généralement au-dessous de 50 cm.

(2) Dans les campos de Marajó, surtout près de la côte, les *Cypéracées* jouent un rôle considérable.

(3) Les semences pourvues d'appareil de vol sont très rares dans les Campos inondés.

FIG. 1. — Campos inondés de formation récente, près de Monte Alegre. Au premier plan, un champ de *Panicum amplexicaule;* au loin, quelques îles avec arbustes et *Cecropia.*

FIG. 2. — Campo (inondé en hiver) dans l'île de Marajó. Au premier plan, divers Panicum; au second plan, une île de forêt avec des Palmiers « Tucumá » (*Astrocaryum Tucuma*) et des arbres à cime en forme de coupole (*Andina inermis*) et *Vitex* spec.). A gauche on aperçoit, tout au loin, la lisière de forêt.

tres Campos, il n'en est certainement pas ainsi, d'autant plus que certains « tésos » ne sont pas formés de sable, mais de pierres.

J'admets que toutes les îles de forêt étaient autrefois de véritables îles situées dans les bras du fleuve qui ont donné naissance aux campos. A cette époque, ces îles (si elles n'étaient pas des morceaux détachés de la terre ferme et par ce fait même couvertes de forêt) pouvaient se peupler facilement d'une végétation arborescente, comme il arrive encore aujourd'hui sur les îles nouvellement formées dans les bras d'estuaire de l'Amazone. Leur sous-sol était pendant toute l'année assez humide et les courants leur amenaient continuellement des semences d'arbres. Il est clair qu'il en était autrement pour les bras d'estuaire même, lorsqu'ils commençaient à se combler de sédiments. Des étendues énormes de terrain furent découvertes simultanément et ne pouvaient être peuplées que par des plantes à reproduction végétative rapide ou à dissémination très facile. La première condition était remplie surtout par les herbes littorales, la seconde par les plantes à petites graines, dont j'ai parlé plus haut. Par contre, les grandes semences des arbres littoraux du bas Amazone ne pouvaient plus se répandre sur ces grandes surfaces, même pendant la période de l'inondation, le courant étant devenu nul. On se demandera pourquoi les campos ne se sont pas couverts alors d'arbres à semences légères, ou à fruits recherchés par les oiseaux, ou d'autres animaux. Cette sorte d'ensemencement a certainement eu lieu et on lui doit probablement la présence des « Campos cobertos », analogues à ceux du Brésil central, parsemés de petits arbres tortueux appartenant aux genres *Byrsonima*, *Genipa*, *Anacardium*, *Curatella*, *Andira* etc.. Ces campos sont cependant assez rares dans la plaine du bas Amazone. Il faut se rendre compte des difficultés d'existence que des arbres isolés rencontrent dans un terrain, où ils sont exposés tantôt à une inondation qui peut dépasser leur taille (1), tantôt à une sécheresse excessive à laquelle se joint encore l'action destructive du bétail.

L'apport de semences des forêts voisines ou même des îles de forêt au milieu des campos n'était pas chose aussi simple qu'on pourrait s'imaginer. En dehors du fait que beaucoup d'animaux de la forêt qui auraient pu contribuer au transport des semences, ne s'aventurent guère en pays découvert, il y a encore celui-ci, que la plupart des arbres de la forêt ont des plantules extrêmement sensibles qui ne supportent ni l'insolation directe, ni une sécheresse atmosphérique un peu forte. Il ne semble

(1) Il est probable que l'échauffement considérable des nappes d'eau couvrant les campos contribue aussi à éliminer un grand nombre de plantes.

même pas que les îles de forêt se soient étendues tant soit peu depuis la formation des campos ; même sous la protection immédiate de la forêt les essences forestières n'ont pas avancé. La sécheresse de l'atmosphère et les vents violents, résultats du dessèchement des campos pendant les mois de Juillet à Décembre (pour Marajó) y sont certainement pour quelque chose. On peut y songer d'autant plus que l'influence de ces facteurs paraît même avoir modifié la physionomie des îles de forêt. Je crois que je n'irai pas trop loin en leur attribuant la forme caractéristique des cîmes d'arbres en dôme aplati (*Andira inermis*, *Hymenæa Courbaril*, *Vitex multiflora*) qui donne à la forêt des « Tésos » un profil bien différent de celui de la forêt ordinaire (1).

Le bétail qui depuis le commencement du 18me siècle a été introduit à Marajó, a certainement aussi contribué à empêcher l'extension des îles de forêt. Dans l'est de Marajó, j'ai quelquefois pu constater, sur les bords des tésos, la prédominance de certains arbustes épineux (*Basanacantha spinosa*) ou pourvus de poils urticants (*Jatropha urens*), prédominance qui est due sans doute à l'influence sélectionnante du bétail (2).

Si les îles de forêt des campos sont d'anciennes îles de fleuve, on pourrait s'attendre à y trouver les essences forestières qu'on rencontre encore actuellement sur les petites îles qui garnissent le cours inférieur de l'Amazone ou de ses tributaires. Or, ce n'est pas toujours le cas, bien s'en faut, et il sera souvent dificile de retrouver autre part les associations végétales qui constituent la végétation des îles de forêt. Une indication très précieuse à l'égard de cette question difficile m'a été fournie à l'occasion de l'étude des campos de Quatipurú (3). Dans les îles de forêt de ces campos, j'ai rencontré les mêmes palmiers qui se trouvent sur les anciennes terrasses fluviales des rivières de cette côte, marquant une ancienne flore littorale (*Astrocaryum Tucumá*, *Maximiliana regia*, *Attalea speciosa*). Il découle la conclusion, d'ailleurs très naturelle, que la végétation des îles de forêt dans les campos ne correspond pas à la végétation insulaire actuelle, mais qu'elle représente tout simplement un type ancien des îles du fleuve.

En résumé, on peut dire que l'origine fluviatile des campos inondés du bas Amazone est démontrée par leur situation, par leur forme, par

(1) On pourrait comparer l'action des vents secs sur les îles de forêt à celle des ciseaux d'un jardinier sur une haie : tous les rameaux qui dépassent les formes arrondies sont supprimés. Il est probable que la fréquence relative d'arbres dépouillés en été (*Spondias lutea*, *Vitex*, *Sapium biglandulosum* var.) sur les tésos de Marajó est également en rapport avec les vents secs.

(2) Un fait analogue est la fréquence extraordinaire de l'*Astrocaryum Tucuma*, palmier extrêmement épineux, sur les tésos de Marajó.

(3) Cf. Memorias do Museu Paraense, fasc. II, p. 17.

le niveau qu'ils occupent, par leur flore et par l'existence d'îles. Par le fait qu'ils sont inondés en hiver, et alors en communication directe avec le fleuve par des canaux plus ou moins larges, ils constituent encore de véritables dépendances du système fluvial. Il y a cependant certaines parties dans ces campos qui ne s'inondent jamais ou très rarement. Quant à l'origine, il ne faut pas confondre ces parties avec les « tésos » déboisés dans l'intention d'en faire des pâturages d'hiver, mais quant à leur flore, on ne pourra guère les séparer. Leur flore est en effet très différente de celle des campos inondés et on ne s'étonnera pas de la trouver plus variée. Les *Panicum* y sont remplacés par des *Andropogon* et *Pennisetum*, il y a beaucoup de *Légumineuses*, *Rubiacées*, *Cypéracées*, *Eriocaulacées*, *Labiées*, pour ne citer que les familles les mieux représentées.

Ceci nous mêne à parler des campos qui, probablement à cause de leur niveau un peu plus élevé par rapport au fleuve auquel ils appartiennent, ne s'inondent que partiellement durant la saison pluvieuse et qui ont par conséquent une végétation plutôt xérophile. A ce type appartiennent par exemple les campos sablonneux du Tocantins (d'après Buscalioni, particulièrement riches en *Eriocaulacées*) ceux du bas Tapajoz (Santarem et Villa Franca) riches en *Cassia*, et ceux au nord de Monte-Alegre. Certains de ces campos sont de véritables « campos cobertos », parsemés d'arbres rabougris (*Curatella*, *Byrsonima*, *Anacardium*, *Plumieria*, *Humirium*, etc.). On serait tenté de faire une distinction nette entre les campos inondés et les campos secs, mais il y a des passages qu'il serait difficile de classer. De plus, ces campos non ou peu inondés ont leurs îles de forêt et se rattachent, comme les campos inondés, à certains fleuves.

Pour les Campos du Tocantins, par exemple, M. Buscalioni m'a résumé (dans une communication manuscrite qu'il a bien voulu m'autoriser à publier) ses observations dans les considérations suivantes :

1) Le sous-sol des campos (du Tocantins) est formé de sable ou d'argile comme celui du Rio Tocantins.

2) Les campos sont bordés de rivages bien définis comme le Tocantins.

3) Dans les campos, il y a de véritables plages de sable comme dans le Tocantins.

4) Les campos communiquent en certains endroits avec la rivière; ces communications ont tout à fait l'aspect de bras de rivière (furos) desséchés.

5) Les campos ont la forme de grands fleuves (Mocajuba, Cametá) ou de lacs (Breu Branco et Arumateua).

Les **Savanes de la Guyane brésilienne** se rattachent étroitement aux campos amazoniens (1). Leur relief généralement plus mouvementé s'explique peut-être par le fait qu'elles sont probablement plus anciennes que les campos inondés de l'Amazone et qu'elles se rattachent à des cours d'eau qui ont un régime différent de ceux qui ont donné naissance aux grands campos inondés.

Mais tous leurs autres caractères prouvent que leur origine est également fluviale. Leur forme est généralement celle d'une grande rivière; elles sont bordées de rivages boisés et on y trouve des îles de forêt. Dans les campos de Cunani que j'ai eu l'occasion d'étudier, j'ai généralement trouvé un fond plat, inondé en hiver — à preuve les croûtes de *Cyanophycées* et l'aèrenchyme de diverses *Melastomacées*, — et des îles rocailleuses peu élevées mais couvertes d'une végétation tout autre avec des plantes caractéristiques : *Byrsonima verbascifolia*, *Scirpus paradoxus*, *Ipomæa aturensis*. Quelquefois ces îles étaient plus ou moins boisées ou présentaient l'aspect de véritables îles de forêt. Est-ce que nous avons affaire ici à des îles de forêt dont la flore s'est appauvrie spontanément ou par l'intervention de l'homme, ou est-ce que c'étaient des îles de rivière qui n'avaient jamais été couvertes de forêts épaisses? C'est là une question difficile à résoudre.

Il sera important aussi de rechercher si, dans la végétation des campos mêmes, nous trouvons encore des éléments que l'on pourrait considérer comme ayant une origine fluvio-littorale. Mais les données que nous en possédons ne sont pas encore suffisantes pour en tirer des conclusions. En admettant d'ailleurs une origine plus ancienne de ces campos, on doit aussi prendre en considération un changement plus profond de végétation soit par immigration de nouveaux types, soit même par adaptation et différenciation des anciens éléments fluvio-littoraux.

Les savanes des Guyanes française, hollandaise et anglaise se relient, dans leur végétation, aux savanes de la Guyane brésilienne ; il sera donc tout indiqué de leur revendiquer une origine semblable, d'autant plus que l'on trouvera, de cette sorte, une explication naturelle pour leurs îles de forêt.

Une fois que nous admettons l'origine fluviale des campos de l'Ama-

(1) Les habitants brésiliens de la Guyane appellent ces Savanes également campos.

zone et des savanes de la Guyane, il ne sera pas trop hasardé de se demander si les « Campos geräes » du plateau central du Brésil n'ont pas la même origine.

Ce qui semble contraire à cette idée, c'est principalement la grande extension de ces campos, qui amènerait à la supposition absurde que tout le pays en question n'ait été qu'un seul lit de rivière. Mais il est très probable que cette grande extension n'est pas primitive.

Tandis que dans le haut Amazone, dans une région éminemment favorable à la végétation arborescente, la forêt prend toujours le dessus sur la végétation herbacée, il est naturel que, dans un pays qui, par son évolution géologique, s'est trouvé placé dans des conditions climatiques moins favorables à la végétation forestière (1), les campos aient pu

FIG. 3. — Campo guyanais (savane). Au premier plan, bas-fond avec diverses graminées et cypéracées, à gauche une île pierreuse avec arbres tortueux (*Byrsonima*). Au fond, lisière de forêts des deux rivages du Campo. *Mauritia flexuosa* (à gauche) et *M. Martiana* (à droite).

s'étendre aux dépens des forêts, d'autant plus que depuis le peuplement par l'homme, le feu aura beaucoup contribué à cette évolution.

Si donc il paraît y avoir, au premier abord, une différence fondamentale entre les campos nettement fluviaux du bas Amazone et les cam-

(1) Dans cet ordre d'idées, je n'hésite pas à admettre l'influence considérable du climat dans son action hostile à la végétation arborescente « (Gehölzfeindlich », suivant l'expression de M. SCHIMPER).

pos des hauts plateaux du Brésil central, il n'en est peut-être pas ainsi et nous avons tout simplement deux formations d'âge différent mais d'origine semblable. Tandis que les Campos de l'Amazone et de la Guyane, ainsi que les Llanos de Venezuela, sont certainement post-tertiaires (les Campos amazoniens étant de tous les plus récents), il est certain que les campos du Brésil central existaient, au moins ébauchés, longtemps avant la période tertiaire. Dans cette première étape de leur existence, ces campos auraient eu, dans ma pensée, un caractère nettement fluvial, occupant des espaces limités au milieu d'un pays de forêts. Je ne pourrais faire mieux que de m'en rapporter, pour les considérations d'un ordre plus général, au remarquable aperçu de M. Warming, sur la végétation de l'Amérique tropicale, (Bot. Gazette, Vol. XXVII, N° 1).

La Botanique à la République Argentine,

Par **ANGEL GALLARDO**,

Professeur suppléant à l'Université de Buenos-Ayres.

Je tâcherai, Messieurs, de vous donner une idée, forcément incomplète, de l'état des études botaniques à la République Argentine, dans cette petite note, écrite trop rapidement et en me guidant en partie par mes souvenirs.

Le territoire de la République Argentine s'étend depuis le 22° jusqu'au 55° de latitude sud ; il est compris par conséquent dans la zone tempérée australe et dans une partie des zones subtropicale et antarctique. Si on ajoute que le relief du sol varie depuis le niveau de la mer jusqu'à plus de 6.000 mètres d'altitude et que cette étendue territoriale renferme des qualités de terrain fort différentes, il se conçoit facilement que sa flore doit être très riche et très variée.

On a décrit, en effet, environ 8.000 espèces de plantes Phanérogames et Cryptogames vasculaires tant indigènes que naturalisées et à peu près 3.000 espèces de Cryptogames cellulaires ; on peut calculer que les trois quarts de la flore argentine restent encore inconnus.

Il y a de quoi tenter les botanistes qui s'occupent de Systématique. Lorentz et Grisebach ont caractérisé les principales formations phytogéographiques du pays, mais il reste encore beaucoup à faire pour la délimitation des flores locales.

Malgré cela, la bibliographie botanique argentine est déjà assez riche, puisqu'elle comprend actuellement, d'après un essai de bibliographie que vient de publier le professeur Kurtz, de Córdoba (1), à peu près quatre cents articles, nombre qui s'élève à six cents en tenant compte des travaux relatifs aux pays limitrophes. Une cinquantaine environ de ces articles ont paru aux *Annales de la Société scientifique argentine*, d'autres dans les *Actes* et *Bulletin de l'Académie des Sciences de Cordoba*, *Annales* et *Communications du Musée National de Buenos-*

(1) *Boletin de la Academia Nacional de Ciencias de Cordoba*, t. XVI, p. 117, 207, 1900.

Aires, *Revue du Musée de la Plata*, etc. Le reste est formé par des articles publiés à l'étranger. Dans la liste des auteurs, donnée par KURTZ, je relève les noms suivants : ALBOFF, du Musée de la Plata, décédé il y a trois ans, quand il avait commencé à étudier la flore de la Terre de Feu ; ARATA, professeur à l'Université de Buenos-Aires; ARECHAVALETA, directeur du Musée de Montevideo ; BERG, professeur à l'Université et directeur du Musée de Buenos-Aires ; BETTFREUND ; BURMEISTER, ancien directeur du Musée de Buenos-Aires ; ECHEGARAY ; GRISEBACH, qui a écrit des travaux très importants sur la flore argentine, ainsi que HIERONYMUS, ancien professeur à l'Université de Córdoba ; HOLMBERG, professeur à l'Université de Buenos-Aires ; le célèbre HOOKER ; KURTZ, professeur à l'Université de Córdoba ; LILLO ; LORENTZ ; NIEDERLEIN ; PARODI ; PHILIPPI, directeur du Musée de Santiago ; SCHNYDER, ancien professeur à l'Université de Buenos-Aires; STUCKERT ; SPEGAZZINI, professeur à l'Université de la Plata, qui a étudié spécialement les champignons argentins, dont le nombre d'espèces connues s'est élevé à plus de 2.000 par suite de ses recherches.

Parmi les voyageurs qui se sont occupés de la flore argentine, on peut citer les noms bien connus de AZARA, naturaliste espagnol du XVIIIe siècle, qui a étudié plus particulièrement la faune que la flore, BALL, l'illustre DARWIN, DUMONT D'URVILLE, qui a décrit la flore des Malouines, DUSEN, GILLIS, HOOKER, OTTO KUNTZE, LEYBOLD, MIERS, MORONG, DE MOUSSY, A. D'ORBIGNY, TSCHUDI, TWEEDIE, WEDDEL, etc.

Le botaniste français BOMPLAND a étudié pendant plusieurs années la flore de la Mésopotamie argentine; mais ses manuscrits et ses herbiers n'ont pas été retrouvés après sa mort et ils sont malheureusement perdus pour la science. Plusieurs spécialistés étrangers ont étudié certains groupes de plantes argentines comme BESCHERELLE, BŒCKELER, BRIQUET, BRITTON, BUCHENAU, EATON, ENGLER, EVANS, FRANCHET, GAUDICHAUD, GILG, HARIOT, HEMSLEY, HENNINGS, KREMPELHUBER, KÜKENTHAL, LINDAU, MAGNUS, MALME, MASSALONGO, H.-C. et J. MÜLLER, NORSTEDT, OSTEN, PAX, PETIT, A. DE SAINT-HILAIRE, SCHUMANN, URBAN, etc.

Nous devons regretter l'absence d'un ouvrage d'ensemble sur la flore argentine, ainsi que sur les flores locales, ce qui augmente énormément les difficultés des commençants pour la détermination des espèces.

L'herbier le plus important du pays est à l'Université de Córdoba et contient les types de GRISEBACH. Il y a aussi des herbiers au Musée National, au Musée de la Plata et dans les établissements d'enseignement, ainsi que des herbiers appartenant à des particuliers.

Le Ministère national de l'Agriculture, de récente création, est en train d'organiser une section de botanique appliquée.

La Ville de Buenos-Aires possède un beau Jardin Botanique placé sous la direction de M. Thays.

Pour l'enseignement supérieur de la botanique il y a trois chaires à l'Université de Buenos-Aires, dont une à la Faculté des Sciences et deux à la Faculté de Médecine, l'une de botanique médicale et l'autre de botanique pharmaceutique. A l'Université de Córdoba et à l'Université de la Plata il y a aussi des chaires de botanique supérieure.

Quant à l'enseignement spécial et professionnel, il y a des cours de botanique à la Faculté d'Agronomie de la Plata et aux Ecoles Nationales du commerce et de l'industrie.

L'enseignement botanique secondaire est donné dans 16 collèges nationaux (lycées), dans les écoles normales et dans plusieurs collèges privés.

Des notions des sciences naturelles figurent aussi au programme de l'enseignement primaire qui est obligatoire et gratuit dans toute l'étendue du pays.

On a ainsi le droit d'espérer que nous aurons sous peu un certain nombre de botanistes argentins (et je pourrais déjà citer quelques noms) qui aideront aux savants étrangers à faire connaître mieux les richesses de notre flore, encore en grande partie inexplorée. Ces richesses ont été étudiées jusqu'ici presque uniquement par ces derniers, comme on peut s'en convaincre par l'aride énumération que j'ai fait de leurs noms, concision à laquelle j'étais obligé pour ne pas abuser de l'attention du lecteur.

DEUXIÈME PARTIE

DISCUSSIONS GÉNÉRALES — RAPPORTS ET VŒUX

De l'instruction populaire sur les Champignons,

Par L. ROLLAND,

Président de la Société Mycologique de France.

Pour bien connaître les champignons comestibles et pouvoir les séparer de ceux qui ne le sont pas, il n'y a qu'un moyen. C'est l'étude comparative. Un travail sérieux serait peu nécessaire si on n'avait pas à craindre les redoutables accidents, dont beaucoup suivis de mort, occasionnés par un certain nombre de ces cryptogames.

Ainsi, si les champignons étaient comme les fruits ordinaires de nos vergers, par exemple, on pourrait sans en connaître absolument les noms spécifiques et sans trop d'inconvénients les ramasser pour la table. Une pomme, à quelque espèce qu'elle appartienne, sera toujours comestible, une poire également. Ces fruits seront plus ou moins bons suivant qu'on mettra plus ou moins de discernement, ou d'étude comparative en les cueillant, mais c'est tout. Ce serait bien différent si l'on reconnaissait que telle ou telle espèce de pomme ou de poire serait un poison. Alors il faudrait regarder de plus près celles que l'on cueille et faire une étude comparative absolue.

Eh bien, voilà le travail qui s'impose inévitablement aux chercheurs de champignons. Les champignons ont des formes à peu près semblables, à première vue, comme les pommes ou les poires, et ce n'est que par une étude comparative de ces formes que l'on arrive infailliblement à ne pas se tromper. Je dis infailliblement parce que l'habitude de comparer nous obligera toujours à une sage circonspection et que si quelque caractère oblitéré vient à nous faire douter d'une espèce, nous la rejetterons sans hésitation.

Le doute n'est-il pas, en somme, le commencement de la sagesse ?

Soyez assurés que les personnes qui ont été victimes des champignons n'ont jamais agi de la sorte. On leur a montré une fois, par exemple, le champignon des prairies, ou encore l'Agaric élevé. Dix fois, vingt fois ils auront bien cueilli ces espèces, mais une autre année, à la même époque et au même endroit, malheureusement, ils rencontreront, par exemple, *Amanita phalloïdes* ou *Volvaria speciosa* qu'ils mêleront à leur récolte, ne voyant pas plus de différence entre les champignons qu'ils n'en voient entre deux espèces de pommes ou autres fruits.

Des siècles ont passé, des hécatombes innombrables se sont produites dans ces mêmes circonstances et l'on est encore à se demander comment obvier à un fléau qui revient périodiquement chaque année.

A cette cause d'accidents provenant de la connaissance superficielle des espèces, s'en ajoute une autre, qui vient de l'état dans lequel se trouvent les champignons consommés. En admettant qu'on ait affaire à des espèces comestibles, il faut aussi qu'elles soient dans des conditions convenables de fraicheur ou de conservation. Nous savons, en effet, que les champignons se gâtent rapidement et qu'il s'y développe alors des poisons redoutables, analogues à ceux que l'on rencontre dans la viande et le poisson avancés, ou dans les œufs gâtés.

Cette seconde cause de mortalité, moins fréquente certainement que la première, a été combattue par certains préceptes faciles à observer et passés, à cause de leur simplicité, à l'état d'axiomes dans la masse du peuple.

Tout le monde nous parlera, par exemple, de la pièce d'argent qui noircit ou ne noircit pas au contact de champignons que l'on fait cuire et nous savons que, s'ils sont en bon état, la pièce d'argent ne doit pas noircir. Mais, par malheur, la foule peu éclairée a élargi cette notion à la valeur d'un critérium certain pour juger de la nocuité ou de l'innocuité des espèces.

Pour beaucoup on ne s'empoisonnera jamais si l'on fait l'expérience de la pièce d'argent, et le précepte, sage en lui-même, mais qui ne s'applique qu'à la détermination des champignons trop avancés, est devenu tout de suite un préjugé plus dangereux encore que l'ignorance primitive, car il s'appuie sur un semblant de raisonnement, sur un sophisme en un mot, et ce préjugé, l'on est obligé de le combattre toujours, mais le déracinera-t-on jamais ?

En résumé, il n'y a pas de critérium pour indiquer facilement le danger, et pour éviter les empoisonnements, le chercheur de champignons comestibles devra connaître d'abord la classification des champignons. Ensuite il devra toujours les consommer frais ou dans un bon état de dessication, c'est-à-dire qu'il doit être assuré, qu'avant ou après la dessication, le champignon n'aura pas subi d'altération. Cette seconde observation sur laquelle il n'y aura pas lieu de revenir est faite aussi pour tous les aliments conservés ou non quelconques, mais il faut noter qu'elle est absolument indispensable dans le cas qui nous occupe.

Connaître la classification scientifique des champignons ; c'est bientôt dit, mais bien difficile à obtenir pour la masse du public, et cependant c'est là, c'est au fond des campagnes qu'il faudrait faire parvenir ces notions indispensables.

On a fait un certain nombre de livres, de cartes ou tableaux sur les espèces comestibles et vénéneuses et dans ces derniers temps, on a édité quelques excellentes publications sur cette matière ; mais n'est-il pas permis de douter de leur efficacité absolue pour prévenir les empoisonnements ? — Ces publications ne sont pas assez répandues. Ceux qui s'empoisonnent n'achètent pas de livres et il est permis aussi de dire qu'ils ne savent même pas qu'il y a des livres sur les champignons. Ils ne consultent personne. Par habitude ils vont chaque année au coin de leur bois ou de leur champ ramasser, comme je l'ai déjà dit, telle ou telle espèce qu'on leur a fait connaître une fois et un jour cette espèce se trouvera jointe à des champignons vénéneux sans qu'ils en aient la moindre conscience.

Pour parer à ces accidents si terribles et si nombreux, il faut faire appel aux personnes qui connaissent les champignons, les prier instamment de faire des élèves, les prier, au besoin, de faire des conférences et en premier lieu je m'adresse à nos nombreux collègues de la Société Mycologique de France qui habitent la campagne et qui doivent être les premiers à accomplir ce devoir.

Mais ce n'est pas suffisant ; ces notions ne devraient-elles pas être acquises par tous les médecins, les pharmaciens et en général par tous ceux qui ont une autorité dans les campagnes comme les curés et les instituteurs, les agronomes et aussi les gardes forestiers ?

L'administration publique pourrait obliger bien des fonctionnaires qui dépendent d'elle à savoir distinguer d'une façon précise les champignons comestibles des vénéneux. Et alors le jour où cette connaissance sera répandue sur tout le pays comme un immense filet aux mailles qu'on ferait de plus en plus étroites, ce jour là on pourra espérer par une surveillance plus grande voir le fléau s'éteindre et il serait certainement bien diminué.

Quand je dis à ceux qui connaissent les champignons qu'il faudrait faire des élèves, je leur dis aussi qu'il leur faudrait être très prudents sur la méthode d'enseignement, car la science qu'ils donneraient ne serait pas naturellement pour les nouveaux adeptes l'objet d'un examen sérieux comme au sortir des écoles.

Ne serait-il pas à craindre, par exemple, qu'après une conférence trop rapide ou des explications mal comprises, le premier venu se crut autorisé à chercher des champignons comestibles ?

Et vous voyez d'ici les conséquences !

C'est donc sur la méthode d'enseignement au gros public, puisque nous regardons aussi cet enseignement comme nécessaire, qu'il faudra porter toute notre attention.

Au risque de présenter un paradoxe, je voudrais que l'enseignement des champignons comestibles fût surtout, pour un conférencier, celui des espèces vénéneuses.

Il faudrait beaucoup parler des champignons dangereux et être très sobre de paroles sur ceux qui sont alimentaires, afin de ne pas attirer outre mesure l'attention des néophytes sur ces derniers.

Beaucoup qui viendront l'écouter connaissent plusieurs espèces comestibles, car le grand nombre des auditeurs d'une conférence se recrute surtout parmi les personnes que le sujet intéresse. Connaissent-elles aussi bien les champignons dangereux qui peuvent être confondus avec les alimentaires ? Je ne le crois pas, et au sortir d'une conférence telle que je la conçois, l'amateur devrait être rendu plus circonspect dans ses recherches et plus réservé dans les conseils qu'il donne certainement à ses amis. Et ceux-ci qui accompagnent celui-là, tout en étant séduits par la méthode du conférencier emporteront l'idée d'un danger qu'ils ne soupçonnaient pas assez.

Ne craignez pas qu'un tel procédé puisse nuire par un effet réflexe à l'étude des champignons comestibles.

Au contraire, le conférencier sera toujours d'autant plus suivi par les chercheurs et les esprits curieux de la nature qui viendront lui demander des conseils et qui voudront l'accompagner dans ses herborisations, et en même temps il obtiendra pour lui-même un grand repos de conscience par la prudence de son enseignement.

La classification naturelle vient même en aide à cette manière de voir.

Après avoir fait une distinction rapide entre les Ascomycètes et les Basidiomycètes, entre les Bolets et les Agarics, entre les divers genres principaux d'Agarics, le conférencier ne devra-t-il pas parler tout d'abord des Amanites, des *Agarics à volve* ?

Eh bien ! la statistique nous prouve que le plus grand nombre des empoisonnements mortels, sinon la totalité, est dû à des champignons de ce groupe.

En remontant à vingt années environ, cela nous est amplement démontré par :

Les observations et les expériences du Dr Louis PLANCHON (*Champignons* comestibles et vénéneux de la région de Montpellier et des Cévennes 1883 et ses observations in *Bull. de la Soc. Myc.*, 1891).

Les observations de MM. J.-A. GUILLAUD, 1885 ; KUHN, 1886 ; VILLEMIN, 1888 ; BOURQUELOT, 1892-94-96 ; TAPPEINER, 1895 ; V. HARLAY, 1895 ; V. DUPAIN, 1897 ; L. BOUCHET, 1897 (1).

Le malheur, c'est que ces champignons meurtriers sont très communs et que leur taille, leur forme et leurs couleurs les font se confondre avec les agarics les plus vulgarisés, ceux qui ont le plus de valeur comme aliments.

De ces deux causes résulte la fréquence des empoisonnements mortels qui effraient les populations et qui contribuent à faire suspecter tous les champignons, tandis que, réellement, s'il y a encore bien des espèces nocives dans les autres genres, elles ne sont pas, à beaucoup près aussi dangereuses généralement.

Le conférencier devra donc s'attacher à bien définir la volve ; faire comprendre que si l'on coupe les champigons au ras de terre, ce qui se fait fréquemment pour ne pas salir la récolte, ce caractère si important

(1) Toutes ces observations sont également tirées du *Bulletin de la Soc. Myc. de France.*

des Amanites disparaît, et qu'il ne reste plus souvent qu'un Agaric avec une bague....... et alors il rappellera que beaucoup de victimes viennent dire que c'est précisément parce qu'il avait la bague que le champignon a été récolté.

Voilà encore un de ces préjugés terribles nés d'une éducation imparfaite qu'il faut combattre et qui fait comprendre que les chercheurs peuvent ramasser des Amanites en croyant récolter des espèces estimées des amateurs comme l'Agaric champêtre ou la Lépiote élevée (1).

Il faut qu'on sache bien que les Amanites dangereuses ont toutes la bague, sauf les *Volvaria* que je joins aux Amanites ; mais que tous ces champignons, Amanites ou Volvaria, ont en outre une volve aisément reconnaissable qui chausse le pied comme une sorte de poche charnue plus ou moins friable. ce qui fait qu'il faut quelquefois un peu d'attention ; que cette poche renfermait primitivement le champignon quand il était jeune et s'est trouvée brisée par l'expansion du chapeau et que les verrues que l'on retrouve le plus fréquemment sur le chapeau proviennent des débris de la partie supérieure de la volve.

Ces débris quoique d'une nature charnue ou pulpacée ont été confondus par des personnes inexpérimentées avec les squames du chapeau de l'Agaric élevé, par exemple ; ils peuvent aussi manquer plus ou moins si l'Amanite a été lavée par les pluies.

Il faut donc regarder surtout comme caractère absolument essentiel la partie de la volve qui entoure le pied, et je suis persuadé que si tous ceux qui cherchent des champignons comestibles rejetaient ceux qui ont des volves, à part quelques-uns bien connus que je passe sous silence, on ne verrait plus relatés dans les journaux des mois de septembre et d'octobre autant de lamentables accidents.

Beaucoup de genres ont des espèces suspectes ou dangereuses, mais elles le sont beaucoup moins que certaines Amanites.

Cependant le prof. Ménier nous cite (*Bull. de la Soc. Myc.*, 1892 et

(1) Les préjugés viennent toujours d'un trop grand désir de posséder un moyen de vérification facile, ce qui est irréalisable.

Un troisième préjugé bien connu consiste à admettre tous les champignons attaqués par les limaces comme comestibles, tandis que les limaces, qui ont une constitution bien différente de celle des animaux à sang chaud, se rencontrent aussi bien sur les espèces les plus vénéneuses.

1899) dans les Lépiotes, genre voisin, une petite espèce, *Lepiota helveola* Brés., qui a été la cause d'empoisonnements très sérieux dans la Vendée et la Loire-Inférieure. Il a fait même avec le Dr MONNIER des expériences très probantes qui assimilent le poison de cette espèce à celui des Amanites.

Ce champignon, par sa petite taille, devrait échapper aux chercheurs d'espèces comestibles ; il n'est pas commun partout, mais il y a des contrées où il peut être abondant, comme il paraît l'être dans l'ouest de la France ; je l'ai rencontré aussi très fréquemment en Corse, aux environs de Corté. Il faut donc le citer comme susceptible d'être confondu avec quelques petites espèces moins recherchées.

D'autres genres, comme les Russules, les Lactaires, ont besoin également d'être bien connus, mais leurs espèces nocives se révèlent facilement par leur acreté quand on en mâche un petit morceau et les accidents qu'elles causent sont moins dangereux parce que le poison est éliminé plus vite par les vomissements et ne se répand pas autant dans l'économie comme celui des Amanites qui n'agit souvent qu'une fois la digestion terminée ou très avancée.

En passant en revue toute la classification des champignons, Agarics, Bolets ou autres, on se rendra très bien compte que c'est dans les Amanites que se rencontrent les espèces les plus meurtrières.

C'est donc leur connaissance, avant tout, qu'il faudrait généraliser.

Comme je l'ai déjà dit à propos du Musée Barla (*Bull. de la Soc. Myc.*, 1891), on devrait en voir des représentations en relief dans toutes les mairies des campagnes, semblables à celles données par BARLA à l'Ecole de Pharmacie de Paris et dont la plupart figurent à l'Exposition (classe 54).

Ce qui n'empêchera pas, mais à part, de faire figurer aussi les autres champignons suspects ou vénéneux, ceux qui seraient plus spéciaux à la région, dangereux par leur abondance et leur facilité de confusion avec des espèces alimentaires particulières à cette même contrée.

A défaut de moulages en plâtre qui, suivant moi, frapperaient davantage l'imagination, il serait toujours utile de les représenter par des tableaux bien faits.

J'ai, à peu près, développé tous ces arguments dans mon opuscule : *Essai d'un calendrier des champignons comestibles des environs de Paris* publié dans le *Bulletin de la Soc. Myc. de France* de 1887 à 1893 et dans le préambule j'ai exprimé le vœu que les espèces coupables fussent vulgarisées.

On a fait par le dessin des vulgarisations de la *Pyrale de la vigne*, du *Doryphore*, etc., etc. Je les ai vus affichés dans bien des Mairies et je me demande pourquoi on ne ferait pas de même pour les champignons vénéneux.

Cette vulgarisation par les soins de l'Administration serait bien plus sérieuse que par tout autre moyen.

Et même pour arriver à répandre beaucoup plus vite cette instruction dans les campagnes, je partage entièrement l'avis exprimé par le prof. Bourquelot (*Bull. de la Soc. Myc.*, 1892, page 168), qui voudrait voir de semblables planches affichées jusque dans les écoles primaires.

Seulement, par le même esprit de prudence qui m'a dicté quelques conseils que je me permets de donner aux conférenciers, je ne voudrais pas voir figurer dans ces tableaux une seule espèce alimentaire.

Je ne voudrais pas éveiller chez l'enfant une idée de convoitise qui pourrait devenir tout de suite un danger, mais au contraire une idée de défiance raisonnée qui portera ses fruits plus tard.

Au lieu de le laisser dans l'ignorance, comme on l'a fait jusqu'à présent, ignorance si préjudiciable, apprenez-lui quelque chose, mais apprenez-lui, avant tout, à se défier des champignons vénéneux et par dessus tout des Agarics à volve.

Comme exemple de « leçons de choses », je joins à cette note une planche réduite de quelques espèces redoutables de cette section que tout le monde devrait connaître (1).

On pourrait ajouter sur une semblable planche d'autres espèces vénéneuses, comme *A. verna*, *A. virosa*, *A. aspera*, *Vol. gloiocephala*, etc. J'ai pensé cependant que les seules espèces indiquées pouvaient suffire à faire écarter aussi les autres et qu'il était peut-être peu utile de compliquer les dessins.

On pourrait aussi faire d'autres planches pour d'autres genres où se rencontrent des champignons dangereux. Je ne cite celles des Amanites que comme exemple et comme la plus nécessaire. La photographie rendrait

(1) Cette planche présentée au Congrès signalait les *Amanita phalloides*, *Mappa* var. blanche, *Mappa* var. citrine, *muscaria*, *pantherina* et *Volvaria speciosa*.

de grands services pour ces reproductions, mais bien des mycologues fourniraient de suite d'excellentes planches en communiquant leurs dessins.

A la suite de la lecture de ce rapport :

M. Gillot expose que son fils, dans sa thèse de Doctorat en médecine, a signalé 150 cas d'empoisonnement causés tous par des *Amanita* ou des *Volvaria*.

M. Bourquelot fait remarquer quelle confusion il existe parfois dans la distinction des espèces toxiques et des espèces comestibles. C'est ainsi qu'il a pu voir, au Musée de Metz, dans une collection de champignons en plâtre, l'*Amanita rubescens* figurer au nombre des espèces vénéneuses.

M. de Jaczewsky parle de la toxicité de certains Bolets, et M. Cornu ajoute que certains Champignons autres que les *Amanita* et les *Volvaria* ont produit des accidents graves, l'*Entoloma lividum*, entre autres.

Après quelques observations de M. Chodat, qui demande à dégager sa responsabilité personnelle, de MM. Magnus, Gillot et Gidon, les membres du Congrès émettent le vœu suivant proposé par MM. Bourquelot et Gillot :

Considérant que les personnes qui meurent chaque année, empoisonnées par les champignons, sont victimes : soit des idées fausses qui sont répandues dans le public, relativement à la manière de distinguer les bons des mauvais champignons, soit des erreurs, des imperfections ou des lacunes qui existent dans les collections et les tableaux où l'on trouve représentés les bons et les mauvais champignons.

Les membres du Congrès international de Botanique de 1900 émettent le vœu suivant :

1° Que, dans les écoles primaires, les instituteurs enseignent à leurs élèves quelques notions très élémentaires sur les champignons et leur détermination, et qu'ils s'attachent dans leurs leçons à faire ressortir le danger qu'il y a de récolter les champignons sans les connaître et à dissiper les idées fausses qui règnent actuellement à leur sujet.

2° Que, dans la représentation des champignons (gravures, lithographies, moulages), l'attention soit attirée plus spécialement et plus qu'on ne l'a fait jusqu'ici, sur les espèces entièrement vénéneuses, c'est-à-dire mortelles, appartenant aux Amanites (*Amanita phalloïdes*, *mappa*, *virosa*, *nerva*), des observations très précises démontrant que les empoisonnements par ces espèces sont presque toujours suivis de mort, ce qui n'arrive ordinairement pas avec les autres espèces dangereuses.

3° Qu'il ne soit exposé publiquement que des représentations de champignons dont l'exactitude aura été vérifiée par des personnes compétentes.

De l'unification des méthodes de culture pour la détermination des Mucédinées et des Levûres,

par MM. L. LUTZ et F. GUÉGUEN.

Au cours de l'année 1898, l'attention des bactériologistes a été appelée par GRIMBERT (1) sur la nécessité d'adopter une marche constante dans la série de cultures à effectuer pour arriver à la détermination et à une identification rationnelle des espèces microbiennes.

Il nous a paru de quelque utilité de proposer l'extension de cette méthode de travail à l'étude des Mucédinées et des Levûres pour lesquelles l'arbitraire le plus absolu préside jusqu'ici au choix des milieux nutritifs, entraînant dans la connaissance de leur biologie une regrettable incertitude.

D'intéressantes tentatives dans cette voie ont été réalisées par E. Chr. HANSEN relativement aux Levûres. Cet auteur propose notamment l'emploi des caractères des ascospores et de leurs températures de formation qui devraient s'ajouter aux caractères morphologiques souvent insuffisants, et constituer en quelque sorte un critérium déterminatif (2).

Quelle que soit la valeur universellement reconnue des travaux de ce savant, ils ne sont cependant pas exempts de toute critique. En effet, les moûts de bière et les autres milieux naturels auxquels ont recours HANSEN et son école présentent le grave inconvénient d'avoir une composition chimique essentiellement variable et facteur de toutes les conditions extérieures 1° de la végétation des plantes qui les ont fournis,

(1) GRIMBERT. — De l'unification des méthodes de culture en bactériologie. — *Arch. de Parasitologie*, I, n° 2, p. 191, 1898.

(2) HANSEN. — Les ascospores chez le genre *Saccharomyces*. — *Meddel. fra Carlsberg Laboratoriet*, Bd., II, p. 29/13, 1883-88.

2° des conditions de fabrication. On conçoit aisément que les organismes qui se développeront aux dépens de tels milieux présenteront des différences de vitalité d'autant plus difficiles à apprécier que l'on connaît mal jusqu'ici les phénomènes intimes d'assimilation et de désassimilation qui président à la vie de la cellule.

Un autre inconvénient de cette variabilité réside dans l'impossibilité pour deux expérimentateurs différents de préparer des milieux rigoureusement identiques et par suite d'obtenir avec une seule et même espèce des résultats scientifiquement comparables.

Aussi croyons-nous devoir appeler l'attention du Congrès sur l'utilité de l'emploi des milieux artificiels opposés aux milieux naturels toutes les fois qu'il s'agira de l'identification d'une Mucédinée ou d'une Levûre. Ces milieux, en effet, préparés avec des produits purs pourront être indéfiniment reproduits identiques à eux-mêmes et les résultats des cultures qu'on y effectuera seront toujours comparables.

De même que Grimbert l'a proposé pour les microorganismes, il nous semble que les règles qui devraient présider à toute étude de ce genre peuvent se résumer ainsi :

« 1° Déterminer et fixer la composition des milieux de culture universellement employés et le mode rationnel de leur préparation.

« 2° Etablir des règles conventionnelles pour l'examen des propriétés morphologiques et physiologiques d'un organisme, c'est-à-dire dresser la liste des épreuves à lui faire subir pour mettre en évidence ses diverses fonctions ».

Examinons maintenant les moyens de réaliser ces deux propositions.

Les organismes inférieurs poussent, on le sait, à peu près indifférement en milieu liquide ou sur milieu solide. Quoique d'ordinaire les expérimentateurs emploient plus volontiers les milieux solides pour la culture des Mucédinées, il nous semble bon de ne pas négliger la culture en milieu liquide, seule capable de permettre commodément l'étude des modifications chimiques du substratum sous l'influence de la vie du Champignon.

Le liquide de choix, celui dont l'emploi est tout indiqué, notamment parce qu'il permet l'élimination des Bactéries qui accompagnent fréquemment les Champignons inférieurs dans leurs cultures, est le liquide de Raulin.

Est-ce à dire cependant que ce liquide convienne universellement à toutes les espèces ? Il s'en trouve qui refusent de croître dans un milieu acide. Aussi proposerons-nous pour celles-là l'emploi d'un liquide neutre, modification du précédent et qui nous a déjà rendu d'importants services.

Ce *liquide de Raulin neutre* peut être préparé de la manière suivante :

Eau distillée.........	1.500	Carbonate de magnésie...	0,40
Sucre candi.........	70	Sulfate de potasse........	0,25
Tartrate neutre de potasse.............	6,50	Sulfate de zinc...........	0,07
Azotate d'ammoniaque	4,50	Sulfate de fer............	0,07
Phosphate de potasse.	0,60	Silicate de potasse......	0,07

Les deux liquides, acide normal et neutre, pourront servir à l'obtention de milieux solides par l'addition de 1/20 de leur poids de gélatine.

Il est bon également d'examiner l'action de l'azote organique sur les Mucédinées et les Levûres. On pourra employer à cet effet du liquide de Raulin neutre dans lequel on remplacera l'azote ammoniacal par la substance organique choisie. Cette substance sera prise en quantité telle que le poids d'azote introduit dans le liquide nutritif soit égal à celui que renferme le liquide de Raulin type.

Parmi ces matières azotées organiques, se place au premier rang l'*urée* dont la transformation en carbonate d'ammoniaque sous l'action de l'uréase sécrétée par divers organismes constitue une propriété biologique importante et dont il est nécessaire de faire mention. Le liquide à base d'urée se préparera de la manière suivante :

Liquide de Raulin neutre sans azotate d'ammoniaque..	1.500
Urée..	3,375

Une autre particularité intéressante des organismes inférieurs réside dans la manière dont ils se comportent vis-à-vis des matières sucrées. Rien ne sera plus facile que d'étudier cette action en se servant pour les cultures d'un liquide de Raulin neutre dans lequel on remplacera le saccharose par les différents sucres usuels ou par des alcools polyatomiques. Cette substitution pourra d'ailleurs être faite à poids égal.

Au lieu de matières sucrées, on peut utiliser divers *hydrates de carbone*. Les plus usités sont la dextrine, l'amidon et l'inuline. Nous pensons que la dextrine doit être laissée de côté par suite de sa composition essentiellement variable et la difficulté de sa purification.

L'amidon peut être employé soit simplement délayé dans le liquide de Raulin neutre non sucré, soit à l'état d'empois. Le premier mode permettra la recherche dans le liquide filtré des sucres qui auront pu prendre naissance sous l'action de l'amylase sécrétée par certaines espèces.

L'empois montrera une liquéfaction sous la même influence. Nous proposerons l'usage de l'amidon de riz, à cause de la constance et de la petitesse des dimensions de ses grains. En tout cas, cet amidon devra être longuement lévigé à l'eau distillée et séché à basse température avant de servir à la préparation des milieux de culture.

L'inuline peut de même constituer la base d'un milieu liquide ou d'une gelée à l'aide desquels on manifestera la présence d'inulase entraînant la formation de lévulose.

La gelée d'amidon se préparera en additionnant du liquide de Raulin neutre non sucré de 1/20e de son poids de cet hydrate de carbone. Celle d'inuline en exigera poids égal.

Quant aux milieux divers sur lesquels on cultive d'ordinaire les Mucédinées et les Levûres, la variabilité de leur composition ne permet d'en retenir qu'un fort petit nombre, et encore les données expérimentales recueillies grâce à leur emploi ne pourront-elles avoir qu'un caractère en quelque sorte *qualitatif*, mais *jamais quantitatif*. Ces milieux sont liquides ou solides.

De tous les *liquides naturels*, nous ne retiendrons que le *lait*. L'action des organismes inférieurs sur le lait peut, en effet, s'exercer soit sans modification du milieu, soit en coagulant la caséine, soit en peptonifiant cette caséine.

La coagulation de la caséine peut être due à la simple transformation par l'organisme du lactose en acide lactique. Comme le lactose fait partie des matières sucrées dont nous proposerons l'emploi dans les milieux artificiels, nous pensons qu'il est utile d'ajouter au lait une certaine proportion de carbonate de chaux qui neutralisera au fur et à mesure de sa production l'acide formé et l'empêchera d'agir sur la caséine. Dans ces conditions on ne retiendra que l'action coagulante exercée par la présure. Cette dernière action pourra d'ailleurs être contrôlée par l'addition à du lait frais du liquide surnageant le coagulum et de 2/1000 de chlorure de calcium. Le mélange, mis à l'étuve à 37°, se coagulera rapidement s'il existe de la présure.

La préparation du lait se réduit à une simple stérilisation à 110°.

Parmi les *milieux solides* on peut citer :

1° Les *pommes de terres*. Bien que la nature et l'âge des pommes de terre influent nettement sur les caractères de culture des organismes inférieurs, il paraît bon de conserver ce substratum en raison de la commodité qu'il présente pour l'isolement par la méthode des stries et aussi, dans certains cas, pour la production d'appareils accessoires (bulbilles, sclérotes, etc.). Les pommes de terre seront préparées suivant les méthodes usuelles utilisées en bactériologie : elles seront introduites pelées et crues dans les vases de culture et soumises d'un seul coup à la coction et à la stérilisation.

Il sera bon également, pour l'étude des Mucédinées, de recourir à l'emploi de *pommes de terre acides*. Celles-ci pourront être préparées suivant la technique indiquée par l'un de nous (1), en faisant bouillir les fragments de pommes de terre pendant cinq minutes dans une solution d'acide lactique à 1 0/0 avant leur introduction dans les vases de culture, avec une petite quantité de la même solution, puis en cuisant et stérilisant à 120°.

2° Les *carottes*. La préparation en est calquée sur celle des pommes de terre.

3° L'*albumine*. En raison de l'action peptonifiante exercée par de nombreuses Mucédinées sur cette substance, son emploi doit être conseillé. Pour la préparer, on prendra parties égales d'albumine d'œuf de poule frais et d'eau distillée, on agitera vivement, on passera à l'étamine pour séparer les membranes, on répartira le liquide dans des tubes. On coagulera ensuite et on stérilisera à l'autoclave à 120°. Les tubes seront de préférence disposés pour cultures en surface. L'albumine étant un milieu très altérable et qui, malgré toutes les précautions, se raccornit rapidement, il est bon de n'en conserver que de faibles quantités à la fois.

Parmi les autres milieux pouvant rendre des services dans quelques cas particuliers, on peut citer :

1° Le *pain*, qui se préparera suivant la technique de SALOMONSEN (2) de la manière suivante : on choisira le pain de froment, dont la mie seule sera desséchée, réduite en poudre, disposée en couche uniforme dans les vases à culture, humectée d'eau et stérilisée à 120°.

2° Les *jus de fruits*, les *décoctions de pruneaux*, *de raisins*, *de crottin*, etc., etc., et, en général, les décoctions des matières organisées sur lesquelles on aura recueilli la Moisissure.

Ces divers moyens ne s'emploieront qu'en cas d'échec des milieux artificiels, et mention sera faite de cet échec.

En résumé, les divers milieux auxquels nous proposons de recourir pour l'étude des caractères de culture des Mucédinées et des Levûres sont les suivants :

(1) GUÉGUEN. — Recherches sur les organismes mycéliens des solutions pharmaceutiques ; études biologiques sur le *Penicillium glaucum*.— *Bull. Soc. myc. Fr.*, *t. XIV*, fasc. 4, p. 201, 1898.

(2) SALOMONSEN. Technique élémentaire de Bactériologie, Trad. DURAND-FARDEL, Paris, 1891, p. 43.

I. — Milieux généraux :

Liquide de Raulin acide normal.
Liquide de Raulin neutre.
Liquide de Raulin acide normal gélatiné à 1/20.
Liquide de Raulin neutre gélatiné à 1/20.

II. — Milieu azoté avec azote organique :

Liquide de Raulin neutre sans azotate d'ammoniaque + urée.

III. — Milieux renfermant diverses matières sucrées ou alcools polyatomiques :

(A) *Solution mère :*

Liquide de Raulin neutre sans sucre.

(B) *Milieux divers :*

Solution mère + glucose (pour mémoire, liquide de Raulin neutre).
Solution mère + lévulose.
Solution mère + galactose.
Solution mère + maltose.
Solution mère + lactose,
Solution mère + glycérine.

IV. — Milieux renfermant des hydrates de carbone :

(A) *Solution mère :*

Liquide de Raulin neutre sans sucre.

(B) *Milieux divers :*

Solution mère + amidon.
Solution mère + inuline.

V. — Milieux divers :

(A) *Liquides :*

Lait.

(B) *Solides :*

Pommes de terre,
Carottes.
Albumine de l'œuf de poule.

On remarquera la nécessité d'employer du liquide de Raulin neutre pour tous les milieux à base de matières azotées organiques ou de matières sucrées autres que le saccharose. En effet, en présence d'un acide, et sous l'action de la chaleur pendant la stérilisation, les substances azotées organiques, et, spécialement, celles appartenant au groupe des amides, peuvent retourner partiellement ou totalement à l'état de sels ammoniacaux. Les sucres peuvent, de même, subir certaines modifications.

Le lévulose devra être employé cristallisé ; de plus, ce corps étant altéré par la chaleur à 40°, on devra se servir de la bougie pour en stériliser les solutions.

Pour tous les autres milieux sucrés ou renfermant de l'azote organique, il est bon d'opérer la stérilisation par tyndalisation à une température voisine de 60°, afin d'éviter les décompositions de certaines substances sous l'influence de la chaleur.

Il est de toute nécessité de n'utiliser pour les ensemencements destinés à la caractérisation d'une espèce que des échantillons rigoureusement privés de bactéries, condition qu'il est facile de réaliser, soit par cultures préalables sur liquide de Raulin acide normal, soit par une série d'isolements en stries sur milieu solide.

Les milieux liquides seront répartis de préférence dans des fioles d'Erlenmeyer, et sous une faible épaisseur, de manière à porter au maximum l'action de l'oxygène de l'air. Exception sera faite lorsqu'on se trouvera en présence de Levûres anaérobies.

On devra noter soigneusement la température à laquelle on opèrera, et cette température devra, autant que possible, être la température optima de développement de l'espèce.

On mentionnera également la couleur des conidies et les variations de cette coloration avec l'âge de la culture ; de même, on observera, s'il y a lieu, la coloration du milieu sous-jacent.

Ces diverses constatations une fois faites, on étudiera les températures optima de développement, la formation des spores et leur germination, et on procèdera à la mensuration des diverses parties de l'organisme.

Température de développement. — On déterminera pour chaque espèce les températures optima, et, autant que possible, maxima et minima de développement :

1° Sur liquide de Raulin acide normal.

2° En cas de défaut de croissance, sur liquide de Raulin neutre ou sur un autre milieu *en le mentionnant.*

Formation des spores et des conidies.

I. — *Moisissures*. — On décrira soigneusement les différents essais tentés dans le but d'obtenir la sporulation et les résultats obtenus, avec toutes les phases qui la précèdent. Il est recommandé de tenter cette sporulation sur les divers milieux proposés pour la culture avant tout autre milieu (1).

II. — *Levûres*. — La formation des ascospores de Levûres sera tentée sur bloc de plâtre, suivant la technique donnée par Holm et Poulsen (2). La culture préalable sera faite sur un milieu artificiel, de manière à éviter les modifications de vitalité de la Levûre par suite des différences de composition des liquides naturels ou fermentés habituellement employés. Le liquide de Raulin est recommandable à ce point de vue.

On notera soigneusement les températures maxima, optima et minima, et, autant que possible, on établira la courbe correspondant aux températures et aux durées de cette sporulation.

Germination des spores et des conidies. — On étudiera, sur des cultures cellulaires, la germination des spores et des conidies ; on décrira les phénomènes d'ordre morphologique observés. On déterminera les températures maxima, optima et minima auxquelles se produit cette germination, et on verra si elles coïncident avec les températures maxima, optima et minima de développement de l'organisme primitif.

Mensuration. — Ainsi que le propose M. Mussat, il est utile de choisir pour la mensuration une unité internationale. Le μ métrique est ici tout indiqué.

1° On mesurera l'échantillon *in situ*, s'il y a lieu ;

2° On indiquera, en y joignant la mensuration, les modifications de forme observées dans les divers milieux de culture ;

3° On mentionnera les dimensions des spores et des conidies ; il sera utile de déterminer, s'il y a lieu, les modifications de forme et de grandeur présentées par les spores au moment de leur germination.

L'ensemble des expériences que nous proposons d'instituer pour arriver à la détermination de l'espèce chez les Mucédinées et les Levûres ne peut évidemment avoir la prétention de résoudre tous les cas. Il est

(1) Dans la plupart des cas, il sera bon de faire une opération en culture cellulaire, de manière à noter le mode d'attache des conidies sur leur support.

(2) Holm et Poulsen. — *Meddel. fra Carlsberg Laboratoriet*, Bd. II, p. 218/141, 1883-88.

fort possible qu'un certain nombre de Moisissures ne se prêtent pas ou se prêtent mal à l'observation dans les milieux indiqués. Néanmoins, ces espèces seront toujours une minorité, et les résultats positifs ou négatifs obtenus permettront d'abord un groupement en catégories biologiques dans lesquelles il sera plus facile de démêler la caractéristique de chaque entité.

D'autre part, il ne faut pas perdre de vue que la question de race intervient fréquemment dans la biologie des Champignons inférieurs. Les procédés que nous venons d'exposer auront l'avantage de ramener ces races à des types bien définis, croissant dans des milieux analogues, et, par suite, essentiellement comparables. Souvent l'organisme primitif, ensemencé d'emblée dans certaines conditions, refusera d'abord d'y pousser, mais ne tardera pas, par une sorte de sélection, à se transformer en une race susceptible d'assimiler le milieu primitivement impropre à son développement. Les constatations de cette nature permettront de grouper les races et de les rapprocher de l'espèce type ; ce sera un pas dans la simplification de la terminologie.

Telles sont les conditions d'ensemencement et d'observation que nous voudrions voir discutées. Puisque la détermination de l'espèce est liée à celle de ses caractères biologiques, choisissons une méthode dont l'application constante permette la comparaison de tous les résultats et l'uniformisation des diagnoses.

Après avoir entendu les indications contenues dans leur rapport : le Congrès adopte le vœu suivant :

« Les membres du Congrès international de Botanique, considérant l'intérêt qu'il y aurait à étendre aux Mucédinées et aux Levûres les méthodes rationnelles de culture adoptées en Bactériologie.

« Emettent le vœu que les expérimentateurs s'entendent pour substituer aux milieux naturels de culture des milieux artificiels de composition définie et constante.

« Ils désirent en outre voir adopter une marche uniforme dans la série d'expériences biologiques destinées à établir la diagnose des espèces ».

Sur l'adoption d'une unité internationale pour les mensurations micrométriques,

Par E. MUSSAT.

Les progrès accomplis ces temps derniers dans les études d'histologie ont été considérables et se continuent tous les jours. Ces progrès ont été rendus possibles par les perfectionnements de la technique microscopique et aussi par ceux réalisés dans la construction des objectifs. Des modifications considérables apportées dans la composition des verres d'optique ont permis d'en faire varier certaines constantes physiques, telles que l'indice de réfraction, l'achromatisme, le pouvoir dispersif, etc. De là sont nées des combinaisons nouvelles très supérieures à celles que permettait d'obtenir l'emploi exclusif du Crown et du Flint.

Parmi les caractères des organismes microscopiques que les nouveaux appareils nous donnent avec une grande précision, figurent ceux tirés de leurs dimensions réelles, lesquels ont pris une importance de jour en jour plus considérable. Certains de ces organismes ont, il est vrai, une grandeur qui, par sa variabilité même, semble n'offrir qu'une valeur secondaire ; telles sont souvent certaines Algues inférieures, ainsi qu'il a été dit dans une de nos premières séances. Mais il n'en est pas toujours de même : dans la classe des Champignons, par exemple, le volume des spores paraît prendre, avec la forme, une importance souvent prépondérante pour la distinction des espèces.

Il existe donc, en tout cas, un grand intérêt à déterminer aussi exactement que possible, les dimensions des corps observés. L'estimation approchée que peut donner un œil bien exercé est toujours insuffisante, ne pouvant indiquer que des comparaisons très vagues. Elle doit céder le pas à une mensuration précise, ce qui est maintenant rendu possible par les méthodes usitées.

Mais si cette opération est reconnue nécessaire par tous les savants, au moins en certaines circonstances, il est permis de penser que l'intérêt bien entendu de la science exige que les mesures obtenues en quelque pays que ce soit puissent être facilement appréciées et vérifiées au besoin par tout le monde.

Il est malheureusement loin d'en être actuellement ainsi, et vous savez pourquoi. Beaucoup de pays en effet pratiquent des systèmes de mensuration qui leur sont propres, et cette diversité montre sa résultante regrettable dans le sujet dont il s'agit. Chaque observateur a une tendance assez naturelle à adopter l'unité dépendante du système usité autour de lui ; et quand des savants d'autre nationalité veulent vérifier les résultats annoncés, ils se trouvent souvent dans l'embarras.

En admettant que chacun ait présente à la mémoire la valeur des diverses unités en usage (ce qui est peut-être assez improbable), il n'en devient pas moins nécessaire de se livrer à des calculs de correspondance qui permettent d'accommoder les choses aux habitudes d'esprit desquelles on est tributaire. Or, si ces opérations ne présentent pas de grandes difficultés, elles sont assez peu récréatives et occasionnent tout au moins de notables pertes de temps.

Supposons que j'aie à étudier un travail d'un auteur anglais. Je puis, à la rigueur, me rappeler que le pouce anglais équivaut sensiblement à 2^{c} 54 et que les 0,0394 de cette longueur correspondent à notre millimètre. Mais, d'un autre côté, comme les mesures micrométriques exigent une unité très petite (quelle qu'elle soit d'ailleurs), le calcul va se trouver compliqué d'autant, si, par hypothèse, l'auteur que je consulte a employé une fraction du pouce anglais.

Il est évident que les mêmes considérations s'appliqueraient à tous les pays.

Si nous imaginons au contraire que les savants du monde entier se servent de la même base de mensuration, tout inconvénient disparaît et la simple lecture suffira pour renseigner exactement.

Il paraît inutile d'insister longuement sur les avantages d'un pareil système pour en démontrer la nécessité.

Toute l'importance de la situation réside, à mon avis, dans la question de savoir quelle sera cette grandeur type adoptée par tous.

La fin du XIXe siècle est remarquable, entre autres points de vue, par les efforts faits de toutes parts pour arriver à une entente sur un système unique de poids et mesures, entente reconnue comme devant faciliter au maximum les relations commerciales entre les peuples. Vous savez tous que sur une initiative dont je n'ai pas à rappeler la légitimité, le système métrique, qui repose sur une base rationnelle, et échappe par cela même à la fantaisie ou à l'arbitraire, est sur le point de rendre possible cet accord si désirable. Les nations qui s'étaient jusqu'à présent montrées les plus réfractaires à l'abandon de leurs anciennes coutumes, sont, je crois, bien près de se ranger à l'idée dont il s'agit.

J'estime que si les relations commerciales doivent gagner à ce changement, les relations d'ordre scientifique n'auront de même qu'à en bénéficier. Je pense que notre Congrès donnerait, en faisant ce que je propose, une nouvelle preuve de l'utilité de ces réunions internationales dont un des meilleurs effets est de tendre à rapprocher les hommes en leur permettant de se mieux connaître, de se mieux apprécier.

J'ose donc espérer, si j'ai su convaincre par ce court exposé ceux qui pouvaient ne pas penser comme moi, que vous ne refuserez pas de vous associer au projet de résolution que j'ai l'honneur de vous soumettre.

A la suite du rapport de M. Mussat, *le Congrès international de Botanique a émis le vœu suivant :*

A partir du 1er janvier 1901, les savants de tous les pays sont invités à adopter comme unité dans les mensurations micrométriques le MILLIÈME DE MILLIMÈTRE déjà usité ailleurs qu'en France et qui continuera à être désigné par la lettre μ.

En conséquence de cette adoption, les constructeurs seront invités à n'employer à l'avenir que cette seule unité comme base des appareils de mesure.

Projet de nomenclature phytogéographique,

par Ch. **FLAHAULT**.

Le rôle de la Botanique floristique est relativement simple. Quelle que soit l'étendue du territoire considéré, elle se propose d'établir la statistique des espèces qui le peuplent, recherche leur origine, leurs migrations, leur distribution actuelle et antérieure. Qu'il s'agisse d'immenses pays comme les Etats-Unis de l'Amérique du Nord ou de la Russie, d'un ilôt perdu ou d'un canton, les auteurs peuvent employer les mêmes mots pour désigner des subdivisions d'importance fort diverse sans cesser d'être compris. Les botanistes russes répartissent entre quatre régions tout le territoire européen de l'Empire du Tsar ; un auteur récent en reconnait six dans la petite île de Lesbos, dont l'étendue ne dépasse pas quelques kilomètres carrés.

S'il est regrettable, à quelques égards, que le sens d'un mot manque de précision, le sujet traité dit assez ce dont il s'agit pour que cette variation dans les interprétations n'ait pas des conséquences bien fâcheuses. On remet aisément les choses au point.

Cette incohérence est plus fâcheuse lorsqu'il s'agit d'ouvrages de Géographie botanique. La Phytogéographie devient une science de plus en plus précise ; elle a pour but principal de faire connaître les rapports multiples de la végétation avec le milieu, si varié qu'il soit. Il importe donc que nous ayons, pour exprimer ces rapports, un vocabulaire suffisant, sur lequel les intéressés soient d'accord. C'est la condition essentielle de tout progrès.

Or, le plus grand désordre règne dans les ouvrages au sujet de la nomenclature et de la subordination des groupes géographiques. Les uns donnent indifféremment le même nom à de grandes étendues de pays et aux zones élevées des montagnes. Pour certains, les zones sont des contrées caractérisées par des formes de végétation déterminées, lorsque ces contrées se succèdent dans la plaine et les régions se superposent dans les montagnes ; ils disent région forestière, régions subalpine,

alpine, nivale, etc. Pour d'autres, les régions sont des territoires distingués dans les plaines par des caractères particuliers de végétation et de flore : Région des Steppes, région des forêts de Conifères, etc.

Cette notion de région botanique, si diversement interprêtée, désigne des unités géographiques d'ordre supérieur, ou bien elle est subordonnée à d'autres suivant le sens qu'on lui accorde, si bien que les noms de régions, provinces, zones, districts, secteurs, etc. désignent des choses très diverses suivant les auteurs qui les emploient.

M. A. Engler (1) a adopté une série de noms pour les unités phytogéographiques de divers ordres; mais il n'a pas été suivi par la majorité des botanistes, malgré l'autorité de ses travaux. C'est, sans doute, que cette série ne correspond plus assez exactement aux besoins d'une science qui réclame de plus en plus de précision. Sans aucun doute, en 1879, M. Engler n'a pas prétendu régler une question de méthode ; il n'a pas voulu établir un code de nomenclature phytogéographique, *ne varietur*. Il n'a voulu, ce nous semble, qu'exprimer clairement les faits qui font l'objet de son mémoire ; il n'a choisi les termes qu'il a employés que parce qu'ils lui ont paru commodes, sans en discuter tous les avantages et les inconvénients.

Le moment paraît venu où il faut fixer le langage, sous peine de ne plus s'entendre. La comparaison des faits sera singulièrement facilitée si nous adoptons des bases communes et une uniformité suffisante d'expression. Nous pourrons comparer les unités comparables si nous réservons le même nom pour des unités de même valeur. Nous pourrons à cette condition, parler des régions tempérées chaudes avec ou sans saison sèche ; nous pourrons mettre en parallèle les *régions* méditerranéenne, australienne, du Cap, Californienne, Chilienne, les *domaines* désertiques de l'Afrique septentrionale, de l'Asie occidentale et centrale, de l'Australie, du Colorado et du Mexique, le *district* des Vosges et celui des Maures, les *zones* subalpine et alpine des Alpes, des Pyrénées et du Caucase, etc., etc. M. O. Warburg a insisté au Congrès géographique de Berlin sur la nécessité d'une entente aussi prochaine que possible.

Jusqu'à présent, à vrai dire, les géographes se sont plus occupés de cette question que les botanistes. Nos connaissances floristiques nous permettent de mettre à peu près au point les récits des voyageurs et des géographes ; nous nous en sommes contenté pendant longtemps, faute de mieux.

(1) A. Engler, Versuch einer Entwicklungsgesch. der extratrop. Florengebiete, p. 326 et suiv.

Nos éminents confrères de Berlin ont, les premiers, songé aux moyens pratiques de dégager la géographie botanique du chaos où elle risquait de se perdre. MM. Engler et Drude ont bien voulu m'inviter d'une manière pressante à prendre une part active au Congrès des Géographes réuni à Berlin en 1899 ; j'en ai été empêché.

M. le professeur O. Warburg, que de longs voyages et de savantes publications ont préparé à cette tâche, fit au Congrès un rapport dont il a bien voulu m'envoyer les épreuves à la veille de l'ouverture du Congrès de Botanique. Il m'annonçait en même temps que le Congrès international des Géographes avait accueilli avec faveur ses propositions, exprimé le désir que des règles fussent proposées et adoptées par les géographes et qu'il avait, à cet effet, nommé une commission composée de MM. Ascherson, Drude, Engler, Græbner, Höck, Schweinfurth, Schumann, Volckens et Warburg. Là s'est bornée son action.

Cette démarche montre que le moment est venu pour les phytogéographes d'envisager les difficultés du sujet, de rechercher les solutions les plus claires, les plus aisément applicables à tous les pays et, ce travail accompli, de proposer aux intéressés les solutions reconnues les plus simples. Il est bien entendu que chacun demeurera libre de les admettre ou de ne pas les accepter ; il ne s'agit pas de faire des lois, mais de chercher en commun les moyens les meilleurs d'exprimer les faits qui font l'objet de nos études. Si nous savons en proposer d'excellents, ils seront, tout naturellement, adoptés.

Nous n'avons pas la prétention de résoudre le problème ; mais s'il est temps qu'il soit posé, le Congrès de Botanique en fournit une occasion qu'il ne fallait pas laisser échapper. Il ne paraît pas inutile, en tous cas, de poser quelques principes, de mettre en avant quelques idées pour solliciter, ici et ailleurs, des discussions approfondies.

La nomenclature phytogéographique doit s'appliquer avant tout à deux choses différentes :

1° Au substratum géographique et topographique de la végétation, c.-à.-d. aux *unités géographiques et topographiques* ;

2° A la végétation elle-même, groupée de diverses manières, suivant les conditions de climat et de milieu, c.-à.-d. aux *unités biologiques.*

Ce sont là les termes fondamentaux du problème ; mais il est d'autres questions, importantes aussi, sur lesquelles il serait utile qu'on s'entendît. Il y a lieu par exemple :

1° d'établir une synonymie internationale des groupes géographiques et biologiques de divers ordres, qui puisse être proposée aux botanistes voyageurs, aux explorateurs et aux géographes. Il importerait de l'établir dans les principales langues européennes, en Français, en Allemand, en Anglais et en Italien, en Espagnol et en Portugais, en Hollandais, en Suédois et en Danois, peut-être en Russe et en langue tchèque ; mais il faudrait nécessairement adopter pour les langues slaves des caractères latins ;

2° de proposer des règles relativement à la cartographie phytogéographique, à l'expression des faits généraux par des teintes conventionnelles adoptées d'un commun accord, à l'expression de la densité relative des groupes, familles, genres ou espèces, aux procédés de repérage, à l'expression des altitudes et des profondeurs, etc.;

3° de rechercher une terminologie applicable aux périodes de développement des flores, etc.

Bornons-nous ici à montrer la confusion qui règne dans la nomenclature et la distinction des divisions fondamentales.

I. Nomenclature des unités géographiques et topographiques. — Il convient de prendre pour base des divisions fondamentales des faits essentiels dominant tous les autres, incontestables en eux-mêmes et dans leurs conséquences pour la vie végétale.

Les rapports généraux de la végétation avec les conditions fondamentales du climat ne laissant place à aucune discussion, c'est avec raison que M. Drude (1) s'est efforcé de figurer les données climatiques fondamentales de manière à rapprocher les faits biologiques essentiels de leurs causes déterminantes. On peut ainsi décomposer notre lithosphère en tranches plus ou moins parallèles à l'équateur, en zones nettement caractérisées à la fois par le climat et par la végétation qui en est l'expression. Aux pays froids correspondent certaines formes de végétation, plantes de petite taille, à organes souterrains très développés, etc. Les végétaux qui les habitent résistent à des températures très basses pendant leur période de repos et supportent même pendant leur période végétative des températures inférieures à 0° ; ce sont des végétaux microthermes. Aux pays chauds correspondent des végétaux exigeant des températures très élevées qui périssent à 0° ou même à des températures supérieures au point de congélation. Beaucoup d'entre eux ont une vie active à peine interrompue. Ce sont des végétations macrothermes. On trouve aux contrées tempérées des plantes qui subissent un

(1) Drude, *Manuel*, p. 69 et suiv. pl. IV.

repos périodique, qui supportent alternativement des températures basses et élevées ; elles sont mésothermes.

Il est donc naturel de décomposer le globe terrestre en zones froides, tempérées et chaudes, comme l'a fait M. WILHELM SCHIMPER (1) après GRISEBACH. On peut encore, sans cesser d'être aussi clair, distinguer les zones froides et tempérées suivant l'hémisphère qu'elles occupent. C'est ce qu'a fait M. DRUDE pour le groupement général des régions de végétation en publiant la feuille 46 de l'*Atlas physique de Berghaus* (2).

Ce groupement n'a qu'une valeur générale. Il permet un premier triage, une division de la terre accessible aux personnes les moins préparées à une étude spéciale. Il n'est destiné qu'à faciliter le groupement ultérieur, je dirais même à le rendre possible. Les tropiques ne limitent pas rigoureusement les flores tropicales ; le cercle polaire ne marque pas d'une manière exacte où commence et où finit certaine végétation. C'est pourquoi il semble préférable d'exprimer le caractère climatique le plus important de chacune de ces zones, de les distinguer simplement sous les noms de chaudes, tempérées et froides (au lieu de tropicales, tempérées, arctiques).

Le mot *zone* est employé, dans ce cas, dans le sens qu'on lui donne généralement en Français.

La notion de zone s'applique exactement à ces unités de premier ordre ; ce sont bien des parties de la surface de la sphère comprises entre deux parallèles ; c'est dans ce sens que les météorologistes l'ont adopté ; mais *il nous paraît impossible de ne pas l'appliquer aux tranches suivant lesquelles se décompose la flore des montagnes ;* nous ne saurions trouver un autre mot pour le remplacer. C'est pourquoi nous aurons à revenir plus loin sur ce point.

Les grandes zones, chaudes, tempérées et froides, se décomposent immédiatement en groupes moins importants. Les causes climatiques se combinent dans chaque zone fondamentale de manières diverses de façon à réaliser, en somme, des climats très différents, à permettre le développement de végétations d'aspect et de composition très variée. Les différences que manifeste la physionomie de la végétation de deux contrées voisines traduit la dissemblance de leurs climats et leur ressemblance est l'expression de la communauté des facteurs climatiques. En d'autres termes, un même ensemble de conditions climatiques se combinant de la même manière détermine un même *type de végétation* ; d'autres

(1) SCHIMPER, *Pflanzengeogr.*, p. 227.
(2) DRUDE, *Atlas*, feuille 46.

conditions de climat ou seulement une autre répartition des mêmes conditions donnent lieu au développement de types de végétation différents. C'est ainsi que le type de la végétation de notre Europe occidentale est la forêt d'arbres à feuilles caduques, que celui de l'Europe orientale est le steppe, celui des climats chauds et constamment humides des tropiques, la forêt toujours verte.

Dès lors, les zones climatiques fondamentales se décomposent tout naturellement en grandes *régions de végétation*, parfaitement naturelles. Cette division est même la première qui apparaisse lorsqu'on étudie la végétation du monde. C'est la plus importante.

Les grandes régions de végétation sont de grandes régions climatiques ; la carte de la répartition des grands ensembles naturels de végétation coïncide avec celle des principaux types de climat sur toute la terre.

Schouw et A.-P. de Candolle ont les premiers distingué les régions (1). Martius et A. de Candolle les ont définies avec plus de précision (2). Le nom a été généralement adopté ; il y a donc lieu de suivre la tradition.

On lui a pourtant attribué un sens plus ou moins large. Nous pensons qu'il convient de lui donner la valeur que lui a attribué Grisebach dans son principal ouvrage (3). Ce sont les régions de végétation de M. Drude (4). C'est ainsi que nous disons : *Région forestière de l'Eurasie septentrionale*, *Région forestière tempérée de l'Europe occidentale*, *Région méditerranéenne*, *Région des steppes eurasiatiques*. C'est le sens propre du mot en Français : il exprime avant tout « une grande étendue de pays » (Littré).

Les grands massifs montagneux considérés dans leur ensemble et dans leurs rapports avec les régions qui les environnent et avec l'ensemble de la surface terrestre peuvent aussi constituer des régions naturelles. Le massif entier des Alpes constitue la *Région des Alpes* ; nous distinguons de même la *Région du Caucase*, celle *des Pyrénées et des massifs ibériques*, celle des *Balkans*. Suivant leur importance relative et les rapports de leur végétation avec celle des unités voisines, des massifs montagneux de moindre importance pourront avoir la

(1) J.-Fr. Schouw, Plantegeographie, Copenhague, 1822 ; édit. allem., Berlin, 1823. — A.-P. de Candolle, *Diction. des sc. natur.*, XVIII, 1820.

(2) Von Martius, Historia natur. Palmarum, I, tab. geogr. III et IV, 1831. — A. de Candolle, Introduction à l'ét. de la Geogr. bot., 1837.

(3) Grisebach, Die Vegetation der Erde, 1872.

(4) Drude, Manuel, p. 302 et suiv.

valeur des diverses unités subordonnées dont il va être question. C'est ainsi que nous dirons : domaine du massif central de France, domaine atlantique, domaines austro-occidental, central et oriental des Alpes ; que nous distinguerons les secteurs oriental, central et occidental des Pyrénées , les secteurs des Alpes savoisiennes, dauphinoises, provençales et maritimes, les districts des Albères, des Causses cévenols, des Cévennes granitiques, etc.

Les différents étages de végétation qui s'échelonnent sur les versants ajoutent un certain nombre de données à celles que fournit l'ensemble, projeté pour ainsi dire sur la surface générale du globe, en diversifiant les conditions biologiques et en multipliant les problèmes phytogéographiques.

Les grandes zones fondamentales se subdivisent donc en régions de végétation qui constituent les unités phytogéographiques les plus importantes. La notion des zones générales répond à un besoin de synthèse et résulte d'une comparaison consécutive. Les toundras polaires nous apparaissent comme une région voisine de la Région forestière de l'Europe septentrionale, avant que nous nous demandions s'il convient de classer chacune d'elles dans un groupe supérieur différent.

Cela étant, et puisqu'il paraît nécessaire de réserver le nom de zone pour exprimer les bandes parallèles suivant lesquelles se décompose la végétation des montagnes, nous pensons qu'il est avantageux de donner aux zones fondamentales le nom *Groupes de régions*.

Nous aurions ainsi un groupe de régions froides, un groupe de régions tempérées, un groupe de régions chaudes ; on pourrait dire de même les groupes de régions boréales, australes, tropicales.

Nous l'avons dit, ce premier groupement a pour effet principal de faciliter un groupement de second ordre, il est donc arbitraire ; il suffit, pour qu'il soit bon, qu'il repose sur des données évidentes, incontestées.

Les régions botaniques peuvent être subdivisées en circonscriptions secondaires, d'étendue variable, dans la détermination desquelles les variations du climat sont secondaires aussi ; ces variations dépendent ordinairement de conditions topographiques ou géographiques.

C'est ainsi que dans la région forestière de l'Europe occidentale, les contrées baignées par l'Océan atlantique se distinguent nettement des plaines voisines de la mer du Nord, des bassins moyens du Rhin et du

Danube. La région méditerranéenne n'a pas, au Sud des Pyrénées, les mêmes caractères qu'en France ou dans l'Afrique septentrionale.

M. ENGLER a donné le nom de province à ces subdivisions de régions ; ce mot a, dans beaucoup de pays, un sens administratif ou politique étroit qui rend son emploi incommode en donnant lieu à des ambiguités. Nous pensons que le nom de *Domaine* leur convient le mieux.

Nous distinguons donc, dans la région forestière de l'Europe occidentale, un *domaine atlantique*, un *domaine des plaines et basses montagnes de l'Europe occidentale*, un *domaine du Nord européen continental* ; dans la région méditerranéenne, des domaines ibérique, mauritanien, français, etc.

Les domaines peuvent eux-mêmes se subdiviser en *secteurs* ; des caractères climatiques secondaires traduits par la végétation entreront en ligne de compte, mais la considération des éléments floristiques dont nous n'avons pas eu à tenir compte jusqu'ici intervient aussi. Qu'une portion de région ou de domaine soit caractérisée par un certain nombre d'espèces émigrées de régions voisines ou par un certain nombre d'espèces endémiques, elle pourra constituer un secteur.

Nous distinguons dans le domaine atlantique un secteur aquitanien, où les espèces immigrées de la région méditerranéenne sont nombreuses, et un secteur armorico-ligérien où elles sont clairsemées ; dans le domaine français de la région méditerranéenne, un secteur provençal où abondent les représentants du domaine italien, un secteur du Roussillon et des Corbières que les espèces ibériques ont envahi, malgré la barrière des Pyrénées ; dans le domaine ibérique, un secteur bétique caractérisé par beaucoup d'espèces marocaines, etc., etc.

On peut introduire une distinction nouvelle basée soit sur des faits géographiques ou topographiques, soit sur des caractères physico-chimiques du sol, retentissant sur la végétation.

Le *district*, tel que nous l'entendons avec M. BRIQUET, correspond au *Bezirk* de M. ENGLER.

Les îles séparées des terres voisines par un bras de mer plus ou moins étendu tendent à se caractériser comme districts, par l'apparition des types endémiques. Des crêtes dépassant les limites de la végétation qui séparent des vallées tendent à leur donner des caractères spéciaux, en empêchant les migrations et en favorisant l'endémisme. Des massifs montagneux de composition minéralogique déterminée, isolés au milieu d'un massif de composition différente, doivent souvent être distingués comme districts pour les mêmes raisons. MM. C. Schröter, John Briquet, Paul Jaccard en fournissent d'excellents exemples pour les Alpes.

C'est ainsi que nous comprenons dans le domaine français de la région méditerranéenne, le *district* calcaire *des basses Corbières*, le *district des Maures et de l'Estérel* formé de roches éruptives siliceuses. Les Baléares, avec leurs nombreuses espèces endémiques, constituent un district très distinct dans le secteur oriental du domaine ibérique.

On peut, si une analyse attentive en montre l'utilité, distinguer encore des *sous-districts*. Il est possible qu'on reconnaisse un jour l'opportunité de distinguer dans le district des Maures et de l'Estérel deux sous-districts, si aux différences minéralogiques entre les sols éruptifs anciens et récents correspondent des différences floristiques qui nous échappent encore.

M. Briquet et M. Magnin distinguent plusieurs sous-districts dans les Alpes occidentales et le Jura (1).

En France et pour les mêmes causes, probablement dans toutes les contrées d'ancienne civilisation où le sol a gardé l'empreinte de l'histoire, les districts botaniques coïncident souvent d'une manière très exacte avec les anciens « pays ». Dans les massifs montagneux, les subdivisions admises par les habitants représentent aussi des divisions naturelles, des districts. Les dénominations des pays et des groupes montagneux distingués par les populations peuvent être le plus souvent appliquées à la désignation des districts ou sous-districts sans qu'il en résulte de causes d'erreur ou d'ambiguité.

Il nous reste à parler du dernier terme, du degré ultime de la série des unités géographiques et topographiques, de la *station* (Standort).

Dès 1844, Wimmer (2) insistait sur la nécessité d'ajouter à la diagnose morphologique de chaque espèce une diagnose phytogéographique « qui fixât d'une manière précise et en termes compris de tous les conditions où elle vit ; car une diagnose de ce genre ne contribue pas moins que la première à la connaissance de l'espèce ».

Une station est une circonscription d'étendue quelconque, mais le plus souvent restreinte, représentant un ensemble complet et défini de conditions d'existence. La station résume tout ce qui est nécessaire aux

(1) John Briquet, Rech. sur la flore du district Savoisien, 1890. — Magnin, La Végét. des Monts Jura, 1893.

(2) Wimmer, Flora der Schlesien, 1844 ; *Geogr. Uebersicht*, p. 4.

espèces qui l'occupent, la combinaison des facteurs climatiques et géographiques avec les facteurs édaphiques et biologiques, c'est-à-dire les rapports de chaque espèce avec le sol et avec les espèces auxquelles elle est associée.

La disparition ou seulement la modification d'un élément, une manière d'être spéciale, une variation même très faible d'un facteur quelconque suffisent pour déterminer une différence de station. Le vocabulaire de chaque pays, né du milieu même et du besoin qu'éprouve un peuple d'exprimer les faits et les phénomèmes qu'il observe chaque jour, doit fournir les moyens de désigner les stations propres au pays. Les Bruyères de l'Ecosse, les Steppes de la Russie, les Landes de Bretagne, les Prairies de l'Amérique du Nord, les Prés-bois de nos Alpes représentent des formes particulières de végétation dont on risque de se faire une idée fausse, lorsque, ne les ayant pas vues, on croit pouvoir les assimiler à une forme de la végétation d'un autre pays. Il faut donc se défier des traductions et ne pas craindre, en géographie botanique, d'adopter un nom de station tel que nous le fournit la langue indigène.

La notion de Savane, telle qu'elle a été adoptée et vulgarisée par nos voyageurs, comprend, paraît-il, des stations variées que, seule, l'ignorance de la géographie botanique a fait confondre. Il importe donc d'accepter, comme ayant une valeur géographique, les noms indigènes lorsqu'il n'est pas reconnu qu'ils ont leur synonyme exact dans la langue que nous parlons.

La *Toundra* polaire, la *Taïga* sibérienne, les *Myrar* des Suédois, les *Watten* du littoral de la mer du Nord, les *Llanos*, *Carrascos*, *Campos*, *Potreiros* et *Pinhals* du Brésil, les *Scrubs* d'Australie n'ont pas d'équivalents dans notre langue et méritent de garder leur nom au même titre que nos *Garigues* et nos *Maquis*.

Il arrive même (et c'est le cas pour notre langue française), que, loin de pouvoir traduire les noms donnés dans d'autres langues aux choses de la nature, le vocabulaire admis comme classique ne suffise pas à exprimer les faits et les phénomènes qui se produisent dans un pays, les objets qui s'y rencontrent. A l'inverse d'autres langues profondément pénétrées de la poésie de la nature, nées du contact constant de l'homme avec elle, la nôtre, toute littéraire, savante, née dans les salons où se réunissait jadis la bonne compagnie, n'a pas de mots pour exprimer ce qu'elle n'a pas connu. C'est de nos vieux parlers que nous sont venus *Garigue* et *Maquis* ; c'est aux vieux dialectes que nous avons repris *Sansouire*, *Erme*, *Casse*, *Campas*. Ils expriment des choses dont notre littérature n'a pas l'idée. Il est juste d'en enrichir notre langue.

Il ne s'agit pas pourtant, nous le répétons, de faire des propositions, mais seulement d'indiquer des solutions possibles. M. Warburg en a signalé une autre au Congrès des Géographes en 1899. Il pense qu'on pourrait désigner ce qu'il nomme *formation*, c'est-à-dire des groupes biologiques d'importance diverse, par une série de mots tirés du grec, subordonnés les uns aux autres et qui conduiraient logiquement à l'unité la plus simple, à la station. A ce dernier terme, on pourrait réserver, suivant M. Warburg, les désignations du langage vulgaire : maquis, scrub, garigue, etc. Le nom d'un groupe phytogéographique aurait la forme complexe de celui d'un groupe systématique comprenant les noms de la famille, de la tribu, de la sous-tribu, du genre, etc., comme Composées-Carduacées-Cynarées ou Crucifères-siliculeuses-latiseptées, etc.

Il nous reste, pour en finir avec la nomenclature des unités géographiques et topographiques, à dire quelques mots de la manière d'exprimer les bandes plus ou moins parallèles suivant lesquelles se superposent les végétations différentes dans le sens altitudinal.

S'il existe un certain parallélisme entre le climat des régions qui s'étendent de l'Equateur aux pôles et celui des montagnes considérées de leur base à leur sommet, on sait maintenant que ce parallélisme ne porte guère que sur la température de l'air. Il y a donc lieu de ne pas les confondre. Or le mot *zone* exprime, en France, des espaces nettement limités, comme la partie de la surface d'une sphère comprise entre deux parallèles (et, à ce titre, ce nom convient aux zones climato-botaniques fondamentales), comme un espace que l'on compare à une bande. C'est dans ce sens que ce mot est employé en Géologie, en Astronomie, en Météorologie, en art militaire. Avec cette signification précise, il exprime mieux que tout autre les étages de végétation qui se succèdent de la base au sommet des montagnes ou du niveau de la mer aux profondeurs où cesse la végétation marine.

C'est dans ce sens précis que ce mot a été adopté par les phytogéographes de langue française. « Sur une hauteur de 11.000 pieds, dit Edmond Boissier, en 1839, on doit s'attendre à trouver les végétaux distribués en *zones* distinctes et c'est ce qui arrive en effet, mais la délimitation de ces *zones* offre des difficultés..... (1) ». M. Christ a également adopté cette interprétation française du mot zone lorsqu'il dit : « Les différences qui se présentent dans le monde végétal, quand nous

(1) E. Boissier, Voyage dans le midi de l'Espagne, I, p. 185, 1839.

montons de la plaine à la limite des neiges, nous conduisent au principe des *zones*. Il suffit de jeter, de loin même, un coup d'œil sur l'une des chaînes de nos Alpes pour constater que les végétaux qui la couvrent se partagent en *zones* bien distinctes, aux limites bien accentuées (1).

Nous avons essayé de classer nos observations sur la nomenclature des unités géographiques et topographiques pour assurer, autant qu'il nous a été possible, une base solide à la discussion.

Nous résumons tout ce qui précède en énumérant simplement la série des unités intéressant la surface générale du globe, telles que nous croyons possible de les subordonner les unes aux autres :

GROUPE DE RÉGIONS,
 Régions (Schouw 1820),
  DOMAINE,
   Secteur,
    DISTRICT (Bezirk, Engler 1879),
     Sous-district,
      Station (Wimmer 1844).

Le mot zone s'appliquerait uniquement aux étages de la végétation superposés en altitude ou en profondeur, suivant la signification que lui a donnée E. Boissier en 1839.

II. Nomenclature des unités biologiques. — La nomenclature des unités biologiques est plus simple, *à priori*. Il faut reconnaître, pourtant, que si le désordre est grand dans le classement des unités géographiques et topographiques, la confusion est extrême dans celui des unités biologiques.

Pour éviter de nous égarer dans ce dédale, il est bon de reprendre en sens inverse la route que nous avons suivie jusqu'ici et de considérer d'abord les unités élémentaires, celles qui peuplent les stations. Nous y sommes d'autant plus encouragés que de bons travaux parus depuis quelques années ont commencé à introduire de l'ordre dans le sujet en faisant des *Associations* la base de solides études de géographie botanique.

En insistant, en 1894, sur la nécessité de prendre l'association des plantes vivant en commun dans une même station comme point de dé-

(1) H. Christ, La Flore de la Suisse et ses origines, p. 12, 1883.

part des comparaisons phytogéographiques, je n'avais pas la prétention d'innover. On doit à AL. DE HUMBOLDT d'avoir appelé le premier l'attention sur l'importance des *Associations végétales*. Dans son *Essai sur la Géographie des plantes* (1), il établit, en 1807, que les différentes associations de plantes qui se succèdent de la base au sommet du Chimborazo dépendent étroitement de la température, de l'humidité, de la pression atmosphérique, etc.

En 1820, A. P. DE CANDOLLE (2) insiste sur la nécessité de noter tous les détails relatifs aux Associations : la station, ses variations locales, le degré de fréquence ou de rareté des plantes, etc., leur groupement en sociétés.

Cette notion a donc son histoire. Il faut en préciser le sens. L'association végétale est la dernière expression de la concurrence vitale et de l'adaptation au milieu dans le groupement des espèces. Les habitants d'une même station ne sont pas seulement rattachés les uns aux autres par de simples relations de coexistence, mais encore par un lien d'intérêt réciproque, certains d'entre eux au moins trouvant avantage et profit dans les conditions déterminées par la présence des autres. Le terme d'Association végétale n'implique pas un concours harmonique de tendances diverses vers un but commun de bénéfice collectif, comme dans toute société fondée sur le principe de la division du travail. Il s'applique à un rapprochement de formes spécifiques et morphologiques étrangères les unes aux autres, avec le profit exclusif de chacune d'elles pour objet ; elles vivent les unes à côté des autres, suivant la conformité ou la diversité d'exigences qui trouvent leur satisfaction, soit dans les conditions même du milieu, soit dans les conditions déterminées par la présence des autres végétaux.

Parmi les espèces qui composent l'association, les unes sont *dominantes*, soit par l'action qu'elles exercent sur l'habitat en créant pour ainsi dire la station, soit parce qu'elles sont caractéristiques du paysage végétal par la forme, la taille ou le nombre des individus ; elles forment alors le fond de la végétation. Les autres sont *secondaires*, plus ou moins isolées, comme si on en avait saupoudré la végétation fondamentale ; ou bien encore elles sont *subordonnées* à divers degrés, soit qu'elles soient très peu répandues, rares, suivant le terme courant, soit qu'elles ne puissent vivre qu'à l'abri des premières, à leur ombre ou épiphytes sur leurs organes aériens, ou à leurs dépens, en parasites. Elles peuvent encore être subordonnées par la courte durée de leur vie active

(1) AL. DE HUMBOLDT, loc. cit., 1807, p. 14.

(2) A.-P. DE CANDOLLE, Projet d'une flore physico-géogr. de la vallée du Léman.

(plantes annuelles, bulbeuses, bisannuelles, etc.). Ce sont toujours les espèces dominantes qui caractérisent l'association.

Ainsi entendue, l'association répond exactement à ce que nous avons admis dès 1893, à ce qu'ont décrit MM. E. Warming en Danemarck, Kerner en Autriche, Robert Smith en Ecosse, F. Höck en Allemagne, Schröter en Suisse, Alb. Nilsson en Suède.

Le nom d'*Association* (*Plantassociation*) lui a été appliqué par les botanistes de langue anglaise. M. Warming la nomme *Plantesamfund* (en danois), *Pflanzenverein* ; M. A. Nilsson *Växtsamhälle* en suédois ; Kerner la désigne sous le nom de *Genossenschaft*; M. Höck lui donne aussi le nom de *Bestand*.

Il y a cependant des divergences d'opinion relativement à l'*Association*. M. W.-O. Schimper y voit des groupes écologiques spéciaux : « C'est la réunion de végétaux dépendant les uns des autres, mais dont les uns ont toujours un caractère accessoire et ne sauraient vivre sans l'appui des autres » (1). Il reconnaît quatre sortes d'associations écologiques de cette sorte : les lianes, les épiphytes, les saprophytes et les parasites. Ce sont des groupes de formes biologiques, non des associations telles que les comprenaient Al. de Humboldt et A.-P. de Candolle.

Si l'association est l'unité biologique la plus simple au point de vue géographique, l'expression ultime de la lutte pour la vie et de l'adaptation, les *formes biologiques* peuvent être considérées comme les unités élémentaires au point de vue spécial écologique, comme les espèces sont les unités élémentaires dont s'occupe la botanique floristique.

M. Warming a mis en rapport avec l'état de nos connaissances biologiques et physiologiques la notion des *formes biologiques* (*Lebensform*, *Vegetationsform*) demeurées assez vagues jusqu'à lui. Grisebach entendait par là des formes de même physionomie, qu'elles aient ou non des affinités morphologiques entre elles. On sait maintenant que le milieu retentit sur la structure; la notion en a été précisée. Lorsque nous parlons de la forme éricoïde, par exemple, nous n'entendons pas seulement parler de physionomie, mais aussi d'une foule de détails de structure dont l'aspect aérien n'est que l'expression collective.

Grisebach, donnant à la *forme biologique* un sens peu précis, ne pouvait songer à définir plus nettement des groupes biologiques ayant pour base la définition vague de la forme biologique, telle qu'il la concevait. En 1838, il imagina de les grouper sous le nom de *Formation phytogéographique* (*Pflanzengeographische Formation*, *Vegetationsformation*).

(1) W. O. Schimper. *Pflanzengeographie*, 1898, p. 208.

« Ich möchte eine Gruppe von Pflanzen die einen abgeschlossenen physiognomischen Charakter trägt, wie eine Wiese, ein Wald, u.s.w. eine *Pflanzengeographische Formation* nennen. Une formation est caractérisée tantôt par une seule espèce sociale, tantôt par une association complexe d'espèces dominantes des mêmes familles, ailleurs elle comprend un groupe d'espèces d'organisation variée, mais ayant cependant une particularité commune, comme il arrive pour les pelouses alpines qui se composent à peu près exclusivement de plantes herbacées pérennantes » (1). Mais, reprenant cette définition pour y introduire des distinctions de plus en plus spécieuses, GRISEBACH distinguait, en 1872, 54 formations. M. DRUDE en énumère 27 pour le massif hercynien (2). En 1896, il distribue entre 14 formations les divers types de forêts d'Allemagne (3). KURZ voit 8 formations dans les forêts de Birmanie (4); HULT répartit entre 45 formations la végétation de la Finlande septentrionale (5). La notion primitive a disparu; grâce à la nouvelle interprétation, l'ensemble disparaît sous les détails, l'arbre cache la forêt.

Cette diversité d'interprétation a jeté un grand trouble dans l'expression des faits relatifs à la géographie botanique.

Nos futaies, qu'elles soient formées surtout de Chênes ou de Hêtres, ou de Chênes et de Hêtres en mélange, ou associés au Charme, aux Érables, etc., n'en répondent pas moins à un type uniforme. C'est bien une même *Formation* dans le sens primitif du mot. L'*association* seule se modifie avec les espèces dominantes et avec les variations plus ou moins étendues que leur absence ou leur présence introduit dans les rapports des membres de l'Association. Nos « Bruyères » du Nord et de l'Ouest constituent encore une même formation, que l'espèce dominante y soit le *Calluna vulgaris* ou l'*Erica cinerea*. Nos « Maquis » varient à l'infini, une vingtaine des 70 espèces ligneuses qui les composent pouvant y être dominantes ou subordonnées, suivant les circonstances locales.

Il faut donc distinguer les *Formations* dans le sens large, primitif que lui a donné GRISEBACH et les formations telles qu'il les a comprises plus tard. Ces dernières sont des associations caractérisées par un type physionomique au lieu de l'être par les espèces dominantes. Or, comme

(1) GRISEBACH, Ueber den Einfluss des Klimas..., 1838.
(2) DRUDE, Ueber die Principien... 1889.
(3) DRUDE, Deutschlands Pflanzengeographie, 1896.
(4) KURZ, Forestflora of british Burma, 1877.
(4) HULT, Försök till analyt. Behandling... 1881.

le type physionomique le plus saillant est le plus souvent représenté par les espèces dominantes, il arrive bien souvent que la formation, ainsi comprise, corresponde parfaitement avec l'association telle que nous l'avons définie.

MM. Drude, Beck, Kerner, Warming ont admis le sens large avec diverses atténuations. R. Hult, MM. Stebler et C. Schröter ont admis le sens étroit. D'autres, se conformant aux variations même de la définition de Grisebach, ont admis des interprétations intermédiaires.

Il en résulte que pour les uns la notion de *formation* répond à un type général, comme la Forêt, que pour les autres elle a une valeur très particulière; la forêt embrasse alors un grand nombre de Formations.

Ce n'est pas tout. Si, dans la première pensée de Grisebach, la *formation* avait une valeur purement physionomique, si le même mot désigne, suivant les cas, un ensemble de végétation très étendu ou très restreint, la confusion s'est accrue de ce que beaucoup d'auteurs ont voulu lui donner une signification spéciale.

Les uns, en effet, lui ont gardé un sens descriptif, physionomique; (de Humboldt, Grisebach, Meyen); d'autres, cherchant à marquer les relations de cause à effet, donnent à la formation un sens topographique ou morphologique (Kerner). Pour M. W. Schimper, par exemple, une *formation* est une réunion de plantes déterminée par les qualités du sol et les conditions du milieu; elle est physiologique; il y a pour lui des formations climatiques et des formations édaphiques. Quelques-uns font même intervenir l'origine dans la définition de la formation. Pour Celakovsky, par exemple, une formation est un groupe d'espèces immigrées en même temps dans une contrée.

Il ne faut plus s'étonner que plusieurs botanistes, désorientés sans doute par ce désordre, nous avouent employer le mot sans se préoccuper du sens qu'il a, parce que d'autres s'en sont servis avant eux.

Il ne nous a pas été possible d'énumérer toutes les opinions relatives à la valeur du mot *formation*. Entre les deux extrêmes, la première interprétation de Grisebach et celle de R. Hult, il y a une gamme infinie de nuances. C'est une confusion babélique, un dédale inextricable.

Kerner acceptait pourtant le mot comme une nécessité « parce qu'il a été introduit dans la science » et bien qu'il le jugeât mal choisi. M. Warming s'abstient de l'employer. M. Robert Smith a suivi cet exemple; ses travaux y ont gagné une parfaite clarté (1). Ne sachant à quelle opinion me rallier et quelle signification donner à ce mot, *je ne l'ai jamais employé* ; j'ai pu m'en passer sans peine. Nous demandons que les phytogéographes prennent un parti, mais qu'en attendant, ils ne nous parlent de formations qu'en nous disant exactement ce qu'ils entendent par là.

En attendant, nous désignons volontiers par le mot *Végétation* un groupement quelconque indéterminé, comme l'a proposé M. Warming.

Avec M. Warming, on réserverait la désignation de *Groupe d'associations* (*Vereinsklasse*) pour embrasser dans un même ensemble plusieurs associations soumises aux mêmes conditions générales de milieu. L'association du Hêtre, celle du Chêne pédonculé, celle des futaies mélangées de nos plaines, etc. formeraient un *Groupe d'associations d'arbres tropophiles*. L'association du Pin sylvestre, celle du Pin maritime, celles du Pin Cembro, du Sapin, de l'Epicéa, etc., formeraient un *Groupe d'associations d'arbres résineux à feuilles persistantes*.

Nous distinguerions encore, en France, des groupes d'associations :

D'arbres non résineux à feuilles persistantes (Chêne-liège, Chêne vert).

D'arbres conifères à feuilles caduques (Mélèze).

D'arbres résineux et feuillus mélangés (Hêtre et Sapin, Hêtre et Epicéa, Epicéa et Bouleau.

D'arbres résineux et non résineux à feuilles persistantes (Chêne vert et Pin d'Alep, Chêne-liège et Pin maritime, etc.

D'arbustes et d'arbrisseaux à feuilles persistantes (Garigues et Maquis).

D'arbustes éricoïdes (Bruyères, etc.), etc.

Il y a des groupes d'associations homogènes, continues (*geschlossene Formation*) et des groupes d'associations interrompues (*offene Formation*), dont les éléments sont éloignés, dissociés, comme les arbres dans les prés-bois de Mélèzes, les buissons dans les garigues méditerranéennes, les broussailles dans les campos du Brésil, les touffes d'herbes sur les grèves caillouteuses ou sur les dunes littorales. Il arrive même que l'élément végétal soit si clairsemé que c'est tout naturellement le substratum qui donne son nom au groupe d'associations.

(1) Rob. Smith. Plant Association of the Tay Bassin, 1898. — On the study of Plant Association, 1899. — Botanical Survey of Scotland, 1900.

C'est ainsi qu'on pourra distinguer les groupes d'associations végétales des dunes et des plages maritimes, des rochers, des éboulis, des grêves des torrents et des fleuves, etc.

Ces détails seront aisément précisés.

Les groupes d'associations peuvent être eux-mêmes distribués en grandes séries écologiques, basées sur l'ensemble des facteurs qui les déterminent, comme le propose M. WARMING. *On aurait ainsi des séries de groupes d'associations* hydrophiles, xérophiles, halophiles, mésophiles, *qui seraient désignés simplement par les substantifs correspondants* : Hydrophytes, xérophytes, halophytes, mésophytes. Sur ce point, les phytogéographes n'ont qu'à suivre les excellents principes posés par M. WARMING (1).

Les grandes régions phytogéographiques sont caractérisées par un paysage végétal particulier, par un *type de végétation* qui marque la trace la plus nette de l'action du climat sur la population végétale. Les unités spécifiques y revêtent la même livrée ou un petit nombre de livrées distinctes; elles se ressemblent par l'aspect, par la taille, par la forme. Les végétaux en arbres de l'Europe tempérée, de l'Amérique du Nord, de la Chine et du Japon ont tous le même faciès; ils appartiennent au même *type de végétation*. Les végétaux herbacés des steppes, où qu'ils soient, si différents qu'ils puissent être au point de vue spécifique, ont partout le même faciès; la forêt tropicale avec ses étages multiples de végétation, ses lianes, ses épiphytes, son tapis herbacé infiniment varié représente encore un même type de végétation, où qu'on l'observe.

Le bon sens vulgaire a distingué par des noms spéciaux la somme des propriétés biologiques propres à chacun de ces types. La science n'a qu'à les accepter. Les arbres à feuilles caduques, les arbres à feuilles persistantes, les arbrisseaux, les lianes, les Palétuviers, les épiphytes, les plantes grasses, les herbes, les Mousses, les Lichens, les Algues (indépendamment de toute considération floristique) sont des types de végétation. Ces groupes écologiques représentent l'unité biologique de premier ordre.

Comme nous l'avons fait pour les unités géographiques et topographiques, nous énumérons la série des termes phytogéographiques d'ordre biologique, telle qu'il nous paraît possible de l'établir.

(1) WARMING. Lehrbuch der œkol. Pflanzengeogr., p. 114 et suiv.

TYPE DE VÉGÉTATION écologique, nommé par le bon sens vulgaire.

Série écologique **de Groupes d'Associations**, caractérisée par un substantif : HYDROPHYTES, XÉROPHYTES, etc. (WARMING 1894).

GROUPE D'ASSOCIATIONS (Vereinsklasse WARMING 1894, = *Formations* Schimper 1898, Grisebach *partim*).

ASSOCIATIONS (Al. de Humboldt, 1807, A.-P. de Candolle 1820 = *Formations*, Grisebach, 1872).

Forme biologique ; c'est l'unité écologique la plus simple, comme la station est l'unité topographique élémentaire.

Pour arriver aisément à une entente, il conviendrait que nous mettions à profit les facilités que nous devons aux applications de la photographie et qu'on publiât, pour chaque pays, des collections de paysages-types, accompagnés d'indications précises sur la nature des associations qui les forment, complétées par la citation des meilleures descriptions et représentations publiées dans les ouvrages antérieurs.

Dans l'état actuel des choses, la formation de collections de ce genre n'est pas difficile, et leur publication ne présente pas de difficultés insurmontables. Il suffit de rappeler à quel résultat est arrivé M. W. SCHIMPER, dans un ouvrage classique publié en 1898 (1), pour concevoir les meilleures espérances. D'ailleurs, M. ENGLER a proposé un bon exemple en traçant, à l'intention des botanistes explorateurs de l'Afrique orientale, une esquisse illustrée de la distribution des végétaux dans cette région (2).

Avant de me décider à soumettre au Congrès international de Botanique les considérations qui précèdent, j'ai consulté un certain nombre de phytogéographes que la nature et l'importance de leurs travaux mettent journellement aux prises avec les difficultés que je viens de vous signaler. J'ai consulté surtout MM. DRUDE, ENGLER et WARBURG dont je devais attendre les meilleurs avis, en raison de l'initiative prise par eux au Congrès international des Géographes, réuni à Berlin. La difficulté d'entrer dans de longs développements par lettres personnelles m'a forcé à me limiter.

Ce m'est un plaisir de reconnaître que, de Suède et de Danemarck, d'Angleterre, d'Allemagne, de Suisse, de Russie, d'Italie et des Etats-

(1) W. O. SCHIMPER, Pflanzengeographie, etc,, 1898.
(2) A. ENGLER, Grundzüge der Pfl.-Verbreitung in Deutsch-Ost-Afrika, 1895.

Unis d'Amérique, comme de France, toutes les réponses que j'ai reçues sont favorables à l'idée d'une *consultation générale*. Plusieurs, parmi vous, ont pris la peine de lire, par avance, le rapport que vous venez d'entendre avec une attention dont je vous remercie, et m'ont manifesté le même désir.

Je crois donc être l'interprète d'un grand nombre de personnes intéressées en formulant les conclusions suivantes, que j'ai l'honneur de proposer sous forme de vœu, à la discussion et aux délibérations du Congrès :

Le Congrès international de Botanique de 1900, partageant le désir, exprimé par le Congrès international des Géographes réuni à Berlin en 1899, de voir l'ordre pénétrer dans la nomenclature phytogéographique et l'entente s'établir sur ces questions :

1° Invite les personnes s'occupant de Géographie botanique à associer leurs efforts pour mettre de l'ordre dans l'expression générale des faits phytogéographiques, pour établir dans les principales langues la synonymie aussi précise que possible des termes dont il conviendrait de recommander l'usage aux voyageurs et aux géographes ;

2° Prend sous ses auspices une consultation générale en vue de laquelle il demande la collaboration : *a*) de la commission nommée dans ce but par le Congrès de Berlin ; *b*) de la commission nommée par le Congrès botanique de Paris, en 1889, pour s'occuper de la cartographie botanique ; *c*) des phytogéographes de toute nationalité, membres du Congrès actuel, qui voudront bien accorder leur concours à cette œuvre ; *d*) des phytogéographes étrangers au Congrès qui s'intéressent ou s'intéresseront à ces questions ;

3° Recommande la publication, dans les Revues de caractère international, comme *Engler's Jahrbücher* et le *Bulletin de l'herbier Boissier*, de travaux consacrés à la démonstration des faits, au développement des exemples et pouvant servir de modèles pour les efforts ultérieurs.

BIBLIOGRAPHIE

L. Adamovic. — Die Vegetationsformationen Osserbiens (*Engler's botan. Jahrb.* XXVI) 1898.

Edm. Boissier. — Voyage dans le midi de l'Espagne, I, 1839-1845.

John Briquet. — Recherches sur la flore du district savoisien et du district jurassique franco-suisse (*Engler's botan. Jahrb.* XIII) 1890.

— Le Mont Vuache, Etude de Floristique (*Bullet. des trav. de la Soc. bot. de Genève*, VII) 1891.

A. de Candolle. — Introduction à l'étude de la Géographie botanique, 1837.

— Géographie botanique raisonnée ; Paris, Masson, 1855.

— Constitution dans le règne végétal de groupes physiologiques applicables à la Géog. bot. ancienne et moderne (*Archives des Sc. phys. et natur. de Genève*, 1874).

A. P. de Candolle. — Projet d'une flore physico-géographique de la vallée du Léman, Genève, 1820.

H. Christ. — La Flore de la Suisse et ses origines (Edit. franç.), Genève et Bâle, Georg, 1883.

J. Daveau. — Sur la flore littorale du Portugal (*Bulletin de l'herb. Boissier*), IV, 1896.

O. Drude. — Die Florenreiche der Erde (*Petermann's Mitteil., Ergänzunhsheft* 74).

— Atlas der Pflanzenverbreitung (*Berghaus physik. Atlas*) Gotha 1887.

— Ueber die Principien in der Unterscheidung von Vegetationsformationen (*Engler's bot. Jahrb.*, XI, 1889).

— Handbuch der Pflanzengeographie (Edit. franc.), Paris, 1897.

— Deutschlands Pflanzengeographie, I, Stuttgart, 1896.

— Die system. und geograph. Anordnung der Phanerogamen (*Schenk, Handbuch der Botanik*), 1885.

A. Engler. — Versuch einer Entwicklungsgesch. der extratrop. Florengebiete, Leipzig, 1879.

— Grundzüge der Pflanzenverbreitung in Deutsch-Ost-Afrika und den Nachbargebieten ; gr. in-8, 154 p., 10 pl. et 4 fig. texte ; Dietrich Reimer, Berlin, 1895.

— Die Entwickelung der Pflanzengeographie in den letzten hundert Jahren, Berlin, 1899.

C. Flahault. — La distribution géograp. des Végétaux dans un coin de Languedoc ; Montpellier, 1893.

— Projet de carte botan. forest. et agric. de la France (*Bull. Soc. bot. de France*, XLI, 1894).

— Au sujet de la carte botan. de la France (*Annales de Géogr.*, 1896).

— Essai d'une carte botan.; Feuille de Perpignan (*Annales de Géogr.*, 1897).

— Flore de la Vallée de Barcelonnette. Montpellier, 1897.

A. Grisebach. — Ueber den Einfluss des Klimas auf die Begrenzung der natürl. Floren (*Linnæa*, XII), 1838. — Gesammelte Abhandl. (réédition), Leipzig, 1880.

A. Grisebach. — Die Vegetation der Erde, 1872. — Id. Zweite Aufl. 1884 ; — La Végétation du Globe d'après sa disposition suivant les climats (Edit. franç.), Paris, 1877-78.

F. Höck. — Genossenschaften in unserer Kiefernwaldflora (*Naturwiss. Wochenschrift*, X, 1895).

— Vergleich des Buchenbegleiter und ihrer Verwandten in ihren Verbreitung mit der Fageen (*ibid*, IX, 1894).

— Ueber Tannenbegleiter (*Œsterr. bot. Zeitschrift*, 1895).

— Eine Genossenschaft feuchtigkeitsmeidender Pflanzen Norddeutschlands (*Allg. bot. Zeitch. für Systematik*, 1898).

R. Hult. — Försök till analytisk behandling af Växtformationerna (*Meddelelser af Soc. pro Fauna et Flora fennica*, VIII, 1881 et XIV, 1887).

R. Hult et **Hj. Hjelt.** — Vegetationen och floran i en del af Kemi Lappmark och Norra Osterbotten (*Meddel. Soc. pro fauna et flora fennica*, XII, 1885).

Al. de Humboldt. — Essai sur la Géographie des Plantes, Paris, 1807.

Paul Jaccard. — Etude géo-botan. de la flore du haut bassin de la Sallenche et du Trient. (*Revue génér. de Botan.* X, 1898.

— Contribution au problème de l'immigration post-glaciaire de la flore alpine (*Bull. Soc. Vaudoise des Sc. natur.*, 4e Sér., XXXVI, Lausanne 1900).

Kerner von **Marilaun.** — Das Pflanzenleben der Donauländer, 1863.

— Pflanzenleben, 2e édit., 1898.

— Œsterreich-Uungarns Pflanzenwelt ; Vienne 1886.

A. O. Kihlman. — Pflanzenbiologische Studien aus russisch-Lapland (*Acta Soc. pro Fauna et Flora fennica*, VI, 1890).

Korshinsky. — Tentamen Floræ Rossiæ orientalis (*Mém. Ac. Imp. Sc. St-Pétersbourg*, 1898).

Kurz. — Forestflora of British Burma, Calcutta, 1877.

A. Magnin. — Recherches sur la végétation des lacs du Jura (*Revue génér. de Botan.*, V, 1893).

— La Végétation des Monts Jura ; in-8, 59 p., carte, Besançon, 1893.

— Contributions à la connaissance de la flore des Lacs du Jura Suisse (*Bull. Soc. bot. de France*, XLI, 1894).

Von Martius. — Historia natur. Palmarum, I, pl. III et IV, 1831-1850.

Meyen. — Grundriss der Pflanzengeographie, Berlin, 1836.

Alb. Nilsson. — Om Norrbottens Myrar och försumpade Skogar (*Tidskrift för skoghushollning*, 1897).

— Om örtrika barrskogar (ibid., 1896, Stockholm).

F. Pax. — Grundzüge der Pflanzenverbreitung in den Karpathen (*Die Vegetation der Erde II*), Leipzig, W. Engelmann, 1899.

R. Pound et **F. E. Clements.** — The Vegetationregions of the prairie province (*Botan. Gazette*, XXV), 1898.

— The Phytogeography of Nebraska ; Lincoln, Nebr., 1898.

G. Radde. — Grundzüge der Pflanzenverbreitung in den Kaukasusländern (*Die Vegetation der Erde* III), Leipzig, W. Engelmann, 1899.

W. O. Schimper. — Pflanzengeographie auf physiologischen Grundlage ; Leipzig, W. Engelmann, 1898.

J.-F. Schouw. — Esquisse d'un cours sur la Géographie des plantes (trad. franç. in *Ann. Sc. nat.*, 2e sér., *Bot.* III. 1835).

— Grundräk til en alm. Plantegeografi ; Copenhague, 1821 ; — Grundzüge einer allgem. Pflanzengeogr., Berlin, 1823.

C. Schröter. — Notes sur quelques associations de plantes rencontrées pendant les excursions dans le Valais (*Bull. Soc. bot. de France*, XLI, 1894).

Robert Smith. — On the Study of Plant Association (*Natural Science*, XIV, p. 100-120, 1899).

— Plant Associations of the Tay Bassin (*Proc. of Pertshire Soc. of nat. Science*, II, 1898).

— Botanical Survey of Scotland. I, Edinburgh District. II, North Pertshire district. (*Scottish Geograph. Magazine*, Juillet-Août 1900).

Stebler et C. Schröter. — Beiträge zur Kenntniss der Matten und Weiden der Schweiz (*Landwirtsch. Jahrb. Schweiz*, X, 1892).

— Les meilleures plantes fourragères alpestres, 1896.

Tanfiljeff. — Les domaines physico et phytogéographiques de la Russie d'Europe [en russe] ; br. 8° av. résumé en allemand, 2 cartes ; W. Djenakow, St-Pétersbourg, 1897.

— Géographie des plantes [en russe]; (*Entsiklopedia polnaia rousskago selskago khoziaïstra* p. 528-570, carte en couleur) ; 1900.

Trabut. — Les régions botaniques et agricoles de l'Algérie, 1881.

— L'Halfa, Alger, 1889.

Warburg.— Einführung einer gleichmässigen Nomenklatur in der Pflanzengeographie (*Geographische Zeitschrift*, Leipzig, 1900, p. 698), — *Engler's bot. Jahrb.*, XXIV, Beibl., p. 23-30.

E. Warming. — Lehrbuch der œkologischen Pflanzengeographie (Edit. allem.) Berlin 1896.

— Excursionen til Skagen i Juli 1896 (*Botan. Tidsskrift*, XXI, 1897).

— Om Grönlands Vegetation (*Meddelelser om Grönland*, XII, 1889).

— Botaniske Excursioner (*Vid. Meddelels. fra d. naturh. For. i Kjöbenhavn*, 1897).

— De psammophile Vegetationer i Danmark (*Vid. Meddelels. fra d. naturh. For. i Kjöbenhavn*, 1891).

Wimmer. — Flora von Schlesien, 1844.

A la suite de cette communication, M. Dutailly fait remarquer que M. Otto Kuntze demande le renvoi de la question à un prochain Congrès, mais sur la réponse de M. Flahault que le vœu en question n'est qu'une simple consultation, la proposition de M. Otto Kuntze d'ajourner la question à un Congrès ultérieur est repoussée à l'unanimité.

L'opinion de M. Flahault est appuyée par M. Fliche, et la première partie du vœu est adoptée à l'unanimité.

En ce qui concerne la dernière partie, M. Rouy fait observer qu'au Congrès international de 1889 une commission de Cartographie botanique avait été nommée. Il demande que les membres survivants de cette commission puissent faire, de droit, partie de la commission cartographique du Congrès de 1905.

Sur la réponse de M. Flahault que l'on peut, en effet, désigner nominativement dans son vœu cette commission, la proposition de M. Rouy, mise aux voix, est adoptée à l'unanimité.

Sur la demande de M. Guignard, appuyée par M. Jaccard, M. Flahault accepte de faire un rapport sur ce sujet pour le présenter au Congrès de Vienne en 1905.

La troisième partie de la proposition étant adoptée, M. Flahault se fait l'interprète des phytographes pour remercier le Congrès de 1900 d'avoir bien voulu agréer le vœu tout entier.

M. Guignard demande au Congrès de préciser davantage encore le vote qu'il a émis, et cela en nommant M. Flahault, rapporteur, ce qui est accepté à l'unanimité.

M. Hua propose que la nomenclature de M. Flahault serve de base aux travaux de la future Commission.

M. Hochreutiner pense au contraire qu'il vaut mieux laisser à cette dernière toute latitude, M. Flahault pouvant apporter les modifications qu'il jugera utiles.

M. Flahault appuie cette motion. Sa nomenclature, en effet, ne constitue uniquement, dit-il, qu'une indication et, pour une telle œuvre, la collaboration des botanistes de toutes les nations est nécessaire. Il serait d'avis, en tout cas, que les divers travaux ayant trait à ce sujet fussent publiés dans les trois langues, française, anglaise, allemande.

M. Dutailly pense, pour sa part, que la nomenclature de M. Flahault pourrait servir de base en phytogéographie, mais le Congrès, consulté à ce sujet, décide que la future commission aura toute latitude pour se prononcer à ce sujet.

Discussions générales concernant le prochain Congrès international de Botanique.

I. — PÉRIODICITÉ DES CONGRÈS.

La question de la périodicité des Congrès ne pouvait manquer de rencontrer un accueil favorable, et ce ne devait pas être un des moindres résultats du Congrès international de 1900 que d'établir définitivement la tenue de ces importantes assises botaniques où, pour le grand bénéfice de la science, se créent de nouvelles relations en même temps que se raffermissent les plus anciennes.

A l'exception d'un seul, cette question rallie donc tous les suffrages, et de plus c'est à l'unanimité qu'est adoptée la proposition d'un intervalle de cinq années entre chaque Congrès.

II. — FIXATION DU SIÈGE DU PROCHAIN CONGRÈS DE 1905.

De telles résolutions entraînent avec elles la désignation du lieu où se tiendra le prochain Congrès. A ce sujet, M. Perrot donne lecture d'une lettre officielle de M. de Wettstein qui, avec l'appui du Gouvernement autrichien, se met à notre entière disposition pour organiser à Vienne le futur Congrès.

Cette proposition appuyée par M. Britton donne lieu toutefois à certaines objections.

M. Bureau croit que la différence entre le mode de votation du Congrès de 1900 et celui adopté en Autriche peut créer des difficultés. Comme, de plus, les premiers travaux concernant le Code de la nomenclature ont été faits en France, il pense que le prochain Congrès devrait se tenir dans un pays de langue française, et en conséquence il propose la ville de Genève comme siège du Congrès de 1905.

M. Camus se rallie à cette proposition.

M. Rouy fait observer que le mode de votation devant être discuté au Congrès de 1905, il n'y a pas lieu de s'en préoccuper actuellement ; l'assemblée doit seulement délibérer sur le choix du lieu de cette future réunion.

En raison des démarches déjà faites par MM. von Wettstein et Wiesner auprès de leurs Gouvernements, en vue de la désignation éventuelle de la capitale autrichienne, M. Perrot est d'avis qu'il serait préférable de choisir Vienne.

A la majorité des votants, **cette dernière ville (Vienne) est désignée comme le siège du prochain Congrès de 1905.** Des remercîments sont votés par acclamation au Gouvernement autrichien, ainsi qu'à MM. von Wettstein et Wiesner pour leur offre si aimable.

III. — QUELLES SONT LES LANGUES OFFICIELLEMENT RECONNUES POUR LE PROCHAIN CONGRÈS ?

De quelle langue y aurait-il lieu de faire usage dans les futurs Congrès ? C'est la question que pose ensuite M. Britton dont les deux propositions suivantes sont soumises au Congrès :

1° *Pour les discussions d'ordre général dans les Congrès, toute proposition sera soumise à l'assemblée dans les 3 langues : francaise, anglaise et allemande ;*

2° *La langue française sera choisie comme langue officielle du Congrès de 1905 ; les communications pourront être faites dans n'importe quelle langue, mais seront toujours suivies d'un résumé en français.*

MM. Flahault et Magnus désirent que chacune de ces trois langues puisse être employée, mais que toute communication faite en l'une des langues soit l'objet d'un résumé dans les deux autres.

MM. Bureau et Hua pensent qu'il y aurait inconvénient à se servir concurremment de trois langues dans le cours d'une même discussion.

M. Greshoff estime que la langue officielle du Congrès doit être celle du pays même dans lequel il siège.

M. Chodat partage cette opinion en disant que, dans certaines contrées, en Angleterre notamment, il serait difficile de faire choix de la langue française pour les discussions.

M. Britton pense qu'il serait légitime d'employer le français à l'exclusion des autres langues, le français étant toujours la langue diplomatique.

M. ERRERA dit que, quelle que soit la langue dont on ait fait choix, toute discussion devrait être immédiatement traduite dans les deux autres langues.

C'est l'opinion de M. CORNU qui rappelle qu'au Congrès de 1867 on procédait ainsi, ce qui facilitait beaucoup la discussion.

La proposition de M. ERRERA rallie finalement tous les suffrages :

Les langues française, anglaise et allemande pourront être indifféremment employées par les membres du Congrès, toute communication, proposition ou discussion étant immédiatement traduite dans les deux langues autres que celle employée par l'auteur.

MM. MARTEL et BORZI demandent que la langue italienne soit comprise au nombre des langues dont l'emploi sera admis au Congrès.

M. HUA craint de voir augmenter le nombre des idiomes et propose de s'en tenir aux trois langues indiquées, en ne traduisant la communication que lorsque la demande en sera faite.

M. MUSSAT estime qu'il est préférable de traduire tous les vœux et motions, ainsi qu'on le fait jusqu'à présent, et avec M. CORNU il demande que l'on décide **que la langue du pays où le Congrès se réunira ait également droit de cité dans les travaux de l'Assemblée.**

Cette proposition est adoptée par acclamation.

IV. — A PROPOS DE LA NOMENCLATURE BOTANIQUE.

Le Congrès ayant décidé, que la question de la nomenclature serait soumise au Congrès de Vienne en 1905, nous avons pensé qu'il était utile de reproduire ici, in extenso, le procès-verbal de la séance du 2 octobre 1900, tel qu'il a été lu et approuvé par les membres du Congrès.

On trouvera dans le procès-verbal un certain nombre de décisions importantes que le Congrès a cru devoir prendre à titre d'indication pour la future réunion internationale de Vienne (1).

SÉANCE DU 2 OCTOBRE 1900.

Présidence de M. ROUY.

Assesseurs étrangers : MM. THISELTON DYER, KOLTZ, MICHELI, PFITZER.

L'ordre du jour appelle la question de la *périodicité des Congrès*.

M. le Secrétaire général prononce quelques mots pour préciser la pensée de la Commission d'organisation sur ce point.

(1) Note du Secrétaire général.

M. MALINVAUD demande la parole et s'exprime en ces termes :

Réponse à M. OTTO KUNTZE *par* M. MALINVAUD.

« Le Congrès voudra bien m'excuser si je l'entretiens un instant d'un incident personnel. Cette diversion à ses travaux scientifiques sera heureusement très courte.

Vivement pris à partie dans une brochure mise ici largement à la disposition du public et que son auteur, M. Otto KUNTZE, avait d'ailleurs adressée personnellement dans ces derniers jours aux membres du Congrès, j'use du droit de réponse.

Il suffira de rétablir en très peu de mots les faits dénaturés.

1° Pages 4-5 du factum, M. KUNTZE, peu satisfait d'une lettre du président de la commission du Congrès, s'exprime en ces termes : « *C'est donc une petite comédie dont* M. MALINVAUD *pourrait peut-être nous dire le nom du directeur réel !!*

Or, c'est la brochure de M. KUNTZE qui m'a apporté la première nouvelle de cette correspondance.

2° Page 8, au sujet de l'innocente question primitivement inscrite (1) sous le n° 9 : « *Je ne veux pas croire, dit* M. KUNTZE, *que* M. HUA *soit l'inventeur de cette proposition horrible qui ridiculise le Congrès de botanique, et j'espère qu'il la retirera et la retournera à son inventeur* ».

L'allusion est transparente : or je n'ai eu connaissance de cette *horrible* proposition que par la circulaire imprimée où elle était énoncée.

3° Dans une note placée au bas de la page 4, M. KUNTZE annonce qu'il ne viendra pas au Congrès : « *Je ne peux pas, dit-il, et je ne veux pas me soumettre là à une majorité locale révolutionnaire, sous l'influence de* M. MALINVAUD, *contre l'ordre international basé sur le code parisien* » (2).

Mes collègues ont été sans doute assez surpris d'apprendre qu'ils se laissaient conduire bénévolement dans des voies anarchiques par leur peu scrupuleux secrétaire général. N'insistons pas, tout cela est négligeable. Observons cependant que ce serait une forte méprise de vouloir, en nomenclature, classer les opinions par nationalités. Il ne saurait y avoir, sur un tel sujet, une doctrine française, une autre anglaise ou

(1) Cette question est ainsi formulée : *Etablissement d'un organe périodique international destiné à la publication des noms nouveaux pour la Science botanique, afin d'éviter, dans la mesure du possible, la multiplicité des synonymes.*

(2) Singulier paradoxe ! Le défenseur avéré du « Code parisien » dénoncé comme révolutionnaire par le promoteur de réformes qui changeraient radicalement l'esprit de ce même Code.

allemande; ce sont des questions complexes et délicates dont la solution ne se rattache pas à des vérités absolues, mais à des circonstances contingentes susceptibles d'appréciation différente selon le point de vue de chacun, et les divergences inévitables dans ce libre examen, si elles causent, parfois, une certaine confusion, sont aussi un gage de débats approfondis et le germe de discussions fécondes.

En fait, les avis sont aussi partagés en France sur ces matières qu'ils peuvent l'être à l'étranger. Sur un point, toutefois, notre entente est parfaite : nous pensons tous que chacun doit garder intacte l'indépendance de son propre jugement en la conciliant avec le respect dû à celui des autres; nos principes dirigeants communs s'appellent tolérance et liberté.

Le mémoire de M. KUNTZE renferme d'autres flagrantes inexactitudes sur lesquelles il convient de passer. *Ab uno disce omnes*, ou plutôt *a multis disce plura.*

Nous avons hâte de clore l'incident. Ni la grande érudition de M. O. KUNTZE, ni même sa bonne foi ne sont ici en cause. Puisse-t-il réprimer les écarts d'une imagination trop active et se défier des tours que lui joue cette folle du logis! »

Succédant à M. MALINVAUD, M. BUREAU prend la parole en ces termes :

Messieurs,

Au moment où les discussions vont s'ouvrir sur la grave question de savoir s'il y a lieu de réviser les lois de la nomenclature botanique, ma pensée se reporte naturellement vers le mémorable Congrès de 1867, où ces lois furent fixées et promulguées.

Il y a 33 ans de cela, et tout ce qui s'est passé à cette époque est aussi présent à ma mémoire que si cela était d'hier, tant j'ai été frappé, et par l'importance de l'œuvre à laquelle nous travaillions, et par la solennité de ce Congrès véritablement exceptionnel.

Une commission avait été nommée pour arrêter le texte sur lequel les délibérations devaient porter. Elle se composait de MM. DU MORTIER, Alphonse DE CANDOLLE, EICHLER, WEDDELL, COSSON, BOREAU, PLANCHON aîné et BUREAU ; c'est-à-dire de huit botanistes, représentant la Belgique, la Suisse, l'Allemagne, l'Angleterre et la France. De ces huit, je suis le seul survivant. Il est possible qu'au prochain congrès vous ne puissiez plus entendre parler des travaux de la commission, ou même des grandes assises de 1867 par quelqu'un y ayant pris part, et je crois faire chose utile en vous disant dans quel esprit ces travaux ont été exécutés.

Vous me permettrez de louer sans réserve la commission dont alors j'ai eu l'honneur de faire partie ; car je ne puis rien retenir pour moi de ces éloges. J'étais le plus jeune des membres, et mon devoir était surtout d'écouter les maîtres auxquels j'étais adjoint, tout en ne négligeant rien pour me former une opinion, puisque j'avais ma part de responsabilité.

L'ouverture du Congrès fut précédée d'un calme plein de dignité. Cette règlementation de la nomenclature était universellement désirée, et aucune polémique ne l'avait précédée. Le seul document sur lequel on allait avoir à délibérer, provenait de la plume d'Al. de CANDOLLE ; c'était un gage que tout se passerait avec la plus parfaite courtoisie.

Les séances de la commission, aussi bien que celles du congrès, furent présidées par M. du MORTIER. C'était un parlementaire très habitué aux discussions des Chambres, et il conduisit les délibérations avec un remarquable talent.

L'œuvre à accomplir fut bien définie. Nous crûmes tous, et avec raison, que le code que nous étions appelés à rédiger s'appliquait exclusivement à l'avenir, qu'il était destiné aux botanistes désireux de se conformer dans leurs travaux descriptifs futurs aux règles qui auraient été reconnues les meilleures.

Nous n'avions pas à nous occuper du passé, par la raison bien simple que chez aucun peuple les lois n'ont d'effet rétroactif.

De plus, nous ne pouvions que poser des principes généraux ; mais nous ne pouvions pas nous occuper des cas particuliers, de ce qu'en langage juridique on appelle : les espèces. Les législateurs font les lois ; mais ce sont les juges qui les interprètent et les appliquent, et, dans les cas particuliers, le botaniste muni de son code est le juge qui interprète la loi et s'y conforme pour les désignations qu'il a à donner. Donc, il n'est jamais entré dans notre idée qu'on put un jour être tenté de réformer la nomenclature des auteurs anciens, en s'appuyant sur une loi que ces auteurs n'ont pas connue. Je le répète : nous ne cherchions pas autre chose que faciliter le travail des botanistes futurs.

Il a été introduit dans ce code quelques articles auxquels on pourrait trouver, peut-être, une apparence un peu naïve. Je citerai, par exemple, celui dans lequel sont énumérées les divisions du règne végétal dans leur ordre de subordination. Cela nous est tellement familier qu'il pouvait paraître inutile de l'introduire dans le texte ; mais cela n'avait pas été codifié, et on a cru bon que ce qui était seulement une habitude devînt une règle.

La commission, qui, sur ce point comme sur les autres, s'est trouvée d'accord avec le Congrès, a, du reste, été très attentive à ne pas heurter les usages reçus. Elle a fait, en quelque sorte, ce que fait notre Académie française, lorsque, trouvant un mot utile et d'un usage courant, elle le consacre en l'introduisant dans notre langue.

Une autre préoccupation de la commission a été les désignations à donner à ces formes, souvent éphémères, que la culture produit chaque année. Beaucoup recevaient des noms latins, même avec description, ce qui pouvaient les faire prendre pour des espèces légitimes. A. de Candolle proposa d'insérer dans notre texte la recommandation de ne donner à ces formes que des noms tirés des langues modernes, et sa proposition, adoptée, contribua assurément à éviter la confusion.

Mais la question la plus importante, celle qui retint le plus longtemps la commission et le congrès, c'était celle de la précision à donner aux noms des espèces. Chaque homme porte deux noms : le nom de famille et le nom de baptême, chaque espèce porte également deux noms : le générique et le nom spécifique. Le nom générique correspond au nom de famille de l'individu humain ; le nom spécifique correspond au nom de baptême.

De même qu'il faut à un homme, pour le distinguer des autres, l'ensemble de ses deux noms, de même il faut à l'espèce végétale, pour la distinguer des autres, l'ensemble de ses deux noms aussi, et, comme il peut être utile de savoir à quel botaniste on doit cette dénomination binominale, on la fait suivre du nom de ce botaniste, le plus souvent abrégé.

Telle est la nomenclature binaire dans son admirable simplicité et dans toute sa clarté.

Mais, depuis quelques années, il s'était introduit, d'abord dans la Zoologie, et il commençait à s'introduire dans la Botanique, une tendance à donner au nom spécifique une importance presque exclusive, et de cette tendance venait de naître un système de nomenclature nouveau, dans lequel le nom de l'auteur ne s'appliquait plus qu'au nom spécifique. Nous n'avons pas à nous étendre ici sur les inconvénients d'un système qui met à néant la nomenclature linnéenne. Constatons seulement qu'il est parti d'un désir louable : celui de conserver au botaniste auteur d'un nom spécifique l'honneur d'avoir donné ce nom ; mais A. de Candolle n'eut aucune peine à nous convaincre que l'apparition d'un nom de botaniste à la suite d'un nom d'espèce n'implique aucune idée de mérite ni de démérite ; que c'est simplement une disposition, nécessité par un besoin de clarté, la constatation d'une responsabilité, en un mot une mesure d'ordre.

La commission, puis le Congrès consacrèrent, à la presque unanimité, cette manière de voir, et nous restâmes des linnéens purs.

En conséquence, il y a peu d'années, lorsqu'un congrès de paléontologistes voulut s'occuper de la nomenclature des fossiles, me trouvant, comme aujourd'hui, le dernier survivant de la commission, je revendiquai hautement pour les botanistes le droit de nommer les plantes fossiles aussi bien que les plantes vivantes d'après les règles adoptées par le Congrès de 1867 ; et la Société botanique de France appuya ma réclamation.

Ainsi, la Société botanique de France a non seulement mené à bonne fin l'œuvre dont la préparation lui avait été confiée, mais elle est restée sur la brèche pour défendre cette œuvre après que celle-ci fut devenue internationale et officielle.

Aujourd'hui on en demande la révision. Je suis loin de prétendre qu'on ne puisse pas y apporter quelques améliorations de détail ; car nulle œuvre humaine n'est parfaite ; mais celle-ci, plus que bien d'autres, approche de la perfection. C'est une œuvre d'ensemble, rédigée d'abord par la plus haute autorité scientifique qu'il y eut alors en Taxonomie et soumise ensuite aux plus sérieuses délibérations. Tout y est coordonné et justifié. Est-on bien sûr que les changements qu'on y apportera n'altèreront pas, sans grand profit, l'unité et la logique de ce texte qui est maintenant notre guide ? Pour moi, je m'en suis servi bien souvent, et j'y ai presque toujours trouvé la réponse aux doutes pour lesquels je le consultais.

Une révision ne m'a jamais paru utile. Peut-être, sans grands inconvénients, pourrait-on y faire quelques timides adjonctions ; mais j'estime que des changements trop grands seraient un véritable désastre. On ne peut, il me semble, toucher à une telle œuvre qu'en se plaçant dans l'état d'esprit où étaient ceux qui l'ont conçue. Ce calme, cette impartialité, ces mûres réflexions qui ont précédé la promulgation du code de la nomenclature, peut-on les espérer pour le prochain Congrès ? Nous en sommes loin, sans doute, et le calme peut se faire ; mais les polémiques qui ont déjà surgi peuvent bien donner quelques inquiétudes à cet égard.

M. Pfitzer n'attend pas grand chose d'un Congrès international et d'une Commission internationale ; aussi se refuse-t-il à admettre cette désignation.

M. Malinvaud déclare se rallier aux idées de M. Pfitzer.

M. le PRÉSIDENT met aux voix la question de la périodicité des Congrès.

La proposition est adoptée à l'unanimité moins une voix.

L'intervalle entre ces Congrès est mis ensuite aux voix. La proposition d'un intervalle de cinq ans est adoptée à l'unanimité.

M. ROUY demande ensuite que le Congrès se prononce sur la proposition de la nomination d'ici janvier 1902 par les Sociétés botaniques principales des différents pays, qui reconnaîtront l'opportunité de la revision du règlement actuel de la nomenclature, d'une Commission chargée de préparer cette revision et composée de membres compétents.

M. PERROT demande l'addition des grands herbiers aux Sociétés botaniques et M. BUREAU la substitution de grands établissements à grands herbiers.

M. MICHELI voudrait voir adopter la date du 1er juillet 1901.

Ces propositions rencontrant une approbation générale, M. ROUY donne lecture de sa résolution modifiée dans ce sens :

« *Nomination d'ici juillet 1901 par les Sociétés botaniques principales et les grands établissements botaniques des divers pays, dans le cas où ils auront au préalable reconnu en majorité l'opportunité du réglement des vœux concernant la nomenclature, d'une Commission chargée de préparer ce réglement, commission composée de membres compétents.*

« *Le bureau du Congrès actuel consultera les Sociétés et grands établissements et centralisera les réponses qui lui auront été adressées. Le dossier sera ensuite remis entre les mains de la Commission qui aura à désigner celui de ses membres chargé du rapport sur l'opportunité de la revision et de l'examen, s'il y a lieu, du mode de votation et de la procédure à adopter pour le prochain Congrès* ».

M. CORNU, puis M. BUREAU croient qu'il est peu utile de reviser; aussi M. CORNU demande-t-il qu'on statue sur l'opportunité de la revision.

M. MALINVAUD prend alors la parole en ces termes :

« Etranger à la double proposition énoncée sous le n° 5 de l'ordre du jour de cette séance (ceci dit pour prévenir ou dissiper les conjectures habituelles de M. KUNTZE à mon égard) et sans parti pris contre le principe d'une revision méthodique, prudemment réfléchie et concertée, des lois de la nomenclature, qui sont indéfiniment perfectibles comme toutes les œuvres humaines, je pense qu'on devrait préalablement trancher la question d'opportunité. Il serait rationnel, avant d'aller plus loin, de consulter les botanistes dont la compétence en ces matières est incontestable; jusqu'ici la plupart sont restés silencieux, les réformistes déclarés sont en très faible minorité, et il existe entre eux des divergences profondes parfois mêmes irréductibles. Tant que ceux-là garderont le silence et que ceux-ci ne s'entendront pas, le projet de réunir un Congrès revisionniste sera au moins prématuré. Il appartiendrait aux novateurs trop impatients de provoquer ou de faire eux-mêmes une enquête qui établirait s'il existe un courant d'opinion favorable à leurs idées. Il suffirait d'adresser à tous ceux qui ont voix au chapitre en cette matière une invitation à répondre aux questions suivantes : 1° Etes-vous d'avis qu'il soit opportun de reviser les lois de la nomenclature botanique adoptées par le Congrès international de 1867 ; 2° si la réponse est affirmative, sur quels articles devraient porter les réformes, dans quelle ville et à quelle date se réunirait le Congrès revisionniste? Les réponses obtenues à la suite de ce referendum seraient publiées avec les noms de leurs signataires respectifs, et l'on connaîtrait ainsi d'une façon précise le sentiment de la majorité, auquel chacun se ferait un devoir de se soumettre ».

M. Morot juge le Congrès incompétent pour voter sur la proposition de M. Cornu et conclut dans le même sens que M. Malinvaud.

Une série d'observations est alors échangée entre MM. Rouy, Cornu, Perrot, Bureau, Micheli.

M. Mussat dit que, dès le début, au sein même de la Commission, on a admis que le Congrès n'avait pas qualité pour statuer et que par suite il ne pouvait lui être reconnu davantage le droit d'être juge de l'opportunité de la revision

Après un nouvel échange d'observations entre MM. Lignier, Cornu, Rouy et Bureau, M. Perrot, résumant la question posée par M. Cornu, dit qu'il ne croit pas le Congrès compétent et que si la question est mise aux voix, il votera contre.

M. Chodat fait observer que, toutes les fois qu'on présente à un Congrès une question à laquelle il est insuffisamment préparé, on ne peut rien y faire de bon. Il existe une Commission nommée à Gênes, pourquoi en nommer un autre?

Une discussion s'engage alors entre MM. Malinvaud, Bureau et Rouy. Il est fait remarquer par M. le Président que, dans la Commission de Gênes, il y a beaucoup de disparus et que la Commission dont on propose la nomination n'aura autre chose à faire qu'une sorte de statistique.

M. Chodat dit qu'il ne faut pas lier la prochaine Commission au futur Congrès.

Ce point est absolument entendu.

M. Rouy remet au point sa proposition et expose toutes les garanties qu'elle comporte, la Commission devant seulement enquêter et soumettre son rapport positif ou négatif au prochain Congrès.

M. Cornu demande de nouveau que le Congrès formule son avis sur l'opportunité de la revision.

M. Hua croit le Congrès incompétent pour trancher la question d'une manière définitive. La nomination d'une Commission n'engage nullement l'avenir. M. Perrot, au nom de M. Pfitzer, demande qu'on mette aux voix la question de l'opportunité de la nomination d'une Commission. M. Fliche fait observer qu'il sera peut-être bon de renvoyer le vote sur ce point à une autre séance, de manière à bien montrer que le Congrès n'entend pas lier la question de nomenclature à celle de la périodicité.

M. Hua se rallie à cette proposition.

M. Perrot demande alors que l'on veuille bien se prononcer sur la question : Dans le prochain Congrès s'occupera-t-on de la nomenclature ?

Après un nouvel échange d'observations entre MM. Angelo Gallardo, Cornu, Bois, Gillot, Hua, M. Cornu demande à nouveau la mise aux voix de sa proposition : Le Congrès est-il d'avis qu'il y ait oui ou non des réformes à faire en nomenclature?

M. Lignier déclare qu'il votera contre cette proposition, car il ne se reconnaît pas la compétence nécessaire pour trancher une question de cette importance.

M. Gillot croit également le Congrès incompétent.

M. Hochreutiner fait observer que M. le Président a proposé au début de la discussion de consulter les Sociétés et non le Congrès et que l'on s'écarte de la question primitivement posée. Il dit qu'on s'est engagé à ne pas toucher au fond de la question et proteste contre la motion de M. Cornu qui veut faire toucher à ce fond alors qu'on ne doit décider que sur le principe.

M. Micheli pose la question de compétence.

M. Malinvaud demande la remise de la discussion.

La proposition de M. Cornu est mise aux voix et rejetée, la plus importante partie des membres présents s'étant abstenus pour marquer leur sentiment sur l'incompétence du Congrès.

M. Rouy reprend alors sa proposition.

M. Hua insiste sur la remarque présentée précédemment par M. Fliche, relative à la disjonction des paragraphes de cette proposition.

La disjonction mise aux voix est adoptée à la majorité.

Le paragraphe 1 de la proposition de M. Rouy relatif à la nomination d'ici juillet 1901 d'une commission chargée de rédiger un rapport sur la réforme est mis aux voix et adopté à l'unanimité moins 2 voix.

M. Rouy donne alors lecture de la deuxième partie de sa proposition : « *Le bureau du Congrès actuel consultera les Sociétés et centralisera les renseignements, puis les remettra en juillet 1901 entre les mains de la Commission pour la nomenclature qui aura à désigner celui de ses membres chargés du rapport sur l'opportunité de la réforme et de l'examen, s'il y a lieu, du mode de votation et de la procédure à adopter pour le prochain Congrès* ».

M. Lignier dit qu'il faut bien remarquer que cela fait pour le prochain Congrès deux Commissions complètement distinctes.

M. Perrot demande que l'on propose dès maintenant une personne qui centralisera les documents et non pas une impersonnalité. M. Briquet lui paraît tout indiqué, sans que dans cette désignation on doive trouver une indication préjugeant du lieu du futur Congrès.

Après un échange de vues entre MM. Burnat, Bureau, Perrot, Malinvaud, ce dernier propose de désigner M. Hua.

M. Burnat demande la division de la question.

La proposition de transmettre les renseignements à une personnalité compétente est adoptée à l'unanimité.

Au sujet de la personnalité à choisir, M. Burnat propose de nouveau M. Briquet.

M. Hua, proposé par M. Malinvaud, fait observer que M. Kuntze l'ayant pris à partie dans ses circulaires, il pourrait se trouver suspecté dans certains milieux.

M. Chevalier désirerait que les matériaux de l'enquête fussent publiés dans un recueil important.

La personnalité de M. Briquet mise aux voix est adoptée.

M. le Président donne alors lecture du texte définitivement proposé en tenant compte des résolutions qui viennent d'être votées :

« Nomination, d'ici à juillet 1901, par les Sociétés botaniques principales et les grands établissements botaniques des divers pays, (dans le cas où ils auront reconnu en majorité l'opportunité du règlement des vœux concernant la Nomenclature), d'une Commission chargée de préparer ce règlement, commission composée de membres compétents.

« Le Bureau du Congrès de 1900 consultera les Sociétés et grands Etablissements botaniques et centralisera les réponses qui lui auront été adressées. Le dossier sera ensuite versé à une personnalité botanique qui en étudiera les éléments et les exposera, au cas où une Commission de la Nomenclature serait constituée, aux membres de ladite Commission, lesquels désigneront les Rapporteurs pour les diverses questions de Nomenclature mises à l'étude et l'examen des modes de procédure relatif aux votes.

« Le Congrès désigne **M. John BRIQUET** comme la personnalité botanique ayant mandat de recevoir le dossier ci-dessus spécifié et d'en saisir les membres de la Commission de la Nomenclature ».

Le texte de la résolution, mis aux voix, est adopté à une très forte majorité.

V. — LANGUE OFFICIELLE DANS LE CAS DE MODIFICATION A INTRODUIRE DANS LE CODE DE LA NOMENCLATURE.

Dans la séance du vendredi 5 octobre, devant les différents votes émis par le Congrès, concernant l'organisation du Congrès de Vienne, et les questions qui pourront y être posées, un certain nombre de Congressistes ont pensé qu'il était utile de s'occuper de la question d'une langue officielle dans le cas où le Congrès de 1905 serait appelé à légiférer. M. N.-L. Britton insiste sur ce fait que la langue française, qui est toujours la langue diplomatique, soit la seule langue employée pour la rédaction du Code de la nomenclature.

M. Fliche estime que le Congrès n'a pas à s'occuper de cette question, mais MM. Perrot et Rouy pensent au contraire que le Congrès peut émettre à ce sujet un avis ferme puisqu'il ne s'agit en somme que d'une simple indication. M. Errera appuie fortement les orateurs précédents, et fait remarquer que, le Code en 1867 ayant été rédigé en français, cette langue doit être désignée pour la modification à apporter à ce Code, et fait voter à la presque unanimité, un vœu tendant à l'adoption exclusive de la langue française comme idiome du Code international de la nomenclature botanique.

VI. — UNIFICATION DE LA NOMENCLATURE DESCRIPTIVE EN ZOOLOGIE ET EN BOTANIQUE.

M. Britton demande « que le prochain Congrès de Zoologie soit invité à faire tous ses efforts en vue de l'unification de la Nomenclature descriptive dans les diverses branches de l'Histoire naturelle ».

Cette proposition recueille l'unanimité des suffrages, et après l'observation de M. Magnus qui fait remarquer que l'entente est déjà faite dans ce sens à Berlin, on décide de prier la Commission destinée à préparer les questions de nomenclature, ainsi que son rapporteur, M. Briquet, d'entrer en relations avec les zoologistes et les paléontologistes afin d'aboutir à la réalisation de ce vœu.

VII. — COMMISSION PERMANENTE.

Dans la séance du mardi 9 octobre, présidée par M. de Seynes, et sur la proposition de M. A. de Jaczewski, il a été décidé, à l'unanimité, de prier le Bureau du Congrès de Botanique de 1900, de rester en fonctions jusqu'à la nomination du Bureau du Congrès de 1905. *Il est ainsi constitué une Commission permanente*, chargée de se mettre en rapport avec les organisateurs de la réunion de Vienne, en 1905, dans le but de prendre en commun les mesures nécessaires pour la complète réussite du IIe Congrès international de Botanique.

QUESTIONS DE MOTS.

Par J. CHALON,

Docteur ès-sciences naturelles.

En 1867, le Congrès international de Botanique tenu à Paris sous les auspices de la Société botanique de France, a discuté, rédigé, puis adopté les *Lois de la nomenclature botanique.* Depuis 33 ans, ce code est universellement respecté, mais il ne concerne que les noms des plantes.

Dans le langage botanique, nous trouvons un certain nombre de mots qui sont employés par les auteurs avec des significations variables et incertaines ; beaucoup d'entre eux sont des néologismes sur lesquels le dictionnaire de l'Académie ne renseigne point, ni aucun dictionnaire. Ne serait-il point désirable de les préciser et délimiter ?

Je ne demande point que le Congrès de 1900 résolve toutes ces questions par oui ou par non, au pied levé, parce qu'elles sont nombreuses, parce que d'autres peuvent surgir et se greffer sur les premières, parce que la plupart exigent une discussion documentée et étudiée préalablement dans les bibliothèques.

Mais je propose que la Société botanique de France, à la fois gardienne de la science et du langage scientifique, nomme dans son sein une commission permanente, une sorte d'Académie botanique. De tous les points les questions lui arriveraient et les solutions pourraient utilement paraître dans les publications de la Société. Sans doute elle ne les imposerait point comme lois, ces solutions ; l'obligation n'existe nulle part sur le terrain scientifique, et chacun reste bien libre de parler la langue qui lui convient ; non, ce seraient de simples conseils, dictés par des hommes savants, prudents et expérimentés. De tels conseils valent mieux que beaucoup de lois.

Voici quelques-unes de ces questions, ma quote-part. Je propose aussi quelques réponses, prêt d'ailleurs à adopter tout ce qui serait démontré meilleur ou plus logique.

L'enroulement des vrilles — et de tous les organes qui s'enroulent — *à droite* ou *à gauche*, dans la plupart des auteurs, ne signifie absolument rien. De même, en malacologie, on emploie (à tort) *dextre* et *senestre*.

Par exemple, Duchartre, *Eléments de Botanique*, 1867, p. 127 : « le Houblon s'enroule de droite à gauche, c.-à.-d. sinistrorsum ». Avec Duchartre, Daguillon (1) et Detmer (2).

Payer, *Eléments de Botanique*, *Organographie*, 1857, p. 20 : « .... les autres s'enroulent de gauche à droite ; le Houblon est du nombre de ces dernières ». Avec Payer, Van Tieghem (3) et Crié (4).

J'ai proposé depuis longtemps, comme en Cosmographie, enroulement *direct*, ou à l'envers des aiguilles d'une montre ; et *inverse* comme les dites aiguilles. On enfonce les vis ordinaires en les tournant en sens inverse ; alors leur filet monte de la pointe à la tête de vis en sens direct. On pourrait fabriquer des vis gauches ; mais ce n'est pas l'usage.

Est-ce que nous aurons au siècle prochain des vocables nouveaux pour les familles naturelles des plantes, les *Diatomacées* et les *Solanacées* avec M. Van Tieghem, les *Orchidacées* et les *Potamogétonacées* avec M. Courchet (5) ? Osera-t-on nous enlever l'ancienne terminologie pour les Graminées, les Labiées, les Crucifères ? Il serait à désirer que la loi se fît en simplifiant et non en surchargeant.

En attendant, constatons cette pente : les auteurs les plus modernes accommodent les familles à la terminaison *acées* ; je ne saurais dire qui a commencé, mais le mouvement s'accentue et M. Errera se montre dans cette voie logique jusqu'au bout, ne reculant point devant *Ombellacées*, *Labiacées*, *Cruciféracées* et *Compositacées*.

La question des traductions françaises devrait être réglée à nouveau. Sans doute, quand je lis un ouvrage allemand, il m'est agréable de trouver le nom latin, et je comprends plus vite *Daphne Mezereum* et *Ranunculus aconitifolius* que *rother Kellerhals* ou *eisenhutblüttriger Hahnenfuss*. La réciproque doit être vraie pour les Allemands qui lisent les ouvrages français. Et ce m'est toujours un étonnement quand je rencontre dans Van Tieghem la *Dauce Carotte*, l'*Erode*, la *Chorde fil* et le *Code bourse*. On pourra néanmoins objecter que les études latines sont actuellement en sérieux recul, que si l'on écrit en français, il ne faut pas appeler à l'aide les langues étrangères, et que, pour le moins, les noms

(1) *Leçons élém. de Bot.*, 1897.

(2) *Manuel de Phys. végétale.* Trad. française, Reinwald, 1890.

(3) *Traité de Bot.*, 1891.

(4) *Nouveaux Elém. de Bot.*, 1884.

(5) *Traité de Bot.*, 1898.

des plantes très vulgaires n'ont pas besoin de leur tenue officielle scientifique.

On peut reprocher aux traductions françaises des noms de plantes un manque d'homogénéité et de fermeté. Prenons, par exemple :

Rumex. — C'est le nom latin du genre. M. CRÉPIN traduit en français par Rumex ; M. CRIÉ, par Oseille ; M. DEVOS, par Patience ; M. Van TIEGHEM, par Rumice ; BELLYNCK le divise en deux groupes, les Oseilles et les Patiences ; la flore française de GRENIER et GODRON donne Patience ; la flore parisienne de COSSON, Rumex (vulg. Patience, Oseille). On voit donc que les botanistes s'entendent pour le nom latin, mais qu'il y a beaucoup de divergence pour les noms français.

Un mot heureux introduit, je veux dire ramené dans la science, c'est *pollination*. LITTRÉ ne donne que ce mot avec la signification : émission du pollen ; il ne nous dit pas le botaniste qui l'a créé ou employé pour la première fois. M. ERRERA (1) et M. MASSART (2) emploient *pollination* pour transport du pollen au stigmate. Le mot *pollinisation* est plus généralement usité (Van TIEGHEM, CRIÉ, DAGUILLON, COLOMB (3), COURCHET..., presque tous les auteurs français) pour indiquer transport sur le stigmate. Les traducteurs de DARWIN et de JOHN LUBBOCK emploient dans cette acception le mot *fécondation*, quoique ce ne soit pas la fécondation dans le sens scientifique. BELLYNCK et PAQUE (4) prennent *pollinisation* pour l'arrivée du tube pollinique dans l'ovule. Il y a donc ici encore une situation à débrouiller, pour établir nettement l'émission du pollen, l'arrivée sur le stigmate (pollination), l'arrivée à l'ovule, la fécondation.

Déjà en 1867, dans le *Bulletin de la Société botanique de Belgique*, j'ai réclamé les mots *cotyles*, *Monocotylées, Dicotylées*, simples et conformes à l'étymologie. Pendant 33 ans, je n'ai cessé de tenir campagne sur ce point, et c'est avec une véritable joie que j'enregistre les conversions, BELLYNCK dès 1871, le P. PAQUE ; M. GRAVIS, dans les deux énormes mémoires sur l'*Urtica* et le *Tradescantia*, dit bien *Monocotylées*, mais aussi, hélas ! *cotylédons*.

Pour certains noms de genres mal orthographiés, je pense qu'il serait facile de remonter à l'origine, au créateur du genre, et de décider, par exemple, s'il faut écrire *Oscillaria* ou *Oscillatoria*, *Marsilea* ou *Marsilia*, Ellébore ou Hellébore ? Dirons-nous foliaison, foliation ou feuillaison (avec leurs composés) ? Conine ou conicine ?

(1) *Sommaire du Cours de botanique.*
(2) *Voyage botanique au Sahara.*
(3) *Cours de Bot.*, 1897.
(4) *Cours de Bot.*, 2e éd., 1871, et 3e, 1899.

Quel est le genre du nom latin pris en français, si l'on ne veut pas franciser toutes les terminaisons latines ? Par exemple, doit-on dire *le* ou *la* Rosa canina L. ?

Avons-nous une règle pour transporter en latin certains noms propres français ou étrangers, modernes en tous cas, noms de personnes auxquelles les botanistes descripteurs consacrent leurs nouveautés ?

Celui de Jussieu se refuse tellement à la terminaison *latine*, qu'il a été traduit de 5 façons différentes : LINNÉ, après avoir donné au même genre les noms de *Jussieua*, *Jussievia*, *Jussiæa*, s'est décidé pour le dernier. ADANSON l'avait remplacé par *Jussea*, puis par *Jussia*. HOUSTON, sans détruire le *Jussiæa*, qui est une Onagrariée, réserve le *Jussievia* pour une Euphorbiacée. M. BRONGNIART maintient l'ancien *Jussieua*, qui n'est *plus français* et n'est *pas latin* ! (la diphtongue *eu* étant inconnue en latin) (1).

Les auteurs ne s'accordent guère sur le sens de racine *adventive*, bourgeon *adventif*. La cause en est que chacun formule une loi sévère de la ramification ; tout ce qui apparaît en dehors de cette loi est bâtard. Les uns nomment bourgeons adventifs ceux qui ne naissent point à l'aisselle des feuilles, et ainsi l'inflorescence régulière des Graminées et des Crucifères serait entièrement adventive ; les autres déclarent adventives les racines qui apparaissent aux nœuds immergés des Graminées et des Ombellifères, jamais en d'autres points, et d'après des règles immuables en parfaite contradiction avec l'épithète.

Pour la description des feuilles, que de divergences dans la terminologie ! En général la terminaison *fide* s'applique à des découpures qui atteignent la moitié du demi-limbe; cependant DE LANESSAN (2) et COLOMB employent pour cette profondeur uniquement le mot *lobée* ; PAYER et PAQUE distinguent en *lobée* si les lobes sont larges, et *fide* s'ils sont étroits ; BELLYNCK (2e éd.) disait : *lobée*, découpures arrivant jusque vers la moitié du demi limbe; et *fide*, découpures plus profondes.

Le mot *partite* désigne le plus souvent des entailles dépassant la moitié du demi limbe, sans atteindre la nervure médiane. Mais PAYER s'en sert pour découpures prolongées jusqu'à la nervure médiane ; aussi BELLYNCK, 2e éd.

Enfin *séquée* se dit des entailles étendues jusqu'à la nervure médiane ; BELLYNCK dans ce cas, avec PAYER d'ailleurs, prend le mot *partite*.

(1) Voir : *La Nature*, numéro du 7 avril 1900, p. 299 (1re colonne). — Article de V. BRANDICOURT, secrétaire de la Société Linnéenne du Nord de la France, intitulé : *Les Noms des Plantes*.

(2) *La Botanique*, 1883.

L'Intermédiaire des biologistes du docteur Alfred Binet, après une existence éphémère, a cessé de paraître. La Société botanique de France ne pourrait-elle reprendre l'idée, sous quelque forme plus maniable, et ouvrir ainsi le champ non-seulement aux questions de mots, mais à toutes les questions de physiologie végétale, d'anatomie, de technique, de collections offertes ou demandées ? Le Congrès est certes un puissant lien momentané entre tous ceux qui cultivent la même science ; dans une mesure plus modeste, l'*Intermédiaire* que je demande serait un lien permanent.

M. Gillot fait observer que de très nombreux articles publiés dans le Bulletin de la Société botanique de France répondent aux questions de M. Chalon.

A l'unanimité, il est décidé de renvoyer à cette Société les propositions de M. Chalon, qui ne sont pas d'ordre international puisqu'elles n'intéressent que les pays de langue française.

Relations d'échanges à établir entre les musées botaniques,

Par M. Ch. FLAHAULT.

Les personnes qui ont la charge d'importants herbiers publics savent par expérience que les collections botaniques s'encombrent d'échantillons inutiles, pour peu que le personnel qui leur est affecté remplisse activement sa tâche. La mise en ordre et l'intercalation régulière des nouveaux arrivages laisse presque toujours des échantillons disponibles ; la révision de collections anciennes fait souvent éliminer des échantillons qui, introduits en trop grand nombre, se répètent sans profit et rendent les recherches laborieuses.

Après avoir travaillé pendant sept ans à classer les collections de l'Université de Montpellier, alors entassées dans des salles trop étroites, j'eus l'idée que les doubles qui nous encombraient seraient peut-être bien accueillis par d'autres. J'en imprimai le catalogue ; il comprenait plus de 800 espèces, toutes représentées par un certain nombre de parts. Il fut envoyé en double exemplaire à une centaine de botanistes et de directeurs de musées, avec prière de nous renvoyer un exemplaire avec l'indication de leurs désideratas. Nous recommandions en même temps nos herbiers à la bienveillance des personnes susceptibles de les enrichir. Le succès de cette démarche dépassa nos espérances. Nous distribuâmes tous nos doubles, plus de 6.000 échantillons et nous reçûmes en retour quelques dons importants pour nos collections. Nous eûmes surtout le plaisir de voir les directeurs de quelques-uns des herbiers les plus actifs de l'Europe se mettre en rapport avec nous pour demander une part de nos doubles et pour nous offrir les leurs.

Nous pouvions donc continuer. Depuis douze ans, nous avons publié chaque année un catalogue des plantes que nous offrons à nos correspondants. Suivant les circonstances et la nature du travail accompli aux herbiers de l'Université, il a compris un nombre variable d'espèces, 670 en moyenne. La révision de certaines familles a permis la distribution de séries particulièrement intéressantes : Graminées, Cypéracées, Fougères ; nous avons pu aussi offrir de précieuses collections de plantes du Maroc, du Brésil et de différents pays. Nous avons trouvé dans notre ami, M. J. DAVEAU, conservateur du jardin et des collections botaniques de notre Université, un collaborateur convaincu et toujours dévoué.

Le nombre des demandes qui nous sont adressées varie de 30 à 50 par année. Depuis que ce service est organisé, nous avons enrichi, peu ou beaucoup, près de cent collections publiques ou privées ; c'est dire que plusieurs de nos correspondants nous demeurent fidèles et nous reviennent chaque année. Il convient d'ajouter que beaucoup nous ont généreusement témoigné leur reconnaissance en enrichissant nos herbiers de dons précieux entre tous.

Nous avons bien eu quelque peine à faire comprendre à quelques-uns que nos offres sont gratuites, que nous donnons sans rien réclamer en retour de nos dons ; mais ceux auxquels il a plu de se considérer comme endettés ont toujours trouvé le moyen de se libérer envers nos collections.

Ces résultats nous paraissent assez satisfaisants pour que nous osions recommander à nos confrères les pratiques que nous avons adoptées.

Quelques précautions très simples permettent d'exécuter ce travail avec économie de temps.

Les paquets de plantes entrant dans les salles d'herbiers ne peuvent être classés qu'après avoir été empoisonnés. Dès qu'ils l'ont été, ils prennent place dans des meubles qui portent extérieurement l'indication de la destination des paquets : *à intercaler* dans l'herbier général, dans l'herbier méditerranéen, etc. Il arrive qu'une partie des échantillons puisse être, dès ce moment, séparée et rangée dans le meuble destiné aux plantes *à donner*. L'intercalation se fait plusieurs fois par an ; c'est alors surtout que se garnit le meuble des plantes à donner. A mesure que leur nombre s'accroît, elles sont reprises et classées par familles, de sorte que, le moment venu, il ne reste qu'à en dresser la liste et à la faire imprimer. Le catalogue est expédié en double exemplaire ; nous laissons un délai d'un mois pour qu'on nous réponde. Pendant ce temps, les étiquettes sont préparées, en nombre proportionné à celui des échantillons disponibles. Le délai expiré, les demandes sont classées ; nous mettons aux premiers rangs les plus limitées, voulant avant tout donner satisfaction aux personnes qui nous demandent le plus petit nombre d'espèces. Nous avons reconnu que nous donnons ainsi satisfaction aussi complète que possible au plus grand nombre de nos correspondants.

Le classement du catalogne étant le même que celui des plantes à distribuer, la répartition s'en fait avec une extrême facilité et simultanément à une série de 12 à 16 correspondants, sans danger d'erreurs. Les paquets complétés sont fermés provisoirement et marqués au nom de leurs destinataires. Ils sont définitivement emballés et plombés tous ensemble et expédiés le même jour. En somme, deux ou trois semaines suffisent pour achever la répartition de 5.000 à 6.000 échantillons entre 40 ou 50 correspondants. L'usage des colis postaux, adopté dans toute l'Europe et de plus en plus hors d'Europe, nous permet d'appliquer le principe de l'affranchissement réciproque.

Un mot encore au sujet de la saison la plus favorable à la distribution des doubles. C'est en hiver qu'il est le plus commode de la faire. Cette saison est peu propice aux travaux qui exigent des allées et venues dans de vastes galeries froides ou peu chauffées ; la distribution des doubles peut être concentrée dans des salles facilement chauffées et éclairées à la veillée. C'est aussi la saison où nos catalogues trouvent le plus sûrement nos correspondants occupés de leurs collections, où nous avons le moins à craindre les retards.

Nous émettons donc le vœu **que les directeurs des grands herbiers et musées botaniques veuillent bien publier périodiquement la liste des doubles qui encombrent les collections où l'on travaille activement pour les mettre gratuitement à la disposition de leurs correspondants, comme les directeurs des jardins mettent chaque année à la disposition de leurs collègues les graines récoltées dans l'établissement qu'ils dirigent.**

Les Membres du Congrès, par un vote unanime, accueillent avec enthousiasme les propositions de M. Flahault.

Note sur les échanges entre les herbiers particuliers,

par **M. MOUILLEFARINE**.

A la suite du vœu émis par M. Flahault en faveur de la multiplication des échanges entre les grands herbiers et musées botaniques, nous croyons pouvoir ajouter un mot en faveur des herbiers particuliers et de la classe nombreuse des amateurs de botanique. Il y a un certain nombre d'hommes qui ont trouvé le repos et la satisfaction de leur vie dans l'herborisation et qui, voyant s'en épuiser autour d'eux la matière, ont conçu le plan — déraisonnable, mais inoffensif — de réunir en leurs mains, par voie d'échanges, des plantes de toute provenance. Il leur manque le temps — car un herbier général n'est pas l'œuvre d'une seule génération, à beaucoup manque aussi l'espace. Ils herborisent toujours cependant et on surprendrait bien chez eux cet égoïsme inné en tout collectionneur en leur disant qu'ils travaillent pour le public et que par la force des choses, leurs collections, s'ils les ont rendues dignes de ce destin, iront vers quelque herbier d'Etat ou de collectivité, comme les fleuves vont à la mer. A ce dernier point de vue, comme à tant d'autres, ils méritent quelque indulgence.

Ils peuvent trouver un encouragement dans le mouvement de la fin du siècle ; les centres où la botanique est cultivée se multiplient, les distances s'abrègent, les transports se facilitent et des publications sont spécialement faites pour que les botanistes se connaissent les uns les autres dans le monde entier.

Cependant les échanges internationaux sont encore rares et difficiles ; on peut nous en croire, aux efforts que nous faisons depuis vingt ans pour les multiplier. Quels seraient les moyens d'y réussir et d'établir entre les botanistes du monde un groupement qui serait si favorable aux intérêts de la science ? Nous n'en connaissons pas d'autres que les Congrès botaniques dont la périodicité serait si souhaitable, et nous disons que l'esprit d'association qui est la grande force de ce temps devrait pouvoir s'exercer entre botanistes. L'une de ses manifestations les plus utiles consisterait dans la subvention collective des botanistes voyageurs qui hésitent souvent à se mettre en route, faute d'être assurés du placement de leurs récoltes.

Nous formons en terminant ce très modeste vœu pratique que tous les botanistes désireux de faire des échanges, soit généraux, soit régionaux, en fasse faire mention dans la nouvelle édition du *Botaniker Adressbuch* que publie **M. DŒRFLER**, de Vienne.

Ce sera la première ébauche du groupement souhaité.

La proposition de M. Mouillefarine trouve un accueil aussi favorable que celle de M. Flahault.

Classement des collections botaniques,

Par **M. DRAKE DEL CASTILLO.**

M. Drake del Castillo estime que, pour les familles et les genres, le meilleur procédé de classement des herbiers semble être l'ordre adopté dans les ouvrages fondamentaux tels que le *Genera Plantarum* de Bentham et Hooker ou les *Pflanzenfamilien* d'Engler et Prantl, surtout lorsqu'il existe pour ces ouvrages un *Index* numéroté comme celui de Durand, ou celui qui est actuellement en cours de publication, sous la direction de M. A. Engler (*Das Pflanzenreich.*, regni vegetabilis conspectus).

Pour les espèces, l'ordre le plus commode est l'ordre géographique. Dans chacune de ces subdivisions, l'ordre alphabétique pourra être suivi tant qu'il n'y aura pas de florale locale faisant autorité. Dans le cas contraire, on adoptera l'ordre de cette flore.

Etablissement d'un organe périodique international destiné à la publication des noms nouveaux pour la Science botanique.

Proposition et Rapport présentés au Congrès international de botanique de 1900, par **M. Henri HUA.**

Autrefois, et encore pendant la première moitié du XIXe siècle, les descriptions originales de nouveautés botaniques étaient le plus souvent publiées dans des ouvrages d'ensemble, où il était aisé de les retrouver.

Depuis, en Botanique comme en Littérature, le règne du journal et de la revue a succédé au règne du livre. La facilité qu'on y trouva à faire connaître plus promptement sa pensée a été pour beaucoup dans cette évolution. Mais s'il y a là pour les auteurs un avantage réel, il y a, pour qui désire se reporter aux origines, des inconvénients certains, contrebalançant cet avantage. Trop souvent, la pensée est imparfaite et n'a pas ce caractère définitif qu'elle revêt dans le livre. Et surtout, elle est trop dispersée.

C'est peut-être dans l'étude pratique de la systématique végétale, où les questions de priorité ont, à tort ou à raison, une telle importance, que l'inconvénient est le plus sensible.

I.

Un même auteur publie souvent ses descriptions dans des recueils fort divers. Ainsi, pour citer seulement celui des botanistes français qui dans les vingt dernières années a publié le plus grand nombre de plantes nouvelles, le regretté FRANCHET a, sans compter les recueils locaux où parurent ses premières études concernant la Flore française, publié ses travaux concernant les plantes exotiques (Asie et Afrique) dans plus de dix recueils : *Nouvelles Archives du Muséum*, *Bulletins de la Société philomatique*, *de la Société linnéenne de Paris*, *de la Société d'Histoire naturelle d'Autun*, *Journal de Botanique*, *Revue horticole*, *Revue générale de botanique*, *Journal of Botany*..., etc.

Le modèle des établissements botaniques développés dans notre siècle, le Jardin royal de Kew, a trois publications officielles répondant chacune à un besoin différent : les *Icones Plantarum* de HOOKER, où sont reproduites en noir les plantes d'Herbier ; le *Botanical Magazine*, continuation de la création presque séculaire de CURTIS, où sont peintes d'après nature les espèces observées vivantes ; le *Bulletin of miscellaneous Informations*, remontant à peu d'années, où parmi une chronique variée sont données au jour le jour les diagnoses des nouveautés saillantes. Les botanistes attachés à l'établissement publient aussi ailleurs, ainsi dans les *Transactions* et dans le *Journal of the Linnæan Society*, etc. Et cela sans préjudice des nombreuses publications faites dans divers recueils par les autres botanistes du Royaume-Uni.

Pour l'Allemagne, où les associations scientifiques et la vie locale des Universités sont si développées, manifestant leur activité par de nombreuses publications, l'énumération des recueils importants où l'on peut rencontrer plus ou moins de nouveautés formerait une liste bibliographique considérable. A considérer seulement le Jardin de Berlin, qui tient aujourd'hui la tête du mouvement botanique dans l'empire, et qui, par l'intensité du travail qui s'y produit, exerce une influence considérable sur le mouvement scientifique général, on doit, pour se tenir au courant de ce qui s'y est fait, consulter au moins deux recueils principaux : les *Botanische Jahrbücher* d'ENGLER, et le *Notizblatt der K. botanischen Gartens und Museum* ; et en outre des ouvrages d'ensemble tels que *die Natürlichen Pflanzenfamilien*, *die Pflanzenwelt Ost Afrikas*, etc. ; toujours sans compter les publications faites dans divers recueils de Sociétés par les botanistes berlinois.

Il faut se limiter et renoncer à mentionner les recueils généraux ou locaux publiés en Autriche-Hongrie, en Belgique, en Danemark, en Hollande, en Italie, en Portugal, en Russie, en Suède-Norvège, en Suisse, en un mot dans l'Europe entière ; ceux, dont plusieurs très importants, donnés dans les deux Amériques et trop peu répandus en Europe ; dans les colonies anglaises de l'Inde et de l'Australasie ; enfin au Japon, où des revues marchant sur les traces de leurs aînées des grands continents sont loin d'être négligeables, malgré qu'elles soient fermées, à cause du peu de diffusion de la langue, à la grande majorité des lecteurs.

Si l'on cherche à se rendre compte des résultats botaniques d'explorations faites par tel ou tel collecteur, dans telle ou telle région, on se trouve encore devant la même dispersion des documents. Ainsi, pour ne donner qu'un exemple, jusqu'au jour où M. HIERN a entrepris la publication du *Catalogue of Weilwitsch's African plants*, les récoltes du célèbre botaniste ont été décrites ici ou là, en Portugal et en Angleterre surtout (Voir pour le détail : *Hiern, l. c., Introd.*).

Devant cette floraison si touffue de la littérature botaniqne dans le monde entier, il est de plus en plus difficile de ne pas laisser échapper une notion utile, quelque soin que l'on apporte à s'entourer de la plus sérieuse documentation. Même s'il arrive à ne rien laisser de côté, quelle somme de temps doit être employée par le botaniste descripteur consciencieux, pour s'assurer qu'il ne fait pas de doubles emplois, toujours si fâcheux dans une science où l'on déplore l'encombrement de la nomenclature synonymique!

Que dire de l'usage de plus en plus fréquent, devant la concurrence internationale, de publier des espèces isolées soit de celles du même groupe systématique, soit de celles d'une même région, soit de celles d'un même collecteur? Je n'ai pas à juger ici cette opinion, très répandue, que la priorité dans l'inédit constitue un mérite de premier ordre pour un travail de systématique. Elle existe, nul n'en peut disconvenir, et c'est à elle que nous devons tant de travaux hâtifs dont la mise au point est trop souvent insuffisante, et qui loin d'aider les travaillenrs de l'avenir leur rendent la tâche plus difficile.

II.

De loin en loin, un travail récapitulatif cherche à donner la totalité des noms publiés se rapportant : à une famille, comme les *Monographiæ phanerogamarum*, des suites au Prodrome de DE CANDOLLE, celle des *Juncaceæ* de M. BUCHENAU, et autres publiées dans *Botanische Jahrbücher* etc. ; ou à une région, comme les Flores diverses parmi lesquelles les Flores coloniales anglaises forment l'ensemble le plus important.

Pour amener la publication d'une récapitulation plus générale des noms spécifiques, l'*Index Kewensis*, si apprécié de tous ceux qui touchent à la systématique, malgré quelques lacunes et inexactitudes inévitables, il ne fallut rien moins que le besoin d'un tel ouvrage ressenti par le célèbre Darwin. Grâce à sa libéralité, on se mit à ce travail ingrat, et l'on doit reconnaître qu'il a rendu aux botanistes un service posthume, comparable à l'influence que ses œuvres ont exercé sur le mouvement d'ensemble des sciences naturelles dans la dernière moitié du siècle, malgré des erreurs de raisonnement et des observations superficielles reconnues depuis leur publication à côté de remarques sagaces et de déductions ingénieuses et fécondes.

La reconnaissance légitime envers ceux à qui nous devons ce précieux relevé des noms d'espèces, de genres, de familles publiés depuis l'adoption de la nomenclature linnéenne jusqu'à nos jours, ne doit pas empêcher que l'on soit frappé de l'énorme difficulté de telles récapitulations et du fait que la plus parfaite d'entre elles, l'*Index Kewensis*,a dû s'arrêter dix ans avant sa publication qui date de six années déjà.

III.

Nous sommes en présence de deux difficultés principales dues à la multiplicité des publications, multiplicité qui, semble-t-il, doive augmenter encore avec la diffusion de la culture scientifique à laquelle nous assistons depuis le début du XIXe siècle, et que le XXe, dont nous apercevons l'aube, verra grandir encore, à n'en pas douter :

1° Difficulté pour celui qui travaille sur des matériaux neufs, de connaître tout ce qui a été publié récemment sur la catégorie de plantes dont il s'occupe, soit au point de vue des affinités morphologiques, soit au point de vue de la distribution géographique, soit au point de vue de l'histoire des découvertes botaniques ;

2° Difficulté pour la mise à jour des répertoires généraux, plus indispensables à mesure que le nombre des espèces connues augmente.

Des tentatives individuelles ont été déjà faites en Angleterre, en Allemagne, en France, en Amérique, ailleurs encore, par des directeurs de revues ou journaux botaniques, pour parer en partie à ces difficultés, en signalant, avec ou sans indication des sources, les noms d'espèces nouvelles relevés dans les plus récents numéros des recueils que chacun avait à sa disposition. L'une des tentatives les plus intéressantes faites dans ces dernières années est dûe à M. Morot, dans son *Journal de Botanique*.

Malgré le soin qu'il y apporte, un directeur de journal, isolé, livré à ses seules ressources, ne peut arriver à mentionner toutes les nouveautés publiées dans une année ; car il ne peut avoir entre les mains toutes les publications du monde entier où une plante nouvelle, ou crue nouvelle par son auteur, puisse être décrite. Car, si les espèces nouvelles sont en grande majorité publiées dans certains recueils importants, dont plusieurs ont été cités dans le cours de ce rapport, ne voit-on pas des travailleurs, isolés des grands centres, publier des formes locales nouvelles, ou même de bonnes espèces, dans des recueils locaux, où l'on doit chercher la description botanique parmi des notices archéologiques ou autres, étrangères à notre science? N'y a-t-il pas de très intéressantes espèces nouvelles signalées pour la première fois dans des recueils plus spécialement consacrés à l'horticulture ornementale ou à la botanique physiologique et anatomique?

IV.

Seul un accord international pourrait arriver à généraliser et compléter, au plus grand profit des travailleurs, cette prompte publicité donnée aux nouveautés botaniques.

Aussi a-t-on pensé que le Congrès international de Botanique, réuni à Paris à l'occasion de l'Exposition universelle de 1900, pourrait utilement porter son attention sur la question suivante qui lui est soumise :

Etablissement d'un organe périodique international destiné à la publication des noms nouveaux pour la science botanique.

Par *noms nouveaux*, on entend avant tout les noms imposés aux genres et espèces dont la description est donnée pour la première fois.

La conception plus ou moins extensive de la notion de genre, variable avec les auteurs, — et aussi les louables tentatives faites depuis plusieurs années, partant de principes différents dont ce n'est pas ici le lieu de discuter la valeur, pour arriver à unifier la nomenclature botanique, amènent à faire passer une espèce du vocable générique sous lequel l'avait placé son auteur, sous un autre vocable générique jugé plus légitime. Il s'en suit une désignation binominale, non employée jusqu'alors dans la science, c'est-à-dire *réellement nouvelle*, qu'il est utile de signaler promptement aux travailleurs. Ce sont là encore des noms nouveaux à joindre aux nouveautés absolues dont il vient d'être question.

Tel est le but essentiel de la proposition : Assurer, dans l'avenir, une publicité aussi prompte que possible, à tous les noms nouveaux, c'est-à-dire à toutes les dénominations qui n'ont pas été jusqu'ici employées dans la langue botanique. Cette publicité profiterait à la fois aux auteurs des nouveautés, qui verraient leurs travaux signalés au monde entier, dès leur apparition, et aux travailleurs intéressés à connaître ces nouveautés, qui seraient informés rapidement de leur publication.

V.

L'écueil de presque toutes les propositions d'ordre général consiste dans la difficulté de la sanction à imposer à des prescriptions d'ordre aussi contingent que celles qui nous occupent.

Il semble qu'ici la sanction soit plus facilement visible qu'ailleurs.

A en croire les moralistes, le meilleur moyen d'obtenir quelque chose d'un homme est de mettre en jeu son amour-propre. Or, — aucun de mes confrères en systématique ne me contredira, — l'amour-propre du descripteur ou du réformateur est, à tort ou à raison, au plus haut point intéressé par la question de priorité. Si donc on venait à s'entendre pour que le droit de priorité ne soit acquis qu'après une inscription des noms nouveaux dans l'organe international dont l'adoption est proposée au Congrès, on serait assuré de voir les botanistes rivaliser d'activité pour y signaler leurs publications.

Dès lors, pour arriver à la constitution des listes de nouveautés, on pourrait compter sur la bonne volonté des auteurs et des éditeurs auxquels on demanderait de vouloir bien signaler, au moment même de sa publication, chaque nom nouveau (tel que la définition en a été donnée ci-dessus), avec indication de l'auteur, du lieu, et de la date de la publication.

Un délai minimum serait à fixer pour les différents pays, suivant leur éloignement postal du centre de publication du nouvel organe, afin de réserver la priorité, en cas de doute, au plus diligent.

VI.

La mention des noms nouveaux forme la base de la proposition.

Il pourrait être utile d'y adjoindre celle d'autres documents, qui, pour l'identification des espèces, ont une importance analogue, dans une certaine mesure, à celle de la description princeps.

En première ligne se présentent les figures de plantes, surtout quand elles sont données pour la première fois.

En seconde ligne, les descriptions additionnelles, qui, complétant d'une manière importante la description princeps, par exemple en faisant connaître le fruit ou tel autre organe important, utile pour la bonne détermination, seraient également bonnes à signaler.

L'addition de ces deux ordres d'idées à celui, essentiel, des noms nouveaux, précise l'idée qu'on doit se faire de l'organe périodique à créer. C'est exclusivement un organe de renseignements et de publicité, se bornant à signaler, sans les critiquer, toutes les nouveautés au fur et à mesure de leur apparition. Il a pour but d'éviter de fastidieuses et longues recherches à tous ceux qui ont intérêt à se tenir au courant des nouveautés, soit pour mieux identifier un échantillon paraissant inédit qui est soumis à leur examen, soit pour parfaire leurs notions géographiques ou historiques. Ainsi averti de l'existence des documents originaux, chacun peut s'y reporter, et à en faire la critique à son gré.

VII.

Il paraît bon, pour ne pas le surcharger et ne pas exagérer la difficulté de sa rédaction, de restreindre les mentions à faire dans cet organe de publicité international, véritable Moniteur universel pour la Botanique systématique, aux quatre ordres d'idées qui viennent d'être indiqués, et qui se trouvent cités dans leur ordre d'importance :

1° Noms nouveaux de genres ou d'espèces signalés pour la première fois ;

2° Vocables binominaux réformés, qui n'ont pas encore été usités (avec indication du nom générique imposé par l'auteur de la première description de l'espèce) ;

3° Figures nouvelles ;

4° Descriptions additionnelles importantes.

Il y aurait là de quoi remplir une feuille trimestrielle, dont la rédaction serait faite sous le contrôle d'un comité supérieur de patronage où devraient figurer en première ligne les représentants des principales collections du monde entier, les mieux qualifiés pour provoquer les indications à fournir par leurs nationaux, et les plus intéressés à recevoir celles venues d'ailleurs.

Cette feuille serait, en principe, indépendante. Mais rien n'empêcherait, une fois sa composition arrêtée, de la communiquer aux plus importantes publications de chaque nation ou même à toutes celles qui en feraient la demande. Dans ce cas, une faible rémunération serait demandée à chacun des correspondants pour couvrir les frais d'envoi et collaborer aux frais d'impression.

Comme conclusion de ce rapport :

Vu la multiplicité chaque jour croissante des organes publiant des nouveautés botaniques ;

Vu le grand nombre des auteurs s'occupant dans le monde entier à en décrire ;

Vu la difficulté, découlant de cette multiplicité des publications et des auteurs, de se tenir au courant de la science actuelle ;

Vu l'avantage évident pour les auteurs d'être promptement informés réciproquement des travaux les uns des autres ;

Vu la facilité que la publication d'un organe mentionnant toutes les nouveautés dès leur apparition apportera à la rédaction des répertoires généraux dans l'avenir ;

Les vœux suivants sont proposés au vote du Congrès :

I. Dispositions essentielles.

Art. 1. — Il sera établi un organe périodique international destiné à la publication des noms nouveaux pour la science botanique.

Art. 2. — Par *nom nouveau* on entend toute dénomination n'ayant pas eu cours jusqu'ici dans la science : noms d'espèces nouvelles, ou noms d'espèces rangées sous un vocable générique différent de celui sous lequel ces espèces ont été décrites.

Art. 3. — Le droit de priorité sera, pour l'avenir, exclusivement réservé aux dénominations inscrites en temps utile dans cet organe.

Art. 4. — A la mention des noms nouveaux, tels qu'ils sont définis art. 2, pourra être jointe celle des figures nouvelles et des descriptions complémentaires.

II. Rédaction, administration et distribution.

Art. 5. — Cet organe portera le nom de *Monitor novitatum de botanice systematica universalis.*

Art. 6. — Le *Monitor novitatum* etc. paraîtra tous les trois mois, sous le patronage d'un haut Comité formé des directeurs des principales collections botaniques du monde entier, et par les soins d'un secrétaire-gérant désigné par ce Comité.

Art. 7. — Les auteurs et éditeurs de nouveautés seront priés d'envoyer au secrétaire-gérant l'indication des noms nouveaux, figures nouvelles ou descriptions complémentaires publiés par eux, avec mention de la date et du lieu de la publication.

Art. 8. — Le droit de reproduction sera cédé aux Revues et Journaux moyennant un droit d'abonnement minime, destiné à couvrir les frais d'envoi et à contribuer aux frais d'impression.

Si le Congrès veut bien accueillir favorablement ces vœux, ils seront transmis au plus tôt aux intéressés, c'est-à-dire aux directeurs de Musées botaniques, de Revues et Journaux s'occupant de Botanique, et aux principaux auteurs de descriptions nouvelles.

Dès que l'adhésion d'un nombre suffisant d'entre eux sera obtenue, il sera procédé à la désignation du secrétaire-général de la Rédaction, qui fera le nécessaire pour assurer le bon fonctionnement de cet organe d'union entre les travailleurs de toutes les nations qui, tous, à n'en pas douter, mettront leurs soins à en assurer le succès.

A mesure que l'on s'éloigne davantage des temps où chacun gardait jalousement ses découvertes, à mesure que la lumière scientifique se répand dans le monde, chacun de ceux qui prétendent au beau titre de savant, doit contribuer, autant qu'il est en lui, à rendre plus facile à ses contemporains l'étude de la science à laquelle il s'est voué.

La devise du nouvel organe à créer peut être :

« La collaboration de tous, pour l'utilité de tous. »

Nota. — Les personnes entre les mains desquelles se sera trouvé un récent mémoire de M. Otto Kuntze intitulé « *Exposé sur les Congrès pour la nomenclature botanique et six propositions pour le Congrès de Paris en 1900* » ont pu s'assurer par la lecture du présent rapport que les idées de l'auteur de la proposition n'ont rien à voir avec celles qui lui sont attribuées p. 5-8 de ce travail.

On pourrait trouver étrange que quelqu'un s'arrogeât le droit d'interpréter ainsi à sa fantaisie la pensée qu'un auteur n'a encore exprimée nulle part. Mais il n'y a sans doute que méprise de la part de M. Otto Kuntze, entraîné par l'ardeur qu'il apporte à la recherche d'arguments en faveur de sa cause, et l'on peut penser que de lui-même il ne tardera pas à rectifier les allégations hasardées contenues dans cette partie de son mémoire.

H. H.

Les conclusions générales du Rapport de M. Hua sont accueillies avec faveur par l'unanimité des Congressistes. L'utilité d'une telle publication ne fait de doute pour personne; quelques-uns cependant voient surgir dans l'exécution de certains articles quelques difficultés.

M. de Wildeman fait observer qu'en Amérique la publication d'un répertoire sur fiches a été commencée, et qu'en Europe on trouve dans le *Botanisches Jahresbericht* de Just, la mention de presque toutes les nouveautés publiées, avec, il est vrai, parfois un retard de deux ans au moins.

M. Hua répond que, dans sa pensée, l'organe périodique à créer doit hâter la publicité des noms nouveaux et que, s'appliquant aux nouveautés, il ne fait double emploi avec aucun des répertoires publiés jusqu'ici.

La discussion générale étant close, on passe à l'examen et au vote des articles.

Les articles 1 et 2 sont adoptés à l'unanimité sans discussion. Il en est de même de l'article 4.

M. Perrot demande que la publication ne soit pas réservée à la systématique: il serait intéressant de joindre aux noms nouveaux, tels qu'ils sont définis aux articles 2 et 4, les mots nouveaux servant à désigner les diverses particularités organographiques, anatomiques ou physiologiques.

M. René Maire pense que dès lors il faudrait tenir compte aussi des dénominations anatomiques et surtout cytologiques communes aux deux branches de la Biologie générale, la Botanique et la Zoologie.

M. Hua ne voit pas d'empêchement à cette adjonction qui donnerait un intérêt plus général à la publication. Néanmoins, afin de ne pas surcharger le programme, au début tout au moins, le Congrès s'accorde à décider que l'on s'en tiendra, pour le moment, aux termes des art. 2 et 4, quitte à adjoindre les mentions jugées utiles dans la suite.

L'art. 3 soulève une discussion assez vive. M. Gamble en particulier, tout en estimant que, pour l'avenir, il serait désirable d'en arriver à la règle posée dans l'art. 3, croit que, pour le présent, le maintien de cet article serait un obstacle à la réussite de la publication projetée : 1° cela amènerait des réclamations constantes à la rédaction ; 2° il y aurait inégalité pour la prise de date, entre les botanistes des diverses régions du globe, la mention d'une publication faite en Australie ne pouvant arriver aussi vite que celle d'une publication faite en Europe.

M. Hua reconnaît le bien fondé des observations de l'honorable M. Gamble. Il fait remarquer pourtant que la deuxième difficulté a attiré son attention, et qu'il a été prévu, dans l'exposé des motifs, « un délai minimum à fixer pour les différents pays, suivant leur éloignement postal du centre de publication du nouvel organe, afin de réserver la priorité, en cas de doute, au plus diligent ». Sous réserve de cette remarque, il se range à l'avis exprimé par M. Gamble, et adhère à sa proposition d'ajourner l'exécution de cet article 3, le retire du projet de vœux présenté par lui au Congrès.

Les articles 5, 6, 7, 8 font l'objet d'une discussion générale dans laquelle les avis les plus divers sont émis sur le mode de publication et sur les difficultés d'ordre pécuniaire, moral ou matériel, qui pourraient se présenter.

Devant cette diversité de vues, le Congrès estime que pour la réussite même du projet, il convient de ne pas lier son exécution à une réglementation trop précise des détails. Aussi ces articles, mis aux voix, sont-ils repoussés dans leur ensemble et remplacés par le vœu suivant proposé par M. Perrot, et résumant les divers avis exprimés :

Le nouvel organe sera publié par le système de fiches internationales qui paraîtront au moins tous les trois mois.

Le Congrès s'en remet, pour le détail de l'organisation, à l'auteur du projet.

Par suite des modifications indiquées dans la discussion, le texte de la motion de M. Henri Hua, voté par le Congrès, devient le suivant :

Art. 1. — Il sera établi un organe périodique international destiné à la publication des noms nouveaux pour la science botanique.

Art. 2. — Par *nom nouveau*, on entend toute dénomination n'ayant pas eu cours jusqu'ici dans la science : noms d'espèces nouvelles, ou noms d'espèces nouvelles sous un vocable générique différent de celui sous lequel ces espèces ont été décrites.

Art. 3 (4 du projet). — A la mention des noms nouveaux, tels qu'ils sont définis art. 2, pourra être jointe celles des figures nouvelles et des descriptions complémentaires.

Art. 4. — Le nouvel organe sera publié par le système de fiches internationales qui paraîtront au moins tous les trois mois.

M. Hua est investi du soin de poursuivre d'abord l'enquête sur les voies et moyens permettant d'arriver à une solution pratique. Il prendra ensuite telles mesures qu'il jugera utiles à cette solution, d'après les résultats de la première enquête.

TROISIÈME PARTIE

CHAPITRE PREMIER

Présentation d'Ouvrages, d'Aquarelles, d'Echantillons, d'Herbiers, etc.

A la suite des communications purement scientifiques qui ont fait l'objet des chapitres précédents, il y a lieu, maintenant, de consacrer quelques instants à un certain nombre d'ouvrages et de fascicules qui ont été présentés au cours des séances ou exposés dans la salle des délibérations. Les aquarelles et les échantillons d'herbier mériteront aussi une mention spéciale.

M. Gy. de Istvánffi présente en ces termes les deux ouvrages suivants :

Sur les nouveaux groupes alpins du Jardin Botanique de l'Université Roy. Hongr., à Kolozsvár (Hongrie), érigés par le Professeur Dr Gy. de ISTVANFFI, ancien Directeur du Jardin, actuellement Directeur de l'Institut Central Ampélologique Roy. Hongr., à Budapest (Hongrie).

I. — Quelques mots sur les jardins botaniques en général.

On peut, à mon avis, diviser les jardins botaniques en trois catégories :

1° Les jardins exclusivement scientifiques ;

2° Les jardins de l'enseignement supérieur, annexes des Universités ;

3° Les jardins spécialement réservés aux expériences pratiques.

I. — On appelle jardins exclusivement scientifiques ceux qui servent à l'étude des plantes indigènes et exotiques, et dans lesquels la culture a pour but principal la détermination des espèces, basée sur une série d'observations, embrassant tout le processus du développement de ces plantes. Ces jardins forment, en quelque sorte, des herbiers vivants, fournissant une riche matière à monographies aussi générales que rigoureusement exactes et complètes.

De semblables jardins devraient être installés en grand nombre, sous toutes les latitudes et poursuivre spécialement l'étude de la flore des contrées où ils se trouveraient.

Ce sont ces principes mêmes, qui ont présidé à la fondation du Jardin Botanique de Buitenzorg (1) (île de Java), devenu depuis lors une source de la plus haute importance pour les études botaniques.

En basant nos études sur des expériences œkologiques, biologiques etc., nous pourrons arriver à déterminer systématiquement, et d'une façon rigoureusement précise, les caractères propres des espèces et à fixer les limites de la variation.

II. — La deuxième sorte de jardins botaniques, serait une véritable annexe des Universités. On y trouverait réunis :

A.) Les types rentrant dans le domaine de l'enseignement supérieur, et pouvant donner une idée de l'état actuel du système des plantes ;

B.) La flore spéciale du pays, dans lequel est installé le jardin, flore disposée, autant que possible, d'après les formations phytogéographiques ; et donnant ainsi, même aux gens les moins versés dans la botanique, une idée d'ensemble très satisfaisante ;

C.) Les plantes nécessaires aux analyses systématiques, en nombre suffisant pour être distribuées aux étudiants, pendant les conférences.

D.) Les plantes nécessaires aux travaux pratiques et aux expériences scientifiques, en y comprenant même les Cryptogames inférieures.

C'est à cette deuxième catégorie, que se rattache le jardin botanique de Kolozsvár.

II. — Historique du Jardin Botanique à Kolozsvár.

L'Université « François-Joseph » fut fondée en 1872, mais ce n'est que l'année suivante que fut organisé le Jardin Botanique, par le premier professeur de botanique, le Dr Ágost Kanitz, sur le terrain de l'ancien

(1) Sous la direction de M. le Dr Treub.

parc de la « Société du Musée de Transylvanie ». Vous savez, Messieurs, que l'ancienne Grande-Principauté de Transylvanie n'est plus aujourd'hui, et depuis 1867, qu'une partie intégrante de la Hongrie ; aussi, est-ce seulement au sens phyto-géographique, que nous appliquerons cette dénomination, au cours de notre exposition.

Les bases de ce nouvel établissement une fois jetées, il s'agissait de procéder à l'acquisition des plantes nécessaires.

Dans cette riche contrée, où, à côté des plantes de l'Europe centrale, on trouve déjà les éléments de la flore Russe, la récolte ne tarda pas à se faire, abondante autant que variée. Aussi, dès l'année 1874, on put rédiger le premier catalogue et offrir en échange, aux jardins de l'étranger, des semences et des échantillons. Soixante établissements s'empressèrent de profiter de la bonne aubaine afin d'acquérir les types transylvaniens, intéressants à plus d'un égard.

En 1895, Á. Kanitz eut la joie de voir ses efforts infatigables couronnés de succès, car il y avait déjà, en 1895, 1400 espèces cultivées en plein air, et, parmi elles, toutes les « Simplicia » énumérées dans la Pharmacopœa Hungarica, non seulement comme spécimens vivants, mais encore sous forme de drogues, conservées dans des bocaux, à côté de chaque espèce. L'année suivante, 1896, la mort venait l'enlever en pleine force à l'affection de ses élèves, et priver le Jardin Botanique de son activité et de ses lumières.

Il eut pour successeur son ancien élève, le professeur D[r] Gy. de Istvánffi, qui a l'honneur de vous présenter cette description et qui réussit à doter le jardin d'un réseau complet d'aqueducs, et fit construire trois bassins (de 4 m. de diamètre) pour les plantes aquatiques, jusqu'alors cultivées dans des tonneaux enfoncés en terre.

Le moment favorable était venu pour réaliser les plans, conçus par le nouveau directeur relativement à l'enseignement phytogéographique : durant l'hiver de 1896-97, le Jardin Botanique s'agrandit encore de 84 ares, par suite du nivellement d'une partie accidentée qu'on put aplanir avec les masses énormes de terre, provenant des terrains où l'on construisait les nouveaux bâtiments de la faculté de Médecine.

C'est à côté de ce quartier neuf, que fut édifié le deuxième groupe alpin, de dimensions plus considérables, qui représente, grosso modo, la Haute-Tâtra, avec 5 ou 6 sommets. Ce groupe a une longueur de 70 mèt., une largeur de 20 et une hauteur de 9 à 11. Il comprend dès aujourd'hui environ 350 espèces, réparties en quelques milliers d'échantillons et provenant la plupart de la Haute-Tâtra et des Carpates de Transylvanie.

Aux endroits nouvellement nivelés, on a installé de nouveaux groupes géographiques, comprenant la flore du plateau transylvanien, de la Puszta hongroise, des plaines basses du Danube inférieur hongrois, etc.

Une section, arrangée d'une façon entièrement nouvelle, comprend la couche réservée aux Champignons.

Des plantes utiles, textiles, plantes cultivées par les anciens Romains, ont également leurs couches à part, etc. Une partie de l'ancien parc, d'une superficie de 1 hectare, 77 ares, 75 m², a été également transformée en Arboretum spécial, et, depuis 1897, une pépinière de 3.000 jeunes plants de *Picea excelsa*, a été arrangée.

Le Jardin Botanique, dont la surface est, à l'heure actuelle, de 4 hectares, 34 ares 75 m², renferme environ 2.000 espèces et est en relations d'échanges avec 90 Jardins Botaniques européens ou autres. Il expédie chaque année 6.000 paquets de semences, et 500 plantes vivantes dans les cinq parties du monde (1).

III. — Les nouveaux groupes Alpins.

Pour visiter les groupes alpins, nous pénétrons dans le Jardin par le quartier des Gymnospermæ, et remarquons entre autres le représentant de Gnétacées exotiques, le modèle du *Welwitschia mirabilis* Hooker, exécuté en grandeur naturelle et d'après mes indications.

Le tronc en argile cuite, ressemble à une selle et a été modelé d'après un excellent spécimen, dont le Musée National à Budapest fit l'acquisition, alors que j'étais chef du Département Botanique. Les cônes à inflorescences, moulés en terre cuite, ont été exécutés avec la plus grande précision, d'après les dessins de Hooker, ainsi que les énormes feuilles de fer blanc. Tel qu'il est, avec ses couleurs naturelles, le modèle rappelle étrangement la Gnétacée du désert de Kalahari (1).

A côté, et comme contraste, se trouve le petit *Ephedra vulgaris* Rich. qu'on rencontre dans les roches calcaires de Torda (à 30 kilom. de Kolozsvár).

En quittant le jardin systématique, nous gagnerons le jardin géographique.

C'est non loin des Cupulifères que nous trouvons une sorte de petit tunnel fait d'arbrisseaux, qui recouvrent un fossé, au bout duquel nous

(1) Voir le catalogue de semences de l'an dernier ; Hortus Botanicus Regiæ Universitatis Claudiopolitanæ (Kolozsvár) Semina etc.. Anno 1889. Collecta Offert. Kolozsvár (Hungariæ) Kalend. Februarii 1900.

(2) Le fac-simile de ce modèle se trouvait à l'Exposition de Paris, dans le pavillon de l'Enseignement supérieur, Section Hongroise, vitrine de l'Université de Koloszvár.

Fig. 1. — Le modèle du *Welwitschia mirabilis.*

Fig. 2. — Le grand groupe alpin construit par le Dr Gy. de Istvánffi.

apercevons une montagne artificielle dont les sommets, peints en blanc, figurent la région des neiges. A la partie inférieure, se trouvent différentes espèces d'arbres, pour donner une idée générale de la distribution des zônes de végétation.

En sortant de ce tunnel, à moitié souterrain, nous gagnons le grand groupe alpin, aperçu déjà à l'extrémité méridionale et qui mesure 70 m. de long ; 20 de large et 9-11 de haut.

C'est une représentation des différents sommets de la Haute-Tátra, recouverts à mi-hauteur par des pierres. Il a fallu surmonter de grandes difficultés pour achever ce groupe (2).

On y trouve, sur les sommets, les plantes dites alpines, cueillies dans la Haute-Tátra et dans les Carpates de la Hongrie Orientale. Les plantes sont soigneusement placées dans de petites excavations, pratiquées dans les pierres, et disposées de façon à empêcher la croissance d'une végétation luxuriante, qui, en peu de temps, transformerait les plantes alpines et en altèrerait considérablement l'aspect. C'est pour empêcher cette hypertrophie que nous avons, pour la première fois, fait nos plantations sur des substrats pierreux.

Le groupe alpin comprend dès aujourd'hui 350 espèces, réparties en quelques milliers d'échantillons.

La culture des plantes alpines est extrêmement délicate, et réclame beaucoup de soins.

Il importe par, exemple, d'obtenir, par un arrosage abondant et bi-journalier, un abaissement considérable de la température, pendant les chaudes journées de l'été.

Et, pour assurer un développement régulier aux plantes situées dans des endroits plus bas que leur habitat d'origine, il a fallu songer à utiliser comme ombrifères les arbres voisins ; c'est un rôle que jouent fort bien les vieux Robiniers *(Robinia Pseudo-Acacia)* situés à côté du groupe.

Dans la partie inférieure du groupe alpin, les plantes croissent sur un terrain composé de débris de différentes espèces particulières. On y trouve les plantes subalpines. Le grand groupe alpin ainsi que le petit (de forme elliptique) servent dès maintenant à des études fort intéressantes, sur les altérations des espèces, en proportions, forme, couleur, poils, etc., ainsi que sur la structure anatomique, etc. Une foule de problèmes, restés inexpliqués, méritaient cependant des études approfon-

(1) A comparer avec le rocher artificiel de Hoole-House dans le Cheshire, construit par Lady Broughton. *La Belgique horticole* III. 1852-1853. p. 55. Pl. 8.

dies. C'est précisément ce qui décida de la construction d'un vaste champ d'expériences pour les plantes alpines.

Parmi ces problèmes, la biologie nous offre en particulier ceux de la fécondation. Or, quelle riche mine à exploiter, que l'étude des modes de fécondation des plantes alpines, dans des endroits, sous des latitudes où les agents intermédiaires ne se trouvent pas, ou n'habitent pas nécessairement. Le mode de fécondation des fleurs entomophiles par les insectes, etc., offre par exemple un vaste champ d'études.

Les espèces les plus intéressantes des groupes alpins sont les : *Pinus Pumilio* Hnke, *Juniperus intermedia* Schur, *Arum alpinum* Schott., *Agrostis alpina* Schur, *Allium pulchellum* Don, *Hyacinthella leucophæa* (Stev.) Schur, *Muscari Transilvanicum* Schur, *Eritrichum Jankæ* Simk., *Pulmonaria rubra* S. K. N., *Campanula alpina* Jacq., *C. Carpatica* Jacq., *Phyteuma Vagneri* A. Kern., *Alisma Carpatica* Porc., *Banffya petræa* Baumgt., *Dianthus alpinus* L., *D. callizonus* Schott, *D. Carthusianorum* L. var. *tenuifolius* Schur, *D. gelidus* S.N.K., *D. glacialis* Hnke, *D. spiculifolius* Schur, *Melandrium Zawadzkii* (Herbich) A. Br., *Silene acaulis* L., *S. Dinarica* Spreng., *S. flavescens* W. K., *Polyschemone nivalis* Schott, *Achillea distans* W., *A lingulata* W. K., *A. Neilreichii* A. Kern., *A. setacea* W. K., *Adenostylis albifrons* L., *A. Orientalis* Boiss., *Antemis alpina* Baumgt., *A. Carpatica* W. K., *A. Reussii* Grisb., *A. tenuifolia* Schur, *Artemisia Baumgartenii* Bess., *Aronicum carpaticum* G. S., *Centaurea Kotschyana* Heuff., *Chrysanthemum rotundifolium* W. K., *Hieracium alpinum* L., *H. transilvanicum* Heuff., *Leontopodium alpinum* Cass., *Scorzonera rosea* W. K., *Senecillis carpatica* Schott, *Sedum Carpaticum* Reuss, *S. purpureum* Baumgt., *Arabis alpina* L., *Draba Haynaldi* Stur., *Knautia longifolia* W. K. *Scabiosa lucida* Vill., *Rhododendron myrtifolium* Schott et Kotschy, *Bruckenthalia spiculifolia* (Salisb.) Reichenb., *Azalea procumbens* L., *Swertia punctata* Baumgt., *Gentiana acaulis* L., *G. frigida* Hnke, *G. punctata* L., *Melissa Baumgartenii* Simk., *Primula longiflora* Lam., *P. minima* L., *P. subarctica* Schur, *Cortusa Matthioli* L., *C. pubens* Schott, *Soldanella alpina* L., *S. pusilla* Baumgt., *Aconitum ochroleucum* Baumgt., *Anemone alpina* L., *Aquilegia Transilvanica* Schur, *Ranunculus Carpaticus* Grisb., *R. crenatus* W. K., *R. rutaefolius* L., *R. Thora* L., *Chrysosplenium oppositifolium* Baumgt., *Saxifraga aizoides* L., *S. bryoides* L., *S. Burseriana* L., *S. crustata* L., *S. cymosa* W. K., *S. heucherifolia* Grisb., *S. hieracifolia* W. K., *S. luteoviridis* W. K., *Bartsia alpina* L., *Viola alpina* Jacq., *V. declinata* W. K.

Les flancs du groupe et la plaine qui s'étend à ses pieds sont couverts d'une intéressante flore subalpine, la plaine, composée en majeure partie de *Graminées* et de *Caricinées*, — représente un riche pâturage subalpin parsemé de types caractéristiques comme les : *Allium*

Fig. 3. — Le quartier des Fougères.

obliquum L., *Daphne Blagayana* Frey, *Homogyne alpina* Cass., *Hyacinthella leucophaea* (Stev.) Schur, *Iris arenaria* W. K., *I. cæspitosa* Pall., *Lilium Jankae* A. Kerner, *Pulmonaria rubra* Schott et Kotschy, *Rudbeckia laciniata* L., *Silene Csereii* Baumgt., *Symphytum corda-*

tum W. K., *Veratrum album* L., *Verbascum Kanitzianum* Simk. et Walz.

L'eau de la cascade qui tombe du col principal, alimente diverses espèces d'Algues, qui habitent les eaux rapides, et est reçue dans un bassin assez large, qui s'écoule en un ruisseau, entouré d'un rideau de plantes hydrophiles telles que le *Telekia speciosa* Baumgt., les *Petasites*, les Saules, les Aulnes, etc. Le ruisseau va se perdre sous une colline représentant le Karst, avec des espèces caractéristiques, données par S. A. I. et R. l'Archiduc Joseph.

Au Nord-Est du groupe alpin, à l'ombre des grands arbres, croissent, dans des conditions d'humidité très favorable, les plantes des Marais ainsi que les Cryptogames, les Mousses, les Equisetinées, les Lycopodinées et les Fougères (V. fig. 3).

A proximité des plantes des marais, nous remarquons un mur en ruines sur lequel croissent des espèces caractéristiques, sur le vieux toit de bois, des Mousses, des Lichens et sur le vieux toit de chaume des Algues : *Pleurococcus tectorum* Trevisan etc., donnant à cette toiture très répandue chez nous, un aspect et une couleur des plus curieux. En allant vers le Nord, nous trouvons (à droite) le quartier neuf, pour les plantes médicinales réparties en 80 couches de forme quadrangulaire,

La plaine que nous avons alors sous les yeux et qui provient d'un nivellement tout récent, comprend des formations phytogéographiques disposées l'an dernier (1899) seulement, et parmi lesquelles nous signalerons : les formations de la Puszta (plaine hongroise), les plantes du Danube inférieur en Hongrie, les plantes salines de Transylvanie, les plantes des prairies de Transylvanie, appelées en magyar « Mezóség ». (où se rencontrent les espèces caractéristiques : *Brassica elangata*, *Centaurea ruthenica*, *Iris humilis*, *Marrubium peregrinum*, *Pæonia tenuifolia*, etc.), avec un marais artificiel (*Salvinia natans* Hoffm., *Ruppia transilvanica* Schur, *Sparganium erectum* L., *Sp. simplex* Huds.), établi en un coin de ce quartier, où pousse une riche végétation de roseaux.

La couche voisine représente l'intéressante formation des « Szénafüvek » près de Kolozsvár, région exclusivement réservée à la fenaison et située sur un plateau qui fait les délices des botanistes et des herboristes : *Adonis hybrida* Walz, *A. Walziana* Simk., *A. wolgensis* Stev., *Anemone patens* L., *Allium ammophilum* Heuff., *Amygdalus nana* L., *Anchusa Barrelieri* (All.) D. C., *Aster punctatus* W. K., *Bulbocodium ruthenicum* Bunge, *Crambe Tataria* Sebeök, *Dictamnus albus* L., *Delphinium fissum* W. K., *Fritillaria Meleagris* L., *Helle-*

borus purpurascens W. K., *Juncus Rochelianus* Schult., *Jurinea Transilvanica* Spr., *Nepeta ucranica* L., *Orobus transilvanicus* Spreng., *Pedicularis campestris* G. Sch., *Peucedanum latifolium* M. B., *Phyteuma canescens* W. K., *Salvia Baumgarteni* Heuff., *Seseli gracile* W. K., *Statice Gmelini* W., *S. tatarica* L., *Stipa Lessingiana* Trin., *St. pennata* L.

Viennent ensuite les plantes de la flore Russe, les types de la flore du Pont, qui se mêlent à la flore orientale.

Les contours de cette plaine sont bordés de petites couches en partie provisoires, destinées aux plantes mellifères, textiles, tinctoriales, aux plantes des Indes Orientales, de l'Amérique du Sud, aux plantes tubéreuses, aux plantes d'ornement.

C'est à l'extrémité Nord du groupe alpin, que nous avons établi la section des Champignons naturels, ou modelés d'après mes dessins, et exécutés en argile cuite. Ces modèles qui portent chacun une désignation, sont peints à l'huile, ne souffrent pas trop des intempéries et peuvent d'ailleurs être repeints chaque année; ils ont, en outre, le grand avantage d'être bon marché et de donner des résultats très satisfaisants (1). Nous avons également entrepris la culture des Champignons, qui poussent à différentes époques de l'année, les *Polyporus betulinus*, *Hirneola Auricula-Judæ*, *Pleurotus ulmarius*, *Hypholoma fasciculare*, *Pholiota mutabilis*, etc., donnent à cette section un caractère tout spécialement instructif.

On y a même planté, pendant les gelées d'hiver des myréliums, savoir : des *Boletus bulbosus*, *B. scaber*, *B. Satanas*, *Lepiota procera*, *Russula virescens*, *Lactaria piperata*, *Amanita muscaria*, *A. rubescens*, etc., et c'est avec le plus vif intérêt que nous enregistrons les observations recueillies.

Nous avons tout récemment transplanté sur un rocher artificiel, la *Trentepohlia* (*Chroolepus*) *Iolithus* provenant de la Haute-Tátra et formant une végétation très caractéristique, de couleur rouge brique qu'on ne rencontre que très rarement dans les Jardins botaniques.

(1) Voir à l'Exposition de Paris la vitrine du Jardin de l'Université de Kolozsvár (Pav. de l'Enseignement supérieur).

Etudes et commentaires sur le Code de L'ESCLUSE, augmentés de quelques notices biographiques,

Par le D[r] GY de ISTVÁNFFI.

Professeur de l'Université, Directeur de l'Institut Ampélologique Royal Hongrois.

Enrichis de 22 figures et de 91 planches chromolithographiées, reproductions du Code de L'ESCLUSE. Chez l'auteur, Budapest,1900, folio. pp. 287.

Il y aura l'année prochaine 300 ans, que parut la *Fungorum in Pannoniis observatorum brevis Historia*, conçue par CHARLES DE L'ESCLUSE. Cet ouvrage est le fondement de la Mycologie hongroise et le premier essai scientifique concernant la Mycologie.

C'est en Hongrie, que L'ESCLUSE recueillit les matériaux de son ouvrage et il fut aidé dans cette tâche délicate par BOLDIZSÁR DE BATTHYÁNY, qui fit exécuter sous ses yeux (il y a 320 ans) les aquarelles du Code de l'ESCLUSE, œuvre unique pour l'époque, et qui témoigne en même temps que de son amour pour la science, de sa vive sympathie pour notre grand savant.

Ce qui donne encore, pour nous Magyars, une valeur toute spéciale au Code de L'ESCLUSE, c'est la part active que prirent BATTHYANY et BEYTHE à sa rédaction en ajoutant souvent sur les planches des noms ou des remarques sur les habitats.

Il m'a paru intéressant d'essayer, au moyen des aquarelles du Code (complètement négligées jusqu'alors), la détermination des espèces décrites par L'ESCLUSE dans son histoire des Champignons.

Je suis aujourd'hui, après avoir surmonté de nombreuses difficultés, heureusement arrivé au but que je m'étais proposé et je publie mon travail dans l'ordre suivant :

1° Une reproduction exacte de la *Fungorum Historia* ;

2° Des recherches sur l'origine de l'Histoire et du Code et les déterminations des espèces ;

3° Des notes biographiques sur L'ESCLUSE puisées à différentes archives et bibliothèques (en insistant sur ses relations hongroises). Mes notes biographiques commencent par l'autobiographie de L'ESCLUSE, récemment découverte à la bibliothèque de Leiden ;

4° Un tableau synoptique des espèces de L'ESCLUSE ;

5° Sa correspondance et autres renseignements inédits ;

6° Un catalogue complet des lettres adressées à L'ESCLUSE et conservées à Leiden ;

7° La reproduction du Code de L'ESCLUSE. Les 91 planches exécutées en chromolithographie sont des fac-simile des aquarelles du Code.

Il m'a paru nécessaire de publier mon ouvrage en deux langues, et après chaque chapitre en langue magyare, *vient immédiatement la traduction française.* Toutefois, au chapitre des études critiques sur la détermination des Champignons, j'ai donné, dans leur langue propre, les opinions des différents commentateurs, et me suis contenté de traduire en français celles de STERBEECK.

Qu'il me soit permis de donner un résumé de mon travail.

CHAPITRE Ier.

ÉTUDES CRITIQUES SUR LES CHAMPIGNONS DE L'ESCLUSE.

1. Les connaissances mycologiques avant l'ESCLUSE, p. 121. — C'est à l'époque des guerres intestines, qui désolèrent les Pays-Bas, en ces temps si troublés, que parurent les trois grands botanistes du XVIe siècle, DODONNÉE, DE L'ESCLUSE et DE LOBEL.

La Botanique fut réformée, renouvelée par eux : d'autant mieux, qu'à cette époque le Hongrois ALBERT AJTOSI-THÜRER venait de porter l'art nouveau de la gravure sur bois à un très haut degré.

En tant que fondateur de la Mycologie, L'ESCLUSE *nous intéresse davantage.*

C'est lui qui le premier a donné une *Histoire naturelle des Champignons* et qui a fondé une science toute nouvelle : la *Mycologie.*

Aussi, même si L'ESCLUSE n'avait laissé en Botanique que cette remarquable Histoire, il aurait pourtant bien mérité de la science et acquis des droits incontestables à notre gratitude, et d'une façon toute spéciale *à la nôtre, Magyars, puisqu'il a fait connaître notre flore et pris ainsi place dans l'Histoire de la civilisation en Hongrie.*

2. La « *Fungorum Historia* » et ses imitateurs, p. 122. — C'est pendant son séjour en Hongrie, et particulièrement chez BOLDIZSÁR DE

Batthyány, que l'Escluse recueillit sur les Champignons, les renseignements qui lui permirent de composer sa « *Fungorum Historia* ».

Je l'ai fait réimprimer en tête de mon ouvrage afin de faciliter la comparaison de toute l'Histoire des Champignons avec le Code.

3. Le Code de L'ESCLUSE, p. 124. — Tandis que l'Escluse recueillait les matériaux de son Histoire, en herborisant avec Beythe, il avait conçu, dès 1578, l'heureuse idée de faire peindre ses plantes, et grâce aux libéralités de Batthyány, il prit à son service un peintre, trouvé d'ailleurs bien difficilement (voir les lettres de l'Escluse) et le chargea d'exécuter les merveilleuses aquarelles qui constituent ce qu'on nomme le Code de l'Escluse.

Les frais furent à la charge de Boldizsár de Batthyány, ainsi que l'Escluse lui-même le rapporte.

De plus Batthyány *surveilla lui-même l'exécution des aquarelles (Voir la correspondance de* Batthyány*). Cet ouvrage est le fondement de la Mycologie qui est née en Hongrie au XVI*[e] *siècle.*

C'est Sterbeeck qui, le premier, mit à profit le Code en 1672, et après lui, il demeura enseveli, pendant plus de 200 ans dans la poussière des parchemins jaunis. On croyait même que le Code était perdu, comme une remarque de l'Escluse tendait à le faire penser.

L'affaire en était là quand, en 1892, je m'adressai à W. N. du Rieu, directeur de la Bibliothèque de Leyden (mort en 1895), pour savoir ce qu'étaient devenues les aquarelles du Code de l'Escluse dont Morren, en 1874, avait signalé la réapparition à la Bibliothèque de l'Université de Leyden.

Du Rieu accueillit ma demande avec la plus sympathique bienveillance et me fit connaître en quel état se trouvaient les aquarelles, consentant même à me les prêter.

Je m'empressai d'accepter l'offre qui m'était si gracieusement faite et me mis au travail. Au bout de six semaines d'un labeur assidu, *j'avais achevé la reproduction de toutes les aquarelles, et copié également les indications écrites sur les planches* renfermant très souvent d'utiles indications.

Bientôt je résolus de publier le Code in-extenso, dans la pensée de mettre à la portée de tous une mine inépuisable et *de faciliter le contrôle de mon travail et même son amélioration.*

J'ai fait également exécuter dans mon laboratoire et sous mes yeux la photographie de toutes les aquarelles, en grandeur naturelle.

C'est avec bonheur que je publie cet ouvrage. Je le dédie aux mânes du fondateur de la Mycologie Hongroise.

4. Le Theatrum de STERBEECK et le Code de L'ESCLUSE, p. 125. — Franciscus van STERBEECK a publié en 1675 son ouvrage « Theatrum Fungorum oft het Tooneel der Campernoelien ».

STERBEECK s'inspire spécialement de L'ESCLUSE. Un grand nombre *de ses gravures sur cuivre ne sont que des reproductions des aquarelles du Code et, parmi les Hyménomycètes, 70 espèces ne sont que des copies de* L'ESCLUSE.

Le « Theatrum fungorum » de STERBEECK *est la source la plus importante pour les commentateurs*, parce que l'auteur fait usage des descriptions de L'ESCLUSE et qu'on avait cru jusqu'alors qu'il avait fait lui-même tous ses dessins.

L'ESCLUSE lui-même déplore la perte de son livre qui, fort heureusement, n'était qu'égaré, car, comme je l'ai constaté à présent, en 1672, ce même Code se trouve entre les mains de STERBEECK qui l'affirme en ces termes :

« *welken boeck toebehoorde aen den feer ervaren Heere Doctor* SYEN *Professor der kruyden in de Universiteyt van Leyden* », etc., et en traduction française :

« Ce livre était la propriété de l'honorable Dr SYEN (professeur de Botanique à l'Université de Leyden) de qui je l'ai reçu par l'intermédiaire de Maître ADRIEN DAVID, apothicaire et droguiste à Anvers, botaniste amateur très connu. *Les inscriptions mêmes des aquarelles de ce livre m'ont beaucoup servi et j'en ai extrait aussi 6 ou 7 champignons étrangers.* Je n'ai usé de ce livre que comme d'un guide et fait exécuter mes propres planches, chez moi et sous mes yeux.»

5. Les Commentateurs des Champignons de L'ESCLUSE, p. 128. — LINNÉ ne s'est que fort peu occupé des champignons de L'ESCLUSE. C'est E. FRIES qui, le premier, fit une étude spéciale de l'Histoire.

KICKX s'occupa, après E. FRIES, des champignons de L'ESCLUSE en s'aidant des gravures sur cuivre et de la collection des aquarelles de STERBEECK. Mais le succès ne couronna pas ses efforts et il ne trouva pas grand chose à glaner dans le champ déjà exploré par E. FRIES.

KICKX *n'a pas remarqué que la plupart des gravures sur cuivre de* STERBEECK *sont extraites du Code.*

SADLER (*Jozsef*, professeur de Botanique à l'Université de Budapest, 1849) dit, dans un « Essai sur la Botanique hongroise au XVIe siècle », que seuls les savants versés dans la connaissance de la Mycologie hongroise, peuvent mettre quelque peu en lumière le travail de l'Escluse à l'aide des dénominations hongroises.

Kalchbrenner marche sur les traces de E. Fries et s'occupe aussi de l'Escluse, mais ne mentionne au contraire Sterbeeck que très rarement.

« *C'est ainsi que* E. Fries *m'exprimait*, — je cite ce passage verbalement de son Essai, — *dans une de ses lettres, l'opinion que les Botanistes hongrois devront tenir à droit et à honneur de mettre en pleine lumière les champignons de* l'Escluse ».

Kalchbrenner essaya de remplir cette noble tâche, mais il rencontra des difficultés si insurmontables qu'il lui fut impossible d'arriver à un résultat satisfaisant.

Reichardt, dans son « Essai » traite les champignons de l'Escluse, dans l'ordre même du système mycologique et il se base sur les investigations de Fries et fait preuve d'une originalité beaucoup moins grande que Kalchbrenner.

Britzelmayr a publié en 1894 une étude dans laquelle il constate l'influence considérable qu'a eue l'Histoire de l'Escluse sur Sterbeeck, mais il est une autre source, bien autrement considérable, où Sterbeeck a puisé non seulement ses dessins mais encore les annotations elles-mêmes, et que Britzelmayr n'a pas connue, *c'est le Code.*

Grâce à la méthode que j'ai adoptée, on peut, d'un seul coup d'œil examiner les différentes dénominations données aux espèces par les Commentateurs, puis, à la fin, on trouve la détermination la plus conforme à l'espèce. Mais il est évident qu'on ne saurait être toujours d'une certitude dogmatique, même en consultant les aquarelles du Code ; par exemple, tous les mycologues savent qu'il est impossible d'arriver à une détermination certaine si la couleur des spores n'est pas nettement marquée. De plus, pour arriver aux résultats que j'ai obtenus et que je suis heureux de publier, je me suis servi d'un autre guide que les autres commentateurs de Sterbeeck ou de l'Escluse, qui n'ont prêté qu'une attention superficielle au texte flamand de Sterbeeck et n'ont pas mis suffisamment à profit les données qu'il peut renfermer.

Je crois avoir rendu à Sterbeeck *la justice qui lui est due, en extrayant de son œuvre tout ce qui a quelque importance, et en le rendant ainsi accessible au monde scientifique qui, jusqu'alors, avait négligé de la divulguer.*

Vient ensuite l'*Analyse détaillée des Champignons figurés dans le Code*, p. 133-170.

CHAPITRE II.

NOTICES BIOGRAPHIQUES.

1. Autobiographia Caroli Clusii, p. 176. — Une forte intéressante reproduction de sa biographie écrite par lui-même en 1588 ; à signaler sa date de naissance :

« Carolus Michaëlis fil. Petri nepos Clusius natus Atrebati Comii apud Julium Cæsarem celebris patria *19 Februarii hora 6 ante meridiem* 1526 » (1).

2. La période de Vienne, p. 178. — Les avis sont très partagés sur la question de savoir quelle était en réalité la charge de L'ESCLUSE à la Cour impériale.

En résumé ce qui me semble le plus vraisemblable, c'est qu'il occupait la charge de botaniste attaché à la cour, car on avait alors coutume chez les souverains d'avoir des « Simplicista », c'est-à-dire des botanistes. C'est à ce titre que L'ESCLUSE *aurait été employé à l'arrangement des jardins impériaux ; il n'exerça d'ailleurs jamais la médecine, et les hypothèses émises à ce sujet sont invraisemblables.*

Le 31 août 1577, L'ESCLUSE avait déjà été relevé de ses fonctions. Par conséquent, il n'avait été employé à la cour que du 1er octobre 1574 jusqu'au 31 août 1577 (et non pas jusqu'à la fin de 1576, comme l'affirment ses Biographes).

L'ESCLUSE avait été cassé en 1577, malgré l'intervention des archiducs.

Il ne voulait pas quitter Vienne sans prendre congé de BATTHYÁNY : « sans premier vous aller baiser les mains (Lettre 1) » et sans dresser son jardin.

L'ESCLUSE est alors dans un état voisin de la misère, et c'est BOLDIZSÁR DE BATTHYÁNY, qui lui vient à l'aide et lui témoigne dans son malheur la plus amicale affection.

Les lettres découvertes par moi dans les Archives du Duc de BATTHYÁNY, parlent très éloquemment du Mécène de L'ESCLUSE.

D'après CH. MORREN, VORST, comme POISSARD, n'ont pu attribuer son départ de l'Autriche qu'à l'intolérable ennui que lui inspirait l'étiquette des cours.

(1) Il existe aujourd'hui à Vienne, dans le IXe arrondissement, une rue parallèle à la Porzellangasse, qui porte le nom de CLUSIUS.

D'après E. Morren, « en 1587, dégouté de la Cour (aulæ tædio), lisons-nous dans l'*Athenæ Batavæ* de Jean Meurs, il quitte Vienne. » Mais *tædium* signifie : ennui, dégoût, antipathie, avoir en horreur, et c'est le dernier sens qu'il faut attribuer au mot « tædium ». L'Escluse n'était pas fatigué de l'étiquette de la Cour (étant hors de service depuis 1577), il ne s'ennuyait pas à Vienne, mais il était dégoûté de la vie misérable (après 1577) qu'il y menait et de la gêne contre laquelle il se débattait constamment, et seuls, ses amis réussirent parfois à apporter quelque allègement à ses maux.

3. — Les amis magyars de L'Escluse, p. 184. — Pendant son séjour à Vienne (1573-1588), l'Escluse eut très souvent l'occasion de visiter la Hongrie. Boldizsár de Batthyány, son hôte et ami, l'y fit venir fréquemment en lui envoyant même son équipage.

Boldizsár de Batthány (1538-1590), Seigneur banneret, Grand-Maître héréditaire d'écuyers tranchants hongrois, invita à plusieurs reprises notre savant, à Német-Ujvár et à Szalonak ; il l'engage même à y demeurer pendant un hiver (Lettre 6). l'Escluse dresse les plans de ses jardins.

Batthyány resta jusqu'à sa mort en correspondance régulière avec l'Escluse, ainsi que le prouvent les 12 lettres (1577-1588) conservées et découvertes par moi dans les Archives du Duc de Batthyány à Körmend, en Hongrie.

Mais c'est surtout au point de vue scientique, que les relations entre l'Escluse et Batthyány nous intéressent. On sait, à ce propos, quelle part active prit Batthyány à l'exécution des aquarelles sur les Champignons hongrois. Il est bien difficile d'en conclure que c'est ce peintre qui exécuta les aquarelles. — Ce qui est certain, c'est qu'elles furent exécutés sous les yeux de Batthyány qui écrivait à l'Escluse le 13 novembre 1584 de se hâter de venir le trouver (Lettre 7).

L'Escluse est encore en correspondance suivie et a même de fréquents entretiens avec le célèbre historien et diplomate catholique : Miklos (Nicolas) de Isthványfy, vice-palatin de Hongrie. (Il composa une grande œuvre intitulée : *Historiarum de rebus Vngaricis Libri XXXIV.*)

István (Etienne) de Beythe, mort en 1611 à Német-Ujvár comme évêque réformé, a été le collaborateur très actif de l'Escluse dans la rédaction de l'Histoire des Champignons, en écrivant lui-même, sur les planches, soit les noms magyars, soit même des remarques sur l'habitat.

János de Zsámboky (en latin, Sambucus), célèbre historiographe, conseiller aulique et historiographe de Maximilien II et Rodolphe II, encouragea souvent l'Escluse dans ses recherches sur la flore des Alpes autrichiennes.

4. Les relations de L'ESCLUSE à la flore Hongroise, p. 189. — De tous les ouvrages de L'ESCLUSE le plus important pour la Hongrie est sans contredit la flore de Pannonie (1583), le Nomenclator Pannonicus (1584) et l'Histoire des Champignons (1601).

C'est en 1574, que L'ESCLUSE commença ses études sur les plantes de Pannonie.

Parmi ces ouvrages, l'Histoire des Champignons peut être considérée comme due à la collaboration, de L'ESCLUSE, de BATTHYÁNY et de BEYTHE, et, à ce titre, la Mycologie aurait pris naissance en Hongrie et serait, en partie, d'origine hongroise.

5. La période de Francfort, p. 190. — L'ESCLUSE quitte Vienne malade, mais il semble que son départ n'était pas définitif.

En septembre 1588, nous trouvons L'ESCLUSE établi à Francfort.

Sa correspondance avec les propriétaires de l'imprimerie Plantin-Moretus à Anvers est de la plus haute importance, pour les renseignements qu'elle nous fournit sur la publication de ses ouvrages et les détails des différentes dépenses relatives à l'impression de ses manuscrits.

Les livres de comptes de l'imprimerie Plantin-Moretus sont également très instructifs.

L'ESCLUSE habita Francfort de 1587-1593 et il ne resterait, d'après KESSLER, que deux lettres de sa correspondance avec l'Electeur Palatin de Hesse. J'adresse mes plus sincères remercîments à la direction des archives de l'Etat à Marburg, qui a bien voulu mettre à ma disposition les 10 lettres, formant la correspondance complète, inédite et inconnue de KESSLER (Lettres 31-40).

La collection des 25 lettres (1571-1605) de MARIE DE BRIMEN, princesse de Chimay, duchesse d'Aerschot, conservées à la bibliothèque de l'Université de Leyden, contiennent des renseignements les plus intéressants.

On a invité L'ESCLUSE à Leyde pour y prendre la direction du Jardin de l'Université, sans l'obliger à faire des cours, « avecq un docte apotiquere vre substituteur qui en avoit le plus de peine et soucy », comme il l'a promis même la Duchesse (Lettre 117, Leiden 1592 le 24 janv.).

Il était en relations amicales avec le célèbre poète latin, IOAN. AB. HOGHELANDE, amateur passionné pour l'horticulture et dont les lettres consultées sont pleines de renseignements du plus haut intérêt sur l'horticulture.

6. La période de Leyden, p. 192. — Non seulement, les vrais amateurs d'horticulture, mais encore ceux qui ne s'occupaient d'horticulture que dans un but purement mondain, et pour pouvoir se vanter de posséder telles ou telles espèces plus ou moins rares, attendaient avec impatience celui que ALDROVANDUS appelait le « Dictateur des Fleurs ». Des inconnus mêmes l'importunent de leurs demandes.

Nous attribuons une haute valeur au document, découvert à la Bibliothèque Nationale de Paris et qui a pour titre « De Horto publico Leidensi », adressé au Curateur de l'Université de Leyden.

Il nous donne des renseignements précieux sur la nature des fonctions exercées par L'ESCLUSE au Jardin botanique.

A Leyden, il est en butte à des tracasseries et à des désagréments de toutes sortes de la part de nombreux envieux.

L'ESCLUSE était toujours de santé chancelante, pendant son séjour à Leyden. A côté de ces souffrances physiques, des souffrances morales bien autrement graves vinrent assaillir notre savant.

Il se console dans des études laborieuses et persévérantes sur la Botanique et il y déploie un zèle et une ardeur infatiguables. Vers 1597, il jette les bases de la Mycologie, et a déjà conçu le système des Champignons, dont nous avons retrouvé une esquisse sur une lettre qu'il avait reçue de LÉONIDA BELLI.

Et malgré ce labeur incessant, malgré les ennuis qui l'accablent, L'ESCLUSE trouve à Leyden le moyen d'achever ses ouvrages.

Il extrait même de ces Ephémérides des renseignements historiques et biographiques, pour les envoyer au Président de THOU à Paris.

Parmi les références historiques, nous signalerons : celles qui concernent la Généalogie de l'Empereur Ferdinand I, et son fils Maximilien II, puis les notes sur Pelissier et Rondelet, l'histoire de l'aventurière Despota Sami ou Jacobus de Marchelis. Les détails anecdotiques sur la vie et mort de Vesalius méritent aussi d'être signalés, d'autant plus qu'ils montrent comment l'avarice du grand médecin lui a coûté la vie.

CHAPITRE III.

TABLEAU SYNOPTIQUE DES CHAMPIGNONS CONTENUS DANS LA FUNGOR. HISTORIA ET DANS LE CODE DE L'ESCLUSE, p. 197.

CHAPITRE IV.

LA CORRESPONDANCE DE L'ESCLUSE, p. 200.

Les recherches que j'ai entreprises pour découvrir la correspondance de L'ESCLUSE, ont été couronnées du succès le plus inattendu.

En somme, je publie 33 lettres originales de L'ESCLUSE (découvertes tout récemment), et une centaine des lettres (d'une haute importance) qui lui étaient adressées par BATTHYÁNY, ISTHVÁNFFY, AICHOLZIN, HOGHELANDE, ALDROVANDUS, DE L'OBEL, DODOENS CAMERARIUS, WILHELM IV, JEHAN et CHRISTIAN MOURENTORF, MARIE DE BRIMEN (Princesse de CHIMAY), Louise de COLLIGNY (Princesse d'ORANGE), J. BOISSARD, ANSELMUS DE BOODT, BULIUS, BUSBEQUE, HUGO BLOTIUS, JANUS DOUSA, CLAUDE DE ROUSSEL, P. PAAW, etc.

Je n'ai pas l'ambition de faire moi-même une biographie absolument complète de L'ESCLUSE, mais je suis heureux d'avoir apporté des matériaux pour une œuvre que d'autres entreprendront certainement.

Je n'ai insisté que sur les relations hongroises de L'ESCLUSE, parce qu'elles pouvaient éclairer la genèse de sa flore des Champignons Hongrois.

CHAPITRE V.

CATALOGUS EPISTOLARUM AD CLUSIUM SCRIPT., BIBL. UNIVERSIT. LUNGDUN. BATAV. CONSERVATARUM, p. 202.

CHAPITRE VI.

CAROLI CLUSII ET ALIORUM EPISTOLÆ INEDITÆ, p. 205.

CHAPITRE VII.

QUELQUES REMARQUES DANS LES ŒUVRES DE L'ESCLUSE D'INTÉRÊT PRINCIPALEMENT HONGROIS, p. 285.

*
* *

Les reproductions des aquarelles du Code de L'ESCLUSE, constituant en somme 91 planches, terminent l'ouvrage.

M. Drake del Castillo présente de la part de M. Engler un premier fascicule du Das Pflanzenreich ou *Regni vegetabilis conspectus.*

Ce premier volume, qui traite uniquement des Musacées, n'est que l'avant-coureur d'un grand nombre d'autres dont l'ensemble constituera une œuvre monumentale ; à M. Engler reviendra le grand honneur d'en avoir jeté les premières bases. Faire en effet pour les espèces ce qui a été fait pour les genres dans les *naturlichen Pflanzenfamilien*, tel est le but que s'est proposé l'auteur.

En souhaitant de voir ce travail couronné de succès, les membres du Congrès adressent à M. Engler l'expression de leur admiration pour une entreprise aussi difficile.

M. Magnus attire l'attention des Congressistes sur les dessins de M. Bainier, non encore publiés et qui sont des reproductions fidèles de nombreuses Mucorinées, où le développement des sporanges et des conidies, ainsi que la formation des zygospores ont été représentés avec beaucoup d'exactitude.

C'est là une collection du plus haut intérêt que l'auteur est vivement engagé à continuer et à éditer.

M. Mussat remet sur le Bureau l'ouvrage de M. Villars : « Les fleurs à travers les âges et à la fin du XIXe siècle ».

D'une lecture intéressante et facile, ce superbe volume illustré par Mme Madeleine Lemaire ne constitue-t-il pas une véritable œuvre d'art ?

M. Perrot, au nom de M. Magnin, directeur de l'Institut botanique de l'Université de Besançon, dépose sur le bureau du Congrès, les derniers fascicules parus des « *Archives de la flore jurassienne* ».

Cette publication, qui n'est encore qu'à sa première année d'existence, comprend déjà de nombreux collaborateurs. Son but est principalement de mettre en relations les botanistes de la *région jurassienne*, Jura helvétique et Jura français ; — de réunir dans un même recueil toutes les découvertes qui seront faites dans la flore du Jura ou tous les travaux auxquels elle aura pu donner naissance ; — et enfin d'étudier les formes locales et la distribution géographique des plantes les plus intéressantes de la région du Jura.

On ne peut que souhaiter au programme que cette nouvelle publication s'est tracé une réussite aussi complète que possible.

M. le Secrétaire Général présente, au nom de M. Marie, et avec un certain nombre de préparations à l'appui, quelques idées nouvelles concernant la « **Génération des Truffes** ».

Les résultats obtenus, pour intéressants qu'ils soient, ne sont pas encore absolument concluants, et il y a lieu, semble-t-il, de faire à leur égard les plus grandes réserves.

Parmi les ouvrages exposés dans la salle des Séances du Congrès où chacun pouvait les examiner à loisir, nous citerons en particulier ceux de M. G. Rouy :

Sous le titre d'**Illustrationes plantarum Europæ rariorum**, M. Rouy a publié (1895-1900) un travail iconographique sur l'ensemble de la végétation de l'Europe. Les plantes les plus rares y sont seules représentées par la photographie, et accompagnées de diagnoses ; toutes les espèces ont été décrites d'après les exemplaires existant dans les grandes Collections botaniques et notamment dans l'Herbier Rouy. Ce magnifique ouvrage, de format demi-jésus, comprend 13 volumes avec 107 pages et 325 planches.

La **Flore de France**, de format grand in-8° comprend 6 volumes (1893-1900) :

Tome I. — 331 pages Tome II. — 360 pages Tome III. — 382 pages	par G. Rouy et J. Foucaud.
Tome IV. — 313 pages Tome V. — 344 pages	par G. Rouy.
Tome VI. — 489 pages	par G. Rouy et E. G. Camus.

L'éloge de cette œuvre considérable n'est plus à faire. En félicitant les auteurs de l'avoir entreprise, on ne peut que leur souhaiter de la mener à bonne fin.

Les **Icones plantarum Galliæ rariorum** ou Atlas iconographique des plantes rares de France et de Corse comportent 50 planches en 1 fascicule de format grand in-8° (1897).

Ces illustrations, intéressantes au premier chef pour l'étude des plantes critiques, ont été obtenues par l'héliotypie. La plante est donc reproduite avec une exactitude parfaite, mais ce qui augmente encore l'intérêt de cette publication, c'est que la plupart des exemplaires photographiés sont précisément ceux de JORDAN, GRENIER, GODRON, LORET, TIMBAL, SHUTTLEWORTH, HENRY, etc., etc..

On pouvait encore consulter, de M. G. ROUY, une **Révision du genre Onopordon**, en 1 volume in-4°, cartonné, avec 23 pages et 25 planches.

M. PERROT présente deux brochures de M. OTTO KUNTZE, immédiatement distribuées à tous les membres du Congrès, l'une intitulée : « *Exposé sur les Congrès pour la Nomenclature botanique et six propositions pour le Congrès de Paris en 1900* » ; l'autre : « *Additions aux Lois de nomenclature botanique (Code parisien de 1867), d'après le Codex emendatus* ».

Parmi les aquarelles complétant l'attrait de cette belle collection de Champignons *dont nous parlerons plus loin*, citons d'abord celles de M. ALB. GAILLARD.

Au nombre de 150, ces dessins sont la suite d'un travail sur les Champignons de Maine-et-Loire, dont les premiers éléments ont figuré à l'exposition de Champignons organisée au Mans par la Société Mycologique à la session de 1899, et qui comprend actuellement 400 planches.

Parmi les espèces rares ou intéressantes qui ont figuré au Congrès, nous signalerons : *Amanita aspera*, *Lepiota Vittadini*, *serena*, *meleagris*, *felina*, *Leucocoprinus medioflavus*, *Clytocybe vermicularis*, *Hypholoma epixanthum*, *Bolbitius vitellinus*, *Anellaria separata*, *Nidularia denudata*, *Peziza Sumneri*, *radiculosa*, *Ascophanus aurora*, *Anixia spadicea*, et les représentants de deux genres nouveaux récemment établis par MM. BOUDIER et PATOUILLARD : *Coccobotrys xylophilus* et *Lilliputia Gaillardi*.

A côté de ces magnifiques aquarelles prennent également place celles de M. Dupain, exécutées avec tant de soins et une telle abondance de détails par Mlle Audouin, de la Mothe St-Héray, et parmi lesquelles les Bolets occupent la plus large part.

Le talent artistique de M. E. G. Camus, bien connu depuis longtemps, se révèle une fois de plus dans ses aquarelles des hybrides et des anomalies du genre *Salix*, et dans celles représentant les plantes qui ont fait l'objet de sa communication sur la flore du Maroc.

De magnifiques spécimens du genre *Potamogeton*, admirablement préparés par M. Baagœe, ainsi que de nombreux échantillons de Phanérogames, avaient également pris place à côté des Champignons.

Nous laissons à M. Baagœe le soin d'exposer lui-même son mode opératoire.

Préparation des Hydrophytes, principalement des grands **Potamogeton** *et des Algues,*

Par M. BAAGŒE,

Pharmacien à Næstved (Danemark).

La plante qui, à l'état sec, ne donne pas une idée suffisamment claire de l'individu vivant et en pleine croissance, n'a que peu de valeur. C'est aussi le cas des plantes aquatiques, les hydrophytes en particulier, qui sont supportées par l'eau, et dont les tiges et les feuilles sont souvent si délicates que le dépliage sur papier buvard est des plus difficiles. Pour conserver à ces plantes, une fois desséchées, leur attitude naturelle, il faut les étaler dans leur élément propre, c'est-à-dire dans l'eau, au sein de laquelle on les dépose directement sur papier buvard. La méthode que j'emploie est la suivante :

« Sur le fond d'une cuvette rectangulaire en zinc laqué blanc, plus longue et plus large de un centimètre que le papier d'herbier, et profonde de deux centimètres, on place un parchemin gros et fort, perforé de grands trous et sur lequel on dispose des feuilles de papier à filtrer blanc, percées elles-mêmes de très nombreux petits trous. Ensuite on verse dans la cuvette suffisamment d'eau pour que la plante en préparation puisse y flotter. Déposée dans l'eau, la plante s'étale rapidement ; il suffit d'en arranger un peu les rameaux pour l'obtenir bientôt avec son aspect naturel. Dans cet état, on fixe la plante au papier à filtrer, sous l'eau, au moyen de petits poids, de monnaies de cuivre par exemple ; puis, retirant de la cuvette le parchemin avec le papier supportant la plante, on dépose le tout dans une cuvette semblable mais sèche, sur le fond de laquelle on a placé auparavant un morceau de feutre ou de toute autre substance absorbante.

On ôte les poids avec précaution, ceux du sommet de la plante d'abord, puis ceux qui fixent la racine. Les feuilles recourbées sont arrangées à l'aide d'une pince, et la plante avec ses folios perforés est suspendue sur un cordon par des fichoirs afin de faire dégoutter l'eau. Lorsqu'on a préparé une seconde plante, la première est déjà égouttée ; on l'enlève et on la met sur un feutre pendant qu'à l'aide d'une serviette pliée on absorbe l'excès d'eau. Ayant déroulé la serviette avec la plus grande

FIG. 1. — Table et cuvette pour la préparation des *Potamogeton* et des Algues.

précaution on met à sa place un papier à filtrer et quelques morceaux de papier buvard. Ensuite on retourne le tout adroitement, et on ôte le parchemin tandis que le papier à filtrer perforé restera pour être séché avec la plante. Lorsque cette dernière sera restée sous presse une ou deux heures, on change le papier buvard, et après deux jours, en renouvelant le papier deux fois chaque jour, la plante sera ordinairement sèche. Le papier perforé est déroulé peu à peu, pendant qu'à l'aide d'un long couteau à lame plane et émoussée (1) on fixe la plante au papier du dessous. Après une courte pression nouvelle dans du papier à filtrer blanc et sec, la plante peut être à présent montée sur le papier d'herbier.

Les efforts tentés par plusieurs botanistes dans le but de faire sécher de longues hydrophytes, d'un mètre ou plus, dans toute leur étendue, ont jusqu'ici plus ou moins échoué. Il suffit en réalité d'un appareil plus grand que celui que je viens d'indiquer, la métode étant la même. Voici la description de celui que j'ai construit à cet effet (voir les figures).

Il se compose de deux tables **A** et **B** d'une longueur chacune de 2 mètres et d'une largeur de 60 centimètres. Sur la table **A** est placée une cuvette en zinc (**1**) de même dimension que la table, profonde de 10^{cm} et au fond de laquelle se trouve un tuyau de décharge garni d'un tuyau en caoutchouc (**3**) pour faciliter l'écoulement de l'eau. Au lieu du parchemin perforé on se sert ici d'un cadre en fer (**2**) garni de toile métallique. Par une pièce intermédiaire à charnières (**7**, fig. II), le cadre est attaché au bord de l'extrémité de la cuvette.

Au lieu de papier à filtrer, je me sers ici de papier blanc sans colle à rouleaux, et comme papier buvard j'emploie le carton pour tapis (papier molleton), tous deux de la qualité la plus grossière et coupés en morceaux de $2^{m} \times 0^{m}60$.

Pour la préparation, le cadre est plongé dans la cuvette et recouvert d'une pièce du dernier papier sur lequel on étale et arrange la plante comme auparavant. Ensuite le cadre est soulevé de la cuvette pour faire écouler l'eau (fig. I) ; puis les petits poids étant ôtés, la plante est couverte par une autre pièce de papier sans colle, et le tout est fixé à l'extrémité **X** (fig. II) du cadre par des fichoirs. A la fin, on tourne le cadre avec la plante sur la table **B** (fig. II).

Le dessus de cette table est la partie inférieure de la presse tandis que la partie supérieure (**4**) est suspendue par un assemblage de poulies

(1) On peut facilement se procurer, pour un franc environ, un tel couteau à lame longue de 15^{cm}, chez tous les ferblantiers.

(6, fig. II) à une hauteur qui permet le mouvement libre du cadre. Après avoir déposé la plante avec ses deux pièces de papier sur une couche de carton sur la table B, on retourne le cadre dans la cuvette et la préparation d'une nouvelle plante peut commencer. Sur la table de presse, on place naturellement des cartons entre les plantes et, au moment voulu, abaissant la partie supérieure (4), la presse est serrée au moyen de vis ou de cabestans (5).

Comme papier d'herbier pour les plantes de grande dimension, j'emploie deux ou plusieurs folios du format ordinaire et de la même qualité que précédemment. Sur la longueur, les folios sont réunis par des bandes de toile avec un intervalle suffisant pour permettre le pliage des folios. La plante est fixée au moyen de petites bandelettes de papier gommé aux folios ainsi réunis dont le supérieur ne doit rien contenir. Il est destiné, en se repliant, à couvrir le sommet de la plante pour empêcher l'adhérence des divers rameaux de cette dernière. Après avoir fixé soigneusement tous les organes de la plante, on coupe les parties qui couvrent les bandes de toile réunissant les folios. Une fois pliée, la plante ne prend pas plus de place dans l'herbier que celles de taille ordinaire.

Les plantes aquatiques vieilles et mal préparées peuvent être ramollies dans l'eau pendant 3 à 36 heures (ordinairement 12 heures) et manipulées comme les plantes fraîches. Si la plante séchée est encore verte, on ajoute à l'eau du formylamide qui conservera en partie sa couleur.

Parmi les espèces présentées au Congrès, je citerai :

Potamogeton alpinus Balb.×*crispus* L. (P. venustus, mihi).
— *alpinus* Balb.×*lucens* L. (P. olivaceus, mihi).
— *crispus* L.×*prælongus* Wulf. (P. undulatus, Wolfg.).
— *gramineus* L.×*natans* L. (P. fluitans, auct.).
— *lucens* L.×*natans* L. (P. fluitans, auct.).
— *lucens* L.×*perfoliatus* L. (P. decipiens, Nolte).
— *trichoides* Cham.×*zosterifolius* Schum. (P. ripensis, mihi).

Fig. 2. — Tables et cuvette pour la préparation des *Potamogeton*.

Les collections exposées par M. E.-G. Camus comprenaient une importante série d'hybrides du genre Cirsium où la plupart des formes européennes étaient représentées.

30 parts d'herbiers originaires de France, Allemagne, Autriche, Suisse, Scandinavie, faisaient connaître les diverses formes issues du croisement du C. oleraceum avec le C. palustre.

39 parts formaient une série issue du croisement du C. oleraceum avec le C. acaule.

30 parts représentaient les produits du C. oleraceum×palustre, et 20 parts ceux du C. oleraceum×rivulare.

Les autres hybrides étaient représentés par des échantillons moins nombreux. Enfin une série d'hybrides ternaires, provenant en partie du Tyrol, terminait l'ensemble des produits de croisements irréguliers du genre Cirsium.

A cette intéressante exposition ajoutons encore celle de 300 parts représentant le genre Alchemilla, classé d'après la flore de France de MM. Rouy et Foucaud, flore continuée aujourd'hui par MM. Rouy et Camus.

Ceux qu'intéresse la flore parisienne pouvaient encore admirer de nombreux représentants de la forêt de Rambouillet, rassemblés par les soins de Mlle Bélèze, la chercheuse infatigable, pour laquelle les environs de Montfort-l'Amaury n'ont plus de secrets.

CHAPITRE II.

Visites scientifiques.

Visite à l'Herbier de M. E. DRAKE DEL CASTILLO.

L'après midi du mardi 2 octobre était réservé à la visite de l'Herbier de M. Drake del Castillo, Président de la Société botanique de France. A partir de deux heures, les Congressistes se rendaient dans le somptueux hôtel de la rue Balzac où M. Emmanuel Drake del Castillo leur faisait les honneurs de sa bibliothèque et de son herbier.

La Bibliothèque comprend un grand nombre d'ouvrages ayant trait aux branches les plus diverses de la Botanique, et où les plus anciens traités côtoient les plus récentes publications.

De là on pénètre dans l'Herbier, véritable musée botanique que l'on peut parcourir en tous sens pour y admirer les riches collections renfermées à l'abri des moindres poussières à l'intérieur d'armoires vitrées, installées avec tout le confortable désirable.

La plus grande partie de l'Herbier de M. Drake del Castillo est constituée par l'herbier de Franqueville. Ce dernier lui-même avait été formé de l'herbier Richard, de l'herbier Steudel et de la plupart des collections distribuées de 1845 à 1880 environ.

L'herbier Richard avait appartenu aux botanistes de ce nom, Louis-Claude et Achille. Les plus anciennes collections qu'on y trouve datent de la fin du siècle dernier ; les plus récentes, du milieu de ce siècle.

M. Drake del Castillo nous dit avoir acquis également l'herbier Franchet qui lui a fourni beaucoup de plantes d'Europe, d'Algérie, d'Orient, de la Chine et du Japon.

L'herbier comprend enfin la plupart des collections vénales distribuées depuis 1880 environ, plus quelques séries données par le Muséum d'Histoire naturelle de Paris (Bourgeau, Plantes du Mexique ; Delavay, Plantes du Yunnan) et par l'Herbier de Calcutta.

En résumé, il n'y a pas à craindre d'être taxé d'exagération en estimant à 80.000 le nombre des espèces renfermées dans cet Herbier.

Toutes les plantes, après avoir été empoisonnées au sublimé corrosif, sont fixées sur des feuilles simples au moyen de bandelettes de papier. Au bas de ces feuilles sont collées, à gauche l'étiquette du collecteur, et à droite celle de l'herbier.

Ces feuilles simples sont placées dans des feuilles doubles, ou chemises ; ces chemises sont réunies en paquets maintenus entre deux plaques de carton au moyen d'une sangle.

Le système de classement est celui-ci :

1° Pour les familles et les genres, l'ordre adopté par Bentham et Hooker ; la place des genres dans les paquets est indiquée par une étiquette saillante portant outre le nom du genre, le numéro sous lequel ce dernier est désigné dans l'*Index* de Durand.

2° Pour les espèces, l'ordre géographique établi ci-après. Les échantillons d'une même espèce, provenant de chacune des régions fixées comme on va le voir, sont réunis dans une chemise particulière. Pour distinguer ces chemises, on les a munies, au coin inférieur gauche, d'une étiquette sur laquelle est inscrit le nom de la plante ; ces étiquettes sont de couleur différente suivant la partie du monde d'où la plante provient ; elles sont, en outre, marquées d'un signe correspondant à chacune des subdivisions adoptées. Dans chacune de ces subdivisions les espèces peuvent être disposées de deux façons : s'il existe, pour la région, un ouvrage faisant autorité, elles le sont dans l'ordre et avec la synonymie adoptée par l'auteur de cet ouvrage ; dans le cas contraire, elles le sont dans l'ordre alphabétique, et sans synonymie.

Les divisions géographiques établies dans l'Herbier sont les suivantes :

Europe (étiquettes blanches).

1. (N). Europe non méditerranéenne.
2. (S). Europe méditerranéenne.

Asie (étiquettes jaunes).

1. (W). Asie occidentale : Région du *Flora orientalis* de Boissier.
2. (NA). Asie septentrionale arctique.
3. (N). Asie septentrionale, non arctique.
4. (C). Asie centrale.
5. (E). Asie orientale : Chine et Japon.
6. (T). Asie tropicale : Hindoustan, Indo-Chine.

Afrique (étiquettes bleues).

1. (N). Afrique méditerranéenne.
2. (J). Afrique tropicale.
3. (S). Afrique australe.
4. (I). Iles de l'Afrique orientale.

Amérique.

1. (NA). Amérique septentrionale arctique.
2. (N). Amérique septentrionale, non arctique.
3. (NW). Région montagneuse de l'Amérique septentrionale occidentale.
4. (C). Amérique centrale.
5. (I). Antilles.
6. (S). Amérique méridionale : nord et est.
7. (SW). Région montagneuse de l'Amérique méridionale occidentale.
8. (SA). Région subantarctrique.

Océanie.

1. (W). Malaisie ; Mélanésie.
2. (E). Micronésie, Polynésie.
3. (S). Australasie.

On voit, par ce qui précède, tout l'intérêt que pouvait présenter une visite à l'Herbier de M. Drake del Castillo. Les Congressistes ont été véritablement émerveillés à la vue de ces précieuses collections rassemblées avec tant de soins par M. Drake del Castillo toujours heureux de les voir consultées, au grand profit de la science botanique.

Le soir même, M. et Mme E. Drake del Castillo réunissaient les Membres du Congrès dans leurs salons, où bientôt artistes du Conservatoire et de l'Opéra se faisaient entendre. Quelle agréable diversion aux travaux du Congrès que cette soirée délicieuse dont chacun devait demeurer longtemps encore sous le charme.

Visite à l'Herbier de M. ROUY,

Président d'honneur de l'Association française de Botanique.

M. G. Rouy avait donné rendez-vous pour l'après-midi du vendredi 5 octobre aux Membres du Congrès désireux d'aller visiter à Asnières ses importantes collections botaniques. En quelques minutes, on est transporté de la gare St-Lazare à celle de Bécon-les-Bruyères et bientôt après au 41 de la rue Parmentier où M. et Mme Rouy accueillent leurs invités de la façon la plus aimable.

Après la visite de l'Herbier, Mme Rouy, qui collabore aux travaux de son mari de la façon la plus active, a tenu à nous faire les honneurs du logis ; dans un salon, un lunch est servi pendant lequel la plus franche cordialité ne cesse de régner. Nous emportons de notre visite le meilleur souvenir, heureux d'avoir pu passer quelques instants au milieu de ces précieuses récoltes, résultat de plus de trente années de persévérantes recherches.

L'Herbier de M. Rouy, qui fut commencé en effet en 1868, a pour assises les récoltes botaniques faites par lui dans ses excursions en France de 1868 à 1900, ses excursions en Espagne, d'abord chaque année de 1878 à 1885, et en 1889, 1896, 1898, en Algérie, y compris la région saharienne, en Suisse, en Italie, en Belgique, et enfin dans son voyage en Scandinavie, où il a poussé jusque dans l'extrême nord, au-delà du cercle polaire.

Grâce à ces éléments, M. Rouy a dès lors pu non seulement fonder le *Comptoir Parisien d'échanges de plantes* qu'il a dirigé de 1878 à 1887, mais encore entrer en relations avec l'Herbier de l'Académie des sciences de Saint-Pétersbourg, les Jardins de Copenhague, Coimbre, Lisbonne, Palerme, Athènes, etc., l'Institut de Montpellier et les possesseurs des grands herbiers européens. Il s'était ainsi constitué, dès 1889, une collection botanique des plus importantes que plusieurs membres du Congrès international de Botanique avaient alors visité et qui avait donné lieu à un Rapport élaboré dans les actes du Congrès par M. Malinvaud, secrétaire général de la Société botanique de France.

Depuis 1889, M. Rouy a continué à se procurer, tant par échanges que par achats judicieux de collections diverses, la plupart des plantes d'Europe qui lui manquaient, en même temps que nombre d'espèces des flores arctique, orientale ou du nord de l'Afrique. En 1892, il a acquis l'herbier de Kralik, le collecteur bien connu, collaborateur et préparateur de Cosson. Cette acquisition a été précieuse pour M. Rouy ; car elle a mis sous sa main de très nombreux matériaux concernant la végétation de la Corse, de la Tunisie, de l'Egypte, si consciencieusement explorées par Kralik, sans parler des plantes d'Espagne, Nubie, Caucase, Sibérie et Songarie, Afghanistan, Hindoustan, Japon, Panama, Guadeloupe, etc. Cet herbier, de 95.000 parts, présentait aussi un réel intérêt grâce aux plantes de France recueillies par les botanistes de la première moitié du 19me siècle, et par les exemplaires authentiques des espèces de Grenier, Godron, Jordan, Boreau et Timbal-Lagrave.

L'herbier Kralik est à peu près entièrement intercalé dans l'herbier Rouy et celui-ci comprend actuellement plus de 200.000 parts.

Sans reproduire en détail l'énumération des botanistes dont les plantes existent dans l'Herbier Rouy, énumération qui a paru dans les *Actes du Congrès de 1889* (pp. CCLXXXI—CCLXXXIV), il convient d'indiquer brièvement ici les pays dont la flore y est représentée, en mentionnant les principaux collecteurs pour chaque contrée :

Abyssinie (Schimper); **Açores** (Drouet, Hewett C. Watson ; **iles Aléoutiennes, Alaska, îles de Sitcha** (Chamisso, Wossnessenski) ; **Algérie** (nombreux collecteurs parmi lesquels : Balansa, Battandier, Chabert, Choulette, Clauson, Cosson, Debeaux, Doûmet-Adanson, Durando, Durieu, Julien, A. Letourneux, Ch. Martins, Munby, Pomel, Reboud, Rouy, Salle, Trabut, Tribout, Warion, etc.) ; **Antilles** (Bourgeau, Eggers, Ramon de la Sagra, Sintenis) ; **Arabie** (Boissier, Schimper) ; **Archipel** et **Cyclades** (Cadet de Frontenay, Degen, Dumont d'Urville, de Heldreich, Leonis, Orphanidès, Pichler, etc.) ; **Asie-Minenre, Syrie, Palestine** (Aznavour, Balansa, Barbey, Blanche, Boissier, Bornmüller, Bourgeau, Du Parquet, Gaillardot, Haussknecht, de Heldreich, Kotschy, Michon, Péronin, Pichler, Prost, Sintenis, Szovits, etc.) ; **Australie** (Lhotsky, Mueller, Tœpffer, Verreaux, Wilhelmi) ; **Baléares** (Boissier, Bourgeau, Burnat, Cambessèdes, Marès, Porta et Rigo, Rodriguez, Vollert) ; **Bolivie** (Mandon) ; **Bosnie** et **Herzégovine** (Beck, Degen) ; **Brésil** (Bryrich, Claussen) ; **Bulgarie** (Bornmüller, Janka, Stribnyi, Velenowsky) ; **Canada** (Chalmers, Fowler, Holmer, Mathew) ; **Canaries** (Berthelot, Bourgeau, Gelert, de la Perraudière, Mosferrer, Sagot, Webb.) ; **Cap de Bonne-Espérance** et **Cafrerie** (Barber, Bolus, Mac-Owan, Murray, Quenedey, Schlechter, Tuck) ; **Caucase, Tauride** et **Daghestan** (Alboff, Becker, Brotherus, Buhse, Callier, Hohenacker, C.-A. Meyer, Owerin, Ruprecht, etc.) ; **Chili** (Buchtien, Lechler) ; **Chypre** (Kotschy. Sintenis et Rigo) ; **Corse** (Burnouf, Debeaux, Gillot, Kralik, Mabille, Requien, Revelière, Reverchon, Soleirol) ; **Crète** (de Heldreich, Reverchon, Sieber, Speitzenhofer) ; **Cyrénaïque** et **Tripolitaine** (Daveau, Du Parquet, Ruhmer) : **Egypte** et **Nubie** (Barbey, Delile, Du Parquet, Husson, Kotschy, Kralik, Letourneux, Raddi, Schweinfurt, etc.) ; **Espagne** (nombreux collecteurs parmi lesquels : Boissier, Bourgeau, Burnat, del Campo, Clemente, de Coincy, Costa, Duchartre, Dufour, Durieu, Fritze, Guirao, Hackel, Hegelmaier, Lacaita, La Gasca, Laguna, Lange, Lázaro, Leresche, Levier, Loscos, Pau, Porta et Rigo, Rodriguez, Rouy, Timbal-Lagrave, de Torrepando, Tremols, Vayreda, Willkomm, Winkler, etc.) ; **Etats-Unis** (Asa Gray, Bebb, Berlandier, Biltmore Herbarium, Bolander, Canby, Curtis, Drummond, Eggert, Engelmann, Fowler, Hall, Howell, Klinton, Kumlien, Lherminier, Lloyd, Michaux, Munroë, Oakes, Patterson, Porter, Pringle, Rugel, Sandberg, Vasey, Vinzent,

Wibbe, Wright, etc.); **Grèce** (Guicciardi, de Halacsy, de Heldreich, Holzmann, Lacaïta, Orphanidès, Pichler, Psaridès, Sartori, Spruner, Topali, etc.) ; **Groënland** (Berlin, du Chesnel, Hansen, Holboll, Jensen, Kolderup Rosenwinge, Kornerup, Nathorst, Petersen, Pfaff, Rabot, Rynk, Ryden, Smith, Sylow. J. Vahl, Warming et Holm) ; **Guadeloupe** (Duchassaing); **Guatemala** (de Turckeim) ; **Guinée** et **Gabon** (Jardin); **Guyane** (Huet) ; **Haïti** (Pittard) ; **Hindoustan** (Hohenacker, Léveillé, Metz, Perrotet) : **îles Eoliennes** (Lojacono) ; **îles Ioniennes** (de Heldreich, Letourneux, Pichler, Spreitzenhofer, Schimper, Tommasini) ; **île de la Réunion** (Missionnaires); **île Sainte-Hélène** (Melliss) ; **îles Sandwich** (Jardin) ; **Islande** (Aube, Huet, Krabbe, Paykull, Thoroddsen) ; **Japon** (Matsumura, Oldham) ; **Java** (Zollinger) ; **Labrador** (Canby, Glitsch) ; **Laponie** *scandinave* et *russe* (Ahlberg, Andersson, Brotherus, Enwald et Knabe, de Geete, Hakanson, Indebetou, Jorgensen, Jalin, Nathorst, Nylander, de Rougemont, Rouy, Skanberg, Wahlenberg, Zetterstedt, etc.) ; **Madagascar** (Hildebrandt) ; **Madère** (Fritze) ; **Malacca** (Kehding) ; **Malte** (Daveau, de Frontenay, Kralik) ; **Maroc** (Balansa, Grant, Hooker et Ball, Ibrahim et Mardochée, Mellerio, Schousboë, Warion); **Martinique** (Bellanger, Holm) ; **Mésopotamie** (Haussknecht, Sintenis) ; **Monténégro** (Pichler); **Mexique** (Bilimek, Bourgeau, Kerber, Pringle, Sartori, Virlet d'Aoust) ; **Natal** (Colonial Herbarium, Meddley Wood); **Nouvelle-Calédonie** (Vieillard) ; **Nouvelle-Grenade** (Bayon) ; **Nouvelle-Zélande** (Helm) ; **Nouvelle-Zemble** et **île Waigatch** (Kjellman et Lundström, Kriwoscheja, Al. Lehmann, amiral Sterneck) ; **Panama** (Duchassaing) ; **Pérou** (Lechler) ; **Perse** (Buhse, Bunge, Haussknecht, Kotschy, Lehmann) ; **Portugal** (de Coincy, Coutinho, Da Cunha, Daveau, Ferreira, Fonseca, Guimaraes, Henriques, Levier, de Mariz, Möller, Schmitz, Welwitsch, Willkomm, Winkler, etc.) ; **République Argentine** (Eggers, Gelander, Hyeronymus, Lorentz) ; **Rhodes** (Bourgeau, Hedenborg) ; **Roumanie** (Grecescu, Sintenis) ; **Sardaigne** (Forsyth-Major, Martelli, de Notaris, Reverchon, Sardagna) ; **Sénégambie** et **Rio-Nunez** (Jardin) ; **Serbie** (Adamovic, Bornmüller, Derocca, Pancic, Pelivanovic, D. Petrovic, S. Petrovic) ; **Sibérie**, y compris *Kamtschatka*, *Mandchourie* et *île Sachalin* (Augustinowicz, Brylkin, Bunge, Czekanowski, Fraskmann, Gebler, Glehn, Groom, Hage, Karó, Kjellmann et Lundström, Lessing, Maac, C.-A. Meyer, Middendorf, F. Muller, Politow, Steven, Stubendorff, Thormann, Turczaninow, Wossnessenski, etc.) ; **Sicile** (Bianca, Borzi, de Coincy, Cosson, Gnssone, Kralik, Lacaita, Lojacono, Nicotra, Strobl, Todaro, Tineo, etc.); **Songarie** (Kuhlewein, Meinshausen, Schliapin, Schrenk) ; **Spitzberg** (Elgenstierna, Th. Fries, de Goïs, Gyllencreutz, Gustapon, Jorgensen, Kjellman, Malmgren, Nathorst, Oberg, Obermayer, Parry, amiral Sterneck, Thóren) ; **Terre-de-Feu** (Hariot, Willems et Rousson); **Terre-Neuve** (Huet) ; **Thibet** (Soulié) ; **Tunisie** (Barratte, Cosson, Du Parquet, Joffé, Kralik, Letourneux, Robert); **Turkestan** (Karelin, Lehmann) ; **Turquie** (Aznavour, Beck, Charrel, Du Parquet, Frivaldsky, Janka, Pestalozza, Pichler, Sintenis, etc.) ; **Uruguay** (Lorentz).

Ajoutons que les flores d'Allemagne, Autriche-Hongrie, France, Italie, Grande-Bretagne, Russie et Finlande, Suède et Norwège, Suisse, sont très largement représentées.

Ainsi qu'il est facile de le voir en consultant les listes ci-dessus, l'Herbier Rouy est surtout précieux pour l'étude des flores européenne, arctique et méditerranéenne, d'autant plus que M. Rouy s'est efforcé de réunir des exemplaires de la même espèce, provenant des points extrêmes de son habitat, afin qu'on puisse avoir sous les yeux, toutes ses diverses modifications, depuis les sous-espèces, les formes et les variétés jusqu'aux simples variations individuelles. Il en résulte que son herbier constitue l'une des plus riches collections (sinon la plus riche actuellement ?) *au point de vue de la flore européenne*, c'est-à-dire celle où il paraît manquer le moins d'espèces, d'après le *Conspectus floræ Europææ*, de Nyman, ou les *Plantæ Europæ*, de K. Richter et Gürcke. On peut constater, en effet, que toutes les espèces mentionnées dans le *Conspectus floræ Europææ* pour les genres suivants, à espèces assez nombreuses, existent dans l'herbier : *Arabis* (36 esp.), *Cardamine* (23 esp.), *Sisymbrium* (31 esp.), *Cerastium* (39 esp.), *Linum* (32 esp.), *Ulex* (21 esp.), *Cytisus* (34 esp.), *Anthyllis* (22 esp.), *Eryngium* (26 esp.), *Valeriana* (21 esp.), *Gentiana* (34 esp.), *Scrofularia* (37 esp.), *Pedicularia* (42 esp.), *Thymus* (38 esp.), *Primula* (35 esp.), *Androsace* (20 esp.), *Luzula* (26 esp.), *Triticum* (27 esp.), *Chara* (21 esp.). D'autre part, le tableau suivant montre que bien peu d'espèces manquent aux grands genres européens, en laissant de côté les genres plus ou moins critiques tels que *Rubus*, *Rosa*, *Hieracium* ou *Mentha*, d'ailleurs également bien représentés :

NOMS DES GENRES	NOMBRE d'espèces mentionnées dans le *Conspectus* de Nyman.	NOMBRE d'espèces manquant actuellement dans l'Herbier Rouy
Ranunculus	107	4
Helianthemum	59	4
Silene	137	4
Dianthus	100	5
Ononis	63	6
Trifolium	108	2
Vicia	61	4
Potentilla	65	5
Saxifraga	107	1
Galium	94	2
Centaurea	171	15
Campanula	94	6
Linaria	93	4
Teucrium	50	2
Statice	52	3
Armeria	44	2
Euphorbia	107	4
Salix	51	4
Carex	163	7
Avena	56	4
Festuca	49	2

En ce qui concerne les formes hybrides de plantes d'Europe, l'Herbier Rouy tient aussi une des toutes premières places parmi les grands herbiers. Relativement à la flore arctique, il suffira de dire que, sans parler des plantes de l'*Alaska*, du *Groënland* ou de la *Sibérie boréale*, 123 espèces phanérogames européennes *exclusivement arctiques* y sont cataloguées, qu'elles proviennent de la *Laponie* boréale, du *Finmark*, de la *Nouvelle-Zemble*, de l'*île de Waigatsch* ou du *Spitzberg*, et le plus souvent de la plupart de ces localités dont il est si difficile de se procurer les plantes.

Il va de soi que l'herbier de M. Rouy contient les plantes (espèces, sous-espèces, formes et variétés) décrites dans les ouvrages ou mémoires publiés par lui depuis 1875, et notamment celles qui sont mentionnées dans les *Excursions botaniques en Espagne*, les *Matériaux pour la Revision de la flore portugaise*, les *Annotations aux Plantæ Europæ* de K. Richter, les *Notices botaniques*, les *Plantes nouvelles pour la flore de la péninsule ibérique*, enfin, dans les deux grands ouvrages auxquels il s'est attaché plus particulièrement et dont la publication se continue régulièrement : les *Illustrationes plantarum Europæ rariorum* (1) et la *Flore de France* de Rouy et Foucaud (tomes 1-3) continuée par Rouy et Camus (2).

Toutes les parts de l'herbier ont été empoisonnées au chlorure double d'ammonium et de mercure, au dosage de 40 gr. de bichlorure de mercure et de 20 gr. de chlorure d'ammonium par litre d'alcool ordinaire à brûler.

L'empoisonnement se fait comme suit : Chaque plante à empoisonner est laissée dans la cuvette, qui contient la solution, de 30 à 40 secondes selon sa consistance, puis elle est ensuite déposée sur une feuille de papier bulle assez souple ; une seconde et une troisième plantes sont empoisonnées de même, mises chacune sur une feuille de bulle, puis placées sur la première de manière à former une série de 3 plantes dans 3 feuilles de papier bulle ; cette série de 3 plantes est intercalée entre deux coussins de papier à sécher, et sur le coussin supérieur l'on constitue une nouvelle série de 3 plantes disposées de même que ci-dessus ; on opère ainsi de suite jusqu'à ce que l'on ait composé un paquet d'environ 15 centimètres de hauteur que l'on serre par 3 courroies et qu'on laisse sécher pendant 8 ou 15 jours selon la saison.

(1) 1895-1900. — Format demi-jésus : 107 pages ; 325 planches.

(2) 1893-1900. — Format gr. in-8°, 6 volumes : tome I, 331 pages ; tome II : 360 pages ; tome III : 382 pages ; tome IV : 313 pages ; tome V : 341 pages ; tome VI : 489 pages.

Les plantes s'imprègnent ainsi abondamment de poison jusque dans les parties les plus épaisses, ce qui explique qu'aucun insecte n'existe dans les collections de M. Rouy. Les couleurs sont à peine attaquées par le chlorure double, bien plus stable et cristallisant du reste différemment que le sublimé, et la plupart des corolles bleues, violettes ou rosées ont conservé leur teinte. Ce mode d'empoisonnement paraît devoir être tout particulièrement recommandé.

Les plantes étant fixées sur papier bulle pâle au moyen de fines bandelettes de papier, les espèces, sous-espèces et formes sont munies chacune d'une chemise dans laquelle prennent place également leurs variétés, puis les chemises des sous-espèces ou formes sont mises à la suite de celles contenant les types spécifiques auxquels elles se rattachent et intercalées dans l'herbier général.

« L'installation de l'herbier nous a paru mériter d'être proposée et « décrite comme un modèle du genre ; tout y est confortable et de bon « goût, sans luxe inutile. Sans doute beaucoup de botanistes n'ont pas « la possibilité de faire aussi bien, mais ceux qui voudraient appliquer « les mêmes procédés sur un plan réduit, trouveront dans les détails « que nous allons donner d'utiles indications :

« L'herbier est rangé dans des armoires vitrées (de 0^{m} 65 de largeur « sur 0^{m} 50 de profondeur et 2^{m} 75 de hauteur), adossées aux murs et « surmontées d'impostes également vitrées. Sur des rayons placés « dans chaque armoire et distants en hauteur de 47 centimètres sont « posés verticalement et alignés de gauche à droite les paquets, de 22 à « 25 centimètres d'épaisseur, très serrés entre deux solides cartons « réunis d'un côté par un dos de toile forte et de l'autre par quatre cor- « dons fixés aux cartons. Chaque carton est muni, sur le dos, d'une « étiquette portant la mention « Herbier Rouy », et, au-dessous, un « numéro d'ordre dont la référence au répertoire et au catalogue per- « met d'arriver à connaître, avec la plus grande célérité, le contenu du « fascicule en résumé. L'ensemble de ces dispositions offre l'aspect d'une « bibliothèque dont tous les volumes auraient la même reliure et le « même format » (1).

L'herbier est installé dans un pavillon spécial, exposé à l'est et élevé sur caves de 2 mètres de hauteur. La salle des collections, de 11 mètres de long sur 6^{m} 50 de large et 4 mètres de haut, est largement aérée, grâce à quatre baies se faisant vis-à-vis, et munie de trois bouches de

(1) Cf. Malinvaud in *Actes du Congrès de Botanique de 1889*, p. CCLXXXIV — CCLXXXV.

calorifère qui permettent d'y entretenir une température presque constante, avoisinant 20 degrés et d'en bannir toutes traces d'humidité ; aussi les plantes sont elles dans un remarquable état de conservation.

A l'herbier est adjointe une bibliothèque comprenant, outre les principaux ouvrages concernant la phytogéographie et la botanique systématique, la plupart des flores des diverses régions de l'hémisphère boréal, notamment celles se rapportant à la végétation de l'Europe et de la région méditerranéenne, des Canaries à l'Inde, plus une très importante série de monographies, de mémoires et de notices dont la plupart sont reliés, selon le format, par deux (ou rarement plusieurs) pour former un ensemble de volumes de même épaisseur, bien plus faciles à consulter que des brochures éparses.

L'Herbier Rouy est classé, pour les ordres (ou familles) et les genres, d'après l'*Index generum phanerogamarum* de Th. Durand, suivant presque absolument la classification adoptée dans le *Genera plantarum* par Bentham et Hooker. Pour les espèces, l'herbier est classé d'après les monographies des genres, puis, à défaut de monographies, selon la classification adoptée dans le *Prodromus* de A.-P. de Candolle et, pour la flore européenne, d'après le *Conspectus floræ Europææ* de Nyman, avec les modifications que les données récentes ont pu motiver et qui, pour la plupart, figurent dans les *Plantæ Europæ* de K. Richter, ouvrage continué par M. Gürcke.

Le Catalogue de l'herbier avait d'abord été établi sur des volumes in-folio, reliés en forme de grand-livre, dans lesquels venaient, au recto de chaque page, prendre place, à la suite du nom de l'espèce et de ses divisions, les renseignements utiles concernant les localités d'où proviennent les parts existant dans l'herbier et le nom des collecteurs ; le verso des pages était laissé en blanc pour l'inscription soit des espèces entrant pour la première fois dans l'herbier et voisines de celles déjà inscrites au recto, soit pour la mention de localités nouvelles se rapportant aux espèces déjà cataloguées. Mais le grand nombre de parts entrant chaque année dans l'herbier a rendu promptement insuffisant ce genre de catalogue, quelque volumineux que soient les volumes, et M. Rouy s'est décidé, en 1898, à établir un nouveau catalogue par fiches. Une fiche est consacrée à chaque espèce ou sous-espèce ; elle mentionne les formes et les variétés ainsi que le nombre de parts, d'habitats divers, afférentes à chacune d'elles et aussi le numéro du paquet de l'herbier. Dans chaque genre, les fiches sont classées par ordre alphabétique, et c'est également par ordre alphabétique que les genres sont intercalés dans la série des fiches. De plus, un Répertoire, adjoint au Catalogue et entièrement à jour, fait connaître quels sont les genres contenus dans chaque paquet, à quelle espèce ce paquet commence et à quelle espèce il se termine. Il est évident, en outre, que deux ou plusieurs paquets sont nécessaires pour contenir les grands genres tels que *Astragalus*, *Senecio*, *Carex*, *Silene*, *Centaurea*, etc., et pour les genres à espèces très polymorphes ou pourvus de nombreux hybrides, tels que *Rosa*, *Rubus*, *Hieracium*, *Verbascum*, *Mentha*, *Salix*, etc. Dans ce cas, le Répertoire porte simplement, pour ces paquets, le numéro d'ordre, le nom du genre et la mention qu'il commence à telle espèce et finit à telle autre. Il est donc, en réalité, très facile de connaître promptement le numéro du paquet où se trouve la plante que l'on veut étudier.

Disons enfin que M. Rouy se montre toujours très accueillant pour les botanistes qui viennent consulter ses collections ou sa bibliothèque, et qu'il est heureux de pouvoir leur être agréable, soit en leur facilitant les recherches, soit en leur procurant des renseignements utiles.

Visites au Muséum d'Histoire naturelle.

VISITE A L'HERBIER, AUX COLLECTIONS DE PALÉONTOLOGIE VÉGÉTALE ET A LA BIBLIOTHÈQUE

(2 octobre 1900).

Parmi les visites inscrites au programme du Congrès de Botanique, celle du Muséum d'Histoire Naturelle ne pouvait manquer d'être une des plus séduisantes. Aussi les Congressistes, répondant à l'appel de M. le Professeur BUREAU, se pressaient-ils nombreux le mardi matin, vers neuf heures, dans la grande salle de l'Herbier.

Là, M. le Professeur BUREAU faisait bientôt défiler sous leurs yeux quelques fascicules de toute une série d'herbiers dont les plus anciens, ceux de *Boccone* et d'*Incarville*, datent du milieu du XVIe siècle. Puis c'est l'herbier de *Tournefort* que le Muséum possède dans son entier, soit 120 paquets, et tel que l'auteur l'a laissé, avec ses autographes ; — l'herbier de *Lamarck* acheté par le Muséum à l'Université de Rostock, et qui est couvert d'autographes de Lamarck et de Poiret ; — l'herbier d'*Ant.-L. de Jussieu* qui a servi de base au *Genera Plantarum* ; — l'herbier de *Michaux* qui contient les types de son travail sur l'Amérique du Nord ; — l'herbier de *Humboldt* et *Bompland* dont le double se trouve à Berlin ; — l'herbier *Desfontaines* qui contient les types du *Flora atlantica.*

L'*Herbier général* dont celui de Vaillant, datant de 1650 environ, a formé la base, reçoit tous les ans de 8 à 15.000 échantillons. Chaque espèce a son étiquette et les espèces ont, pour chaque partie du monde, une fiche de couleur spéciale. Il est classé d'après l'*Index de Durand.*

Le noyau de l'*Herbier de France* a été donné par *Aug. Pyramè de Candolle* dont M. BUREAU fait voir un autographe attenant à l'Herbier.

L'*Herbier des environs de Paris*, classé dans l'ordre de la Flore de Cosson, a pour base les herbiers d'*Adrien de Jussieu*, de *Cosson*, de *Schœnfeld.*

Les *Herbiers coloniaux*, qui sont à part, renferment de nombreux matériaux, actuellement en cours d'être étudiés. Ceux de la Nouvelle Calédonie, de Madagascar, des diverses colonies de l'Afrique tropicale, de l'Algérie sont particulièrement riches. Auprès d'eux se trouve le très important herbier de l'Ouest de la Chine. M. BUREAU rappelle que c'est à l'étude de la flore de cette dernière région que le regretté M. FRANCHET avait consacré les dernières années de sa vie.

On se rend ensuite d'abord à la bibliothèque de l'Herbier, puis à la collection des fruits exotiques à laquelle on ne consacre que quelques instants, mais pour s'arrêter plus longuement à celle des plantes fossiles.

Les collections de Botanique fossile du Muséum d'Histoire Naturelle, qui ont pour origine la collection formée par Ad. Brongniart et donnée par lui au Muséum, ne comprennent pas moins aujourd'hui de 80.000 échantillons.

La période carbonifère y est largement représentée ; l'étage carbonifère supérieur, en particulier, est de beaucoup celui qui a fourni au Muséum le plus de fossiles végétaux.

De la période permienne, les plantes fossiles des schistes ardoisiers de Lodève comptent de très nombreux spécimens.

De l'étage triasique inférieur, il y a lieu de signaler de beaux végétaux fournis par le grès bigarré des Vosges.

Presque tous les étages de la période jurassique sont également représentés, de même que ceux de la période crétacée, le Sénonien en particulier.

De l'Eocène inférieur, les échantillons de Sézanne sont considérables. De l'Eocène moyen nous mentionnerons en particulier un tronc de *Yucca Roberti* Bur., de nombreux échantillons de *Cymodoceites* et des feuilles de *Nerium parisiense* Sap.

A l'entrée des nouvelles galeries d'Anthropologie, d'Anatomie comparée et de Paléontologie, on peut voir deux superbes palmiers représentants de l'Eocène supérieur de Pratecini, province de Vérone : *Pritchardites Wettinioides* Ed. Bur. et *Latanites Maximiliani* Vis.

Le premier rappelle le genre vivant *Pritchardia* ; l'échantillon présente trois feuilles et mesure 2 mèt. 44 de haut. Le second qui a des feuilles en éventail, et au nombre de huit, atteint 2 m 55. Ses feuilles rappellent celles des *Sabal* plutôt que celles des *Latania*. Un seul échantillon plus grand, 3 m 05, se trouve au Musée de Padoue.

Le *Latanites Maximiliani* a été rencontré également dans l'étage tongrien, mais il ne paraît pas s'être étendu hors de la Haute-Italie.

De la période miocène les échantillons abondent. Notons surtout un magnifique échantillon de *Phœnicites italica*, de Chiavone, offert au Muséum par M. le Professeur Visiani, de Padoue.

Plusieurs collections représentent la période pliocène.

Enfin on peut voir des spécimens de la plupart des gisements connus de la période quaternaire.

En quittant ces précieuses collections, rassemblées et complétées par M. le Professeur Bureau avec un soin digne des plus grands éloges, on se rend à la Bibliothèque, après avoir traversé les belles galeries de Minéralogie où l'on serait justement tenté de s'arrêter si le temps ne faisait défaut.

Le but de la visite à la Bibliothèque du Jardin des Plantes, laquelle compte actuellement environ 250.000 volumes et brochures, était surtout d'y contempler une collection célèbre de peintures de plantes et d'animaux dont le nombre dépasse cinq mille.

Cette collection dite des « *Vélins* » a été commencée à Blois dans la première moitié du XVIIe Siècle par les ordres et aux frais de Gaston, duc d'Orléans, frère de Louis XIII, pour l'illustration du Jardin botanique et de la ménagerie que ce prince avait fondés en sa résidence de Blois.

Les vélins les plus anciens qui portent une date sont de 1631. Après avoir fait partie de la Bibliothèque du Roi de 1718 à 1793, cette collection est enfin venue, après bien des vicissitudes, chercher asile au Muséum d'Histoire Naturelle.

A part quelques dessins à la plume, dessins à la sanguine ou peintures à la gouache, cette collection ne renferme que des miniatures à l'aquarelle. Plus de 80 artistes ont contribué à cette collection remarquable dont le premier, *Nicolas Robert*, reçut vers 1664, le titre de « *peintre ordinaire de Sa Majesté pour la miniature* ».

VISITE AUX CULTURES.

(2 octobre 1900).

Au sortir de la Bibliothèque, les Congressistes se groupaient autour de M. le Professeur Cornu qui se mettait aimablement à leur disposition pour leur faire visiter les magnifiques cultures du Muséum.

Nous diviserons en trois parties cette promenade si pleine d'attraits : la première comprendra la visite du « Carré des Couches », la seconde celle des « Parterres » et la dernière celle des « Pépinières ». Nous avons cru intéressant de donner quelques détails sur l'introduction au

Muséum de Paris de la plupart des espèces que nous allons successivement rencontrer.

Carré dit « des Couches ».

(Réservé aux semis et aux plantes à l'étude) (1).

Capparis spinosa L. — Planté dans un angle de vieille muraille ; y passe l'hiver sans abri. Vieux et fort, pied fleurissant abondamment.

Eremurus. — (la série : *robustus*, *turkestanicus* et autres).

Rubus deliciosus James. — Arbrisseau non épineux, ornemental par ses grandes fleurs. Rare dans les cultures. Difficile à multiplier.

Lespedeza bicolor Turcz. — Arbrisseau très florifère et très ornemental.

Lespedeza macrocarpa Franch. — Récemment introduit de la Chine (Sé-Tchuen) par le P. Farges, missionnaire ; curieux par ses feuilles maculées. N'est pas encore répandu dans les cultures.

Pueraria Thunbergiana. — Grande et belle plante grimpante d'une végétation puissante.

Cercocarpus parvifolius Nutt. — Rosacée arbustive rare dans les cultures.

Ligustrina amurensis Rupr. « *pekinensis* Regel. « *japonica* Maxim.	Le sous-genre *Ligustrina* est représenté au Muséum par les trois espèces, aujourd'hui connues. Le *Ligustrina pekinensis*, le plus anciennement étudié, a été introduit par le Muséum il y a une vingtaine d'années. Le *Ligustrina japonica* a été introduit vers 1887.

Ostryopsis Davidiana Dcne. — Corylacée buissonnante très rare, introduite du Nord-Est de la Chine au Muséum, vers 1870, par le P. Armand David, missionnaire Lazariste.

Decaisnea Fargesii Franch. — Lardizabalée très intéressante, introduite en 1892, du Su-Tchuen oriental, par le R. P. Farges, missionnaire.

Thladiantha dubia — Cucurbitacée grimpante, dioïque, à racines charnues vivaces ; intéressante par ses jolis fruits rouges.

Cucurbita perennis. — Autre Cucurbitacée vivace, à très grand développement. Beau feuillage. Fruit de la grosseur d'une pomme. Racine très volumineuse. Plante décorative pour pelouses.

Xanthoceras sorbifolia Bnge. — Sapindacée introduite au Muséum, en 1865, de la Mongolie, par le P. Armand David. Très joli petit arbre

(1) M. Henry, Chef des cultures de plein air, et M. Ladoux, Chef de la graineterie, accompagnent M. Cornu dans la visite du Carré des Couches.

fleurissant et fructifiant abondamment à Paris. Premier pied introduit en Europe.

Thapsia garganica L. — Grande Ombellifère rare dans les cultures.

Syringa Emodi rosea Max. Cornu. — Introduit par le Muséum, qui le reçut de graines en 1879, et où il fleurit pour la première fois en 1887. Ce nouveau Lilas est très ornemental et à floraison tardive. Envoyé au Muséum par le Dr Bretschneider, médecin de la Légation russe à Pékin.

Syringa pubescens Turcz. — Introduit avec le précédent et de même provenance. Espèce bien spéciale, à floraison très précoce ; odeur suave.

Deutzia discolor Hemsl., var. *purpurascens* Franchet. — Introduit au Muséum en 1888, de graines envoyées par le R. P. Delavay, missionnaire au Yunnan. Fort belle espèce à fleurs pourpres extérieurement.

Pæonia lutea Franchet. — Pivoine ligneuse à fleurs d'un jaune brillant. Cette espèce nouvelle et très curieuse a été introduite en 1887, par le P. Delavay. Le Muséum qui possédait seul cette espèce des plus curieuses, l'a mise cette année en distribution aux jardins botaniques.

Cotoneaster pannosa Franchet. — Egalement envoyée du Yunnan, au Muséum, par le R. P. Delavay, en 1888. Cette espèce est remarquable par ses beaux fruits rouge pourpré, son feuillage demi persistant et son port gracieux. Le Muséum l'a fait connaître et l'a répandu.

Buddleia variabilis Hemsl. — Envoyée du Thibet oriental au Muséum, en 1893, par le R. P. Soulié, missionnaire ; cette nouvelle espèce est de grand développement, presque ligneuse, et remarquable par sa floraison abondante et prolongée ; fleurs lilacées avec gorge orangé vif.

Polygonum baldschuanicum Regel. — Reçue en 1885 du Jardin botanique de St-Pétersbourg. Cette superbe espèce, d'un très grand intérêt ornemental a été propagée par le Muséum, qui l'a fait connaître après l'avoir introduite.

Olea europœa L. — *Pistacia vera* L. et *Citrus triptera* Desf. — En plein air, le long d'un mur ; s'y comportent bien et y passent l'hiver sans souffrir. Le *Citrus triptera* y fructifie et donne des graines fertiles.

Sesbania ægyptiaca Pers. — Fleurit en pleine terre. Plante textile intéressante.

Parterres.

Paulownia imperialis Sieb. et Zucc. — Introduit par le Muséum en 1834, de graines envoyées du Japon par M. de Cussy. L'exemplaire qui se trouve près des grandes serres, en bas du pavillon chaud, vient de ce premier semis.

Sophora japonica L. — Grand et bel exemplaire provenant directement des graines envoyées en 1747 à Bernard de Jussieu par le P. d'Incarville. Il se trouve à gauche du péristyle de la Bibliothèque.

Robinia pseudo-Acacia L. — Exemplaire historique planté en 1636, par Vespasien Robin, venant du semis fait en 1601 par Jean Robin, Devenu caduc, il est soutenu par une armature en fer. Il donne des rejets vigoureux et fleurit encore tous les ans.

Cedrus Libani Barr. — Autre arbre historique et célèbre, planté en 1734, par B. de Jussieu ; encore plein de vigueur.

Pinus Laricio Poir. — Planté en 1774 par Antoine-Laurent de Jussieu, ce bel exemplaire qui ne mesure pas moins de 25 m. de hauteur, sur 2 m. 50 de circonférence à 1 m. du sol, marque la place qu'occupaient les Conifères dans l'ancienne Ecole de Botanique qui a été remaniée par Brongniart et considérablement agrandie.

Cercis siliquastrum L. — Quelques exemplaires d'une allée plantée sous Buffon, en 1775, ont échappé aux rigoureux hivers et aux arrachages faits dans les allées en 1896, par la Direction, malgré les protestations du Professeur de Culture. Le plus beau de ces exemplaires mesure, à 1 m. du sol, 1 m. 72 de circonférence.

Ginkgo biloba L. — Bel exemplaire de 20 m. de hauteur et 1 m. 80 de circonférence à 1 m. du sol, portant les deux sexes : l'une des branches latérales fructifie abondamment. Deleuze, dans son « Histoire du Muséum », parle de cet arbre qui, d'après lui, serait un des « deux premiers exemplaires arrivés dans nos climats ».

Celtis australis L., *occidentalis* L. et *Tournefortii* Lam.— Beaux exemplaires, remarquables par leur grosseur.

Acer monspessulanum L. — Plusieurs beaux et gros exemplaires, ayant supporté les rigoureux hivers de 1879-80, 1890-91, etc.

Trachycarpus Fortunei. — Plusieurs grands exemplaires (3 à 4 m. de hauteur), passent l'hiver en pleine terre sous un simple abri coffre et châssis.

Pépinières (1).

Zizyphus sinensis Link. — Exemplaire très remarquable par sa grosseur (environ 8 m. de hauteur sur 0 m. 35 de diamètre de tronc, à 1 mètre du sol), surtout sous le climat de Paris. Fructifie ; mais les fruits n'arrivent pas à maturité.

Pirus malifolia Spach. — Hybride supposé de Poirier et de Pommier.

Pirus Pollwilleriana Dcne. — Hybride supposé de Poirier et de Sorbier.

Mespilus grandiflora Sm. — Hybride supposé de *Mespilus germanica* et de *Cratægus Oxyacantha*.

Cratægo-Mespilus Dardari Simon-Louis. — Intermédiaire entre *Cratægus Oxyacantha* et *Mespilus germanica* ; trouvé par MM. Jouin de Plantière-lès-Metz, aux environs de cette localité et signalé en 1898.

Cedrela sinensis A. Juss. — Premier exemplaire introduit en Europe, provenant de graines envoyées de Chine au Muséum par M. E. Simon. Menacé de destruction par le projet de percement d'une rue à travers les Pépinières.

Pterocarya caucasica C. A. Mey. — Très bel exemplaire également menacé par la même raison.

Quercus castaneifolia C. A. Mey. — Superbe exemplaire menacé de même.

Quercus Libani Oliv. — Trois beaux exemplaires fructifiant abondamment.

Quercus macrolepis Kotschy. — Forme de Q. *Ægilops*. A l'Ecole de Botanique, il en existe un exemplaire très remarquable pour la région parisienne (12 à 15 m. de haut), et fructifiant régulièrement.

Quercus Haas Kotschy. — Bel exemplaire en fruits.

Juglans mandshurica Maxim. — Très gros exemplaire en pleine vigueur (15 à 18 m. de haut), couvert de fruits.

Juglans hybrida Hort. — Curieux arbre ayant tous les caractères d'un intermédiaire entre *Juglans nigra* et *Juglans regia*. Grand exemplaire.

Populus Bolleana Hort. — Envoyé du Turkestan au Muséum en 1875 par le général Korolkow. Le premier exemplaire, qui mesure aujourd'hui 15 à 18 m. de haut, a été transplanté au Labyrinthe.

Rhamnus utilis Dcne. — Très bel exemplaire étudié par Decaisne.

(1) M. Henry, Chef des Cultures et M. Laurent, Chef des Pépinières, accompagnent M. le Professeur Cornu dans la visite des Pépinières.

R. Purshiana D C. — Jeune exemplaire greffé. Cette espèce, qui est employée en pharmacie, est encore rare dans les cultures.

R. imeretina Hort. — Du Caucase. — Belle espèce, à large feuillage.

Celtis Davidiana Carr. — Espèce envoyée de Chine au Muséum vers 1860, par le P. Armand DAVID ; très rare dans les cultures.

Celtis sinensis Pers. — Egalement rare dans les cultures.

Amygdalus Davidiana Diek.— Introduit vers 1865, du Nord de la Chine par le P. Armand DAVID. Le premier exemplaire a aujourd'hui de 7 à 8 m. de hauteur et fleurit abondamment. L'espèce est remarquable par l'extrême précocité de ses fleurs.

Pavia californica Hartw. — Premier exemplaire introduit en France, en 1854. Espèce remarquable par sa floraison tardive (fin juillet), ses fleurs dressées, blanches, odorantes. Malgré les distributions considérables que le Muséum en fait chaque année, ce bel arbre n'est pas encore répandu dans les jardins.

Elæagnus edulis Sieb. — « *Goumi* ». — Fruits comestibles, ressemblant à des Cornouilles. Le Muséum en possède deux formes, l'une à fruits rouges, l'autre à fruits jaunes.

Elæagnus orientalis L. — Beaux exemplaires provenant de graines reçues du Turkestan.

E. umbellata Thunb. — Très belle espèce à larges feuilles persistantes, argentées en dessous ; encore peu connue dans les cultures.

Tamarix hispida Willd. — Espèce bien spéciale, à floraison tardive et très belle. Récemment introduite.

Ligustrum insulare Dcne. — Espèce très rare dans les cultures parce qu'elle se multiplie très difficilement.

Ligustrum sp. — Espèce non encore déterminée, faute d'avoir fleuri. Reçu en 1888 de M. l'Abbé DELAVAY, missionnaire au Yunnan. Très remarquable par sa végétation et son beau feuillage.

Syringa. — Belle et nombreuse série d'espèces et de variétés à fleurs simples et à fleurs doubles.

Syringa Emodi-rosea Maxime Cornu × *S. Josikæa*, Jacq. f. — Série de formes obtenues de croisements faits au Muséum par M. HENRY, chef de culture.

Spinovitis Davidi Carr. — C'est la vigne épineuse, encore rare dans les cultures. Introduite au Muséum par le P. Armand DAVID, en 1872.

Vitis Coignetiæ Pulliat. — Espèce japonaise à très grand développement. Envoyée au Muséum en 1895, par Mme COIGNET, de Lyon.

Vitis Romaneti Rom. du Caill. — Curieuse vigne hispide, reçue de la Chine en 1882.

V. Pagnucci Rom. du Caill. — Espèce hétérophylle et curieuse, introduite de la Chine en 1881.

V. amurensis Rupr. — Espèce appartenant à la Mongolie ; feuilles très larges et très épaisses.

Punica Granatum L., var. *Legrellei*. — Fort pied, planté le long d'un mur et passant l'hiver en pleine terre.

Diospyros Kaki. — Collection d'une douzaine de variétés plantées en espalier et y mûrissant leurs fruits.

Piptanthus nepalensis Sweet.— Plantée en espalier, cette espèce qui est plutôt d'orangerie, sous le climat de Paris, résiste en plein air au Muséum.

Manihot carthaginense. — Résiste dans les mêmes conditions.

Caryopteris Mastacanthus Schauer. — Verbénacée à floraison automnale très abondante. Les fleurs sont bleu pâle. Toute la plante dégage par le froissement une odeur de camphre très prononcée. Le Muséum a répandu cette intéressante espèce qui est suffrutescente.

Parrotia persica A. Meyer. — Le Muséum en possède trois grands exemplaires qui fructifient assez régulièrement : l'un est à l'École de Botanique ; l'autre au Labyrinthe, et le troisième dans la collection dendrologique.

Parrotia Jacquemontiana Dcne. — Reçu par le Muséum en 1886, du Kashmyr. Fleurit et fructifie régulièrement. Cette espèce, signalée par Victor Jacquemont, n'avait pas encore été introduite dans nos cultures.

Zanthoxylum planispinum Sieb. et Zucc. — Passe bien l'hiver en pleine terre au Muséum et y fructifie abondamment.

Stachyurus præcox Sieb. et Zucc. — Cette curieuse Ternstrœmiacée vit en plein air à l'abri d'un mur ; y fleurit, mais ne fructifie pas.

Clematis Buchaniana. — Clématite herbacée, grimpante, très spéciale et très curieuse, envoyée de Chine au Muséum en 1898, par le P. Georges Aubert, missionnaire. Ses fleurs répandent une odeur suave.

Berberis pruinosa Franch. — Jolie espèce envoyée de Chine au Muséum, en 1888, par le P. Delavay, missionnaire.

Kœbreuteria bipinnata Franch. — Même provenance.

Rubus xanthocarpus Bureau et Franchet. — Même provenance.

Acanthopanax spinosum Miq. — Curieuse Ombellifère.

Pyrethrum lacustre et P. uliginosum. — Belles plantes vivaces en pleine floraison.

VISITE AUX SERRES.

(6 octobre 1900).

Le rendez-vous était fixé pour le samedi matin, à neuf heures, entre les deux grands pavillons carrés. Avec la même bienveillance que le jeudi précédent, M. le Professeur CORNU guide lui-même les Congressistes au travers des Serres où nous allons voir défiler à nos yeux toute une série de plantes intéressantes et rares, la plupart, à coup sûr, nouvelles pour beaucoup d'entre nous (1).

Nous indiquerons, pour chacune des serres visitées, les diverses espèces dans l'ordre même où elles ont été rencontrées.

1° Serres réservées plus particulièrement aux plantes utiles des Colonies.

A l'entrée de la serre, par la porte du côté Ouest, notons en passant le *Schizoglossum Grantii*, Asclépiadée textile du lac Tanganyka, rentré en prévision du froid, mais dont certains exemplaires cultivés dehors, en pleine terre, sont porteurs de fleurs et de fruits.

Dans la collection des plantes économiques que nous allons d'abord visiter se trouvent de nombreuses espèces de grand développement, la plupart nommées et obtenues presque toutes par semis de graines provenant de correspondants de M. le professeur CORNU.

Ces plantes, suivant leur taille, se trouvent placées sur des tablettes près du vitrage, les pots étant maintenus sur un lit de gravier fin toujours tenu humide, ou bien enfoncées jusqu'au rebord du pot dans le machefer qui garnit une bâche centrale de 2m 50 de largeur.

Toutes ces plantes appartenant aux familles les plus diverses sont malheureusement trop serrées et se nuisent mutuellement.

Nous essaierons d'en donner une liste aussi complète que possible, en les groupant par catégories, d'après leur utilité.

A. — ARBRES FRUITIERS.

Achras Sapota, très forte plante.

Anona, diverses espèces : *A. Cherimolia, mucosa, muricata, squamosa*, etc.

(1) M. GÉROME, chef du service, accompagne M. CORNU dans la visite des Serres.

Artocarpus Chaplasha, incisa, integrifolia, et une série d'autres Artocarpées ne rentrant pas précisément dans cette catégorie, mais que nous citerons quand même ici.

Ce sont de beaux exemplaires de *Myrianthus*, *Treculia africana*, *T. Staudtii*, *Antiaris toxicaria*, etc.

Comme autres arbres fruitiers, citons :

Chrysobalanus Icaco; de nombreux *Chrysophyllum* tels que *C. Cainito*; *Cookia punctata*; *Dillenia speciosa*; *Emblica officinalis*; *Eugenia Ugni*; *Flacourtia Ramontchi*; *Jambosa vulgaris* et *Curtisii*; *Malpighia punicifolia*; *Psidium aromaticum*; *Cattleyanum* et *pyriferum*; *Sandoricum nervosum*; *Sapindus senegalensis*; *Sarcocephalus esculentus*; *Semecarpus Anacardium*; *Spondias lutea*, *dulcis*; *Tamarindus indica*; *Terminalia Catappa*; *Vangueria edulis*; *Durio Zibethinus*; *Averrhoa Bilimbi* et *Carambola*; *Schleichera trijuga*; *Ochrocarpus siamensis*; *Platonia insignis* (très belle plante); *Blighia sapida*; *Dialium nitidum*; *Parkia biglobosa* et *Roxburghii*; *Vitex cuneata*; *Gmelina arborea*; *Cordia myma*; *Omphalea triandra*; *Antidesma Bunius*, etc.

B. — PLANTES A PROPRIÉTÉS TONIQUES, AROMATIQUES, etc.

Coffea arabica et *liberica*, en gros pieds; *Cola acuminata*, *C. Ballayi*; *Ilex paraguayensis*; *Theobroma Cacao*, portant fleurs et fruits; plante de 4m de haut, âgée de 8 ans; *Erythroxylon Coca*; *Cinnamomum* divers : *C. Kiamis*, *Cassia*, et *zeylanicum*, etc.; *Xylopia cyanesperma*; *Eugenia Pimenta*; *Myristica moschata*, *aromatica*.

C. — PLANTES INDUSTRIELLES.

Plantes à caoutchouc : De nombreux *Ficus*, *Landolphia*, (*florida*, *Watsoniana*, *Bintuba*, *Petersiana*); le *Manihot Glaziovii*; l'*Hevea brasiliensis*; *Castilloa elastica*; *Kicksia africana*.

Plantes à gutta percha : *Palaquium javense*; *Mimusops Balata*.

Plantes à tannin : *Areca Catechu*; *Coccoloba pubescens*; *Calosanthes indica*; *Cæsalpinia coriaria*; *Terminalia Arjuna*; divers *Diospyros*, etc..

Plantes tinctoriales : *Bixa Orellana*; *Gardenia xanthocarpa*; *Morinda citrifolia*; *Xanthochymus pictorius*.

D. — PLANTES A PARFUMS, ESSENCES, ET PLANTES MÉDICINALES.

Dipterocarpus lævis, *intricatus*, *alatus*; *Myrospermum Pereiræ* et *toluiferum*; *Semecarpus atra*; *Artabotrys odoratissima*; *Monodora Myristica*; *Unona odorata*; *Illicium verum*; *Anchieta salutaris*; divers *Strophanthus (hispidus, Rigali, sarmentosus, scandens,* etc.). — *Chavica officinarum*; *Crescentia Cujete* et *toxicaria*; *Erythrophleum guineense* et *E. Lim.*; *Piper Cubeba*; *Piscidia Erythrina*; *Simaruba excelsa*; *Quassia amara,* en fleurs; *Smilax officinalis*; *Strychnos nux-vomica* et d'autres espèces non nommées; *Tanghinia venenifera*; *Pterocarpus santalinus.*

E. — PLANTES DIVERSES.

Notons de magnifiques exemplaires de M' Taba (*Cola cordifolia*), provenant de graines envoyées en 1892, Mission Binger; *Afzelia africana*; *Napoleona Heudeloti*; *Cola gabonensis*; *Cola microsperma*; *Kigellia africana*; *Gomphia decorans*; *Sapindus frutescens*; *Paullinia pinnata* et *sorbilis*; *Myristica Niove* et *verrucosa*; *Phyllarthron comorense*; *Petiveria alliacea*; *Picramnia polyantha* et *Lindeniana*; *Carapa guineensis*; *C. Touloucouna*; *Tricholobus africanus*; *Garcinia Livingstoni*; *Barringtonia racemosa*; *Aleurites gabonensis*; *Vatica Lamponga*; *Enterolobium cyclocarpum*; *Sideroxylon brevipes*; *Macaranga Porteana*; *Sindora sumatrana*; *Khaya senegalensis*; *Swietenia Mahagony*; *Cedrela odorata*; *Hannoa undulata*; *Mimusops fruticosa*; *Hura crepitans*; *Adansonia digitata* et *madagascariensis*; *Feronia gabonensis*; *Sapium aucuparium*; *Thespesia edulis* et *populnea*; *Tinnea æthiopica* et *Sacleuxii*; *Bassia latifolia*; *Trymatococcus africanus*; *Cerbera Odollam*; *Tabernæmontana Iboga*; *Cecropia peltata*; *Sterculia fœtida*; *Lonchocarpus formosianus* et *sericeus*; *Aporosa Lindleyana*; *Pæderia fœtida*; *Heritiera littoralis* et *macrophylla*; *Guarea brachystachys*; *Diospyros discolor*; *Galipea Riedeliana*; *Elæocarpus floribundus*; *Kleinhovia Hospita*; *Rheedia lateriflora*; *Dillenia speciosa*; *Ixora odorata*; *Colubrina rufa*; *Pongamia glabra*; *Mimusops Elengi*; *Jambosa caulifora*; *Ochrosia borbonica*; *Rutidea parviflora*; *Inga salutaris*; *Pterospermum acerifolium*; le très rare *Erythrochiton hypophyllanthus*; *Parmentiera cereifera*; *Copaifera Langsdorffii*; *Cissampelos Pareira*; *Jateorhiza Columba*; *Canthium zanzibaricum*; *Trichilia spondioides* et *odorata*; *Alchornea ilicifolia*; *Dussia martinicensis*; *Bombax ellipticum* et *B. Ceiba*; *Terminalia Chebula*; *Achras australis*; *Pentaclethra macrophylla*; *Detarium microcarpum*; *Chrysobalanus ellipticus*; *Cæphælis peduncularis*; *Hoopea odorata*; *Putranjiva Roxburghi*; *Sloanea surinamensis*; *Brosimum Aubletii*; *Semecarpus cuneifolius*; *Spathodea campanulata*; *Capparis saligna*; *Hernandia ovigera* et *sonoræ*; *Andira inermis*; *Brownea coccinea*; *Talauma Plumieri*; *Bassia Fraseri*; *Diospyros Ebenum*; *Calophyllum parviflo-*

rum; *Acridocarpus Smeathmanni*; *Inga fagifolia*; *Tetracera ulmifolia*; *Anamirta Cocculus*; *Chondodendron racemosum*; *Leucæna glauca*; *Manihot utilissima*; *Guaiacum officinale*; *Chlorophora tinctoria*; *Capparis ferruginea*; *Mapouria grandis*; *Cordia glabra*; *Ormosia dasycarpa*; *Pisonia aculeata*; *Alstonia scholaris*; *Ophiocaulon gummifer*: *Smilax Cuna*; *Peltophorum Linnæi*; *Dæmia angolensis*; *Piper Betle*, *nigrum*; *Leptactinia Manni*; *Artocarpus polyphema*; *Psychotria* — nombreuses espèces —, *Stravadium insigne*: *Elæis guineensis*; *Calamus ciliaris*; *Pinanga latisecta*.

Dans les parties moins chauffées de cette serre, aux deux extrémités, nous remarquons en outre, entre autres plantes intéressantes, les suivantes :

Clusia fluminensis; *Mæsa indica*; *Fagræa lanceolata*; *Tetrapteris inæqualis*; *Cerbera fruticosa*; *Heritiera minor*; *Sarcocephalus ovatus*; *Chrysophyllum pyriforme*; *Heteropteris chrysophylla* et *argentea*; *Coccoloba diversifolia*; de magnifiques spécimens de *Dammara lanceolata*, *ovata* et *Cornui*, le *Calophyllum Maduina*; une collection de nombreuses espèces de *Sanseviera*, dont le très rare *S. Ehrenbergii*; *Imbricaria maxima*; *Fagræa lauceolata*; *Glycosmis pentaphylla*; *Murraya exotica*, etc... *Musanga Smithii*; *Almeidea macropetala*; *Psidium Araca*; *Persea gratissima*; *Acokanthera venenata*: *Mezoneuron cucullatum*; *Dioscorea macroura*, etc., etc.

Dans quatre petites serres en bois, perpendiculairement placées par rapport à celles que nous venons de visiter, se trouvent également des plantes très variées et très intéressantes.

Nous en visitons deux en détail — l'une dite « *serre à multiplication* », l'autre « *serre aux semis* ».

Les deux autres sont consacrées aux collections d'Orchidées et de Broméliacées.

Entre ces quatre serres en bois, se trouvent intercalées trois petites serres en fer, reliées avec les autres par des tambours vitrés et communiquant également avec le dehors.

Voici les plantes les plus intéressantes observées dans les deux premières serres en bois.

2° Serre à multiplication et serre à semis.

Tout d'abord, dans le vestibule ou tambour de cette serre, notre attention est attirée par une collection de Cafés africains, comprenant les espèces suivantes : *Coffea stenophylla*, *canephora*, *Chaloti*, *Laurentii*,

Lusambo. Dans la serre, de très nombreuses espèces de plantes coloniales sont représentées par des potées de semis d'âges différents et par des repiquages en très petits godets.

Ces derniers sont disposés en rangs, serrés sur deux tablettes près du vitrage, au-dessus des sentiers, afin de ne pas gêner les plantes plus âgées cultivées sur les bâches latérales et sur la bâche.

Nous trouvons dans cette serre, représentées par de jeunes individus, beaucoup d'espèces déjà observées en plus forts exemplaires dans la serre précédente, mais nous en remarquons également bon nombre d'autres, intéressantes ou rares, provenant de nos diverses colonies. Citons par exemple : le *Tambourissa religiosa*, de Madagascar; les *Hymenæa Courbaril* et *verrucosa* ; l'*Hymenodictyon parvifolium*; *Jonesia Asoca*; *Afzelia madagascariensis* ; *Cordyla africana* ; *Pentaclethra macrophylla*; *Irvinga gabonensis* ; *Geissospermum læve* ; *Duparquetia orchidacea* ; *Synaptolepis Kirkii*; *Canella alba* ; *Uapaca clusiacea* ; *Cocculus Bakis* ; *Alpinia malaccensis* ; *Carissa Xylopicron* ; *Palaquium Gutta* ; *Parinarium senegalense* ; *Methonica superba* en fleurs et en fruits.

Les deux serres voisines, tenues un peu moins chaudes, sont, elles aussi, entièrement garnies de plantes coloniales, pour la grande majorité arbustives, qu'il est impossible d'énumérer.

Notons au hasard: *Tabernanthe Iboga*; *Anomosanthes zanzibaricus*; *Harrisonia abyssinica*; *Trymatococcus africanus*; *Hyenanche globosa*; *Myginda pallens* ; *Terminalia mauritiana* ; *Deherainia smaragdina* ; *Cordia glabra*; *Glaziova bauhiniopsis*, etc.

3° Jardin d'hiver et Pavillon froid.

Sans passer dans les serres à Orchidées et Broméliacées, et dans les deux autres serres intercalaires, garnies aussi de plantes coloniales, nous allons à la Grande Serre ou Jardin d'hiver, ouverte tous les jours au public.

Un certain nombre de grandes plantes sont à remarquer, notamment les suivantes :

Encepharlatos Alsteinstenii ; *Livistona chinensis* ; *Chamærops stauracantha*, *Ch. hystrix* ; *Ptychosperma Alexandræ* ; *Kentia Belmoreana*; *Thrinax ferruginea*; *Corypha elata*; *Cycas revoluta*, etc. Parmi les Fougères arborescentes du Brésil, divers *Cibotium*, *Alsophila*, *Dicksonia*, et un magnifique tronc de *Todea barbara*, envoyé par M. le Baron Von Mueller.

Un rocher avec cascade se déversant dans un bassin, le tout vu dès l'entrée, grâce à une belle percée vallonnée et garnie de Lycopode, donne à la serre un cachet tout particulier.

Un tambour sépare le Jardin d'hiver du « Pavillon froid », grande serre de forme carrée où sont abritées l'hiver, dans le fond, de nombreuses espèces à feuillage persistant (Araliacées, Camellia, Conifères de serre, etc.), et dans la partie la plus éclairée, des plantes du Cap et d'Australie, notamment des Myrtacées (*Callistemon*, *Melaleuca*, *Eucalyptus*, *Fabricia*), des Protéacées (*Banksia*), des Légumineuses (*Acacia*), etc.

Ces plantes, cultivées en caisses ou en pots, sont placées l'été dans un carré spécial, en plein air ; elles étaient rentrées depuis quelques jours seulement à l'époque de notre visite.

Quelques plantes sont en pleine terre, à demeure dans ce pavillon froid, et y ont pris un beau développement. Ce sont : le *Jubæa spectabilis*, représenté par deux exemplaires ; le *Chamærops Martiana* ; le *Quercus nepalensis* ; un beau *Podocarpus læta*, et un exemplaire très âgé d'*Holbœllia latifolia*.

4° Groupe des vieilles serres.

Ces vieilles serres adossées au Labyrinthe comprennent: 1° le Pavillon chaud, de même forme et proportion que le Pavillon froid ; 2° uné serre à deux versants avec trois compartiments, dont le premier est affecté aux Fougères et aux Aroïdées ; celui du milieu, l'Aquarium et le dernier (dit « *serre aux Dracænas* ») sont consacrés à la culture de plantes de serre chaude humide ; 3° deux étages de serres adossées et à vitrage courbe, garnies de plantes très variées qui passent les plus beaux mois de l'été dehors sous des toiles à ombrer. L'étage supérieur est affecté aux plantes grasses.

Dans le Pavillon chaud, il y a quelques beaux exemplaires de Palmiers, tant en pleine terre qu'en pots, notamment *Thrinax argentea* et *ferruginea*; *Sabal umbraculifera*; *Livistona subglobosa*; *Latania rubra*; *Astrocaryum Ayri* ; de fortes plantes de *Dracæna fragrans, umbraculifera, lineata* ; *Pandanus*, *Strelitzia*, *Bambusa*, etc.

Les serres à deux versants renferment de beaux exemplaires d'*Angiopteris evecta*; une importante collection de *Cyclanthus*, *Carludovica*, *Theophrasta* et *Clavija*, et toute une série de plantes ornementales par leur feuillage ou leurs fleurs, de familles très diverses (*Palmiers*, *Pandanus*, *Cycadées, Marantacées*, *Aroïdées*, *Gesnéracés*, *Mélastomacées*, *Acanthacées*), etc.

Le serre courbe affectée aux plantes grasses (*Aloe*, *Agave*, *Crassula*, *Dasylirion*, *Euphorbes cactiformes*, *Cactées* diverses, etc.) renferme une importante collection de ces divers types, dont quelques exemplaires de forte taille; elle renferme aussi une belle série de *Cycadées* en caisses (*Cycas*, *Encephalartos*, *Ceratozamia*, *Dioon*), dont quelques-unes de forte taille. Nous avions déjà eu l'occasion, dans les autres serres, de voir les genres *Bovenia*, *Stangeria*, *Zamia*, *Macrozamia*.

Au sortir du groupe des anciennes serres, nous nous dirigeons vers l'Orangerie, ancienne construction servant à abriter une importante collection de plantes en caisses, notamment les deux *Chamærops humilis* donnés à Louis XIV par le Margrave de Bade; un grand *Edwardsia grandiflora*; des *Araucaria excelsa* et *Cunninghami* de forte taille; des Grenadiers contemporains de Louis XIII, et toute une série de plantes du Cap, d'Asie Mineure, des Canaries, etc.

Dans les petites serres situées en bas de l'Orangerie, et que nous visitons rapidement, nous notons surtout les raretés suivantes : *Didiera madagascariensis*, *Fouquiera floribunda*, *Vitis macropus* ; puis, comme plantes alimentaires, une série de Labiées tuberculeuses, *Coleus tuberosus*, *Plectranthus ternatus*, *P. Copini*.

En pleine-terre, dans une plate-bande adossée à un mur de terrasse, nous remarquons, pour terminer, en fleurs et fruits, le *Schizoglossum Grantii*, déjà vu en serre au début de la visite ; dans des châssis, une série de jeunes semis et notamment une Gentianée de Madagascar, le *Tachiadenus carinatus* ; sous un abri, une série d'*Araucaria* de Nouvelle Calédonie.

On peut voir, par le compte-rendu de ces visites faites aux cultures et aux serres du Muséum d'Histoire naturelle, les richesses que possède cet établissement dont la renommée déjà universelle prend tous les jours encore une nouvelle extension.

Il peut être intéressant de rappeler ici le rôle important que joue actuellement le service de la Culture du Muséum aux points de vue de la propagation des plantes utiles dans nos colonies et de l'enseignement, par les dons faits aux établissements scientifiques.

Dans les Colonies françaises, c'est à une vingtaine de jardins botaniques et à un nombre égal de correspondants que le Muséum distribue chaque année de nombreux spécimens de graines, de plantes vivantes, d'arbres ou d'arbustes.

En France, plus de trois cents établissements d'enseignement, jardins botaniques et jardins d'essai, correspondants, etc... bénéficient de ses largesses.

A l'Etranger, graines et plantes sont distribuées à plus de cent jardins botaniques.

Pour citer des chiffres exacts et comme conclusions, nous pourrions ajouter que, de 1891 à 1899, il a été distribué :

213.568 sachets de graines.
79.671 plantes vivantes.
44.301 arbres ou arbustes.
6.702 greffons ou boutures.

Quant au nombre des plantes actuellement cultivées dans les diverses parties du Muséum d'Histoire Naturelle de Paris, il s'élève approximativement à 20.000, dont 5.000 pour les Serres, 3.000 pour les Parterres, 2.500 environ pour les Pépinières et les Couches. L'Ecole de Botanique en comporte à elle seule de 8 à 10.000.

En faire admirer les plus intéressantes et les plus rares était pour M. le Professeur Cornu une satisfaction bien légitime, et nous sommes persuadés qu'en revanche cette visite des Congressistes aux Cultures et aux Serres du Muséum de Paris ne peut manquer de prendre place parmi leurs plus agréables souvenirs.

CHAPITRE III.

Excursion au Domaine des Barres

La journée du jeudi 4 octobre fut consacrée à une excursion au domaine des Barres. Les membres du Congrès se réunissaient à 8 heures 40 du matin à la gare de Lyon, d'où un train express les emmenait à Nogent-sur-Vernisson, après un court arrêt à Montargis, consacré au déjeuner.

M. Maurice de Vilmorin attendait à la gare de Nogent les Congressistes, que des voitures conduisaient en quelques minutes à l'entrée du domaine des Barres. Là, devant le chalet qui, à l'Exposition universelle de 1879, renfermait les collections de l'administration des Forêts, M. M. de Vilmorin nous faisait en quelques mots l'historique du domaine des Barres.

En 1821, la famille de Vilmorin faisait l'acquisition de ce vaste domaine. Le sol en était alors presque entièrement dépouillé de bois et on commença par y faire en grand la culture des graminées, puis quelques années plus tard, M. Philippe-André de Vilmorin, le grand-père de M. Maurice de Vilmorin, commença les belles plantations forestières qui subsistent encore aujourd'hui.

A cette époque, les boisements résineux de plaine se faisaient en grande partie, en France, à l'aide du pin maritime, d'où de sérieux déboires lors des hivers rigoureux. M. de Vilmorin s'attacha alors à rechercher quelles espèces ou variétés on pourrait adjoindre au pin maritime, et surtout quelles variétés, parmi celles du *P. sylvestris* et du *P. Laricio* donneraient les meilleurs résultats. A ces essais, faits en grand, il en joignait d'autres portant sur de nombreuses espèces feuillues, principalement originaires de l'Amérique du Nord, notamment des Chênes, Noyers, Caryas, Bouleaux, etc.

Quercus heterophylla Bartr. — Exemplaire datant de 1824 — *Domaine de l'Etat.*

En 1863, M. de Vilmorin mourait laissant ouvert un magnifique champ d'expériences dont on pouvait déjà prévoir les résultats.

En 1866, l'Etat acquérait de sa veuve la partie du domaine, 67 hectares environ, qui renfermait les plantations forestières. Plus tard, en 1873, l'Etat y créait une école primaire forestière, destinée à former des jeunes gens aux emplois de garde forestier, puis, en 1883, une école secondaire, destinée à préparer les gardes forestiers aux emplois d'officiers des Eaux et Forêts : cette dernière école, est comme on l'a dit excellement, le Saint-Maixent de l'Administration des Forêts. Ces deux écoles fonctionnent encore actuellement.

En même temps, l'Etat y créait de vastes pépinières, destinées d'abord à fournir les plants résineux nécessaires pour la restauration de la forêt d'Orléans. Plus tard, après le grand hiver de 1879-80, ces pépinières, qui occupèrent jusqu'à 7 hectares de superfice, furent d'un puissant secours pour le reboisement de la Sologne, si éprouvée par la disparition presque totale de ses massifs de Pins maritimes.

Parallèlement, l'administration des Forêts installait encore un service important pour la vérification de toutes les graines résineuses employées par elle, au point de vue du poids, de la pureté et de la faculté germinative. Ces expériences, faites simultanément en serre dans des flanelles et dans un germoir spécial créé par M. Pierret, Inspecteur des Eaux et Forêts, alors attaché à l'Ecole des Barres, n'ont cessé depuis lors d'être poursuivies avec une rigueur toute scientifique, et ont donné des résultats du plus grand intérêt.

Enfin, en 1873, le Directeur de l'Ecole des Barres, M. le Conservateur Gouët, créait de toutes pièces le magnifique Arboretum, que tous, Français et Etrangers, nous avons vivement admiré.

Le domaine des Barres, situé à 18 kil. au sud de Montargis et à 19 kil. au nord de Gien, occupe le sommet d'un plateau à la cote de 150 m. environ. Le sol, essentiellement siliceux, parfois un peu argileux, est généralement maigre ; il repose sur un banc d'argile imperméable situé à une profondeur qui varie de 40 à 80 centimètres, surmonté ordinairement d'une couche de sable gras, également imperméable, de 0 m. 30 environ, mélangée de gros rognons siliceux.

Le climat est très sensiblement celui de la région de Paris. Il est ordinairement sec, les froids y sont souvent très vifs, et en 1871-72 le thermomètre y est descendu à — 27°. Les gelées printanières y sont souvent nuisibles, notamment à certains Sapins (*A. cephalonica*), au moins dans leur jeunesse.

M. Hickel, Inspecteur-adjoint des Eaux et Forêts, ancien professeur à l'Ecole des Barres, nous a servi de guide dans la partie des Barres appartenant actuellement à l'Etat.

Traversant d'abord l'Arboretum, où nous reviendrons tout à l'heure, notre guide nous fait remarquer un taillis d'un petit Chêne nord-américain buissonnant, le *Quercus ilicifolia (Q. Banisteri* Mchx*)*, très propre à créer des couverts à gibier et qui se resème abondamment dans tout le domaine, avec une tendance envahissante très marquée. Plus loin nous trouvons une ligne de *Pinus rigida* de l'Est américain, qui fournit, concurremment avec le *P. ponderosa* du Far-West, le *P. australis* Mchx *(P. palustris* Mill.*)* de la Floride et le *P. cubensis*, le bois connu sous le nom de *pitch pine*. Quelques-uns ont été récépés et ont fourni de nombreux rejets.

Nous cotoyons ensuite un massif de Pins noirs d'Autriche, puis de beaux Pins sylvestres de Riga, plantés en 1830 : c'est la race du Pin sylvestre la plus recommandable pour la rectitude de sa tige.

A côté, quelques survivants d'une plantation de Cèdres du Liban de 1821 donnent de nombreux semis naturels, de même que des *Abies pinsapo* situés non loin.

Plus loin, ce sont encore des Pins sylvestres, avec quelques gros Pins maritimes qui ont survécu aux grands hivers, — un petit carré de Sapins de Cilicie, puis quelques lignes de divers Pins nord-américains : *P. rubra (P. resinosa)*, très voisin de notre Laricio, *P. pungens*, *inops*, *mitis*, *rigida*, et enfin un admirable peuplement de gigantesques Pins Laricio de Calabre.

En traversant un fourré de jeunes Pins laricio et maritimes, nous trouvons de nombreux pieds du Chêne du Sud-Ouest de la France, le *Quercus tozza* qui, comme le *Q. ilicifolia*, se montre très envahissant.

Nous arrivons ainsi au lieu dit *La Côte aux Genêts* où des espaces autrefois consacrés aux pépinières ont été à une époque plus récente consacrés par l'Etat à divers essais sur une assez grande échelle ; par exemple, *Abies balsamea* (baumier de Giléad), *A. pinsapo*, *A. cephalonica*, ce dernier souffrant fort des gelées printanières sur ce point peu abrité, *Picea alba*, *Picea orientalis*, du Caucase, en mélange avec *Cedrus Libani*, tous deux du plus bel avenir, *Ab. nordmanniana*, très beaux, *A. pectinata*, et quelques beaux Sapins de Douglas.

Plus loin nous trouvons un massif de Pins Laricio de Corse en mélange avec des Pins Weymouth *(P. strobus)* et quelques Pins laricio de Calabre qui atteignent jusqu'à 2 m. 40 de tour sur 35 de haut, tous trois produisant de nombreux semis.

Massif de Pins Sylvestres de Riga. — Massif repiqué en 1822. — *Domaine de l'Etat.*

Nous suivons ensuite une large et belle avenue bordée d'un côté par de vieux peuplements de divers pins, Pins sylvestres de Haguenau, de Riga, Laricio de Calabre, de Corse, puis de Tauride et de Caramanie *(P. Laricio Pallasiana)*, dont quelques-uns remontent à 1823 et qui font partie des essais tentés au début par M. Ph. A. de Vilmorin.

A droite, divers chênes européens, *Quercus tozza*, *cerris*, etc., forment un heureux contraste avec la sombre verdure des résineux de gauche.

En quittant cette belle allée, nous nous engageons dans un massif composé de Chênes américains, de Bouleaux à canots *(Betula papyracea)*, d'Aunes, *(Alnus cordata)*, etc. Nous admirons là, en vieux arbres, des chênes nord-américains, au feuillage si varié de forme, depuis celle des feuilles d'un saule *(Q. phellos)* jusqu'à des formes rappelant un peu des frondes de fougères *(Q. palustris, coccinea)* et qui présentent à l'automne toute la gamme des rouges, depuis l'écarlate de la vigne vierge *(Q. coccinea)* jusqu'à la couleur du cuivre rouge ou du bronze *(Q. rubra, tinctoria, nigra)*. Sous leur couvert, de nombreux semis naturels de *Q. rubra*, *ilicifolia*, *tinctoria*, *nigra*, couvrent littéralement le sol. Nous nous trouvons donc là en présence d'acquisitions bien définitives pour notre flore forestière française.

Nous revenons ainsi à l'*Arboretum*, où les arbres, bien isolés les uns des autres dans des pelouses, peuvent se développer dans toute leur ampleur.

Nous y trouvons, en outre de nombreux arbustes et arbrisseaux d'ornements disposés en massifs : divers *Erables*, *Catalpa*, *Sumacs*, *Noyers*, *Caryas*, *Pterocaryas*, *Aulnes*, *Diospyros*, *Maclura aurantiaca (arbres des Osages)*, *Koelroeuteria paniculata*, *Frênes*, entre autres le curieux *Fraxinus dimorpha* d'Algérie, *Gymnocladus canadensis*, *Sophora japonica*, *Virgilia lutea*, *Cercis siliquastrum*, divers *Gleditschia* et *Robinia*, et quelques chênes intéressants : *Quercus imbricaria*, à feuilles de laurier, *Q. macrocarpa*, *Q. obtusiloba*, *Q. prinus*, *Q. palustris*, *Q. phellos*, etc, parmi les chênes américains, le chêne occidental (chêne-liège du Sud-Ouest) et le chêne vert, et parmi les chênes japonais le *Q. dentata* (daïmio) dont les Congressistes emportent des glands, et le *Q. serrata*, de très belle venue.

Cette partie de l'Arboretum présente encore de nombreuses lacunes à combler, notamment dans les genres *Acer*, *Rhus*, *Fraxinus*, *Ulmus*, *Populus*, *Salix*, etc., qui y sont faiblement représentés, en même temps que d'autres genres intéressants, comme *Cedrela Phellodendron*, *Nyssa*, etc., y font complètement défaut. L'agrandissement de l'Arboretum serait nécessaire pour permettre le développement de cette partie des collections.

Par contre les Conifères y sont représentées par des séries aussi complètes que possible, la plupart du temps composées d'échantillons superbes, dont beaucoup atteignent déjà 15 ou 20 m. de haut.

Nous y admirons ainsi une série presque unique en France d'*Abies* : *pectinata* — *nordmanniana* — *cephalonica* — *numidica* — *pinsapo* — *cilica*, — *Veitchi*, du Japon, *balsamea, subalpina*, *grandis*, de Vancouver, d'une croissance extraordinairement rapide, *nobilis*, *lasiocarpa*, et le merveilleux *concolor var. violacea*, avec ses longues aiguilles glauques dressées.

Le genre *PICEA* est également représenté par une série fort complète, parmi laquelle il faut citer le *P. alcockiana* rare en France, et parmi les espèces du sous-genre *omorica*, caractérisé par ses feuilles vert brillant en dessous, bleuâtres en dessus (stomates), comme chez beaucoup d'Abies, le *P. omorica* de Serbie, le *P. ajanensis* d'Extrême-Orient, assez répandu dans les jardins sous le nom d'*Alcockiana* et le *P. sitchensis*, des côtes du Pacifique.

Citons encore le *Tsuga canadensis (Henlockspruce)*, le *Ts. mertensiana*, le *Ts. Sieboldi* du Japon, le *Ts. Pattoniana*, à feuilles glauques, un magnifique sujet de *Pseudotsuga Douglasi* de 15 m. de haut, les Mélèzes d'Europe, du Japon *(Larix leptolepis)* et le Mélèze à petits cônes *(L. americana)*.

Le genre *PINUS*, en outre d'espèces déjà vues tout à l'heure, nous offre : *P. Thunbergi*, du Japon, le curieux *P. Bungeana*, de Chine, et parmi les Pins à 5 feuilles, notre *P. Cembra*, des Alpes, le *P. peuce*, de Thessalie, le *P. strobus* (Weymouth) et le *P. excelsa*, le blue-pine de l'Himalaya.

Les cèdres sont représentés par deux grands *C. atlantica*, et des *C. Deodara*, de l'Himalaya.

Les Cupressinées sont également fort nombreuses dans l'Arboretum ; les genres *Thuya*, *Thuiopsis*, *Biota*, *Chamacypparis*, *Libocedrus*, *Juniperus* nous offrent de nombreuses espèces et des variétés, formes juvéniles, etc., plus nombreuses encore. Citons seulement les *Chamaecypparis Lawsoniana* et *Thuya gigantea* (Th. Lobbi) dont quelques spécimens atteignent déjà 14 m.

Nous admirons encore de beaux *Cryptomeria*, le *Sequoia gigantea*, le *S. sempervirens*, le *Taxodium distichum* (Cyprès chauves), des *Taxus*, *Cephalotaxus*, *Torreya*, le *Ginkgo* bien connu, et une curieuse Araucariée, absolument rustique, le *Cunninghamia sinensis*.

Abies Gordoniana Carr. Arbre d'environ 25 ans. *Arborctum du Domaine de l'Etat.*

Une pépinière contigue à l'Arboretum nous offre encore quelques espèces intéressantes : *Abies magnifica* et *amabilis*, des Etats-Unis, *A. brachyphylla*, du Japon, les 2 sapins de l'Himalaya, *A. pindrow* et *Webbiana (spectabilis)* à côté du *Picea morinda*, de la même région ; un très beau *Pinus Jeffreyi*, des *P. ponderosa*, *sabiniana*, etc. Nous y trouvons encore un beau *Quercus falcata*, un *Quercus palustris* de 1 m. 95 de tour. un *Q. heterophylla (phellos×rubra)* de plus de 2 m. 75 de tour, et de proportions gigantesques, le *Q. ægilops (vélani)* d'Orient, le *Carya olivaeformis* (pacanier), etc., etc.

Pour nous rendre au *Fruticetum* nous traversons enfin une ancienne pépinière où croissent, en un désordre de forêt vierge, des Tulipiers, divers Chênes d'Amérique *(Q. alba, nigra, phellos, obtusiloba, etc.)*, des *Caryas (C. alba, porcinâ, amara)*, interessantes Juglandées nord-américaines qui fournissent le bois de Hickory, des Féviers, des Bouleaux (*Betula papyracea*) le *Picea rubra* des Etats-Unis, à côté d'énormes Cèdres de Virginie (*Juniperus virginiana*), des Chênes-liège, *Halesia tetraptera*, *Ilkowa crenata*, *Biota orientalis*, de dimensions exceptionnelles, etc.

Nous parvenons ainsi au *Fruticetum*, créé récemment par M. M. de Vilmorin sur un emplacement contigu au domaine de l'Etat que nous venons de quitter.

L'idée qui a présidé à cette création est celle de former une collection, non plus d'arbres, mais de tous les arbustes intéressants au point de vue ornemental ou aux divers points de vue utilitaires ; de là le nom de *fruticetum*. Cette collection complète ainsi celle que nous venons de parcourir et qui est plus spécialement consacrée à la culture des espèces ligneuses de grande taille.

Dans ce but, M. de Vilmorin a fait choix d'une vaste pièce de terre rectangulaire, de 4 hectares de superficie, qui fut en 1896 défoncée à 0,60 ou 0,90 de profondeur, et soigneusement assainie par un drainage parfait. Le sol est en général argilo-sableux, à sous-sol imperméable, compact au Sud-Est, humifère et profond au Sud-Ouest, argilo-sableux et sans traces de calcaire à l'Ouest. Ces diversités dans la composition ont permis d'affecter à chaque groupe le terrain qui lui convient le mieux.

Des abris en Chênes pyramidaux, Pinsapos, Epicéas, Thuyas, Biotas, *Chamæciparis Lawsoniana* et *Prunus lauro-cerasus* coupent le terrain du Sud au Nord et abritent en outre quelques carrés de l'Est à l'Ouest.

L'ordre suivi a été celui de Bentham et Hooker dans leur *Genera plantarum*. Une interposition a seulement été faite entre les Rosacées naines et les Légumineuses, de manière à placer ces dernières en terre profonde et riche, sans calcaire ; de même on s'est arrangé de façon à réserver aux *Rosa* et *Prunus* les terres les plus fortes, caillouteuses et plus ou moins calcaires.

Enfin, certains genres ont été, en partie du moins, placés hors rang, les *Rubus* par exemple, sur un grillage bordant les deux flancs de la pièce, les *Vitis* et genres voisins le long de l'avenue de l'Ouest, les *Clématites* sarmenteuses sur une ligne perpendiculaire à celle-ci, et enfin les *Cratægus* arborescents en une double ligne sur le bord Est.

L'étiquetage adopté se compose d'étiquettes en zinc sur tiges de fer, avec inscription à l'encre au chlorure de platine.

De nombreux établissements scientifiques ont contribué par leurs dons à cette création, notamment le Muséum de Paris, les jardins royaux de Kew, l'Arnold's Arboretum des États-Unis, etc...A ce fond se sont jointes de nombreuses espèces données par des particuliers, notamment et avec une extrême générosité par Mme Veuve LAVALLÉE, propriétaire des collections d'arbres et d'arbustes bien connues, formées à partir de 1857 par son mari, ALPH. LAVALLÉE, à Segrez (Seine-et-Oise), non loin d'Arpajon. Enfin, les graines d'un grand nombre d'espèces frutescentes des plus intéressantes, souvent nouvelles, parvinrent à M. DE VILMORIN par l'intermédiaire de missionnaires de Chine et du Japon.

Il serait impossible de donner ici même un aperçu de cette belle collection. Nous ne pouvons que citer quelques séries, notamment une admirable collection de *Rosa*, dont les fruits présentent une extrême diversité : les uns sont noirs *(R. pimpinellifolia, pinnatifolia)*, d'autres jaunes, écarlates, rouges, etc. ; quelques-uns, énormes, atteignent presque la dimension de petites tomates *(Rugosæ)*.

Parmi les Lianes, le Fruticetum renferme déjà une foule d'espèces de Clématites, et une intéressante série de Vignes appartenant à divers genres, en particulier de curieuses espèces d'Extrême-Orient, entre autres les espèces épineuses dont on a fait le genre *Spinovitis*.

Parmi les Pomacées, nous admirons une belle collection de *Cotoneaster*. Plus loin, nous trouvons une série de Sumacs *(Rhus)* et une série de Magnolias, qui promettent d'être fort belles.

Dans le groupe de Chèvrefeuilles, nous admirons le *Lonicera thibetica*, dont l'odeur suave rappelle celle *du Daphne cneorum*, et qui a valu à son propriétaire une médaille d'or à Paris.

Citons encore parmi les raretés, et au hasard : un curieux Ailanthe épineux, nouveau sans doute, le *Decaisnea Fargesii*, de très récente importation, qui a fleuri et fructifié depuis 1899, des *Buddleya* du Népaul, la singulière *Veronica cupressoïdes* de Nouvelle Zélande, *Davidia involucrata*, Cornée dont les inflorescences rappellent celles du *Cornus florida*, et nombre d'autres envois de la Chine et du Japon.

Nous terminons enfin par une courte visite au parc qui entoure l'habitation de M. DE VILMORIN, et qui renferme encore nombre d'espèces intéressantes ; nous y admirons entre autre le *Polygonum baldschuanicum*, espèce sarmenteuse d'une rare beauté.

Il est à présent cinq heures et demie et M. DE VILMORIN, après avoir engagé les Congressistes à déposer leur signature sur le registre des visiteurs du domaine des Barres, les invite à passer dans la salle à manger. Là, le dîner est bientôt servi sur de petites tables séparées que couvrent à demi de superbes corbeilles de fleurs.

Rosa Soulieana Crépin. — Fruticetum de M. MAURICE DE VILMORIN.

A la fin du repas, M. DE VILMORIN exprime en termes émus tout le le plaisir qu'il éprouve de voir réunir autour de lui tant de botanistes du monde entier. Il ne saurait oublier l'empressement avec lequel les Congressistes se sont rendus au domaine des Barres, et sa joie, dit-il, serait complète, si son frère ne manquait au milieu de nous, lui, qui aurait été si heureux de suivre les séances du Congrès et de s'intéresser à ses travaux.

A son tour, M. de Seynes invite les membres du Congrès à lever leur verre en l'honneur de M. et Mme Maurice de Vilmorin ; en les remerciant de leur large et si affable hospitalité, il ne peut s'empêcher, lui non plus, d'évoquer à nouveau une mémoire dont le souvenir reste vivant parmi nous, celle de M. Henri de Vilmorin, ce savant doublé d'un homme de bien, d'une nature dont le charme attachait à lui tous ceux qui l'approchaient. Les éminentes qualités d'Henri de Vilmorin sont un apanage de famille qui n'est pas près de se perdre.

« La visite faite par le Congrès dans les belles plantations des Barres comptera, ajoute-t-il, parmi ses plus belles journées : c'est un privilège pour notre pays d'avoir pu montrer à nos confrères de l'Etranger les richesses botaniques réunies par un labeur persévérant dans ce charmant séjour. »

Au nom des étrangers, M. Pfitzer remercie M. et Mme Maurice de Vilmorin de leur accueil si cordial : « Les instants trop vite écoulés passés au domaine des Barres sont de ceux, dit-il, qui resteront éternellement gravés dans la mémoire. »

Il est huit heures : l'heure du départ a sonné. Les voitures sont prêtes qui nous ramènent à la gare de Nogent, et par le train rapide que la Compagnie Paris-Lyon-Méditerranée a bien voulu faire arrêter spécialement pour les Congressistes, nous sommes de retour à Paris vers onze heures.

CHAPITRE IV

Exposition de Champignons.

Dans l'après midi du samedi 6 octobre, une exposition de Champignons réunissait les Congressistes dans la grande salle du Palais des Congrès.

La saison avait été à vrai dire peu propice. Nos belles forêts des environs de Paris, si riches d'ordinaire, ne nous offraient qu'un nombre d'espèces bien restreint, la grande sécheresse d'août et de septembre ayant complètement entravé la végétation fongique. Aussi y avait-il lieu de concevoir un instant de bien justes craintes sur la réussite de cette partie du programme.

La récolte du jeudi au domaine des Barres avait bien fourni assez bon nombre de spécimens, mais ce n'est que le vendredi matin que s'évanouissaient les dernières appréhensions, grâce à la bonne volonté de très nombreux confrères de province, plus favorisés que ceux de la région parisienne.

Nous citerons particulièrement MM. Hétier, Grosjean, Arbost, Guyétand, Rolland, Cauchetier, Panau, Dr Riel, duc de Lesparre, Dollfus, Roidot-Errard, Durand, abbé Breton, Dupain, Luton, abbé Derbuel, Mlle Bélèze, Dr Marsy, Baltie, Poinsard, Institut de Montpellier, Mura, Dr Bertrand, etc.

Dès ce jour-là, les échantillons commençaient en effet à nous parvenir en nombre suffisant pour que le succès fût désormais assuré. Il devait même de beaucoup dépasser les espérances, car plus de cinq cents espèces figuraient au classement final.

Il ne restait donc plus qu'à se mettre à l'œuvre : déterminer les espèces au fur et à mesure de leur arrivée, les étiqueter, les classer et dresser aussi les listes de chaque expéditeur. On sait quelle activité et quel dévouement M. Boudier, le savant mycologue, apporte toujours à cette besogne de la première heure. Aujourd'hui encore son précieux concours ne nous fait pas défaut : tous ses instants de la journée du vendredi et de la matinée du samedi sont consacrés à l'organisation de l'exposition avec l'assistance de M. Ledieu, puis de MM. l'abbé Saintot, Rolland, Radais, Harlay, Perrot, Lutz, etc.

Le peu de temps dont on disposait n'a pas permis d'adresser à chacun, selon la coutume, l'énumération des espèces envoyées. Leur nom figure dans tous les cas dans la liste qui va suivre, liste aussi complète que possible des Champignons qui ont été exposés.

MYXOMYCÈTES.

Tubulina cylindrica, *Stemonitis* fusca, *Tilmadoche* nutans.
Lycogala epidendron.

BASIDIOMYCÈTES.

Tremellodon gelatinosum.
Guepinia helvelloides, *Calocera* viscosa.
Framsponia luteo-alba.
Clavaria formosa, cristata, pistillaris, stricta, aurea, fascicularis, botrytis, fragilis, abietina, flaccida, muscoidea, cinerea.
Sparassis crispa.
Stereum sanguinolentum, purpureum, cristulatum, hirsutum.
Corticium Mougeotii.
Thelephora fastigiata, laciniata, cariophyllea, clavularis, fœtida.
Craterellus sinuosus, cornucopioides, lutescens.
Hydnum auriscalpium, repandum, scrobiculatum, amicum, erinaceum, zonatum, suaveolens, nigrum, ferrugineum, imbricatum.
Trametes odorata, gibbosa.
Polyporus varius, sulfureus, pomaceus, applanatus, radiatus, perennis, conchatus, cuticularis, resinaceus, rubriporus, squamosus, hispidus, betulinus, versicolor, aceris, lucidus, borealis, cœsius.
Ptychogaster albus.
Dædalea quercina, biennis, unicolor.
Favolus europæus.
Lenzites flaccida, abietina variegata.
Boletus luridus, aurantiacus, edulis, pinicola, scaber, versicolor, strobilaceus, nigrescens, piperatus, viscidus, æreus, luteus.
Amanita muscaria, var. puellaris, mappa, rubescens, strobiliforme, pantherina, vaginata, Eliæ, phalloides, recutita, ampla.
Lepiota procera, rhacodes, cristata, amianthina, naucina, clypeolaria, acutesquamosa, Friesii, carcharias, helvelloides.
Leucocoprinus cepæstipes.
Armillaria mellea, imperialis.
Tricholoma rutilans, terreum, albobrunneum, sulfureum, saponaceum, nudum, acerbum, sejunctum, vaccinum, stans, Russula, ustale, brevipes, melaleucum, psammopus, equestre, tigrinum, tumulosum, squamulosum, argyraceum, cinerascens.
Collybia butyracea, tuberosa, radicata, maculata, dryophila, fusipes, platyphylla, velutipes, longipes, conigena.
Laccaria laccata.
Clitocybe grammopodia, catina, infundibuliformis, nebularis, inversa, flaccida, phyllophila, cerussata, dealbata, parilis, odora, brumalis, rivulosa, geotropa, amara.
Mycena alcalina, ammoniaca, pura, galericulata, polygramma, rosella aurantio-marginata.
Galera hypnorum.
Pleurotus corticatus, cornucopiæ, ostreatus, mitis, geogenius.

Hygrophorus conicus, psittacinus, discoideus, virgineus, pudorinus, eburneus, penarius, cerascens. melizeus, agathosmus, pratensis obrusseus.

Nyctalis asterophora, parasitica.

Cantharellus cibarius, aurantiacus, cinereus, carbonarius.

Lactarius velutinus, deliciosus, serifluus, blennius, vellereus, torminosus, subdulcis, controversus, quietus, turpis, volemus. azonites, scrobiculatus, pallidus, uvidus.

Russula Queletii, lepida, fragilis, emetica, violacea, Clusii. nigricans, adusta, ochroleuca, fœtens, Linnœi, rubra, æruginosa, delica.

Marasmius peronatus, erythropus, urens, fœtidus, oreades. rotula, epipyllus, androsaceus.

Panus stipticus, violaceo-fulvus.

Lentinus cochleatus, tigrinus.

Schizophyllum commune.

Volvaria bombycina.

Pluteus cervinus.

Entoloma nidorosum, sericeum, lividum.

Clitopilus Orcella, prunulus.

Leptonia euchroa, lampropus.

Nolanea pascua.

Claudopus variabilis.

Pholiota ægerita, radiosa, squamosa, destruens, mutabilis.

Cortinarius anomalus, torvus, alboviolaceus, collinitus, hinnuleus, triumphans, multiformis, bivelus, decoloratus, scutulatus, anthracinus, impennis, violaceus, infractus, nemorensis, sanguineus.

Gomphidius viscidus, glutinosus, roseus.

Inocybe corydalina, asterospora, dulcamara, geophila, Trinii.

Hebeloma longicaudum, sinapizans. versipelle. crustuliniforme, elatum, mesophœum, truncatum.

Flammula carbonaria, alnicola, comosa, astragalina.

Bolbitius hygrophilus, titubans.

Crepidotus mollis.

Paxillus involutus, atrotomentosus.

Psalliota campestris, arvensis, sylvicola, vaporaria, obtusata, augusta, comtula.

Stropharia æruginosa, semiglobata, squamosa, coronilla.

Hypholoma fasciculare, capnoides, sublateritium, lacrymabundum, epicauta.

Psathyrella disseminata.

Coprinus comatus, micaceus, atramentarius.

GASTÉROMYCÈTES.

Lycoperdon hiemale, umbrinum. furfuraceum, excipuliforme, gemmatum, cœlatum, echinatum P.

Bovista gigantea, plumbea.

Geaster hygrometricus, fimbriatus.

Tulostoma granulosum.

Scleroderma verrucosum.

Crucibulum vulgare.

Cyathus striatus.

Phallus impudicus.

Clathrus cancellatus.

ASCOMYCÈTES.

Rhytisma acerinum.

Bulgaria inquinans.

Peziza echinophila, aurantia, *Aleuria* badia, *Helotium* atrum.

Helvella crispa, sulcata.

Cudonia circinans.

Leotia lubrica.

Spathularia flavida.

Penicillium glaucum.

Aspergillus repens.

Pleospora clavariarum.

Hypomyces ochraceus, *Sepedonium* chrysospermum.

Leucangium ophthalmosporum.

Tubercularia vulgaris.

Xylaria polymorpha, hypoxylon, bulbosa.

TABLE DES MATIÈRES

TABLE DES AUTEURS

TABLE DES FIGURES

TABLE DES VŒUX

Imp. L. DECLUME, à Lons-le-Saunier.

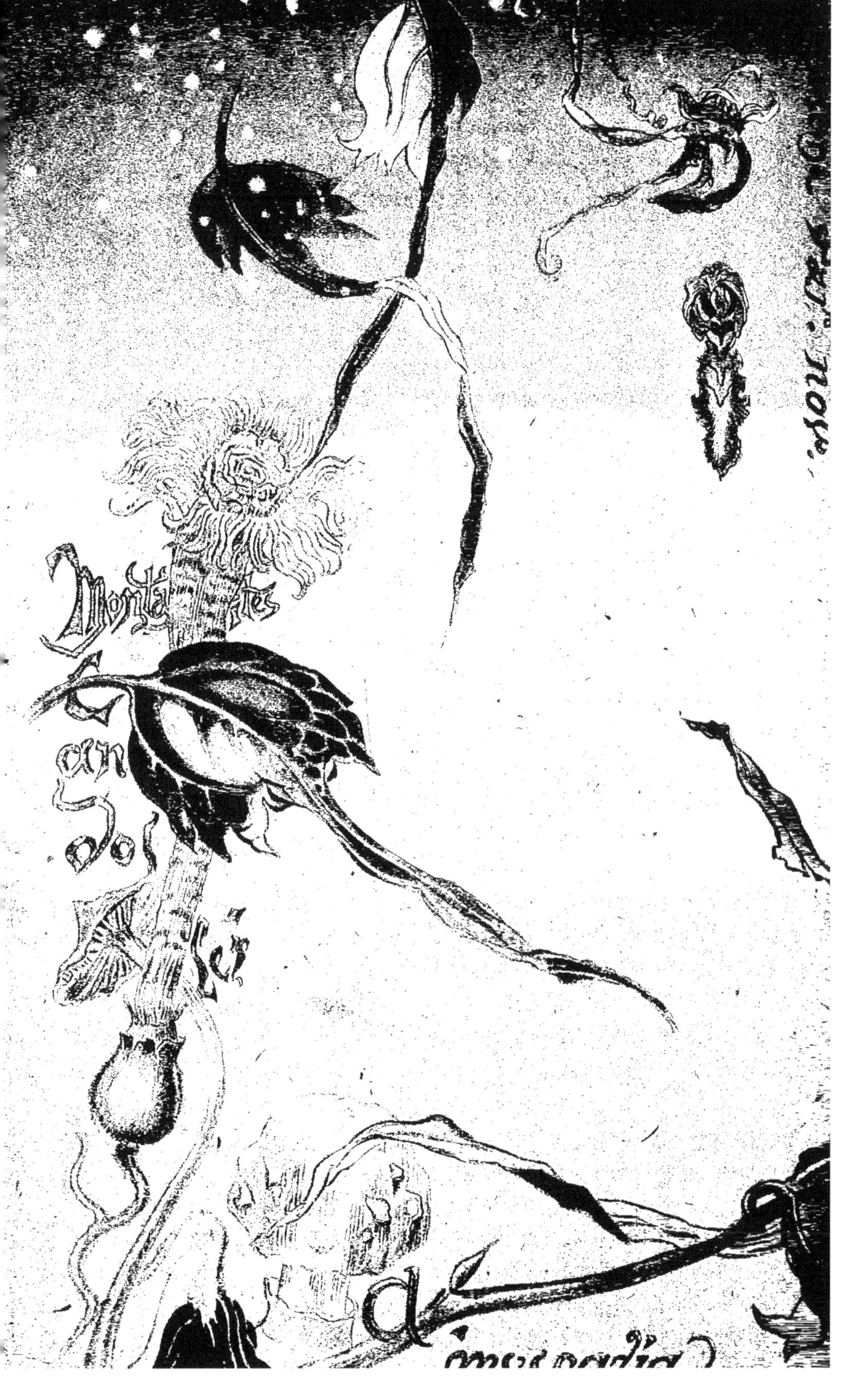

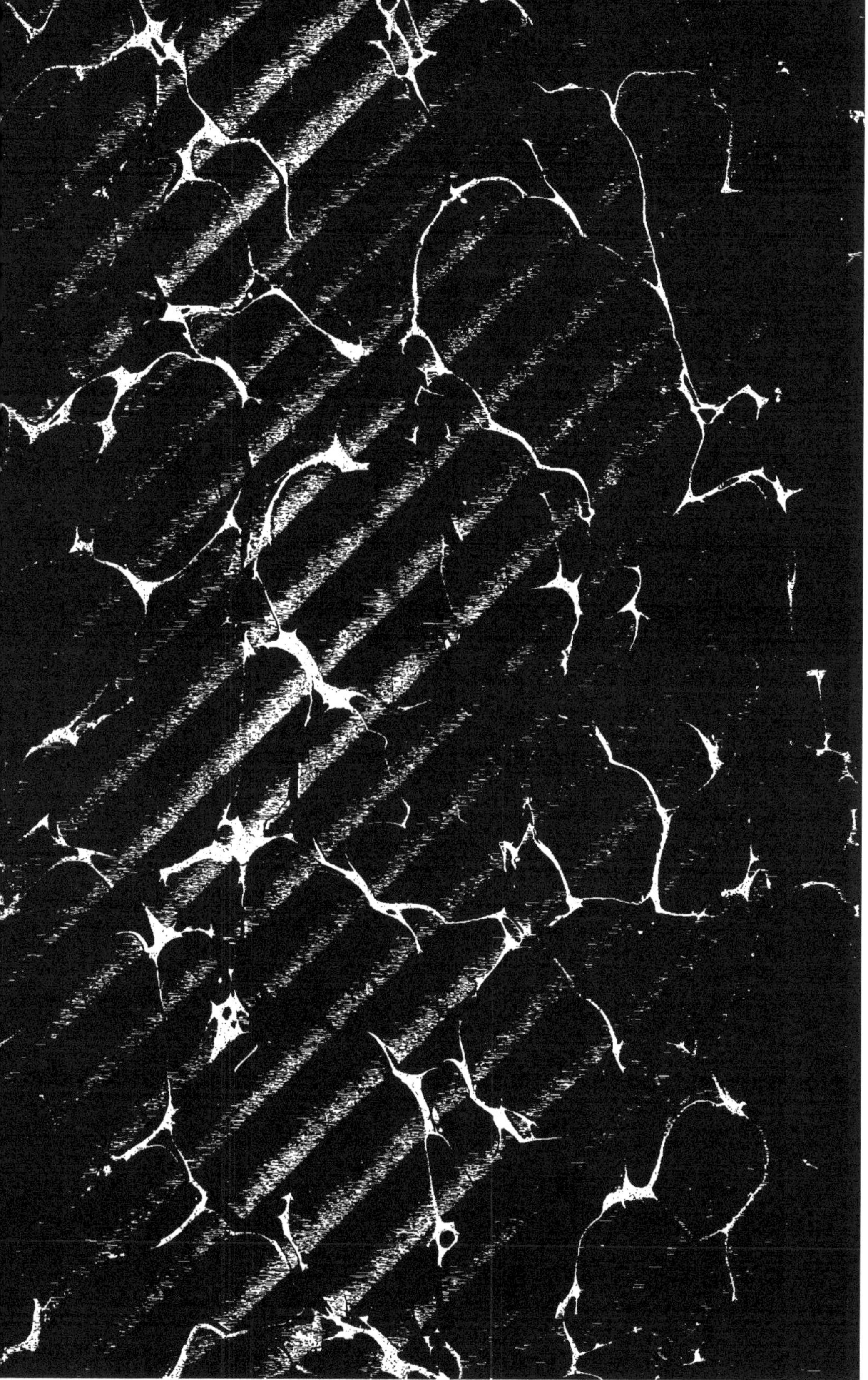

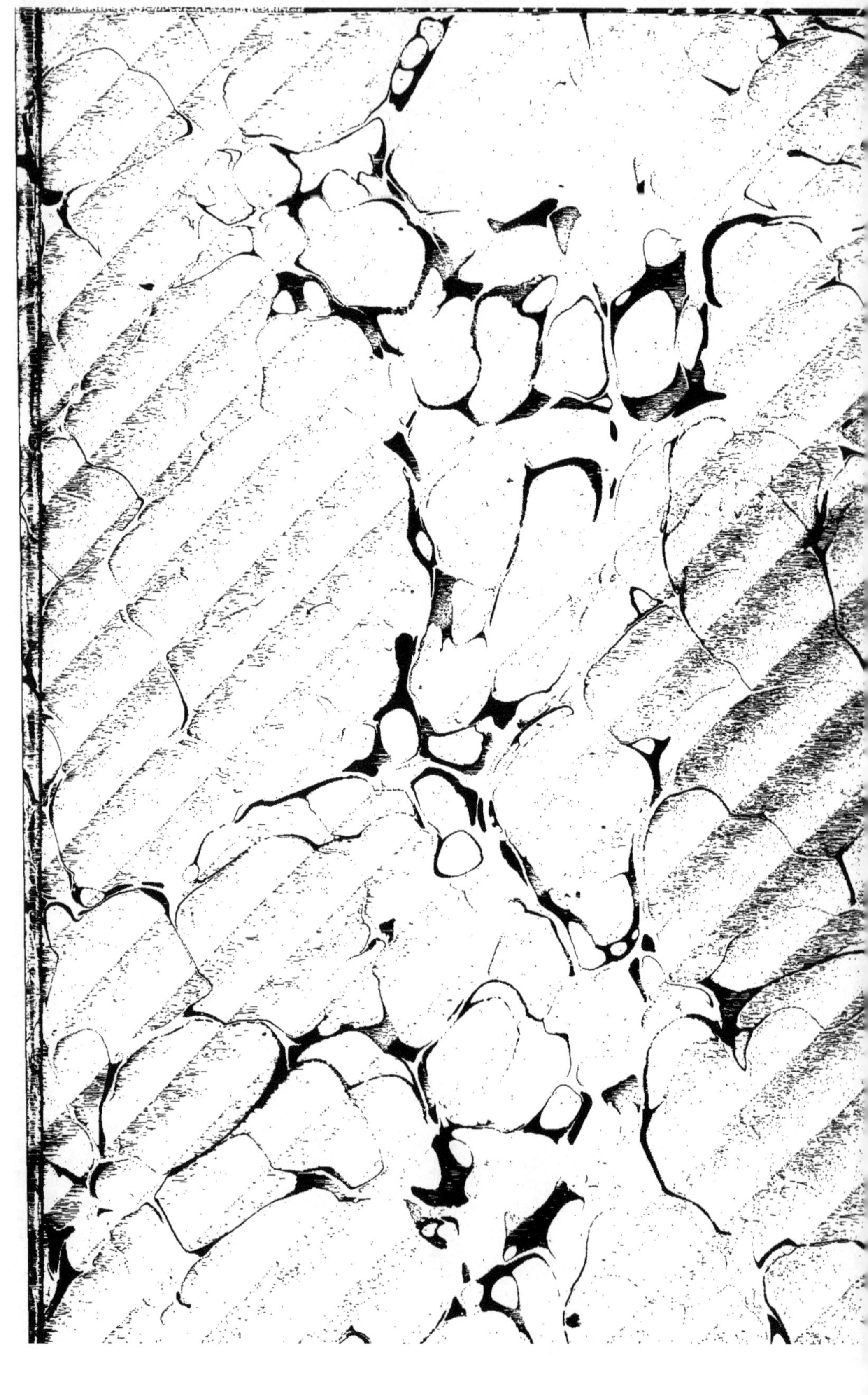

www.ingramcontent.com/pod-product-compliance
Ingram Content Group UK Ltd.
Pitfield, Milton Keynes, MK11 3LW, UK
UKHW021838190726
13855UKWH00001B/34